中等职业教育国家规划教材配套教材

Gongcheng Zhitu

工程制图

（公路与桥梁专业）

殷青英　主编
张世海　主审

人民交通出版社

内 容 提 要

本书主要内容包括:制图基础知识,介绍组合形体的表达方法与规定画法;画法几何,介绍图示理论与方法;专业制图,介绍道路工程、桥隧工程、建筑工程等各类工程图的图示特点、内容及方法;计算机绘图简介。全书共17章。另有《工程制图习题集》与之配套使用。

本书为中等职业教育公路与桥梁专业国家规划教材的配套教材,亦可供工程技术人员学习参考。

图书在版编目(CIP)数据

工程制图/殷青英主编. —北京:人民交通出版社,2003.7

ISBN 7-114-04699-5

Ⅰ.道… Ⅱ.殷… Ⅲ.道路工程-工程制图

Ⅳ.U412.5

中国版本图书馆CIP数据核字(2003)第043656号

中等职业教育国家规划教材配套教材

工 程 制 图

(公路与桥梁专业)

殷青英 主编

张世海 主审

正文设计:姚亚妮 责任校对:戴瑞萍 责任印制:张 恺

人民交通出版社出版

(100011 北京市朝阳区安定门外外馆斜街3号)

销售电话:(010)59757973

人民交通出版社发行部总经销

各地新华书店经销

北京鑫正大印刷有限公司印刷

开本:787×1092 1/16 印张:13.5 字数:334千

2003年8月 第1版

2013年5月 第9次印刷

印数:22001-24000册 两册书定价:50.00元

ISBN 7-114-04699-5

前　言

为了贯彻《中共中央国务院关于深化教育改革全面推进素质教育的决定》，落实《面向21世纪教育振兴行动计划》中提出的“职业教育课程改革和教材建设规划”，教育部于2001年全面启动了中等职业教育国家规划教材建设工作。交通职业教育教学指导委员会路桥工程学科委员会于2001年11月组织全国交通职业学校（院）的教师，根据教育部最新颁布的公路与桥梁专业主干课程教学基本要求，编写了中等职业教育国家规划教材（工程测量、道路材料试验、公路工程施工技术、钢筋混凝土结构、路面结构、桥梁构造与施工、公路工程管理、公路养护与管理共8种），经全国中等职业教育教材审定委员会审定后，于2002年7月在人民交通出版社出版发行。

根据教育部《中等职业学校公路与桥梁专业教学指导方案》中专业课程设置的要求，路桥工程学科委员会在启动主干课程教材编写的同时，着手与之配套的教材的组织编写工作。经过广泛征求意见及建议，通过多次讨论，最后选定《工程制图》（附《工程制图习题集》）、《应用力学》、《土工技术》、《公路几何设计》、《公路小桥涵设计》、《施工监理基础》、《施工机电基础》、《高速公路简介》共8种教材作为中等职业教育国家规划教材的配套教材。

本套教材在编写中注意了与主干课程教材的合理衔接，融入了全国各交通职业学校（院）公路与桥梁专业的教学改革成果，结合最新的技术标准、规范以及公路科技进步等情况，具有较强的针对性；较好地贯彻了素质教育的思想，力求体现以人为本的现代理念，从交通行业岗位群的知识和技能要求出发，并结合对学生动手能力、创新能力、职业道德方面的要求，提出教学目标，组织教学内容，在教材的理论体系、组织结构、内容描述上与传统教材有了明显的区别。

《工程制图》是中等职业教育国家规划教材配套教材之一，主要内容包括：制图基础知识，介绍组合形体的表达方法与规定画法；画法几何，介绍图示理论与方法；专业制图，介绍道路工程、桥隧工程、建筑工程等各类工程图的图示特点、内容及方法；计算机绘图简介。全书共17章。书后附有本课程的“教学基本要求”，供各院校在进行教学组织和安排时参考。另有《工程制图习题集》与该书配套使用。

参加本书编写工作的有：青海交通职业技术学院殷青英（编写绪论、第一、二、六、七、八章），山西交通职业技术学院杨广云（编写第三、四、五、十七章），四川交通职业技术学院周萍（编写第九、十、十五、十六章），内蒙交通学校李美萍和内蒙交通设计研究院吴明（共同编写第十一、十二、十三、十四章）。全书由殷青英主编，甘肃交通学校张世海主审，烟台师范学院交通学院于敦荣担任责任编委。

限于编者经历及水平，教材内容很难覆盖全国各地的实际情况，希望各教学单位在积极选用和推广新教材的同时，注意总结经验，及时提出修改意见和建议，以便再版修订时改正。

交通职业教育教学指导委员会
路桥工程学科委员会
2003年4月

目　录

第一章　制图基础

本章主要介绍制图工具及其使用方法、制图基本规格、几何作图、制图的步骤与方法等内容。

§1-1　制图工具及其使用方法

绘制工程图必须借助制图工具来进行。要使工程图质量好、绘制速度快，就必须熟悉制图工具的性能，正确、熟练地掌握使用方法，并能对制图工具进行挑选和妥善地保管。

制图工具种类繁多，常用的如图 1-1 所示。现将主要工具分述如下。

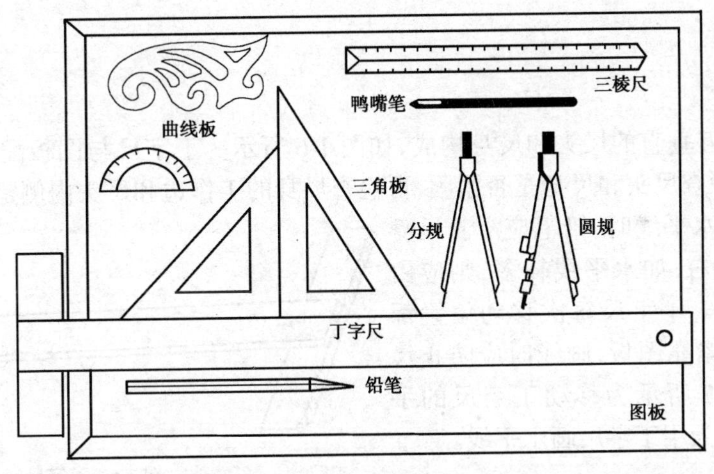

图 1-1　常用的制图工具

一、图板

图板通常用胶合板制成，为防止翘曲，四周镶以硬木条。图板主要用作画图的垫板。图板板面应质地松软、光滑平整、有弹性，图板两端要平整，角边应垂直。图板的大小有 0 号、1 号、2 号等各种不同规格，可根据所画图幅的大小而选定。

图板不能受潮或曝晒，以防变形。为保持板面平滑，宜用透明胶纸贴图纸，不宜使用图钉。不画图时，应将图板竖立保管（长边在下面），并随时注意避免碰撞或刻损板面和硬木条。

二、铅笔

绘图使用的铅笔的铅芯硬度用 B 和 H 标明，B 表示软而浓，H 表示硬而淡，HB 表示软硬适中。画底稿时常用 H ~ 2H 铅笔，描粗时常用 HB ~ 2B 铅笔。

铅笔应削成如图 1-2 所示的式样，削好的铅笔还要用“0”号砂纸将铅芯磨成圆锥形，如图 1-3 所示，以保证所画图线粗细均匀。

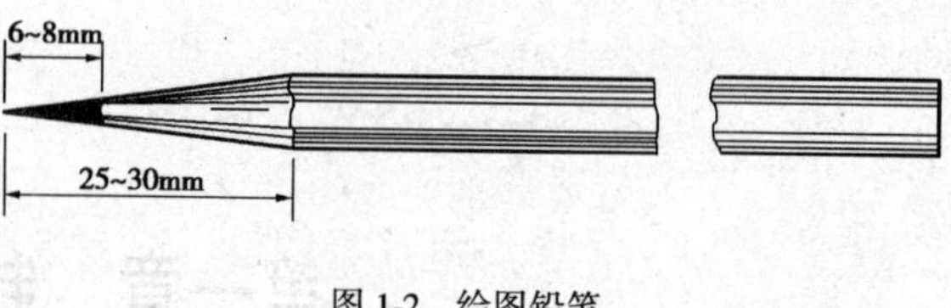

图 1-2 绘图铅笔

使用铅笔绘图时，握笔要稳，运笔要自如。画长线时可转动铅笔，使图线粗细均匀，如图 1-4、图 1-5 所示。

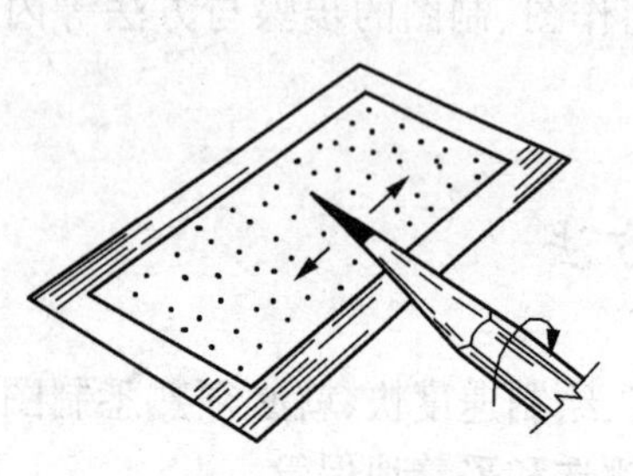
图 1-3 磨铅芯

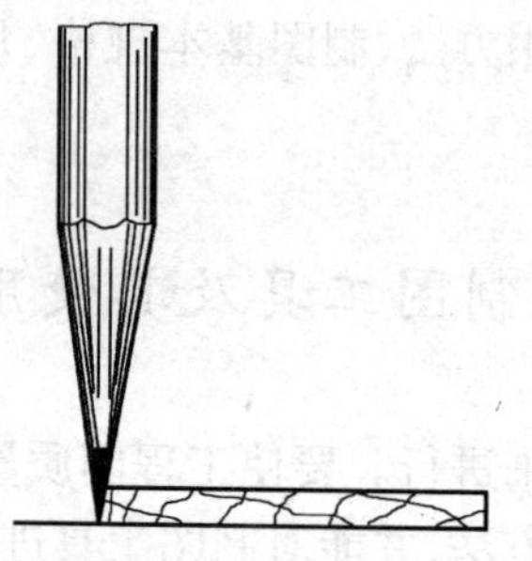
图 1-4 铅笔与尺身的相对位置

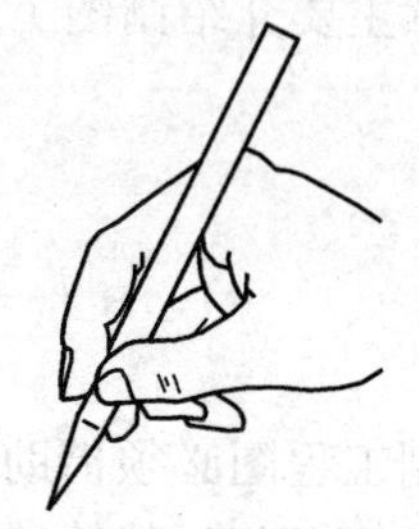
图 1-5 握铅笔方法

三、丁字尺

丁字尺由相互垂直的尺头和尺身构成，如图 1-6 所示。丁字尺与图板配合主要用来画水平线，使用时应检查尺头和尺身是否紧固，再检查尺身的工作边和尺头内侧是否平直光滑。

用丁字尺画水平线时，铅笔应沿着尺身工作边从左画到右，如水平线较多，则应由上而下逐条画出。丁字尺每次移动位置都要注意尺头是否紧靠图板，画线时应防止尺身移动。如图 1-7 所示为移动丁字尺的手势，如图 1-8 所示为用丁字尺画水平线。

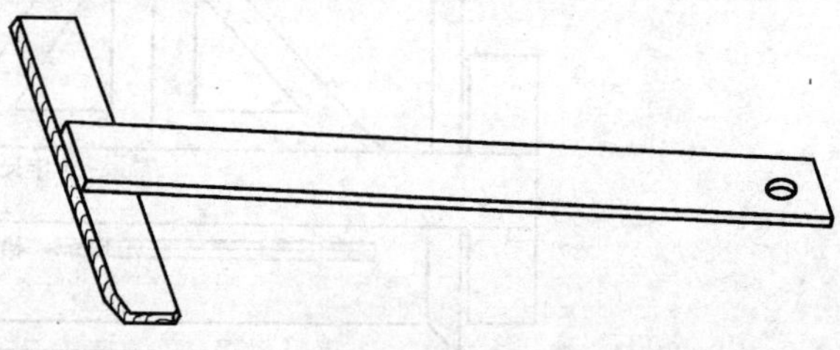
图 1-6 丁字尺

四、三角板

三角板与丁字尺配合，主要用来画铅垂线和特殊角度的斜线。一副三角板是由 30°× 60°×90°和 45°× 45°× 90°两块组成。它的每一

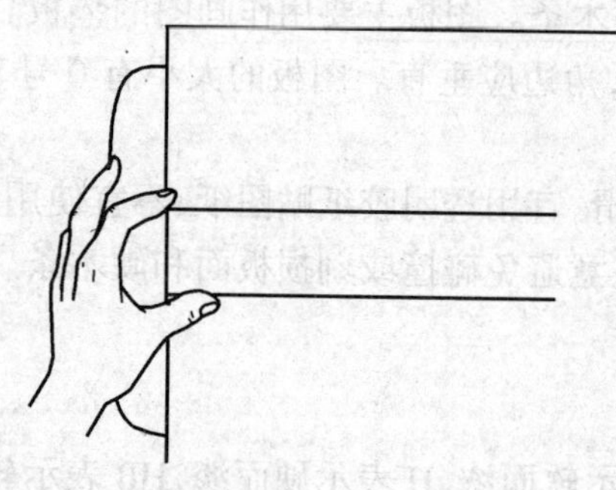
图 1-7 移动丁字尺的手势

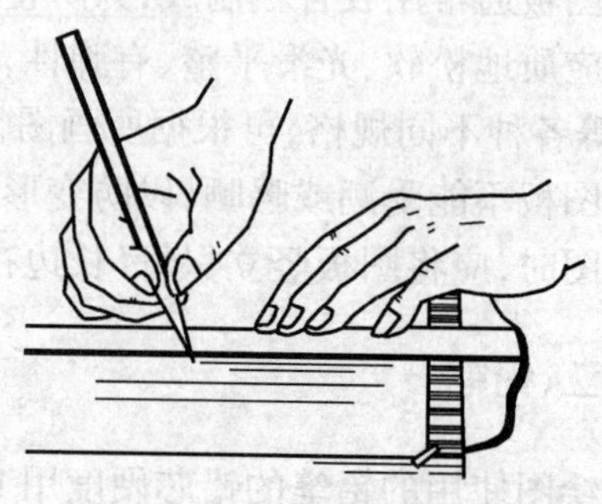
图 1-8 用丁字尺画水平线

个角都必须十分准确，各边都应平直光滑。

使用三角板画铅垂线时，应使丁字尺尺头紧靠图板左边硬木条，三角板的一直角边靠紧在丁字尺的工作边上，再用左手轻轻按住丁字尺和三角板，右手持铅笔，自下而上画出铅垂线，如图 1-9 所示。

用一副三角板和丁字尺配合，可画出与水平线成 15°及其倍数角(30°、45°、60°、75°)的斜线，如图 1-10 所示。

三角板一般用有机玻璃制成，需防止曝晒和碰坏。

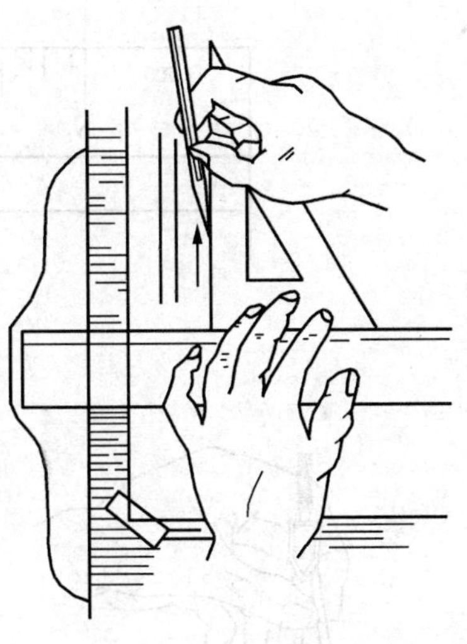

图 1-9　用三角板画铅垂线

五、比例尺

在图样中图形与实物相应的线性尺寸之比，称为比例。刻有不同比例的直尺称为比例尺。使用比例尺绘图时可不必通过计算，直接将物体的实际长度，按所选用的比例缩小或放大画在图纸上。比例尺的式样很多，常用的为三棱尺，如图 1-11 所示，它在三个棱面上刻有六种比例，其比例有百分比例尺和千分比例尺两种。比例尺上刻度所注数字的单位为米(m)。当比例尺面上没有所需的比例时，可变通运用，如图 1-12 所示。

比例尺一般用木料或塑料制成，不能将比例尺作直尺使用，也不能将棱线碰缺而损坏尺面上的刻度。

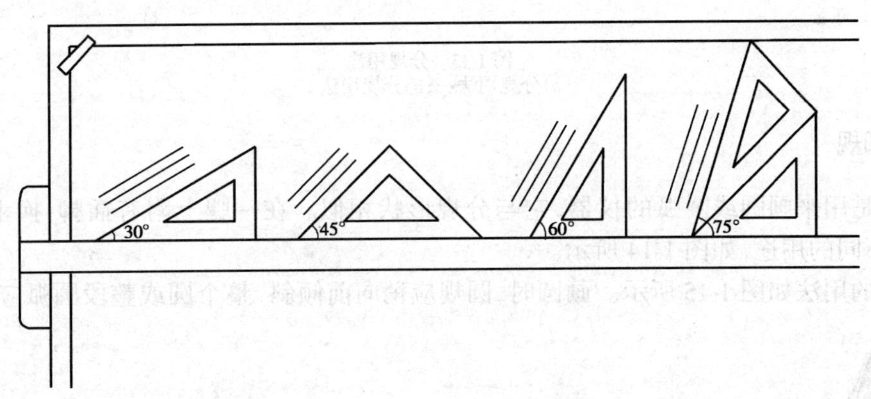

图 1-10　斜线的画法

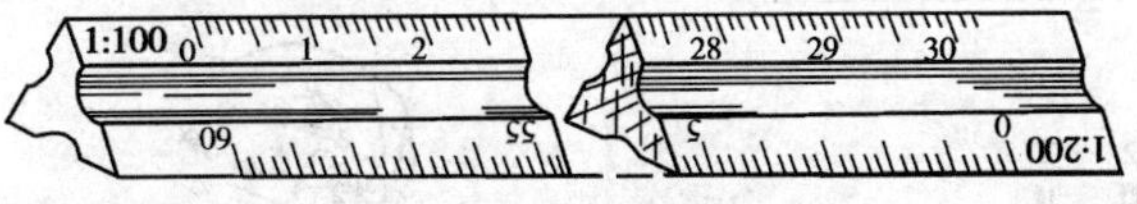

图 1-11　比例尺

六、分规

分规是截量长度和等分线段的工具，使用方法如图 1-13 所示。

分规是用低碳钢制成，使用时应保持清洁，防止碰坏，并使两针尖接触对齐。

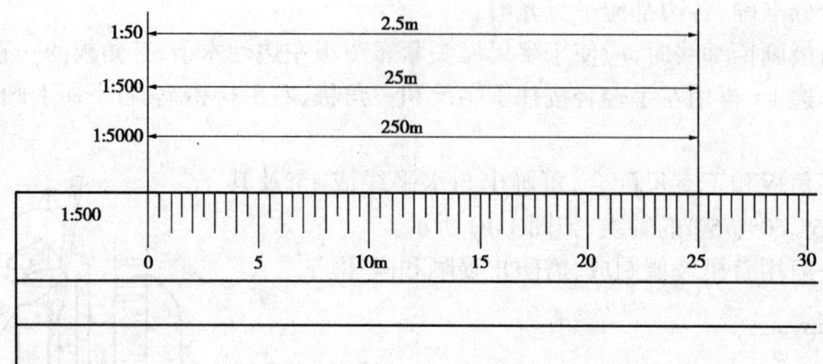

图 1-12　比例尺用法

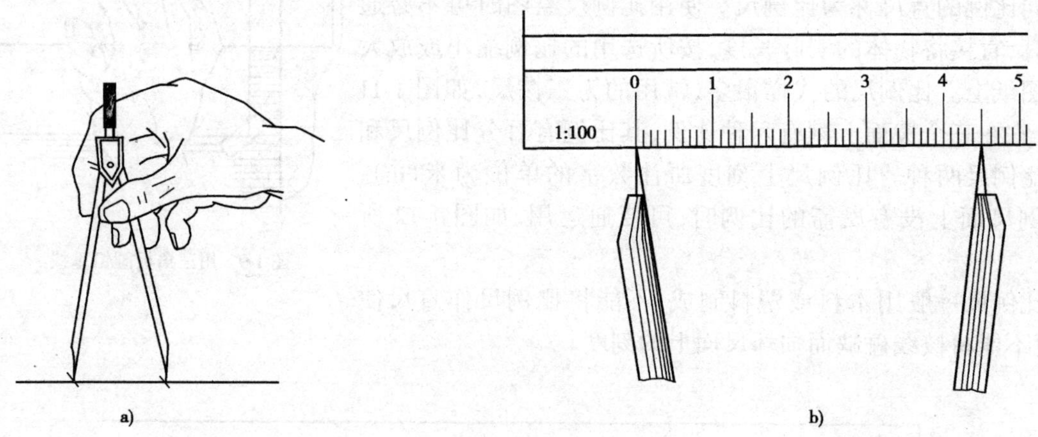

图 1-13　分规用法
a)分规用法一；b)分规用法二

七、圆规

圆规是用来画圆或圆弧的仪器，它与分规形状相似。在一腿上附有插脚，换上不同的插脚，可作不同的用途，如图 1-14 所示。

圆规的用法如图 1-15 所示。画圆时，圆规应稍向前倾斜，整个圆或整段圆弧应一次画完。

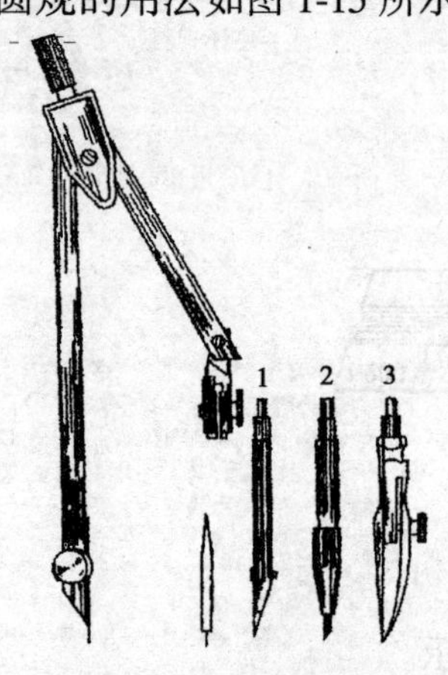

图 1-14　圆规及附件
1-钢针插脚；2-铅笔插脚；3-墨水笔插脚

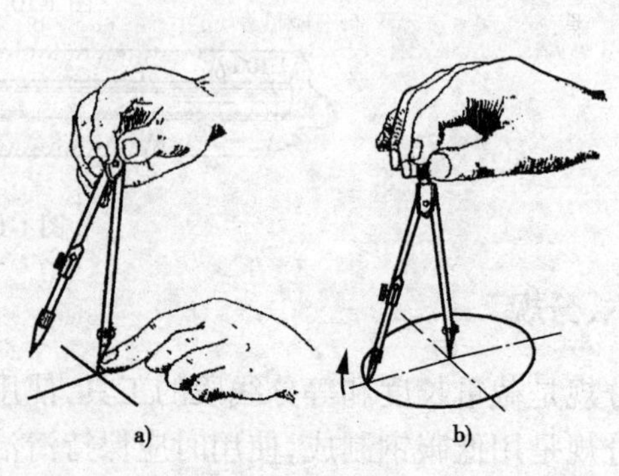

图 1-15　圆规用法

画较大的圆弧时，应使圆规两脚与纸面垂直。画更大的圆弧时要接上延长杆，如图 1-16 所示。圆规铅芯宜磨成凿形，并使斜面向外，其硬度应比所画同种直线的铅笔软一号，以保证图线深浅一致。

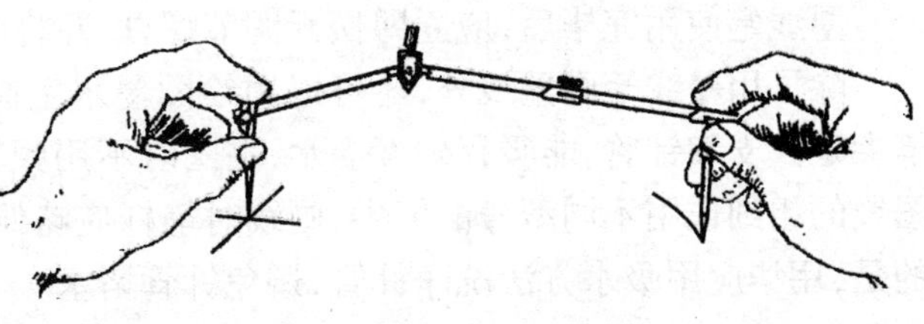

图 1-16　接上延长杆画大圆

八、曲线板

曲线板是用来画非圆曲线的工具，其式样很多，曲率大小各不相同。曲线板板面应平滑，板内外边缘应光滑、曲率转变应自然。

使用曲线板之前，先定出曲线上的若干控制点，然后选择曲线板上与曲率相应的部分，分几次画成。每次至少应有三个点与曲线板相吻合，以保证曲线的顺滑，如图 1-17 所示。

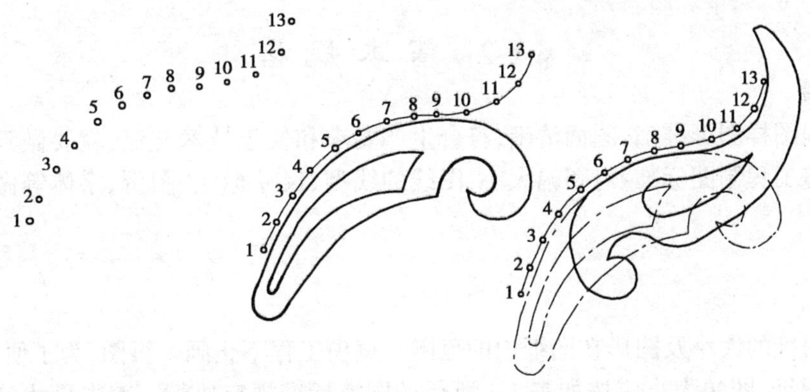

图 1-17　曲线板用法

曲线板是用塑料或有机玻璃制成，应防止翘曲。

九、墨线笔与绘图墨水笔

墨线笔(又称鸭嘴笔)是描图上墨画线的工具。用墨水瓶上的吸管或小钢笔蘸取墨水，灌注在两叶片中间，如图 1-18 所示。笔内一次含墨高度约以 5mm 为宜。

墨线笔上墨后，根据所画线条粗细，调节叶片间的距离，并在相同的图纸上试画，直至调节到符合要求为止。

画线时，墨线笔应垂直于纸面，而笔杆应稍向画线方向倾斜，笔杆切不可外倾或内倾，以免造成跑墨或墨线不平滑等现象，如图 1-19 所示。

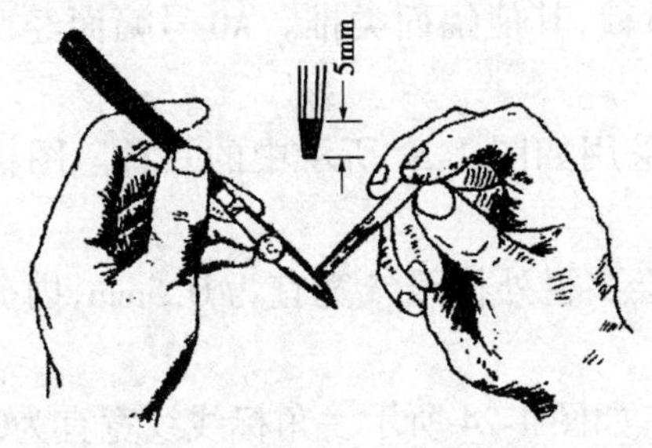

图 1-18　墨线笔上墨水方法

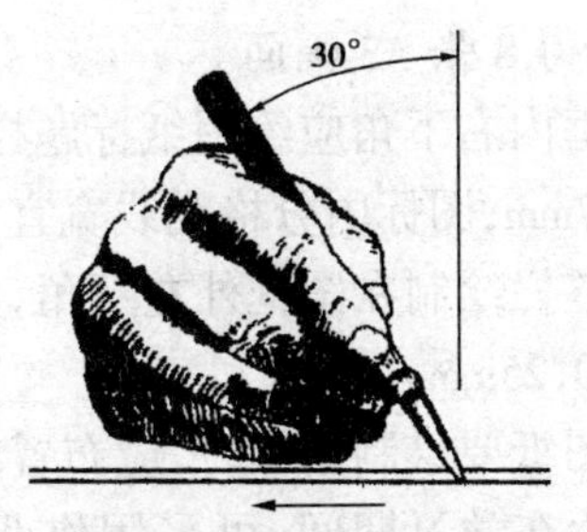

图 1-19　持墨线笔的手势

墨线笔使用完毕后，应立即松开调节螺母，并将叶片上的墨水擦净。

除了用墨线笔画墨线外，还可以用绘图墨水笔画墨线。绘图墨水笔如图 1-20 所示，它的笔尖是一支细针管，能吸存碳素墨水，描图时不用频繁加墨。笔尖的口径有多种规格，可根据图线的粗细选用不同型号的笔尖，画线时笔杆应略倾斜于纸面，速度均匀、用力适当。须注意的是，用毕应用吸水方法洗净针管，避免针管堵塞。

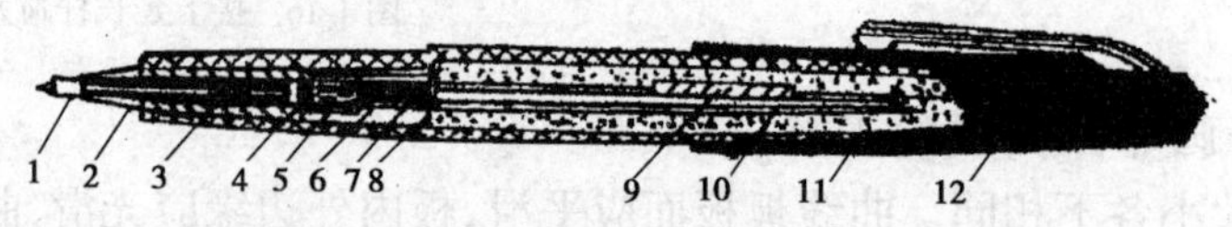

图 1-20 绘图墨水笔构造图

1-笔头；2-笔颈；3-引水通针；4-储水器；5-尖套；6-排气管；7-插座；8-接螺丝；9-笔胆；10-护胆管；11-笔杆；12-笔套

§1-2 基本规格

为使工程图样图形准确、图面清晰，符合生产要求和便于技术交流，就要做到工程图样基本统一，《道路工程制图标准》对图幅大小、图线的线型、尺寸标注、图例、字体等做了统一的规定。

一、图幅

图幅是图纸的大小及图形在图纸内的范围。每项工程不止画一页图，为了便于装订、保存和合理使用图纸，图幅大小应按如表 1-1 所示的国家标准规定执行。表中尺寸单位为 mm，尺寸代号如图 1-21 所示。在选用图幅时，应以一种规格为主，尽量避免大小幅面掺杂使用。

图幅及图框尺寸(mm)

表 1-1

图幅代号 / 尺寸代号	A0	A1	A2	A3	A4
$b \times l$	841 × 1189	594 × 841	420 × 594	297 × 420	210 × 297
a	35	35	35	35	25
c	10	10	10	10	10

图纸幅面的边长尺寸成$\sqrt{2}$倍数关系，即 $l = \sqrt{2}b$，且 A0 号幅面的面积为 $1m^2$，A1 幅面是沿 A0 幅面长边的对裁，A2 幅面是沿 A1 幅面长边的对裁，其他幅面类推。A0 号幅面经反复对裁长边，可得 8 张 A3 幅面。

图框内右下角应绘图纸标题栏，简称图标，可采用如图 1-22 所示中的一种。图框线线宽宜为 0.7mm；图标内分格线线宽宜为 0.25mm。

会签栏绘制在图框外左下角，如图 1-23 所示，会签栏外框线线宽宜为 0.5mm，内分格线线宽宜为 0.25mm。

当图纸要绘制角标时，应布置在图框内右上角，如图 1-24 所示。角标线线宽宜为0.25mm。

学生在学习期间，可采用作业用的标题栏（详见《工程制图习题集》），会签栏和角标可不设。

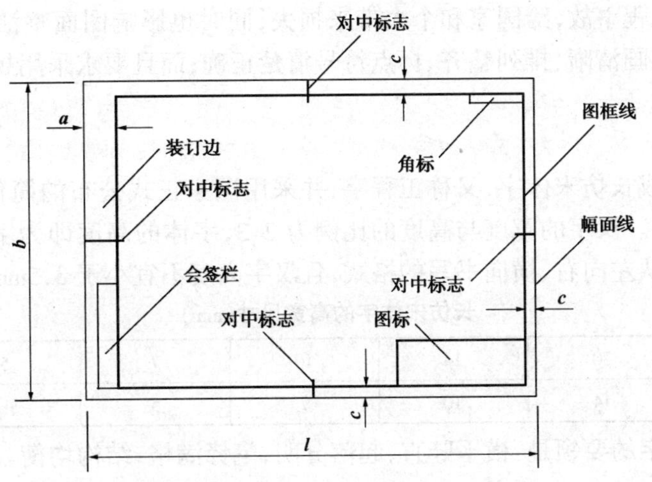

图 1-21 幅面格式

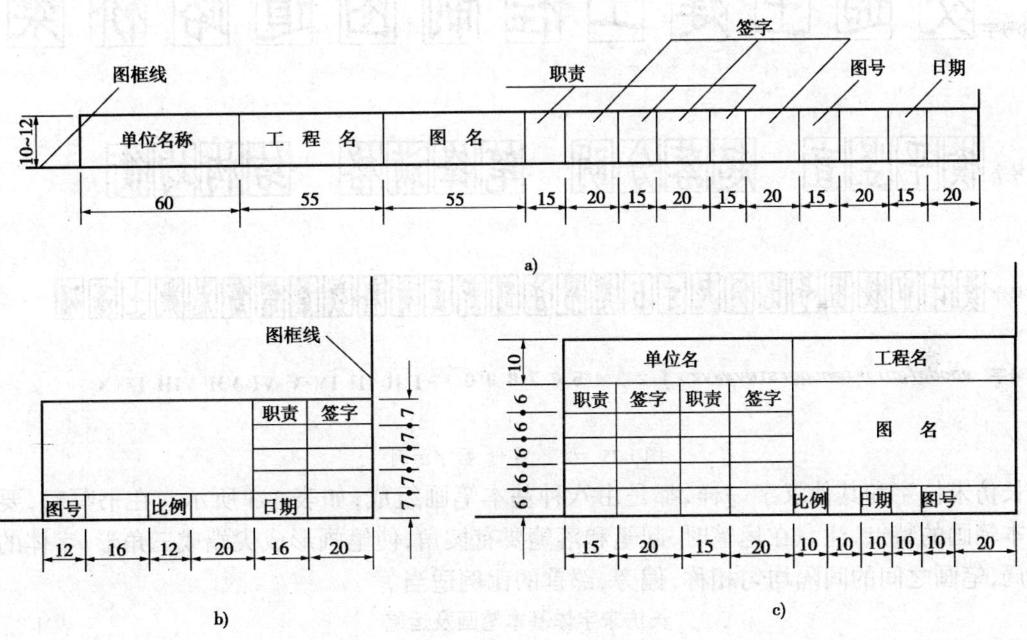

图 1-22 图标(尺寸单位:mm)

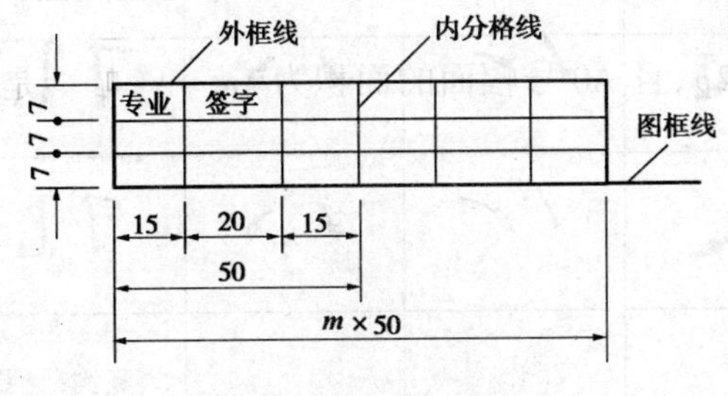

图 1-23 会签栏(尺寸单位:mm)

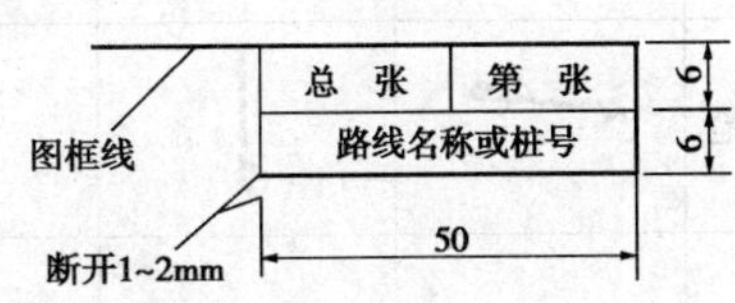

图 1-24 角标(尺寸单位:mm)

二、字体

文字、数字、字母或符号是工程图的重要组成部分。若字体潦草,会导致辨认困难,或误认为其他，容易造成工程事故，给国家和个人带来损失，同时也影响图面整洁美观。因此要求图纸上的字体端正、笔画清晰、排列整齐、标点符号清楚正确；而且要求采用规定的字体和按规定的大小书写。

1. 汉字

图中汉字应写成长仿宋体字，又称工程字，并采用国家正式公布的简化字，除有特殊要求外，不得采用繁体字。汉字的宽度与高度的比例为 2:3，字体的高度即为字号，如表 1-2 所示。汉字书写要求采用从左向右、横向书写的格式，且汉字高度不宜小于 3.5mm。

长仿宋体字的高宽尺寸(mm)

表 1-2

字 高	20	14	10	7	5	3.5
字 宽	14	10	7	5	3.5	2.5

书写长仿宋体字的要领是：横平竖直，起落分明，笔锋满格，结构均衡。如图 1-25 所示。

7号字 横平竖直　起落分明　笔锋满格　结构均衡

5号字 设计审核图号比例尺寸日期附注剖断面材料数量钢筋混凝土基础

3.5号字 *abcdefghijklmnopqrstuvwxyz* 1 2 3 4 5 6 7 8 9 0　I II III IV V VI VII VIII IX X

图 1-25　汉字、字母、数字示例

长仿宋体字和其他汉字一样，都是由八种基本笔画组成，如表 1-3 所示。在书写时，要掌握基本笔画的特点，注意在运笔时，起笔和落笔要有棱角，使笔画形成尖端或三角形；字体的结构布局，笔画之间的间隔均匀相称，偏旁、部首的比例适当。

长仿宋字体基本笔画及运笔

表 1-3

名称	横	竖	撇	捺	挑	点	钩
笔画							
运笔							
说明	横应略向上斜，运笔应有起落、顿挫、棱角	竖要垂直，运笔同横	撇应同字格对角线基本平行，起笔重、落笔轻	起笔轻、落笔重，做捺角成三角形	起笔重、落笔尖细如针	点应起笔轻、尖，落笔渐曲渐重	竖钩：竖要挺直，钩要尖细如针 弯钩：由直转弯，过渡要圆滑

2. 数字和字母

图纸中的阿拉伯数字、外文字母、汉语拼音字母笔画宽度宜为字高的1/10。大写字母的宽度宜为字高的2/3，小写字母的高度应以 *b*、*f*、*h*、*p*、*g* 为准，字宽宜为字高的1/2。*a*、*m*、*n*、*o*、*e* 的字宽宜为上述小写字母高度的2/3。字例见图1-25。

数字与字母的字体可采用直体或斜体，但同一册图纸中应一致。直体笔画的横与竖应成90°；斜体字头向右倾斜，与水平线应成75°。字母不得写成手写体。图纸中分数不得用数字与汉字混合表示。如：五分之一应写成1/5，不得写成5分之一。

三、图线

工程图是由不同种类的线型，不同粗细的线条所构成，这些图线可表达图样的不同内容，以及分清图中的主次。

图线的种类有实线、虚线、点划线、折断线、波浪线等，其画法如表1-4所示。

图线的线型、线宽、用途及其画法 表1-4

名　称	线　型	线　宽	一　般　用　途
标准实线		*b*	可见轮廓线、钢筋线
中实线		0.5*b*	较细的可见轮廓线、钢筋线
细实线		0.25*b*	尺寸线、剖面线、引出线、图例线等
加粗实线		1.4*b*～2.0*b*	图框线、路线设计线，地平线等
粗虚线		*b*	地下管线或建筑物
中虚线		0.5*b*	不可见轮廓线
细点划线		0.25*b*	中心线、对称线、轴线等
双点划线		0.25*b*	假想轮廓线
波浪线		0.25*b*	断开界线
折断线		0.25*b*	断开界线

图线的宽度应符合《国标》规定的线宽系列，即0.18、0.25、0.35、0.5、0.7、1.0、1.4、2.0(mm)。每个图样一般使用三种线宽，且互成一定的比例，即粗线(线宽为 *b*)、中粗线、细线，比例规定为 *b*:0.5*b*:0.25*b*。绘图时，应根据图样的复杂程度及比例大小，选用如表1-5所示的线宽组合。

在同一张图纸内相同比例的各图形，应选用相同的线宽组合。

线　宽　组　合 表1-5

线宽类别	线宽系列(mm)				
b	1.4	1.0	0.7	0.5	0.35
0.5*b*	0.7	0.5	0.35	0.25	0.25
0.25*b*	0.35	0.25	0.18 (0.2)	0.13 (0.15)	0.13 (0.15)

图纸图框线和标题栏的宽度如表1-6所示。

图纸图框线和标题栏的宽度(单位:m)　　表 1-6

图纸幅面	图框线	标题栏外框线	标题栏分格线
A0、A1	1.4	0.7	0.35
A2、A3、A4	1.0	0.7	0.35

相交图线的绘制应符合下列规定：

(1)当虚线与虚线或虚线与实线相交时,相交处不应留空隙,如图 1-26a)所示。

(2)当实线的延长线为虚线时,应留空隙,如图 1-26b)所示。

(3)当点划线与点划线或点划线与其他线相交时,交点应设在线段处,如图 1-26c)所示。

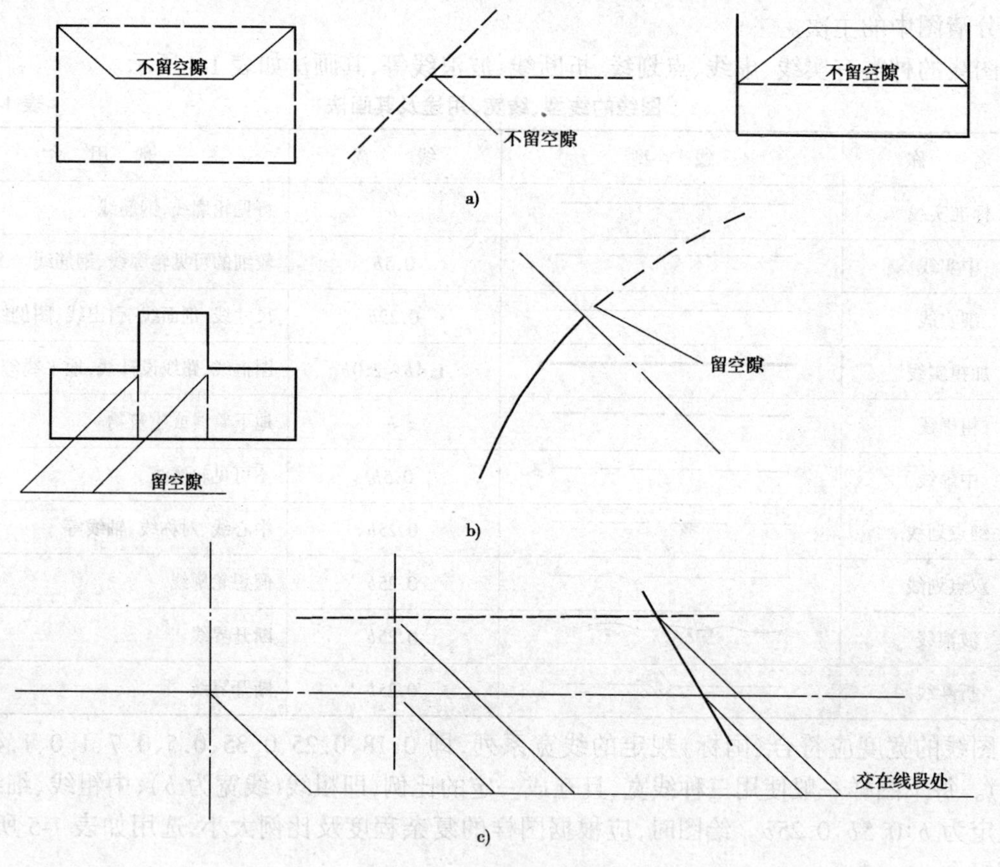

图 1-26　图线相交的画法

四、比例

图样中图形与实物相应线性尺寸之比,称为比例。比例大小即为比值大小,如 1∶50 > 1∶100。绘图比例的选择,应遵循图面布置合理、均匀、美观的原则,按图形大小及图面复杂程度确定。

比例应采用阿拉伯数字表示,宜标注在视图图名的右侧或下方,字高可比图名字体小一号或二号,如图 1-27 所示。当同一张图纸中的比例完全相同时,可在图标中注明,也可以在图纸中适当位置采用标尺标注。当竖直方向与水平方向的比例不同时,可以用 V 表示竖直方向比例,用 H 表示水平方向比例。

当采用一定比例画图时，图样上标注的尺寸数字是结构物的实际尺寸，而与所采用的比例无关。

A – A 1:10　　I – I 1:10　　H 0 50 100m V 0 5 10m

图 1-27　比例的标注

五、坐标

为了表示地区的方位和路线的方向，地形图上需画出坐标网格或指北针，图纸上指北针标志的绘制，如图 1-28a)所示。

用网格表示坐标，坐标网格应采用细实线绘制，南北方向轴线代号应为 X，向北为坐标值增大的方向，东西方向轴线代号应为 Y，向东为坐标值增大的方向。坐标网格也可采用十字线代替，如图 1-28b)所示。坐标值的标注应靠近被标注点，书写方向平行于网格并在网格延长线上。

当坐标数值较多时，可将前面相同数字省略，但应在图纸中说明，坐标数值也可采用间隔标注。当需要标注的控制坐标点不多时，宜采用引出线的形式标注，水平线上、下应分别标注 X、Y 轴的代号及数值，如图 1-29 所示。当需要标注的控制坐标点较多时，图纸上可标注点的代号，坐标值可在适当位置列表示出。坐标数值的计量单位应采用 m，并精确至小数点后三位。

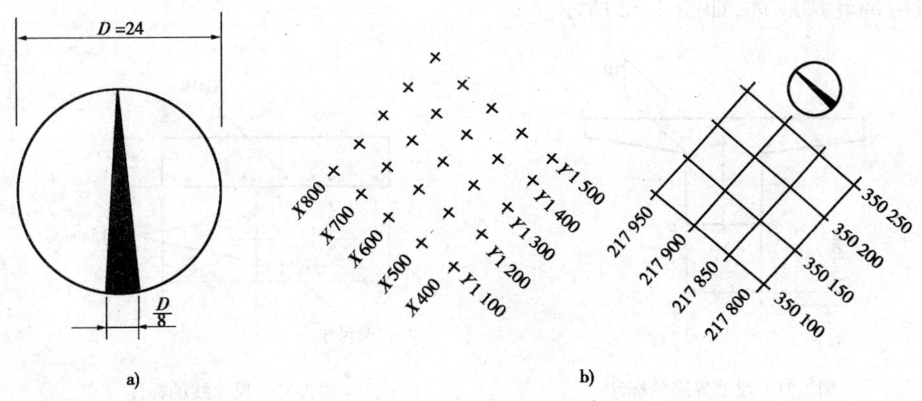

图 1-28　坐标网格及指北针的绘制

a)指北针的绘制；b)坐标网格及坐标线

例：$\frac{X460.405}{Y310.750}$就是该点距坐标原点向北 460.405，向东 310.750。

六、尺寸标注

工程图上除画出构造物的形状外，还必须准确、完整、清晰地标注出构造物的实际尺寸，以作为施工的依据。因此，尺寸是图样的重要组成部分。

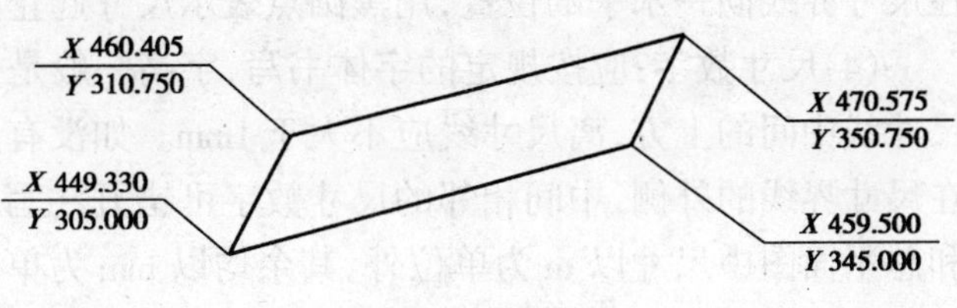

图 1-29　控制坐标的标注

1．尺寸的组成

图样上标注的尺寸，由尺寸界线、尺寸线、尺寸起止符和尺寸数字四要素组成，如图 1-30 所示。

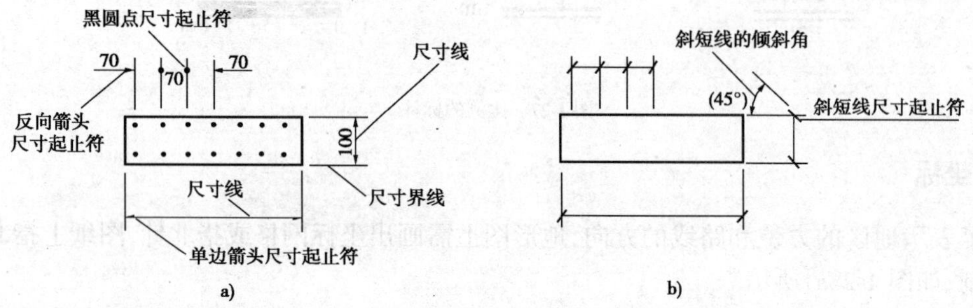

图 1-30　尺寸要素的标注

2．尺寸标注的一般规则

(1)尺寸界线：由一对垂直于被标注长度的平行线组成，其间距等于被标注线段的长度；当标注困难时，也可不垂直于被标注长度，但尺寸界线应相互平行。尺寸界线应用细实线绘制，一端应离开图样轮廓线不小于 2mm，另一端宜超出尺寸线 1～3mm。图形轮廓线、中心线也可作为尺寸界线，如图 1-31 所示。

(2)尺寸线：必须与被标注轮廓线平行，不应超出尺寸界线，任何其他图线均不得作为尺寸线。相互平行的尺寸线应从被标注的轮廓线由近向远排列，所有平行尺寸线间的间距可在 5～15mm之间。同一张图纸或同一图形上这种间距应当保持一致。分尺寸线应离轮廓线近，总尺寸线应离轮廓线远，如图 1-32 所示。

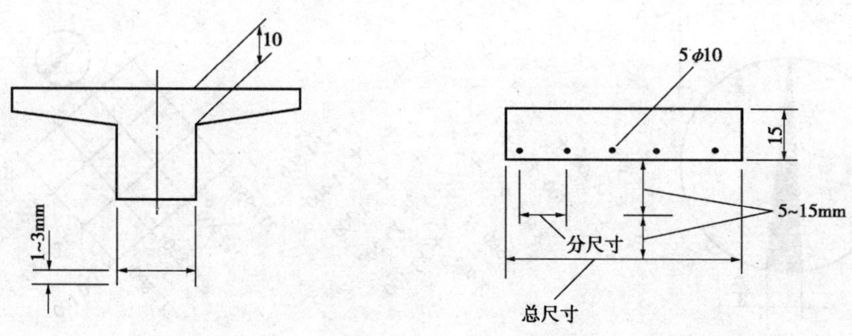

图 1-31　尺寸界限的标注　　图 1-32　尺寸线的标注

(3)尺寸起止符：宜采用单边箭头表示，箭头在尺寸界线的右边时，应标注在尺寸线之上；反之，应标注在尺寸线之下。箭头大小可按绘图比例取值。尺寸起止符也可采用与尺寸线成顺时针 45°的倾斜方向，且长度为 2～3mm 的中粗斜短线表示。在连续表示的小尺寸中，也可在尺寸界线同一水平的位置，用黑圆点表示尺寸起止符号，见图 1-30。

(4)尺寸数字：应按规定的字体书写，字高一般是 3.5mm 或 2.5mm。尺寸数字一般标注在尺寸线中间的上方，离尺寸线应不大于 1mm。如没有足够注写位置，最外边的尺寸数字可注写在尺寸界线的外侧，中间相邻的尺寸数字可错开注写，也可引出注写。在图样中，除标高尺寸和总平面图中尺寸以 m 为单位外，其余均以 mm 为单位，标注尺寸时，数字后面的单位应省略，如图 1-33 所示。

3．尺寸标注中的一些规定

(1)引出线的斜线与水平线应采用细实线，其交角 α，可按 90°、120°、135°、150°绘制。当视图需要文字说明时，可将文字说明标注在引出线的水平线上。当斜线在一条以上时，各斜线宜平行或交于一点，如图 1-34 所示。

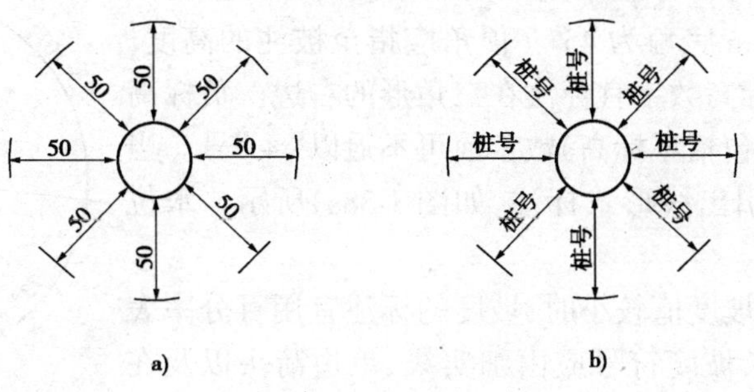

图 1-33　尺寸数字、文字的标注

(2)半径与直径的标注：半径与直径可按如图 1-35a)所示标注。当圆的直径较小时，半径与直径可按如图 1-35b)所示标注；当圆的直径较大时，半径尺寸的起点可不从圆心开始，按如图 1-35c)所示标注。半径和直径的尺寸数字前，应标注“$r(R)$”，或“$d(D)$”。

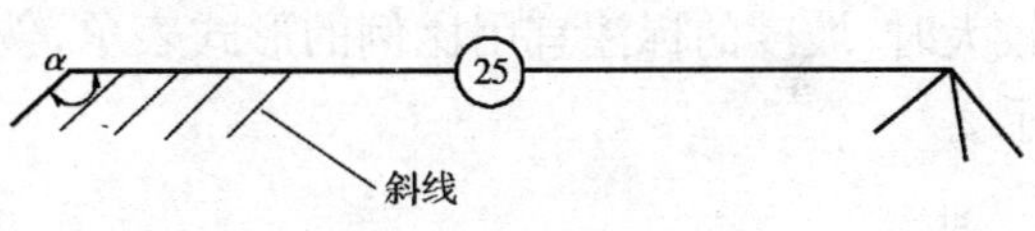

图 1-34　引出线的标注

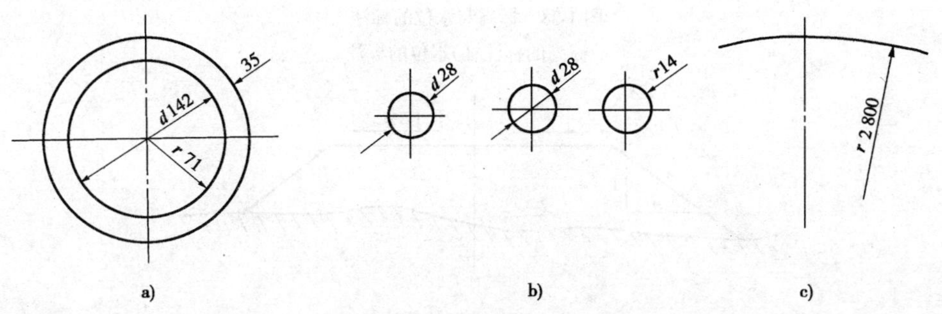

图 1-35　半径与直径的标注

(3)弧长与弦长的标注：圆弧尺寸按如图 1-36a)所示标注，当弧长分为数段标注时，尺寸界限也可沿径向引出，如图 1-36b)所示。弦长的尺寸界限应垂直该圆弧的弦，如图 1-36c)所示。

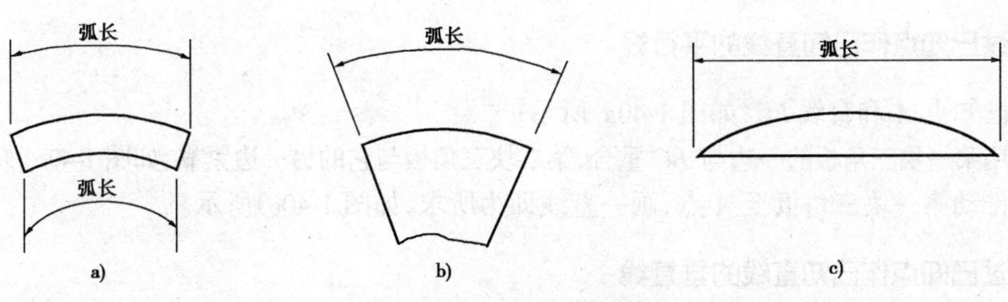

图 1-36　圆弧与弦长的标注

(4)角度的标注:角度尺寸线应以圆弧表示,角的两边为尺寸界线。角度数值宜写在尺寸线上方中部。当角度太小时,可将尺寸线标注在角的两条边的外侧,角度数字宜按如图 1-37 所示标注。

(5)标高的标注:标高符号应采用细实线绘制的等腰直角三角形表示。高为 2~3mm,底角为 45°。顶角应指至被注的高度,顶角向上、向下均可。标高数字宜标注在三角形的右边。负标高应冠以"-"号,正标高(包括零标高)数字前可不冠以"+"号。当图形复杂时,也可采用引出线形式标注,如图 1-38a)所示。水位标注如图 1-38b) 所示。

(6)坡度的标注:当坡度值较小时,坡度的标注宜用百分率表示,并应标注坡度符号。坡度符号应由细实线、单边箭头以及在线上标注的百分数组成。坡度符号的箭头应指向下坡。当坡度值较大时,坡度的标注宜用比例的形式表示,例如:1:*n*,如图 1-39 所示。

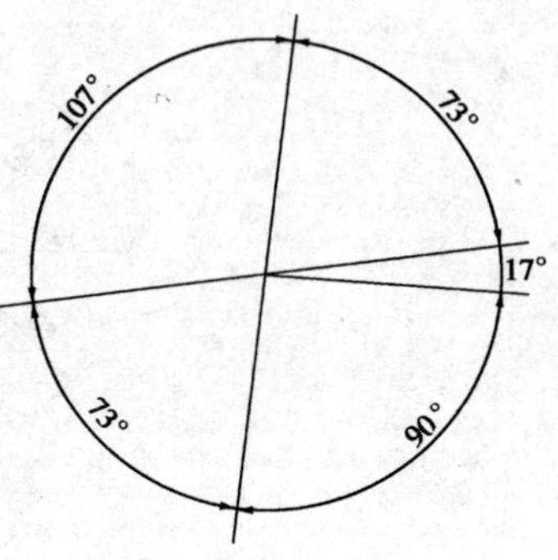

图 1-37　角度的标注

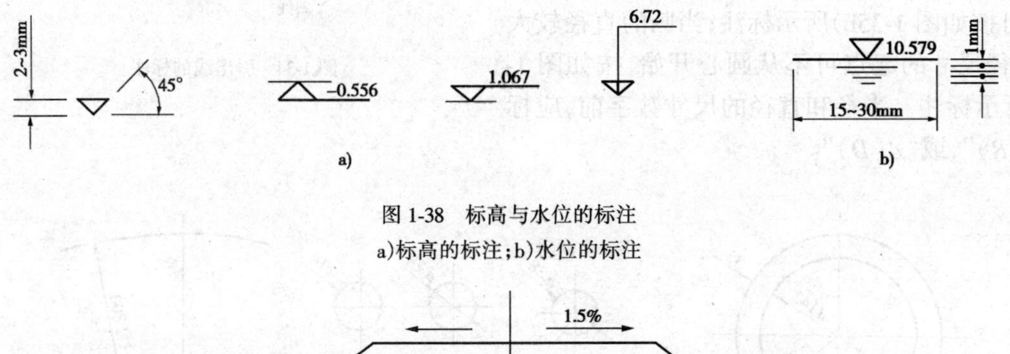

图 1-38　标高与水位的标注

a)标高的标注;b)水位的标注

图 1-39　坡度的标注

§1-3　几 何 作 图

图样是由直线、圆弧及曲线构成的几何图形。为了准确、迅速地绘制图样,并提高绘图质量,必须掌握各种几何图形的作图方法。下面介绍几种常用的作图方法。

一、过已知点作已知直线的平行线

(1)已知点 *A* 和直线 *BC*,如图 1-40a)所示;

(2)用第一块三角板的一边与 *BC* 重合,第二块三角板与它的另一边紧靠,如图 1-40b)所示;

(3)推动第一块三角板至 *A* 点,画一直线即为所求,如图 1-40c)所示。

二、过已知点作已知直线的垂直线

(1)已知点 *A* 和直线 *BC*,如图 1-41a)所示;

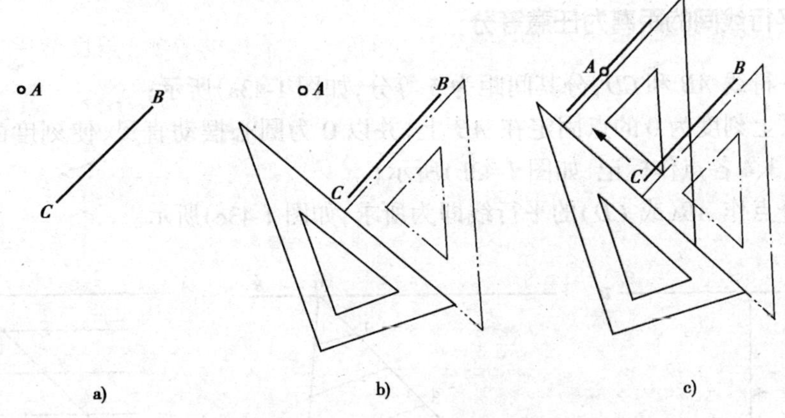

图 1-40 过已知点作已知直线的平行线

(2)先使 45°三角板的一直角边与 *BC* 重合,再使它的斜边紧靠另一块三角板,如图 1-41b)所示;

(3)推动 45°三角板,使另一直角边靠紧 *A* 点,画一直线,即为所求,如图 1-41c)所示。

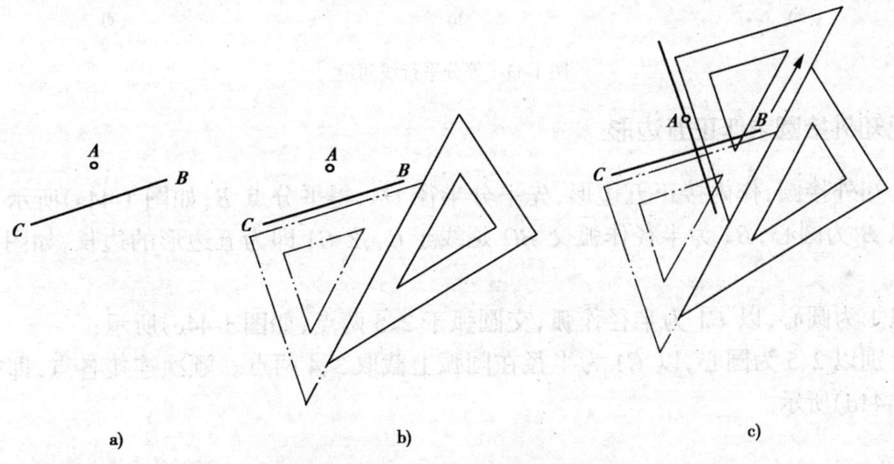

图 1-41 过已知点作已知直线的垂直线

三、分已知线段为任意等分

(1)已知直线 *AB*,分 *AB* 为 4 等分,如图 1-42a)所示;

(2)过 *A* 点作任意直线 *AC*,在 *AC* 上任意截取 4 等分,并连接 *BC*,如图 1-42b)所示;

(3)过各等分点作 *BC* 的平行线交 *AB* 得 3 个点,即分 *AB* 为 4 等分,如图 1-42c)所示。

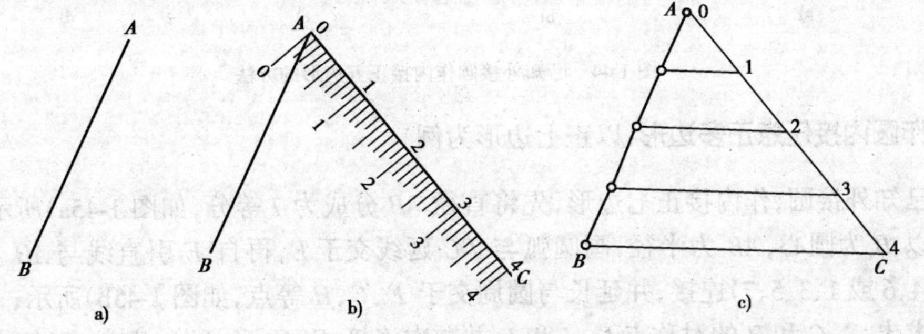

图 1-42 等分已知线段

四、分两平行线间的距离为任意等分

(1)已知平行线 *AB* 和 *CD*,分其间距为 5 等分,如图 1-43a)所示;

(2)将直尺上刻度为 0 的点固定在 *AB* 上,并以 0 为圆心摆动直尺,使刻度的第 5 点落在 *CD* 上,沿 1、2、3、4 各点作标记,如图 1-43b)所示;

(3)过各分点作 *AB*(或 *CD*)的平行线即为所求,如图 1-43c)所示。

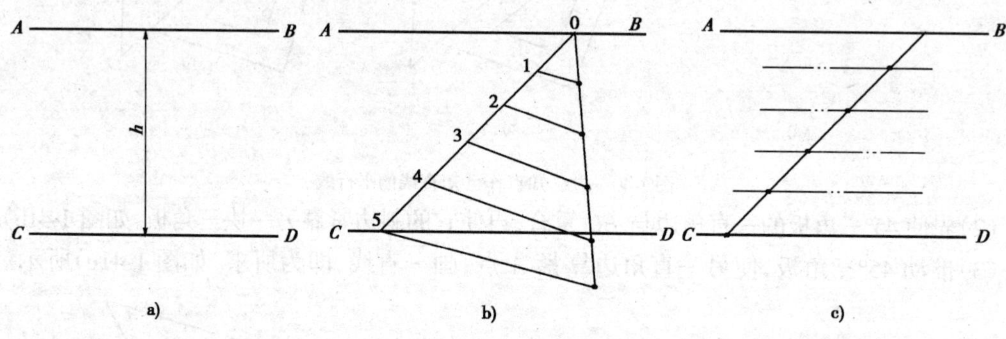

图 1-43 等分平行线间距

五、已知外接圆求作正五边形

(1)已知外接圆,作内接正五边形,先平分半径 *OA*,得平分点 *B*,如图 1-44a)所示;

(2)以 *B* 为圆心,*B*1 为半径作弧交 *BO* 延线于 *C*,弦 *C*1 即为五边形的边长,如图 1-44b)所示;

(3)以 1 为圆心,以 *C*1 为半径作弧,交圆弧于 2、5 两点,如图 1-44c)所示;

(4)分别以 2、5 为圆心,以 *C*1 为半径在圆弧上截取 3、4 两点。顺次连接各点,即得正五边形,如图 1-44d)所示。

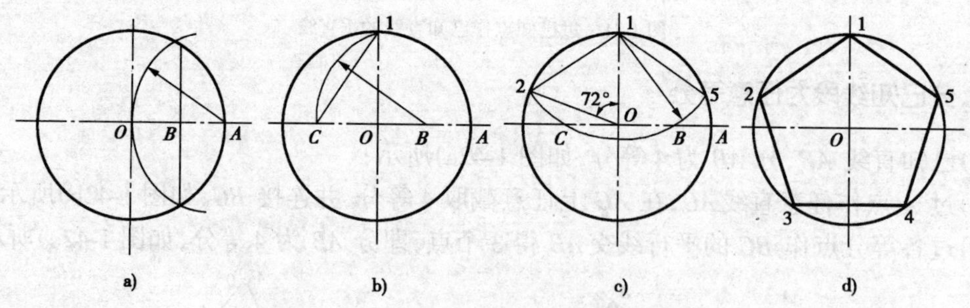

图 1-44 已知外接圆作内接正五边形的方法

六、作圆内接任意正多边形(以正七边形为例)

(1)已知外接圆,作内接正七边形,先将直径 *AB* 分成为 7 等分,如图 1-45a)所示;

(2)以 *B* 为圆心,*AB* 为半径,画圆弧与 *DC* 延线交于 *E*,再自 *E* 引直线与 *AB* 上每隔一分点(如 2、4、6 或 1、3、5、7)连接,并延长与圆周交于 *F*、*G*、*H* 等点,如图 1-45b)所示;

(3)求出 *F*、*G* 和 *H* 的对称点 *K*、*J* 和 *I*,并顺次连接 *F*、*G*、*H*、*I*、*J*、*K*、*A*、*F* 点,即得正七边形,如图 1-45c)所示。

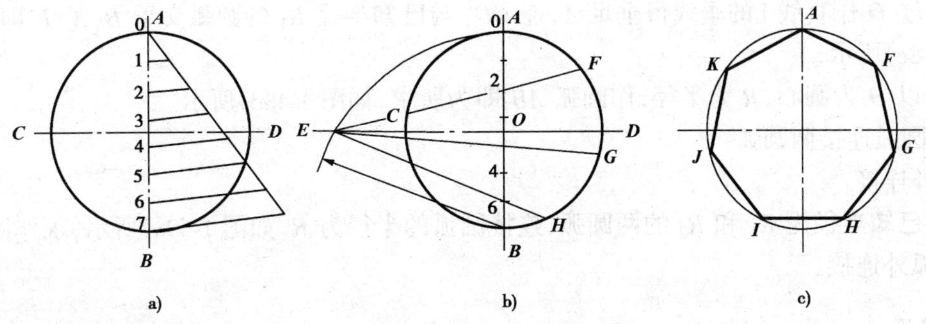

图 1-45　正七边形的近似画法

七、圆弧连接

道路工程图中，经常用到圆弧与直线连接或圆弧与圆弧连接，如道路的平面曲线、涵洞的洞口、隧道的洞门等。图 1-46 所示为道路的平面交叉路口，就是用圆弧与直线连接而成的。圆弧连接的形式很多，其关键是根据已知条件，准确地求出连接圆弧的圆心和切点（即连接点）。

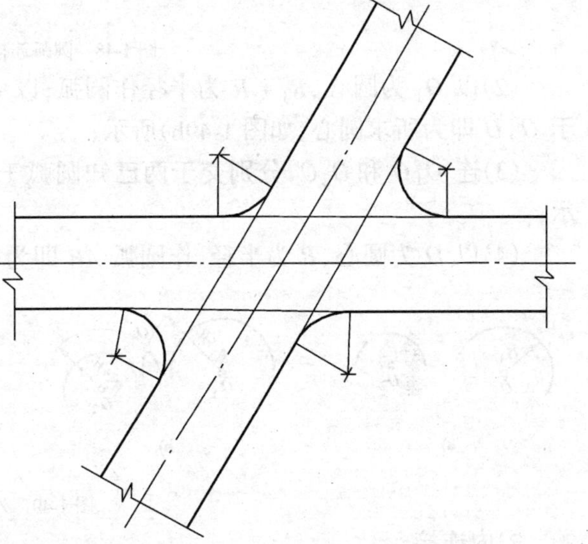

图 1-46　道路平面交叉口

1. 圆弧连接两直线

(1)已知直线 Ⅰ、Ⅱ，如图 1-47a)所示，连接圆弧的半径 R；

(2)在直线 Ⅰ、Ⅱ 上各取任意点 a、b，分别作 aa' 垂直直线 Ⅰ；bb' 垂直直线 Ⅱ，并截取 $aa' = bb' = R$，如图 1-47b)所示；

(3)过 $a'b'$ 分别作直线 Ⅰ、Ⅱ 的平行线相交于 O，点 O 即为所求连接圆弧的圆心，过 O 分别作直线 Ⅰ、Ⅱ 的垂线，得垂足 A、B，即为所求的切点，如图 1-47c)所示；

(4)以 O 为圆心，R 为半径作圆弧，连接两直线于 A、B 即为所求，如图 1-47d)所示。

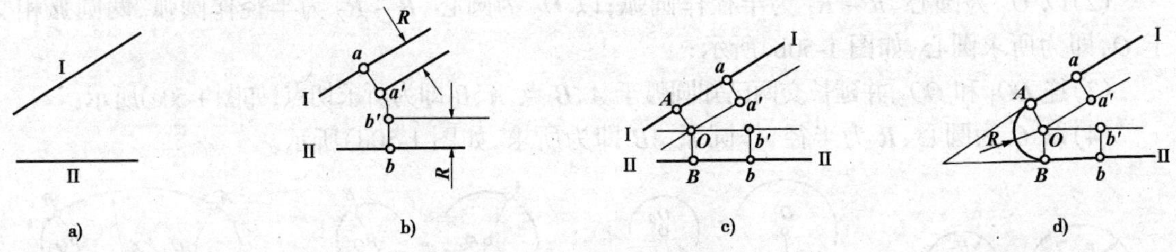

图 1-47　圆弧连接两直线

2. 圆弧连接直线和圆

(1)已知直线 Ⅰ 及以 R_1 为半径的圆弧 O_1、连接圆弧的半径 R，如图 1-48a)所示，求作圆弧与直线 Ⅰ 和已知圆弧 O_1 相连接；

(2)以 O_1 为圆心，$R_1 + R$ 为半径，作圆弧，并作直线 Ⅰ 的平行线，使其间距为 R，平行线与半径为 R_1 十 R 的圆弧交于 O 点，如图 1-48b)所示；

(3)过 O 作直线Ⅰ的垂线得垂足 A,连 OO_1 与已知半径 R_1 的圆弧交于 B,A、B 即为切点,如图 1-48c)所示;

(4)以 O 为圆心、R 为半径,作圆弧 AB 即为所求,如图 1-48d)所示。

3．圆弧连接两圆弧

1)外连接

(1)已知半径为 R_1 和 R_2 的两圆弧、连接圆弧的半径为 R,如图 1-49a)所示,求作圆弧与已知两圆弧外连接;

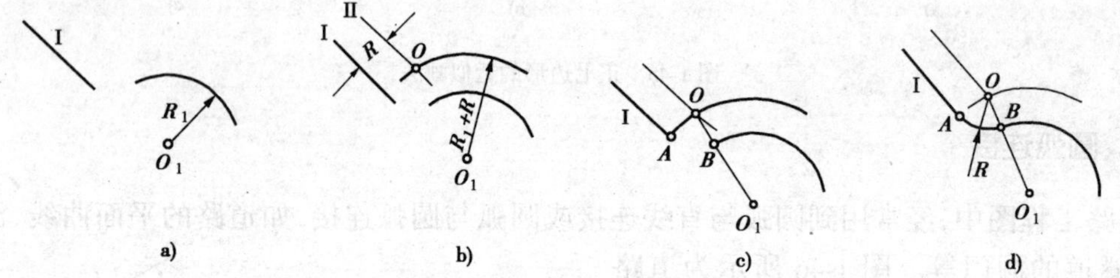

图 1-48　圆弧连接直线和圆弧

(2)以 O_1 为圆心、R_1+R 为半径作圆弧;以 O_2 为圆心、R_2+R 为半径作圆弧,两圆弧相交于 O,O 即为所求圆心,如图 1-49b)所示;

(3)连 O_1O 和 O_2O,分别交于两已知圆弧于 A、B 点,A、B 即为所求切点,如图 1-49c)所示;

(4)以 O 为圆心、R 为半径,作圆弧 AB 即为所求,如图 1-49d)所示。

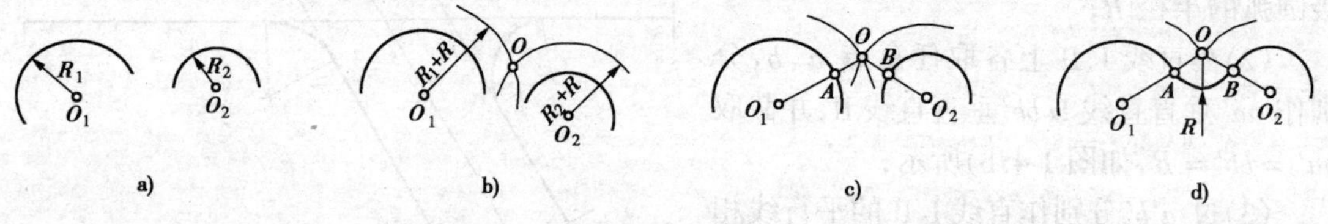

图 1-49　外连接

2)内连接

(1)已知半径为 R_1 和 R_2 的两圆弧、连接圆弧的半径为 R,如图 1-50a)所示,求作圆弧与已知两圆弧内连接;

(2)以 O_1 为圆心、$R-R_1$ 为半径作圆弧;以 O_2 为圆心、$R-R_2$ 为半径作圆弧,两圆弧相交于 O,即为所求圆心,如图 1-50b)所示;

(3)连 OO_1 和 OO_2,并延长交两已知圆弧于 A、B 点,A、B 即为所求切点,如图 1-50c)所示;

(4)以 O 为圆心、R 为半径,作圆弧 AB 即为所求,如图 1-50d)所示。

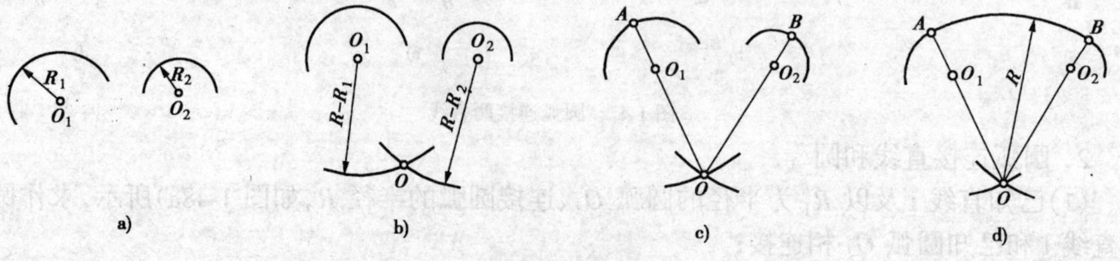

图 1-50　内连接

3)混合连接

(1)已知半径为 R_1、R_2 的两圆弧和连接圆弧的半径 R,如图 1-51a)所示,求作圆弧与已知两圆弧混合连接;

(2)以 O_1 为圆心、R_1+R 为半径作圆弧;以 O_2 为圆心、R_2-R 为半径作圆弧;两圆弧相交于 O,即为所求圆心,如图 1-51b)所示;

(3)连 O_1O 与以 R_1 为半径的圆弧交于 A;连 OO_2 并延长,与以 R_2 为半径的圆弧交于 B,A、B 即为所求切点,如图 1-51c)所示;

(4)以 O 为圆心、R 为半径,作圆弧 AB 即为所求,如图 1-51d)所示。

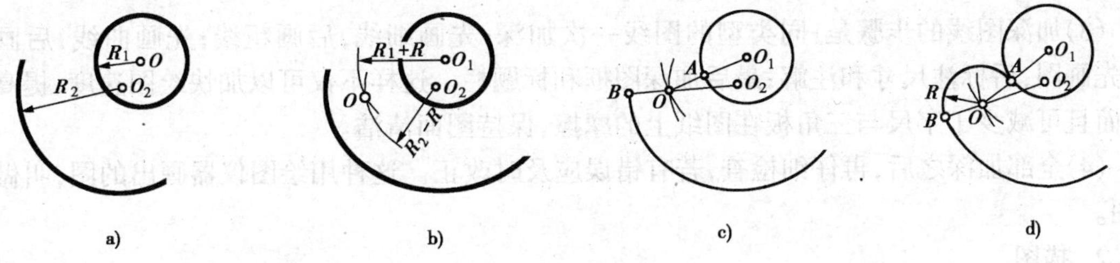

图 1-51 混合连接

§1-4 制图的步骤与方法

一、准备工作

(1)安排合适的绘图工作地点。绘图是一项细致的工作,要求绘图工作地点光线明亮、柔和,应使光线从左前方照射下来。绘图桌椅高度要配置合适,图板上方可略抬高一些,使其倾斜一个角度。绘图时姿势要正确,否则不仅影响工作效率,而且会妨碍身体健康。

(2)准备必需的绘图工具,使用之前应逐件进行检查校正并擦拭干净,以保证绘图质量和图面整洁。各种绘图工具应放在绘图桌的适当地方,做到使用方便、保管妥当。

(3)准备有关绘图的参考资料,以备随时查阅。

(4)根据所绘工程图的要求,按国家标准规定选用图幅大小。图纸在图板上粘贴的位置尽量靠近左边(离图板边缘 3~5cm),图纸下边至图板边缘的距离略大于丁字尺的宽度。

(5)根据国家标准规定,画出图框和标题栏。

二、画底稿

(1)任何工程图样的绘制必须先画底稿,再进行加深或描图。图面布置之后,根据选定的比例用 H 或 2H 铅笔轻轻画出底稿。底稿必须认真画出,以保证图样的正确性和精确度。如发现错误,不要立即就擦。可用铅笔轻轻作上记号,待全图完成之后,再一次擦净,以保证图面整洁。

(2)画底稿时,尺寸的量取,是用分规从比例尺上量取长度。相同长度尺寸应一次量取,以保证尺寸的准确,提高画图速度。

(3)画完底稿之后,必须认真逐图检查,看是否有遗漏和错误的地方,切不可匆忙加深。

三、加深和描图

在检查底稿确定无误之后，即可加深或描图。

1. 加深

(1)加深之前，应先确定标准实线的宽度，再根据线型标准确定其他线型。同类图线应粗细一致。一般粗度在 b 以上的图线用 B 或 2B 铅笔加深；$b/2$ 或更细的图线和尺寸数字、注解等可用 H 或 HB 铅笔绘写。

(2)为使图线粗细均匀，色调一致，铅笔应该经常修磨，加深粗实线一次不够时，则应重复再画，切不可来回描粗。

(3)加深图线的步骤是：同类型的图线一次加深；先画细线，后画粗线；先画曲线，后画直线；先画图，后标注尺寸和注解；最后加深图框和标题栏。这样不仅可以加快绘图速度，提高精度，而且可减少丁字尺与三角板在图纸上的摩擦，保持图面清洁。

(4)全部加深之后，再仔细检查，若有错误应及时改正。这种用绘图仪器画出的图，叫做仪器图。

2. 描图

凡有保存价值和需要复制的图样均需描图。描图是将描图纸覆盖在铅笔底稿上用描图墨水描绘的。描图的步骤同加深基本一样，主要是要熟练掌握墨线笔的使用，调好各类线型的粗度，将相同宽度的图线一次画好，要特别注意防止墨水污损图纸。每画完一条图线，要待墨水干固之后才能用丁字尺或三角板覆盖。描线时，应使底稿线处于墨线的正中。在描图过程中，图纸不得有任何移动。

全部描完之后，必须严格检查。如有错误，应待墨汁干后，在图纸下垫以丁字尺或三角板将刀片垂直图纸轻轻朝一个方向刮去墨迹。并用硬橡皮擦去污点，再把图纸压平后，才可在上面重画。由于刮过的图纸吸水力略有增加，重画时往往跑墨，可选用细一点的线型。实践证明，采用先改正后刮错的方法，可避免跑墨。

四、图样复制

图样复制目前常用复印机复印。在复印机未普及前，很多图是用晒图方法进行复制的。其方法是将感光纸紧贴在描好的底图背面，然后曝光，曝光后的感光纸经过汽熏处理，此过程一般用晒图机进行，即得复印图。这种图样因底色是淡蓝色故称为“蓝图”。

第二章　投影的基本知识

在建筑工程结构物时，必须具备能够完整而准确地表示出工程结构物的形状和大小的图样。绘制这种图样，通常采用投影的原理和方法绘制。本章着重介绍正投影法的基本原理和三面正投影图的形成及其基本规律。

§2-1　投影的概念

一、影子和投影

物体在光线(灯光和阳光)的照射下，就会在地面上产生影子，这种常见的自然现象，我们把它称为投影现象。当光线照射的角度或距离改变时，影子的位置、形状也随之改变。也就是说，光线、物体和影子三者之间，存在着紧密的联系。

如图 2-1a)所示，桥台模型在正上方的灯光照射下，产生了影子，随着光源、物体和投影面之间距离的变化，影子会发生相应变化，这是影子从一点射出的情形。如果假想把光源移到无穷远处，即假设光线变为互相平行并垂直于地面时，影子的大小就和基础底板一样大了，如图 2-1b)所示。

按照投影的方法，把形体的所有内外轮廓和内外表面交线全部表示出来，且依投影方向凡可见的轮廓线画实线，不可见的轮廓线画虚线，这样，形体的影子就发展成为能满足生产需要的投影图，简称投影，如图 2-1c)所示。这种依投影的方法达到用二维平面表示三维形体的方法，称为投影法。

我们把光线称为投射线，把承受投影的平面称为投影面。

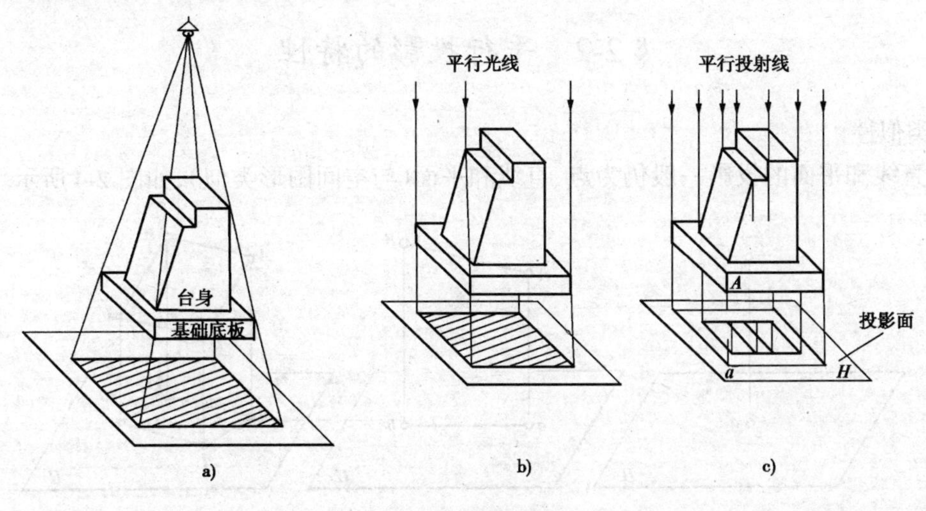

图 2-1　影子和投影

二、投影的分类

按投射线的不同情况，投影可分为两大类：

1. 中心投影

所有投射线都从一点（投影中心）引出的，称为中心投影。如图 2-2 所示，若投影中心为 S，把投射线与投影面 H 的各交点相连，即得三角板的中心投影。

2. 平行投影

所有投射线互相平行则称为平行投影。若投射线与投影面斜交，称为斜角投影或斜投影，如图 2-3a）所示；若投射线与投影面垂直，则称为直角投影或正投影，如图 2-3b）所示。

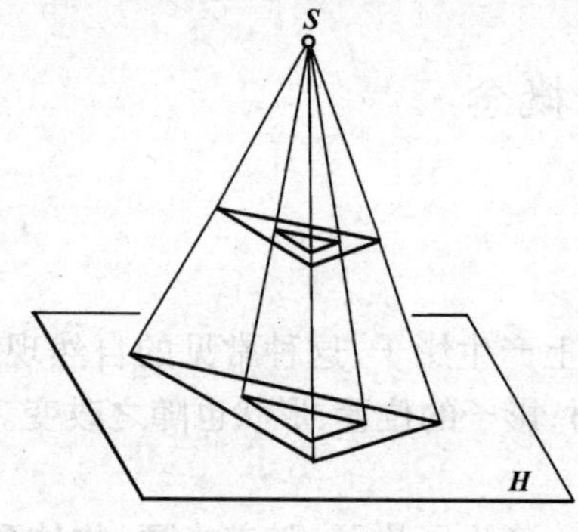

图 2-2　中心投影

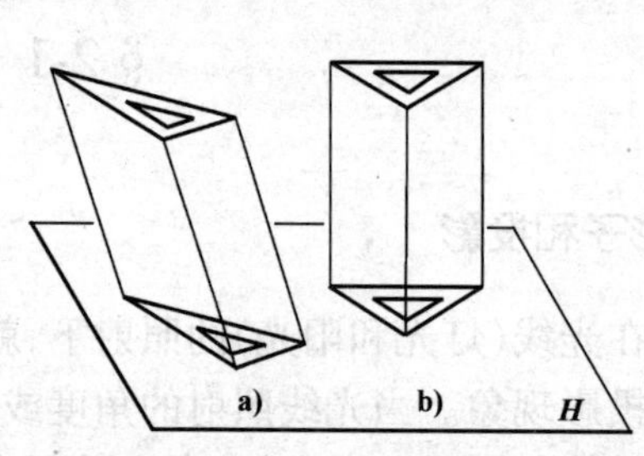

图 2-3　平行投影

a）斜投影；b）正投影

大多数的工程图，都是采用正投影法来绘制。正投影法是本课程研究的主要对象，今后凡未作特别说明的，都属正投影。

三、工程上常用的几种图示法

图示工程结构物时，由于表达目的和被表达对象特征的不同，需要采用不同的图示方法。常用的图示方法有正投影法、轴测投影法、透视投影法、标高投影法。其详细的作图原理和方法，将在后面相关章节中介绍。

§2-2　平行投影的特性

1. 类似性

点、直线和平面的投影一般仍为点、直线和平面（与空间图形类似），如图 2-4 所示。

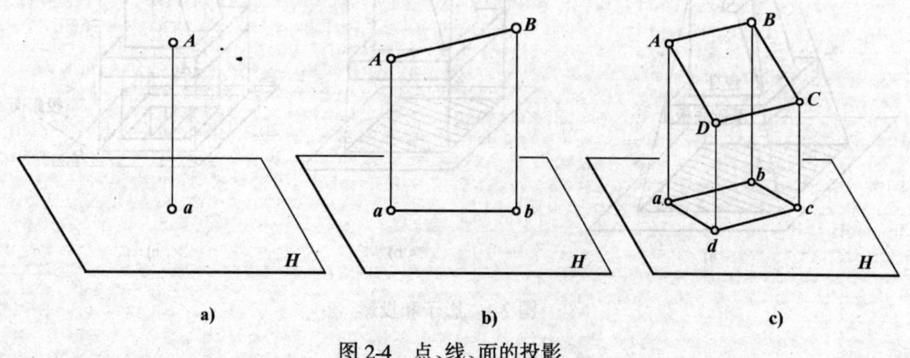

图 2-4　点、线、面的投影

2．从属性

若点在直线上，则点的投影必在该直线的投影上，如图 2-5 所示中，直线 AB 上的 K 点。

3．实形性

平行于投影面的直线和平面，其投影反映实长和实形，如图 2-6 所示。

4．积聚性

垂直于投影面的直线和平面其投影具有积聚性，即直线的投影积聚成一点，平面的投影积聚成一条直线，如图 2-7 所示。

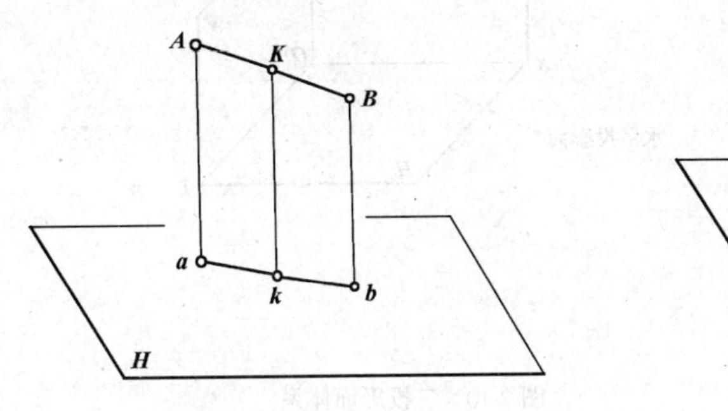

图 2-5 直线的从属性

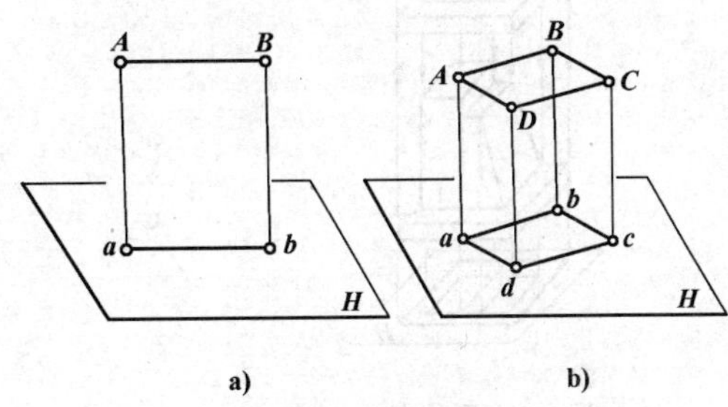

图 2-6 投影的实形性

a)直线平行投影；b)平面平行投影

5．平行性

两平行直线的投影仍互相平行，且投影长度之比等于空间两平行线长度之比，如图 2-8 所示。

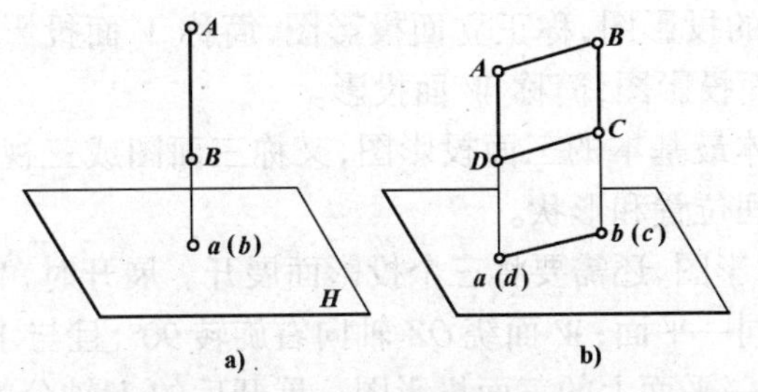

图 2-7 直线和平面的积聚性

a)直线的积聚投影；b)平面的积聚投影

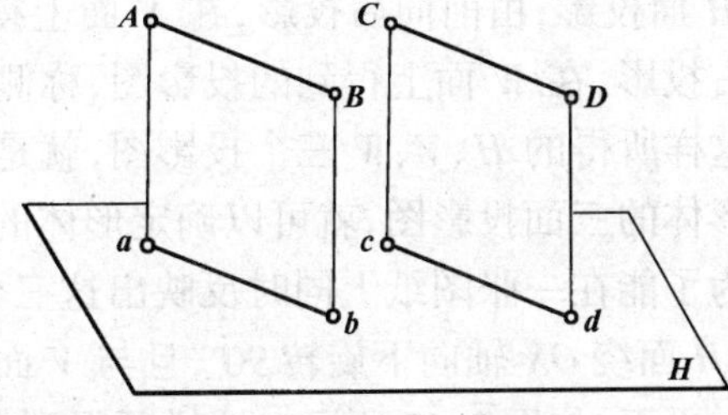

图 2-8 两平行线的投影

§2-3 物体的三面投影

一、三面投影体系的建立

如图 2-9 所示，三个形状不同的形体，在同一投影面上的投影却是相同的，由此可见，仅根据形体的一个投影图是不能全面地表达出其空间形状和大小的。

我们建立一个由三个互相垂直的平面组成的体系称三投影面体系，如图 2-10 所示。水平放置的平面称水平投影面（用 H 表示），简称水平面或 H 面；正对着观察者的平面称正立投影面（用 V 表示），简称正立面或 V 面；在观察者右侧的平面称侧立投影面（用 W 表示），简称侧立面或 W 面。三个投影面的交线 OX、OY、OZ 称为投影轴，其交点 O 称为原点。

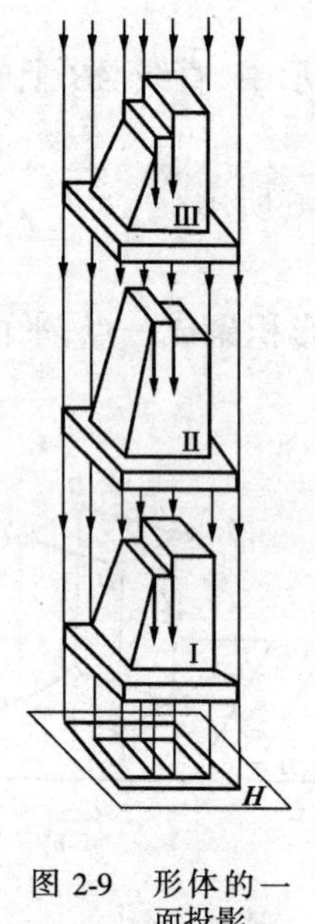

图 2-9 形体的一面投影

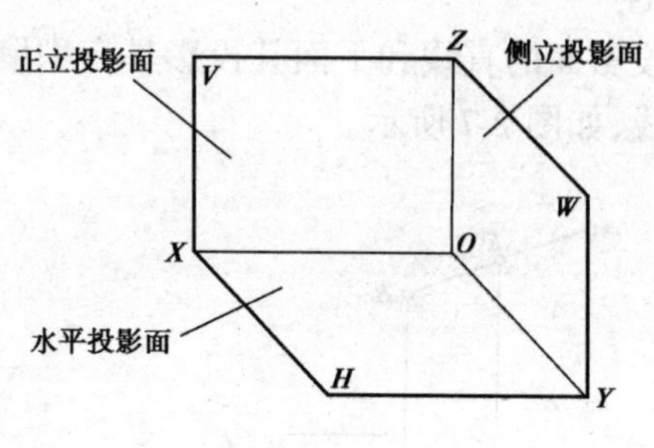

图 2-10 三投影面体系

二、三面投影图的形成

将被投影的形体置于三投影面体系中，其位置如图 2-11 所示。形体靠近观察者的一面称前面，反之为后面。同理还可以定出形体其余的左、右、上、下四个面。用三组分别垂直于三个投影面的投射线对形体进行投影，由上向下投影，在 H 面上得到的投影图，称为水平投影图，简称 H 面投影；由前向后投影，在 V 面上得到的投影图，称正立面投影图，简称 V 面投影；由左向右投影，在 W 面上得到的投影图，称侧立面投影图，简称 W 面投影。

这样所得的 H、V、W 三个投影图，就是形体最基本的三面投影图，又称三面图或三视图。根据形体的三面投影图，就可以确定形体的空间位置和形状。

为了能在一张图纸上同时反映出这三个投影图，还需要将三个投影面展开。展开时，V 面不动，H 面绕 OX 轴向下旋转 90°，且与 V 面在同一平面；W 面绕 OZ 轴向右旋转 90°，且与 V 面在同一平面，如图 2-12 所示。这样便得到在同一平面上的三面投影图。展开后的 Y 轴分为两部分，随 H 面旋转的用 Y_H 表示，随 W 面旋转的用 Y_W 表示，如图 2-13a)所示。

投影面的大小与投影图无关，画图时投影面的边框可不画，投影轴在工程图样中也可省去。

三、三面投影图的投影关系

根据三面投影图的相对位置及其展开的规定，三面投影图的位置关系是：以正面投影为准，水平投影在立面图的正下方，侧面投影在立面图的正右方。

形体左右两点之间平行于 OX 轴的距离称为长度；上下两点之间平行于 OZ 轴的距离称为高度；前后两点之间平行 OY 轴的距离称为宽度，见图 2-13a)。因此，H 面投影反映形体的长度和宽度，同时也反映形体的前后、左右位置；V 面投影反映形体的长度和高度，同时也反映形体的左右、上下位置；W 面投影反映形体的宽度和高度，同时也反映形体的前后、上下位置。

三面投影图是在形体位置不变的情况下，从三个不同方向投影得到的，它们共同表达同一形体，因此它们之间存在着紧密的关系：即“长对正、高平齐、宽相等”，简称“三等关系”或称投影规律。画图时，无论是形体总的轮廓还是局部细节，都必须符合这一投影规律。

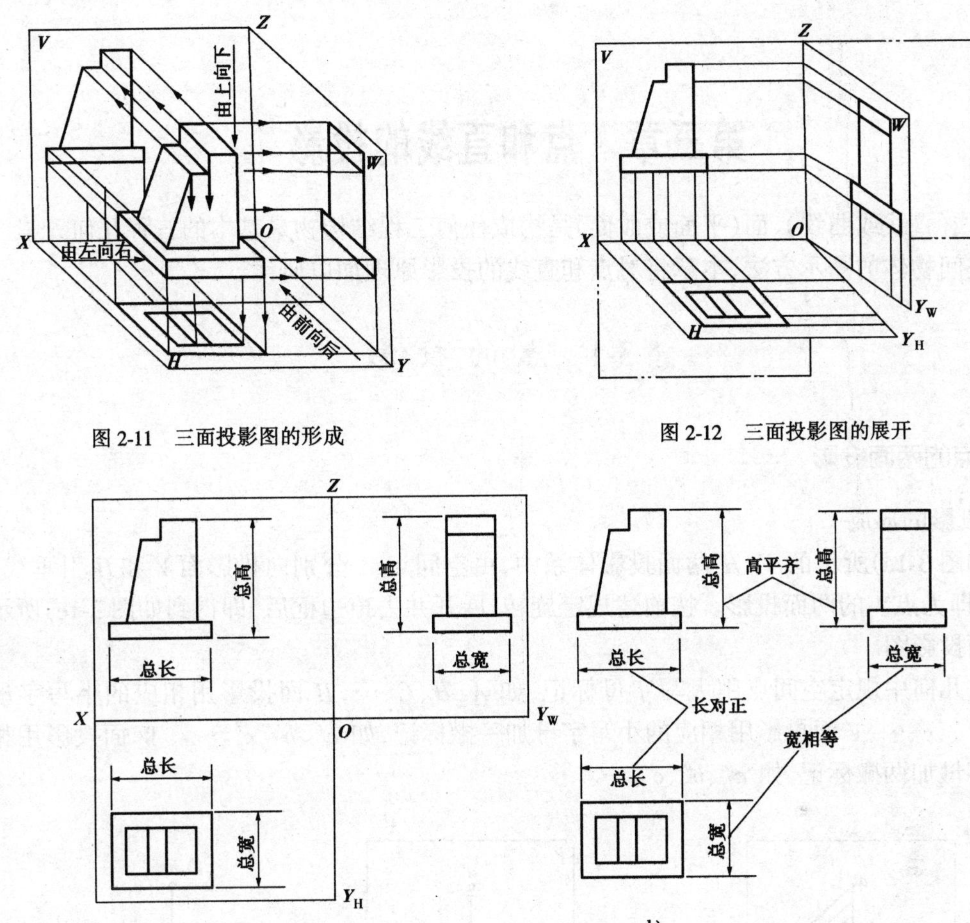

图 2-11　三面投影图的形成

图 2-12　三面投影图的展开

图 2-13　三面投影图及投影规律

第三章 点和直线的投影

点、线(直线或曲线)、面(平面或曲面)是构成任何工程结构物最基本的三种几何元素。为了掌握空间物体的图示方法,本章将对点和直线的投影原理加以研讨。

§3-1 点的投影

一、点的两面投影

1. 投影的形成

在如图 3-1a)所示的 V、H 两面投影体系中,由空间点 A 分别向投影面 V 和 H 引垂线,垂足 a'、a 即为点 A 的两面投影。按前述规定旋转、展开并去掉边框后,即得到如图 3-1c)所示点 A 的两面投影图。

画法几何中规定空间点用大写字母标记,如 A、B、C、…,H 面投影用相应的小写字母标记,如 a、b、c、…,V 面投影用相应的小写字母加一撇标记,如 a'、b'、c'、…。W 面投影用相应的小写字母加两撇标记,如 a''、b''、c''、…。

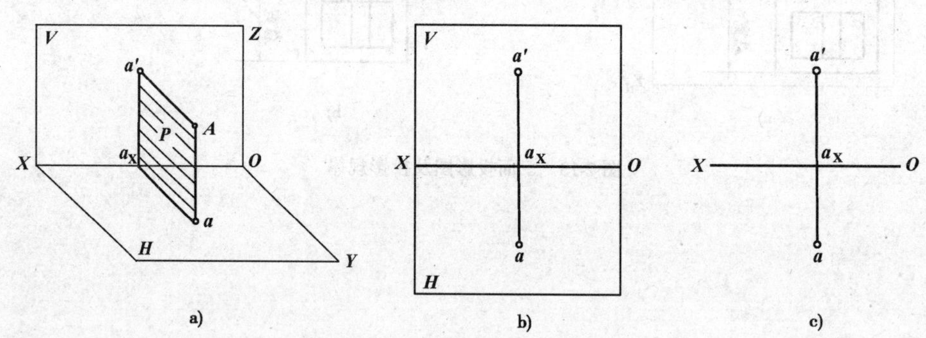

图 3-1 点的两面投影

2. 投影规律

根据图 3-1,可得出点在两面投影体系中的投影规律。

(1)垂直规律:一点的两投影连线,垂直于投影轴。即 $a'a \perp OX$ 轴。

(2)等距规律:点的投影到投影轴的距离,反映点到相应投影面的距离。

见图 3-1a),$aa_X = Aa'$,反映空间点到 V 面的距离;$a'a_X = Aa$,反映空间点到 H 面的距离。

二、点的三面投影

1. 投影的形成

在如图 3-2a)所示的 V、H、W 三面投影体系中,由空间点 A 分别向三个投影面 V、H 和 W 引垂线,垂足 a、a'、a''即为点 A 的三面投影。按前述规定旋转、展开并去掉边框后,即得到如

图 3-2c)所示点 A 的三面投影图。

2. 投影规律

根据图 3-2,可得出点在三面投影体系中的投影规律。

(1)垂直规律:点的 V 面投影和 H 面投影的连线垂直于 OX 轴;点的 V 面投影和 W 面投影的连线垂直于 OZ 轴,即两投影的连线必垂直于相应的投影轴。

见图 3-2b),$aa' \perp OX$,已在两面投影体系中证明。同理,亦可证得 $a'a'' \perp OZ$。

(2)等距规律:点到某一投影面的距离,等于点在另外两投影面上的投影到相应投影轴的距离。即:

点 A 到 V 面的距离:$Aa' = aa_X = a''a_Z$

点 A 到 H 面的距离:$Aa = a'a_X = a''a_{YW}$

点 A 到 W 面的距离:$Aa'' = a'a_Z = aa_{YH}$

上述投影特性即"长对正、宽相等、高平齐"的根据所在。根据上述投影规律,只要已知点的任意两投影,即可求其第三投影。

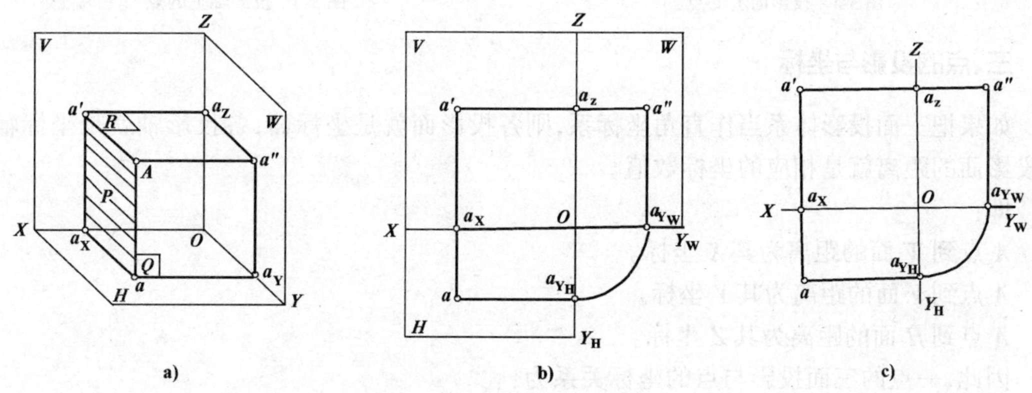

图 3-2 点的三面投影

[例 3-1] 已知 A 点的正面投影 a' 和侧面投影 a'',求作水平投影 a,如图 3-3a)所示。

作图:

(1)根据垂直规律,由 a' 作 OX 轴的垂线 $a'a_X$ 并延长,如图 3-3b)所示;

(2)根据等距规律,在所作垂线上量取 $a_Xa = a''a_Z$,a 即为所求。也可利用过 O 点的 45°辅助线来作出 A 点的 H 面投影 a,如图 3-3c)所示。

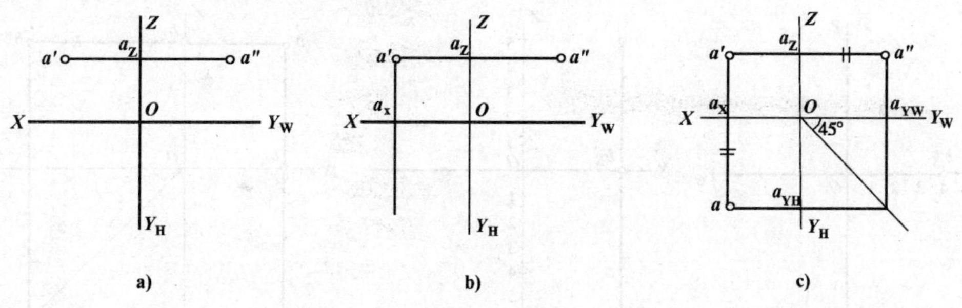

图 3-3 已知点的两投影求第三投影

3. 投影面上的点

投影面上的点,一个投影与空间点重合,另两个投影在相应的投影轴上。它们的投影仍完全符合上述两条基本投影规律。如图 3-4 所示，F 点在 V 面上，M 点在 H 面上，G 点在 W 面上。

4. 投影轴上的点

投影轴上的点，两个投影与空间点重合，另一个投影在原点上。如图 3-5 所示，A 点在 OX 轴上，B 点在 OZ 轴上，C 点在 OY 轴上。

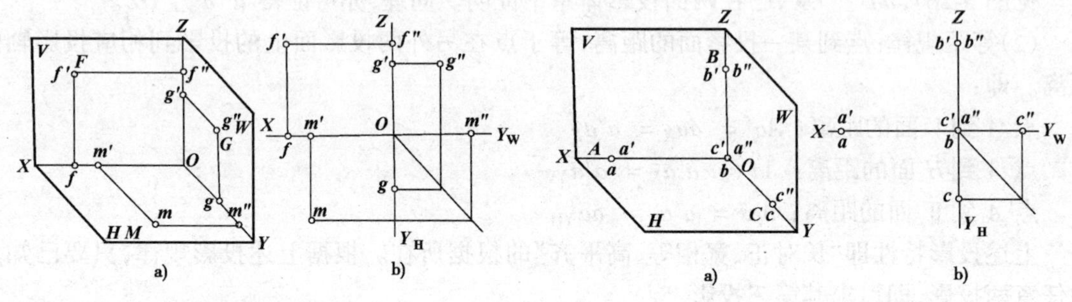

图 3-4 投影面上的点　　　　图 3-5 投影轴上的点

三、点的投影与坐标

如果把三面投影体系当作直角坐标系，则各投影面就是坐标面，各投影轴就是坐标轴，点到投影面的距离就是相应的坐标数值。

即：

A 点到 W 面的距离为其 X 坐标。

A 点到 V 面的距离为其 Y 坐标。

A 点到 H 面的距离为其 Z 坐标。

因此，一点的三面投影与点的坐标关系为：

(1)A 点的 H 面投影 a 可反映该点的 X 和 Y 坐标。

(2)A 点的 V 面投影 a' 可反映该点的 X 和 Z 坐标。

(3)A 点的 W 面投影 a'' 可反映该点的 Y 和 Z 坐标。

若用坐标表示空间 A 点，可写成 $A(x,y,z)$。如已知一点 A 的三投影 a、a' 和 a''，就可从图上量出该点的三个坐标；反之，如已知 A 点的三个坐标，就能作出该点的三面投影。

【例 3-2】 已知 $B(4,6,5)$，求作 B 点的三面投影，如图 3-6 所示。

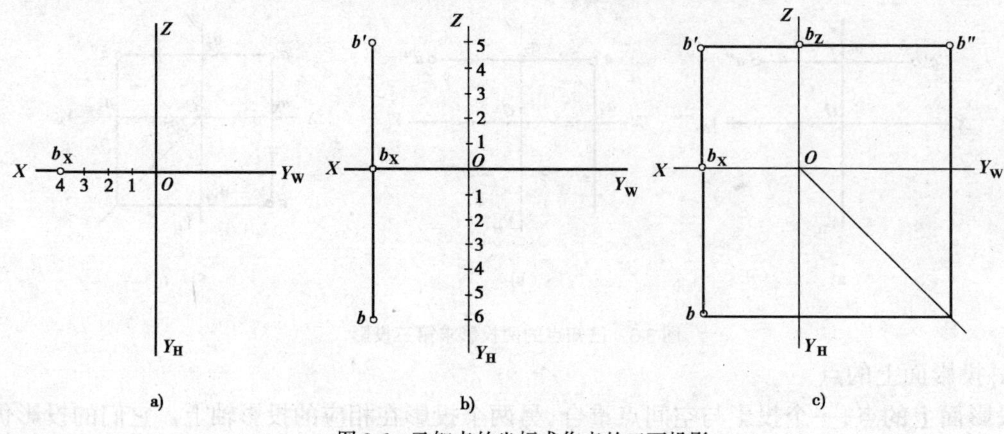

图 3-6 已知点的坐标求作点的三面投影

作图：

(1)画出三轴及原点 O 后，在 X 轴上自 O 点向左量取4个单位得 b_X 点，见图3-6a)；

(2)过 b_X 引 OX 轴的垂线，由 b_X 向上量取 $Z=5$ 单位，得 V 面投影 b'；向下量取 $Y=6$ 单位，得 H 面投影 b，见图3-6b)；

(3)由 b' 和 b 求出 b''，即为 B 点的三面投影，见图3-6c)。

四、两点的相对位置及重影点

1. 两点的相对位置

空间两点的相对位置是以其中某一点为基准，判别另一点在该点的前后、左右和上下的位置。这可依据两点的坐标大小来确定。

如图3-7a)所示，若以 B 点为基准，因 $X_a < X_b$、$Y_a < Y_b$、$Z_a < Z_b$，故知 A 点在 B 点之右、后、上方。图3-7b)所示为其立体图。

2. 重影点及其可见性的判别

当空间两点位于某一投影面的同一投射线上时，此两点在该投影面上的投影重合。该重合的投影称为重影点。

如图3-8a)所示，A、B 两点位于垂直 H 面的同一投射线上，这时称 A 点在 B 点的正上方；B 点在 A 点的正下方，a、b 两投影重合，为对 H 面的重影点。但其他两同面投影不重合。同理可知：C 点在 D 点的正前方；F 点在 E 点的正右方，如图3-8c)、d)所示。

判别重影点的可见性时，可用比较两点的不重影的同面投影的坐标值来判断，坐标值大的点可见，坐标值小的点不可见，为区别起见，凡不可见的点一律写在可见点的后面并用小括号括起来表示。如 a' 高于 b'(或 a'' 高于 b'')，即为 a 可见，b 不可见，表示为 $a(b)$，见图3-8a)。

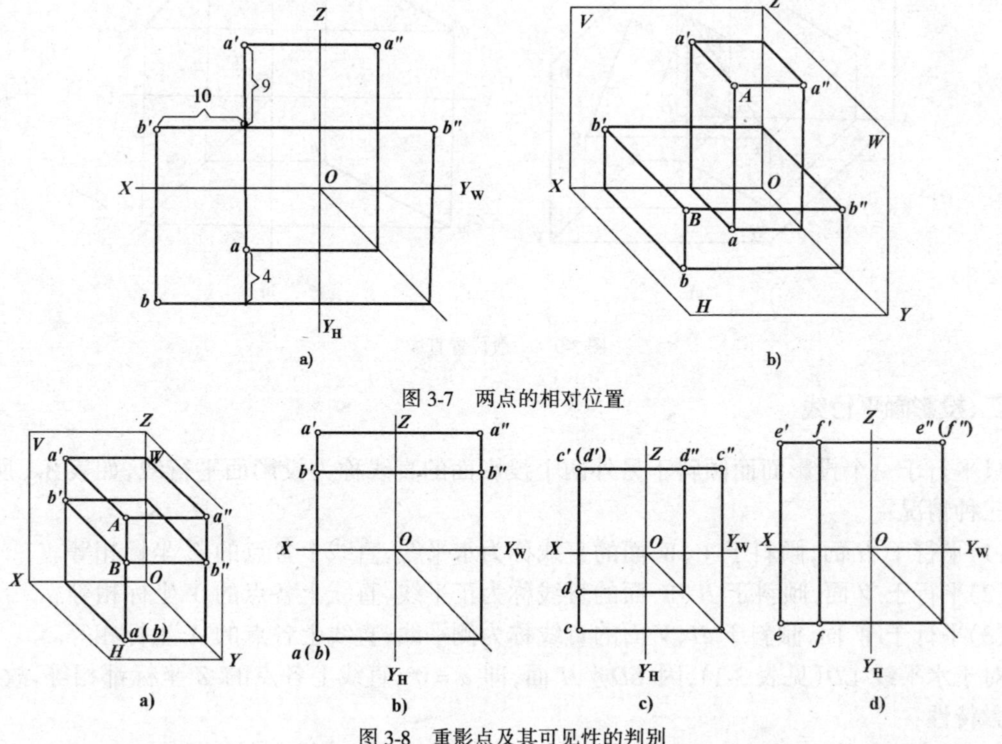

图3-7　两点的相对位置

图3-8　重影点及其可见性的判别

§ 3-2 直线的投影

由初等几何可知，两点确定一条直线，故只画出直线上任意两点的投影，连接其同面投影，即为直线的投影。直线的投影一般仍为直线，只有当直线垂直于投影面时，其投影积聚为一个点。

根据直线与投影面的相对位置，直线可分为：一般位置直线、投影面平行线和投影面垂直线三种，后两种统称为特殊位置直线。

一、一般位置直线

对三个投影面均不平行又不垂直的直线称为一般位置直线(简称一般线)。

如图 3-9a)所示为一般位置直线的立体图，直线和它在某一投影面上的投影所形成的锐角，称为直线对该投影面的倾角，对 H 面的倾角用 α 表示；对 V、W 面的倾角分别用 β、γ 表示。

一般位置直线的投影特性：

(1)由图 3-9a)可知，$ab = AB\cos\alpha$，$a'b' = AB\cos\beta$，$a''b'' = AB\cos\gamma$，而 α、β、γ 均不为零，即 $\cos\alpha$、$\cos\beta$、$\cos\gamma$ 均小于 1，故一般位置直线的三个投影均小于实长；

(2)由于直线上各点的 X、Y、Z 坐标均不相等，所以直线的三个投影都倾斜于各投影轴，且各投影与相应的投影轴所成的夹角都不反映直线对投影面的真实倾角。

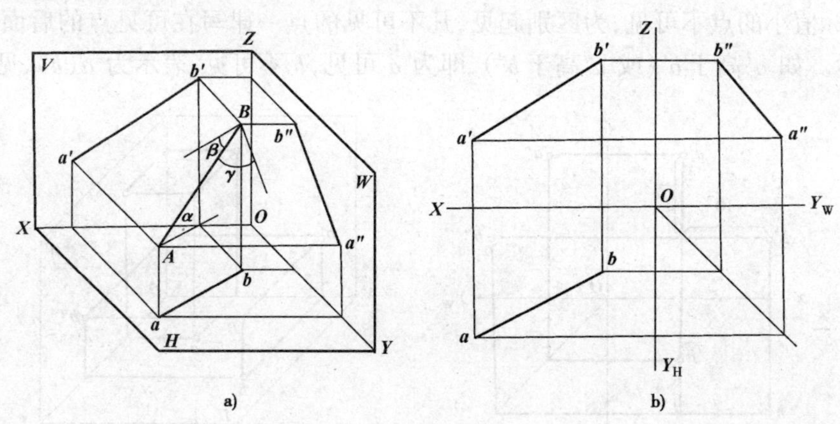

图 3-9 一般位置直线

二、投影面平行线

只平行于一个投影面而倾斜于另外两个投影面的直线称为投影面平行线，如表 3-1 所示，它有三种情况：

(1)平行于 H 面，倾斜于 V、W 面的直线称为水平线，直线上各点的 Z 坐标相等。

(2)平行于 V 面，倾斜于 H、W 面的直线称为正平线，直线上各点的 Y 坐标相等。

(3)平行于 W 面，倾斜于 H、V 面的直线称为侧平线，直线上各点的 X 坐标相等。

对于水平线 CD(见表 3-1)，因 $CD /\!/ H$ 面，即 $\alpha = 0°$，直线上各点的 Z 坐标都相等，故有如下投影特性：

(1) $c'd' /\!/ OX$ 轴；$c''d'' /\!/ OY_W$ 轴；

(2) $cd = CD\cos\alpha = CD$；

(3) Cd 与 OX 轴、OY_H 轴的夹角等于 CD 对 V 面、W 面的倾角 β、γ。

对于其他投影面平行线，也可作同样的分析而的到类似的特性。

投影面平行线 表 3-1

投影面平行线	立体图	投影图	投影特性
正面平行线 （正平线）	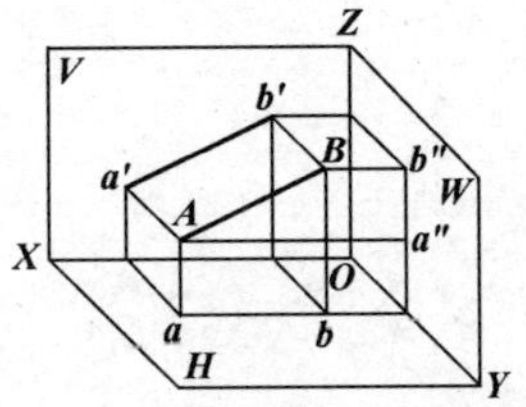	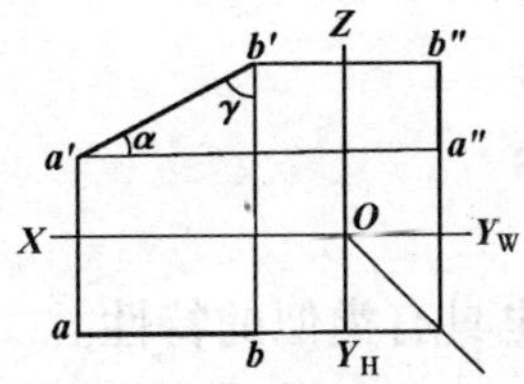	1. $ab // OX$ 轴，$a''b'' // OZ$ 轴； 2. $a'b' = AB$； 3. $a'b'$ 与投影轴的夹角，反映直线与 H、W 面的真实倾角 α、γ
水平面平行线 （水平线）	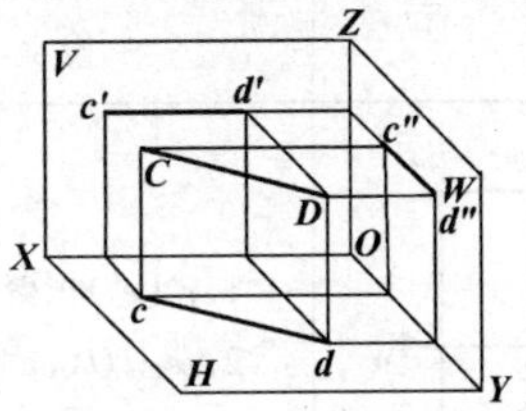	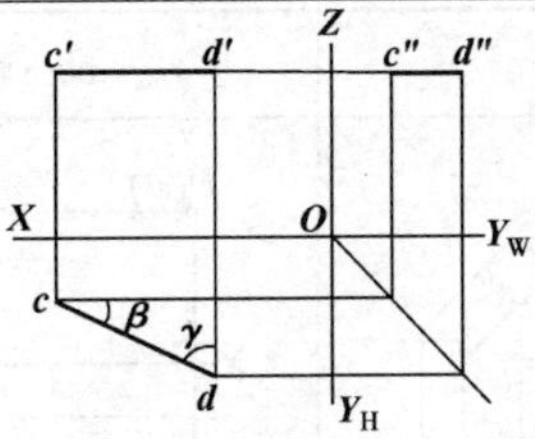	1. $c'd' // OX$ 轴，$c''d'' // OY_W$ 轴； 2. $cd = CD$； 3. cd 与投影轴的夹角反映直线与 V、W 面的真实倾角 β、γ
侧面平行线 （侧平线）	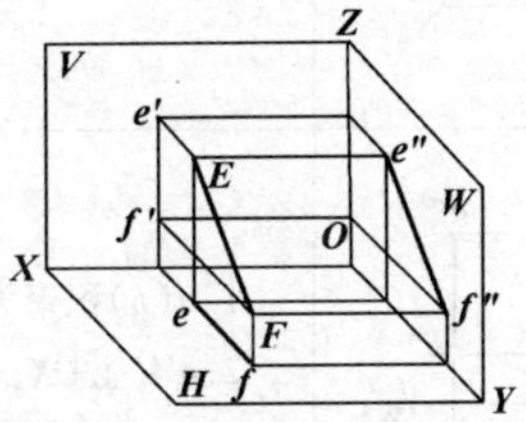	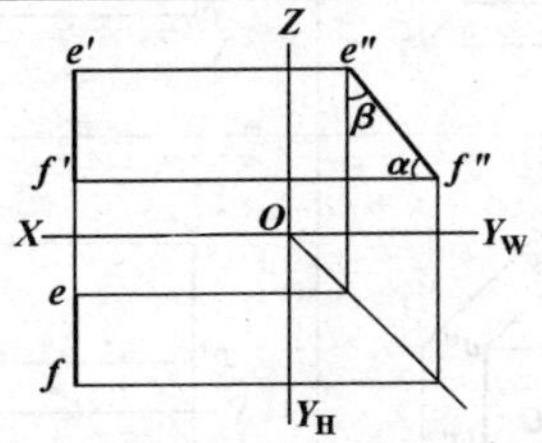	1. $e'f' // OZ$ 轴，$ef // OY_H$ 轴； 2. $e''f'' = EF$； 3. $e''f''$ 与投影轴的夹角反映直线与 H、V 面的真实倾角 α、β

由表 3-1 各投影面平行线的投影特性，可概括出它们的共性为：

(1) 直线在所平行的投影面上的投影反映实长，且该投影与相应投影轴所成之夹角，反映直线对其他两投影面的倾角；

(2) 直线其他两投影均小于实长，且平行于相应的投影轴。

【例 3-3】 已知水平线 AB 的长度为 25mm、$\beta = 30°$ 和 A 点的二投影 a、a'，试求 AB 的三面投影。

作图：

(1) 过 a 作直线 $ab = 25$mm，并与 OX 轴成 30°，如图 3-10 所示；

(2) 过 a' 作直线平行于 OX 轴，与过 b 所作 OX 轴的垂线相交于 b'；

(3) 根据 ab 和 $a'b'$ 作出 $a''b''$。

讨论：根据已知条件，B 点可以在 A 点的前、后、左、右四种位置，即本题有四种答案。

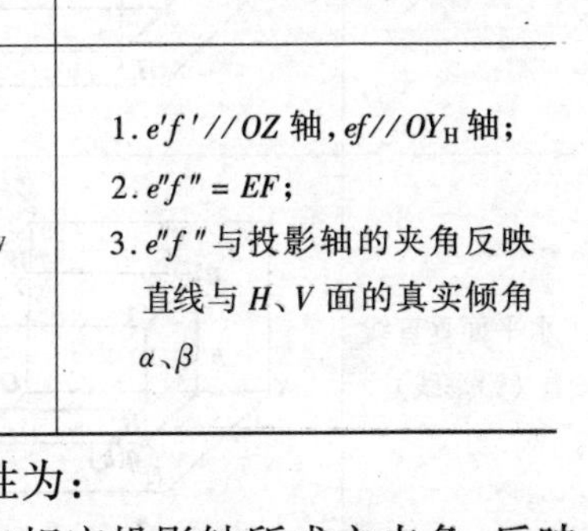

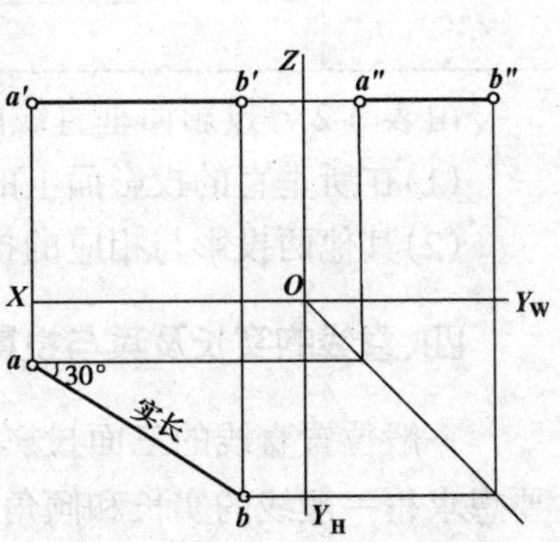

图 3-10 求水平线的三面投影

三、投影面垂直线

与某一个投影面垂直的直线称为投影面垂直线。投影面垂直线也有以下三种情况，如表 3-2 所示。

(1)与 V 面垂直的直线称为正面垂直线，简称正垂线；

(2)与 H 面垂直的直线称为水平面垂直线，简称铅垂线；

(3)与 W 面垂直的直线称为侧面垂直线，简称侧垂线。

对于铅垂线 AB(见表 3-2)，因 $AB \perp H$ 面，必平行于 V、W 面，即为正平线、侧平线的特例，故有如下的投影特性：

(1) ab 积聚为一点；

(2) $a'b' \perp OX$、$a''b'' \perp OY_W$；

(3) $a'b' = a''b'' = AB$。

对其他的投影面垂直线，也具有类似的特性。

投影面垂直线 表 3-2

投影面垂直线	立体图	投影图	投影特性
正面垂直线 (正垂线)	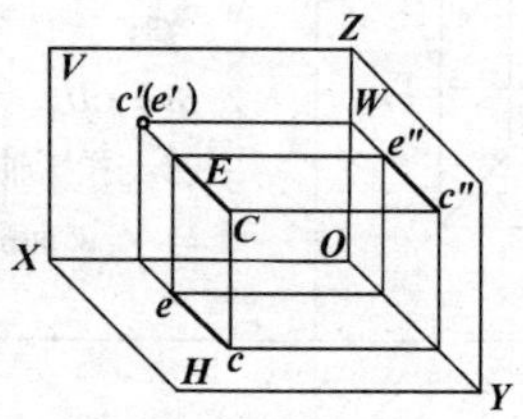	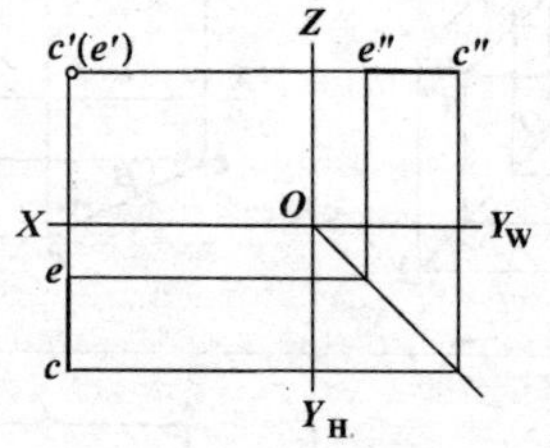	1. $c'(e')$积聚为一点； 2. $ce \perp OX$，$c''e'' \perp OZ$； 3. $ce = c''e'' = CE$
水平面垂直线 (铅垂线)	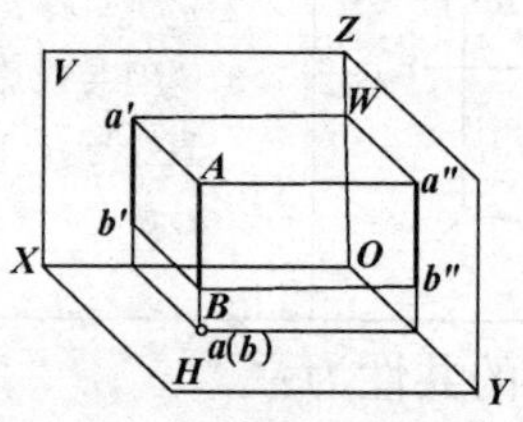	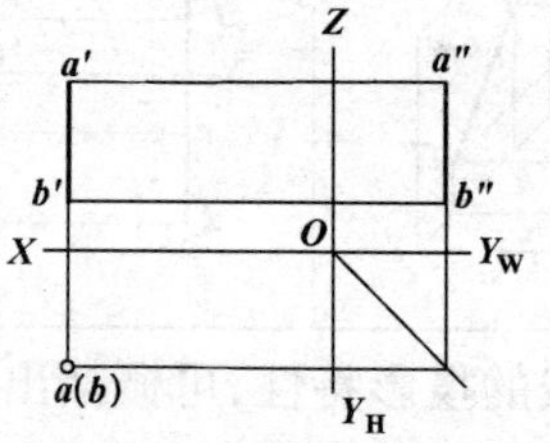	1. $a(b)$积聚为一点； 2. $a'b' \perp OX$，$a''b'' \perp OY_W$； 3. $a'b' = a''b'' = AB$
侧面垂直线 (侧垂线)	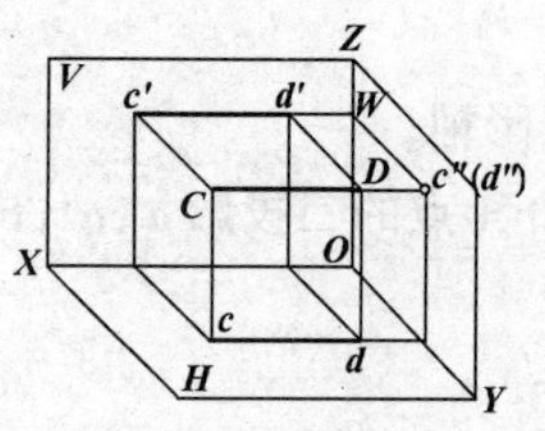	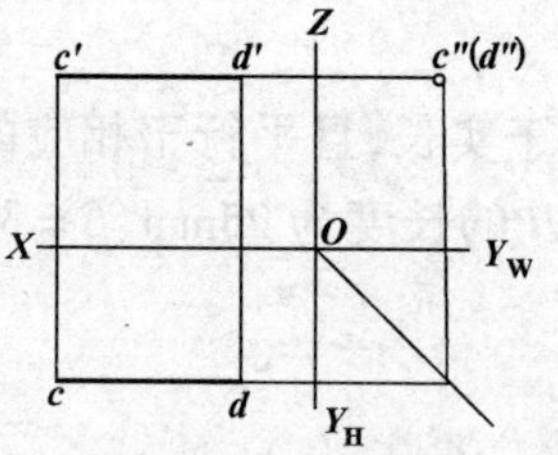	1. $c''(d'')$积聚为一点； 2. $c'd' \perp OZ$，$cd \perp OY_H$； 3. $c'd' = cd = CD$

由表 3-2 各投影面垂直线的投影特性，可概括出它们的共性为：

(1)在所垂直的投影面上的投影积聚成一点；

(2)其他两投影与相应的投影轴垂直，并都反映实长。

四、直线的实长及其与投影面的倾角

一般位置直线的三面投影图既不能反映直线的实长，也不能反映直线对投影面的倾角。要想求得一般线的实长和倾角，只要分析如图 3-11a)所示中的直角三角形 BEB_1，即可求得解决问题的一般规律。

在 $BEeb$ 所构成的投射平面内，延长 BE 和 be 交于点 M，$\angle BMb$ 就是 BE 直线对 H 面的倾

角 α。过 E 点作 $EB_1 /\!/ eb$，则 $\angle BEB_1=\alpha$，且 $EB_1=eb$。从直角三角形 BEB_1 中可知，只要在投影图上能作出该三角形的实形，求直线 BE 的实长与倾角 α 的问题即可解决。

直角边 $EB_1=eb$，即为 BE 已知的 H 面投影。另一直角边 BB_1，是直线两端点的 Z 坐标差，即 $BB_1=Z_b-Z_e$，可从 V 面投影中量得，亦为已知，其斜边 BE 即为实长。

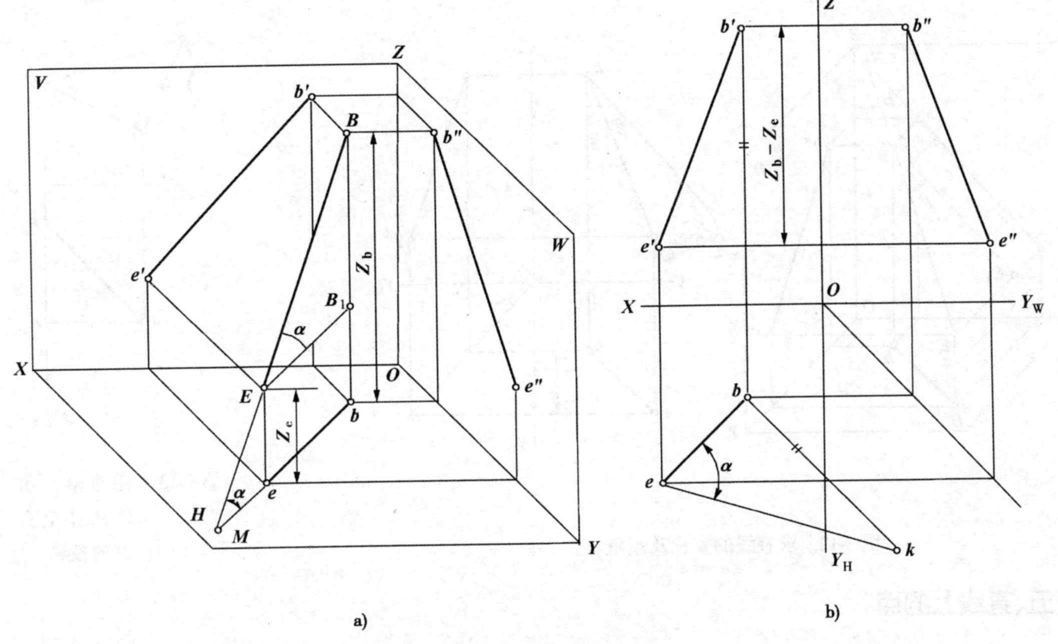

图 3-11　求直线的实长与倾角 α

作图：

(1)过 H 面投影 eb 的任一端点 b 作直线垂直 eb；

(2)在所作垂线上截取 $bk=Z_b-Z_e$，得 k 点；

(3)连直角三角形的斜边 ek 即为所求的实长，$\angle bek$ 即为倾角 α。

同理，为求直线 BE 对 V 面的倾角 β，可将图 3-12a)作类似的空间分析，其具体作图方法如图 3-12b)所示。若求倾角 γ，则以 $b''e''$ 为一条直角边，X_b-X_e 为另一条直角边，作出直角三角形即可。

这种利用直角三角形求一般位置直线的实长和倾角的方法称为直角三角形法，其要点是以线段的一个投影为直角边，以线段两端点相对于该投影面的坐标差为另一直角边，所构成的直角三角形的斜边即为线段实长，斜边与线段投影之间的夹角即为直线对该投影面的倾角。

在直角三角形法中，涉及到直线实长、直线的一个投影、直线与该投影所在投影面的倾角以及另一投影两端点的坐标差四个参数，只要已知其中的两个，就可作出一个直角三角形，从而求得其余参数。

(1)直线的实长、在 H 面上的投影、倾角 α、ΔZ；

(2)直线的实长、在 V 面上的投影、倾角 β、ΔY；

(3)直线的实长、在 W 面上的投影、倾角 γ、ΔX。

【例 3-4】　已知直线 AB 的实长为 20mm，并知 a、$a'b'$，试求 b，如图 3-13 所示。

作图：

(1)过 $a'b'$ 的任一端点 a' 作 $a'b'$ 的垂线，以 b' 为圆心、$R=20$mm 画圆弧，与垂线相交于 A_0

点，得直角$\triangle A_0a'b'$；

(2)过 b' 作 OX 轴的垂线，再过 a 作 OX 轴的平行线，两直线相交于 b_0，在 $b'b_0$ 线上截取 Y 坐标差 $b_0b_1 = a'A_0$，得 b_1 点，连 ab_1 即为所求。

显然，也可截取 $b_0b_2 = a'A_0$，连 ab_2 也为所求，即本例有两解。

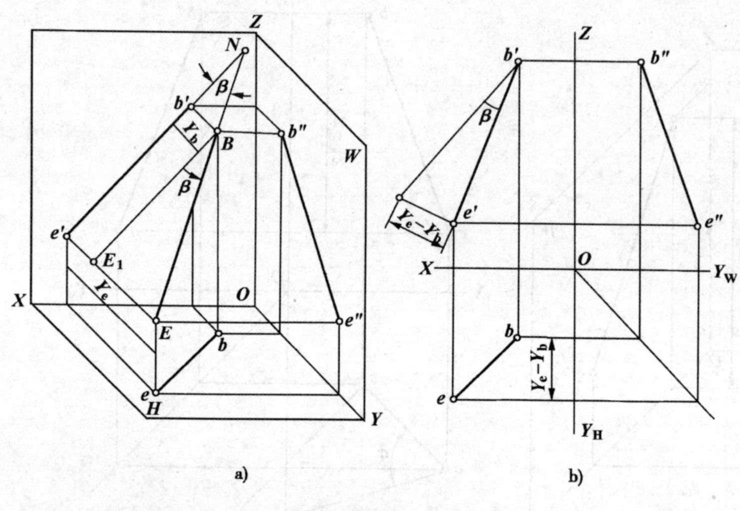

图 3-12　求直线的实长及倾角 β

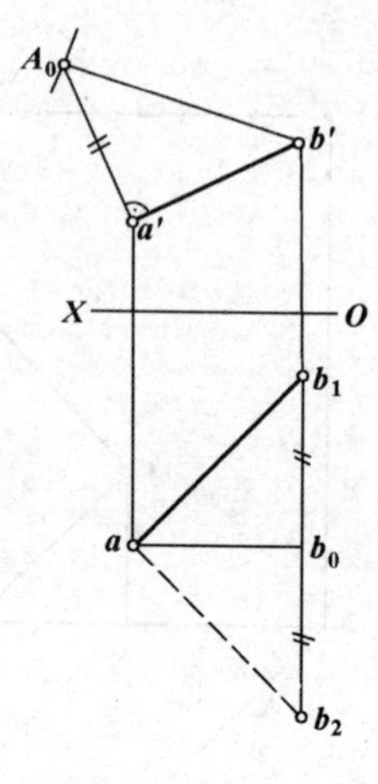

图 3-13　用直角三角形法补全直线的投影

五、直线上的点

由平行投影特性可知，点在直线上，则点的投影一定在直线的投影上。如图 3-14 所示，点 M 在直线 AB 上，并把 AB 分成 AM、MB 两段。因为投影线 $Mm /\!/ Aa /\!/ Bb$，所以 $AM:MB = am:mb$。同理可知，$AM:MB = a'm':m'b' = a''m'':m''b''$。由此可得点的定比分割特性，即点分割线段成定比，其投影也把线段投影分成相同的比例。

【例 3-5】 已知侧平线 AB 的两投影 ab 和 $a'b'$，并知 AB 线上一点 K 的 V 面投影 k'，求 k，如图 3-15 所示。

作图：

(1)据 ab 和 $a'b'$ 求出 $a''b''$，再求 k''，即可作出 k，见图 3-15a)。

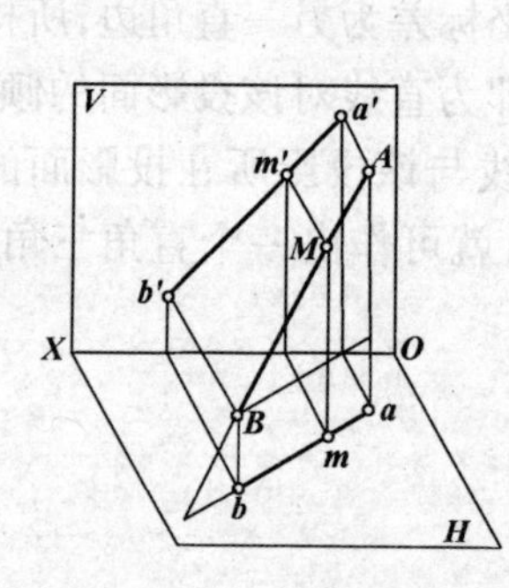

图 3-14　直线上的点

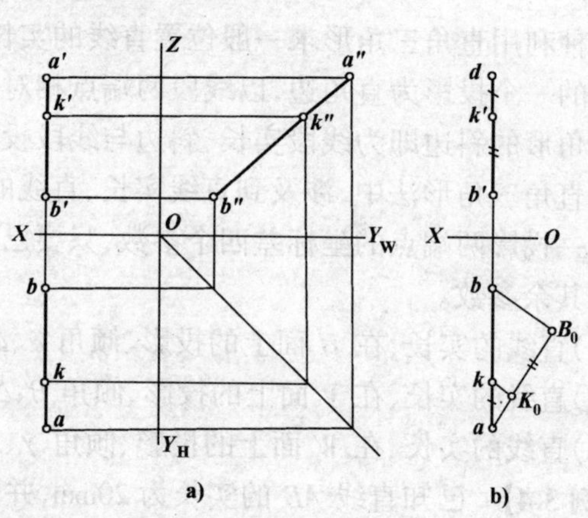

图 3-15　求直线上一点的投影

(2)用定比关系也可求出 k,见图 3-15b)。因 $AK:KB = ak:kb = a'k':k'b'$,为此可在 H 面投影中过 a 作任一辅助线 aB_0,并使它等于 $a'b'$,再取 $aK_0 = a'k'$。连 B_0b 并过 K_0 作 K_0k // B_0b 交 ab 于 k,即为所求。

【例 3-6】 已知侧平线 CD 及点 M 的 V、H 面投影,试判定 M 点是否在侧平线 CD 上,如图 3-16 所示。

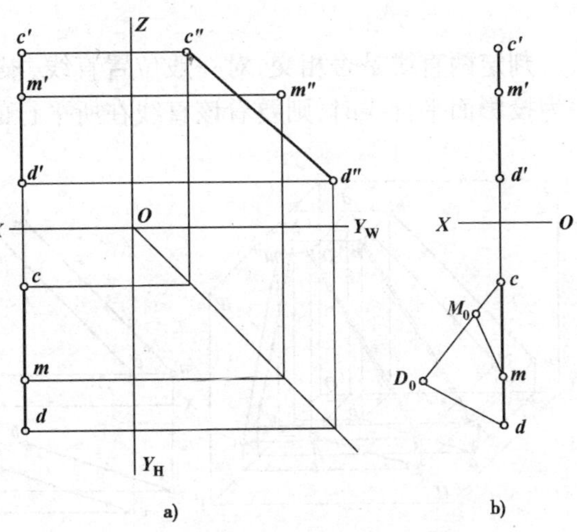

图 3-16 判断点是否在直线上

作图:

(1)判定点是否在直线上,对于一般位置直线只要观察两面投影即可,但对于图 3-16 所示的侧平线,则需作出它们的 W 面投影来判定。现由于作图结果 m'' 在 $c''d''$ 外面,可知 M 点不在直线 CD 上,见图 3-16a)。

(2)也可用定比关系来判定,见图 3-16b)。在任一投影中(如 H 面投影),过 c 任作一辅助线 cD_0,并在其上截取 $cM_0 = c'm'$,$M_0D_0 = m'd'$,连 mM_0、dD_0。因 mM_0 不平行于 dD_0,说明 M 点不在直线 CD 上。

§3-3 两直线的相对位置

空间两直线的相对位置有平行、相交、交叉三种情况。下面分别研究它们的特性。

一、平行两直线

若空间两直线互相平行,则其同面投影互相平行且比值相等,反之,若两直线的同面投影互相平行且比值相等,则此空间两直线一定互相平行。

如图 3-17 所示,如果 AB // CD,则 ab // cd,$a'b'$ // $c'd'$,$a''b''$ // $c''d''$;$AB:CD = ab:cd = a'b':c'd' = a''b'':c''d''$。

在一般情况下,只要直线的任意两同面投影互相平行,就可判定两直线是平行的,但对于与投影面平行的直线来说,有时不能肯定。例如图 3-18 给出了两条侧平线 CD 和 EF,它们的 V、H 面投影平行,但是还不能确定它们是否平行,必须求出它们的侧面投影或通过判断比值是否相等才能最后确定。如图所示,作出的其侧面投影 $c''d''$ 和 $e''f''$ 不平行,则 CD 和 EF 两直线不平行。

二、相交两直线

相交两直线,其同面投影必相交,且交点符合点的投影规律(交点投影的连线垂直于相应的投影轴)。

如图 3-19 所示,AB 和 CD 为相交两直线,其交点 K 为两直线的共有点,即它既是 AB 上的一点,又是 CD 上的一点。由于直线上一点的投影必在该直线的同面投影上,因此 K 点的 H 面投影既在 ab 上,又在 cd 上。k 必是 ab 和 cd 的交点;同理 k' 必然是 $a'b'$ 和 $c'd'$ 的交点;k'' 必然是 $a''b''$ 和 $c''d''$ 的交点。

判定两直线是否相交，对一般位置直线，根据任意两组同面投影即可判断，但当两直线之一为投影面平行线时，则要看该直线在所平行的那个投影面上的投影情况。如图 3-20 所示的

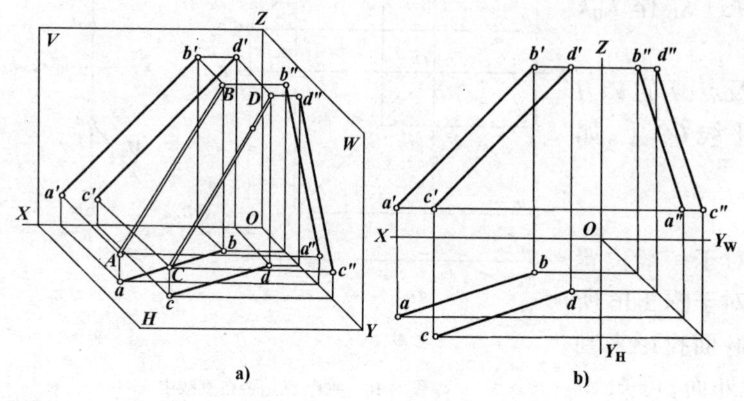

图 3-17　平行两直线的投影

图 3-18　判定两直线的相对位置

直线 AB 和 CD，因 $a''b''$ 和 $c''d''$ 的交点与 $a'b'$ 和 $c'd'$ 的交点不符合点的投影规律，故可判定 AB 和 CD 不相交。另外，还可以利用定比分割特性来判定（略）。

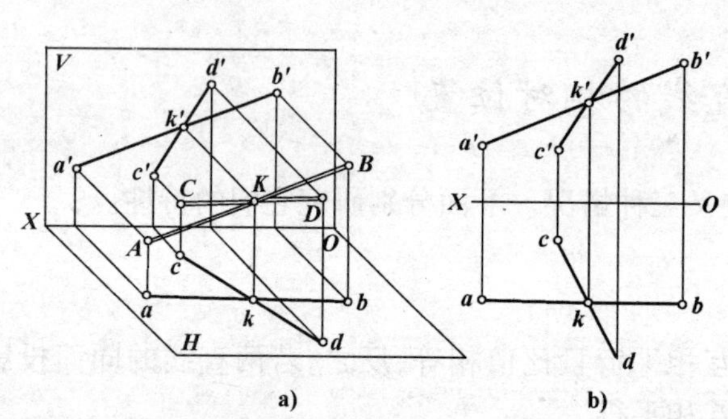

图 3-19　相交两直线的投影投影

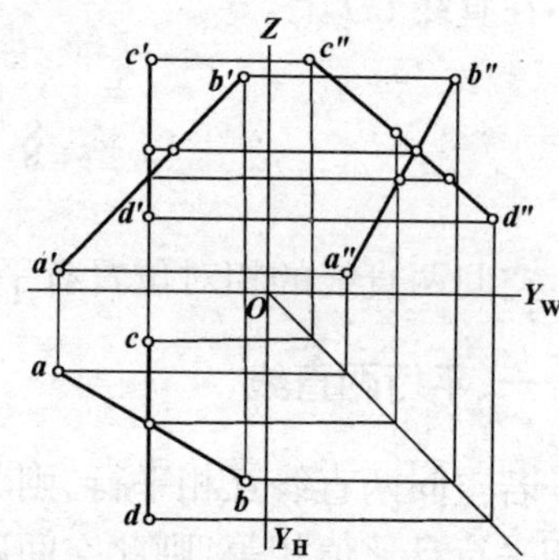

图 3-20　判定两直线的相对位置

三、交叉两直线

交叉两直线既不平行也不相交。其各面投影既不符合平行两直线的投影特性，也不符合相交两直线的投影特性。

交叉两直线的投影可能有一对或两对同面投影互相平行，但绝不可能三对同面投影都互相平行。它们的投影也可表现为一对、两对或三对同面投影都相交，但交点的投影不符合点的投影规律。

如图 3-21 所示，AB 和 CD 是两条交叉直线，其三面投影都相交，但其交点不符合点的投影规律，即 ab 和 cd 的交点不是一个点的投影，而是 AB 上的 M 点和 CD 上的 N 点在 H 面上的重影点，M 点在上，m 可见，N 点在下，n 为不可见。同样 $a'b'$ 和 $c'd'$ 的交点是 CD 上的 E 点和 AB 上的 F 点在 V 面上的重影点，E 点在前，e' 为可见，F 点在后，f' 为不可见。显然，$a''b''$ 和 $c''d''$ 的交点亦为重影点。

四、直角投影

设两直线相交（或交叉）成直角，若其中一条直线与某一投影面平行，则此直角仅在该投影

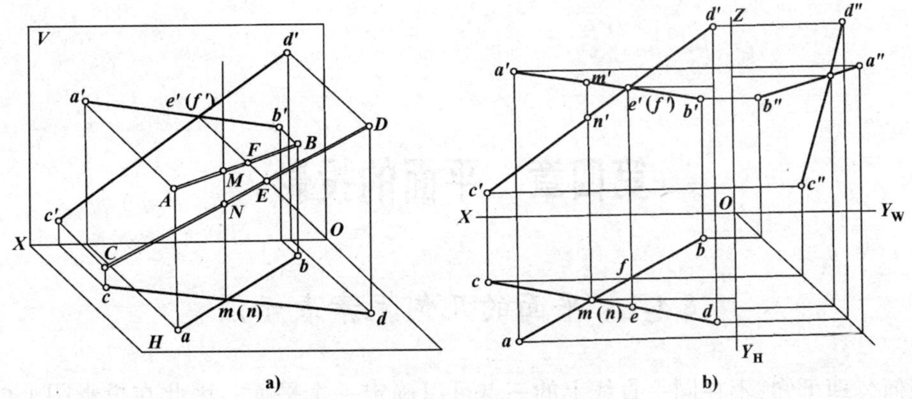

图 3-21　交叉两直线的投影

面上的投影反映直角。反之,若相交或交叉两直线的某一投影成直角,且有一条直线平行于该投影面,则此两直线在空间的交角必是直角。

【例 3-7】　过点 A 作直线 AB 与正平线 CD 垂直相交,如图 3-22 所示。

作图:

(1)过 a' 作直线 $a'b' \perp c'd'$,交 $c'd'$ 于 b',即为交点 B 的正面投影;

(2)在 cd 线上求出交点 B 的水平投影 b;

(3)连接 ab,则 $AB(ab, a'b')$即为所求。

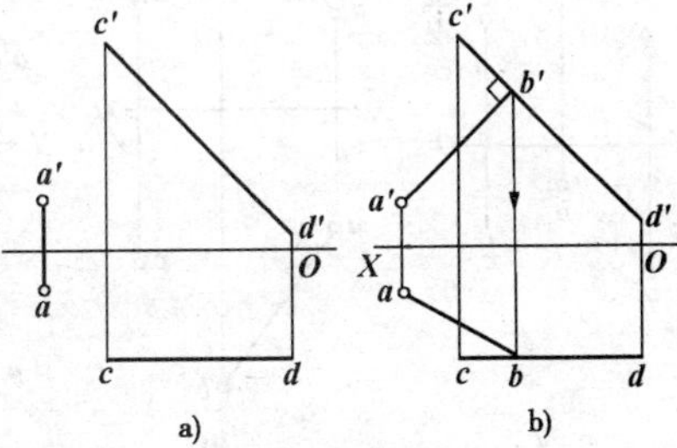

图 3-22　作直线 $AB \perp$ 正平线 CD

a)已知;b)作用

第四章　平面的投影

§4-1　平面的几何元素表示法

由几何公理可知，不在同一直线上的三点可以确定一个平面。因此在投影图上能用下列任一组几何元素的投影表示平面，如图 4-1 所示。

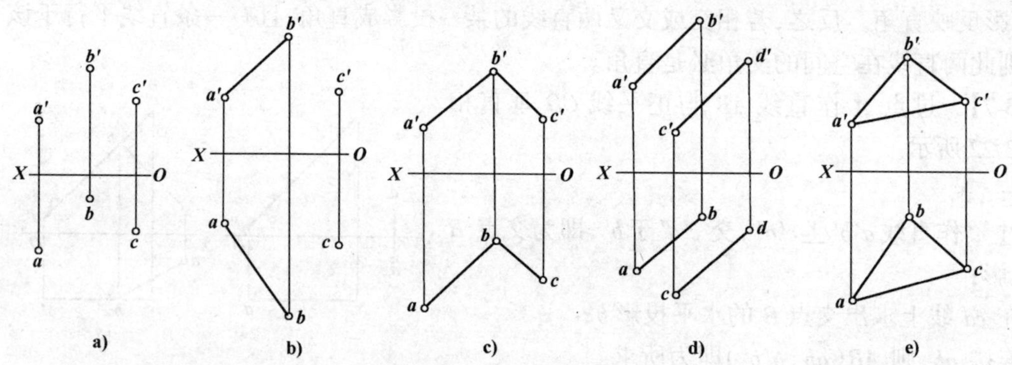

图 4-1　平面的五种表示方法

(1)不在同一直线上的三点；

(2)一直线和线外一点；

(3)相交两直线；

(4)平行两直线；

(5)任意平面图形，即平面的有限部分，如三角形、圆形及其他封闭平面图形。

以上五种表示平面的方法，虽表达的形式不同，却都表示一个平面，并能互相转换。

§4-2　各种位置平面的投影特性

工程结构物的表面与投影面的相对位置，归纳起来有投影面垂直面、投影面平行面、一般位置平面三种。前两种统称为特殊位置平面，平面对 H、V、W 面的倾角(即该平面与投影面所成的二面角)分别以 α、β、γ 表示，现分述如下。

一、投影面平行面

平行于某一投影面的平面，称为投影面平行面，简称平行面。如表 4-1 所示，它有三种情况。

(1)与 H 面平行的平面称为水平面平行面，简称水平面，面内所有点的 Z 坐标相等，见表 4-1 中的平面△ABC；

(2)与 V 面平行的平面称为正面平行面，简称正平面，面内所有点的 Y 坐标相等，见表 4-1

中的△*DEF*；

(3)与 *W* 面平行的平面称为侧面平行面，简称侧平面，面内所有点的 *X* 坐标相等，见表 4-1 中的平面△*KMN*。

对于表中正平面△*DEF*，其投影特点为：

(1)*V* 面投影 $d'e'f'$ 反映实形；

(2)*H*、*W* 两投影都积聚成直线，且分别平行于 *OX* 轴和 *OZ* 轴。

对于水平面、侧平面的投影特性见表 4-1。

投影面平行面 表 4-1

投影面平行面	立体图	投影图	投影特性
水平面平行面 （水平面）	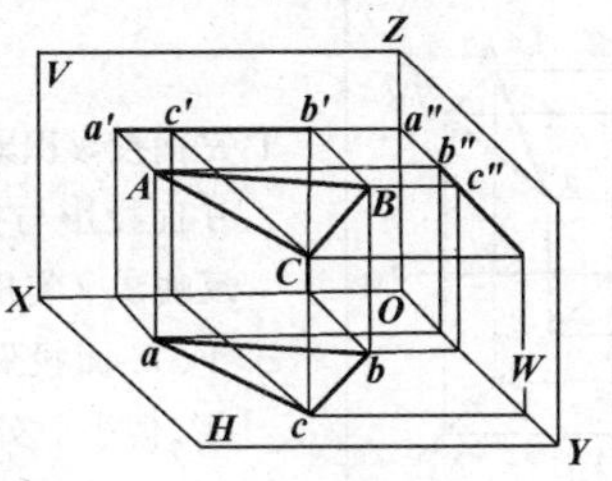	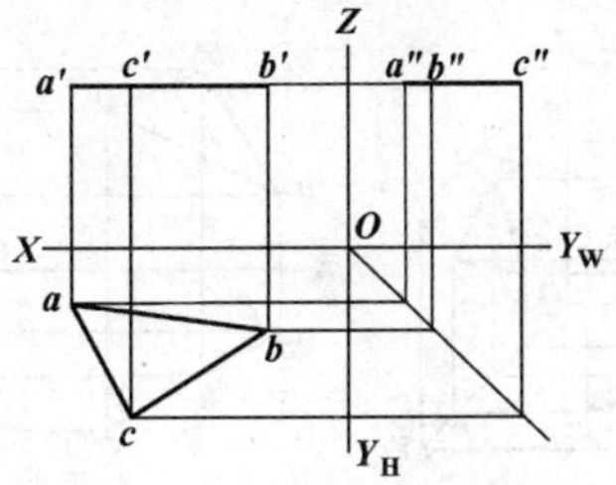	1. *V* 面投影积聚成直线且// *OX* 轴； 2. *W* 面投影积聚成直线且// OY_W 轴； 3. *H* 面投影反映实形
正面平行面 （正平面）	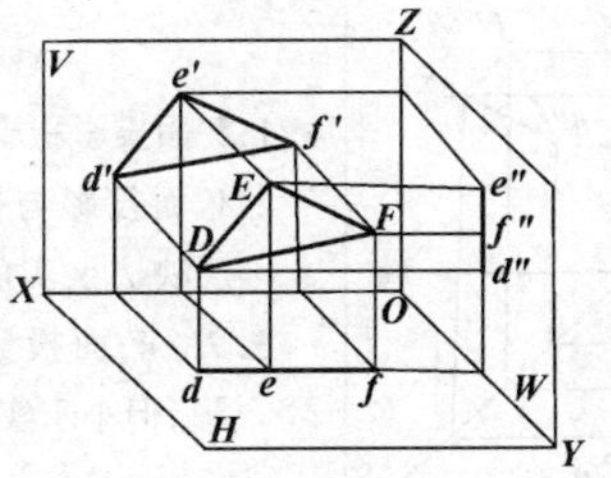	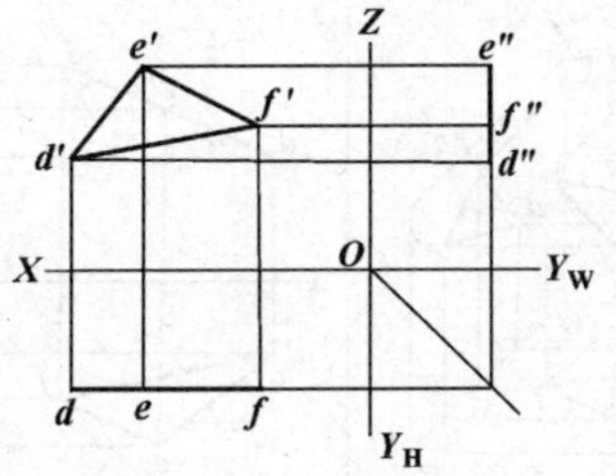	1. *H* 面投影积聚成直线且// *OX* 轴； 2. *W* 面投影积聚成直线且// *OZ* 轴； 3. *V* 面投影反映实形
侧面平行面 （侧平面）	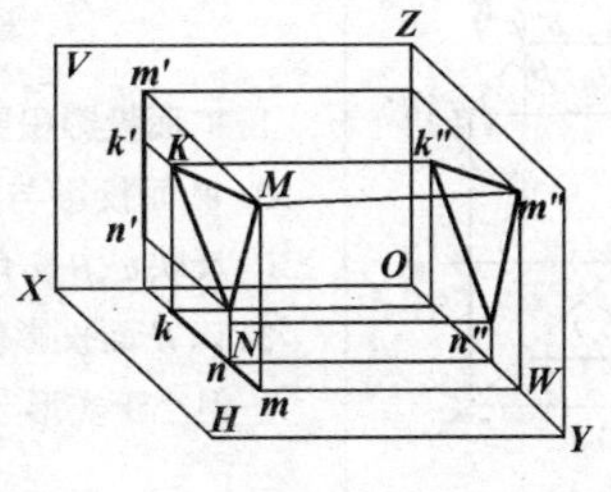	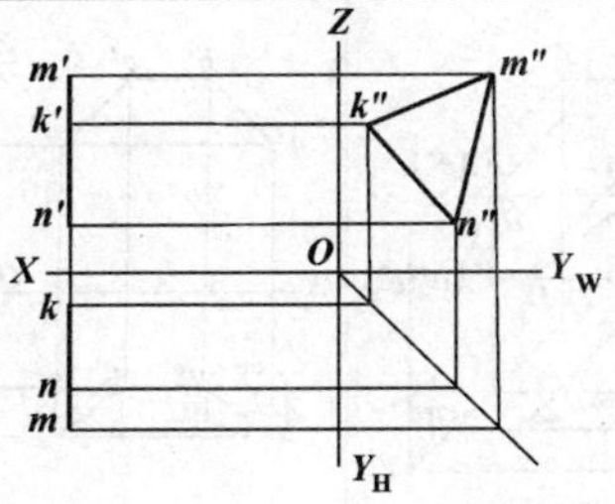	1. *V* 面投影积聚成直线且// *OZ* 轴； 2. *H* 面投影积聚成直线且// OY_H 轴； 3. *W* 面投影反映实形

由此可概括出投影面平行面的共性为：

平面在所平行的投影面上的投影反映实形，其他两投影都积聚成与相应投影轴平行的直线。

二、投影面垂直面

垂直于一个投影面，倾斜于其他投影面的平面称为投影面垂直面，简称垂直面，如表 4-2 所示，它有三种情况：

(1)垂直于 *H* 面，倾斜于 *V*、*W* 面的平面称为铅垂面，见表 4-2 中的平面△*ABC*；

(2)垂直于 *V* 面，倾斜于 *H*、*W* 面的平面称为正垂面，见表 4-2 中的平面△*DEF*；

(3)垂直于 W 面，倾斜于 H、V 面的平面称为侧垂面，见表 4-2 中的平面 $ABCD$。

对于表中正垂面△DEF，其投影特点为：

(1)V 面投影 $d'e'f'$ 积聚成直线；

(2)它与 OX 轴的夹角，反映该平面与 H 面的倾角 α；它与 OZ 轴的夹角，反映该平面与 W 面的倾角 γ；

(3)H 面投影 def 和 W 面投影 $d''e''f''$ 仍为三角形，小于实形。

对于铅垂面、侧垂面的投影特性见表 4-2。

投影面垂直面

表 4-2

投影面垂直面	立体图	投影图	投影特性
水平面垂直面 （铅垂面）	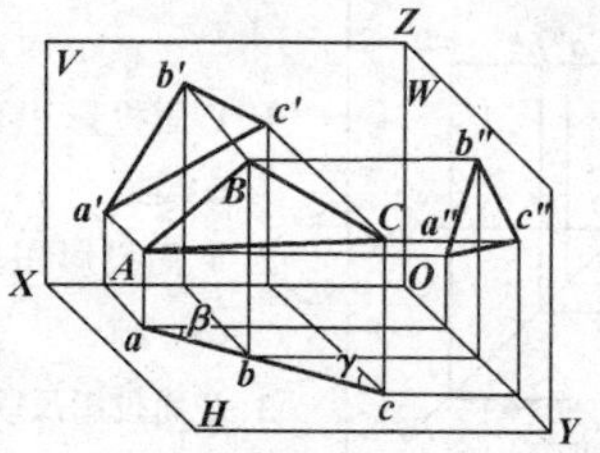	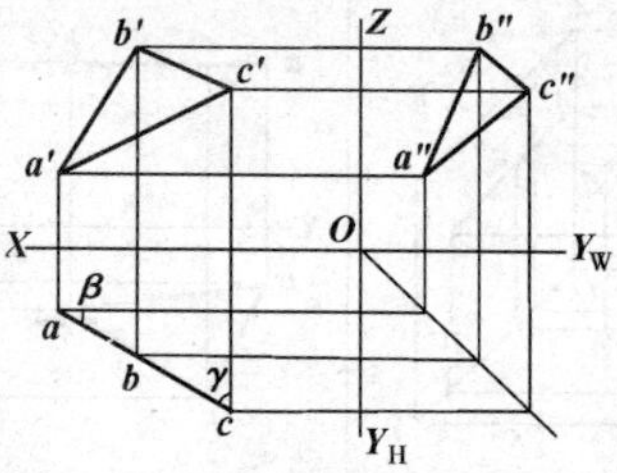	1. H 面投影积聚成一直线； 2. H 面投影与投影轴的夹角反映 β、γ 实角； 3. V、W 面投影仍为类似图形，但小于实形
正面垂直面 （正垂面）	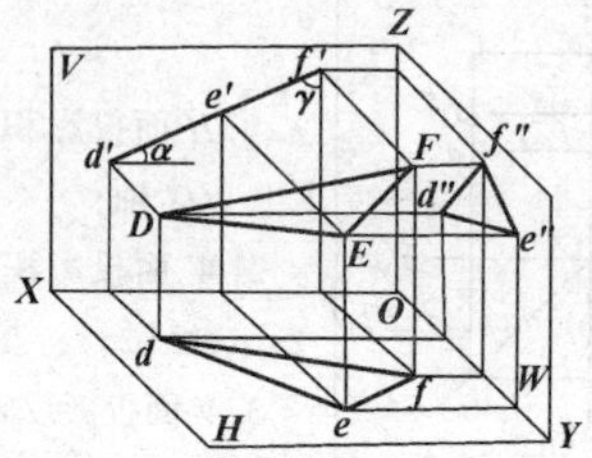	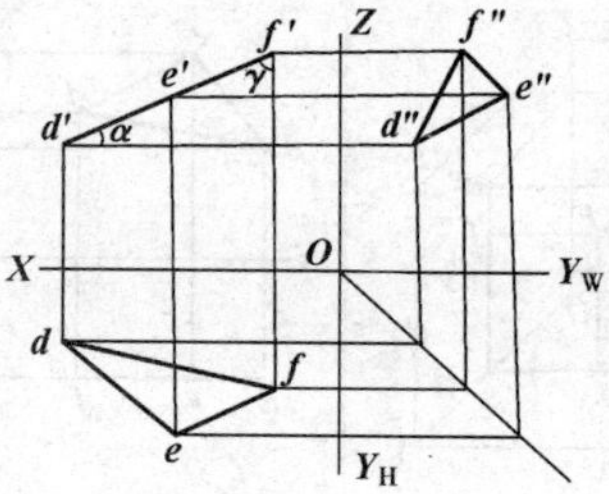	1. V 面投影积聚成一直线； 2. V 面投影与投影轴的夹角反映 α、γ 实角； 3. H、W 面投影仍为类似图形，但小于实形
侧面垂直面 （侧垂面）	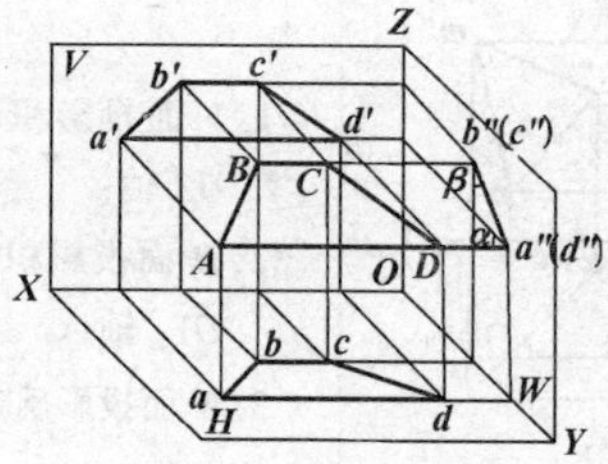	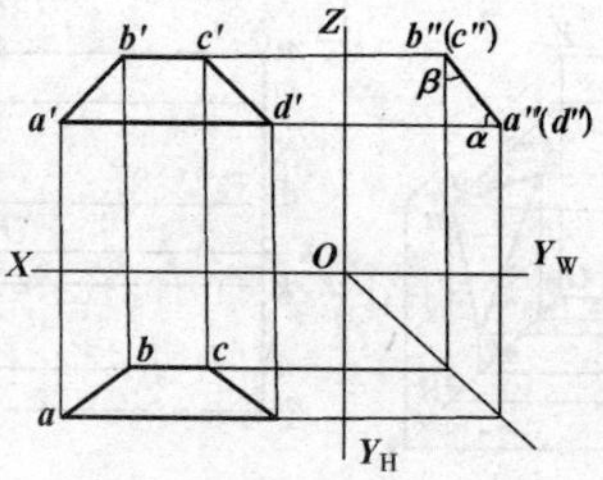	1. W 面投影积聚成一直线； 2. W 面投影与投影轴的夹角反映 α、β 实角； 3. V、H 面投影仍为类似图形，但小于实形

由此可概括出投影面垂直面的共性为：

(1)平面在所垂直的投影面上的投影积聚成一条直线，它与相应投影轴的夹角，即为该平面对其他两个投影面的倾角；

(2)其他两投影是空间图形的类似图形，并小于实形。

三、一般位置平面

与三个投影面既不平行也不垂直的平面称为一般位置平面，简称一般面，如图 4-2 所示的△ABC。

根据平面的投影特点可知，一般面的各个投影都没有积聚性。用几何图形表示的平面，各投影都成类似的几何形状，但均小于实形。

据此，由给定的投影图就可判定平面的空间位置。如图 4-3 所示的平面，因其三面投影都没有积聚性，故可知其为一般面。

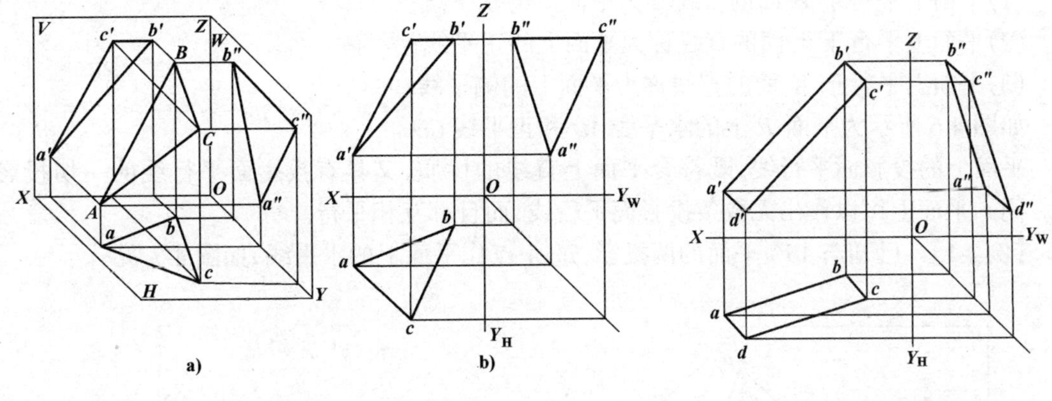

图 4-2 一般位置平面的投影

图 4-3 判定平面的空间位置

§4-3 平面上的点和直线

一、平面上的直线

1. 直线在平面上的条件

直线在平面上必须具备下列条件之一：

(1)直线通过平面上的两点。

如图 4-4 所示，在平面 P 上的两条直线 AB 和 BC 上各取一点 D 和 E，则过该两点的直线 DE 必在平面 P 上。

(2) 直线通过平面上一点，且平行于平面上的一条直线。

见图 4-4，过平面 P 上的 C 点，作 $CF \parallel AB$，AB 是平面 P 内的一条直线，则直线 CF 必在平面 P 上。

据此可在投影图上进行作图，如图 4-5 所示，在△ABC 上任作一直线 MN，可先在平面的任意边 AB 上任取一点 $M(m, m', m'')$；在另一边 BC 上任取一点 $N(n, n', n'')$，连接两点的同面投影，则 MN 必在△ABC 上。

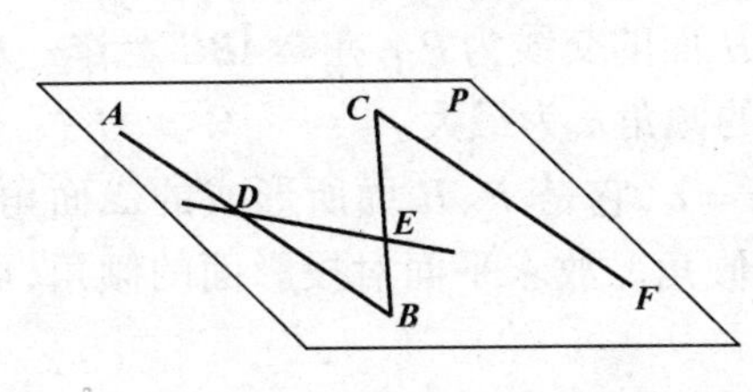

图 4-4 平面上的直线

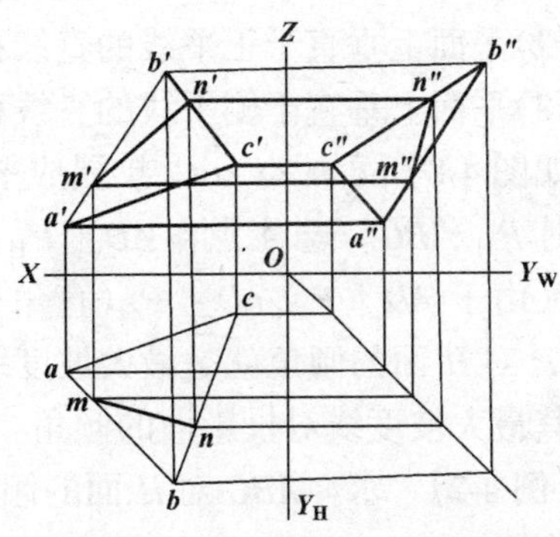

图 4-5 在平面上任作一直线

2. 平面上的投影面平行线

平面上平行于某一投影面的直线称为平面上的投影面平行线。平面上的投影面平行线分为三种：

(1)平面上平行于 H 面的直线称为平面上的水平线；

(2)平面上平行于 V 面的直线称为平面上的正平线；

(3)平面上平行于 W 面的直线称为平面上的侧平线。

如图 4-6 所示为平面 P 上的水平线 AB 和正平线 CD。

平面上的投影面平行线，既符合平面上直线的性质，又具有投影面平行线的一切投影特性。同一平面上可以作出无数条投影面平行线，而且都互相平行。

【例 4-1】 已知△ABC 平面的两投影，过 A 点作平面上的水平线，如图 4-7 所示

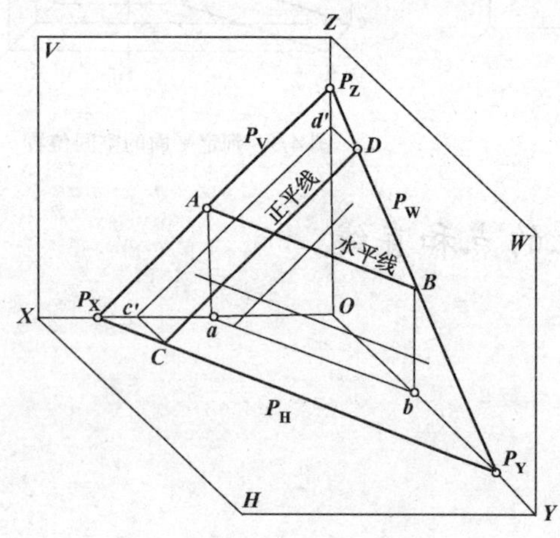

图 4-6 平面上的投影面平行线

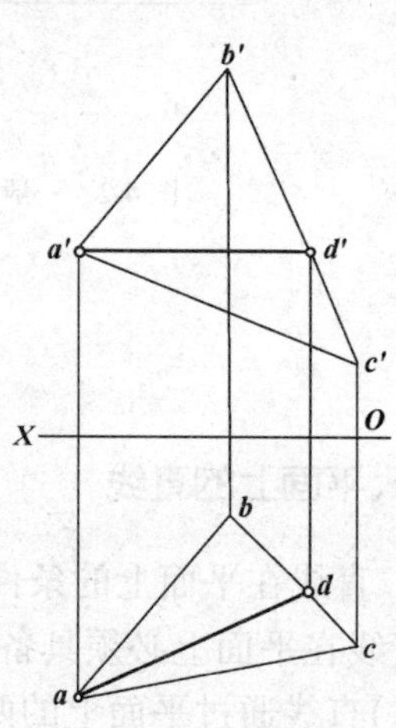

图 4-7 平面上的水平线

作图：

(1)过 a' 作 $a'd' \parallel OX$ 轴，交 $b'c'$ 于 d'；

(2)求出 d，连接 ad、AD(ad、$a'd'$)即为平面上的水平线。

3. 平面上的最大坡度线

平面上对投影面倾角最大的直线称为平面上对投影面的最大坡度线，它必垂直于该平面上的同面平行线。平面上的最大坡度线有三种：

(1)平面上垂直于水平线的直线称为平面上对 H 面的最大坡度线；

(2)平面上垂直于正平线的直线称为平面上对 V 面的最大坡度线；

(3)平面上垂直于侧平线的直线称为平面上对 W 面的最大坡度线。

如图 4-8 所示的△ABC，扩展成平面 P 后，它与 H 面的交线为 P_H，在△ABC 上作一水平线 BG，则 $P_H \parallel BG$。过 A 点作 $AD \perp P_H$，则 AD 对 H 面的倾角 α 为最大。

又由于 $AD \perp P_H$，$aD \perp P_H$(直角投影)，则 $\angle ADa = \alpha$，它是 P、H 面所形成的二面角，所以平面 P 对 H 面的倾角就是最大坡度线 AD 对 H 面的倾角。故求平面对投影面的倾角，可转化成求其最大坡度线对投影面的倾角。

【例 4-2】 求△ABC 对 H 面的倾角 α，如图 4-9 所示。

作图：

(1)在△ABC 上任作一水平线 BG 的两面投影 bg、$b'g'$；

(2)根据直角投影定理，过 a 作 bg 的垂线 ad，即为所求最大坡度线的 H 面投影，并求出其 V 面投影 $a'd'$；

(3)用直角三角形法求 AD 对 H 面的倾角 α，即为所求△ABC 对 H 面的倾角。

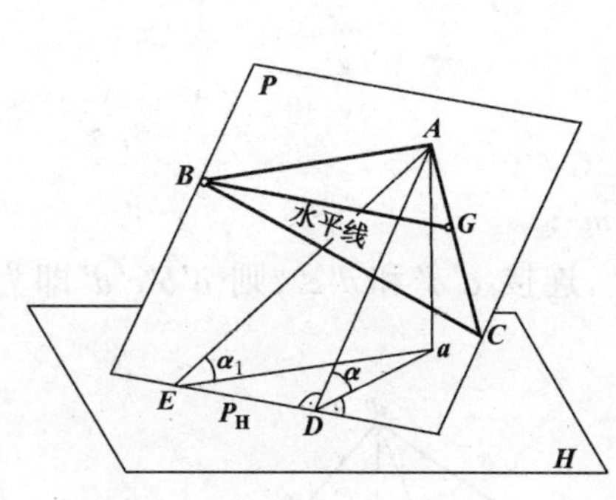

图 4-8 平面上的最大坡度线

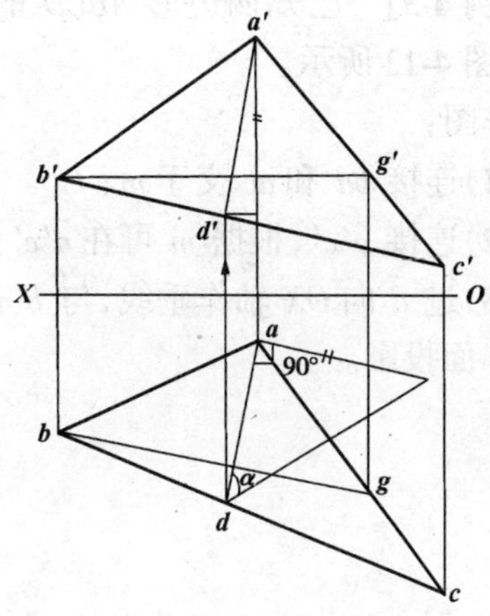

图 4-9 求△ABC 对 H 面的倾角 α

二、平面上的点

点在平面上的几何条件是：如点在平面内的任一直线上，则该点必在该平面上。

在平面上取点，必须先在平面上作辅助线，再在辅助线上取点，此点必在该平面上。在平面上可作出无数条线，一般选取作图方便的辅助线为宜。

【例 4-3】 已知△ABC 的两面投影，及其上一点 K 的 V 面投影 k'，求 K 点的 H 面投影 k，如图 4-10 所示。

作图：

(1)过 k' 在平面上作辅助线 BE 的 V 面投影 $b'e'$；

(2)作出 E 点的 H 面投影 e，连接 be，因 K 点在 BE 上，k 必在 be 上，从而求得 k。

【例 4-4】 已知△ABC 和 M 点的 V、H 面投影，判别 M 点是否在平面上，如图 4-11 所示。

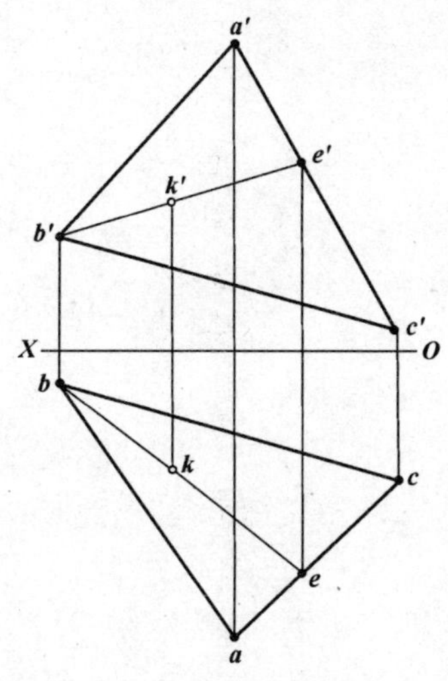

图 4-10 平面上的点

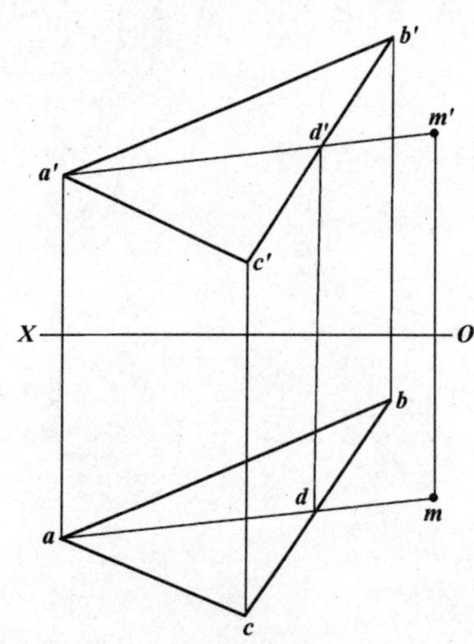

图 4-11 判别点是否在平面上

作图：

(1)连接 $a'm'$，交 $b'c'$ 于 d'；

(2)求出 d，连接 ad，m 在 ad 上，则 M 点是该平面上的点。

【例 4-5】 已知四边形 *ABCD* 的 *H* 面投影和其中两边的 *V* 面投影，完成四边形的 *V* 面投影，如图 4-12 所示。

作图：

(1)连接 bd 和 ac 交于 m；

(2)连接 $a'c'$，根据 m 可在 $a'c'$ 上作出 m'，连接 $b'm'$；

(3)过 d 向 OX 轴作垂线，与 $b'm'$ 的延长线交于 d'，连接 $a'd'$ 和 $d'c'$，则 $a'b'c'd'$ 即为四边形的 *V* 面投影。

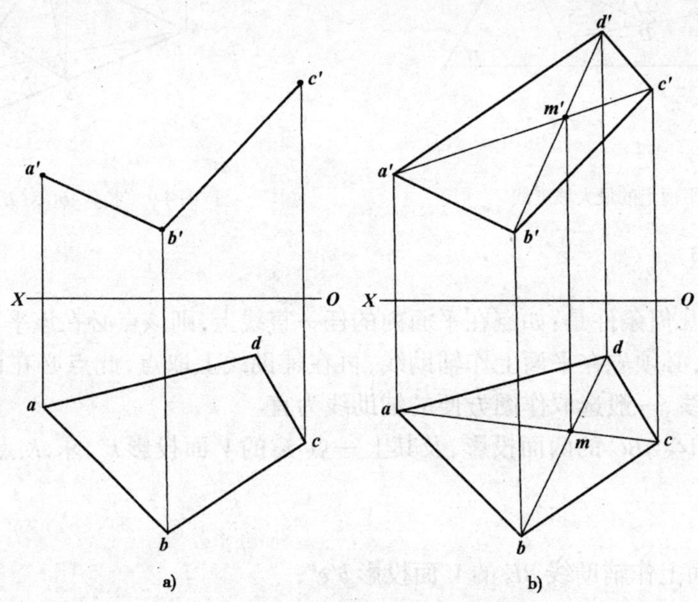

图 4-12 补全四边形的 *V* 面投影

第五章　直线与平面、平面与平面的相对位置

直线与平面、平面与平面之间的相对位置有平行、相交和垂直三种情况（垂直属于相交的特殊情况）。下面分别介绍它们的投影特点和作图方法。

§5-1　直线与平面、平面与平面平行

一、直线与平面平行

由立体几何可知，若一直线与一平面上的任一直线平行，则此直线必与该平面平行。如图5-1所示，直线 AB 与平面 H 上的任一直线 CD（或 EF）平行，则 $AB /\!/ H$ 面。

【例5-1】　过△ABC 外一点 D，作一水平线 DE 与△ABC 平行，如图5-2所示。

作图：

(1)在△ABC 上任作一水平线 BF（bf，$b'f'$）；

(2)过 d' 作 $d'e' /\!/ b'f'$，过 d 作 $de /\!/ bf$，则即为所求。

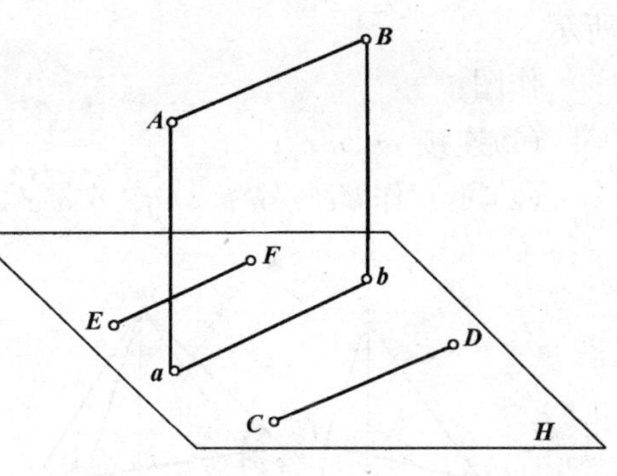

图5-1　直线和平面平行的条件

【例5-2】　已知 $ABCD$ 平面外一直线 MN，试判别 MN 是否与该平面平行，如图5-3所示。

作图：

(1)在 $ABCD$ 平面的投影图上任作 $b'e' /\!/ m'n'$，并与 $c'd'$ 相交于 e'，由 e' 求 e，连接 be；

(2)因 $be /\!/ mn$，故 MN 与平面 $ABCD$ 平行。

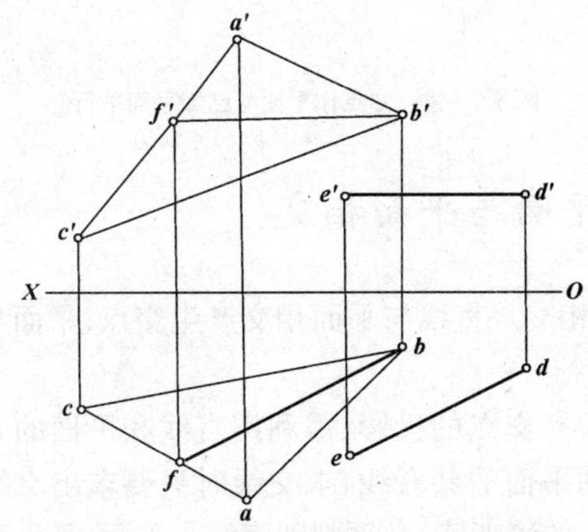

图5-2　过已知点作水平线平行已知平面

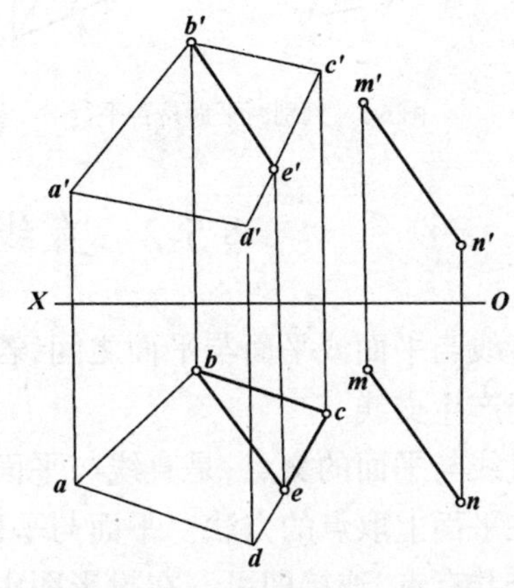

图5-3　判别直线是否与平面平行

二、两平面平行

如图 5-4 所示，由立体几何可知，若一平面上的相交两直线与另一平面上的相交两直线对应平行，则该两平面互相平行。

若两平面平行，两平面上对应的相交两直线的同面投影必平行。反之，如果平面上相交两直线的各面投影对应地平行于另一平面上相交两直线的同面投影，则可判定该两平面平行。

【例 5-3】 判别△*ABC* 和△*DEF* 两平面是否平行，如图 5-5 所示。

作图：

(1) 在 *V* 面投影上作 *a′g′* // *d′e′*、*a′k′* // *d′f′*；

(2) 由 *a′g′* 和 *a′k′* 作出 *ag* 和 *ak*；因 *ag* // *de*、*ak* // *df*，故△*ABC* // △*DEF*。

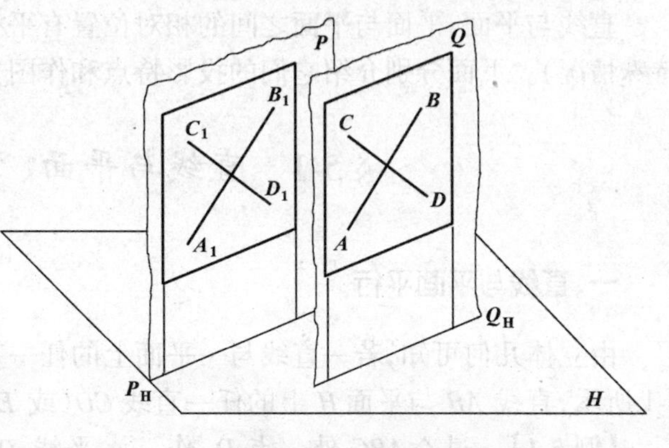

图 5-4　两平面平行

【例 5-4】 过 *K* 点作一平面与平行两直线 *AB* 和 *CD* 所决定的平面平行，如图 5-6 所示。

作图：

(1)连接 *ac*、*a′c′*；

(2)过 *k′* 作 *k′e′* // *a′b′*、*k′f′* // *a′c′*，过 *k* 作 *ke* // *ab*、*kf* // *ac*，则平面 *KEF* 即为所求。

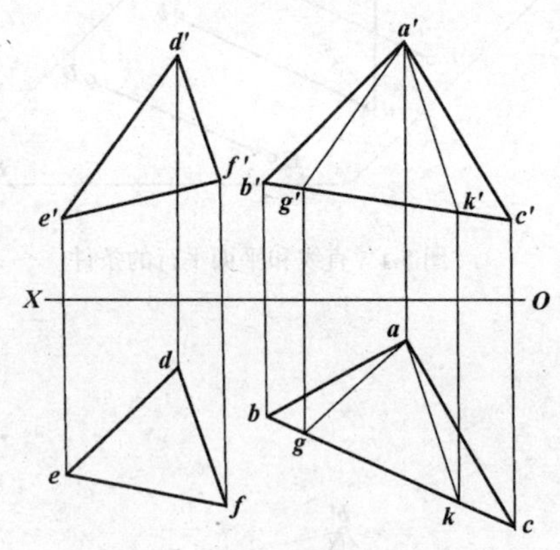

图 5-5　判别两平面是否平行

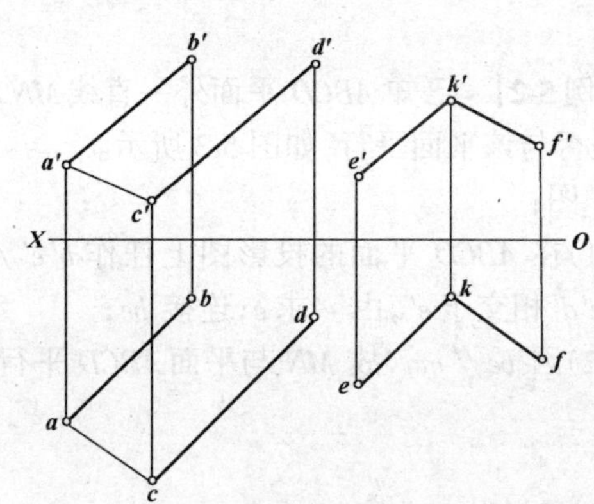

图 5-6　过已知点作平面与已知平面平行

§5-2　直线与平面、平面与平面相交

直线与平面或平面与平面之间，若不平行则必相交。直线与平面相交产生交点，平面与平面相交产生交线。

直线与平面的交点，是直线与平面的共有点，求解交点的投影，需利用直线和平面的共有点或在平面上取点的方法。平面与平面的交线是两平面的共有线，求交线时只要求出交线上的两个共有点，连接即可。在投影图中，为增强图形的清晰感，必须判别直线与平面、平面与平面投影重叠部分的可见性，一般交点是可见与不可见的分界点，交线是可见与不可见的分界线。

一、投影面垂直线与一般位置平面相交

利用投影面垂直线的积聚性，可直接求出交点。

【例 5-5】 求作铅垂线 EF 与一般位置平面△ABC 的交点，如图 5-7 所示。

作图：

(1)利用直线的积聚性直接找到交点 K 的 H 面投影 k；

(2)利用面上取点的方法即可求出 k'；

(3)判别 V 面投影重影段的可见性：

对 V 面上重影段的可见性，可以利用交叉两直线重影点的可见性来判别，见图 5-7，$a'b'$ 及 $a'c'$ 与 $e'f'$ 的交点均为重影点，可任选其中一点如 4′(3′)，它们是 AB 上的 3 点与 EF 上的 4 点在 V 面上的重影，由其 H 面投影可知，4 点在前，3 点在后，则 V 面投影 $e'k'$ 可见，$k'f'$ 不可见。

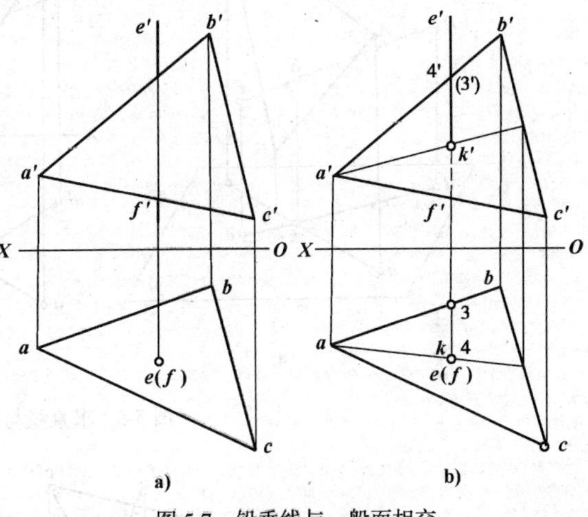

图 5-7　铅垂线与一般面相交

二、一般位置直线与特殊位置平面相交

利用投影面垂直面(投影面平行面)的积聚性投影，即可直接求出交点。

如图 5-8a)所示为求铅垂面△ABC 与一般线 DE 的交点 K：因 K 在 DE 上，故 k 必在 de 上；又因 K 在△ABC 上，故 k 必积聚在△ABC 的 H 面投影 abc 上，即 k 必是 de 与 abc 的交点。如图 5-8b)所示，由 k 作 OX 轴的垂线与 $d'e'$ 相交于 k'，$K(k', k)$即为所求。

由于铅垂面的 H 面投影有积聚性，故可根据它们之间的前后关系直接判别其 V 面投影的可见性。即 ke 一段均在立面之前，故 $k'e'$ 为可见，而 $k'd'$ 与 $a'b'c'$ 的重影段为不可见(画虚线)，如图 5-8c)所示，H 面投影因具有积聚性，无须判别其可见性。

三、一般位置平面与特殊位置平面相交

一般位置平面可看作由两相交一般线所确定的平面，求一般位置平面与投影面垂直面的交线，可用上述方法分别求出两相交一般线与垂直面的交点，交点的同面投影相连，即为交线。

【例 5-6】 求一般面 DEF 与铅垂面 ABC 的交线，如图 5-9 所示。

作图：

(1)平面 DEF 可看作由一般线 DE 和 EF 构成的平面，求出 DE 与△ABC 的交点 $K(k, k')$ 及 EF 与△ABC 的交点 $M(m, m')$，见图 5-9a)；

(2)连接 $KM(km, k'm')$即为所求，见图 5-9b)；

(3)判别可见性：

可见性的判别，是在上述的线面相交可见性的基础上进行，交线即为两平面投影重叠处可见与不可见的分界线。由于两平面周界边线之间均为交叉直线，每一对交叉直线中，若一条边线可见，另一条必不可见。由此对 V 面投影可见性的判别，见图 5-9b)，因 ED、EF 两直线为同

一平面，故交点 $M(m,m')$ 之后的一段也和 $K(k,k')$ 之后一样，均为不可见。又由于 $e'k'$ 可见，即 $e'm'$ 亦为可见，则与之交叉的 $b'c'$ 重叠段为不可见（画虚线）。同理，可判别其余部分的可见性。

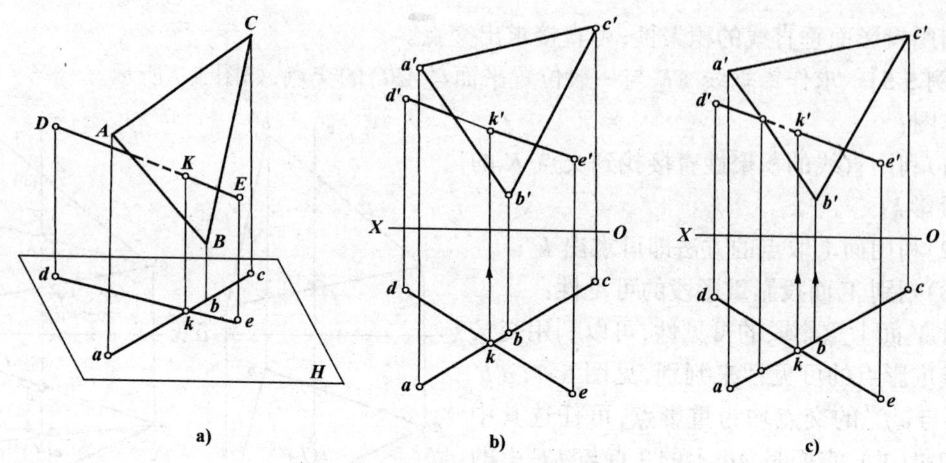

图 5-8　求直线与投影面垂直面的交点

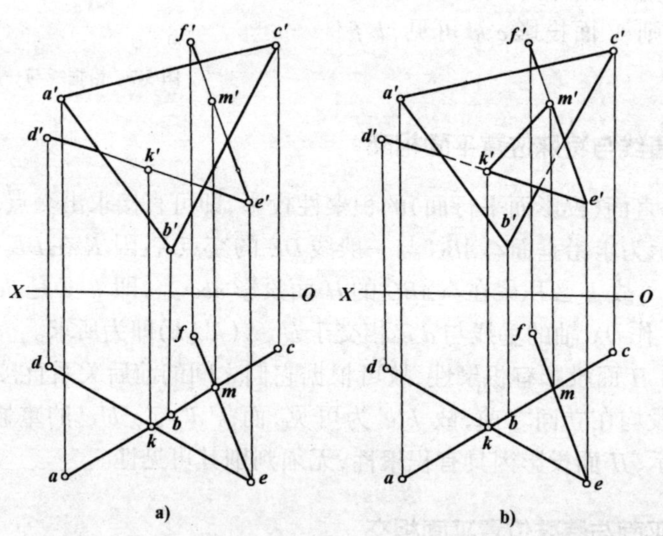

图 5-9　一般面与铅垂面相交

第六章　基本几何体的投影

任何工程结构物，不论形状多么复杂，都可以看成是由若干个简单的几何体组成。这些简单的几何体称为基本体，如图 6-1 所示。

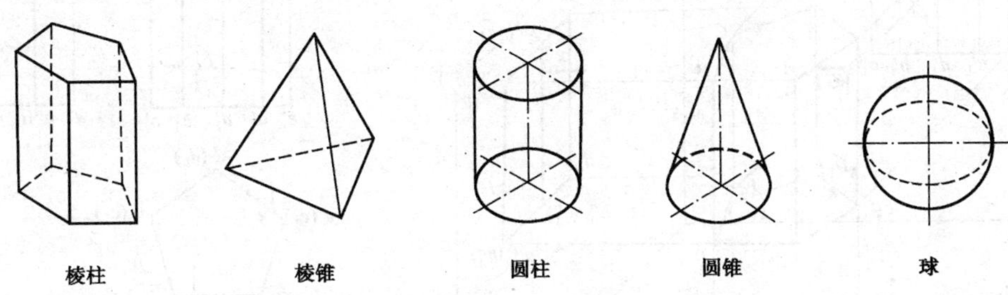

图 6-1　常见的基本体

基本体按其表面性质不同分为两大类：平面立体、曲面立体。

(1)平面立体：由平面多边形所围成的立体，如棱柱体和棱锥体等。

(2)曲面立体：由曲面或曲面与平面所围成的立体，如圆柱体、圆锥体、球等。

§6-1　平面立体的投影

一、棱柱体

1. 棱柱的三面投影

如图 6-2a)所示为一个正五棱柱及其在三个投影面上投影的立体图。为了使棱柱的投影能表达棱柱的特征形状和画图方便，使五棱柱的两底面平行于 H 面，最前面的一个棱面平行于 V 面。

画图时，运用点、线、面的投影理论，只要把棱柱体上各平面多边形的投影画出，就能显示棱柱体的投影。

在图 6-2b)中，五棱柱的 H 面投影是一正五边形，它是顶面和底面的重合投影，并且反映上、下底面的实形(因上、下底面均为水平面)。H 面投影的正五边形的五条边是棱柱体五个棱面的积聚性投影(其中有四个铅垂面、一个正平面)。五边形的五个顶点是五棱柱五个棱的积聚投影(五条棱均为铅垂线)。

V 面投影的上、下两段水平线，是顶面、底面的积聚性投影。五棱柱最前面的棱面 AA_1B_1B 平行于 V 面，该棱面的 V 面投影 $a'a'_1b_1'b'$ 反映实形。五棱柱前面的左右两个棱面均为 H 面的垂直面，在 V 面中投影为左右两个矩形，但与实形相比较窄。五棱柱后面的两个棱面的投影仍为两个矩形，从前向后投影，棱线 DD_1 被前面的棱面遮住，为不可见，因此，在 V 面投影中，把它画成虚线 $d'd_1'$。

W 面投影为两个矩形，它们是左面两个棱面与右面两个棱面的投影。最前面的一段铅直线 $a''b''b_1''a_1''$是五棱柱最前面棱面 ABB_1A_1 的积聚投影。上、下两段水平线是顶面和底面的积聚性投影。

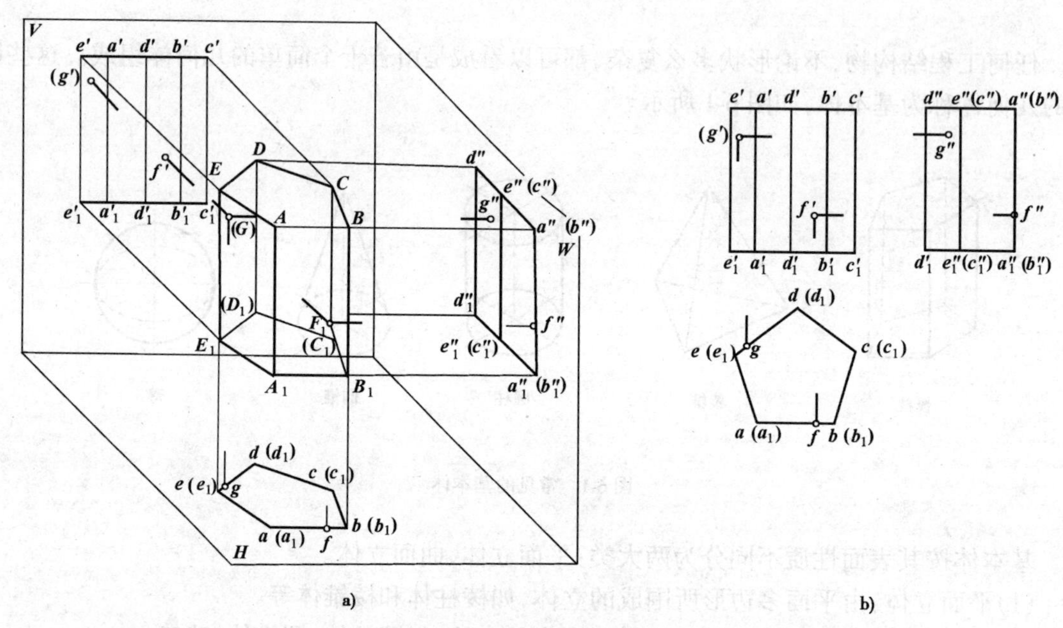

图 6-2　五棱柱的投影

a)立体图；b)投影图

2．棱柱面上的点

在五棱柱最前面的棱面上有一点 F，左后棱面上有一点 G。在 V 面投影中，f'在前棱面上为可见，(g')在左后棱面上为不可见。在 W 面投影中，g''位于左后棱面上为可见，f、f''和 g 等点，均在棱面的积聚性投影上。

综上所述：要想准确地画出棱柱体投影，应首先对棱柱体进行分析，分析它的各棱、各棱面与投影面的相对位置关系；然后根据线、面的投影特性画出投影图，不可见的棱线画成虚线，可见的棱线画成实线。

二、棱锥体

1．棱锥的三面投影

如图 6-3a)所示为三棱锥的立体图。底面 ABC 平行于 H 面，其余三个棱面都倾斜于三个投影面。

如图 6-3b)所示为三棱锥的三面投影图。由于底面平行于 H 面，所以水平投影 abc 反映底面的实形，V、W 面投影都积聚成与相应投影轴平行的线段。只要把顶点 S 的三面投影与底面 ABC 对应点的同面投影相连，便可完成该棱锥的三面投影。

可见性分析：三棱锥的三个棱面在 H 面上的投影与底面重叠，三个棱面的投影均为可见，底面投影为不可见。V 面投影的可见性，可从 H 面投影的前后关系来分析，棱面 SAC 位于棱面 SAB 与 SBC 的后面，故 $s'a'c'$为不可见，$s'a'b'$，与 $s'b'c'$为可见。同理，也可分析出侧面投影的可见性。

2. 棱锥面上的点

在图 6-3 中，已知三棱锥表面上点 D 的 V 面投影 d'，E 点的 H 面投影 e，且均为可见，求其余两投影。

求平面上 D 点的其余投影，属于面上定点的问题。面上定点，首先在面上定线，再在线上

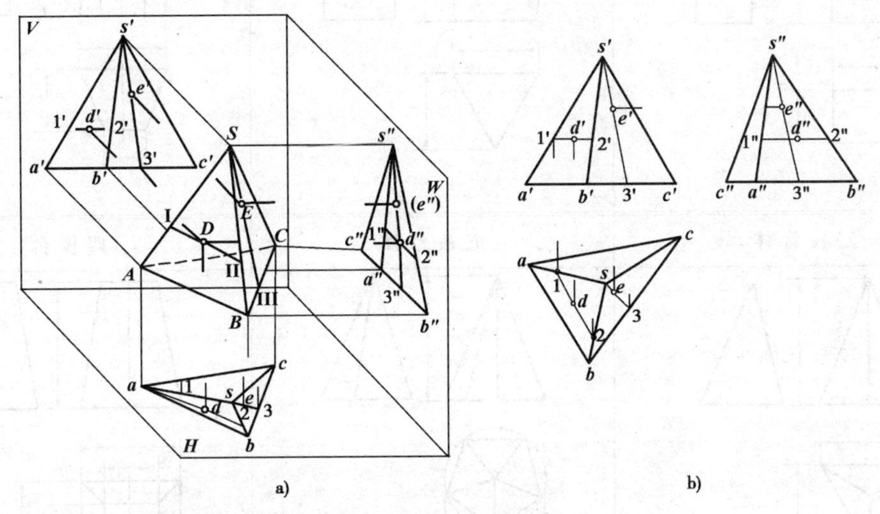

图 6-3　三棱锥的投影

a)立体图；*b*)投影图

定点，即点、线、面的从属关系。因此，可过棱面 SAB 上的 D 点任作一辅助直线来求，如连接 $s'd'$ 交底边 $a'b'$ 有一点。为了作图清晰、方便，也可采用作平行线的方法。现介绍平行线法，即在 SAB 棱面上过 D 点作直线 $I\ II /\!/ AB$，并求其三面投影。具体作图步骤如下：

(1)过 d' 作 $1'2' /\!/ a'b'$，分别与 $s'a'$、$s'b'$ 相交于 $1'$、$2'$ 两点；

(2)求其 H 面投影 12，注意 12 应与 ab 平行。从 d' 引铅垂线与 12 相交得 D 点的 H 面投影 d'；

(3)根据投影关系，在 $1''2''$ 上求得 D 点的 W 面投影 d''。

若已知 SBC 棱面上 E 点的 H 面投影 e，求其 V、W 面投影，亦可采用求 d、d'' 的方法求得，见图 6-3b)。

综上所述：画棱锥的投影图，方法同棱柱体一样，即先对各棱面进行分析，分析它各属于哪类平面，然后根据可见与不可见，画出其投影图。在棱锥表面上取点，应按照点、线、面的从属关系，先在面上取辅助线。取辅助线一般有两种方法：一种是通过锥顶；另一种是作底边的平行线，如图 6-3b)中的 D 点、E 点。

三、平面立体投影图的尺寸标注

平面立体投影图的尺寸标注，应考虑以下两个问题：

(1)尺寸的选择：平面立体应标注各个底面的尺寸和高度。尺寸既要齐全，又不重复。

(2)尺寸的布置：底面尺寸应注在反映实形的投影图上，高度尺寸应尽量注在正面和侧面投影之间，如表 6-1 所示。

平面立体投影图的尺寸标注　　表 6-1

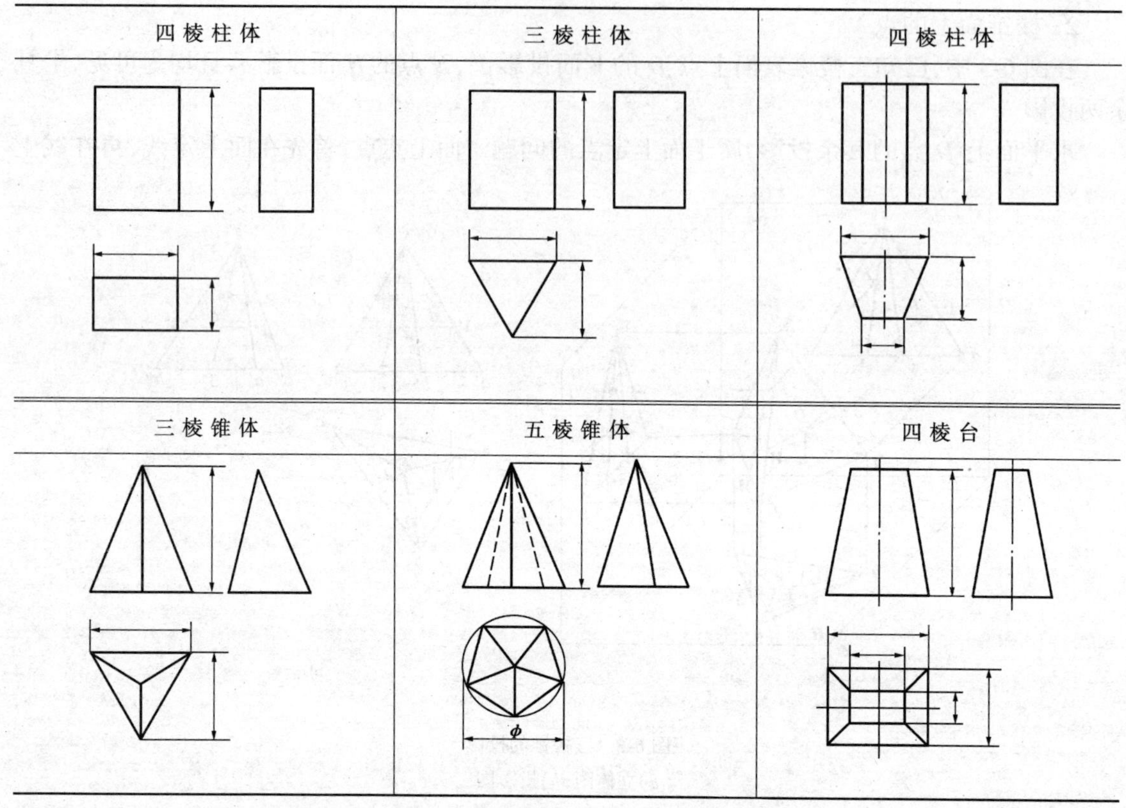

§6-2　曲面立体的投影

由曲面或曲面与平面围成的立体叫曲面立体。曲面立体的曲面是由运动的母线(直线或曲线),绕着固定的轴线(直线),做旋转运动形成的。其特点是:母线上任一点的运动轨迹均为圆周(此圆周又称纬圆)。母线在曲面上的任一位置称素线。常见的曲面立体有圆柱体、圆锥体、球等。

一、圆柱体

1. 圆柱体的形成

圆柱体是由直母线 AA_1 绕与其平行的轴线 OO_1 旋转一周形成的,又称圆柱,如图 6-4a)所示。母线两端点 A、A_1 旋转时形成上、下两个圆周,称上、下底圆。当轴线 OO_1 垂直于上、下底圆平面时,称正圆柱。

2. 圆柱体的投影

圆柱体投影如图 6-4b)、c)所示。

圆柱体 H 面投影为一圆周,反映上、下底面的实形(在 H 面重影),圆周是圆柱面的积聚投影。

V 面投影为一矩形,上、下两条线段为上、下底面的积聚投影,左、右两条线段为圆柱最左、最右的两条轮廓素线,也是圆柱面投影时可见与不可见部分的分界线。

W 面投影为一矩形,上、下两条线段为上、下底面的积聚投影,竖直的两条线段为圆柱最前、最后的两条轮廓素线的投影,也是圆柱面向面投时可见与不可见部分的分界线。投影中除两条轮廓素线外，其他素线均不画出，圆柱面上的素线都相互平行。

3．圆柱面上取点

在圆柱面上取点，原则上与在平面上取点相同，可过点在圆柱面上作一辅助线来求。为了作图方便，可利用素线作为辅助线，现举例如下：

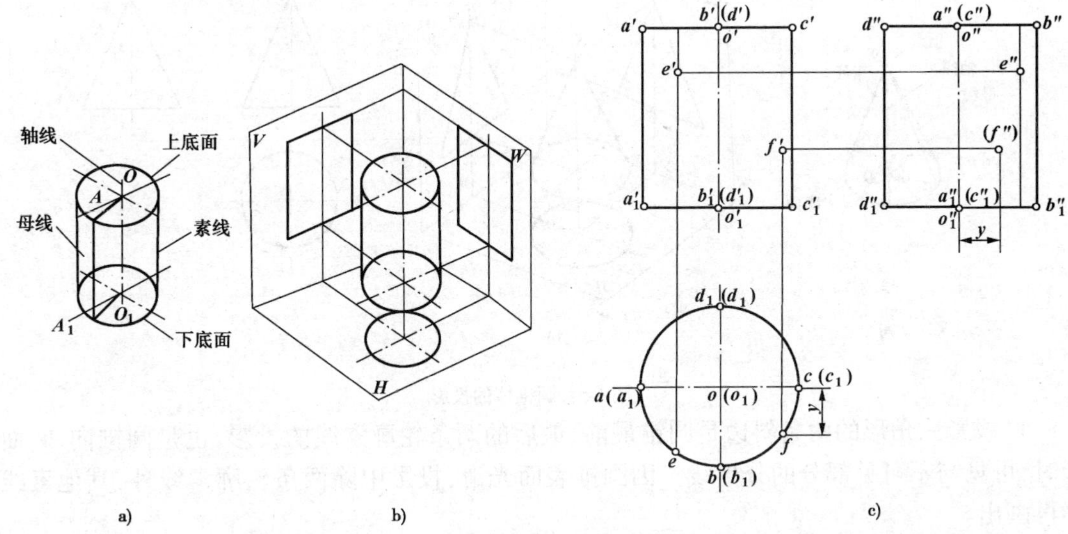

图 6-4 圆柱的投影

【例 6-1】 已知圆柱面上有 E、F 两点，并知 e' 和 f'，见图 6-4c)，求该两点的其他投影。

1．分析

由于圆柱面的 H 面投影积聚为一圆周，圆周上的每一点对应代表圆柱面上一素线的投影。E、F 两点既在圆柱面上，也一定在相应的素线上，故可根据 V 面上的投影 e'、f'，直接在 H 面上求得 e、f，并根据 e'、f' 和 e、f 求得 W 面投影 e''、f''。

2．作图

图 6-4c)中，从 V、H 面投影中可知，e'、f' 为可见，故 e、f 在圆周的前半部分；点 E 在圆柱面的左面，所以 W 面投影 e'' 为可见，而点 F 在圆柱面的右面，则其 W 面投影(f'')为不可见。

综上所述，正圆柱体的投影特点如下：

在轴线所垂直投影面上的投影为一圆，其他两投影为全等的矩形。在圆柱面上取点时，采用素线法。

画图时注意：投影为圆时，对称线用相互垂直的点划线表示，交点表示圆心；投影为矩形时，对称线用点划线表示，其他曲面体的投影画法一样。

二、圆锥体

1．圆锥体的形成

圆锥体是直母线 SA 绕与它相交于 S 点的轴线 SO 旋转一周形成的，简称圆锥，如图 6-5a) 所示。当轴线 SO 垂直于圆锥底面时，称正圆锥，圆锥面的所有素线均相交于 S 点。

2．圆锥体的投影

圆锥体投影如图 6-5b)、c)所示。

H 面投影为一圆，它是圆锥体底面及圆锥面的投影，且反映底圆的实形；

V、W 两投影均为等腰三角形，高等于圆锥体的高，底边为底圆的积聚投影，底边的长等于底圆的直径。V 投影三角形的两条斜边是圆锥最左和最右的两条轮廓素线的投影，也是圆锥向 V 面投影时，可见与不可见部分的分界线；

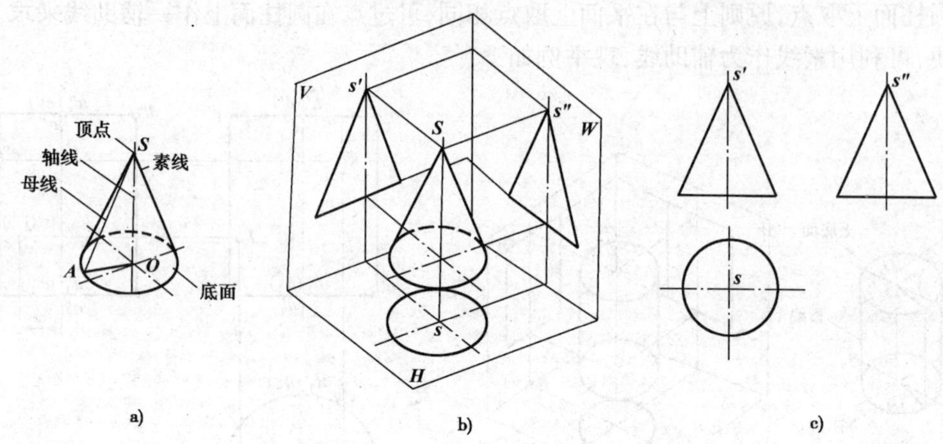

图 6-5　圆锥体的投影

W 投影三角形的两条斜边是圆锥最前、最后的两条轮廓素线的投影，也是圆锥向 W 面投影时，可见与不可见部分的分界线。因圆锥表面光滑，投影中除两条轮廓素线外，其他素线均不再画出。

3．圆锥面上取点

面上取点应先取线，为作图方便，可过锥顶 S 取素线或取一辅助纬圆来进行作图，如图6-6所示。现举例如下：

【例 6-2】　图 6-6a)中，在圆锥面上有 E、F 两点；图 6-6b)中，已知 E 点的 V 面投影 e'；图 6-6c)中，已知 F 点的 H 面投影 f，求点的其他投影。

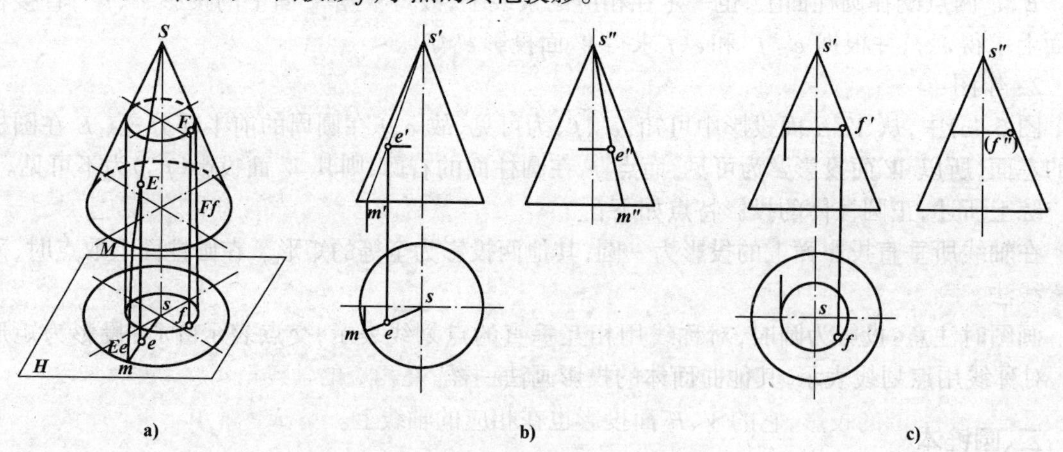

图 6-6　圆锥面上取点

a)立体图；b)素线法；c)纬圆法

1．分析

在圆锥面上取点仍属于面上取线的问题，根据点、线、面的从属关系，面上取点应先在面上取辅助线，然后再在线上取点。辅助线有两种取法：一种是素线法，另一种是纬圆法。

2．作图

(1)见图 6-6b)，过 e' 作辅助素线 SM 的 V 面投影 $s'm'$，由 $s'm'$ 求出其 H、W 面投影 sm、s''

m''。根据 e 在 sm 上定出 e，根据 e'' 在 $s''m''$ 上定出 e''。这种以素线为辅助线的作图法，称为素线法。

(2)见图 6-6c)，过 F 点作一纬圆，其 H 面投影 f 必在以 S 为圆心、sf 为半径所作的圆周上。所以，可以 S 为圆心、sf 为半径，先作出纬圆的 H 面投影后，再在纬圆 V、W 面的积聚性投影中定出 f' 和 f''。

(3)由 H 面投影可知，F 点在右、前半部分圆锥面上，故 f' 为可见，(f'')为不可见。这种以纬圆为辅助线的作图方法，称纬圆法。

综上所述，正圆锥体的投影特点如下：

在轴线所垂直投影面上的投影为一圆，其他两投影为等腰的三角形。在圆锥面上取点时，可采用素线法，亦可采用纬圆法，不论采用哪种方法，其结果完全相同。

三、球体

1．球体的形成

球体是以球面母线为圆周，以其直径为轴旋转一周形成的。母线上任意点运动的轨迹均为圆周，圆周所在平面与轴垂直，如图 6-7a)所示。

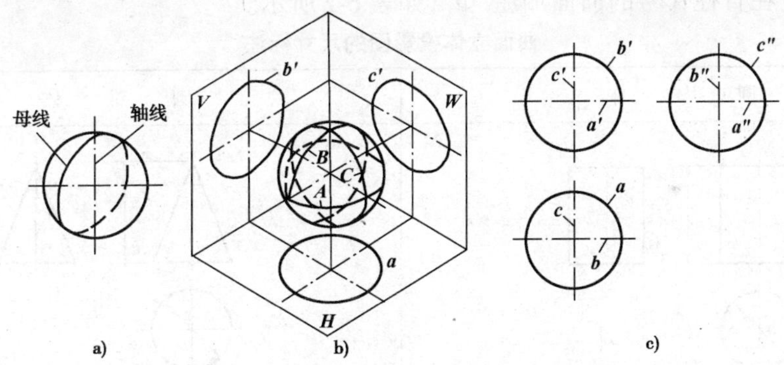

图 6-7　球体的投影

2．球体的投影

球体的三面投影，是三个直径相等，且等于球的直径的圆，如图 6-7b)、c)所示。三个圆的圆周是球的轮廓素线在三个投影面上的投影，它们也是球前后、上下、左右各半球可见与不可见部分的分界线。

V 面投影是平行于 V 面的最大正平圆的投影，它的 H、W 面投影在相应的轴线上；H 面投影是平行于 H 面的最大水平圆的投影，它的 V、W 面投影在相应的轴线上；W 面投影是平行于 W 面的最大侧平圆的投影，它的 V、H 面投影也在相应的轴线上。

3．球面上取点

球面上取点也应先在球面上取线，可采用纬圆法求出。

【例 6-3】　已知球面上两点 A 和 B 的投影 a、b'，求 A、B 的其他投影，如图 6-8 所示。

1．分析

在球面上取点采用纬圆法，作出过 a 点的纬圆，而 b 点在轮廓线上，纬圆不需再画。

2．作图

(1)在 H 面投影上，以 O 为圆心，oa 为半径画圆，即得所求的辅助圆(水平圆周)的 H 面投影；

(2)因已知 H 面投影 a 为可见，故所作辅助圆的 V、W 面投影，应位于上半球且均积聚成与 X 轴、Y 轴平行的直线；

(3)由 a 引连线，可在辅助圆的 V、W 面投影上求出 a' 和 a''。因 A 点在前半球的左上方，故 a 和 a'' 均为可见。

(4)由于 b' 在 V 面投影的轮廓线上，所以 b 和 b'' 分别在球的 H、W 面投影的中心线上。又因 B 点在球的右上方，故 b 为可见，(b'') 为不可见。

综上所述，球的投影特点如下：

三面投影均为三个大小相等的圆。在球面上取点，采用纬圆法(即水平圆、正平圆或侧平圆)。

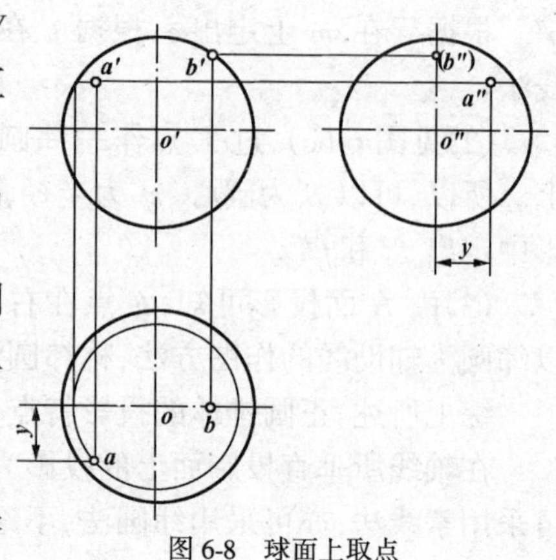

图 6-8　球面上取点

四、曲面立体投影图的尺寸标注

曲面立体投影图的尺寸标注原则与平面立体的基本相同。

圆锥体或圆锥台应注出底圆的直径和高度。球体只需要注出它的直径。球体的投影图可只画一个，但应在直径代号的前面加注“Φ”，如表 6-2 所示。

曲面立体投影图的尺寸标注　　表 6-2

圆　柱　体	圆　锥　体
φ	φ
圆　锥　台	球　体
φ φ	Sφ

第七章 轴测投影

§7-1 轴测投影的基本知识

用正投影法画的多面投影图能够完整、准确地表达空间形体的形状与大小,且作图简便,是工程图样的主要表达方法。如图 7-1a)所示为轻型桥台的三面投影图。但这种图样由于每个投影图只反映三维形体中的两维向度,故缺乏立体感,对于缺少读图知识的人来说难以看懂。为了帮助理解与读图,常用如图 7-1b)所示立体图作为辅助图样。这种图是采用平行投影法画出的、能同时反映三维向度的单面投影图,称为轴测投影,简称轴测图。

一、轴测投影图的形成

图 7-1b)所示轴测图,由于在单一投影面上同时反映了形体的长、宽、高三个向度,接近人的视觉印象,故富有立体感。如何在单面投影中同时获得三维向度的投影,一般采用下述方法:

(1)如图 7-2a)所示,使形体三维方向亦即空间直角坐标系 O-XYZ 与投影面 P 倾斜,采用正投影法将形体投射到投影面 P 上。此时由于三维方向均不积聚而能同时得到反映,使投影呈现立体感,这样获得的投影称为正轴测投影。

(2)如图 7-2b)所示,不改变形体对投影面的相对位置,亦即形体三维方向仍平行于投影轴,但用斜投影法将形体投射到投影面 P 上,从而获得形体直观的三维形象,这种投影称斜轴测投影。

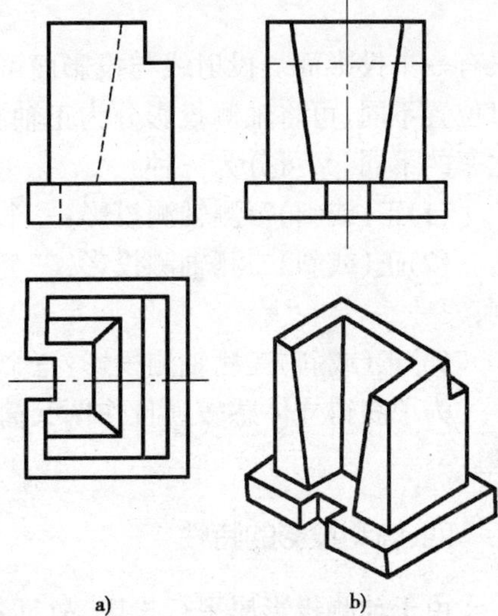

图 7-1 正投影图和轴测投影图

a)投影图;b)轴测图

二、轴测投影的名词

见图 7-2:

(1)轴测投影面:接受轴测投影的平面 P;

(2)轴测轴:确定形体的空间坐标轴(O-XYZ)在轴测投影面上的投影(O_1-$X_1Y_1Z_1$);

(3)轴间角:相邻两轴测轴之间的夹角$\angle X_1O_1Z_1$、$\angle Z_1O_1Y_1$和$\angle Y_1O_1X_1$。

(4)轴向变化率(又称轴向变形系数):设原坐标轴单位长度为 a,它在轴测投影面上沿轴测轴方向的投影长度分别为 e、f、g,则其比值分别为:

$$p = e/a\ ,q = f/a\ ,\ r = g/a$$

式中:p、q、r 分别称为 X 轴、Y 轴、Z 轴在轴测投影中的轴向变化率。

三、轴测投影的分类

轴测投影图虽然仍采用平行投影的方法绘制，但是它不像正投影那样有三个投影面，而是

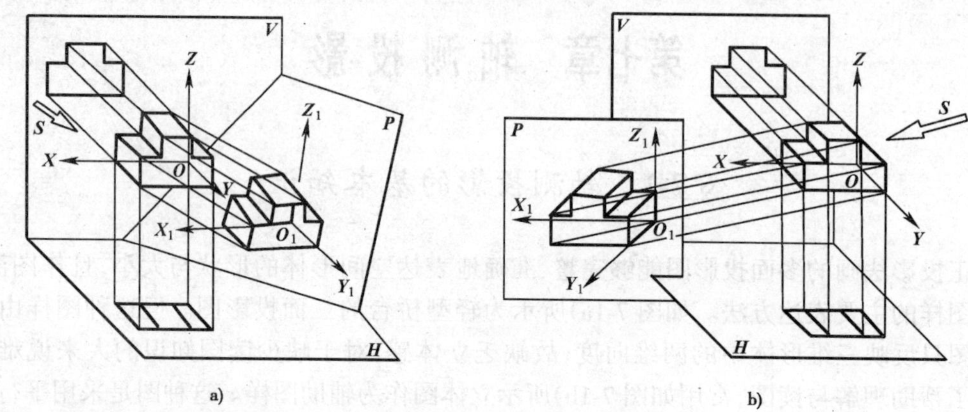

图 7-2 轴测投影的形成

a)正轴测投影；b)斜轴测投影

只有一个投影面。投射线与投影面可以是垂直的，也可以是倾斜的。按投射线与投影面的相对位置不同，可将轴测投影分为正轴测投影和斜轴测投影两类。这两类轴测投影按其轴向变化率的不同，又可分为三种：

(1)正(或斜)等测轴测投影：三个轴向变化率均相等，即 $p=q=r$，称正(或斜)等测；

(2)正(或斜)二测轴测投影：三个轴向变化率其中有两个相等，即 $p=r\neq q$，称正(或斜)二测；

(3)正(或斜)三测轴测投影：三个轴向变化率均不相等，即 $p\neq q\neq r$，称正(或斜)三测。

为了获得立体感较强且作图又简便的轴测图，工程上常采用正等测、正二测、斜二测等类型。

四、轴测投影的特性

由于轴测投影属平行投影，故具备平行投影的特性：

(1)平行性：空间互相平行的直线其投影仍保持平行。即形体上与空间坐标轴平行的线段，其轴测投影平行与相应的轴测轴。

(2)定比性：空间互相平行的线段长度之比等于其投影长度之比。即形体上凡与坐标轴平行的线其轴向变化率与该轴的轴向变化率相同。

性质(1)确定了轴向线的方向，性质(2)则确定了轴向直线的量度。沿着三个轴测轴方向可以量度长度(但必须通过一定的轴向变化率换算，然后进行度量)。

五、轴测投影的基本作图

点是组成空间形体的基本要素，其轴测投影的基本作图法是坐标法。

【例 7-1】 如图 7-3 所示，已知 A 点的正投影，求作点的轴测投影。

作图：

(1)按选定的轴间角画出轴测轴 $O_1-X_1Y_1Z_1$；

(2)沿轴测轴依次量取 $O_1a_{x1}=Oa_x\cdot p$；$a_{x1}a_1=Oa_y\cdot q$；$a_1A_1=Oa_z\cdot r$，A_1 即为 A 点的轴测投影。

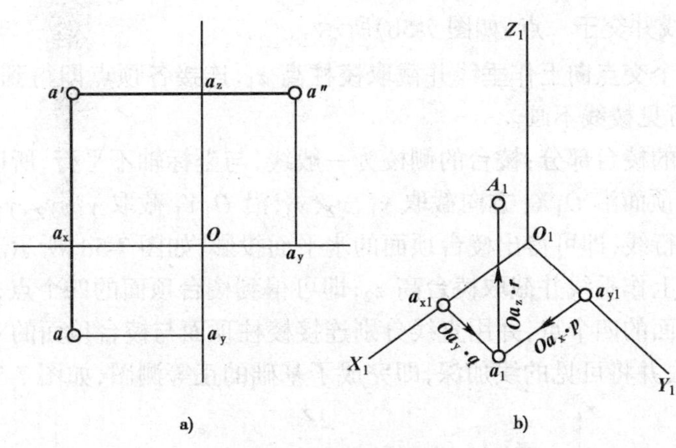

图 7-3　点的轴测投影

a)正投影;b)轴测投影

§7-2　轴测投影图的画法

一、正等测投影图

在正轴测投影中,当空间直角坐标轴 OX、OY、OZ 与轴测投影面的倾角都相等时,所得到的轴测投影图称为正等测投影图,简称正等测图,如图 7-4a)所示。

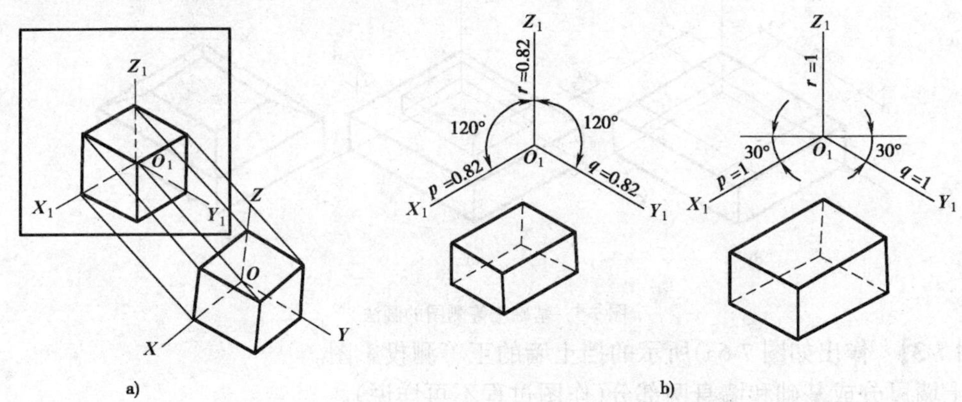

图 7-4　正等测图

a)正等测图的形成;b)正等测投影的轴间角和轴向变化率

根据几何知识可知,正等测的三个轴测轴之间的夹角均为 120°;三个轴测轴的轴向变化率也相等,即 $p=q=r=0.82$,按照这个轴向变化率作图,量度长度时需要计算。为使作图简便,通常采用简化系数作图,即 $p=q=r\approx1$,每一个轴向尺寸都放大了 $1/0.82\approx1.22$ 倍,如图 7-4b)所示。

【例 7-2】　已知基础的两面投影,如图 7-5a)所示,求作它的正等测图。

作图:

(1)分析形体的组成:基础是由棱柱和棱台组成,画出轴测轴 O_1X_1、O_1Y_1、O_1Z_1,再建立空间坐标轴,然后绘制出棱柱、棱台。

(2)画棱柱的底面:沿 O_1X_1 方向截取底边长度 x_1,沿 O_1Y_1 截取 y_1,通过此两点分别作

O_1X_1、O_1Y_1 的平行线并交于一点，如图 7-5b)所示。

(3)过底面的四个交点向上作垂线并截取棱柱高 z_1，连接各顶点即得到棱柱的正等测图，如图 7-5c)所示，不可见棱线不画。

(4)画棱柱顶部的棱台部分：棱台的侧棱为一般线，与坐标轴不平行，所以先画斜线的两个端点再连接，在棱柱顶面沿 O_1X_1 方向截取 x_1、x_2、x_3，沿 O_1Y_1 截取 y_1、y_2、y_3，通过截取点分别作 O_1X_1、O_1Y_1 的平行线，即可得出棱台顶面的水平面投影，如图 7-5d)所示。

(5)过四个点向上作垂线并截取棱台高 z_2，即可得到棱台顶面的四个点，如图 7-5e)所示。

(6)连接棱台顶面的四个点，并用直线分别连接棱柱顶面与棱台顶面的对应点，然后整理，将看不见的部分擦去并将可见的线加深，即完成了基础的正等测图，如图 7-5f)所示。

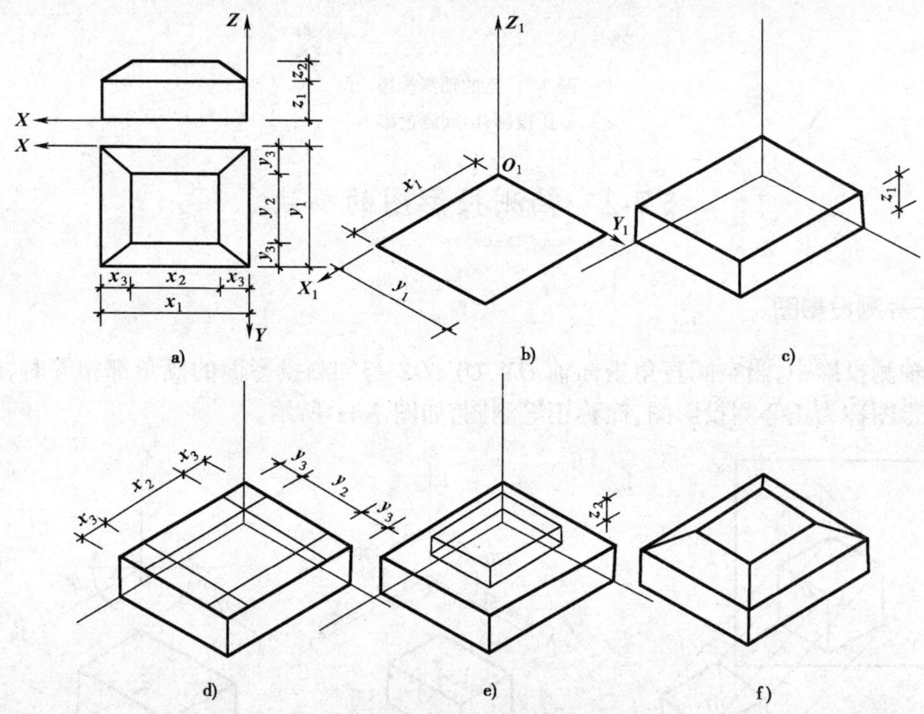

图 7-5 基础正等测图的画法

【例 7-3】 作出如图 7-6a)所示的挡土墙的正等测投影图。

挡土墙可分成基础和墙身两部分(作图过程不再详说)。

画出基础的轴测图，如图 7-6b)所示；再在基础顶面上定出墙身上的 A 点，如图 7-6c)所示；然后根据 A 点作出墙身端面的轴测图；最后画出墙身并整理，即可得到挡土墙的轴测图，如图 7-6d)所示。

二、圆和曲线的正等测图

在正等测投影中，三个坐标面对轴测投影面都是倾斜的，当圆处于正平、水平、侧平位置时，轴测投影均为椭圆，且三个轴测椭圆大小相等。工程上常用近似画法来作圆的轴测图。

现以水平圆为例，如图 7-7 所示，首先在圆的正投影图上确定坐标轴；再作圆的外接正方形；然后作正方形的轴测投影菱形，并连接长、短对角线，a_1、b_1、c_1、d_1 为菱形的各边中点，连接 a_13_1、d_13_1、b_11_1 和 c_11_1 交长对角线于 2_1、4_1；最后分以 1_1、3_1 为圆心，以 1_1c_1 或 3_1d_1 为半径作圆弧，以 2_1、4_1 为圆心，以 $2_1\ b_1$ 或 4_1d_1 为半径作圆弧。由四段圆弧连接成的椭圆，是水平圆的正等测投影的近似画法。

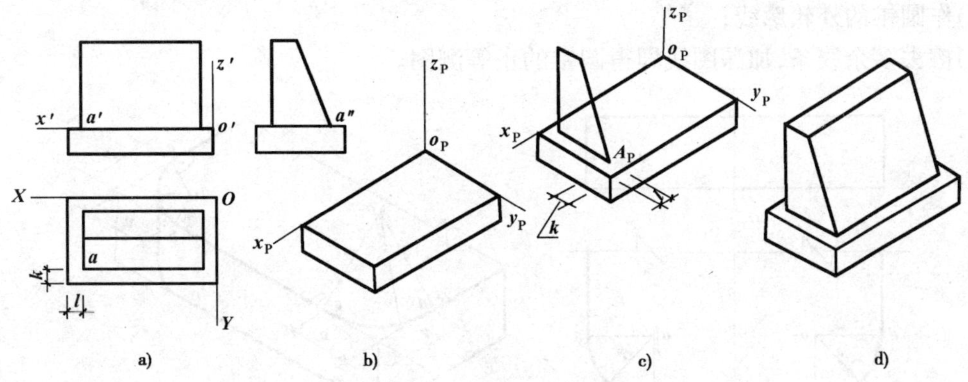

图 7-6 挡土墙的正等测图

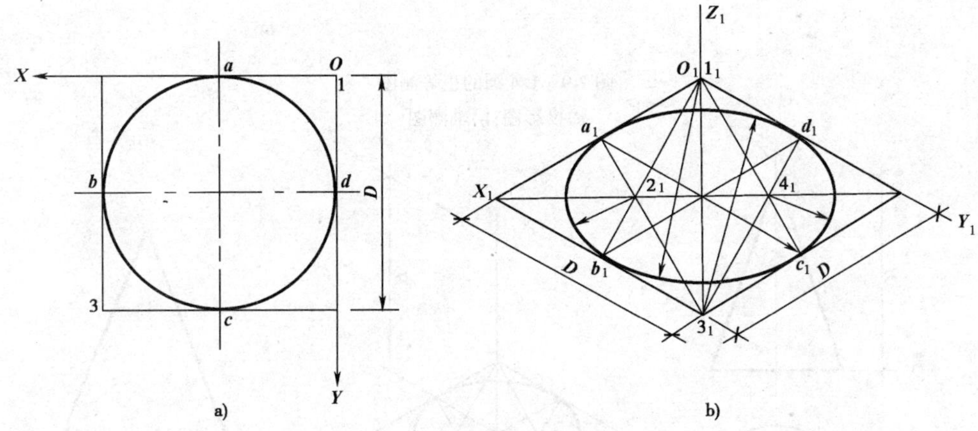

图 7-7 圆的正等测图近似画法

a)平行水平面的圆；b)轴测图

如图 7-8 所示，从图中可以看出：平行于坐标面 *XOY*、*XOZ*、*YOZ* 的圆的正等测椭圆的长轴都在菱形的长对角线上，短轴都在短对角线上；椭圆采用简化系数的长轴、短轴长度。

在实际工作中，有时还会遇到 1/4 圆的正等测投影。如图 7-9a）所示，平面图中有四个圆角，即四段圆弧分别与四边形四条边相切。在正等测图中，这四段圆弧的轴测投影可视为同一椭圆的不同弧段。其画法如图 7-9b）所示，自圆弧两切线上的切点，分别作直线垂直于两切线，再以此两垂线的交点为圆心作圆弧来代替椭圆弧。

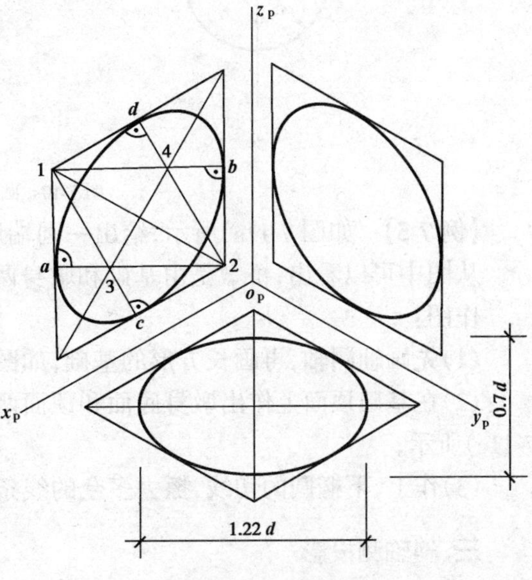

图 7-8 圆的正等测图

【例 7-4】 作如图 7-10c）所示圆锥的正等测图。

作图：

（1）建立坐标轴，如图 7-10a）所示；

（2）画出轴测轴，根据底圆直径 *D* 作该圆的外切正方形的正等测图，画出圆锥的高，如图

7-10b)所示;

(3)作圆锥的外轮廓线;

(4)擦去多余线条,加深图线即得圆锥的正等测图。

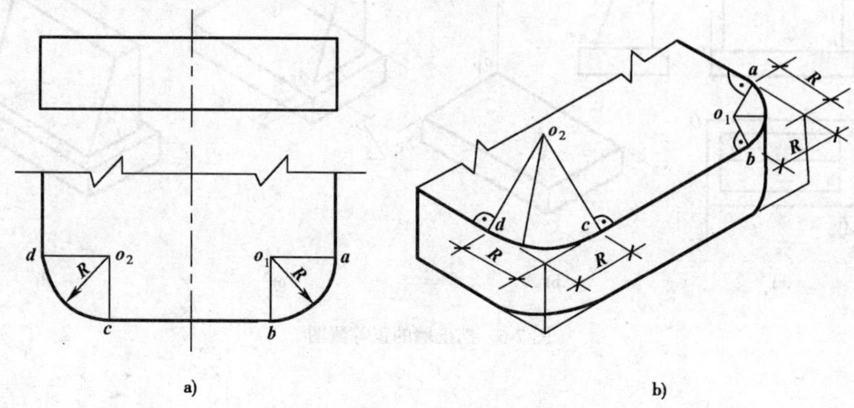

图 7-9 1/4 圆的正等测图

a)投影图;b)轴测图

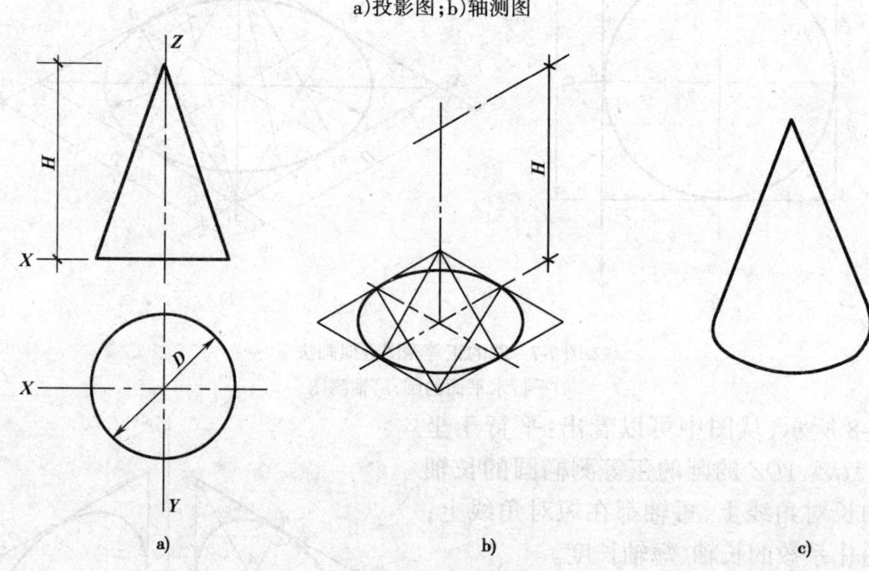

图 7-10 圆锥正等测图画法

【例 7-5】 如图 7-11a)所示,给出一圆端形桥墩的两面投影,画其正等测图。

从图中可以看出,桥墩是由基础和墩身两部分所组成。

作图:

(1)先画轴测轴,再画长方形的基础,如图 7-11b)所示;

(2)在基础顶面上作出墩身底面和顶面两端的半圆形,其轴测投影为椭圆的一部分,如图 7-11c)所示;

(3)作上、下椭圆的切线,擦去多余的线条,整理,即得桥墩的轴测图,如图 7-11d)所示。

三、斜轴测投影

在轴测投影中,当投射线与投影面倾斜时,则称为斜轴测投影。通常取 *XOZ* 坐标面平行于轴测投影面,则 *X* 轴和 *Z* 轴的轴向变化率为 1,两轴测轴的轴间角为 90°。当正立面的斜轴测投影反映实形时，这种斜轴测投影，又叫正面斜轴测投影，如图 7-12a)所示。

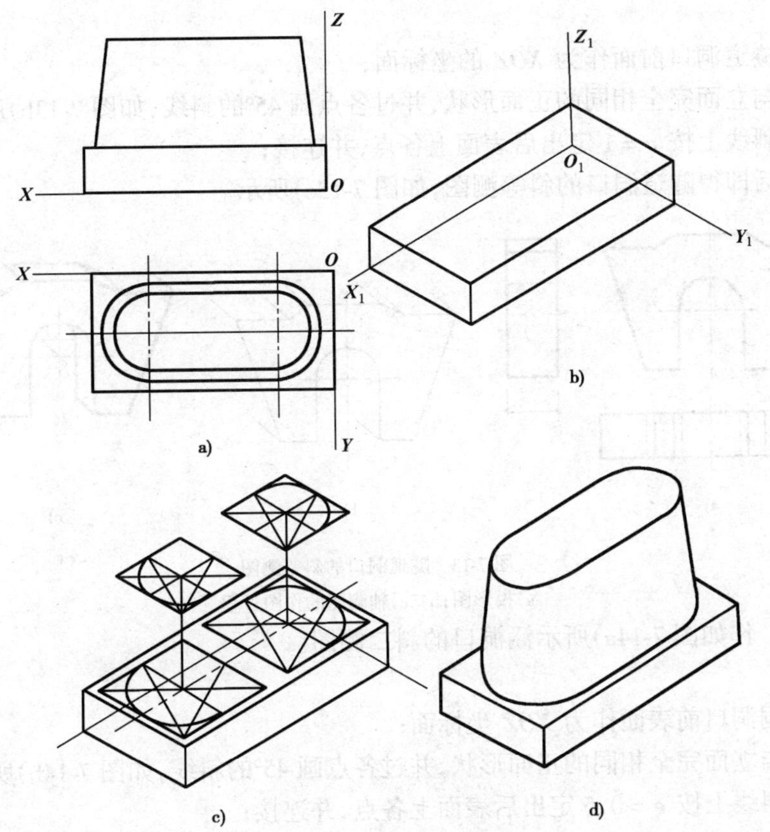

图 7-11　桥墩的正等测图

a)投影图；b)、c)、d)轴测图作图过程

在正面斜轴测投影中，由于投射方向有无穷多，故 Y 轴投影后，可以形成任意的轴向变化率和任意的轴间角，因此，Y 轴的轴向变化率和轴间角可以任意选择，一般选 Y_1 的轴向变化率为 1、1/2 等，Y_1 轴与水平方向的夹角可以选择 30°、45°、60°等。当 Y_1 的轴向变化率为 1 时，称为斜等测图。当 Y_1 的轴向变化率不等于 1 时，称为斜二测图。图 7-12a)为长方体正面斜轴测图的形成，它们常用的轴向变化率和轴间角，如图 7-12b)所示，当 Y_1 的轴向变化率采用 1/2 时，即为斜二测。

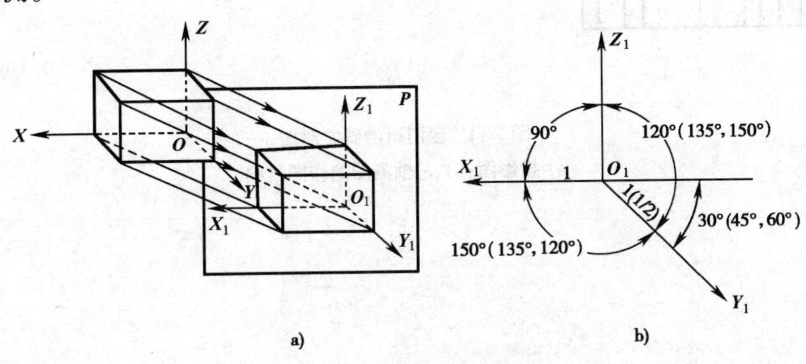

图 7-12　斜轴测图的形成

a)形成；b)轴测轴

【例 7-6】 如图 7-13a)所示为简化后的隧道洞口的三面投影图,求其斜等测图。

作图:

(1)选取隧道洞口前面作为 XOZ 的坐标面;

(2)画出与立面完全相同的正面形状,并过各点画 45°的斜线,如图 7-13b)所示;

(3)再在斜线上按 $q=1$ 定出后表面上各点,并连接;

(4)整理后即得隧道洞口的斜等测图,如图 7-13c)所示。

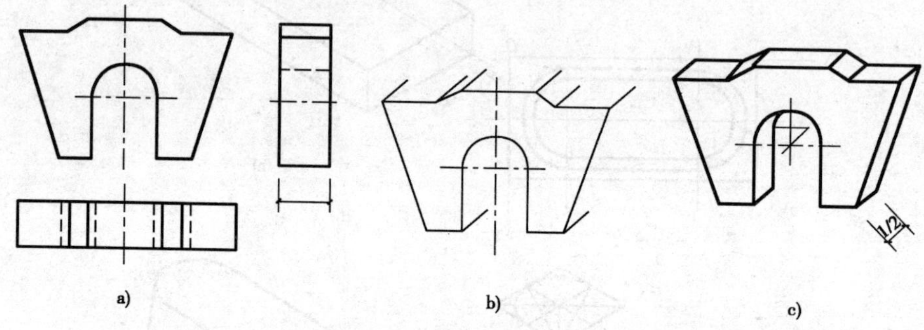

图 7-13 隧道洞口的斜等测图

a)投影图;b)、c)轴测图的作图过程

【例 7-7】 作如图 7-14a)所示涵洞口的斜二测图。

作图:

(1)选涵洞洞口前表面作为 XOZ 坐标面;

(2)画出与立面完全相同的正面形状,并过各点画 45°的斜线,如图 7-14b)所示;

(3)再在斜线上按 $q=0.5$ 定出后表面上各点,并连接;

(4)整理加深后即得涵洞洞口的斜二测图,如图 7-14c)所示。

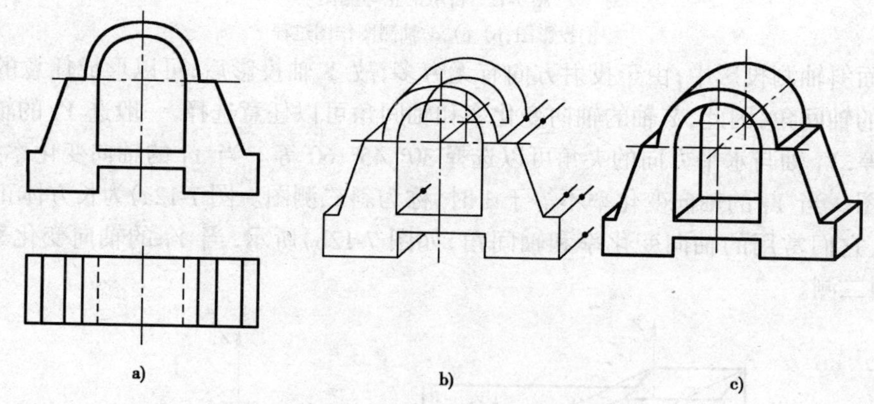

图 7-14 涵洞口的斜二测图

a) 投影图;b)、c)轴测图的作图过程

第八章　立体的截断与相贯

§8-1　平面立体的截断

平面立体被平面所截,即平面与立体相交。与立体相交的平面称为截平面;截平面与立体表面的交线称为截交线;截交线所围成的图形称为截断面;被平面切割后的立体称为切割体(又称截切体),如图 8-1a)所示。

由于立体的形状不同,截平面的位置不同,因此,截交线的形状也不同,但它们都有下列性质:

(1)截交线是截平面与立体表面的共有线;

(2)截交线是封闭的平面图形。

求截交线的实质,可归结为求立体表面与截平面的交线问题。一般情况下平面与平面立体相交的截交线是闭合的平面多边形。

平面与平面立体相交,截交线的求作方法与步骤如下:

(1)找截交点:即平面立体的棱线与截平面相交的交点,其作法与求直线与平面交点的方法相同。

(2)连截交线:连线时,位于平面立体同一棱面上的两点才能连线,且根据投影方向不同,可见的连成实线,不可见的连成虚线。

一、棱柱体的截断

【例 8-1】 如图 8-1 所示,一直四棱柱与一正垂面 P 相交,求其截交线。

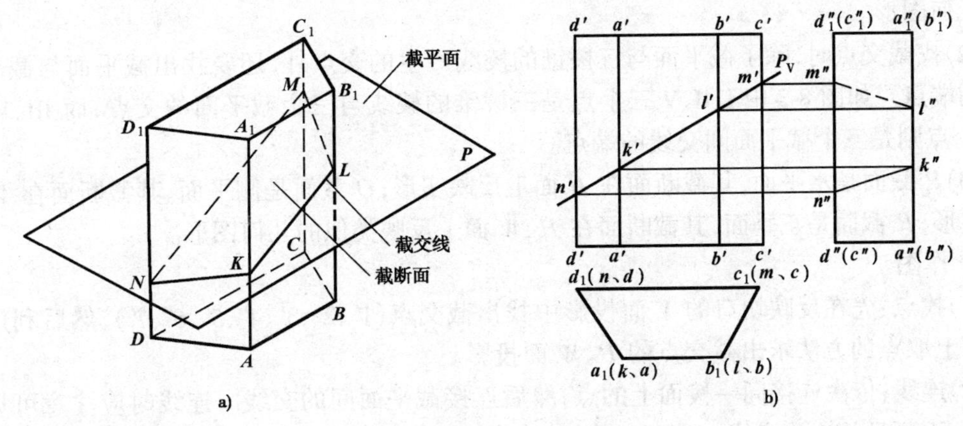

图 8-1　平面与直四棱柱相截

a)立体图;b)投影图

1. 分析

(1)该立体为直四棱柱,其截交线为一封闭的平面四边形 *KLMN*,*K*、*L*、*M*、*N* 四个点为 *P* 平面与四个棱线的交点。

(2)因为 *KLMN* 在正垂面 *P* 上,其 *V* 面投影有积聚性,与 *P* 重合,它的 *H* 面投影与四棱的 *H* 面投影重合,*W* 面投影可根据直线上点的投影特性求得。

2. 作图

见图 8-1b)。

二、棱锥体的截断

【例 8-2】 如图 8-2 所示,三棱锥与正垂面 *P* 相交,求作其截交线。

1. 分析

(1)三棱锥被正垂面 *P* 所截,其截断面为三角形,三角形上的三个点是截平面与棱锥的三棱线的交点。

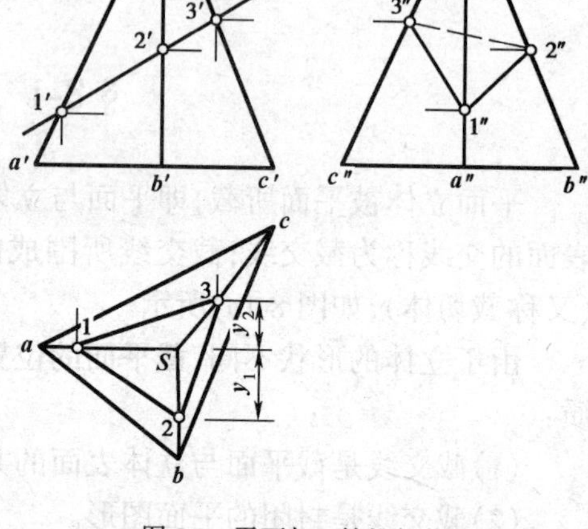

图 8-2 平面与三棱锥相截

(2)因为截断面 I II III 在 *P* 平面上,其 *V* 面投影 1′2′3′与 *P* 面的 *V* 面投影重合,根据棱锥表面上取点的方法分别求出 *H* 面投影 1、2、3 和 *W* 面投影 1″、2″、3″,然后将同面投影上的点依次相连,即可求出。

(3)可见性的判别:因为棱面 *SBC* 的 *W* 面投影为不可见,所以,该面上直线 2″3″为不可见,应用虚线表示。

2. 作图

见图 8-2。

【例 8-3】 如图 8-3 所示,一个具有缺口的正三棱锥,求其 *H*、*W* 面投影。

1. 分析

(1)切割体可以看作是由一个完整的几何体被几个截平面截切后留下来的形体。该体可以看成一个完整的正三棱锥,被水平面 *P*、侧平面 *Q*、正垂面 *R* 所截,其截交线分别为三个封闭的几何图形。

(2)找截交点时,除了截平面与三棱锥的棱线产生的交点外,还要找出截平面与截平面间交线的端点。如图 8-3 中 I、II、V 三个点是三棱锥的棱线与三个截平面的交点,而 III、VII、IV、VI 四个点则是三个截平面间交线的端点。

(3)*P* 截面是水平面,其截断面在 *H* 面上反映实形;*Q* 截面是侧平面,其截断面在 *W* 面上反映实形;*R* 截面是正垂面,其截断面在 *H*、*W* 面上反映类似的几何图形。

2. 作图

(1)找点:先在反映切口的 *V* 面投影中找出截交点(1′、2′、3′、4′、5′、6′、7′),然后利用三棱锥表面上取点的方法求出截交点的 *H*、*W* 面投影。

(2)连线:依次连接同一棱面上的点,然后连接截平面间的交线。连线时应注意可见的连成实线,不可见的连成虚线。

(3)整理:平面立体切去的部分擦掉(或画成双点划线)。

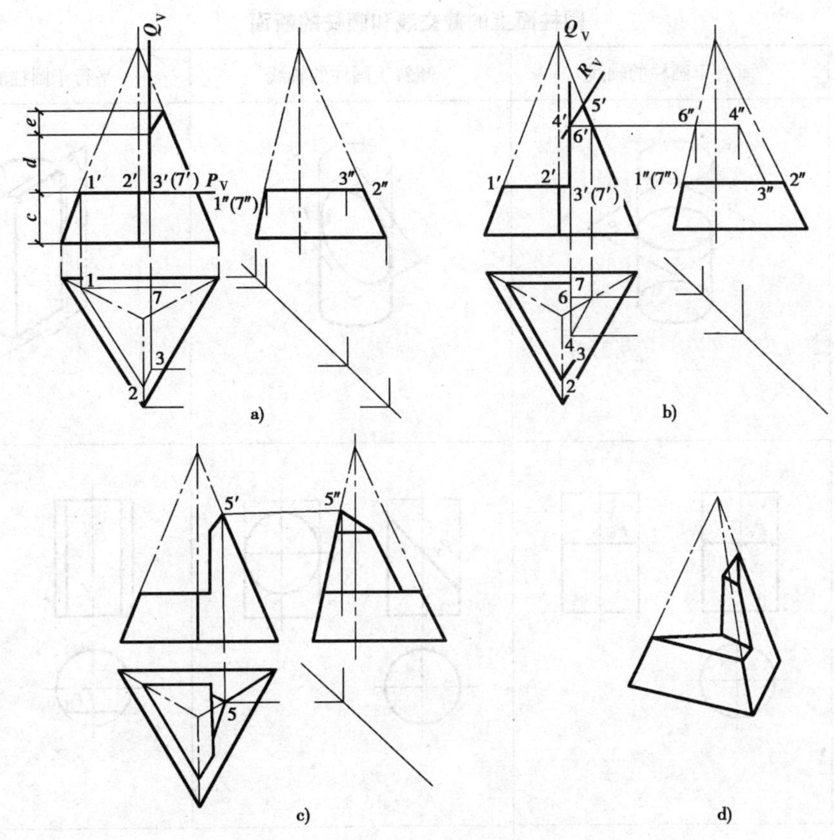

图 8-3　具有切口的正三棱锥的作图步骤

a)已知条件;b)、c)作图过程;d)立体图

§8-2　曲面立体的截断

平面与曲面立体相交,其截交线一般为封闭的平面曲线,或曲线和直线组成的平面图形,或直线段多边形(如三角形、矩形)。其形状取决于曲面体表面的性质及其与截平面的相对位置。求平面与曲面体交线的实质是如何定出属于曲面立体截交线上点的问题。求截交线时,应首先求出特殊的点,如截交线上的最高、最低、最前、最后、最左、最右以及可见性的分界点等,以便控制曲线的形状。

一、圆柱体的截断

平面与圆柱体相交时产生的截交线有三种情况。如表 8-1 所示。

【例 8-4】　如图 8-4 所示,平面 P 与圆柱相交,求截交线。

1. 分析

在作图见之前,首先根据给定的条件,进行空间分析和投影分析。因为平面和圆柱轴线斜交,截交线为一椭圆。因圆柱面的 H 面投影有积聚性,因此截交线的 H 面投影就在此圆周上。又因为截平面 P 是正垂面,所以截交线的 V 面投影与 P 平面的 V 面积聚投影重合。在此就可利用截交线的已知两投影求截交线 W 面投影。

圆柱面上的截交线和圆柱的断面　　表 8-1

截平面位置	垂直于圆柱的轴线	倾斜于圆柱的轴线	平行于圆柱的轴线
示意图	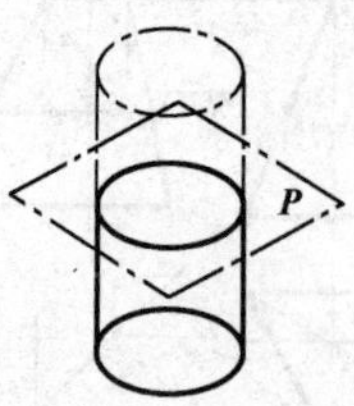	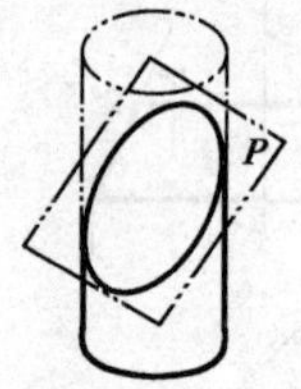	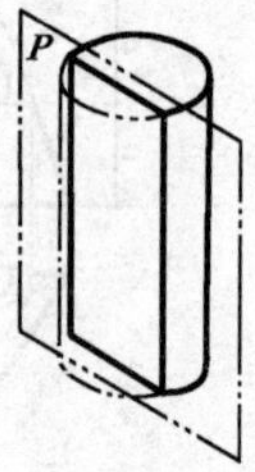
投影图	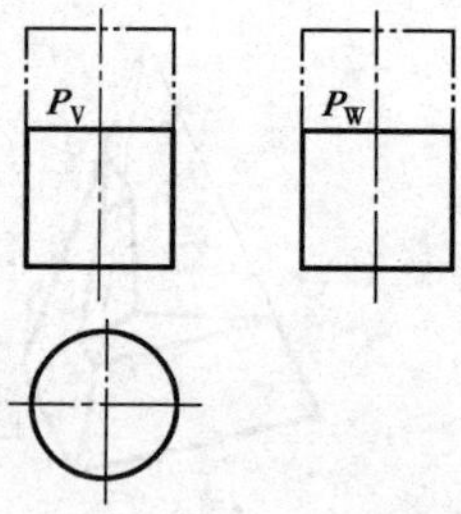	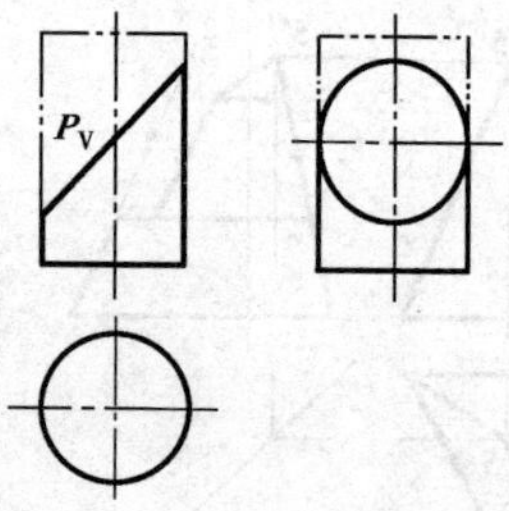	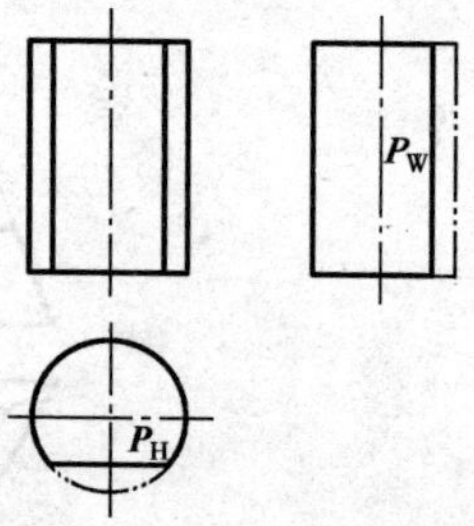
截交线	圆	椭　圆	两条直线
断　面	圆	椭　圆	矩　形

2．作图

(1)求特殊点：根据圆柱体表面取点的方法，求出截交线上的最高点 Ⅰ(1、1′、1″)、最低点 Ⅱ(2、2′、2″)、最前点 Ⅲ(3、3′、3″)、最后点 Ⅳ(4、4′、4″)。

(2)求一般位置点：Ⅴ、Ⅵ、Ⅶ、Ⅷ 各点为一般位置点。先在 V 面投影中定出这些点 V 面投影(5′、6′、7′、8′)，再根据圆柱体表面上取点的方法求出它们的 H、W 面投影(5、6、7、8、5″、6″、7″、8″)。

(3)连点成截交线及可见性的判别：Ⅲ、Ⅳ 两点把圆柱分为左、右两半部分，因为 3″7″2″8″4″在圆柱的左半部分，因此 3″7″2″8″4″连线时连成实线，而 3″5″1″6″4″在圆柱的右半部分，故 3″5″1″6″4″连线时连成虚线。

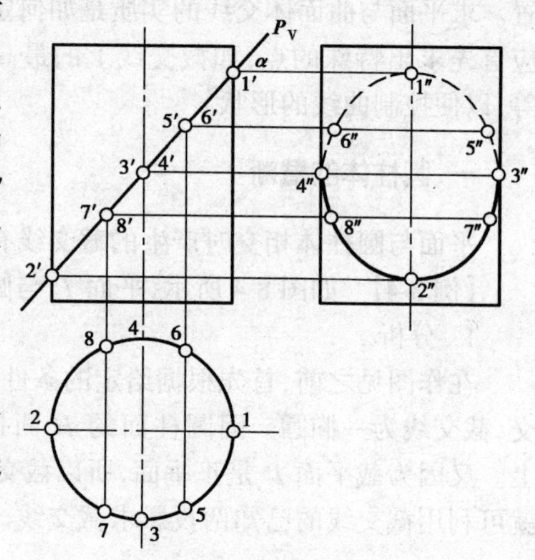

图 8-4　平面与圆柱相交

二、圆锥体的截断

平面与圆锥相交时，由于截平面与圆锥的相对位置不同，截交线的形状也不同有五种情况，如表8-2所示。

圆锥面上的截交线和圆锥的断面　　　　表 8-2

截平面位置	垂直于圆锥的轴线	倾斜于圆锥的轴线，与素线都相交	平行于一条素线	平行于两条素线	通过锥顶
示意图	P	P	P	P	P
投影图	P_V	P_V	P_V	P_H	P_V
截交线	圆	椭圆	抛物线	双曲线	两条直线
断面	圆	椭圆	抛物线和直线组成的封闭的平面图形	双曲线和直线组成的封闭的平面图形	三角形

【例 8-5】 如图 8-5 所示，正垂面 P 与直立的圆锥相交，求其截交线。

1. 分析

截平面 P 与圆锥相交的情况属表 8-2 中的第二种情况，所产生的截交线在空间应为椭圆。由于截平面 P 是正垂面，所以椭圆截交线在 V 面上与截平面的积聚投影重合成一段直线，而截交线在 H 面和 W 面上的投影为椭圆。

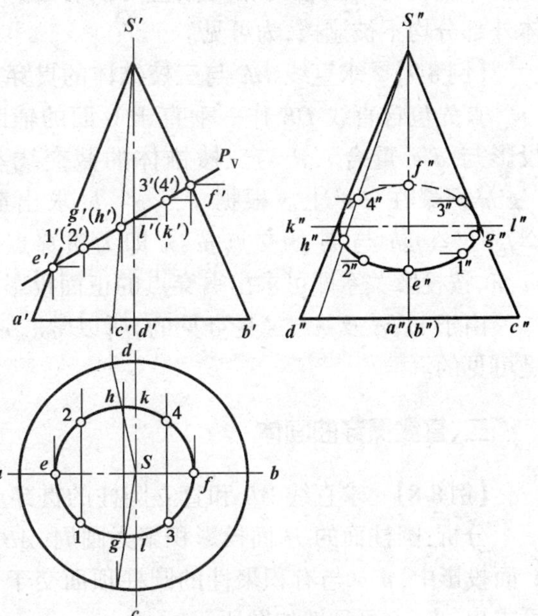

图 8-5　平面与圆锥相交

2. 作图

(1)求特殊点：根据圆锥体表面上取点的方法(纬圆法)，求截交线上的最高点 $F(f、f'、f'')$，最低点 $E(e、e'、e'')$，最前点 $G(g、g'、g'')$，最后点 $H(h、h'、h'')$，W 面上可见不可见的分界点 $L(l、l'、l'')$和 $K(k、k'、k'')$。

(2)求一般位置点：Ⅰ(1、1′、1″)和 Ⅱ(2、2′、2″)。

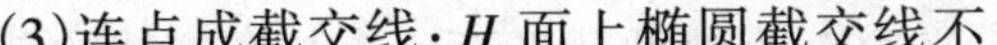

(3)连点成截交线：H 面上椭圆截交线不

被遮挡均为可见，连成实线；在 W 面上 4″、f''、3″为不可见，连为虚线。连线时要光滑，可用曲线板连接。

§8-3 直线与立体的贯穿

直线与立体表面相交时的交点，叫贯穿点。贯穿点一般成对出现，即有贯入点和穿出点。贯穿点为直线与立体表面的共有点。求贯穿点的方法与求直线与平面交点的方法相同。一般仍为三个步骤：

(1)包含已知直线作辅助面；

(2)求辅助面与已知立体表面的截交线；

(3)求截交线与已知直线的交点即为所求。

在特殊情况下，当所给的立体表面或直线垂直于投影面时，可充分利用积聚性，直接求出贯穿点的投影。

直线贯入立体内部的一部分不画线。位于贯穿点以外的线段与立体重影部分的可见性，可根据贯穿点的可见性判别。贯穿点可见，则该段直线可见，反之，则不可见。

一、直线贯穿平面立体

【例 8-6】 求直线 AB 和直立三棱柱的贯穿点，如图 8-6 所示。

分析：三棱柱的三个侧面在 H 面投影上有积聚性。因此，当 AB 与棱面相交时，交点的 H 面投影必在相应棱面的积聚投影上。从 H 面投影可以看出 AB 只与左、右两个棱面相交，交点 K、L 的 H 面投影 k 、l 可直接求出，对应可以求出 V 面投影 k'、l'。

从直线与三棱柱的相对位置可以看出，V 面投影中，直线在体外部分均不被遮挡，为可见。

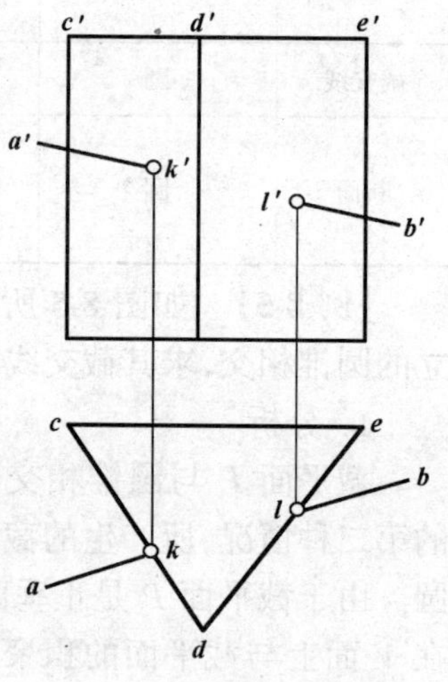

图 8-6 直线贯穿三棱柱

【例 8-7】 求直线 DE 与三棱锥体的贯穿点，如图 8-7 所示。

首先包含直线 DE 作一垂直于 V 面的辅助截平面 P，其正面投影与 $d'e'$ 重合。P 与三棱锥体的截交线△FGH 的正面投影 $f'g'h'$积聚在 $d'e'$ 上。根据 f'、g'、h' 求出截交线的水平投影△fgh。△fgh 与 de 的交点 m、n 即为贯穿点的水平投影。根据 m、n，按投影关系即可求出贯穿点的正面投影 m'、n'。

由于 m、n 及 m'、n' 是可见的，所以 dm、ne 及 $d'm'$、$n'e'$ 也都是可见的。

二、直线贯穿曲面体

【例 8-8】 求直线 AB 和直立圆柱的贯穿点，如图 8-8 所示。

分析：圆柱面的 H 面投影积聚为圆周，AB 和圆周交点 m 即为贯穿点 M 的 H 面投影。在 V 面投影中，$a'b'$ 与有积聚性的圆柱顶面交于 n'，即为另一贯穿点 N 的 V 面投影，根据 m、n' 可求出 m'、n，可见性如图所示。

【例 8-9】 求直线 AB 与圆锥的贯穿点，如图 8-9 所示。

分析：直线 AB 是水平线，故包含 AB 作一水平面 P 为辅助截平面。P 与圆锥体的截交线为一水平位置的圆，其水平投影反映实形。在 H 面投影中圆与 ab 的交点 m、n，即为贯穿点 M、N 的 H 面投影。按投影关系即可求出 m'、n'。

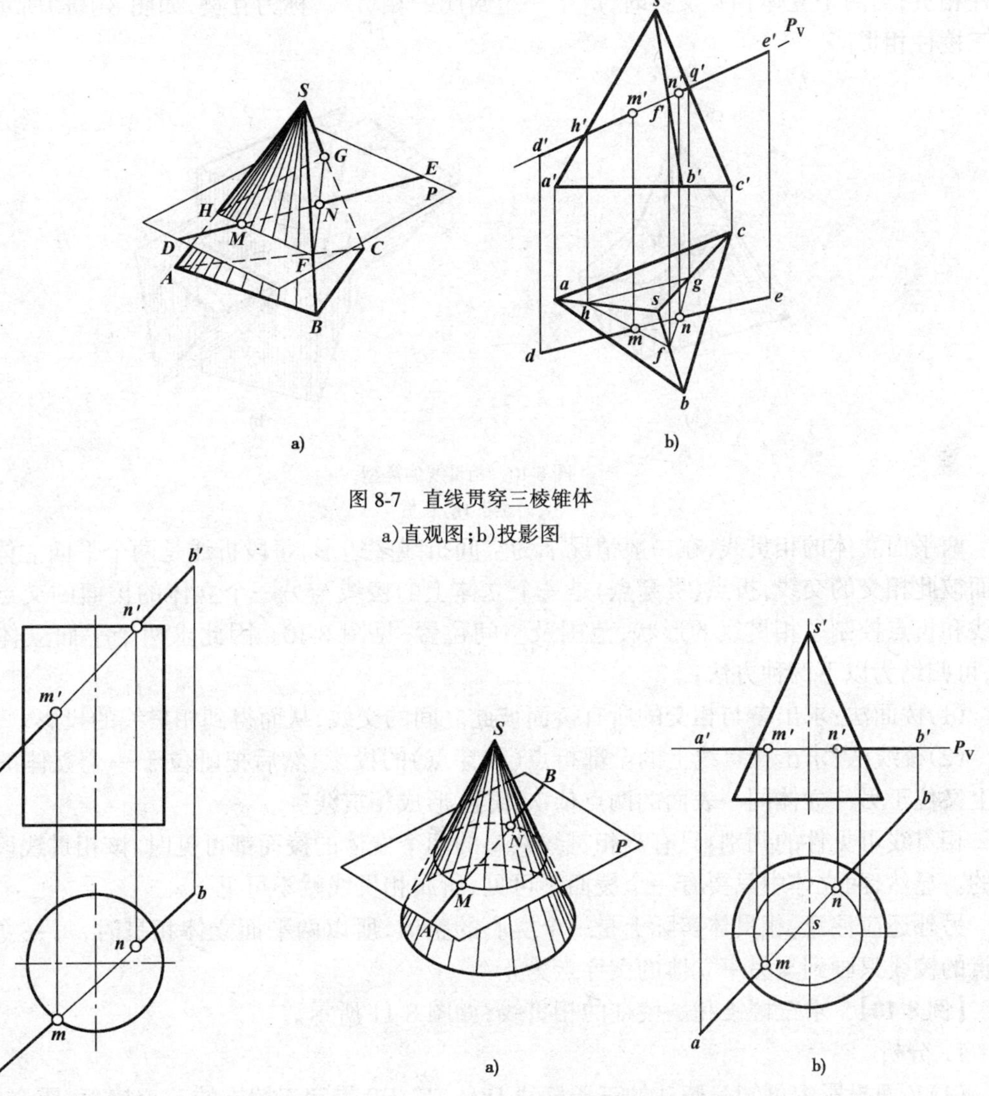

图 8-7 直线贯穿三棱锥体

a)直观图；b)投影图

图 8-8 直线贯穿圆柱体

图 8-9 直线贯穿圆锥体

a)直观图；b)投影图

由于点 N 在后半个圆锥面上，所以 n' 不可见，从 n' 至右边轮廓素线之间的线段为不可见，用虚线表示。

§8-4 两立体的相贯

一、两平面立体相贯

两立体相贯，即两立体相交。相交的两立体成为一个整体称为相贯体。两立体表面产生的交线称为相贯线，相贯线是两立体表面的共有线，相贯线上的点称为贯穿点，它们都是两立体表面的共有点。

相贯线的形状随立体形状和位置不同而异，一般分为全贯和互贯两种类型。当一个立体全部穿入另一个立体时，产生两组封闭的相贯线，称为全贯，如图 8-10a)所示中的三棱锥与三棱柱相贯；当两个立体相互贯穿时，产生一组封闭的相贯线，称为互贯，如图 8-10b)所示中的两个三棱柱相贯。

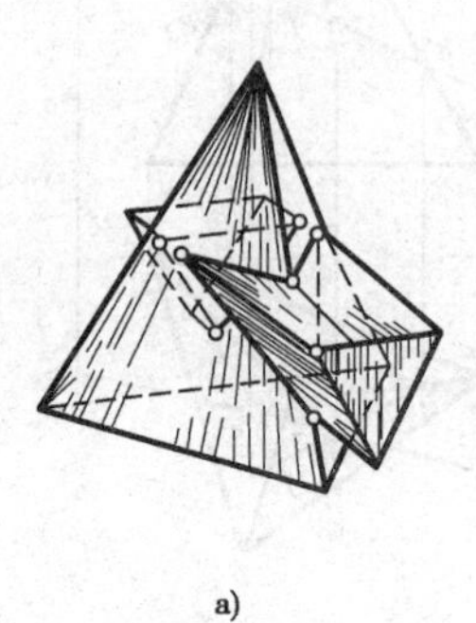

a)

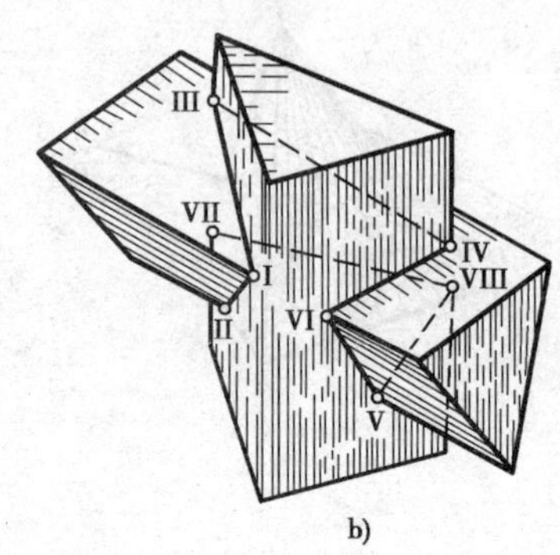

b)

图 8-10　相贯线的类型

a)全贯；b)互贯

两平面立体的相贯线，在一般情况下为空间折线多边形，每段折线是两个平面立体上有关棱面彼此相交的交线，折点(贯穿点)是一个立体上的棱线与另一个立体的棱面的交点。这些折线和折点控制了相贯线的形状、范围及空间位置，见图 8-10。因此求两个平面立体的相贯线，可归结为以下两种方法：

(1)棱面法：求出参与相交的所有棱面彼此之间的交线，从而得到相贯线的投影。

(2)棱线法：求出相贯线上的全部折点(贯穿点)的投影，然后把既位于一个立体的同一表面上又位于另一立体同一表面的两点依次相连，形成相贯线。

相贯线可见性的判别：只有当相贯线共属的两个立体的棱面都可见时，该相贯线段才是可见的。显然，两立体中只要有一个棱面不可见，所属相贯线就不可见。

另外还应注意，相贯体实际上是一个实心的整体，所以两平面立体相贯时，每一立体参加相贯的棱线只画到与另一立体的贯穿点为止。

【例 8-10】　求三棱锥和三棱柱的相贯线，如图 8-11 所示。

1. 分析

(1) V 面投影中可知三棱柱的三条棱线 DD、EE、FF 贯穿三棱锥的三个棱面，属全贯，有两组相贯线。前面一组为空间多边形，后面一组为平面多边形。

(2)三棱柱三个侧棱面的 V 面投影有积聚性，与两组贯线重合。因此相贯线在 V 面上的投影不必求作，只需求相贯线的 H、W 面投影。

(3)从投影图中得知，相贯线左右对称，前后不对称。

2. 作图(棱线法)

(1)找贯穿点：每一条参加相贯的棱线产生两个贯穿点。三棱柱的三条棱线均参与相贯，产生六个贯穿点；三棱锥仅有一条棱线参与相贯，产生两个贯穿点，故共有八个贯穿点，这八个贯穿点的 V 面投影是已知的，利用体表面取点的方法即可求出它们的 H、W 面投影。见图 8-11b)。

(2)连相贯线：根据同一棱面上的两点才能连线的原则可连出两组封闭的相贯线，按相贯线可见性确定连接顺序。在 V 面投影中前一组相贯线为可见贯穿点相连，其顺序为 I-V-III-

VII-I,后一组为不可见贯穿点相连,顺序为 II-IV-VI-II。。在 H 面投影中,相贯线 15、53、26、64 虽在三棱锥可见棱面上,但又在三棱柱不可见棱面上,故仍为不可见,用虚线表示,其余画实线。

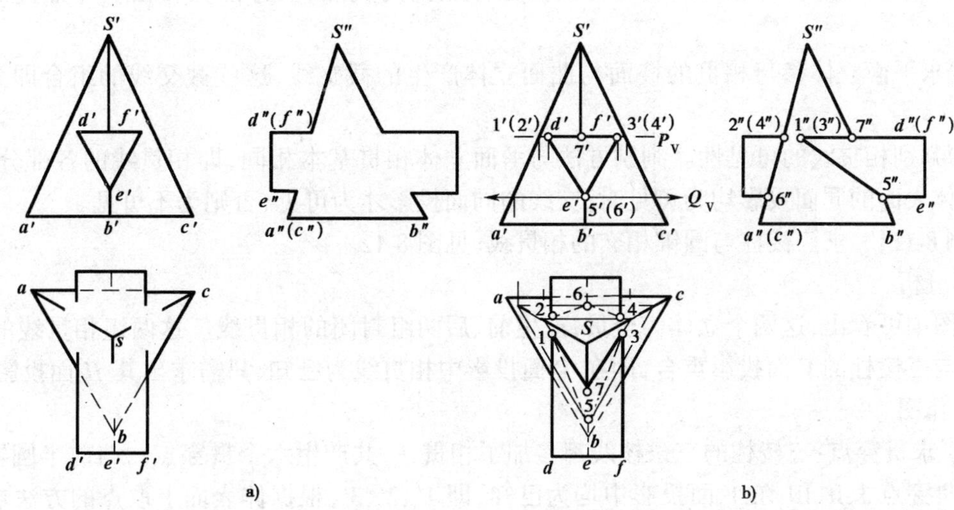

图 8-11　棱柱与棱锥的相贯

a)已知;b)作图

(3)整理:把参加相贯的棱线连至贯穿点。

二、平面立体与曲面立体相贯

平面立体与曲面立体相交,相贯线是平面立体上参与相交的棱面与曲面立体表面的截交线的总和。一般情况下,相贯线是空间闭合线框,如图 8-12 所示。

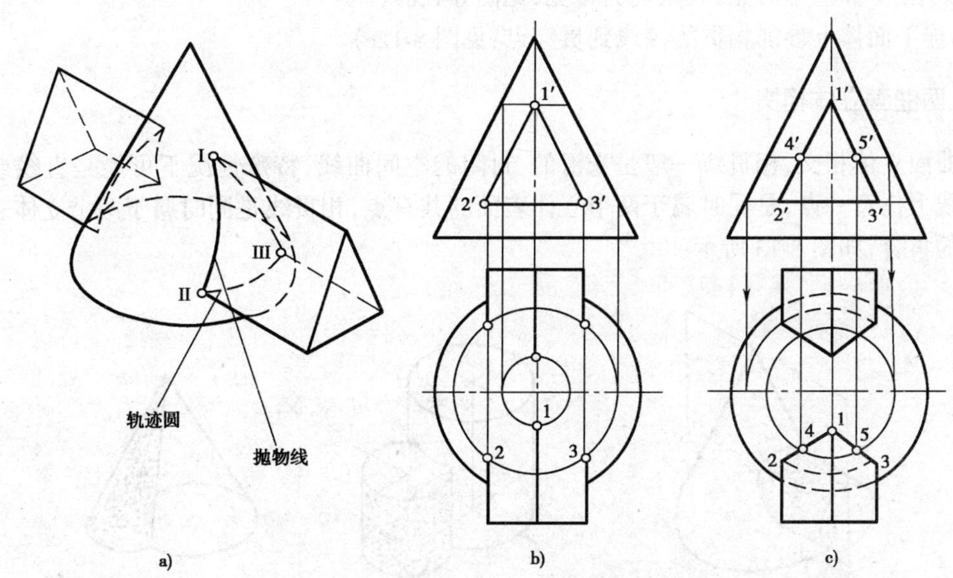

图 8-12　三棱柱与圆锥相交

a)立体图;b)作图过程;c)作图结果

相贯线上的折点是平面立体上参与相交的棱线与曲面立体表面的交点;构成相贯线的各

条线段是平面立体的棱面与曲面立体表面的截交线。因此,求平面立体与曲面立体相交所产生的相贯线的作图问题,就归结为:

(1)求平面立体参与相贯的棱线与曲面立体表面的交点(贯穿点),再由贯穿点连成相贯线。

(2)求平面立体参与相贯的棱面与曲面立体产生的截交线,这些截交线的组合即为相贯线。

(3)判别相贯线的可见性。判别方法与平面立体相贯基本相同,即相贯线的各部分,只有两个立体表面的同面投影均为可见时,交线的同面投影才为可见,否则为不可见。

【例 8-11】 求三棱柱与圆锥相交的相贯线,见图 8-12。

1. 分析

由图中可看出,这两个立体为全贯,产生前、后两组封闭的相贯线。这两组相贯线的 V 面投影均与三棱柱的 V 面投影重合,即在 V 面投影中相贯线为已知,只需求出其 H 面投影。

2. 作图

(1) 求贯穿点:三棱柱的三条棱线都参加了相贯,一共产生六个贯穿点。与前半圆锥产生的三个贯穿点 Ⅰ、Ⅱ、Ⅲ 在 V 面投影中均为已知,即 $1'$、$2'$、$3'$,根据体表面上取点的方法求得 H 面的 1、2、3,见图 8-12b)。

(2)求截交线:三棱柱的三个棱面都参与了相贯,它们与圆锥产生三段截交线。其中三棱柱的水平棱面与圆锥产生的截交线为 2、3 连成的圆曲线;左、右两侧棱面与圆锥产生的截交线均为部分抛物线,为了作图准确,利用圆锥体表面上取点的方法作出两个一般位置点 Ⅳ、Ⅴ($4'$、$5'$和 4、5),然后在 H 面上将 1、4、2 及 1、5、3 顺次连接,便可得左、右两侧面与圆锥的截相线。其后面一组相贯线作图方法相同,见图 8-12c)。

(3)判断可见性:因为三棱柱的水平棱面在 H 面上为不可见,所以它与圆锥产生的截交线 23 圆曲线在 H 面上不可见;其余均为可见,见图 8-12c)。

(4)连平面体上参加相贯的棱线到贯穿点:见图 8-12c)。

三、两曲面立体相贯

两曲面立体相交,相贯线一般是光滑的、封闭的空间曲线,特殊情况下可能是直线或平曲线。曲线上任意一点,是同时属于两个立体表面的共有点,相贯线是同时属于两个立体表面的公有点的集合,如图 8-13 所示。

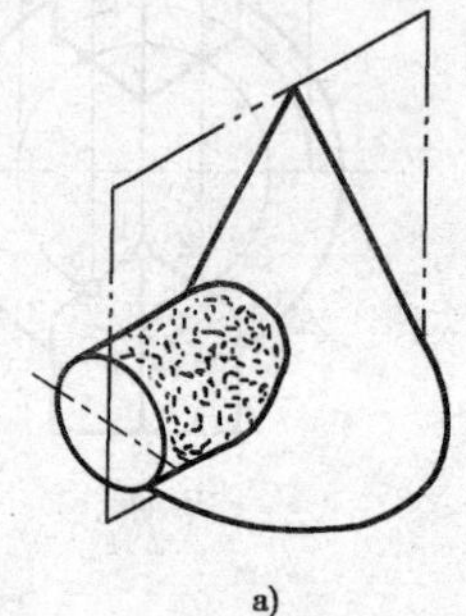

a)

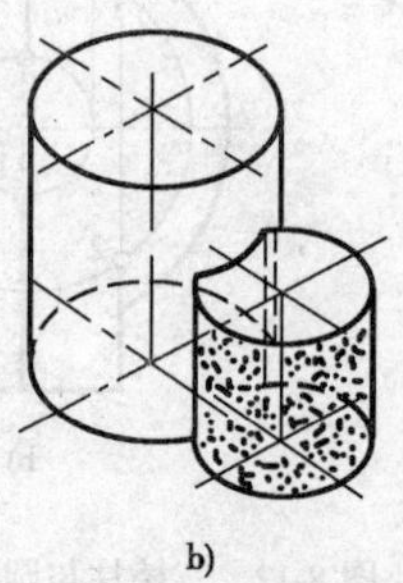

b)

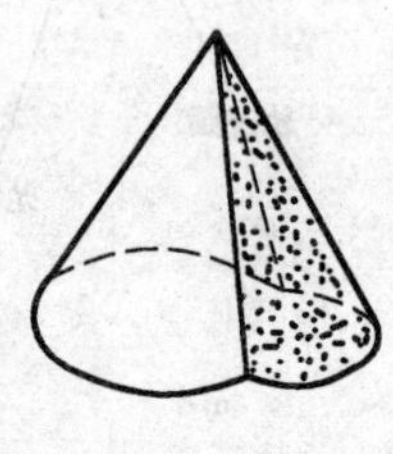

c)

图 8-13 两曲面立体相贯

a)相贯线为空间曲线;b)相贯线为直线和平面曲线;c)相贯线为直线

在一系列共有点中，有些点是比较重要的特殊点，如相贯线上的最高、最低、最左、最右、最前、最后、可见不可见的分界点等，这些点控制了相贯线的形状、走向和范围，在具体作图时，先应求这些特殊点，其次再求一些必要的一般位置点，顺次光滑地连接这些共有点才能正确作出相贯线的投影。

当相贯线的某一投影面随立体表面的投影积聚时，相贯线在该投影面的投影便为已知。利用相贯线的一已知投影，再根据立体表面取点的作图，可求出相贯线上一系列共有点的其余投影，顺次连接这些共有点，便可求出相贯线的投影。

【例 8-12】 求两正交圆柱的相贯线，如图 8-14 所示。

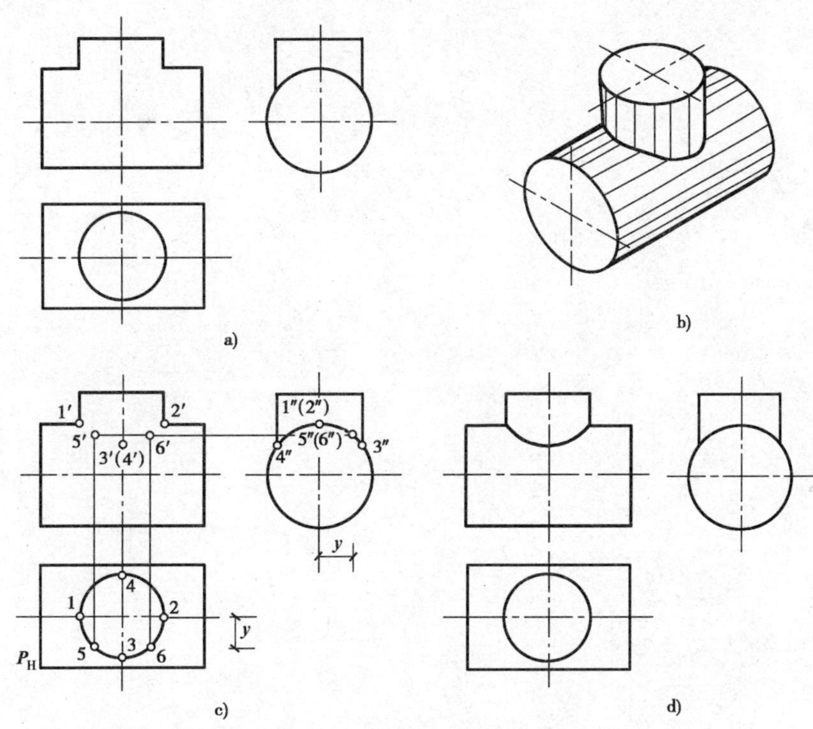

图 8-14 两圆柱的相贯线

a)已知条件；b)立体图；c)作图过程；d)作图结果

1．分析

从图中可见，两圆柱的轴线垂直相交，有共同的前后对称面和左右对称面，因而相贯线和相贯体也前后对称和左右对称。由于小圆柱全部穿入大圆柱，但从上穿进后不再穿出，故相贯线是一条封闭的空间曲线。

小圆柱面在 H 面上的投影积聚为圆，相贯线的 H 面投影便重影在该圆上；同理，大圆柱面的 W 面投影积聚为圆，相贯线的 W 面投影重影在小圆柱穿进处的一段圆弧上，且左半和右半相贯线的 W 面投影重合。于是问题可归结为：已知相贯线的 H、W 面投影，求 V 面投影。

2．作图

(1)求特殊点：由 V 面投影可知 1′、2′是相贯线上的最高点(也是最左、最右点)的投影，用体表面上取点的方法，可求出 1、2 和 1″、2″；又由 W 面投影可知 3″、4″是相贯线上的最低点(也是最前、最后点)的投影，利用体表面取点的方法，可求出 3、4 和 3′、4′，见图 8-14c)。

(2)求一般位置点：在 H 面投影上取 5、6 两点，即为相贯线上两个左右对称的一般位置点，根据面上取点定出 5″、6″，从而可求出 5′、6′，见图 8-14c)。

(3)连点成相贯线：依次将 V 面投影中的各点光滑连接，即为相贯线的 V 面投影，见图 8-14c)。

(4)可见性的判别：由于相交两圆柱前后对称，其前后两部分相贯线的 V 面投影重合，故用实线画出，见图 8-14d)。

第九章　组合体的投影

由基本体按不同的形式组合而成的形体称为组合体。如图 9-1 所示，组合体的组合形式一般有：叠加式（图 a）、切割式（图 b）、综合式图（c）。

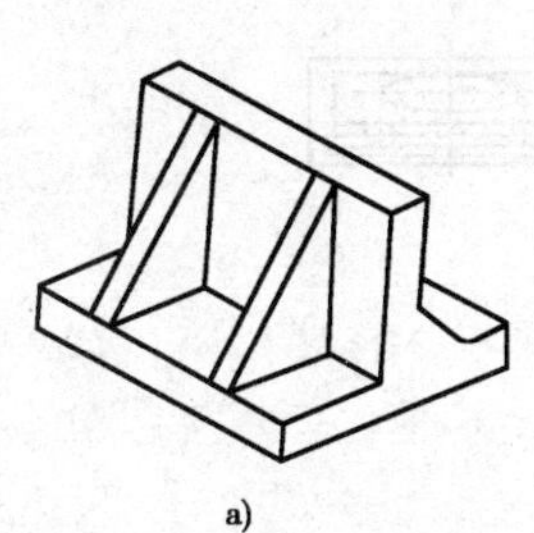
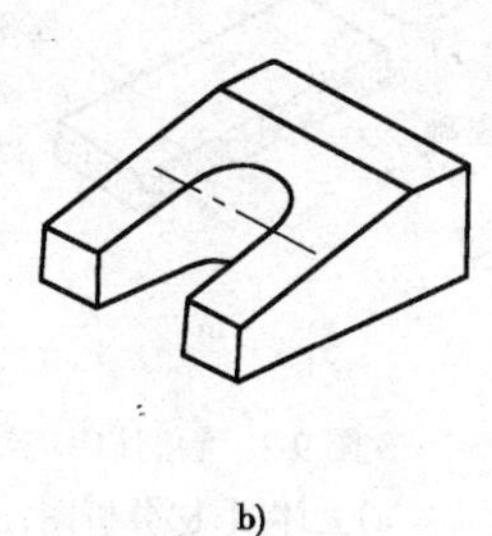
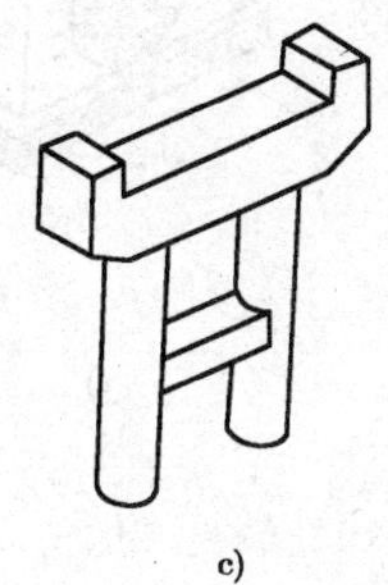

a)　b)　c)

图 9-1　组合体的组合形式

a)叠加式；b)切割式；c)综合式

(1)叠加式：是由两个或两个以上的基本体经叠加而成组合体的组合形式。

(2)切割式：是由一个基本体经多次斜切、挖孔、开槽而成组合体的组合形式。

(3)综合式：是经切割、叠加而成组合体的形式。

本章主要讨论组合体三面投影图的图示、读图及尺寸标注方法，为学专业制图奠定基础。

§9-1　组合体投影图的画法

组合体的画图是运用正投影的原理及投影规律，画出组合体的投影图来表达组合体的形状的过程。这是一个工程技术人员的基本功。要画好工程图，必须懂得画图方法和步骤。

一、形体分析法与线面分析法

1. 形体分析法

由于组合体是由基本体组合而成，所以在研究组合体时，无论组合体多么复杂，通常可把一个组合体分解成若干个基本体，先搞清每个基本体的形状大小，再搞清各基本体的相对位置以及基本体之间的组合方式，便可方便地分析出组合体的组成结构。这种分析组合体的方法称为形体分析法。

形体分析法是画组合体投影图的基本方法，其具体作法是：将组合体分解成若干个基本体，分析出它们的内、外形状和相互的位置关系，再将基本体按其相对位置进行组合，这样就可得到组合体的投影图。如图 9-2 所示的涵洞组合形式为叠加式，可分解为基础、墙身和缘石三个基本体。

三个基本体组合成一字墙的相对位置关系是：四棱柱基础放在下面；在基础的顶面是带切割的四棱柱体墙身，四周有相同宽度的襟边，在墙身的下部有一个与其底面相切的圆柱孔；缘石放在墙身的顶面，两端悬出。该组合体左右对称。

在形体分析的过程中，基本体可看成是相对独立的形体，但组合成组合体后，组合体就是个整体了，原来在基本体中存在的线、面，可能在组合体中就不存在了，如图 9-3 所示。这里要注意以下几点：

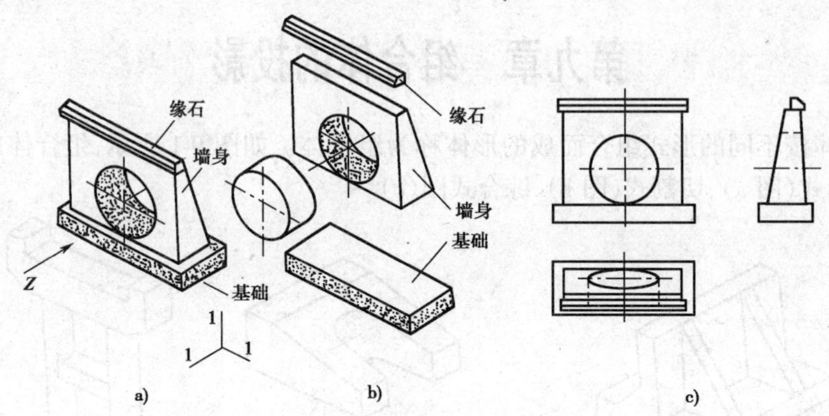

图 9-2 涵洞口一字墙投影

a)立体图；b)分析图；c)投影图

(1)两接触面平齐无线、不平齐有线，见图 9-3b)、c)。因为两基本体表面不平齐，中间接触处应画线隔开；平齐时，实际上两表面构成一个完整的平面，不应画成“留缝”。

(2)平面与曲面相交时，表面相切无线，相割有线，如图 9-4 所示。

两基本体表面接触时不同情况投影图的画法见图 9-3。

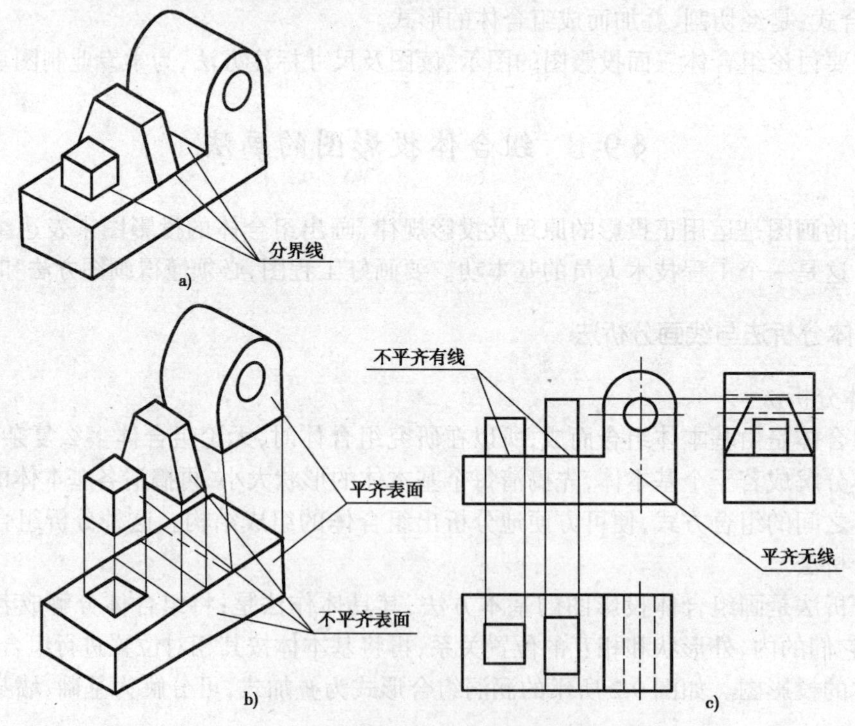

图 9-3 两基本体表面接触时不同情况投影图的画法

a)立体图；b)分析图；c)作图结果

基本体表面平面与曲面相交时投影图的画法见图 9-4。

2. 线面分析法

由于形体的表面是由线、面等几何要素组成的,所以在画图时首先要把形体表面的每一条

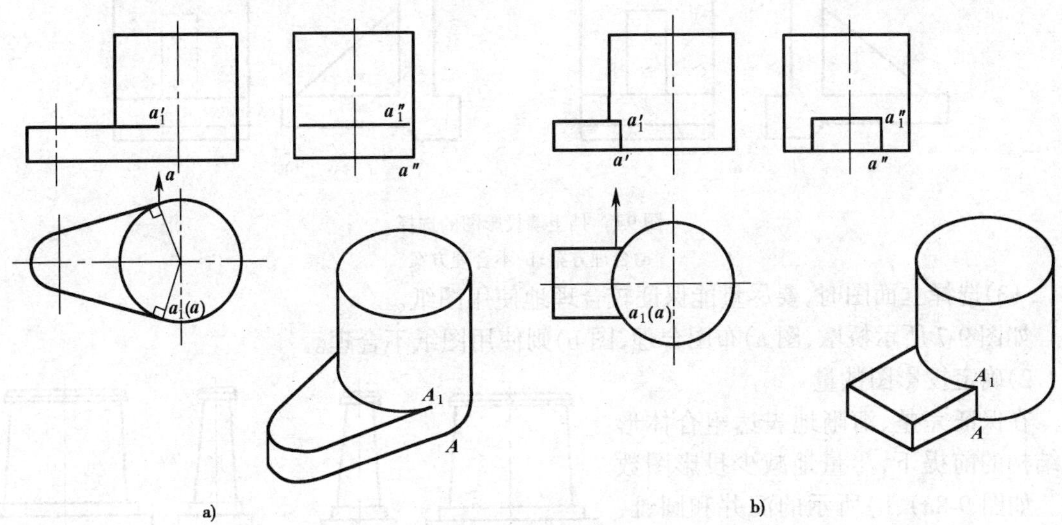

图 9-4 基本体表面平面与曲面相交时投影图的画法

a)表面相切(投影图、立体图);b)表面相割(投影图、立体图)

线、每一个面的位置特征搞清楚。如图 9-5 所示,斜面 P 是个正垂面,在正立面图上的投影应是一条斜线,在另外两个投影图上的投影反映类似形;平面 Q 是个正平面,在正立面图上的投影应是一个反映实形的线框,在另外两个投影图上的投影是直线,反映积聚性。

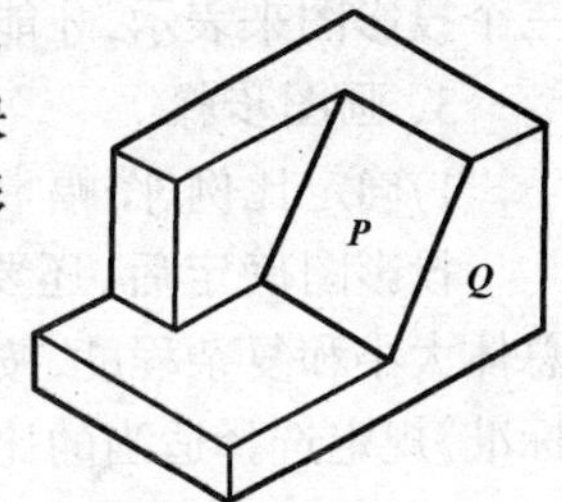

图 9-5 形体的线面分析

二、组合体投影图的画图步骤

1. 形体分析

画组合体的投影图前,首先要对组合体作组成结构分析,包括总体结构和细部结构的分析,即形体分析。一般,总体结构用形体分析法、细部结构用线面分析法来分析组合体的组成结构。如是叠加式组合体,可分析出若干个基本体后,再对每个基本体作线面分析;如是切割式组合体,先分析出一个基本体,再用线面分析的方法在基本体上作多次截割;如是综合式组合体,先按叠加式分析出若干个基本体,再按切割式分析其切割方法。

2. 投影图的选择

为了用较少的投影图把组合体的形状完整清晰地表示出来,在形体分析的基础上,还要选择合适的投影方向和投影图数量。其主要要求如下:

1)立面图的选择

(1)在立面图中能明显地反映组合体的主要形状特征和相对位置,并尽量使组合体的画图位置与组合体的工作位置或加工制作位置相一致。

见图 9-2a),把 V 向作为立面图的投影方向时,在立面图中将明显地反映基础、墙身和缘石的形状特征及相互的位置,同时也便于图样与实物对照。将另外两个方向作为正立面方向,效果欠佳。

(2)选择立面图时,还应考虑到尽可能减少其他投影图中的虚线。

如图 9-6 所示挡土墙,图 a)比较合理,图 b)则在侧面图中出现虚线,影响图形清晰,效果

较差。

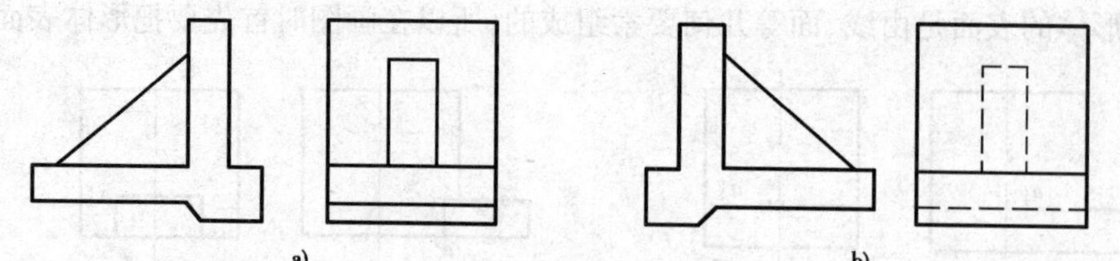

图 9-6　挡土墙投影图的选择

a)合理方案;b)不合理方案

(3)选择立面图时,要尽量能保证较合理地使用图纸。

如图 9-7 所示桥墩,图 a)布图合理,图 b)则使用图纸不合理。

2)确定投影图数量

在保证完整、清晰地表达组合体形状结构的前提下,尽量地减少投影图数量。如图 9-8a)、b)所示的沉井和圆锥,习惯上只需要两个投影;侧面投影是多余的。但如图 9-8c)所示的立柱,则需要三个投影图来表示,才能表达得清楚。

3. 画图步骤

1)确定比例、图幅

投影图确定后,还要根据组合体的总体大小和复杂程度,按《道路工程制图标准》规定选择适当的比例、图幅。

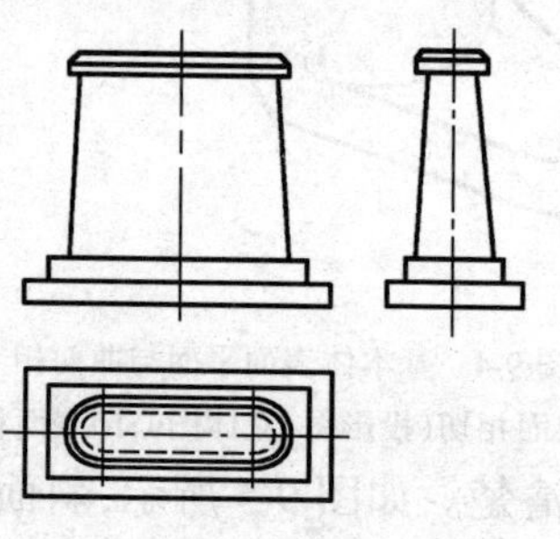

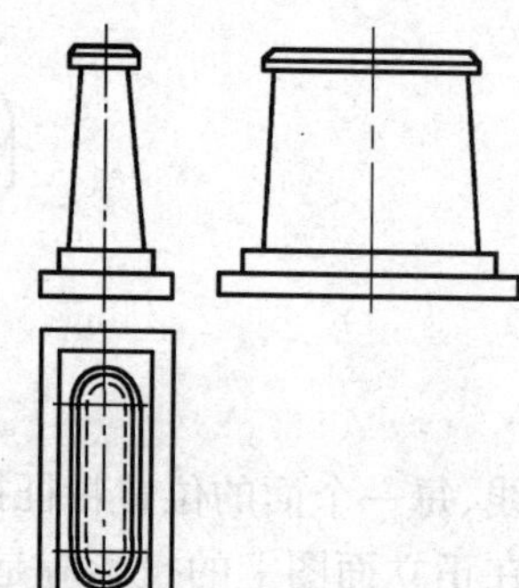

图 9-7　使用图纸的合理性

a)合理;b)不合理

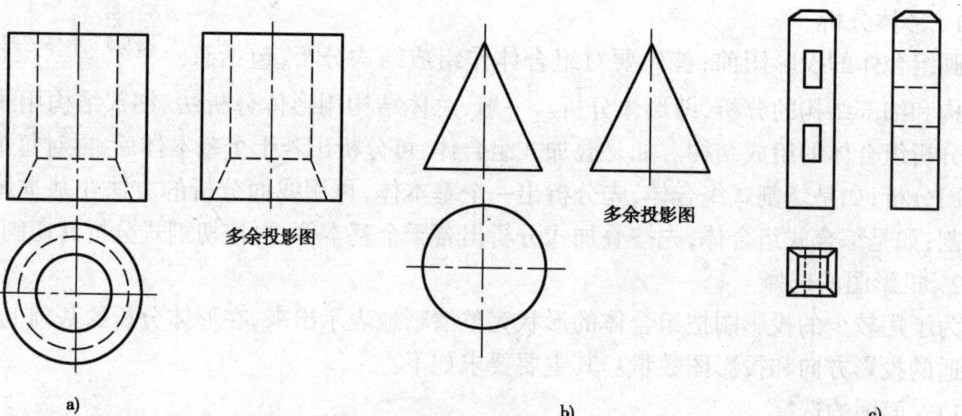

图 9-8　投影图数量的选择

a)沉井;b)圆锥;c)立柱

2)布置投影图位置

布置投影图时,根据选定的比例和组合体的总体尺寸,可粗略算出各投影图范围大小,并注意图面布置要均匀。考虑标注尺寸和注字的位置后,再作适当调整,便可定出各投影图的对称线、主要端面轮廓线的位置,作为作图基线,布图要求平衡、匀称、协调,如图 9-9 所示。

3)画底图

画底图时，力求作图准确、轻描淡写，用硬度为 H 以上的铅笔画图，具体作图步骤见图 9-9 b)、c)、d)。在画图时注意以下几点：

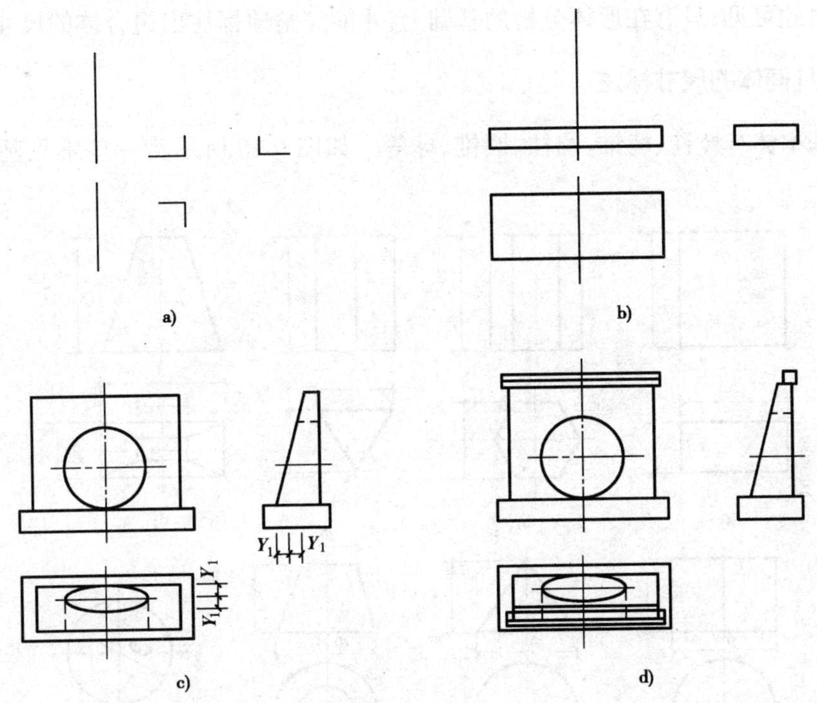

图 9-9　涵洞口的画图步骤

a)画作图基线；b)画基础的投影；c)画墙身的投影；d)画缘石

(1)画图的先后顺序，一般应从形状特征明显的投影图入手，先画主要部分，后画次要部分；先画可见轮廓线，后画不可见轮廓线。

(2)画图时，对组合体的每一组成部分的三面投影，最好根据对应的投影关系同时画出，不要先把某一投影全部画后，再画另外的投影，以免漏画线条。

4)检查加深

底图画完后，应按原作图顺序仔细检查，检查确认无误后按《道路工程制图标准》规定的线型加深轮廓线。在加深时，相同类型的轮廓线条要一次加深，以保证线条的粗细一致。加深的顺序为：先曲后直，先水平线后竖直线，最后加深斜线。

5)标注尺寸

6)书写说明，填写标题栏

§9-2　组合体的尺寸标注

投影图只能表达组合体的形状，而要确定组合体的大小，则需标注组合体的尺寸，而且还应满足以下要求：

正确：要符合国家最新颁布的《道路工程制图标准》。

完整：所标注的尺寸，必须能够完整、准确、惟一地表达组合体的形状和大小。

清晰：尺寸的布置要整齐、清晰，便于阅读。

合理：标注的尺寸要满足设计要求，并满足施工、测量和检验的要求。

由于组合体是由一些基本体通过叠加、相交、截割等多种方式而形成的，因此，标注组合体尺寸必须先标注各基本体的尺寸和各基本体之间的相对位置尺寸，最后再考虑标注组合体的总体尺寸。由此可见，只有在形体分析的基础上，才能完整地标注出组合体的尺寸。

一、基本几何体的尺寸标注

常见的基本体有棱柱、棱锥、圆柱、圆锥、球等。如图 9-10 所示为一些常见基本体尺寸标注的示例。

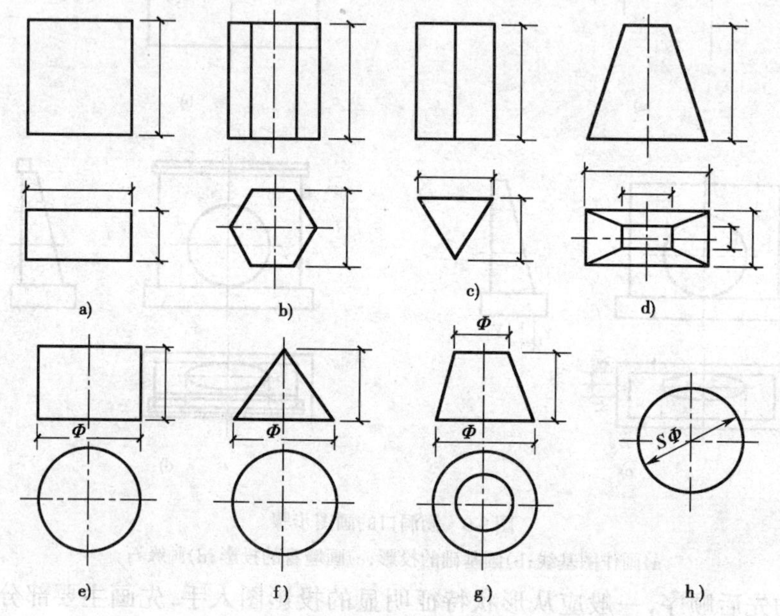

图 9-10　基本几何体的尺寸标注

a)四棱柱；b)六棱柱；c)三棱柱；d)四棱台；e)圆柱；f)图锥；g)圆台；h)球

基本体的尺寸一般只需注出长、宽、高三个方向的尺寸。

如果棱柱体的上、下底面(或棱锥体的下底面)是圆内接多边形，也可标注外接圆的直径和棱柱体(或棱锥体)的高来确定棱柱(或棱锥体)的大小。

圆柱、圆锥则标注它底面圆的直径和高度尺寸。球体只需标注其直径，但要在 Φ 前加写 S 或“球”字样。

二、组合体的尺寸标注

1. 尺寸类型

要完整地确定一个组合体的大小，需注全三类尺寸。

(1)定形尺寸：确定组合体各组成部分形体大小的尺寸称为定形尺寸。

如图 9-11a)中所示尺寸，均为定形尺寸，它们确定了挡土墙各组成部分的大小。

(2)定位尺寸：确定各组成部分相对位置的尺寸称为定位尺寸。

如图 9-11b)所示，V 面投影图右下方的尺寸 50 为直墙在长度方向的定位尺寸；W 面投影中的尺寸 50 和 100 为支撑墙在宽度方向的定位尺寸；直墙在高度方向相对底板的位置，是通过组合形式(叠加)确定，不需要定位尺寸。

(3)总体尺寸：确定组合体外形的总长、总宽、总高的尺寸称为总体尺寸。

如图 9-11b)所示的总高 480、总长为 340、总宽为 320。

2. 尺寸基准

从以上定位尺寸的标注可看出,在某一方向确定各组成部分的相对位置时,标注每一个定位尺寸均需有一个相对的基准作为标注尺寸的起点,这个起点叫做尺寸基准。由于组合体有长、宽、高三个方向的尺寸,所以每个方向至少有一个尺寸基准,如图 9-11c)所示。尺寸基准一般选在组合体底面、重要端面、对称面及回转体的轴线上。

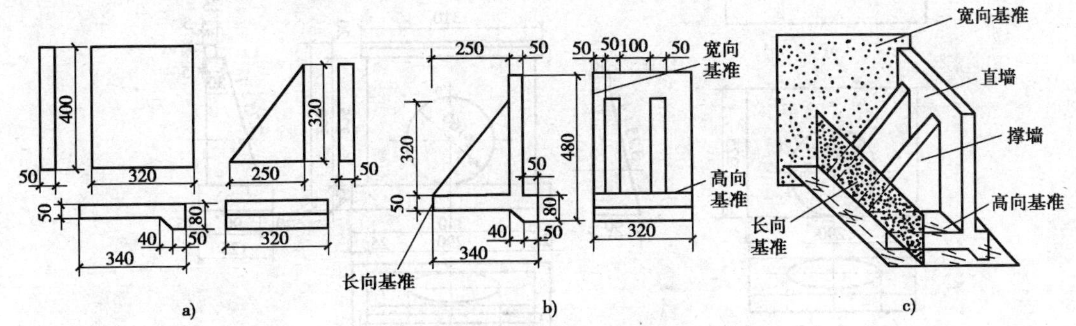

图 9-11　组合体尺寸标注种类

a)形体分析;b)组合体尺寸标准;c)尺寸基准

标注任何一个定位尺寸,都必须与基准有直接或间接的尺寸联系,如图 9-11b)中的侧面图所示,支撑墙定位尺寸 50 是以宽度方向的尺寸基准为起点直接注出的,而 V 面投影图中直墙的定位尺寸 50 则是通过尺寸 340 传递而间接与长度方向的尺寸基准联系的。

3. 尺寸标注的方法和步骤

在标注尺寸时要注意形体分析,先标注定形尺寸,其次是定位尺寸,最后是总体尺寸。现以如图 9-12 和图 9-13 所示的涵洞口为例,说明尺寸标注的方法和步骤。

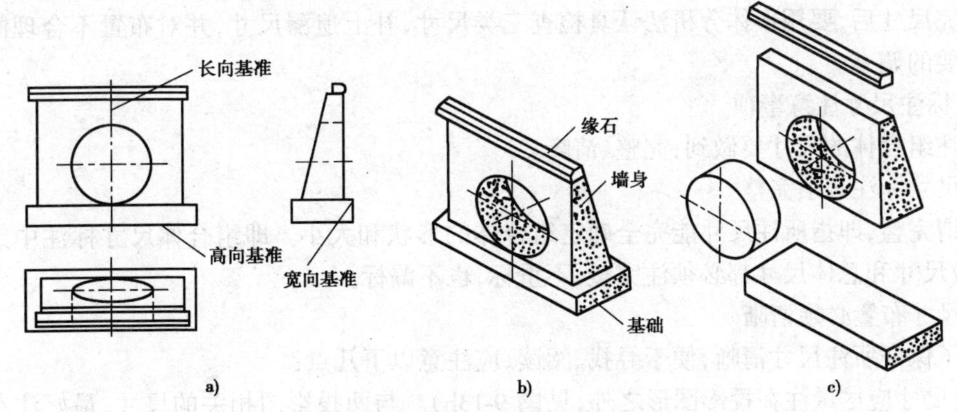

图 9-12　涵洞口一字墙的形体分析

a)投影图;b)立体图;c)形体分析

1)形体分析,选定基准

经形体分析可知,涵洞一字墙由基础、墙身、缘石组成,见图 9-12c)。各基本体相对位置见图 9-12b),从而选定长、宽、高三个方向的尺寸基准,见图 9-12a)。

2)标注三类尺寸

(1)标注各基本体定形尺寸:为了不遗漏尺寸,在形体分析的基础上,先应别注出各基本体的定形尺寸,以确定所需定形尺寸的数量,见图 9-13a)、b)、c)(实际工程中不必画分解图逐个注尺寸)。如果基本体是带切口的,不应标注截交线的尺寸,而是标注截平面的位置尺寸,见图 9-13 b)W 面投影中的 30 和 90。

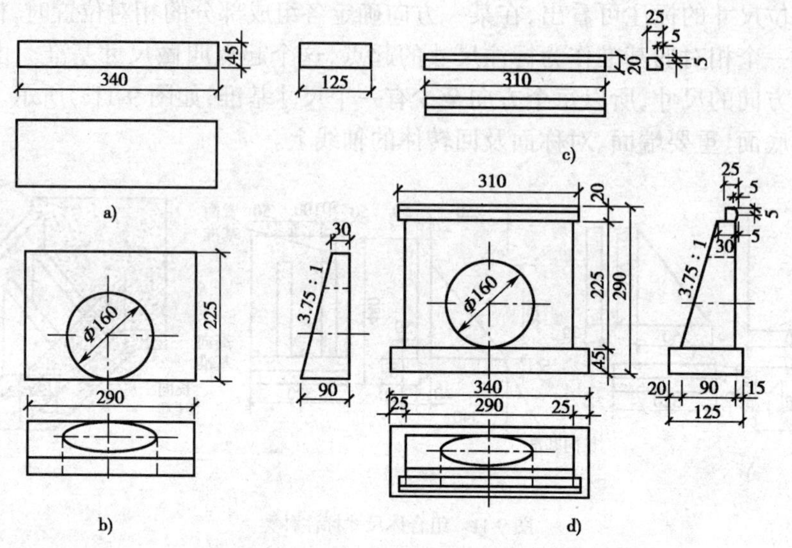

图 9-13　涵洞口一字墙的尺寸标注

a)基础;b)墙身;c)缘石;d)涵洞口一字墙

(2)标注定位尺寸:在长度方向上,基础、墙身和缘石关于基准对称布置,不需定位尺寸;在高度方向上,各基本体依次叠加,也不需定位尺寸;只需注出墙身和缘石在宽度方向的定位尺寸 30 和 25,见图 9-13d)W 面投影图所示,这两个尺寸均注在位置特征明显处。

(3)标注总体尺寸:分别注出总长、总高、总宽尺寸 340、290 和 125。

3)检查复核

注完尺寸后,要用形体分析法认真检查三类尺寸,补上遗漏尺寸,并对布置不合理的尺寸进行必要的调整。

4. 标注尺寸注意事项

标注组合体的尺寸要做到:完整、清晰。

1)尺寸标注必须完整

所谓完整,即指所注尺寸能完全确定组合体的形状和大小。即组合体尺寸标注中定形尺寸、定位尺寸和总体尺寸都必须注完整,不重标,也不漏标。

2)尺寸布置必须清晰

为了保证所注尺寸清晰,便于寻找、阅读,应注意以下几点:

(1)尺寸应尽量注在投影图形之外,见图 9-13b)。与两投影图相关的尺寸,最好注在两投影图之间,见图 9-13b)中的 290、225。

(2)各基本体的定形、定位尺寸尽可能不要分散,要集中标注在形状特征和位置特征明显的投影图上。如图 9-13b)中,墙身的定形尺寸相对集中在反映墙身形状特征的 V 面图上。

(3)同向尺寸应尽可能排列整齐,尺寸线对齐,如图 9-13b)W 面投影中的 30、90。当有几排尺寸时,小尺寸在内,大尺寸在外,排列整齐,间隔均匀。

(4)避免在虚线上标注尺寸。

(5)为了避免计算,便于加工制作,尺寸可采用封闭式,不得产生误差。

§ 9-3　组合体的读图

组合体的画图是“由物到图”的过程，组合体的读图是“由图到物”的过程。读图是根据形体的投影图想象形体的空间形状的过程，也是培养和发展空间想象能力、空间思维能力的过程。阅读组合体投影图，是今后阅读专业图的重要基础。读图的方法一般有：拉伸法、形体分析法和线面分析法。阅读组合体投影图时，一般以形体分析法和线面分析法为主，可附以凑形体读图。拉伸法有其使用条件，比较受限制。

在阅读组合体投影图时，除了熟练运用投影规律进行分析外，还应注意以下几点：

(1)熟悉各种位置的直线、平面(或曲面)以及基本体的投影特性。

(2)明确投影方向。读图时，要明确各个投影图是从不同方向投影得到的。因此，看某一个投影图时，就要随时联想到该投影图反映的是物体哪一个方向的形状。

(3)组合体的形状通常不能仅仅根据一个投影图来确定，至少要根据两个或两个以上的投影图才能决定。读图时必须把几个投影图联系起来思考，才能准确地确定组合体的空间形状。如图 9-14 所示，虽然图 a)和 b)的 V 面投影相同，但它们的 H 面和 W 面投影不相同，因此，两个组合体的空间形状不相同。又：虽然图 b)和 c)的 V 面和 H 面投影相同，但它们的 W 面投影不相同，因此，两个组合体的空间形状不相同。

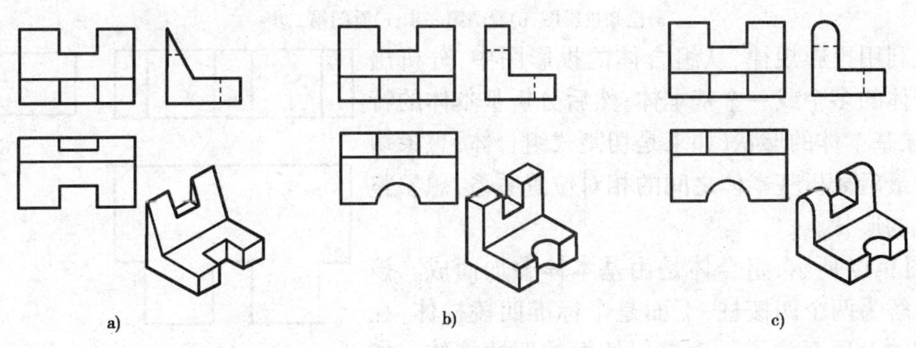

图 9-14　三等关系读图

一、拉伸法

拉伸法是指将反映形体的特征线框，沿某一投影轴线方向拉伸而成柱体，然后按要求切割或旋转归位而成组合体的读图方法。这种方法适用于柱体或由平面切割柱体而成的简单体的读图。如图 9-15 所示，一个四棱柱体经三个平面切割后而形成的柱状体，分析其投影图可知，V 面投影图反映了该立体的形状特征，而 H、W 面的投影图则有与 Y 轴平行较多的线条，将 V 面图沿 Y 轴拉伸成柱状体，见图 b)；再用一侧垂面切柱状体而得形体，见图 c)。

运用拉伸法读图时，关键是在给定的投影图中找出反映立体特征的线框，即框中含体的线框。反映立体特征的线框的确定方法：当立体的三个投影图中有两个投影图中的大多数线条相互平行，且都平行同一投影轴，而另外一投影图是一个几何线框，该线框就是反映立体特征的线框。如图 9-16 所示，桥台基础的三面投影图，其中 V 面、W 面投影图中大多数线条互相平行，且这些线条都与 Z 坐标轴平行，而 H 面投影中的线条相互不平行，这些线条组成一个几何线框，这个线框就是反映桥台基础特征的线框。

二、形体分析法

运用形体分析法读图与用形体分析法画图的思路相似，即“先分后合”。其具体做法是；

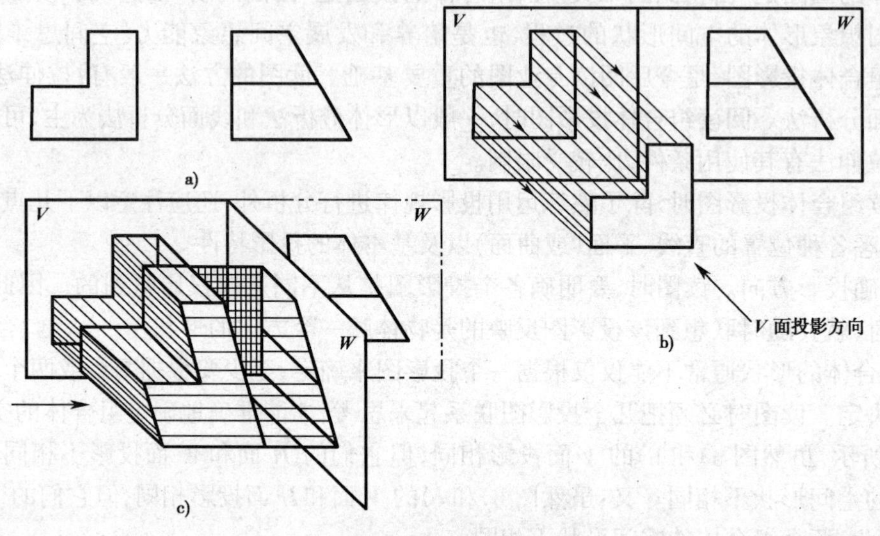

图 9-15　拉伸法读图

a)已知投影图；b)看图第一步；c)看图第二步

首先利用投影规律，从组合体的投影图中，分析出组成组合体的多个或一个基本体；然后分析基本体的特征图，想象基本体的形状(如果是切割式组合体，想象切割方法)；最后分析基本体之间的相对位置关系，想象整个基本体的形状。

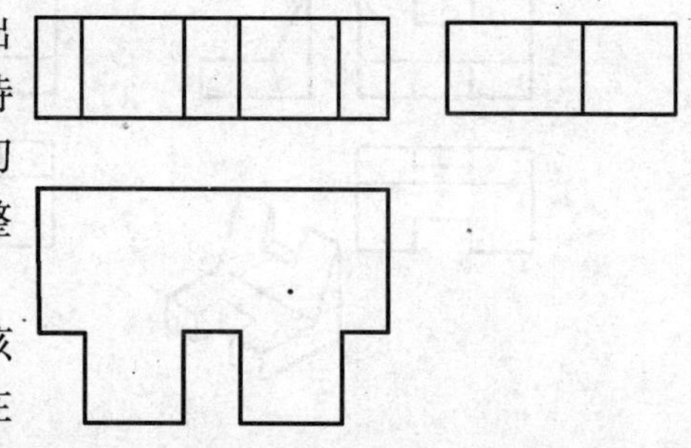

图 9-16　桥台基础的三面投影图

如图 9-17 所示，组合体是由基本体叠加而成。该形体可分解为两个四棱柱，下面是个标准四棱柱体，在该四棱柱的上顶面放了一个带斜切面的四棱柱体。如图 9-18 所示，该组合体是四棱柱由八个截平面经三次切割而成。

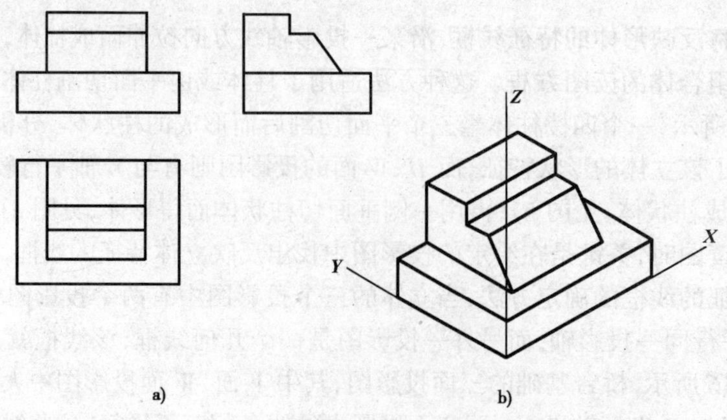

图 9-17　叠加式组合体的形体分析

形体分析法的读图步骤：

(1)分线框：在组合体的三投影图线框明显的投影图中分线框(从组合体中分解基本体)，然后根据投影规律找出线框的对应关系。

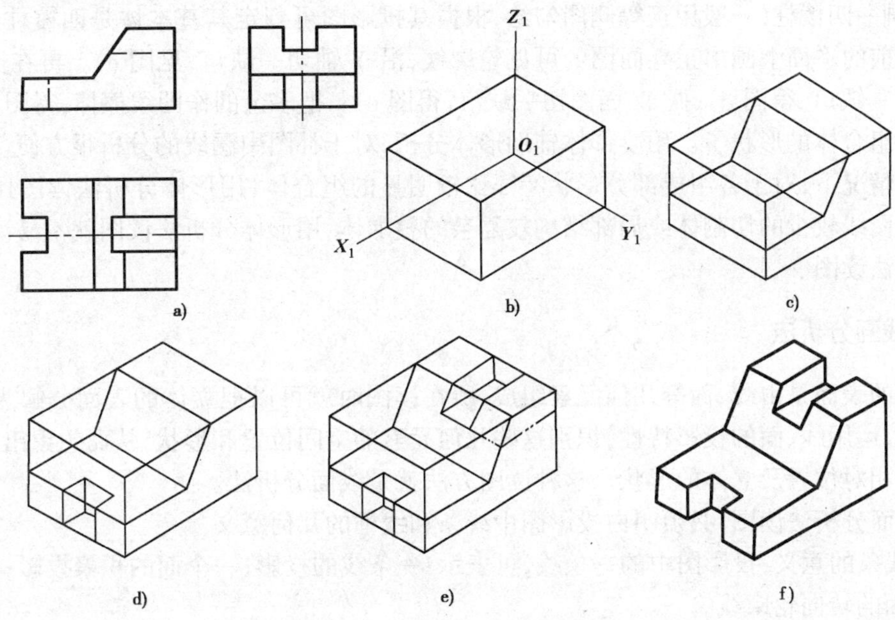

图 9-18　切割式组合体的形体分析

(2)读线框：在组合体的三面投影图中分解出的线框，即是从组合作中分解出的基本体。利用投影特性，读出各基本体的形状(可借助凑形体法)。

(3)组合各线框：利用各线框(各基本体)之间的相对位置，综合想象组合体的形状。

如图 9-19 所示，根据组合体的三面投影，阅读组合体的空间形状。

(1)分线框：根据组合体已知的三面投影图可知，V 面投影图中线框较为明显，故可把 V 面投影分为三个线框。然后根据“长对正、宽相等、高平齐”的投影规律，找出这三个线框的 H 面、W 面投影，见图 9-19a)。

(2)读线框：从三面投影图中分出的三个线框，即是把组合体分为了不同形状的三个基本体(其中形状相同的基本体有两个)。利用拉伸法可分别读出这些基本体的形状，见图 9-19b)、c)、d)。

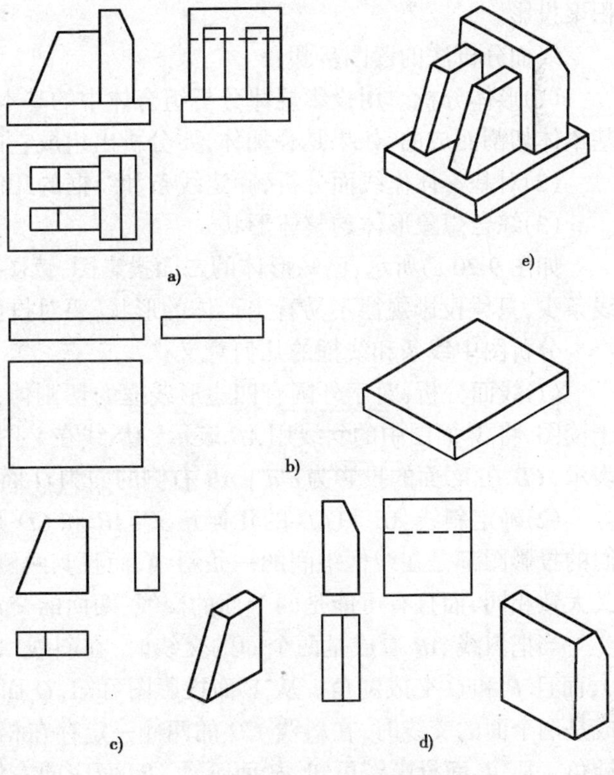

图 9-19　形体分析法读图

a)分线框；b)读 1 线框；c)读 2 线框；d)读 3 线框；e)组合体的立体图

(3)组合线框：根据各线框之间的相对位置关系，综合想象出组合体的形状，见图 9-19e)。

叠加式和切割式组合体的形体分析都可辅助凑形体方法(徒手画轴侧草图法)分析。其具体做法，可用一个例子来说明。如图 9-18，图 a)为组合体的三面投影图，我们根据其总长、总高、总宽画一四棱柱(一般用正等侧图勾绘，根据其投影图可判定其基本体是四棱柱体)，见图 b)。在最前的平面上画出正立面图的可见轮廓线，沿 *Y* 轴切一缺口，见图 c)。再在图 c)上据 *H* 面图切一缺口，得图 d)；据 *W* 面图切一缺口，得图 e)。把多余的作图线擦掉，得图 f)。这样就想象出组合体的形状了。用凑形体辅助形体分析，对于补图中漏线的分析很方便。

一般情况下，对于各组成部分形状特征比较明显的组合体，用形体分析法读图比较适合，但是对于图线较少的切割体或局部结构较复杂的叠加体，用形体分析法读图就不易读出，须用线面分析法读图。

三、线面分析法

立体的表面是由线、面等几何元素组成，所在读图时就可以把立体的表面分解为线、面等几何元素，运用线、面的投影特性，识别这些几何元素的空间位置和形状，从而想象出各组成部分之间的相对位置及立体的形状。这种读图方法就是线面分析法。

用线面分析法读图，必须明白投影图中线条和线框的几何意义。

(1)线条的意义：投影图中的一条线，可表示：一条线的投影；一个面的积聚投影；两个面的交线；曲面的转向轮廓线。

(2)线框的意义：投影图中的一个线框，可表示：一个面的投影；一个体在某个投影面上的积聚投影。

线面分析法的读图步骤：

(1)形体分析。用投影规律分析组合体中的基本体。如果是切割体，要分析出它是由什么基本体切割而成的；如果是叠加体，要分析出组成它的多个基本体。

(2)对基本体作线面分析，确定线条和线框的几何意义。

(3)综合想象形体的整体形状。

如图 9-20 a)所示，已知形体的二面投影图，读图并补画 *H* 面投影图。在该二面投影图中，线条少，只凭投影规律不易看出形体的形状，要对投影图做线面分析。

分析图中线条和线框的几何意义：

(1)线面分析：对于外围有四边形线框的切割体，可想象成是由四棱柱切割而成。为了便于读图，将 *V* 面图中的斜线用 *AB* 表示，*AB* 线在 *V* 图中的投影为 $a'b'$；将 *W* 面中的斜线用 *CD* 表示，*CD* 在 *W* 面的投影为 $c''d''$，*AB* 右侧的面为 *Q* 面，*CD* 后侧的面为 *R* 面，如图 9-20 b)所示。

(2)确定斜线 *AB* 和 *CD* 的几何意义：*AB* 和 *CD* 是线条，有三种几何意义可以选择。因它们的投影图都是在线框中间的一条斜线，而且其两侧均有线框存在，可初步判定它们的几何意义大致相同，而且有可能是两个面的交线(两面的交角成钝角)或是某个面的积聚投影。

当把斜线 *AB* 看成是两个面的交线时，在斜线 *AB* 的两侧一定存在相交的两个平面 *P* 和 *Q*，而且 *P* 和 *Q* 交成钝角。从 *V* 面投影图可知，*Q* 面不动，*P* 面应向后倾斜。当把斜线 *CD* 看成是两个面的交线时，在斜线 *CD* 的两侧一定存在相交的两个平面 *R* 和 P_1，而且 *R* 和 P_1 交成钝角。从 *W* 面投影图可知，*R* 面不动，P_1 面应向右倾斜。在 *V* 和 *W* 图中，没有多余的线条，可以判定 *P* 和 P_1 重合，如图 9-20c)所示。

当把斜线 *AB* 和 *CD* 看成是某个面的积聚投影时，将斜线沿投影轴拉伸，一定可以拉成一个面。将 AB 沿 Y 轴方向向后拉伸而形成 N 面，将 CD 沿 X 轴方向向右拉伸而形成 M 面，N 和 M 面相交于 EF 线。如图 9-20d)所示。

分析图中线面的几何意义，得到两个立体图，其 V 和 W 面投影均是已知的二投影。由此可见，该例子有两个结果。

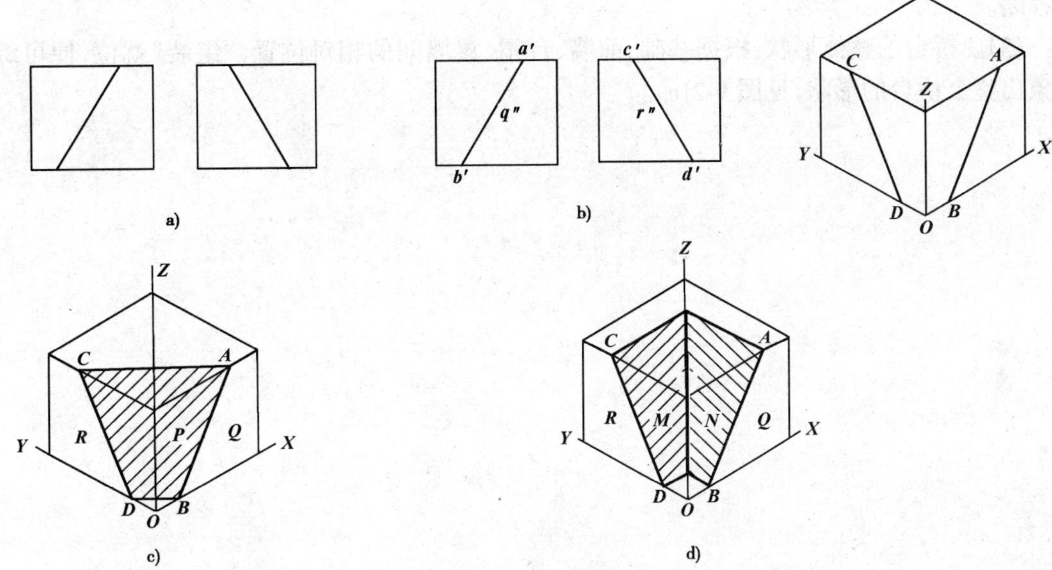

图 9-20 形体的线面分析

a) 形体的二面投影图；b)标注 AB、CD 线和 Q、R 面；c)将斜线看成是两个面的交线时的投影图；d) 将斜线看成是一个面的积聚投影时的投影图。

线面分析法着重于对组合体各表面和棱线的投影分析，这就要求对各种位置直线、平面投影特性非常熟悉。而且用线面分析法，仅能读懂一条线或一个平面的空间意义，全图都这样分析，不仅工作量大、费时，而且不易很快地形成物体的整体概念，故此法往往在形体分析法的基础上进行。另外，还可综合运用此三种方法。如图 9-21 所示为一 U 形桥台的读图方法。

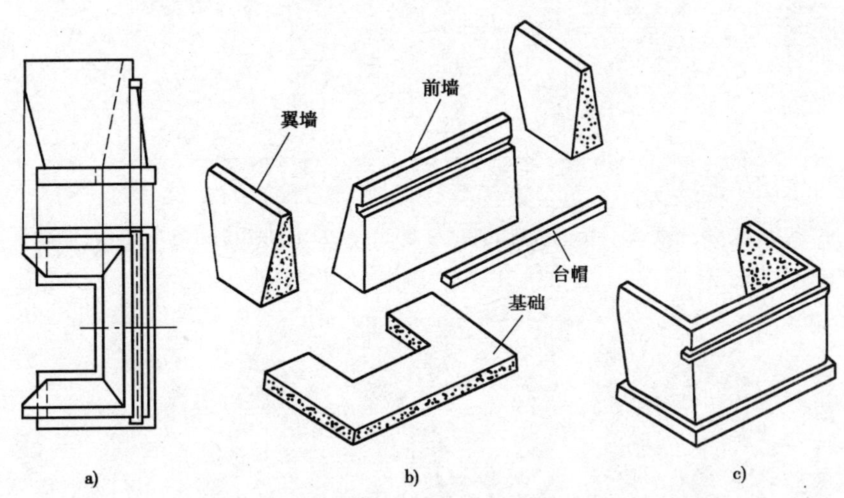

图 9-21 U形桥台的读图方法

a)立体图；b)分析图；c)作图结果

(1)形体分析：从桥台的 V 面投影中可分出四个线框，即可把桥台分为：基础、前墙、台帽、翼墙四个基本体，见图 9-21b）。

(2)读各基本体的形状：基础的读图可采用拉伸法，从 H 面反映形状特征的线框沿 Z 轴拉伸，得到空间形状；台帽、前墙也可采用拉伸法读图，从它们的 V 面投影中沿 Y 轴拉出反映形状特征的线框，即可得到台帽、前墙的空间形状。而翼墙的读图要用线面分析法读图，读图的过程略。

(3)读桥台的整体形状：根据基础、前墙、台帽、翼墙间的相对位置，“组装”就位，便可综合想象出整个桥台的形状，见图 9-21c）。

第十章　剖面图和断面图

§10-1　剖　面　图

对形体的形状和大小,我们前面讨论了用三面投影图来表达。在形体的投影图中,看得见的轮廓线用实线表示,看不见的轮廓线用虚线表示。在实际工程中,有些工程结构的内外形状都比较复杂。结构内部形状越复杂,虚线就越多,虚实线密集交错,不仅影响了图样的清晰,也不利于分析形体的空间形状和尺寸标注。遇到这种情况,工程上采用剖面图和断面图来解决。

一、剖面图的形成

剖面图是用假想剖切平面将形体切开后,移去观察者与剖切平面之间的部分,画出剩余部分按垂直于剖切平面方向的投影,并在剖切到的实体部分,画上相应的剖面材料图例或图例线,这样所画的图形称为剖面图。如图 10-1b)、c)所示,用与 V 面平行的剖切平面 P 沿形体前后对称面将其剖开,与原来未剖切的立面图 10-1a)对比可以看出,由于将形体假想剖开,使内部结构显露出来,在剖面图上,原来不可见的轮廓线变成了可见轮廓线,剖切后被去掉的外轮廓线不再画出。

二、剖面图的标注

1. 剖切位置的表示

作剖面图时,一般使剖切平面平行于基本投影面,从而使断面的投影反映实形。剖切平面即为投影面平行面,与之垂直的投影面上的投影则积聚为一条直线,这条直线表示剖切位置,称为剖切位置线,简称剖切线。在投影图中用断开的一对短粗实线表示,长度为 5 ~ 10mm,见图 10-1b)。

2. 投影方向

为表明剖切后剩余部分形体的投影方向,在剖切线两端的同侧各画一段用单边箭头指明投影方向的短细线,长度 4 ~ 6mm,见图 10-1b)。

3. 剖面图的编号

对复杂结构的形体,可能要同时剖切几次。为了区分清楚,对每一次剖切要进行编号,《道路工程制图标准》规定,对剖切位置用一对英文字母或阿拉伯数字来表示,书写在表示投影方向的单边箭头一侧,并在所得相应剖面图的上方居中写上对应的剖面编号名称。其字母或数字中间用长 5 ~ 10mm 的细短线间隔,例如 I—I 剖面。为了美观装饰,在剖面图编号名称的字样底部画上上粗下细两条等长平行的短线,两线间距为 1 ~ 2mm。

4. 材料图例

剖面图中包含了形体的断面,在断面上必须画上表示材料类型的图例,如果没有指明材料

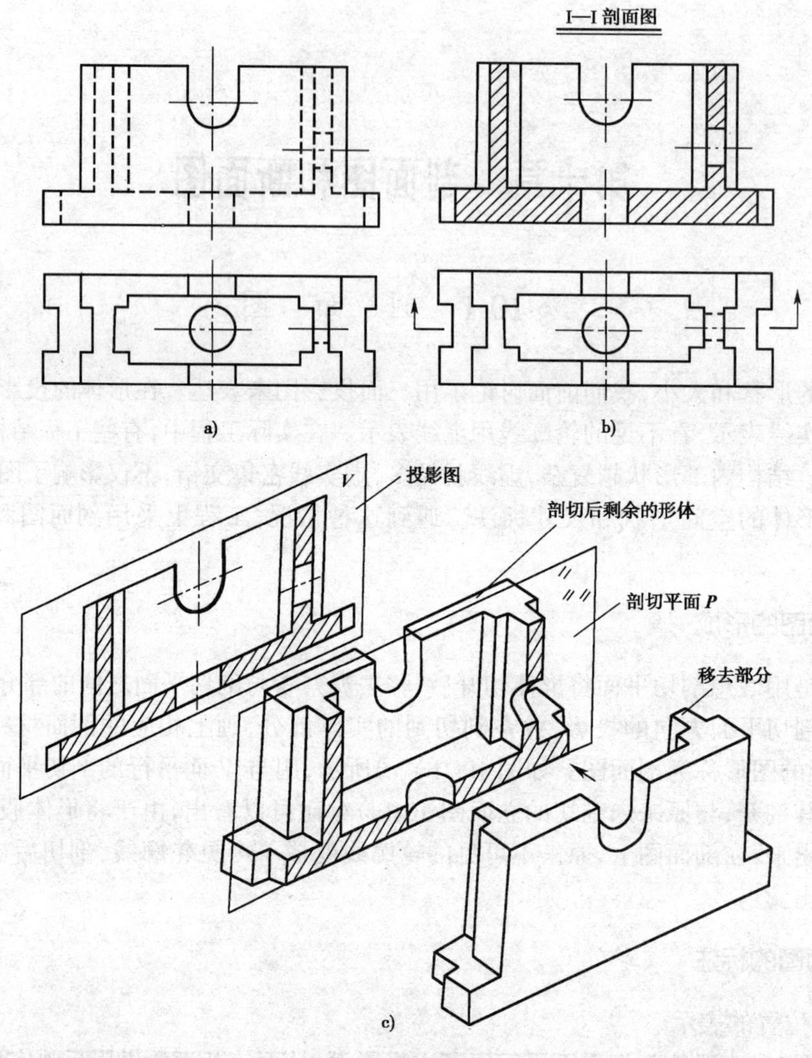

图 10-1　剖面图的形成
a)形体投影图；b)剖面图；c)形体的剖切

时，可在断面处画上互相平行且等间距的 45°细实线来替代材料图例，称为剖面线。当一个形体有多个断面时，所有剖面线的方向应一致，间距相等。

《道路工程制图标准》中常用材料剖面图例如表 10-1 所示。

常用材料断面图例　　表 10-1

材料名称	断面代号	画法说明	材料名称	断面代号	画法说明
天然土、混凝土		斜线为 45°细线，石子有棱角	夯实土壤、钢筋混凝土		斜线为 45°细线，在剖面图上画出钢筋时，不画图例线，若断面较窄，可涂黑
砂、灰土、石材		靠近轮廓线点较密，斜线为 45°细线，用尺画(包括岩层及贴面、铺地等石材)	砂砾石、碎砖、三合土、毛石		石子有棱角，徒手画

续上表

材料名称	断面代号	画法说明	材料名称	断面代号	画法说明
普通砖、焦渣、矿渣		斜线为45°细线，当断面较窄，不易画出图例线时，可涂红（包括水泥、石灰等材料）	金属、多孔材料		斜线为45°细线
水		为等腰直角三角形，用尺画	纵断面木材、横断面		徒手画
松散材料、网状材料		底线用尺画，其余徒手画	防水材料、橡胶、塑料		用尺画

《道路工程制图标准》中对构件的断裂线也有规定画法，如表10-2，所示。

各种构件的断裂线画法

表10-2

材料及形状		断裂线画法	断面形状	说明
方木				徒手画不规则的折断线
圆管状金属或其他材料				用曲线尺画顺滑反向弧线
不指明形状	金属等构件			波浪线徒手画，轴线粗为 $b/2 \sim b/3$，用直尺画
不指明形状	土建类构造物			波浪线徒手画，局部断裂表示层次，折断线用尺画，采用折断时，构件需全部被切断
图形折断的画法与标注				折断线成双画出，与构件基线平行，间距4~5mm

三、画剖面图应注意的问题

(1)剖切是假想的,当某方向投影图表达为剖面图时,其他投影图仍应按完整的形体考虑,如图 10-1b)中的平面图。当要对形体作多次剖切时,始终把物体作为完整的来剖切。

(2)为了确切反映所表达内部结构的真实形状,剖切平面一般选择投影面的平行面,而且尽可能通过形体对称面或孔、洞、槽的轴线。

(3)剖切平面所剖到的实体部分,应画相应的剖面材料图例或剖面线。当不指明材料而画剖面线时,同一形体的各个剖面图中,剖面线的间距与倾斜方向应保持一致,如已有轮廓线为45°时,可将剖面线画成 30°或 60°。

(4)为保持图形简明、清晰,凡不可见轮廓线(虚线)如果通过其他投影图可以表达清楚,均可省略,否则仍应画出,如图 10-2 所示。

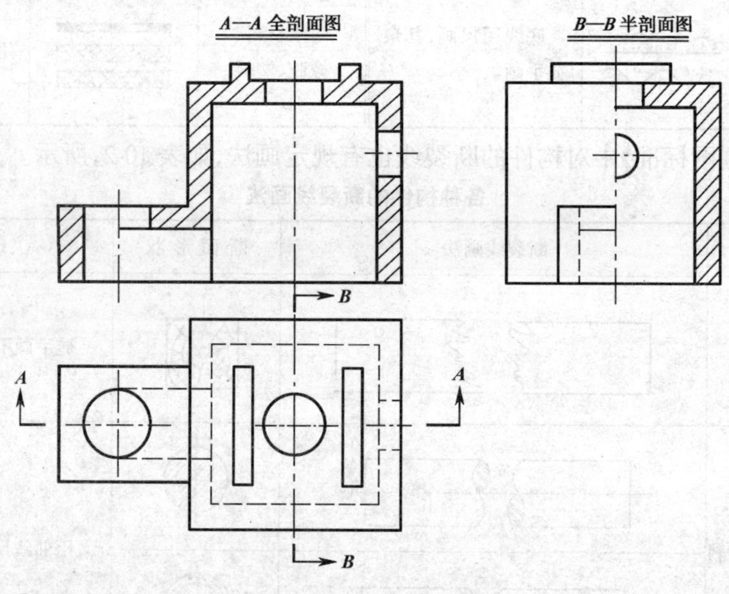

图 10-2 剖面图

(5)通常采用投影面平行面作剖切平面,根据具体情况,可采用正平面、水平面或侧平面作剖切平面,特殊情况也可以采用投射面作剖切平面。

(6)为了便于读图,一般需要注出剖面图和断面图的名称、剖切线和投影方向。但在全剖面或半剖面图中,如剖切线和投影图的对称轴线重合,且图形又按投影图规定位置排列时,剖切线可以省略,或仅保留"××剖面"等字样。

四、剖面图的分类

常用的剖面图有全剖面图、半剖面图、局部剖面图、阶梯剖面图、旋转剖面图和展开剖面图等。

1. 全剖面图

(1)形成:假想用一个剖切平面将形体全部剖开后画出的剖面图,称为全剖面图,见图10-2。全剖面图一般都要标注剖切线,只有当剖切平面与形体的对称平面重合,且全剖面图又置于基本投影图的位置时,可以省去标注。

(2)适用范围:全剖面图适用于外形结构比较简单而内部结构比较复杂的形体或非对称结构的形体。

2. 半剖面图

(1)概念:当形体具有对称面时,在垂直于对称面的投影面上,以对称中心线为界,一半画成显示形体外部形状的投影图,另一半画成显示内部结构的剖面图,中间用点划线分界,这种由半个投影图和半个剖面图合成的图形,称为半剖面图。如图 10-3 所示。

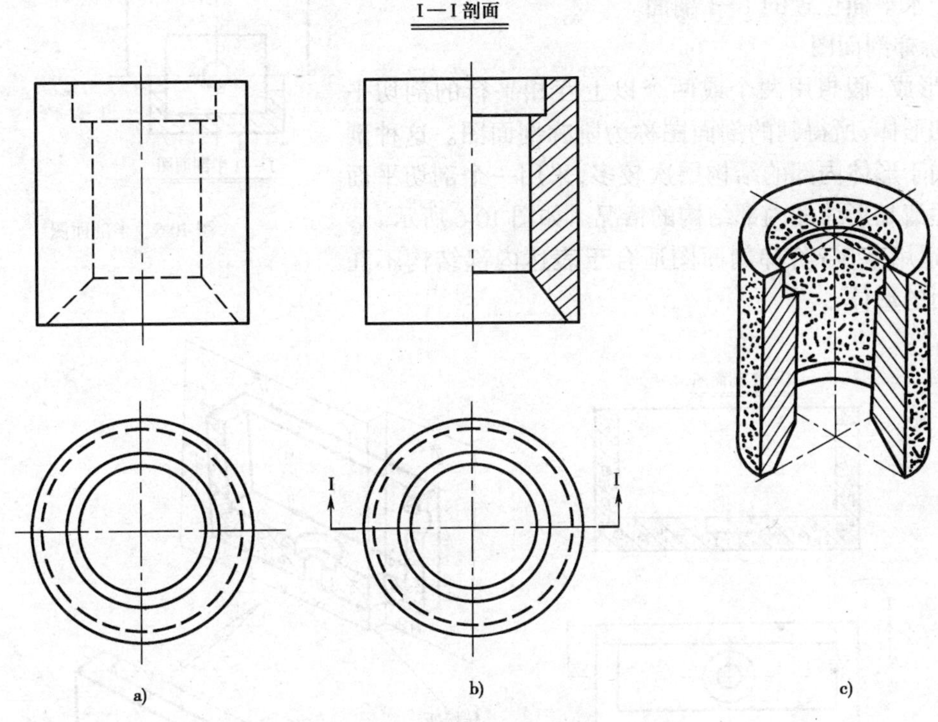

图 10-3　圆形沉井的半剖面图

a)剖切前;b)剖切后;c)立体图

(2)适用范围:内、外形都需要表达的对称形体。

(3)注意事项:

①半外形图和半剖面图的分界线(对称轴线)应画成点划线,不能当作形体的外轮廓线而画成实线;若作为分界线的点划线刚好与轮廓线重合,则应避免用半剖面图。

②当形体左右对称时,将外形投影图绘在中心线左边,剖面图绘在中心线右边,见图 10-3;当形体上下对称时,将外形投影图绘在水平中心线上方,剖面图绘于水平中心线下方,如图 10-4 所示。

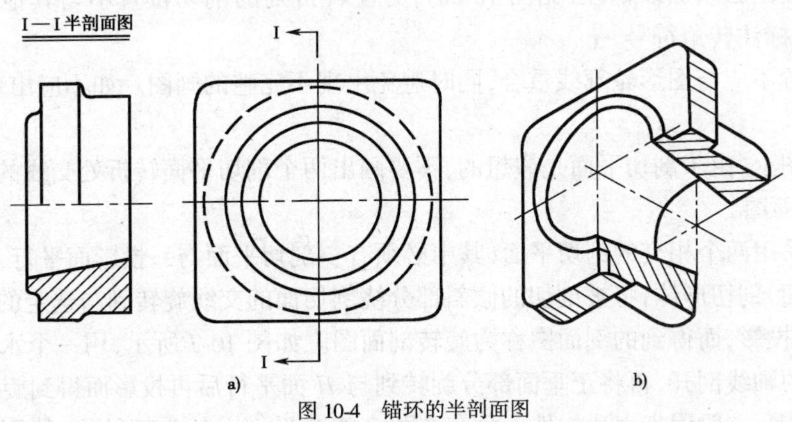

图 10-4　锚环的半剖面图

③若形体具有两个方向的对称平面，且半剖面图又置于基本投影位置时，标注可以省略，如图 10-4 中立面图与侧面图位置的半剖面图。但形体具有一个方向的对称面时，半剖面图必须标注，标注方法同全剖面图，如图 10-5 所示中置于水平面位置的 I—I 剖面。

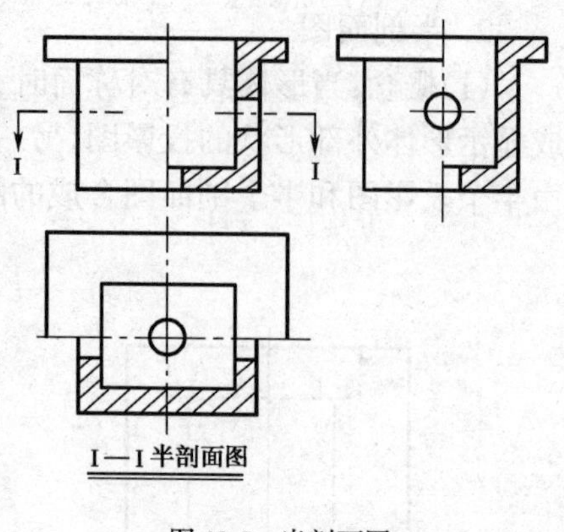

图 10-5　半剖面图

3. 阶梯剖面图

(1)形成：假想用两个或两个以上互相平行的剖切平面来剖切形体，所得到的剖面图称为阶梯剖面图。这种剖面图适用于形体内部的结构层次较多，采用一个剖切平面不能表达清楚形体的内部结构的情况。如图 10-6 所示。

(2)适用范围：阶梯剖面图适合于表达内部结构不在同一平面的形体。

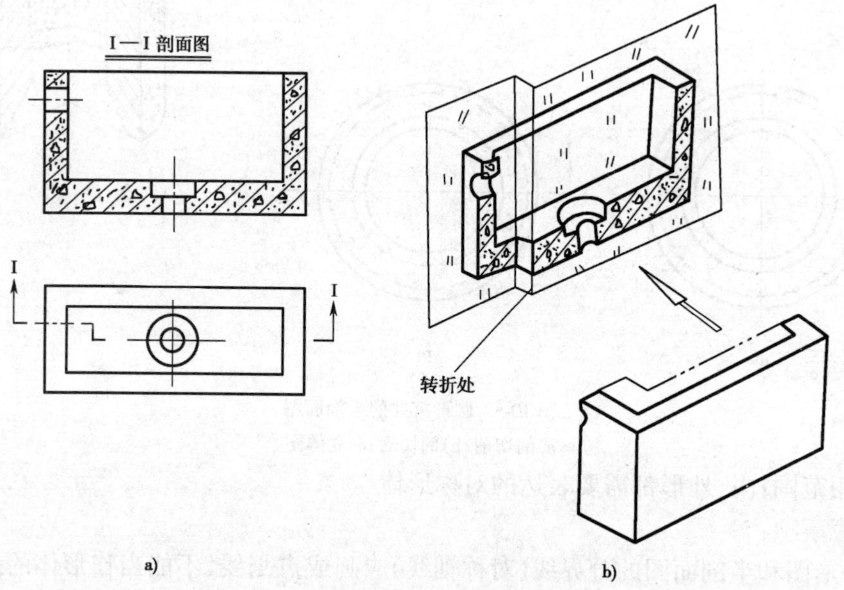

图 10-6　水箱的阶梯剖面图

(3)注意事项：

①阶梯剖面图必须加以标注，见图 10-6a)，为使转折处的剖切位置不与其他线条发生混淆，应在转角处标注转角符号“┐”。

②转折位置不应与图形轮廓线重合，同时避免出现不完整的画图。如不应出现孔、槽的不完整投影。

③在剖面图上，由于剖切平面是假想的，不要画出两个剖切平面转折处交线的投影。

4. 旋转剖面图

(1)形成：采用两个相交的剖切平面(其中必须有一剖切平面与一投影面平行，交线垂直于某一基本投影面)剖切形体，将被剖切的倾斜部分绕剖切面的交线旋转到与选定的基本投影面平行后，再进行投影，而得到的剖面图称为旋转剖面图。如图 10-7 所示，用一个水平面和一个正垂面沿摇杆的轴线剖开，再将正垂面部分旋转到与 H 面平行后再投影而得到旋转剖面图。

(2)适用范围：一般用来表达构件上分布在两个相交平面上的内部结构，特别是具有明显的回转轴的形体。

(3)注意事项:

①两剖切平面交线一般应与所剖切的形体回转轴重合,并必须标注。

②画旋转剖面图的顺序是:剖切→旋转→投影。

5. 展开剖面图

(1)形成:沿构造物的中心线用一曲面或平面与曲面组合而成的铅垂面进行剖切,然后将其展开(或拉直),使之与投影面平行,再进行投影,而得到的剖面图称为展开剖面图。

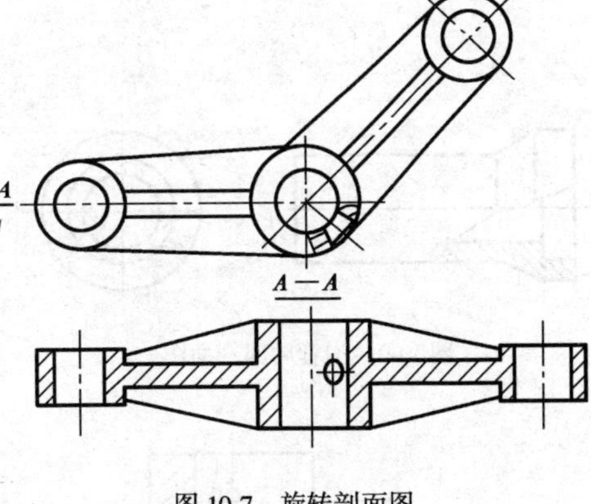

图 10-7 旋转剖面图

(2)适用范围:适用于道路路线纵断面及带有弯曲的结构工程形体。如图 10-8 所示为一弯桥的展开剖面图。其立面图以桥面中心线展开后进行绘制,由于对称,采用了半剖的画法。当全桥一部分在曲线范围内时,其立面或纵断面应平行于平面图中的直线部分,并以桥面中心线展开绘制。

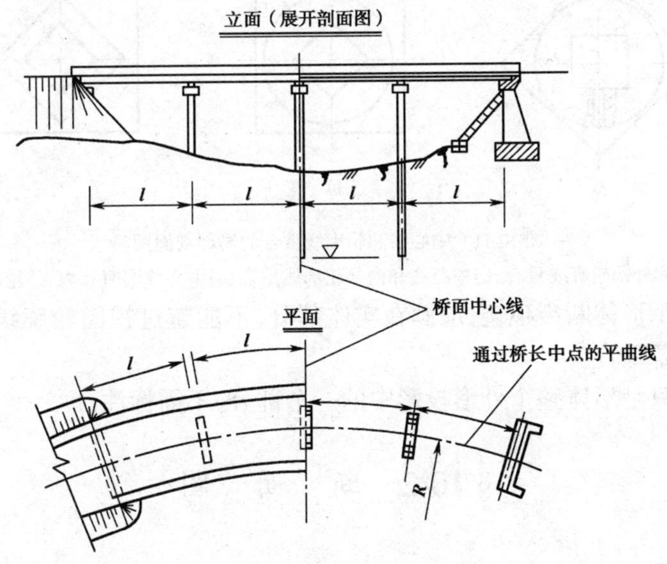

图 10-8 弯桥的展开剖面图

6. 局部剖面图

(1)形成:在不影响外形表达的情况下,用剖切平面局部地剖开形体来表达结构内部形状所得到的剖面图,称为局部剖面图。局部剖切的位置与范围用波浪线来表示。

如图 10-9 所示,用局部剖面图表示沟管的内部构造。在专业图中常用来表示多层结构所用材料和构造的做法,按结构层次逐层用波浪线分开,这种剖面图又称为分层局部剖面图,如图 10-10 所示为路面各结构层的局部剖面图。

(2)适用范围:

①外形复杂、内形简单,而且需要保留大部分外形、只需表达局部内形的形体。

②形体轮廓与对称轴线重合,不宜采用半剖面或不宜采用全剖的形体,可采用局部面图,如图 10-11 所示。

(3)注意事项:

①局部剖切比较灵活，但应照顾看图方便，不应过于零碎。

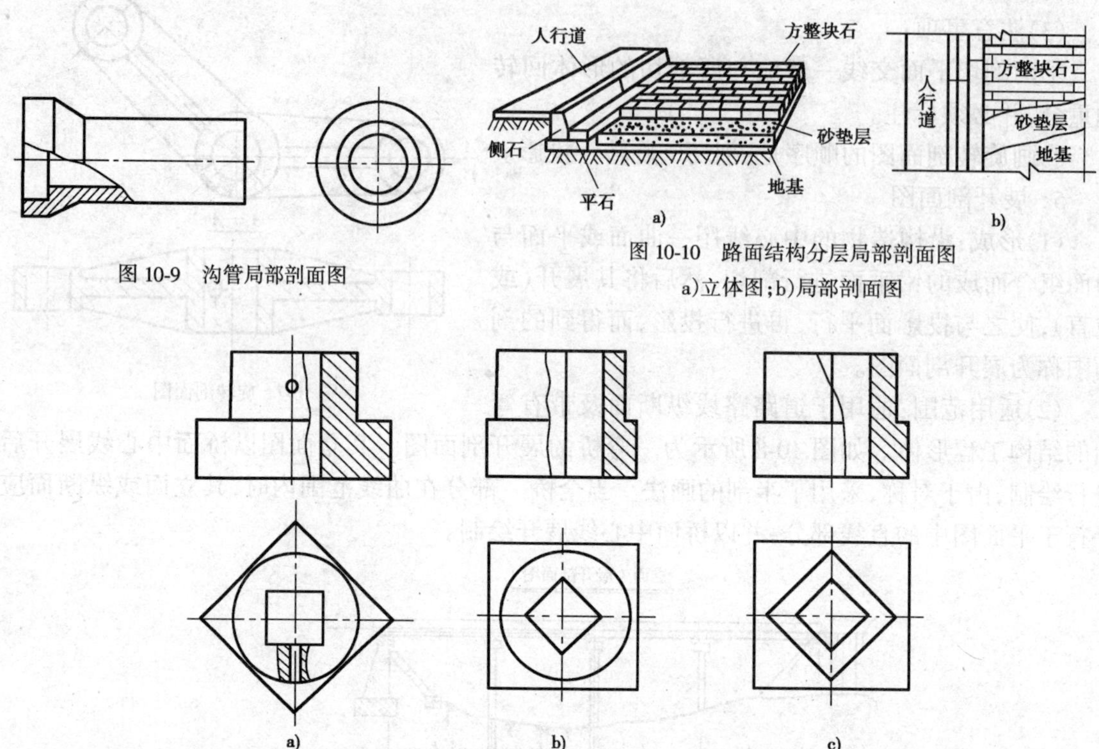

图 10-9 沟管局部剖面图

图 10-10 路面结构分层局部剖面图

a)立体图；b)局部剖面图

图 10-11 中心线和轮廓线重合的局部剖面图

a)中心线和外部轮廓线重合；b)中心线和内部轮廓线重合；c)中心线同时和内、外轮廓线重合

②用波浪线表示形体断裂痕迹，应画在实体部分，不能超过视图轮廓线或画在中空部位，不能与图上其他线条重合。

③局部剖面图只是形体整个外形投影中的一个部分，不需标注。

§10-2 断 面 图

一、断面图的形成

如图 10-12 所示，当假想用剖切平面将形体剖开后，仅画出被剖切处断面(截面)的实形，并在断面内画上材料图例或剖面线，这种图形称为断面图。

二、断面图与剖面图的区别

(1)断面图是“面”的投影，是物和剖切平面相接触的部分的“面”的实形投影。而剖面图是“体”的投影，是形体被剖切移开剖切面与观察者之间的部分后整个剩余部分“体”的投影，在剖面图中有断面的投影。

(2)断面图的标注与剖面图的标注有所不同，断面图也用粗实短划线表示剖切位置，但不再画表示投影方向的单边箭头，而是用表示编号的字母或数字注写位置来表明投影方向。编号写在剖切线下方，表示向下投影；编号写在剖切线左边，表示向左投影。图 10-12 中 2—2、1—1 断面都是向下投影画出的。

三、断面图的分类

有些构件,需表达其内部形状,但又没必要画出剖面图时,可用断面来表示。适当选择断面图,可以简化形体的表达。常用的断面图的表达类型有:移出断面图、重合断面图和中断断面图。

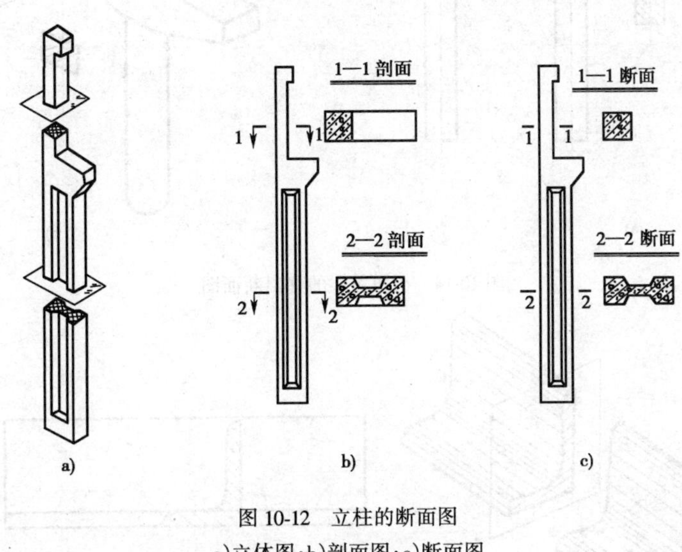

图 10-12　立柱的断面图

a)立体图;b)剖面图;c)断面图

1. 移出断面图

将断面图画在投影图的外面,称为移出断面图。如图 10-13 所示为挡土墙的移出断面图,在挡土墙平面图上标出剖切位置及编号,将各断面图按顺序排列画出并注上 I—I 断面、II—II 断面等断面图名称。本图为表达清晰,各断面图用较大的比例画出。

为了便于读图,一般要标出断面图的名称,但如移出断面图位于剖切线的延长线上,且图形的对称轴线又和剖切线重合,则可省略。如图 10-14 所示。

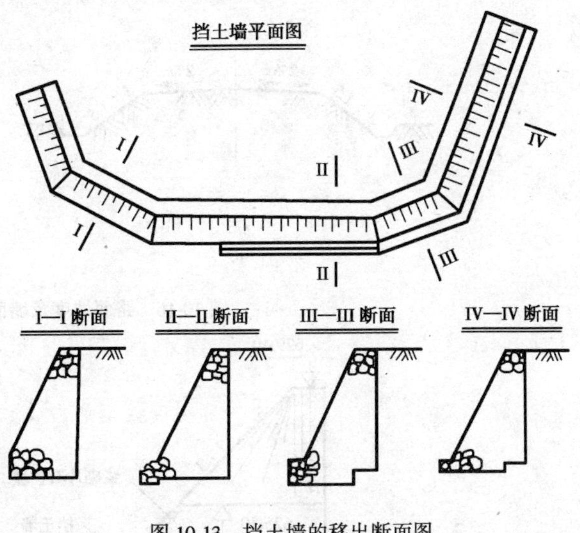

图 10-13　挡土墙的移出断面图

2. 重合断面图

将断面图画在基本投影图轮廓之内,称为重合断面图。如图 10-15 所示为角钢的重合断面图。

重合断面图的比例应与基本投影图一致,其断面轮廓线规定用细实线,并不加任何标注。在土木工程中常用于表示路面结构坡度、屋面坡度或构件及墙面的雕饰等,后者仅画出凹、凸轮廓,而不画整个构件厚度,如图 10-16 所示。

有时重合断面轮廓线直接画出材料符号使投影图表达更清晰。如图 10-17 所示为桥台锥坡及挡土墙的重合断面图。

3. 中断断面图

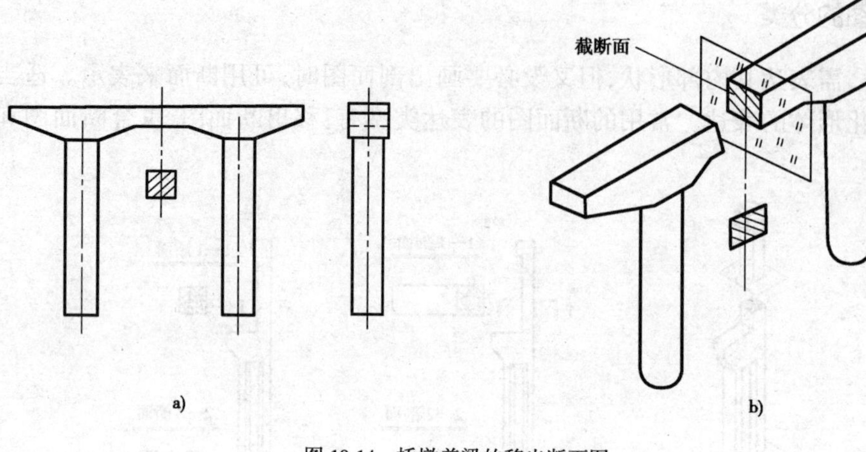

图 10-14　桥墩盖梁的移出断面图

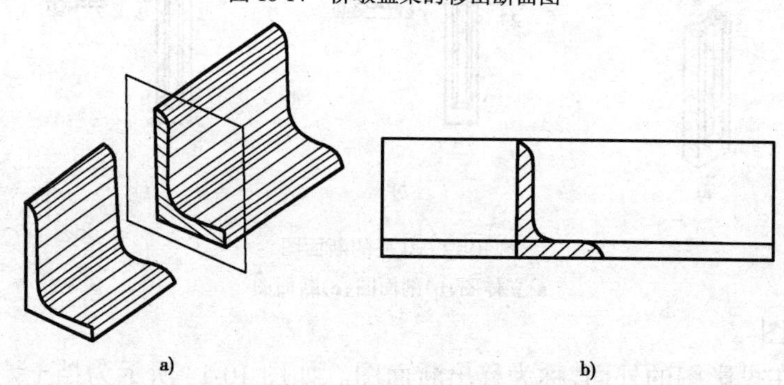

图 10-15　角钢重合断面图

a)立体图；b)投影图

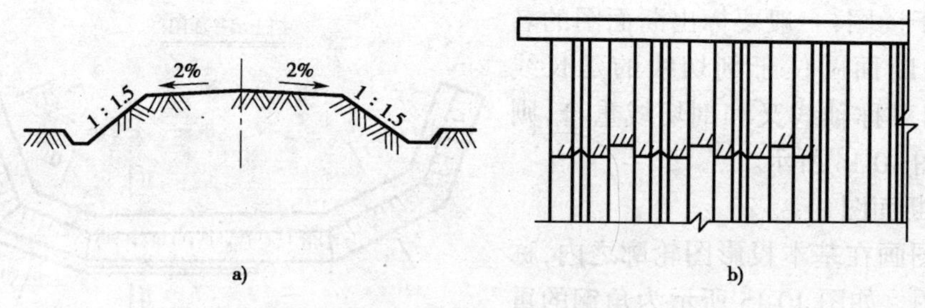

图 10-16　路面坡度及墙面花饰重合断面图

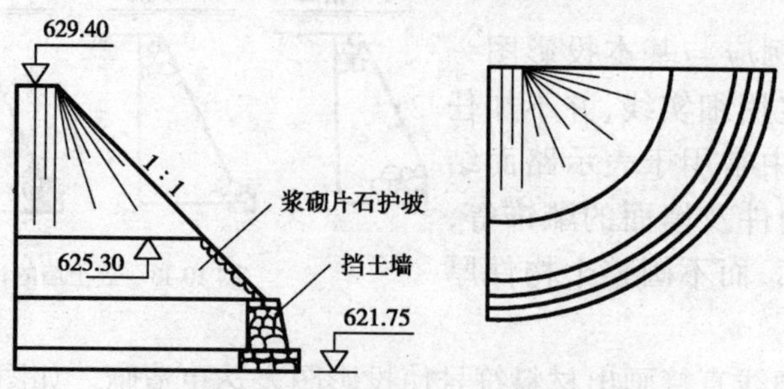

图 10-17　桥台锥坡及挡土墙重合断面图

将长杆件的投影图断开，并把断面图画在断开间隔处，这样的断面图称为中断断面图。如

图 10-18 所示。中断断面不需要标注，而且比例与基本投影图一致。

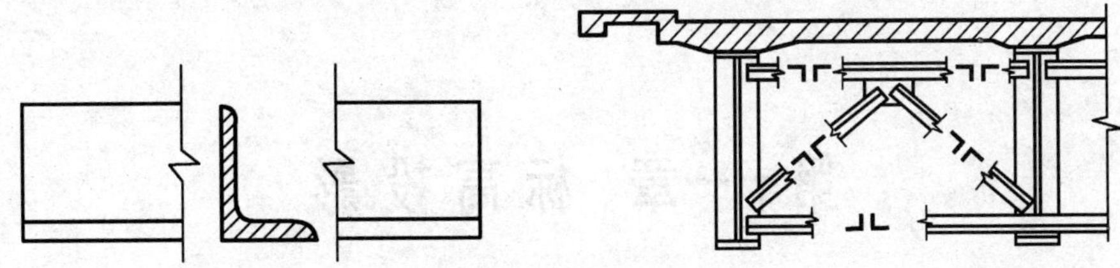

图 10-18　角钢中断断面图

第十一章　标高投影

道路工程是修建在地面上的，它与地形有着紧密的联系，而地形相当复杂，很难用三面投影将其表达清楚。因此，在生产实践中人们创造了一种绘制地形图的方法，即在水平投影图上加注形体上特征点、线、面的高程，以高程数字取代立面图的作用，从而创造出一种更适宜表达地形面的投影方法，称为标高投影法。

§11-1　点和直线的标高投影

一、点的标高投影

在标高投影中，选择一个水平面 H 作为基准面，设其高程为零，点到此基准面的垂直距离为此点的高程，点在基准面以上高程为正值，以下为负值。

如图 11-1a）所示，设空间有三点 A、B、C，其到 H 面的距离分别是 +5、0、-4 个单位。作出它们在基准面 H 上的投影 a、b、c，并用字母在旁边以脚标方式标注其标高 a_5、b_0、c_{-4}，即得到各点的投影，如图 11-1b）所示。

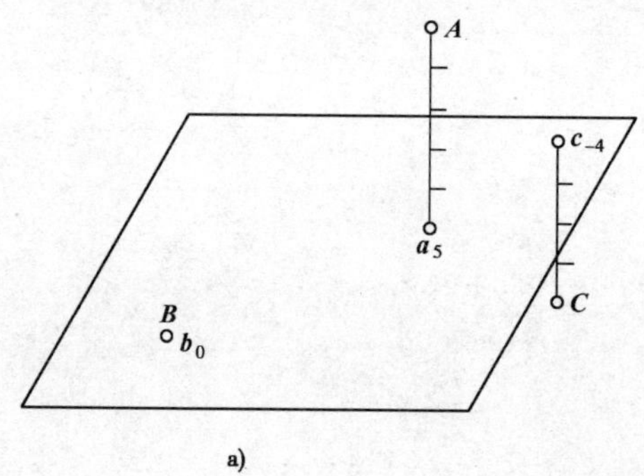

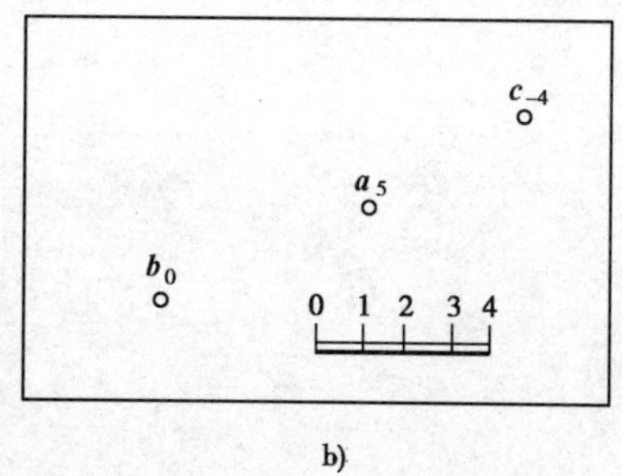

图 11-1　点的标高投影

a）原理图；b）标高投影图

在标高投影中必须附有比例尺及其长度单位。标高投影中的长度单位，如图中没有注明，则单位是米。

二、直线的标高投影

1. 直线的表示法

（1）连接两个点的标高投影以表示直线。如图 11-2 所示中的 a_3b_7，即是空间直线 AB 的标高投影。

（2）用直线上一个点的标高投影并标注直线的坡度和方向来表示直线，如图 11-3 所示，箭头方向指向下坡。

2.直线的实长及整数点标高

(1)直线的实长和倾角。标高投影中求直线实长，仍然采用正投影中的直角三角形法。如

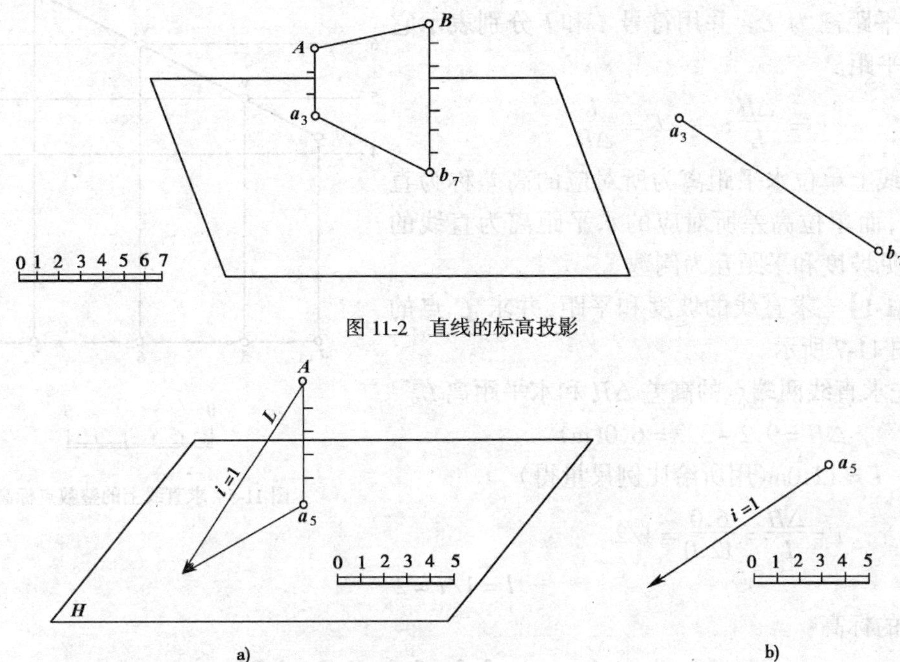

图 11-2 直线的标高投影

图 11-3 直线的表示法

图 11-4 所示，以直线的标高投影为一条直角边，另一条直角边为直线两端点的高差，则斜边为实长，高差所对内角为直线对基准面的倾角 α。

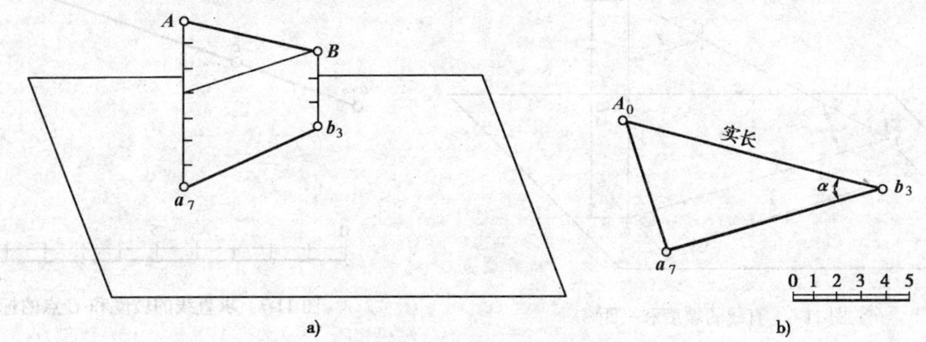

图 11-4 直线的实长和倾角

a)分析图；b)结果图

(2)直线上的整数点标高。在实际工作中，有时遇到直线两端点的标高并非整数，需要在直线的投影上标出各整数标高点的位置。解决此类问题，可利用定比分割原理作图。如图 11-5所示，已知 AB 的标高投影 $a_{4.3}$，$b_{7.8}$，试确定直线上整数标高点。

为此，平行于 $a_{4.3}b_{7.8}$作五条任意等距的平行线，令最下一条为 4 单位，最上一条为 8 单位。由 $a_{4.3}$、$b_{7.8}$作直线垂直于 $a_{4.3}b_{7.8}$，在其垂直线上分别按其标高数字 4.3 和 7.8 定出 A、B 两点。连接 A、B，它与各平行线的交点 V、VI、VII 即为直线 AB 上的整数标高点。再把它们投影到 $a_{4.3}b_{7.8}$上去，就得到直线上各整数标高点的投影，如平行线的距离采用单位长度，还可同时求出 AB 的实长和它对 H 面的倾角。

3. 直线的坡度和平距

如图 11-6 所示，设直线上两点间的高差为 ΔH，它们的水平距离为 L。并用符号 i 和 l 分别表示它们坡度和平距。

$$i = \frac{\Delta H}{L}; \qquad l = \frac{L}{\Delta H}$$

即直线上单位水平距离为所对应的高差称为直线的坡度，而单位高差所对应的水平距离为直线的平距。可见坡度和平距互为倒数。

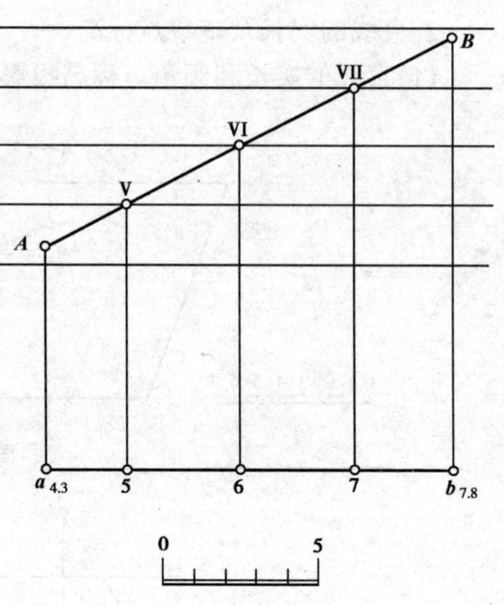

图 11-5　求直线上的整数点标高

【例 11-1】　求直线的坡度和平距，并求 C 点的标高，如图 11-7 所示。

解：先求直线两端点的高差 ΔH 和水平距离 L。

$$\Delta H = 9.2 - 3.2 = 6.0(\text{m})$$

$$L = 12.0\text{m}(用所给比例尺量得)$$

再求 $$i = \frac{\Delta H}{L} = \frac{6.0}{12.0} = 1/2$$

$$l = 1/i = 2$$

C 点的标高：

$$h_C = h_A + L_{AC} \times i = 3.2 + 3.3 \times 1/2 = 4.85(\text{m})$$

（L_{AC}值用比例尺在图中直接量得）。

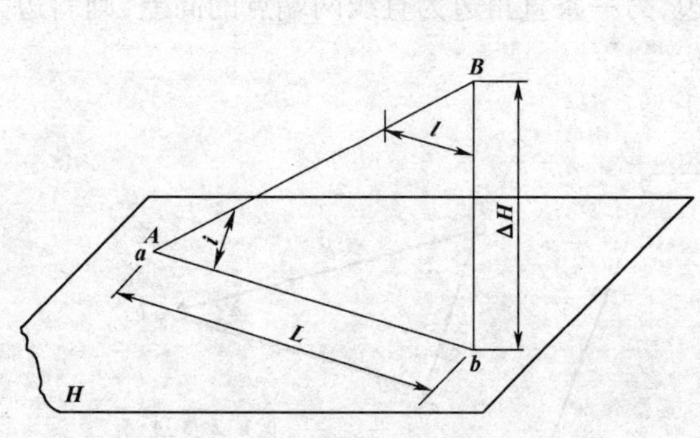

图 11-6　直线的坡度和平距

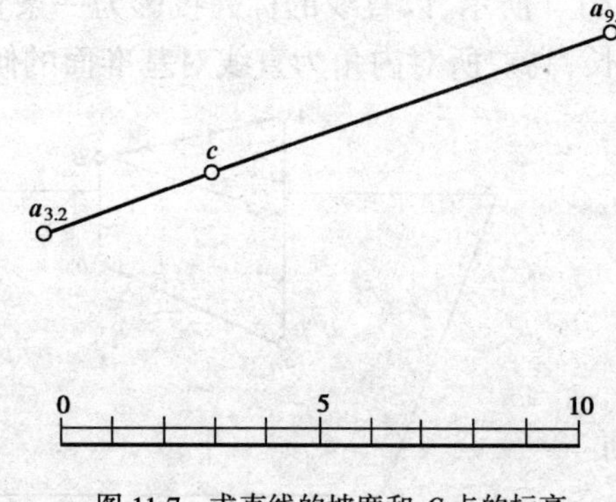

图 11-7　求直线的坡度和 C 点的标高

§11-2　平面的标高投影

一、平面上的等高线和坡度比例尺

1. 等高线

平面上的水平线叫做平面上的等高线，因为水平线上各点距基准面的距离相等。在实际应用中我们常采用平面上整数标高的水平线为等高线。平面与基准面的交线是高度为零的等高线。

如图 11-8 所示为平面上等高线的标高投影。平面上的等高线有以下一些特性：

(1)等高线是直线；

(2)等高线相互平行；

(3)平距相等。

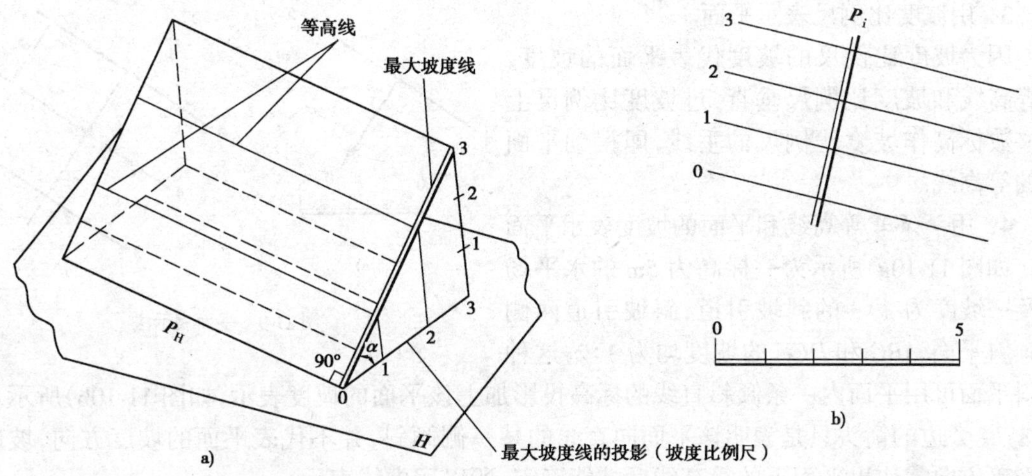

图 11-8　平面上的等高线和最大坡度线

a)立体图；b)投影图

2．坡度比例尺

见图 11-8，平面上与 P_H 垂直的直线叫最大坡度线。最大坡度线对基准面 H 的倾角，即平面对基准面的倾角。最大坡度线的坡度即代表平面的坡度。

将平面上最大坡度线的投影附以整数标高，并画成一粗一细的双线，使之与一般直线有所区别。这种表示称为平面的坡度比例尺。

由于最大坡度线垂直于 P_H，也和平面上的水平线相垂直。根据直角一边平行于投影面的原理，所以最大坡度线的投影和平面上的等高线的投影互相垂直。最大坡度线的平距就是等高线的平距。

二、平面的表示法

1．用五种几何元素表示平面

在前面正投影中介绍的五种几何元素表示平面的方法，在标高投影中仍然适用，即：

(1)不在同一直线上的三点；

(2)一直线及线外一点；

(3)相交两直线；

(4)平行两直线；

(5)其他平面图形。

例如，用等高线表示平面，实质上是两平行直线表示平面，平面上的水平线称为平面上的等高线，在实际应用中我们一般采用高差相等、标高为整数的一系列等高线来表示平面，并把基准面 H 上的等高线作为标高为零的等高线。

2．用一条等高线(或平面迹线)和平面的坡度表示平面

如图 11-9a)所示，用平面上的一条等高线和平面的坡度表示平面。知道平面上的一条等高线就可以定出最大坡度线的方向，即平面的方向。由于平面的坡度为已知，则平面的方向和位置就确定了。如要做平面上的等高线，先利用坡度求得等高线的平距(即坡度的倒数)，然后

作已知等高线的垂线，在其垂线上按图中所给比例截取平距。过各分点作已知等高线的平行线，即得到平面上的等高线的标高投影，如图 11-9b)所示。

3. 用坡度比例尺表示平面

因为坡度比例尺的坡度代表平面的坡度，而等高线和坡度比例尺垂直，过坡度比例尺上各整数标高作坡度比例尺的垂线，即得到平面上的等高线。

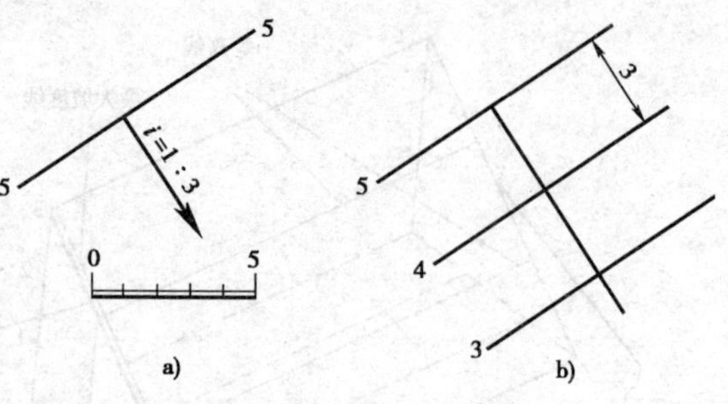

图 11-9 平面表示法

4. 用一条非等高线和平面的坡度表示平面

如图 11-10a)所示为一标高为 5m 的水平场地及一坡度为 1:3 的斜坡引道，斜坡引道两侧的倾斜平面 *ABC* 和 *DEF* 的坡度均为 1:2，这种倾斜平面可用平面内一条倾斜直线的标高投影加上该平面的坡度表示，如图 11-10b)所示。图中 a_2b_5 旁边的箭头只是表明该平面向直线的某一侧倾斜，并不代表平面的坡度方向，坡度线的准确方向需作出平面上的等高线后才能确定，所以用虚线表示。

如图 11-10c)所示为上述平面上等高线的作法。该平面上标高为 2m 的等高线必须通过 a_2，而过 b_5 则有一条标高为 5m 的等高线，这两条等高线之间的水平距离 $L = l \times H = 2 \times 3\text{m} = 6\text{m}$。以 b_5 为圆心，以 $R = 6\text{m}$ 为半径(按图中所给比例尺量取)，在平面的倾斜方向画圆弧，再过 a_2 作直线与圆弧相切，就得到标高为 2m 的等高线，立体图如图 11-10d)所示。三等分 a_2b_5，可得到直线上标高为 3m、4m 的点，过各分点作直线与等高线 2m 平行，就得到一系列相应的等高线。

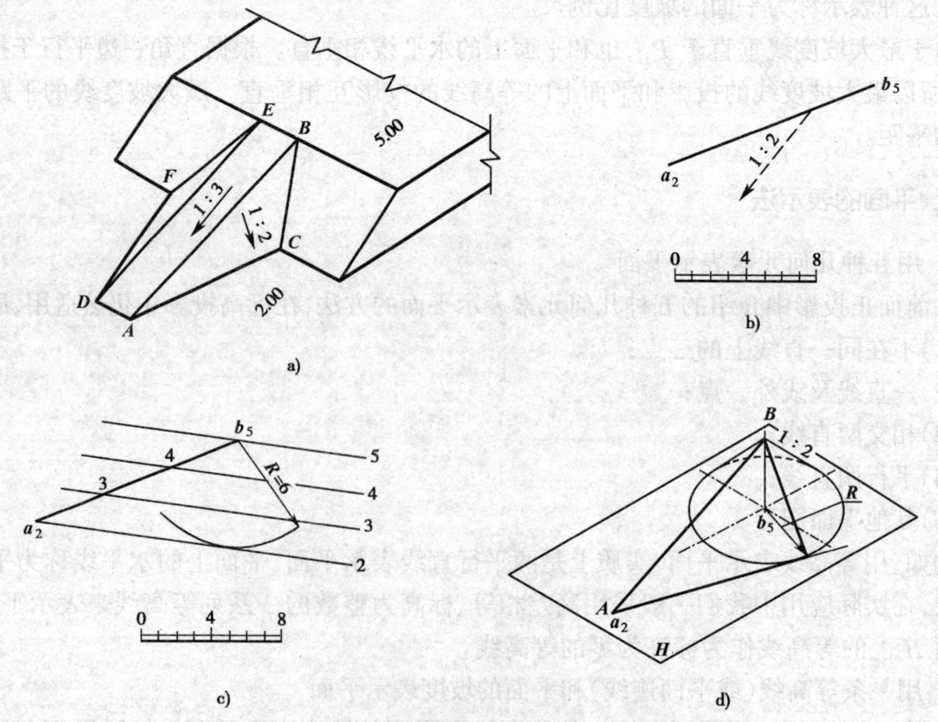

图 11-10 用一条非等高线和平面的坡度表示平面

a)立体图；b)用平面上的一条非等高线和平面的坡度表示平面；c)作已知平面等高线；d)作图分析

【例 11-2】 如图 11-11a)所示,已知△ABC 的标高投影,求平面△ABC 上的等高线、最大坡度线及平面对基准面的倾角 α。

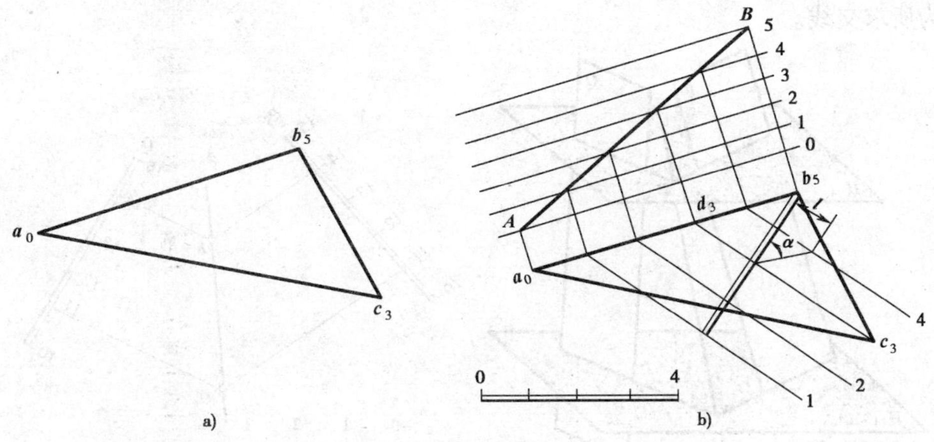

图 11-11 平面上的等高线、最大坡度线及平面对基准面的倾角

a)已知;b)作图

1. 分析

(1)平面上的等高线是平面上高程相同两点的连线。AB 直线的高程从 a_0 逐渐增加到 b_5,故其中必有一点高程与 C 相同。设法求出该点,并与 C 连接即为平面上高程为 3 的一条等高线,其他等高线与之相平行。

(2)平面的最大坡度线与平面上的等高线垂直,平面对基准面的倾角即为最大坡度线的倾角,故解此题关键是求平面上的等高线。

2. 作图(如图 11-11b)所示)

(1)按求整数标高点的方法,在 AB 直线的投影上求出高程为 3 的点的投影 d_3,连接 d_3c_3,即得等高线。

(2)作等高线的垂线得最大坡度线,附上相应整数标高点即为该平面的坡度比例尺。

(3)以相邻等高线间的水平距离为一个直角边,以其高差为另一个直角边,作直角三角形,高差所对的角即为平面对基准面的倾角 α。

三、两平面的相对位置

1. 两平面平行

两平面的空间相对位置,不外乎平行与相关两种情况。如果两平面平行,则它们的坡度比例尺相互平行,等高线相互平行、平距相等、标高数字的增减方向一致,如图 11-12 所示。

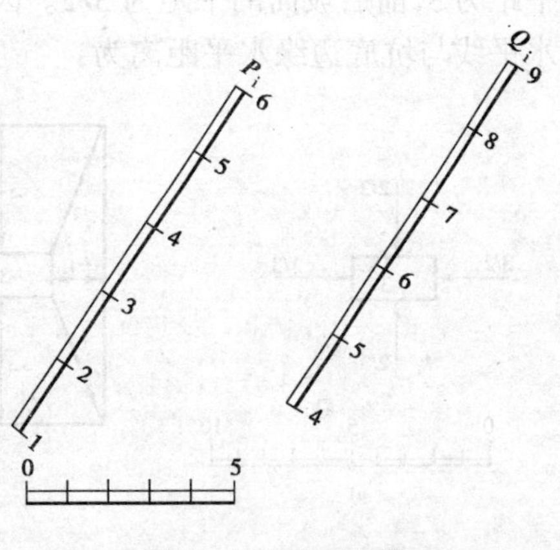

图 11-12 两平面平行

2. 两平面相交

在标高投影中,求两平面的交线仍然利用辅助平面来求交线。不过辅助平面一般采用水平面,水平面与已知平面相交,其交线是等高线;而同一平面上的两条交线,当然是标高相等的两条等高线。所以在标高投影中,就是利用平面上高程相等的两条等高线的交点相连来作

交线。如图 11-13 所示，求 P、Q 两平面的交线。用两个标高为 11 和 14 的水平面作为辅助平面，与 P、Q 相交。其交线是标高为 11 和 14 的两对等高线，两对等高线的交点为 A、B，连接 A、B 即为所求交线。

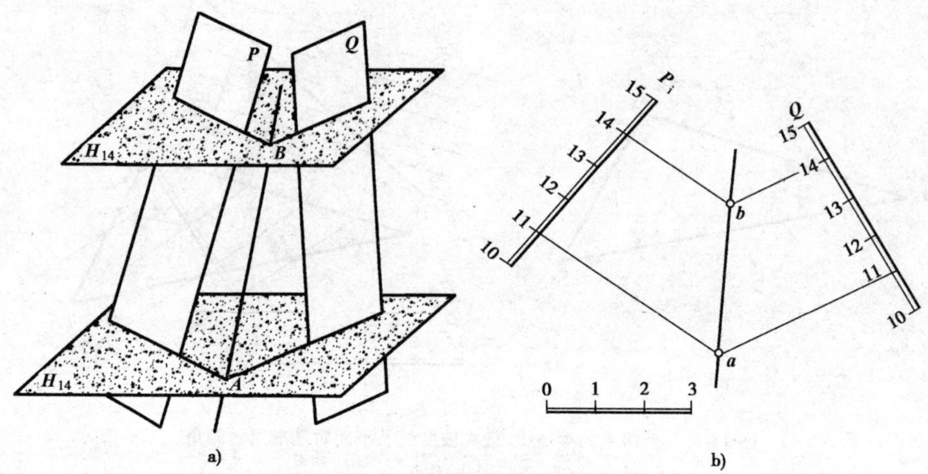

图 11-13　两平面相交求交线

a)立体图；b)投影图

【例 11-3】　求 P、Q 两平面的交线，如图 11-14 所示。

作图：

(1)从 P、Q 平面各引出一条高程为 2 的等高线，求得交点 a_2，再各引出一条高程为 4 的等高线，得交点 b_4。

(2)连接 a_2、b_4，即得两平面的交线。

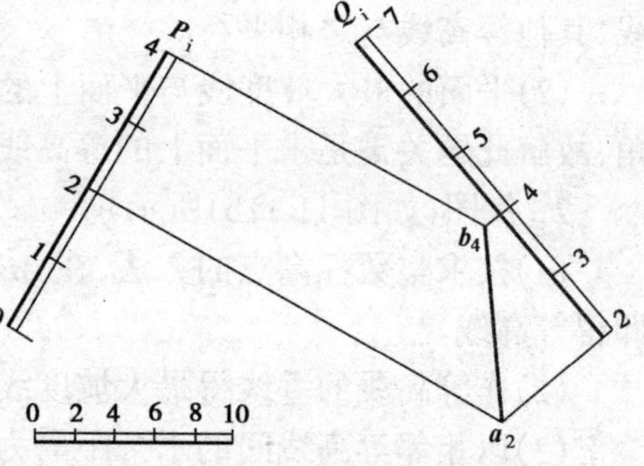

图 11-14　两平面相交

【例 11-4】　如图 11-15 所示，已知坑底的标高为 -3，以及坑底的大小和各棱面斜坡的坡度。假设地面是一个标高为零的平面，试作出此坑的平面图。

解：因坑底和地面均为平面，已知地面标高为零，故问题归结为画出各斜坡面上标高为零的水平线以及各斜坡面彼此间的交线。为此，先算出各斜坡面的平距。左边坡面的平距为 2/3，右边坡面的平距为 3，前后坡面的平距为 3/2。因坑底与坑顶的高差为 3 单位，故各斜坡面上标高为零的水平线与坑底边缘水平距离为：

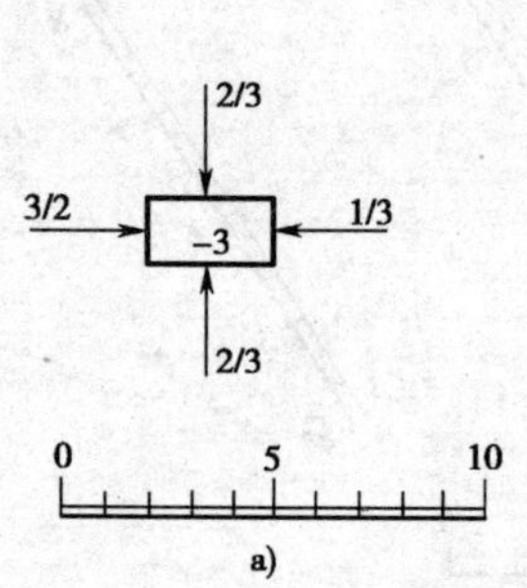

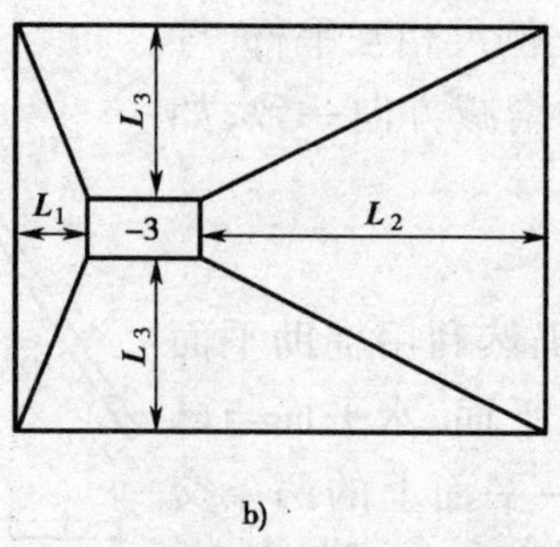

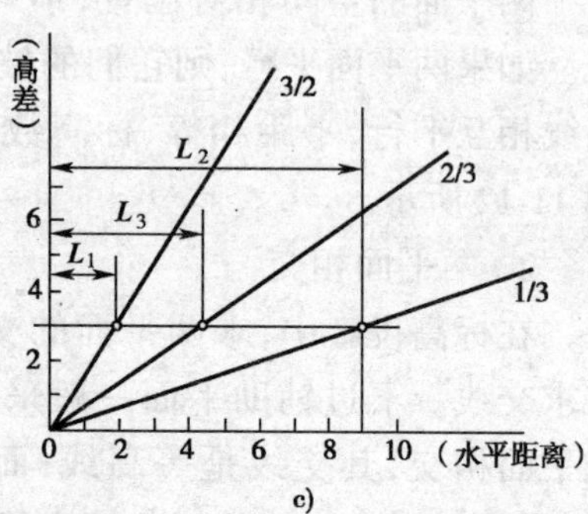

图 11-15　土坑的平面图

$$L_1=\frac{2}{3}\times 3=2\text{单位}$$

$$L_2=3\times 3=9\text{单位}$$

$$L_3=\frac{3}{2}\times 3=4\frac{1}{2}\text{单位}$$

按照算出的距离相应地作出各底边的平行线，即为坑顶线。连接坑底和坑顶的各对应顶点，得到各斜坡面的交线，所得图形即为要求的平面图。

§11-3　曲面的标高投影

一、曲面的表示法

在标高投影中，表示曲面的方法就是用一系列的水平面与曲面相截，画出这些平面与曲面的交线的标高投影。

如图 11-16a)所示为一正圆锥，我们将一系列的水平面 P、Q…和它相截，其截交线就是等高线。如果使这些截平面的高程定为整数标高，则所得的等高线也为整数标高，其图中的等高线为 0、1、2…。在等高线上注明标高，最后还要注明锥顶高程，否则就分不清是圆锥还是圆锥台。标高数字的字头规定朝向高处。

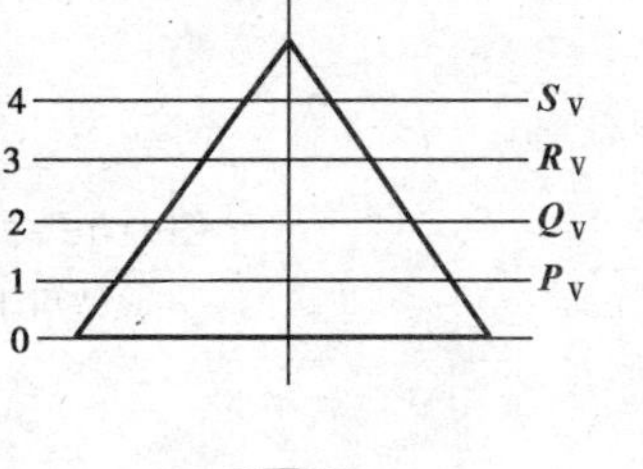

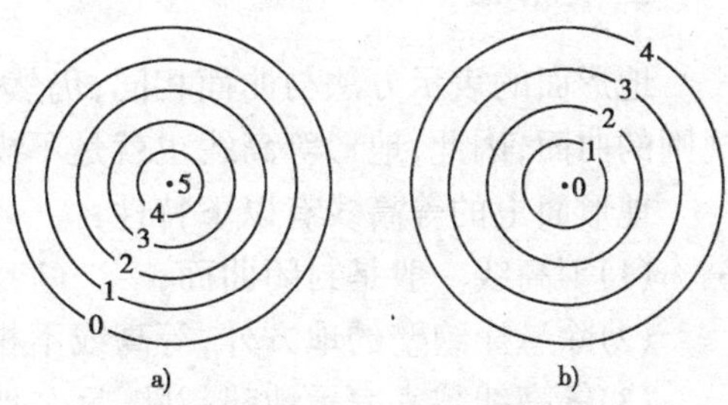

图 11-16　曲面的标高投影

如图 11-16b)所示的是一个倒圆锥面，因为它的等高越往外，标高数字就越大。

从图中还可以看出，无论是正圆锥还是倒圆锥，它们的等高线都是同心圆，而且平距相等。

二、同坡曲面

所谓同坡曲面就是一个各处的坡度皆相等的曲面。

工程上常遇到同坡曲面。道路在弯道处的边坡，即为同坡曲面。同坡曲面的形成如图 11-17所示，以一条空间曲线作导线，一个正圆锥的顶点沿此曲导线运动，当正圆锥的轴线方向不变时，所有正圆锥的包络曲面就是同坡曲面。

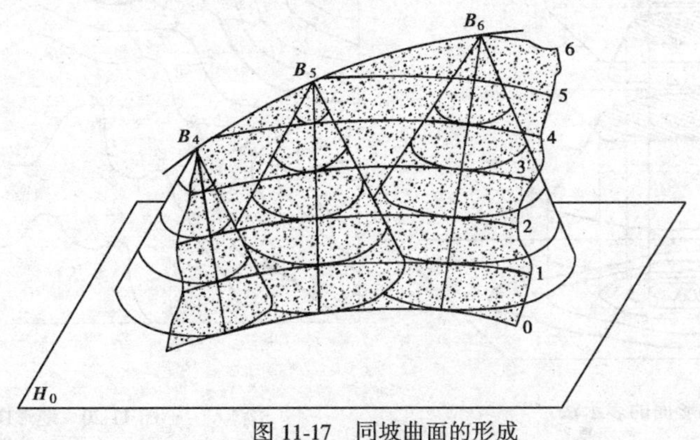

图 11-17　同坡曲面的形成

同坡曲面有以下特征：

(1)运动的正圆锥在任何位置都和同坡曲面相切；切线即为曲面在该处的最大坡度线。因此，曲线上各处的坡度均等于运动正圆锥的坡度。

(2)如果两个曲面相切，则它们与同一水平面的交线也相切。即同坡曲面与运动的正圆锥的同标高的等高线相切。

【例 11-5】 如图 11-18a)所示，已知的同坡面的坡度 $i=5/4$，求其等高线。

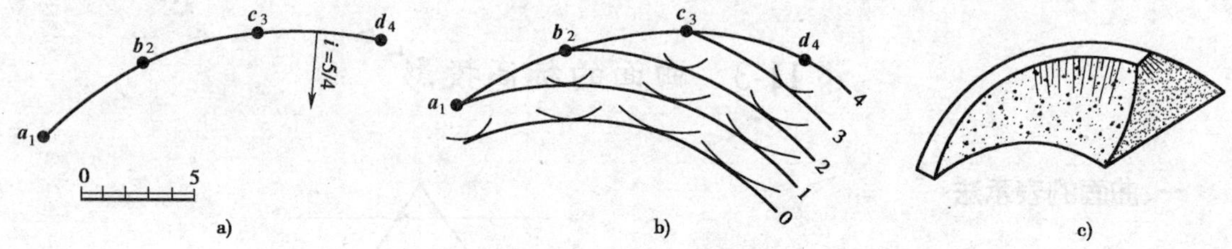

图 11-18 同坡曲面的投影标高

a)已知；b)解题；c)立体图

三、地形面

地形面的表示方法与曲面相同，仍然是用等高线来表示，如图 11-19 所示。由于地面是不规则的曲面，因此，地形等高线也就是不规则的曲线。

地形面上的等高线有以下特性：

(1)等高线一般是封闭曲面；

(2)除悬崖绝壁的地方外，等高线不相交；

(3)等高线越密表示地势越陡，反之地势越平坦。

如图 11-20 所示是地形面的标高投影，称为地形图。图中每隔四根加粗一根并注有标高数字单位为米的等高线，称为计曲线。由图可知两根相邻等高线的高差是 20m。还可以看出图的上方在 700m 标高处附近有两处环状等高线，表示这两个地方是山头。两个山头的中间

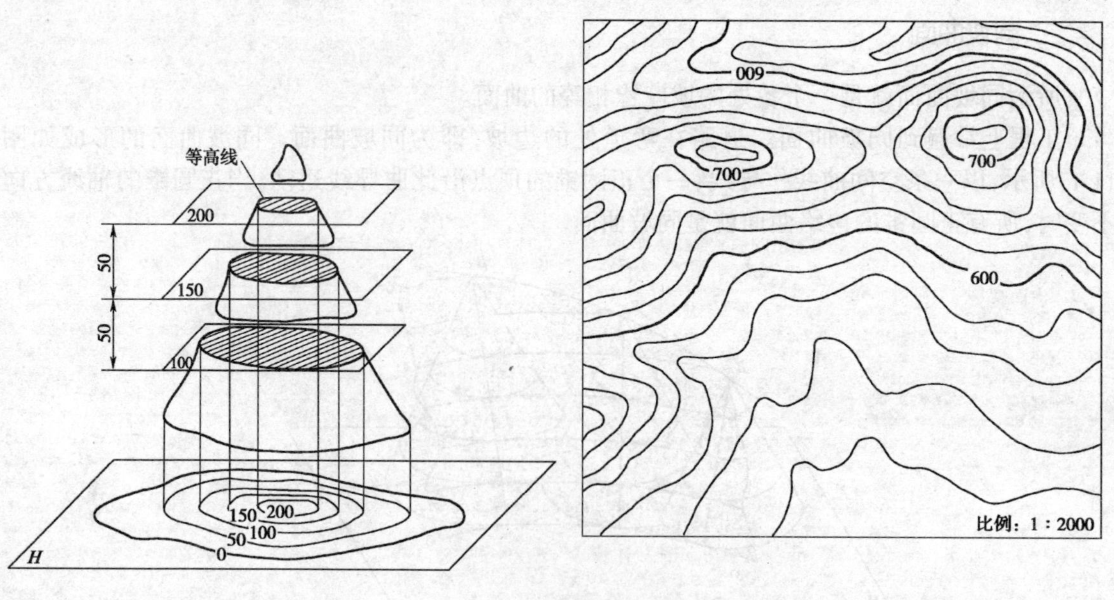

图 11-19 地形面的表示法

图 11-20 地形图

是鞍部。图右上角的等高线密集，表示地面的坡度大；图的下半部等高线稀疏，表示地势平坦。

§11-4 平面、曲面与地形面的交线

一、平面与地形面的交线

求平面与地面的交线，即求平面上与地面上标高相同的等高线的交点，然后用平滑的曲线顺次连接起来即得交线。

如图11-21a)所示，求平面与地面的交线。地面的等高线已经有了，平面上的等高线尚未画出。要作平面上的等高线，必须算出等高线的平距。因平面的坡度 $i=1/3$，故等高线的平距为 $L=l/i=3$(单位)。按平面的倾斜方向和图中所附的比例，作平行于等高线25间距为3单位的平行线，即得平面上的等高线，如图11-21b)所示，平面上和地面上标高相同的等高线的交点，即为交线上的点。至于等高线20至21之间的交线需要用内插法求解，即分别对坡面与地面上的等高线按相应间距加密，求出更多的交点。

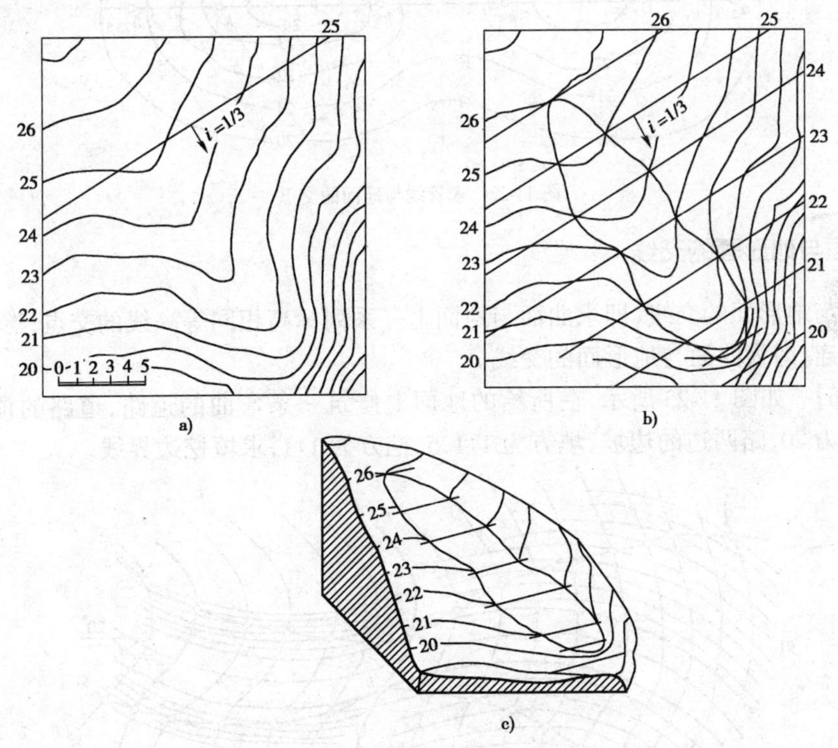

图11-21 求平面与地面的交线

有时需要画出某一地段的断面，可将一个铅垂平面与地面相截，所得的交线就是断面的轮廓线。

如图11-22所示，已知管线两端的高程分别为21.5m和23.5m，求管线 *AB* 与地面的交点。

这一问题，实际上是直线与立体相交求贯穿点的问题。求直线与地面的交点，一般都是过直线作铅垂面。作出铅垂面与地面的交线，即断面的轮廓线。再求直线与断面的交点，就是直线与地面点的交点。

过直线 *AB* 所作的铅垂面在投影图中有积聚性。所以等高线的水平投影与 *AB* 的水平投

影的交点就是断面上的点的标高投影，这些点的标高，与它们所在等高线的高程相同。知道了断面上某些点的高程，就可以作出断面图。

在图 11-22 的上方作间距相等的平行线，同时与直线 $a_{21.5}b_{23.5}$平行，并标出各线的高程数字。再包含管线 AB 作铅垂面，得平面与地面的交线。根据等高线的标高，将此交线画在图的上方，同时画出直线 AB，即可得到 AB 与地面的四个交点 K_1、K_2、K_3、K_4，然后把它们投射到平面图上得 k_1、k_2、k_3、k_4，即为所求。

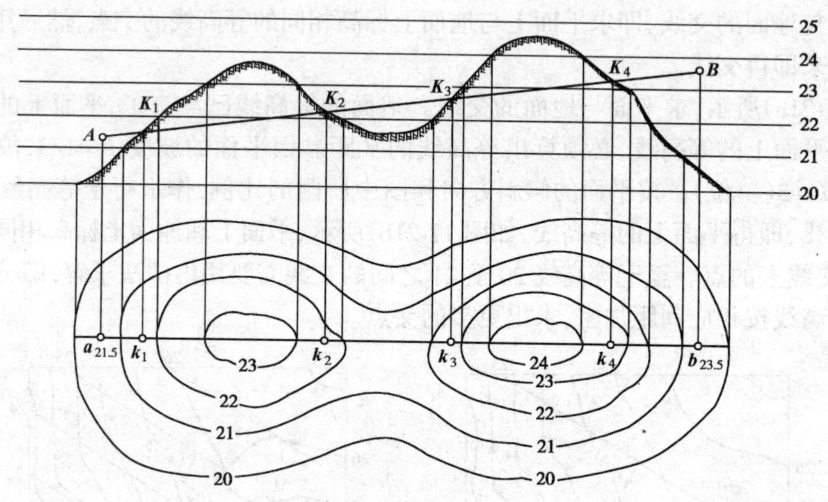

图 11-22　求管线与地面的交点

二、曲面与地形面的交线

求曲面与地形面的交线，即求曲面与地面上一系列标高相同等高线的交点，然后把所得的交点依次相连，即为曲面与地形面的交线。

【例 11-6】　如图 11-23 所示，在所给的地面上修筑一条弯曲的道路，道路的顶面为平坡，假设标高均为 20，路两边的边坡，填方为 1:1.5、挖方为 1:1，求填挖边界线。

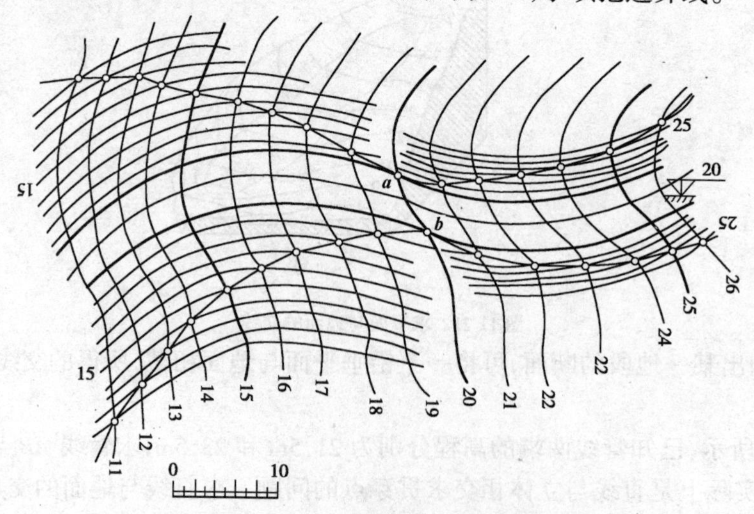

图 11-23　求填挖边界线

作图：

(1)先找出填挖分界点，地面上与路面上标高相同之点即为填挖分界点，如图中所示的 a、b 两点。

填挖分界点的左面部分的地面标高比路面标高低，故为填方；填挖分界点右面部分的地面标高比路面高，故为挖方。

(2)各坡面为同坡曲面，同坡曲面上的等高线为曲线，在填方地段，越往外的等高线，高程递减，即地势越低；在挖方地段，越往外的等高线，高程递增，即地势越高。路缘曲线就是标高为 20 的等高线。

(3)可根据填方和挖方的坡度算出同坡曲面上等高线的平距，作出同坡曲面上的等高线。无论是挖方地段还是填方地段，等高线与路缘曲线都是平行的。当路线为圆曲线时，可找出圆心，作等间距(平距)的同心圆，即得坡面上的等高线。

(4)连接坡面上各等高线与地面上同标高的等高线的交点，即得填挖边界线。

如果填挖分界线不是整数标高，则不能直接从图上找出填挖分界点。只能先确定填挖分界点所在的范围，然后内插等高线用逐步渐近的方法求填挖分界点。

第十二章 道路路线工程图

§12-1 路线工程图

路线工程图主要指道路路线平面图、纵断面图和横断面图。

由于道路路线在平面上蜿蜒曲折,在纵向上起伏不平,总体来看是一条空间曲线。而道路的竖向高差和平面弯曲变化都是与地面起伏形状紧密相关的。根据这一特点,路线工程的图示方法与一般工程图样不完全相同,它使用地形图作为平面图,用路线纵断面图和路基横断面图代替立面图和侧面图。

一、路线平面图

路线平面图的任务是表达路线的走向和平面状况(直线和曲线),以及沿线两侧一定范围内的地形和地物,及其与路线的相互关系。在路线平面图上一般采用等高线表示地形,图例表示地物。

道路路线是以道路为中心线(简称中线)来表示的。路线平面图就是上面绘有道路中心线的地形图。其作用是表达路线的方位、平面线型、沿路线两侧一定范围内的地形、地物情况和结构物的平面位置。如图 12-1 所示为某公路 K120 + 500 至 K121 + 200 段的路线平面图,其内容包括路线、地形、地物和沿线构造物。

1. 图示要点及内容

1)地形部分

(1)比例:道路路线工程图的地形图,是经过勘测而绘制的,可根据地形的起伏情况采用相应的比例。山岭重丘区一般采用 1:2000,微丘和平原区一般采用 1:5000。本图比例为1:2000。

(2)方位:图上的指北针,箭头所指为正北方向,指北针宜用细实线绘制。而图中表示方位的坐标网,其 X 轴方向为南北方向,Y 轴方向为东西方向。

(3)地物:地物和道路附属结构是用图例表示的,表示地物常用图例如表 12-1 所示。

(4)地形:由图 12-1 可看出,两等高线的高差为 2m,图中正北方有一座山丘,山脚下有村落,村落南面有一条河,河的南岸是一条沥青路面的旧路。

2)路线部分

(1)桩号:路线平面图中以一条加粗实线表示道路的中线(设计线),在中线的两侧标注着道路的里程桩号。规定按左小右大的顺序布置桩号,并将公里桩标注在路线前进方向的左侧,用符号“ ◑ ”表示桩位,用“K×××”表示其公里数,百米桩及加桩标注在路线前进方向右侧,用垂直于路线的短线表示桩位。

(2)平曲线:公路路线转折处,在平面图上标有转折号即交点编号,如 JD4 表示 4 号交角点。在交角点处按设计半径画有圆弧曲线,曲线的起点(ZY),中点(QZ)和终点(YZ)。

743.2
735.8
735.4
731.4
746.99
744.8
743.4
744.2
733.0
JD4
K120+500
689.6
HY
QZ
YH
HZ(ZH)
810
800
790
780
770
760
750
740
K121
QZ
S11
YH
(HY)
730
720
K121+200
BM2
741.13
JD5
BM3
742.84
720
JD6
710
700
石
门
689.6
689.5
杨4
689.9
691.0
691.3
某
某
691.8
河
690.3
691.0
692.1
700
710
689.0
689.5
厕
杨5
689.6
厕
689.3
693.8
689.8
696.6
供销
687.9
689.0
691.8
690.3
691.0
700

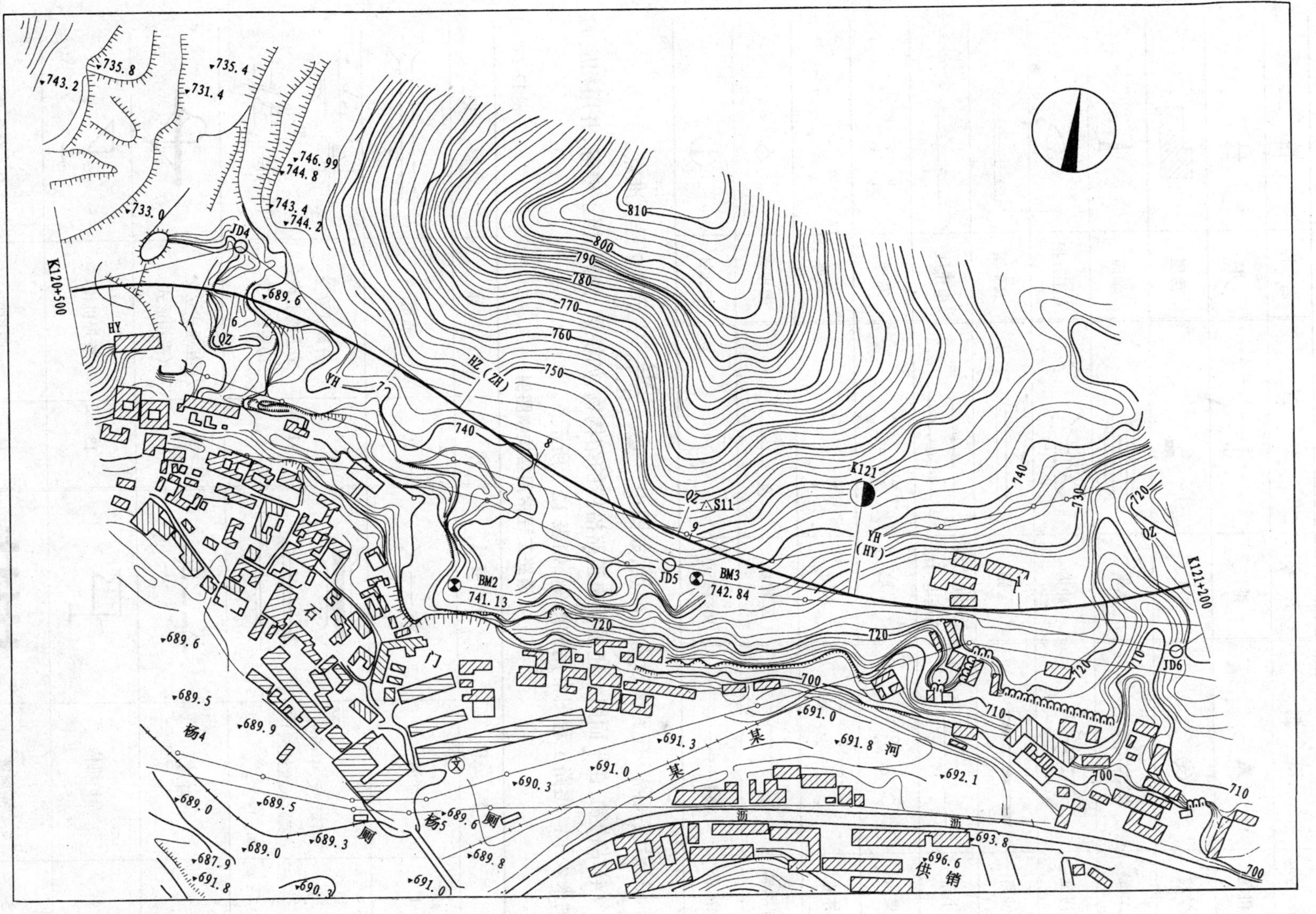

图 12-1 路线平面图

道路工程常用地物图例

表 12-1

名称	图例	名称	图例	名称	图例
机场		港口		井	
学校		变电室		房屋	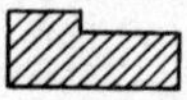
土堤	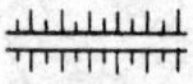	水渠	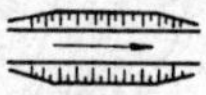	烟囱	
河流		冲沟		人工开挖	
铁路		公路		大车道	
小路		低压电力线 高压电力线	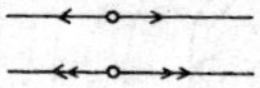	电讯线	
果园		旱地	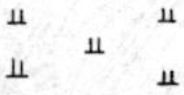	草地	
林地		水田		菜地	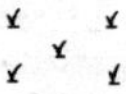
导线点		三角点		图根点	
水准点		切线交点		指北针	

(3)沿线每隔一定距离设有水准点,如图中“$\frac{BM2}{741.13}$”表示第 2 号水准点。

(4)结构物:在平面图上还须标出道路沿线的结构物,如桥梁、涵洞、挡土墙等,并用相应的图例来表示。道路工程图常用的图例,如表 12-2 所示。

道路工程常用结构物图例

表 12-2

序号	名称	图例	序号	名称	图例
1	涵洞		10	通道	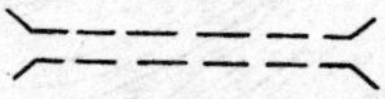
2	桥梁(大、中桥按实际长度绘制)	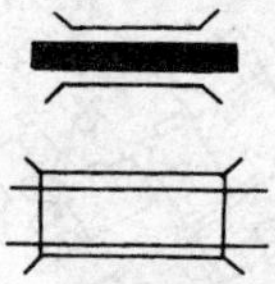	11	分离式立交 a)主线上跨; b)主线下穿	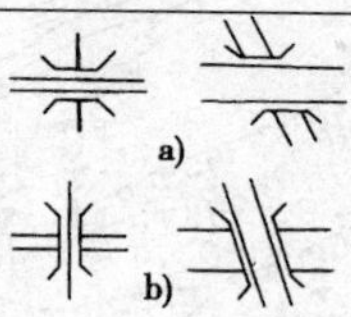 a) b)
3	隧道	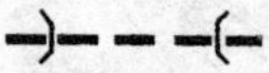	12	互通式立交 (采用形式)	
4	养护机构	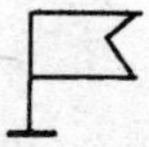	13	管理机构	
5	隔离墩		14	防护栏	

2．画路线平面图应注意的问题

(1)先画地形图，等高线按先粗后细步骤徒手画出，要求线条顺滑。

(2)画路线中心线，用绘图仪器按先曲线后直线的顺序画出路线中心线并加粗(2b)，《道路工程制图标准》(GB50162-92)中规定，以加粗粗实线绘制路线设计线，以加粗虚线绘制路线比较线。

(3)路线平面图应从左向右绘制，桩号为左小右大。

(4)平面图的植物图例，应朝上或向北绘制；每张图纸的右上角应有角标，注明图纸序号及总张数。

(5)由于道路很长，不可能将整个路线平面图画在同一张图纸内，通常需分段绘制在若干张图纸上，使用时再将各张图纸拼接起来。平面图中路线的分段宜在整数里程桩处断开，断开的两端均应画出垂直于路线的细点划线作为接图线。相邻图纸拼接时，路线中心对齐，接图线重合，并以正北方向为准。

二、路线纵断面图

1．路线纵断面图的形成

路线纵断面图是通过公路中心线用假想的铅垂剖切面纵向剖切，然后展开绘制后获得的，如图 12-2 所示。由于道路路线是由直线和曲线组合而成的，所以纵向剖切面既有平面又有曲面，为了清楚地表达路线的纵断面情况需要将此纵断面拉直展开，并绘制在图纸上，这就形成了路线纵断面图。

图 12-2　路线纵断面图形成示意图

2．路线纵断面图的内容

路线纵断面图包括图样和资料表两部分，图样画在图纸的上部，资料表布置在图纸的下部。如图 12-3 所示为某公路 K6 + 000 至 K7 + 600 段的纵断面图。

1)图样部分

(1)比例：纵断面图的水平方向表示路线长度，铅垂方向表示设计线和地面线的高程。由于路线的高差比路线的长度尺寸小得多，如果竖向高度和水平长度用同一比例绘制就很难把高差明显的表达出来，所以规定铅垂向的比例比水平向的比例放大 10 倍，例如本图的水平比例为 1∶2000，而竖向比例为 1∶200，这样地面的坡度变化就比实际大，看上去也较为明显。

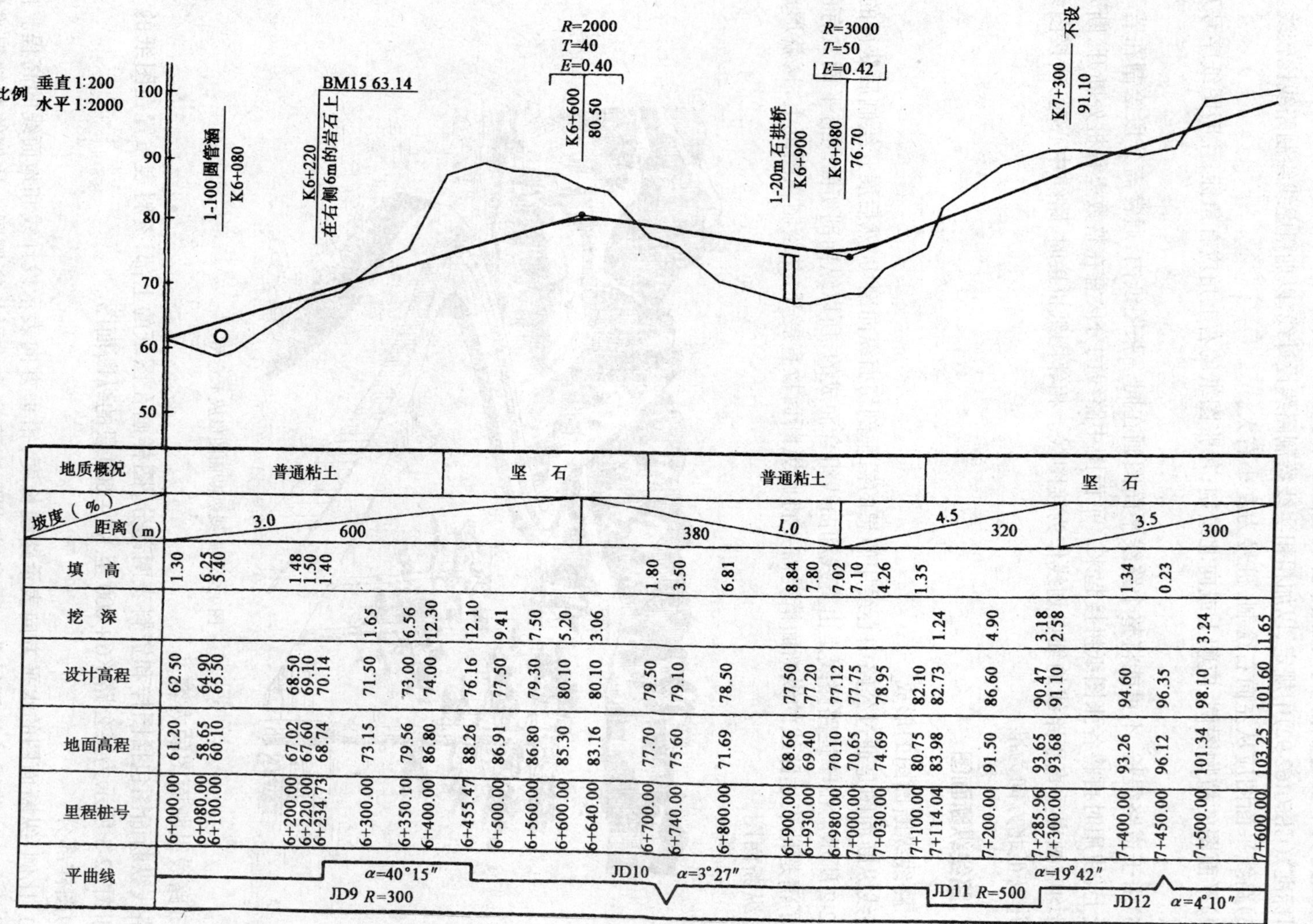

里程桩号	地面高程	设计高程	填高	挖深
6+000.00	61.20	62.50	1.30	
6+080.00	58.65	64.90	6.25	
6+100.00	60.10	65.50	5.40	
6+200.00	67.02	68.50	1.48	
6+220.00	67.60	69.10	1.50	
6+234.73	68.74	70.14	1.40	
6+300.00	73.15	71.50		1.65
6+350.10	79.56	73.00		6.56
6+400.00	86.80	74.00		12.30
6+455.47	88.26	76.16		12.10
6+500.00	86.91	77.50		9.41
6+560.00	86.80	79.30		7.50
6+600.00	85.30	80.10		5.20
6+640.00	83.16	80.10		3.06
6+700.00	77.70	79.50	1.80	
6+740.00	75.60	79.10	3.50	
6+800.00	71.69	78.50	6.81	
6+900.00	68.66	77.50	8.84	
6+930.00	69.40	77.20	7.80	
6+980.00	70.10	77.12	7.02	
7+000.00	70.65	77.75	7.10	
7+030.00	74.69	78.95	4.26	
7+100.00	80.75	82.10	1.35	
7+114.04	83.98	82.73		1.24
7+200.00	91.50	86.60		4.90
7+285.96	93.65	90.47		3.18
7+300.00	93.68	91.10		2.58
7+400.00	93.26	94.60	1.34	
7+450.00	96.12	96.35	0.23	
7+500.00	101.34	98.10		3.24
7+600.00	103.25	101.60		1.65

图 12-3 路线纵断面图

为了便于画图和读图，一般还应在纵断面的左侧按竖向比例画出高程标尺。

(2)设计线和地面线：在纵断面图中，道路的设计线用粗实线表示，原地面线用细实线表示，设计线是根据地形起伏和公路等级，按相应的工程技术标准而确定的，设计线上各点的标高通常是指路基边缘的设计高程。地面线是根据原地面上沿公路中心线各桩点的实测高程而绘制的。比较设计线与地面线的相对位置可决定填挖高度。

(3)竖曲线：在纵断面上，设计线是由直线和竖曲线组成，在设计线的纵向坡度变更处(即变坡点)，为了便于车辆行驶，按技术标准的规定应设置圆弧竖曲线。竖曲线分为凸形和凹形两种，在图中分别用"┬"和"┴"的符号表示。符号中部的竖线相应对准变坡点，竖线左侧标注变坡点的里程桩号，竖线右侧标注竖曲线中点的高程。符号的水平线两端应对准竖曲线的始点和终点，竖曲线要素(半径 R、切线长 T、外距 E)的数值标注在水平线上方。在本图中的变坡点处桩号为 K6 + 600，竖曲线中点的高程为 80.50m，设有凸形竖曲线($R = 2000$, $T = 40$m, $E = 0.40$m)；又如在 K3 + 800 处设置一凹形竖曲线；在 K7 + 300 处由于坡度变化很小，可注明不设竖曲线。

(4)桥涵构造物：当路线上有桥涵时，应在设计线上方或下方桥涵的中心位置上用竖直引出线标注，并注明桥涵的名称、规格和里程桩号。例如图中在涵洞中心位置用"○"表示，并进行标注，表示在里程桩 K6 + 080 处设有一座直径为 100cm 的单孔圆管涵。

2)资料表部分

资料表包括地质、纵坡、坡长、标高、挖填、里程桩号和平曲线等。

(1)地质说明：标明沿线的地质情况，为设计、施工提供资料。

(2)坡度、坡长：是指设计线的纵向坡度和其水平长度距离。表格中的对角线表示坡度方向，左下至右上表示上坡，左上至右下表示下坡，坡度和距离分注在对角线的上下两侧。如图中第一格的标注"3.0/600"表示此段路线是上坡，坡度为 3.0%，坡长为 600m。

(3)标高：标高分为设计标高和地面标高，它们应和图样互相对应，分别表示设计线和地面线上各点(桩号)的高程，两者之差即为填、挖高度。

(4)里程桩号：按测量所得数字，桩号从左向右按比例排列。标注在相应的位置上。

(5)平曲线：为了表示该路段的平面线型，通常在表中画出平曲线示意图。直线段用水平线表示，道路左转弯用凹折线表示，右转弯用凸折线表示。

(6)标题栏：纵断面图的标题栏绘在最后一张图或每张图的右下角，注明路线名称、纵、横比例等。每张图纸右上角应有角标，注明图纸序号及总张数。

3. 画路线纵断面图应注意的几点

(1)先画纵横坐标，左侧纵坐标表示标高尺，横坐标表示里程桩。

(2)比例：纵断面图的比例，纵向比例比横向比例扩大 10 倍，纵横比例一般在第一张图的注释中说明。

(3)点绘地面线：地面线是剖切面与原地面的交线，点绘时将各里程桩处的地面高程点到图样坐标中，用细折线连接各点即为地面线。

(4)设计线拉坡：设计线是剖切面与设计道路的交线，绘制时将各里程桩处的设计高程点到图样坐标中，用粗实线拉坡即为设计线。

(5)线型：地面线用细实线，设计线用粗实线，里程桩号从左向右按桩号顺序及比例排列。

(6)变坡点：当路线坡度发生变化时，变坡点应用直径为 2mm 的中粗线圆圈表示；切线应用细虚线表示；竖曲线应用粗实线表示。

三、路线横断面

1. 路线横断面图的形成

路线横断面图是用假想的垂直于道路中线的平面剖切得到的，其作用是表达各里程桩处道路横断面与地形的关系、路基的形式、边坡坡度、路基顶面标高、排水设施布置情况和防护工程设计等。

2. 路线横断面的基本形式

路线横断面图的基本形式有路堤、路堑和半填半挖三种，如图 12-4 所示。

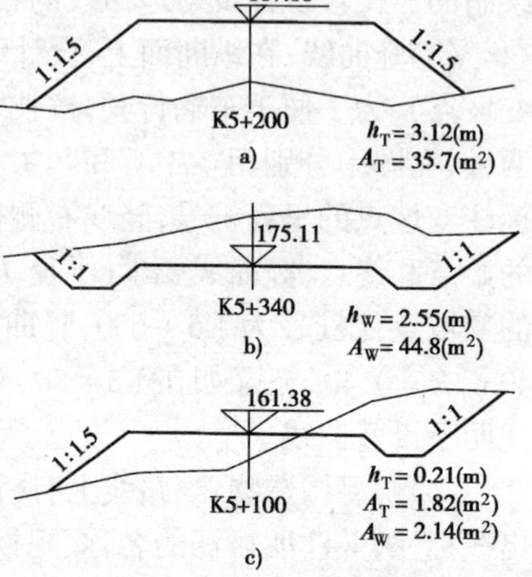

图 12-4　路线横断面形式

a)路堤；b)路堑；c)半填半挖

路线横断面的绘制方法是在对应桩号的地面线上，按标准横断面确定的路基形式和尺寸、纵断面图上所确定的设计高程，将路基顶面线和边坡线绘制出来，俗称戴帽子。

3. 画路线横断面图应注意的事项

(1)路基横断面图按桩号从下到上、从左到右排列，如图 12-5 所示。

(2)横断面图的地面线一律画细实线、设计线一律画粗实线。道路的超高、加宽也应在图中示出。

(3)桩号应标注在图样下方，填高(h_T)，挖深(h_W)，填方面积(A_T)和挖方面积(A_W)应标注在图样右下方。见图 12-4。

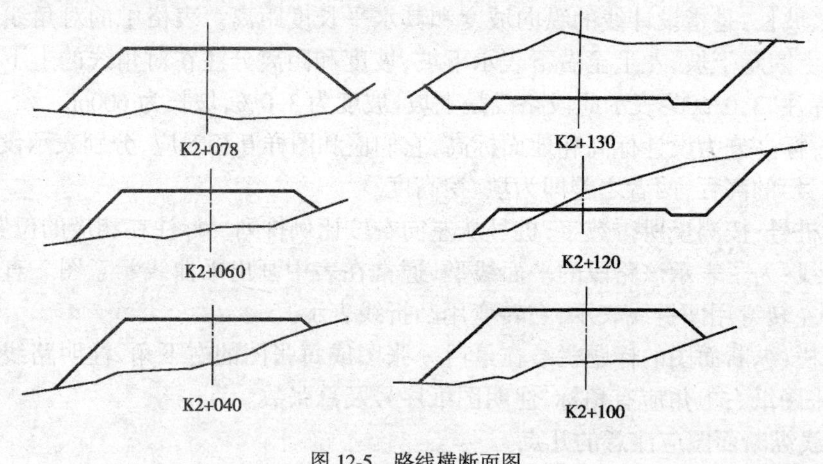

图 12-5　路线横断面图

§12-2　路面及排水防护工程图

在路线工程图中，利用平、纵、横三个图样将道路的线型、道路与地形地物的关系以及道路横向的总体布置已经表达清楚。但土方工程量、路面结构情况、填挖关系和排水设计等内容尚未交待清楚，还必须绘制相关的设计图。

一、路面

路面，就是在路基顶面以上行车道范围内用各种不同材料分层铺筑而成的一种层状结构物。路面根据其使用的材料和性能不同，可划分为柔性路面和刚性路面两类。其构造主要包括：行车道宽度、路拱、中央分隔带和路肩，以上各部分的关系已在标准横断面上表达清楚，但是路面的结构和路拱的形式等内容需绘制相关图样予以表达。

1．路面结构图

典型的路面结构形式为：磨耗层、上面层、下面层、连结层、上基层、下基层和垫层按由上向下的顺序排列，如图 12-6a）表示。

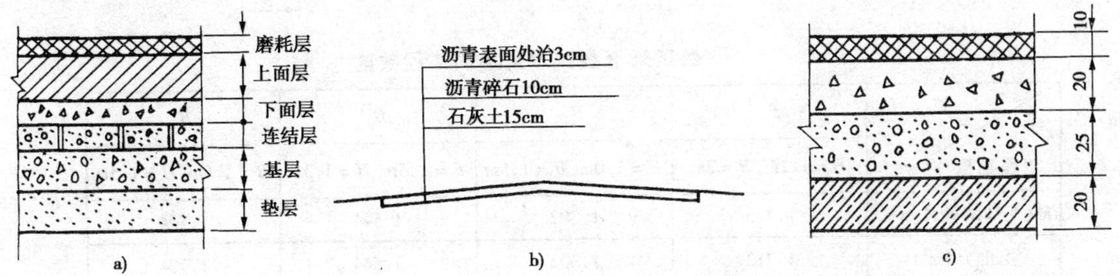

图 12-6　路面的结构（尺寸单位：cm）

a）路面结构；b）引出标注法；c）断面表示法

路面结构图的作用就是表达各结构层的材料和设计厚度。当路面结构类型单一时，可在标准横断面上，用竖直引出线标注，如图 12-6b）所示，当路面结构类型较多时，可按各路段不同的结构分别绘制路面结构图，并标注材料符号（或名称）及厚度，如图 12-6c）所示。

2．路拱大样图

路拱是为了满足道路的横向排水要求而设计的，其形式有抛物线、双曲线和双曲线中插入圆曲线等。

路拱大样图的作用就是表达清楚路面横向的形状。为了清晰地表达路拱的形状，应按垂直向比例大于水平向比例的方法绘制路拱大样图，如图 12-7 所示。

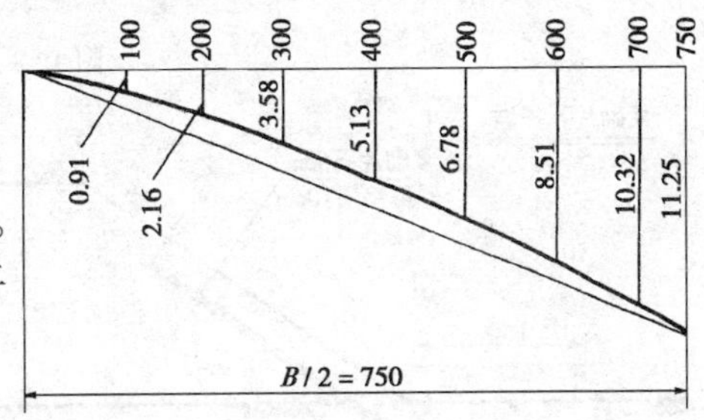

图 12-7　路拱大样图

二、排水系统及防护工程图

道路排水系统相当复杂，且是保证道路发挥其功能的必要设施。道路排水系统包括：地面排水系统和地下排水系统，前者由边沟、截水沟、排水沟、跌水及急流槽等组成；后者由明沟、暗沟及渗沟等组成。其图示方法主要有两大目标，一是表达排水系统在全线的布设情况，主要是通过平、纵、横三个图样来实现；二是表达某排水设施具体构造和技术要求，主要是通过路基排水防护设计图实现。

1．排水边沟设计图

如图 12-8 所示为某道路边沟设计图。图中给出 A、B、C 三种形式排水沟的截面形式、尺寸和衬砌要求。

2．边坡护砌设计图

如图 12-9 所示为某道路边坡护砌设计图，图中包括图样、工程数量表和附注三部分内容。图样部分表达了浆砌片石护坡和衬砌拱护坡结构形式、尺寸和材料，工程数量表中表达了每延米护砌所用各种材料的数量。附注部分说明了图中尺寸标注的单位、适用范围和技术要求。

3．急流槽设计图

如图 12-10 所示为某道路急流槽设计图。其图样部分由急流槽纵剖面图、平面图、侧面图三个图样构成，表达了急流槽的结构、尺寸和各组成部分所使用的材料等。

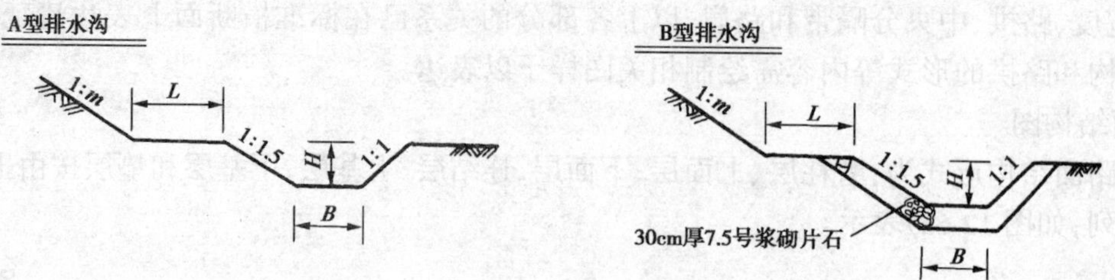

每延米 B 型排水沟加固工程数量

类型 工程数量	B_1	B_2	B_3	B_4
	$H=1.2\text{m}, B=2\text{m}$	$H=1.0\text{m}, B=1.5\text{m}$	$B=1.5\text{m}, H=1.3\text{m}$	$B=1.5\text{m}, H=1.5\text{m}$
M7.5 号浆砌片石m^3	1.713	1.302	1.544	1.704
挖土方(m^3)	1.713	1.302	1.544	1.704

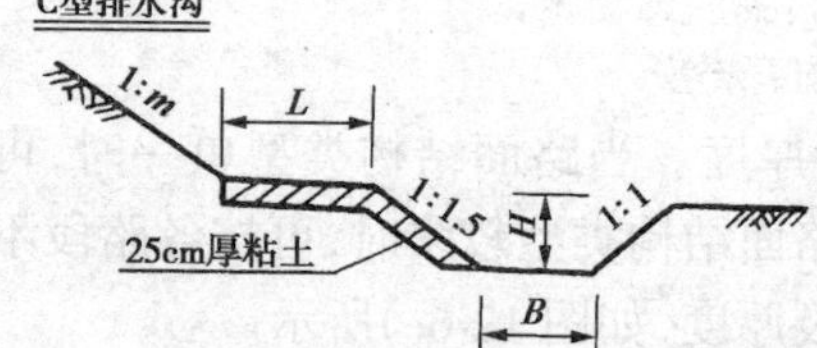

附注：1.图中尺寸以 cm 计。

2.L 表示护坡道：主线、立交路及填土高度大于 6.0m 的匝道为 2.0m，填土高度小于 6.0m 的匝道为 1.0m。

3.H 为取土深度。

图 12-8　某道路排水边沟设计图

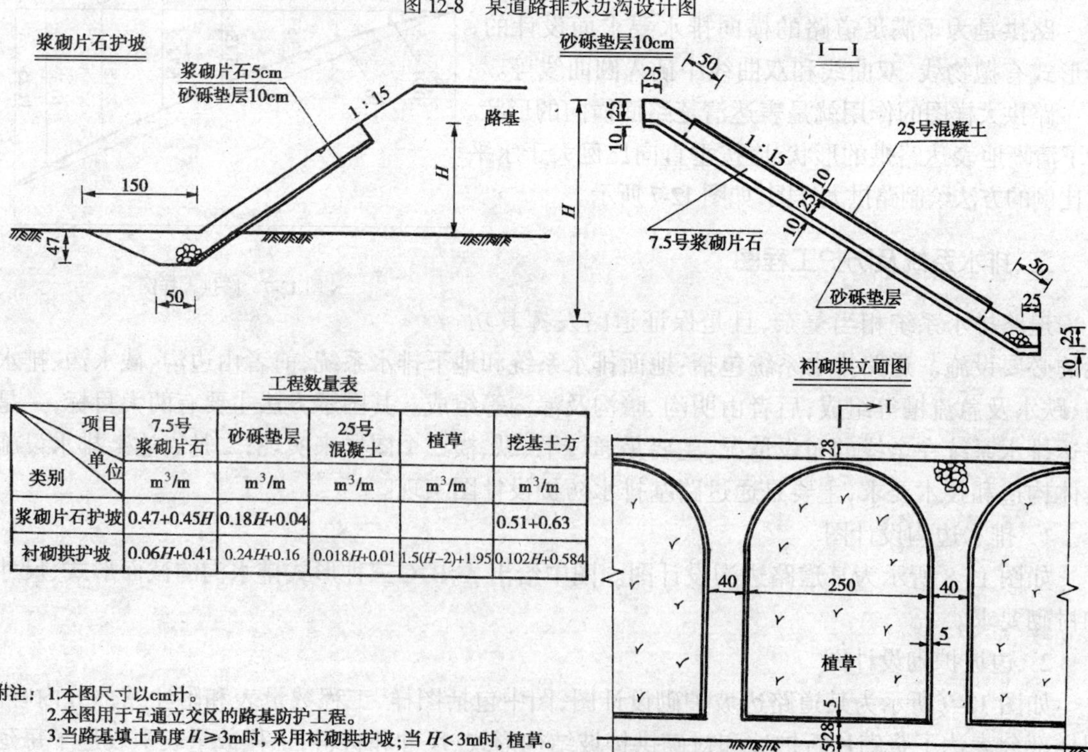

工程数量表

项目 单位 类别	7.5号浆砌片石	砂砾垫层	25号混凝土	植草	挖基土方
	m^3/m	m^3/m	m^3/m	m^3/m	m^3/m
浆砌片石护坡	$0.47+0.45H$	$0.18H+0.04$			$0.51+0.63$
衬砌拱护坡	$0.06H+0.41$	$0.24H+0.16$	$0.018H+0.01$	$1.5(H-2)+1.95$	$0.102H+0.584$

附注：1.本图尺寸以cm计。

2.本图用于互通立交区的路基防护工程。

3.当路基填土高度 $H\geqslant 3\text{m}$ 时，采用衬砌拱护坡；当 $H<3\text{m}$ 时，植草。

图 12-9　某道路边坡护砌设计图

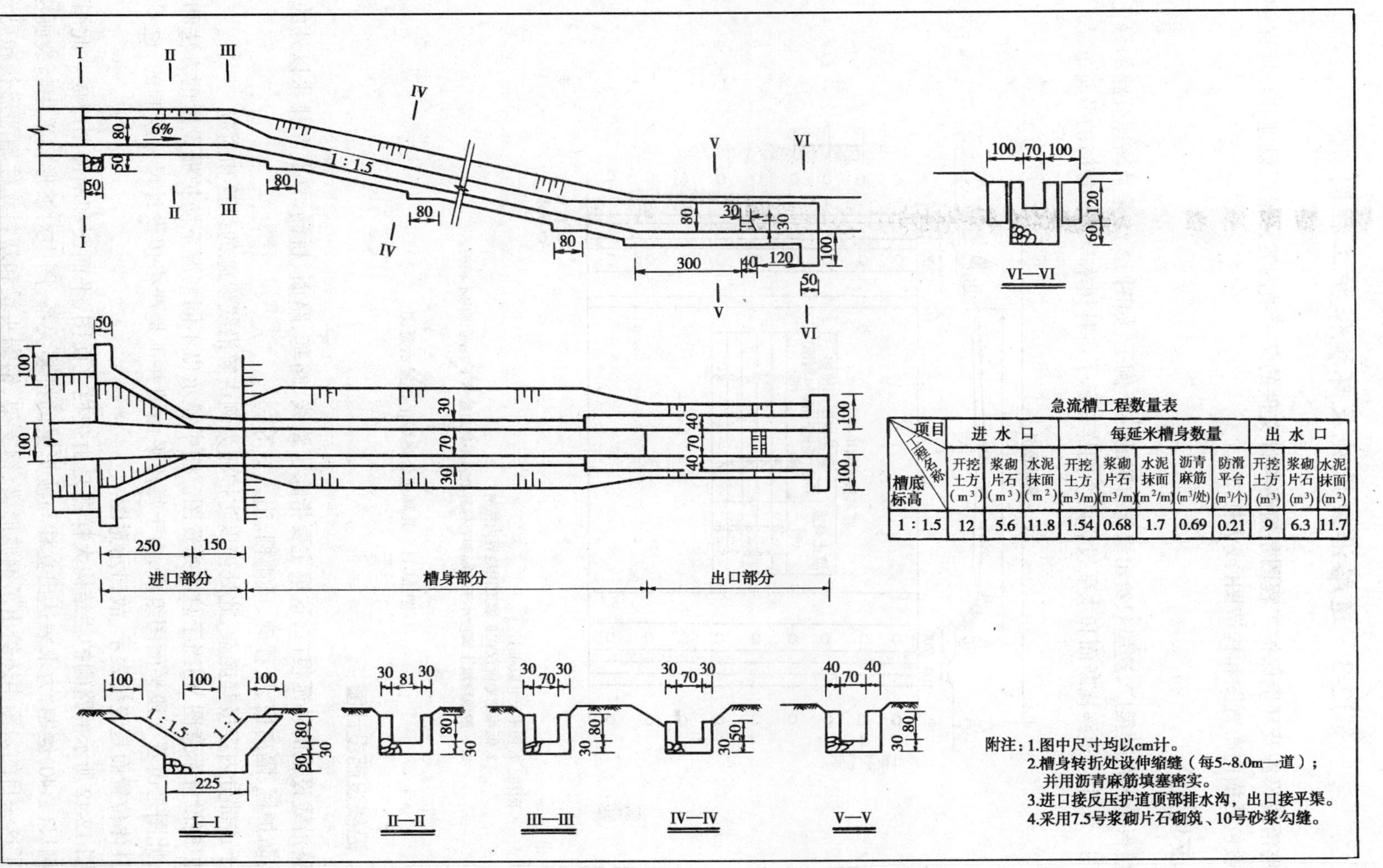

急流槽工程数量表

项目 / 工程名称 / 槽底标高	进水口			每延米槽身数量					出水口		
	开挖土方 (m^3)	浆砌片石 (m^3)	水泥抹面 (m^2)	开挖土方 (m^3/m)	浆砌片石 (m^3/m)	水泥抹面 (m^2/m)	沥青麻筋 (m^3/处)	防滑平台 (m^3/个)	开挖土方 (m^3)	浆砌片石 (m^3)	水泥抹面 (m^2)
1 : 1.5	12	5.6	11.8	1.54	0.68	1.7	0.69	0.21	9	6.3	11.7

附注：1.图中尺寸均以cm计。
2.槽身转折处设伸缩缝（每5~8.0m一道）；并用沥青麻筋填塞密实。
3.进口接反压护道顶部排水沟，出口接平渠。
4.采用7.5号浆砌片石砌筑、10号砂浆勾缝。

图 12-10 某道路急流槽设计图

§12-3　道路沿线设施及环境保护工程图

道路沿线设施及环境保护工程图是道路设计文件的又一项内容。沿线设施和环境保护工程图一般包括横向布置图和构造图(或大样图)。

一、环境保护

环境保护的范畴很广,这里只给出绿化布置的一个例子,如图 12-11 是某高速公路的绿化布置示意图。图中以道路横断面和水平投影两个图样表示了各种树木草坪种植时的平面布置。

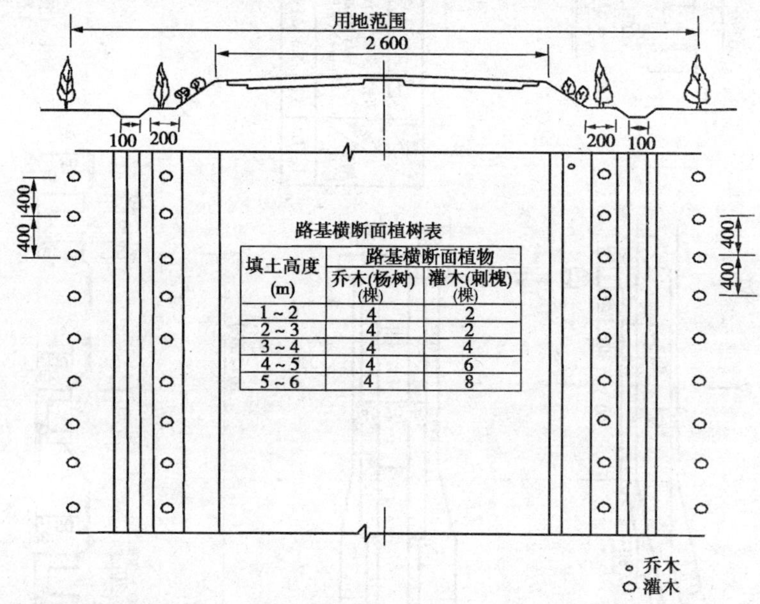

路基横断面植树表

填土高度(m)	路基横断面植物	
	乔木(杨树)(棵)	灌木(刺槐)(棵)
1~2	4	2
2~3	4	2
3~4	4	4
4~5	4	6
5~6	4	8

附注：1. 图中尺寸以cm计;

2. 低填挖地段仅在护坡道用地界内植树;

3. 一般地段填土高度小于1.0m和有标牌处从路肩边缘弯下2m范围内不植树。

图 12-11　某高速公路绿化布置示意图

二、沿线设施设计图

道路沿线设施的外延很广,这里主要指除了路线、路基、路面、桥涵、立交和排水以外的工程。如:防护栏、隔离栅、里程碑、风雨栅、出入口等。

由于这部分内容极其庞杂,此处谨以防护栅为例讲解沿线设施的设置和构造。

防护栅设置示意图,相当于总体布置图。图中显示出不同情况下防护栅设置的方法和总体效果,此图是由若干段平面图组成,由于每段平面图并不是严格按设计尺寸绘制的,也不确指某个具体位置而是笼统表示,故曰示意图。

如图 12-12 所示的路侧护栏结构大样图是由护栏立面图、平面图和剖面图组成。此图系用大比例尺(1:40)绘制,力求表达出立柱与波形梁的拼装关系,图中对波形梁采用断裂画法,正是为了这一目的。图中还给出了钢波形梁、钢支架、钢端头梁和塑料立柱帽的形状和尺寸,每个构件用两个视图表达,技术要求在附注中给出。

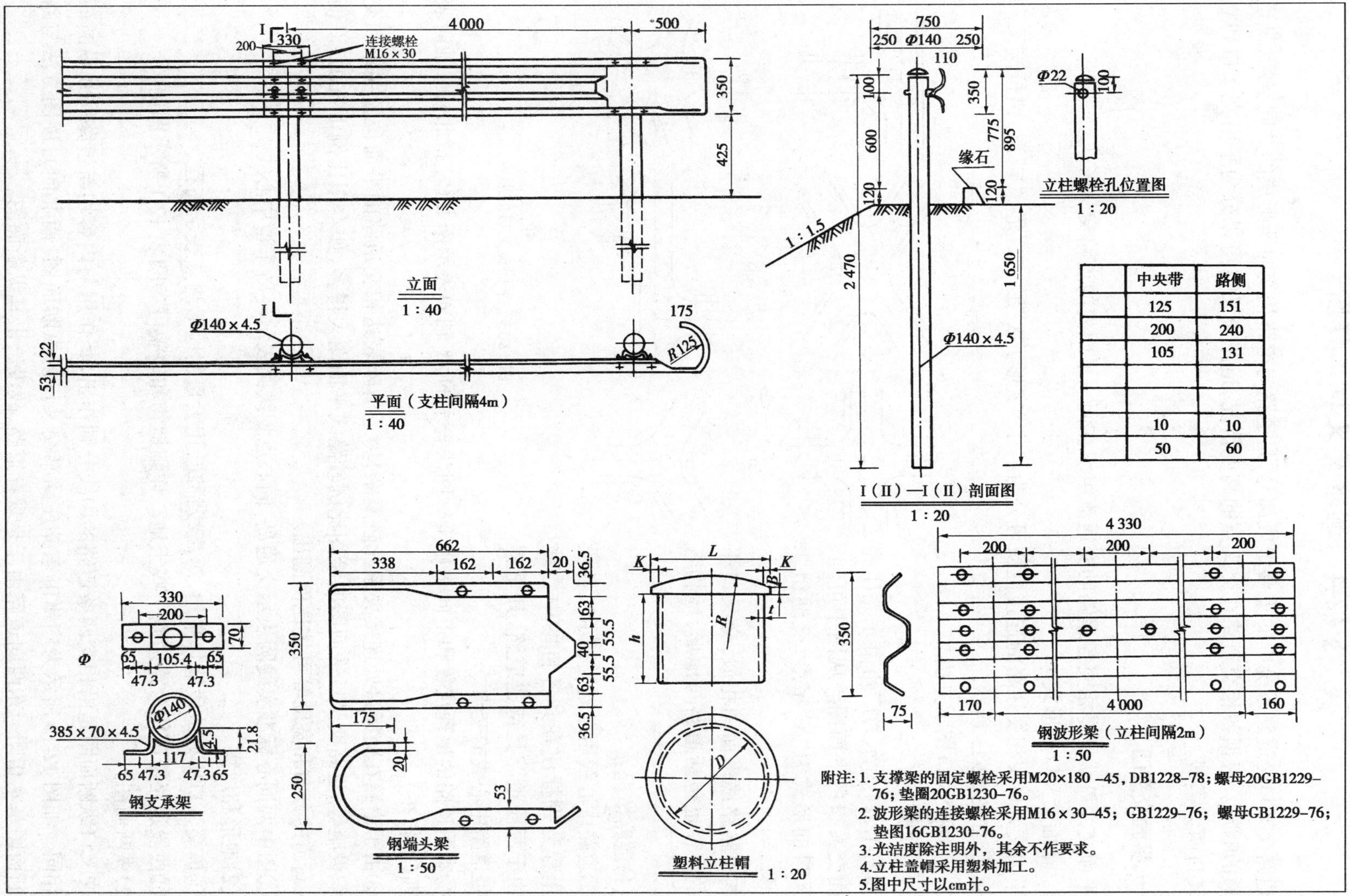
连接螺栓
M16×30
立面
1：40
平面（支柱间隔4m）
1：40
Φ140×4.5
R125
缘石
1：1.5
I（II）—I（II）剖面图
1：20
立柱螺栓孔位置图
1：20
Φ22
钢支承架
385×70×4.5
Φ140
钢端头梁
1：50
塑料立柱帽
1：20
钢波形梁（立柱间隔2m）
1：50

	中央带	路侧
	125	151
	200	240
	105	131
	10	10
	50	60

附注：1. 支撑梁的固定螺栓采用M20×180 –45，DB1228–78；螺母20GB1229–76；垫圈20GB1230–76。
2. 波形梁的连接螺栓采用M16×30–45；GB1229–76；螺母GB1229–76；垫图16GB1230–76。
3. 光洁度除注明外，其余不作要求。
4. 立柱盖帽采用塑料加工。
5. 图中尺寸以cm计。

图 12-12　路侧护栏结构大样图

§12-4　道路交叉口工程图

道路交叉口是道路系统中的重要组成部分，是道路与道路相交时所形成的共同空间，是道路交通的咽喉。根据各相交道路在交叉点的高度情况，道路交叉口可以分为平面交叉口和立体交叉口两大类型。

一、平面交叉口

平面交叉口就是将相交各道路的交通流组织在同一平面内的道路交叉形式。

1．平面交叉口的形式

平面交叉口按相交道路的连接性质可分为："十"字形、"X"形、"T"形、"Y"形、错位交叉和复合交叉，如图 12-13 所示。

2．平面交叉口图示方法

1)平面图

如图 12-14 所示为广州市东莞庄路某平面交叉口的平面图。从图中可知，此交叉口的形式为"X"字形，交通组织为环形。

与道路路线平面图相似，交叉口平面图的内容也包括道路与地形、地物各部分。

(1)道路情况：

①道路中心线用点划线表示。各段道路里程分别标注在其各自的中心线上。由于西段道路是待建道路，其里程起点是道路中心线的交点。

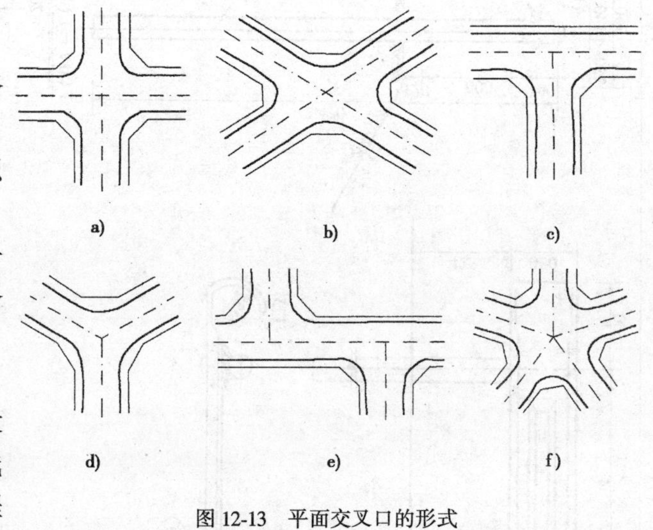

图 12-13　平面交叉口的形式

②本图道路的地理位置和走向是用坐标网法表示的，X 轴向表示南北(左指北)，Y 轴向表示东西(上指东)。

③由于道路在交叉口处连接关系比较复杂，为了清晰表达相交道路的平面位置关系和交通组织设施等，道路交叉口平面图的绘图比例较路线平面图大得多(如本图比例 1:500)，以便车、人行道的分布和宽度等可按比例画出。

④图中两同心标准实线圆表示交通岛，同心点划线圆表示环岛车道中心线。

(2)地形和地物

①该交叉口所处地段地势平坦，等高线稀疏，用大量的地形测点表示高程。

②西段道路需占用沿路两侧一些土地。详细地物和地貌可参阅表 12-1 所示图例。

2)纵断面图

交叉口纵断面图是沿相交两条道路的中线分别作出，其作用与内容均与道路路线纵断面基本相同。如图 12-15 所示为广州市东莞庄路某交叉口的纵断面图(南北向)，读图方法与路线纵断面图基本相同。东西向道路由于是现存道路，故没给出其纵断面图。

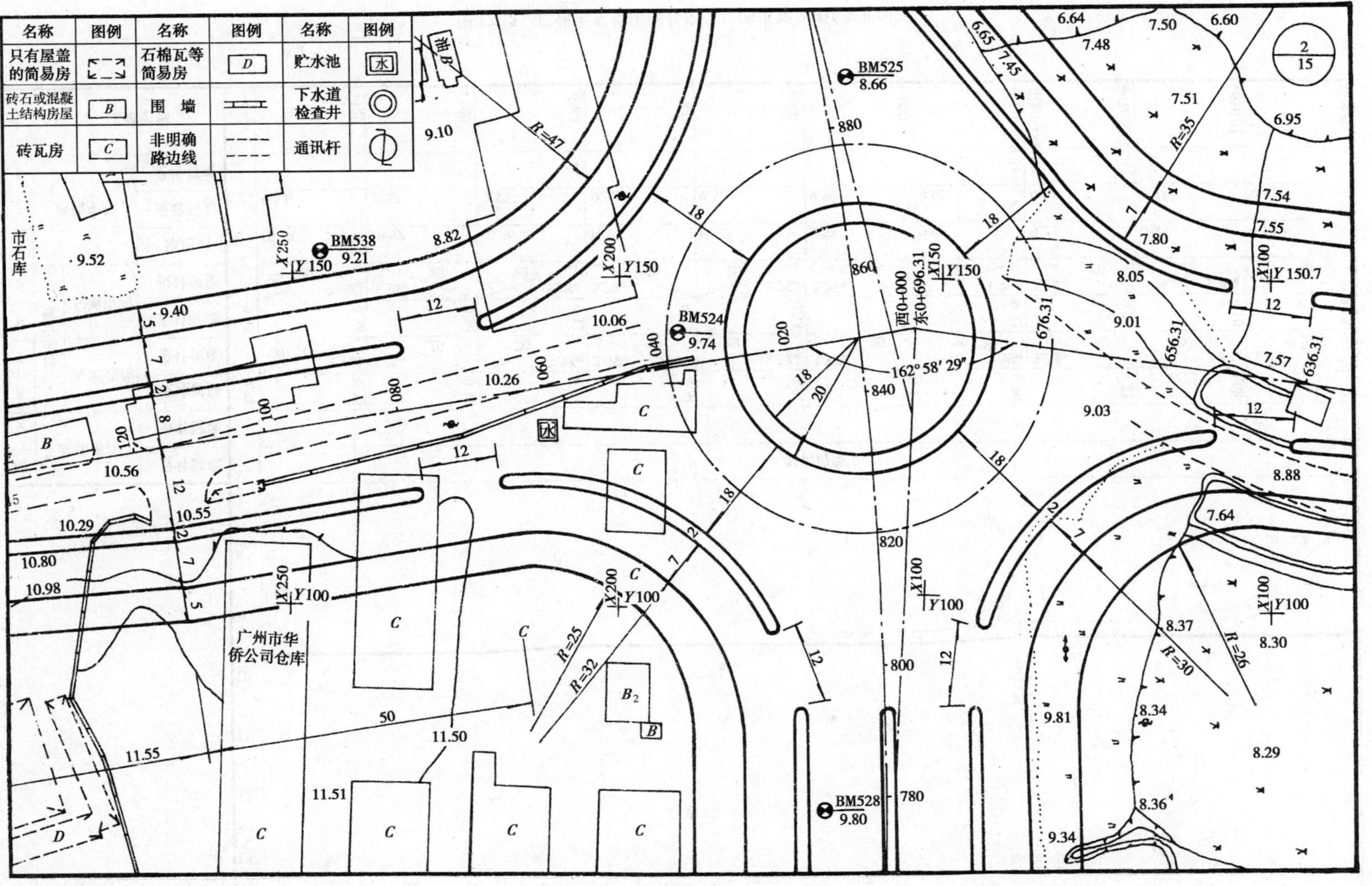

图 12-14　广州市东莞庄路某平面交叉口的平面图

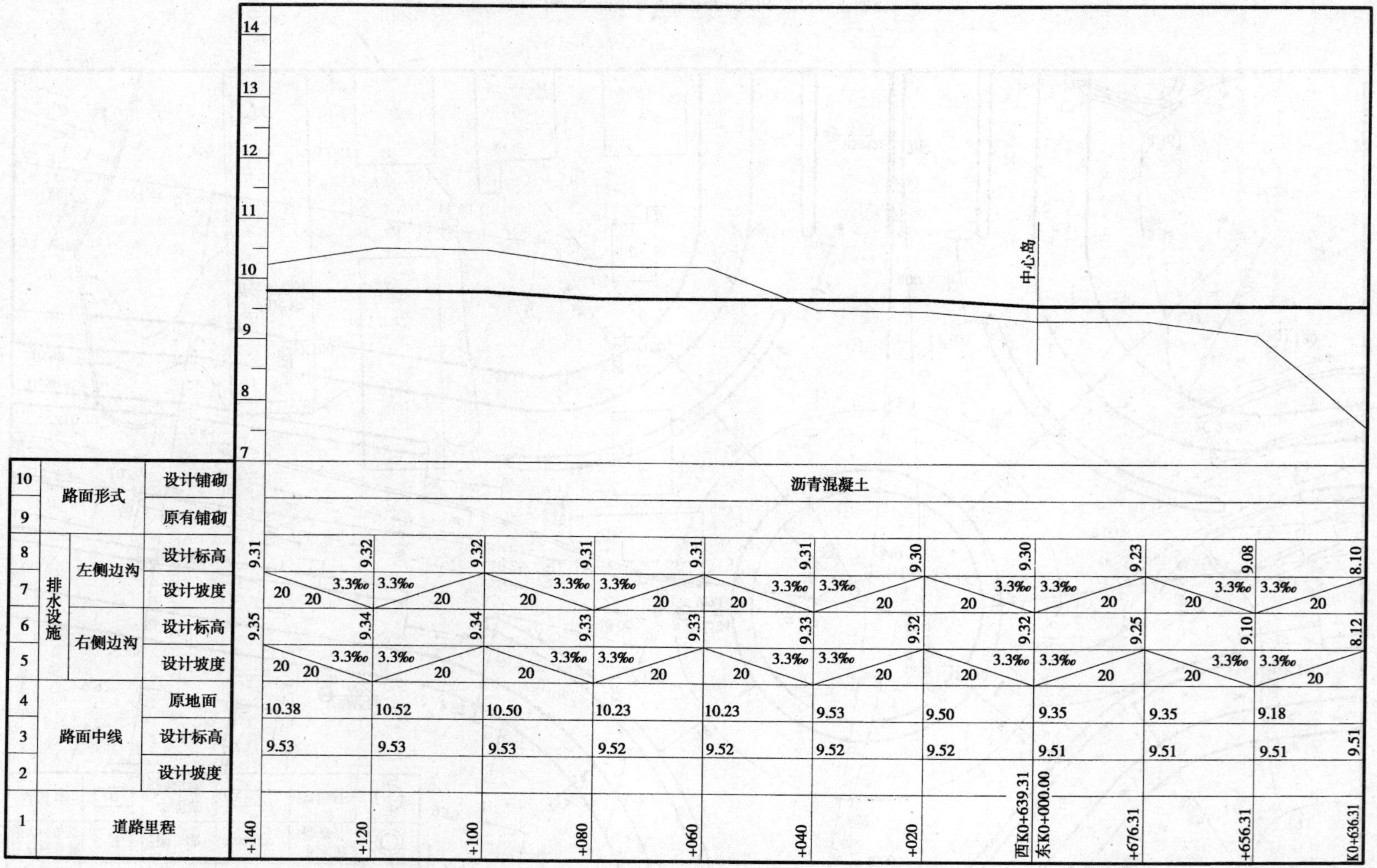

14
13
12
11
10
9
8
7

中心岛

路面形式 设计铺砌	沥青混凝土
路面形式 原有铺砌	

道路里程	排水设施 左侧边沟 设计标高	排水设施 左侧边沟 设计坡度	排水设施 右侧边沟 设计标高	排水设施 右侧边沟 设计坡度	路面中线 原地面	路面中线 设计标高	路面中线 设计坡度
+140	9.31		9.35		10.38	9.53	
		20 20 3.3‰		20 20 3.3‰			
+120	9.32		9.34		10.52	9.53	
		3.3‰ 20		3.3‰ 20			
+100	9.32		9.34		10.50	9.53	
		20 3.3‰		20 3.3‰			
+080	9.31		9.33		10.23	9.52	
		3.3‰ 20		3.3‰ 20			
+060	9.31		9.33		10.23	9.52	
		20 3.3‰		20 3.3‰			
+040	9.31		9.33		9.53	9.52	
		3.3‰ 20		3.3‰ 20			
+020	9.30		9.32		9.50	9.52	
		20 3.3‰		20 3.3‰			
西K0+639.31 东K0+000.00	9.30		9.32		9.35	9.51	
		3.3‰ 20		3.3‰ 20			
+676.31	9.23		9.25		9.35	9.51	
		20 3.3‰		20 3.3‰			
+656.31	9.08		9.10		9.18	9.51	
		3.3‰ 20		3.3‰ 20			
K0+636.31	8.10		8.12			9.51	

图 12-15　广州市东莞庄路某交叉口的纵断面图(南北向)

二、立体交叉工程

立体交叉是指交叉道路在不同标高相交时的道口,在交叉处设置跨越道路的桥梁,一条路在桥上通过,一条路在桥下通过,各相交道路上的车流互不干扰,保证车辆快速安全地通过交叉口。随着经济的发展,我国高速公路的通车里程与日俱增,平面交叉已不能适应现代化交通的需求。立体交叉从根本上解决了各向车流在交叉口处的冲突,不仅提高了通行能力和安全舒适性,而且节约能源,提高了交叉口现代化管理水平。我国《公路工程技术标准》(JTJ 001—97)规定高速公路、一级公路与其他公路相交时应采用立体交叉,立体交叉工程已经成为道路工程组成的一部分。

1. 立体交叉的形式

立体交叉的分类方法大致有以下几种:

(1)根据行车、行人交通在空间的组织关系,可以将立体交叉分为两层次、三层次和四层次,如图 12-16d)、e)、f)所示。

(2)根据相交道路上是否可以互通交通,可将立体交叉分为分离式、定向互通和全互通,如图 12-16a)、b)、g)所示。

(3)根据立体交叉在水平面上的几何形状可分为菱形、苜蓿叶形、喇叭形、环形等,而且各种形式又可以有多种变形,如图 12-16b)、c)、d)、f)所示。

(4)根据主线与被交道路的上下关系分,又可分为主线上跨式和主线下穿式两种,如图 12-16b)、d)所示。

2. 立体交叉的作用

无论立体交叉形式如何,所要解决的问题只有一个,就是使各向车流分道行驶,从而保证各向车流在任何时间都连续行驶,以提高交叉口处的通行能力和安全舒适性。

3. 立体交叉口的组成

立体交叉口由相交道路、跨线桥、匝道、通道、引道和其他附属设施组成。匝道是连接上下相交道路左、右转弯车辆行驶的构造物,使相交道路上的车流可以相互通行的构造物。跨线桥是跨越相交道路间的跨线结构物,有主线跨线桥和匝道跨线桥之分。通道是行人或农具等在横穿封闭式道路时的下穿式结构物。引道是干道与跨线桥相接的桥头路。

4. 立体交叉的图示方法

如图 12-17 所示为某立体交叉口的平面设计图,其内容包括立体交叉口的平面设计形式、各组成部分的位置关系、地形地物以及建设区域内的附属构造物。从图中可以看出,该立体交叉的交叉方式为主线下穿式,平面几何图样为双喇叭形,交通组织类型为双向互通。

1)图示方法

与道路平面图不同,立体交叉平面图既表示出道路的设计中线,又表示出道路的宽度、边坡和各路线的交接关系。

道路立体交叉平面设计图的图示方法和各种线条的意义如图 12-18 所示。

2)图示内容

(1)比例:与路线平面图不同,立体交叉工程建设规模宏大,但为了读图方便,工程上一般将立体交叉主体尽可能布置在一张图幅内,故绘图比例较小,本图比例为 1:4000。

(2)地形地物:图中用指北针与大地坐标网表示方位;用等高线和地形测点表示地形;城镇、高低压电线和临时便道等地物用相应图例表示得极为详尽。

(3)结构物:在平面设计图上,沿线桥梁、涵洞、通道等结构物均按类编号,以引出线标注。

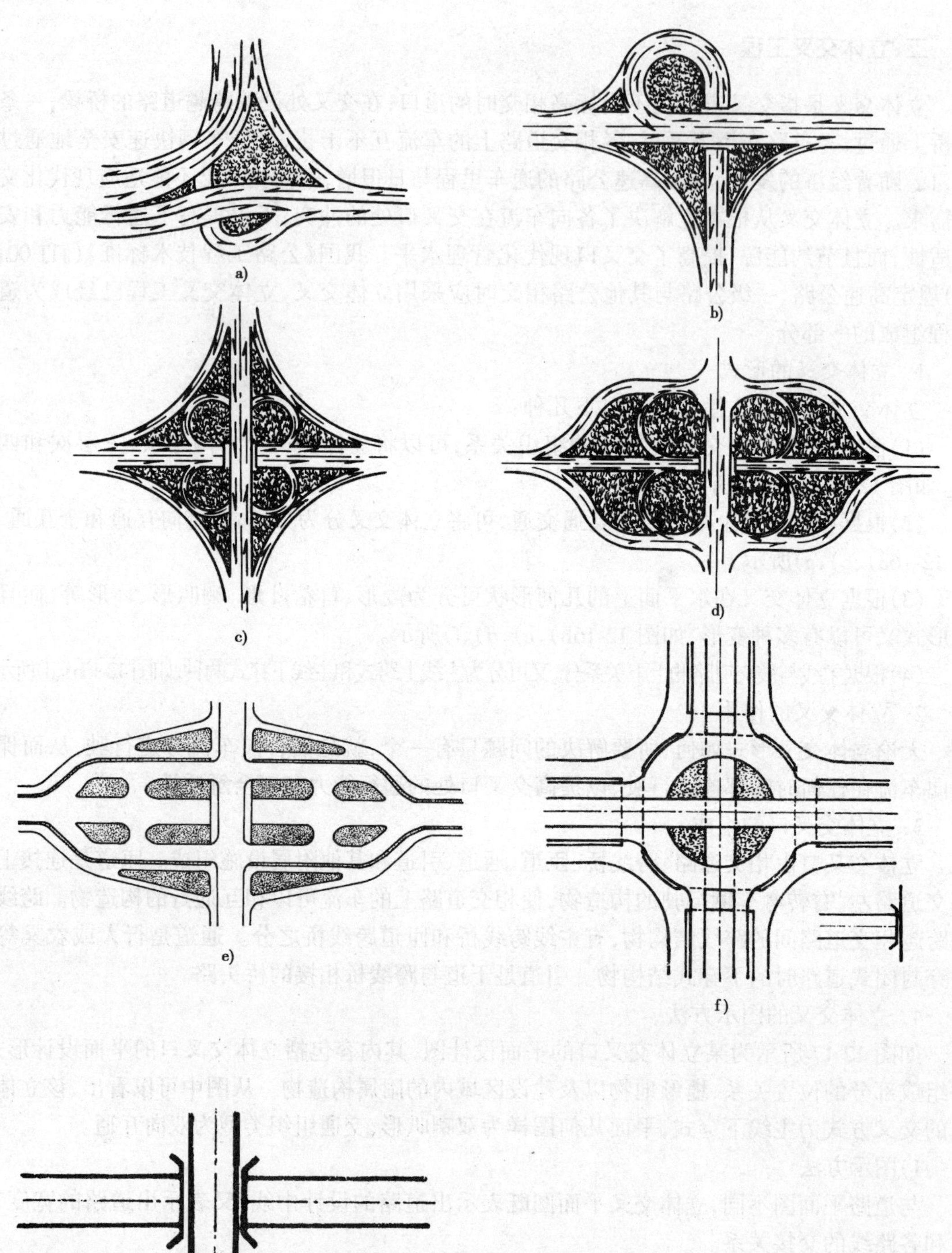

图 12-16　互通式立体交叉基本形式

a)定向互通；b)喇叭形互通；c)菱形互通；d)两层苜蓿叶形互通；e)三层苜蓿叶形互通；f)四层环形互通；g)分离式

(4)各匝道关系：在平面设计图上，各匝道的里程计算和标注方法是：A—A 匝道和 E—E 匝

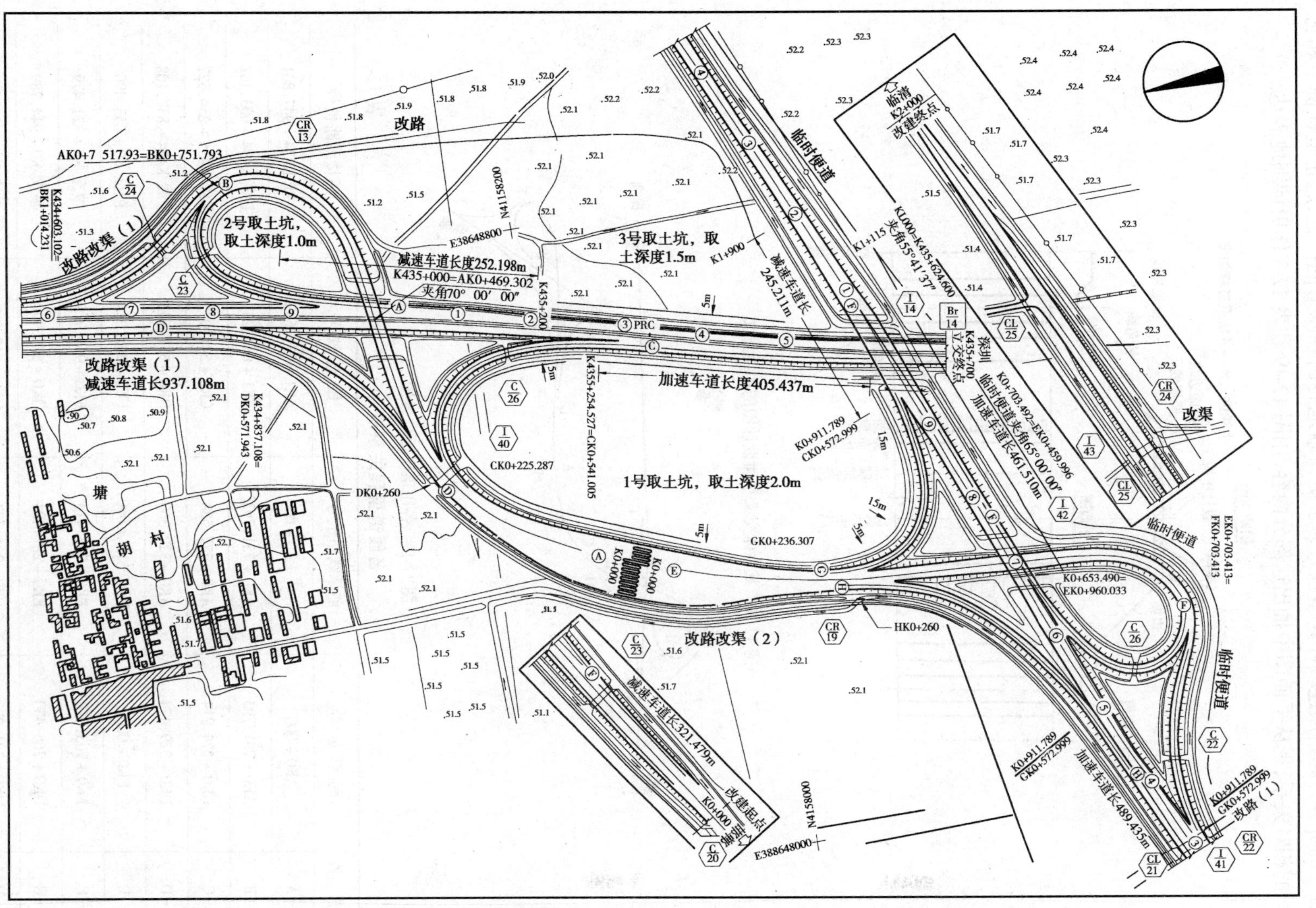

图 12-17 某立交平面设计图

道，从它们的交点（AK0＋000或EK0＋000）开始，各自计算和标注里程。与它们后接的匝道以其交接点处的桩号为起始点连续计算里程。为了更清晰地看出各匝道的位置，起止里程桩号和它们之间的相对关系，现从平面图中抽出这部分内容，用图12-19和表12-3作更详细地表达。

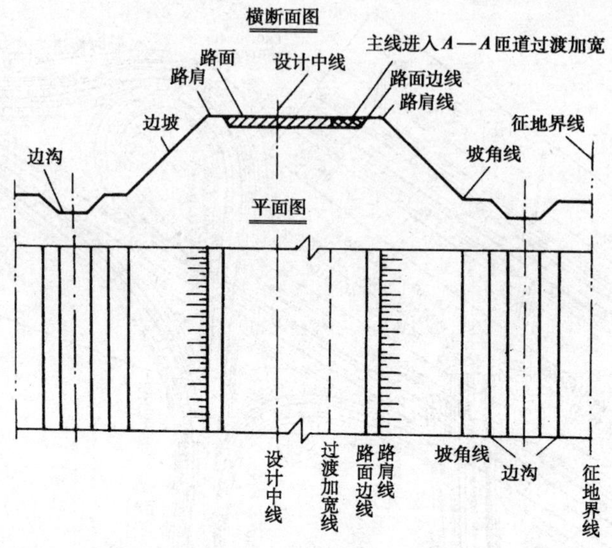

图12-18 某立体交叉平面设计图的图线意义

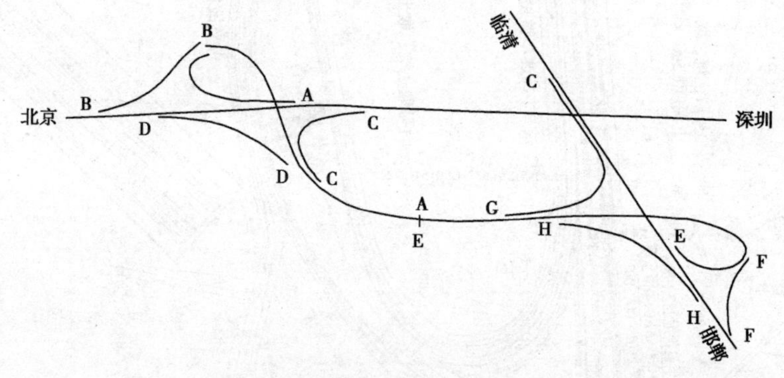

图12-19 各匝道平面位置图

各匝道里程关系表

表12-3

匝道名	起点桩号	前承线路桩号	始点桩号	后接线路桩号
A—A	AK0＋000	对应EK0＋000	AK1＋021.642	主线K434＋947.801
B—B	AK0＋751.793	AK0＋751.793	BK1＋014.231	主线K434＋603.162
C—C	CK0＋274.914	AK0＋277.588	CK0＋541.005	主线K435＋254.527
D—D	DK0＋329.474	AK0＋327.360	DK0＋571.943	主线K434＋837.108
E—E	EK0＋000	对应AK0＋000	EK0＋960.033	被交K0＋653.490
F—F	FK0＋703.413	EK0＋703.413	FK0＋965.975	被交K0＋321.479
G—G	GK0＋266.430	EK0＋287.404	GK0＋572.999	被交K0＋944.789
H—H	HK0＋321.273	EK0＋321.483	HK0＋618.007	被交K0＋489.435

注：相接两匝道在起点处的桩号差异，表明它们有搭接关系。

三、立体交叉纵断面设计图

立体交叉纵断面图的内容包括：主线（ML）、被交道路（Gr）和匝道（R_A）纵断面图。与路线纵断面图的图示方法相比较，立体交叉纵断面图在图样部分和测设数据表中都增加了横断面形式这一内容，这样的图示方法更好地适应于立体交叉横断面复杂多变的表达需要，也使道路横向与纵向的对应关系表达地更清晰，如图 12-20 所示。

图中缩写词含义如表 12-4 所示。

缩写词含义一览表 表 12-4

缩　写	含　义	缩　写	含　义
STA	桩号	PCC	同向平曲线公切点
HC	平曲线	PRC	反向平曲线公切点
VC	竖曲线	PVI	竖曲线变坡点
EL	设计标高	PVC	竖曲线起点
ML	主线	PVT	竖曲线终点
Gr	被交道路	C—RCP	钢筋混凝土圆管涵
R_A	匝道	VP—RCP	钢筋混凝土箱形通道

四、线位数据图

将立体交叉的全部平面测设数据标注在简化的平面示意图上，并在坐标表中给出主要线形挖掘点的坐标值，这种图样称立体交叉的线位平面图，其作用是为控制道路的位置和高程提供依据，也为施工放样提供方便，如图 12-21 所示。

五、连接部位设计图

连接部位设计图包括连接位置图、连接部位大样图和分隔带横断面图。连接位置图是在立体交叉平面示意图上，标示出两条道路的连接位置。连接部位大样图是用局部放大的图示方法，把立体交叉平面图上无法表达清楚的道路连接部位，单独绘制成图。分隔带横断面图是将连接部位大样图尚未表达清楚的道路分隔带的构造用更大的比例尺绘出。如图 12-22 所示。

连接部位标高数据图是在立体交叉平面图上标示出主要控制点的设计标高，如图 12-23 所示。

六、鸟瞰图

如图 12-24 所示为某立体交叉鸟瞰图，它以较高的视点展示出立体交叉的全貌，以供审查设计和方案比选之用。

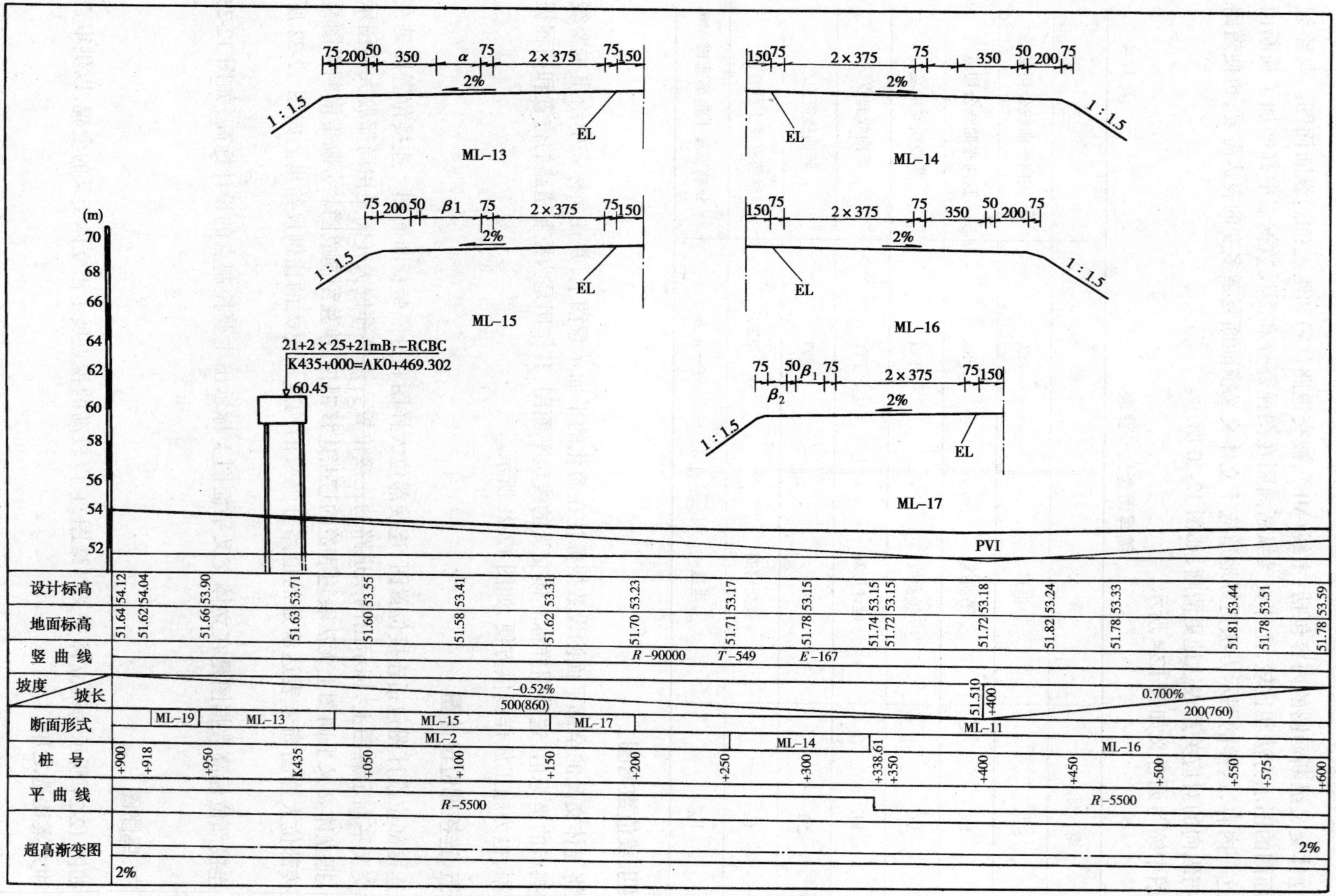

ML-13

75 200 50 350 α 75 2×375 75 150

2%

1 : 1.5

EL

ML-14

150 75 2×375 75 350 50 200 75

2%

1 : 1.5

EL

ML-15

75 200 50 β1 75 2×375 75 150

2%

1 : 1.5

EL

ML-16

150 75 2×375 75 350 50 200 75

2%

1 : 1.5

EL

ML-17

75 50 β_1 75 2×375 75 150 β_2

2%

1 : 1.5

EL

21+2×25+21mB$_T$-RCBC

K435+000=AK0+469.302

60.45

(m) 70 68 66 64 62 60 58 56 54 52

PVI

桩号	设计标高	地面标高
+900	54.12	51.64
+918	54.04	51.62
+950	53.90	51.66
K435	53.71	51.63
+050	53.55	51.60
+100	53.41	51.58
+150	53.31	51.62
+200	53.23	51.70
+250	53.17	51.71
+300	53.15	51.78
+338.61	53.15	51.74
+350	53.15	51.72
+400	53.18	51.72
+450	53.24	51.82
+500	53.33	51.78
+550	53.44	51.81
+575	53.51	51.78
+600	53.59	51.78

竖曲线：R-90000 T-549 E-167

坡度 / 坡长：-0.52% 500(860)；51.510 +400；0.700% 200(760)

断面形式：ML-19，ML-13，ML-15，ML-2，ML-17，ML-14，ML-11，ML-16

平曲线：R-5500，R-5500

超高渐变图：2%，2%

图 12-20 立体交叉纵断面图(主线)

坐标表

NP	STA	N	E
		A—A	
BP	K0 + 000	4158139.760	38648377.152
CS	+ 102.220	4158231.674	38648422.637
SC	+ 169.720	4158287.647	3864459.581
CS	+ 319.302	4158369.683	38648581.998
ST	+ 409.302	4158384.996	38648670.554
TS	+ 516.450	4158396.890	38648777.040
SC	+ 598.930	4158415.176	38648857.031
CS	+ 721.594	4158511.343	38648924.510
SC	+ 751.793	4158541.323	38648922.767
CS	+ 862.343	4158576.890	38648831.481
PCC	+ 920.689	415832.417	38648794.979
SC	K1 + 021.64	4158438.337	38648758.676
PT	+ 098.909	4158364.435	38648736.130
EP	K1 + 274.273	4158196.053	38648687.123
		C—C	
CS	K0 + 225.287	4158318.730	38648505.255
SC	+ 283.687	4158344.639	38648556.940
CS	+ 373.811	4158312.740	38648636.195
PCC	+ 438.148	4158252.272	38648655.820
CS	+ 541.005	4158149.987	38648648.890
PT	+ 620.485	4158072.864	38648629.865

坐标表

NP	STA	N	E
		D—D	
CS	K0 + 260.00	4158353.233	38648523.574
PRC	+ 311.848	4158376.311	38648569.977
SC	+ 359.848	4158397.388	38648613.087
CS	+ 576.045	4158558.868	38648749.758
ST	+ 666.795	4158646.895	38648771.416

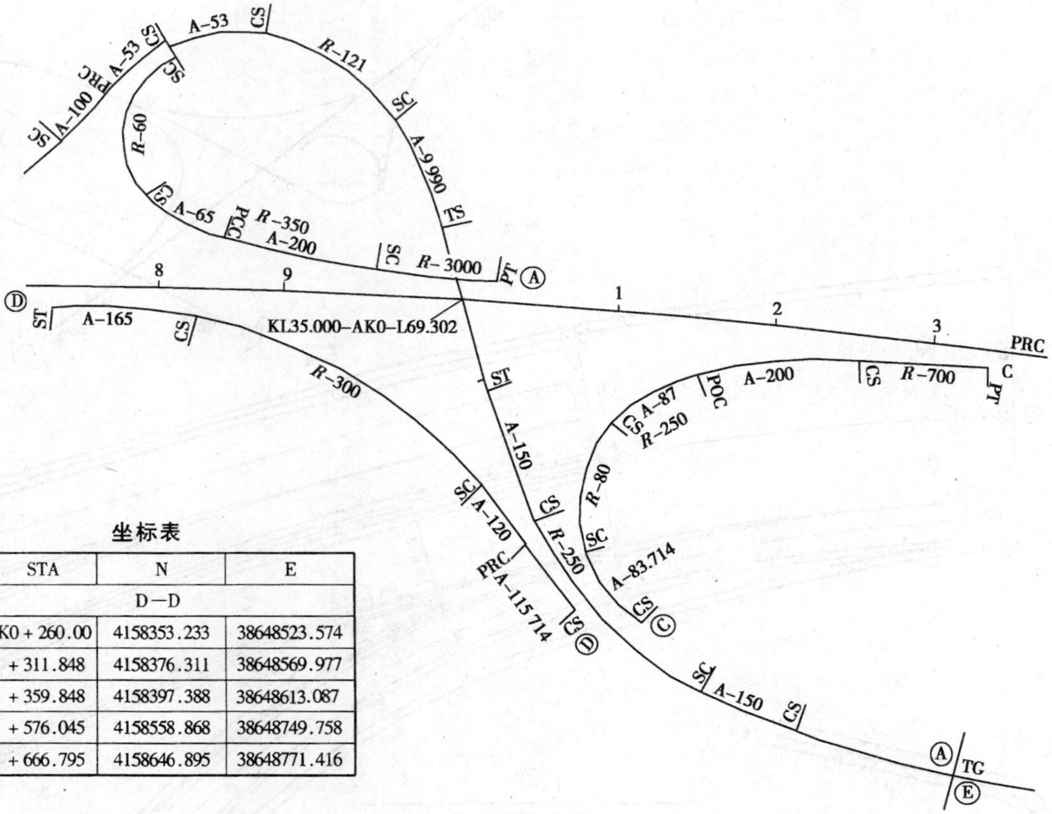

图 12-21 某立体交叉线位数据图

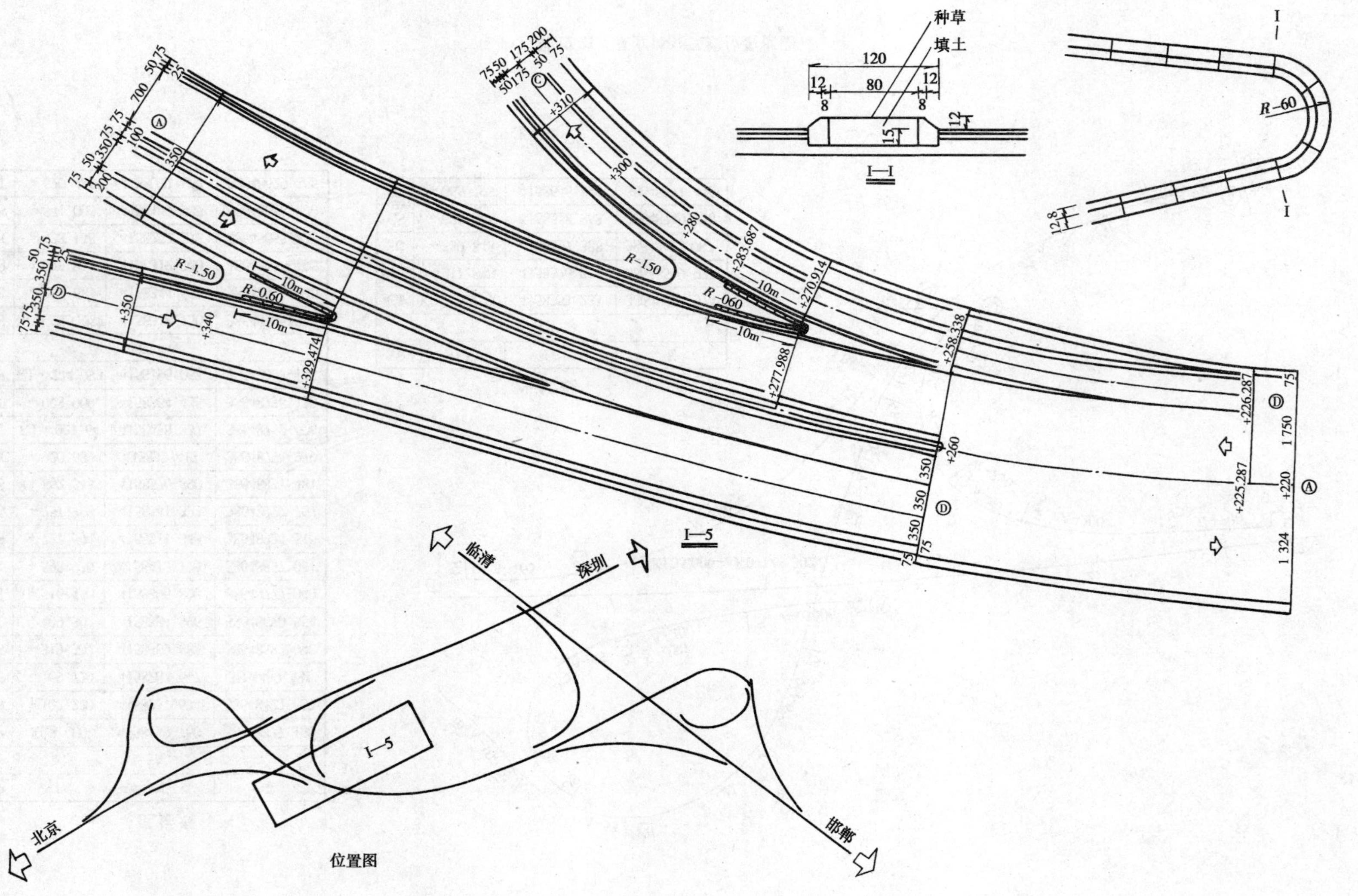

图 12-22　立体交叉连接部位设计图

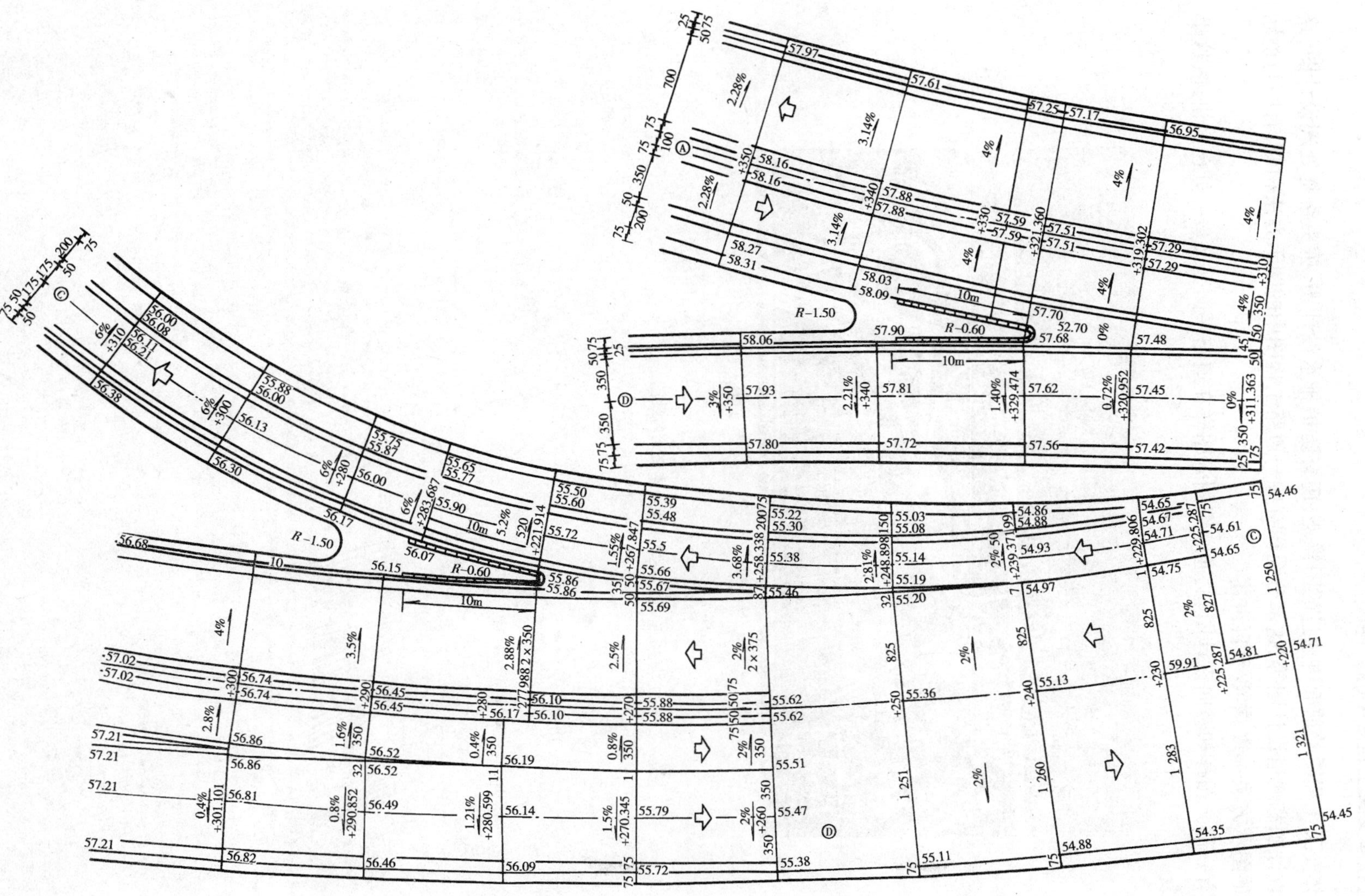

图 12-23　立体交叉连接部位标高数据图

七、立体交叉工程图中的其他图样

立体交叉工程图除前面讲述过的图样外，还有防护排水设计图、桥头路基处理设计图、路面结构设计图和通道设计图等，这部分图样有些与道路工程图中的图示方法相似，有些与桥涵工程图的图示方法一致，本章不再讲述。

还有一部分图样如竖向设计图、交通组织图等图样在道路平面交叉口一处已经讲述，这里不再重复。

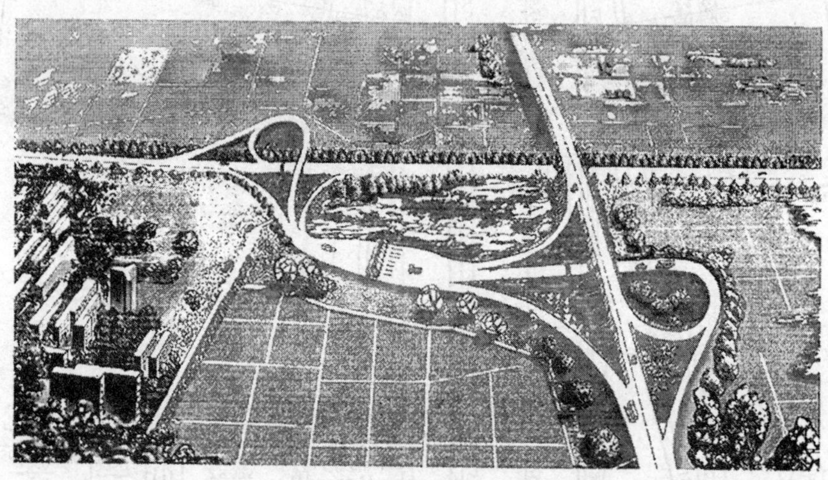

图 12-24　某立体交叉鸟瞰图

第十三章　桥隧工程图

§13-1　钢筋结构图

钢筋混凝土结构是由钢筋和混凝土两种物理力学性能不同的材料按一定的方式结合成一整体共同承受外力的物体，如钢筋混凝土梁、板、柱、桩、拱圈、桥墩等。表达钢筋混凝土结构的图样，称为钢筋混凝土结构图。

一、钢筋的基本知识

1．钢筋的种类和符号

1)钢筋的分类和作用

钢筋按其在整个构件中所起的作用不同，可分为以下几种：

(1)受力钢筋(主筋)：用来承受拉、压力的钢筋，用于梁、板、柱等各种钢筋混凝土构件。

(2)箍筋(钢箍)：用以固定受力钢筋位置，并承受一部分剪力或扭力。

(3)架立钢筋：一般用于钢筋混凝土梁中，用来固定箍筋的位置，并与梁内的受力筋、箍筋一起构成钢筋骨架。如图13-1、图13-2所示。

(4)分布钢筋：一般用于钢筋混凝土板或高梁结构中，用以固定受力钢筋位置，使荷载分布给受力钢筋，并防止混凝土收缩和温度变化出现的裂缝。

(5)构造筋：因构件的构造要求和施工安装需要配置的钢筋，如腰筋、预埋锚固筋、吊环等。

为了保护钢筋，防止钢筋锈蚀及加强钢筋与混凝土的粘结力，钢筋必须全部包在混凝土中，因此钢筋边缘至混凝土表面应保持一定的厚度，称为保护层，此厚度距离称为净距，见图13-1。

2)钢筋的级别和符号

在钢筋混凝土设计规范中，按照强度和品种不同可把钢筋分为五个等级，分别用不同的直径符号表示，如表13-1所示。

钢筋的级别和符号表　　表13-1

钢筋品种	钢号及外形	符号	钢筋品种	钢号及外形	符号
Ⅰ级	3号光圆	ϕ	Ⅴ级	热处理44锰2硅光圆或螺纹	$\underline{\Phi}$
Ⅱ级	16锰人字纹	Φ	Ⅰ级冷拉		Φ^{L}
Ⅲ级	25锰硅人字纹	Φ	Ⅱ级冷拔		Φ^{b}
Ⅳ级	44锰2硅光圆或螺纹	Φ			

2. 钢筋的弯钩与弯折

1)弯钩

对于光圆受力钢筋,为了增加它与混凝土的粘结力,在钢筋端部做成弯钩,弯钩的标准形

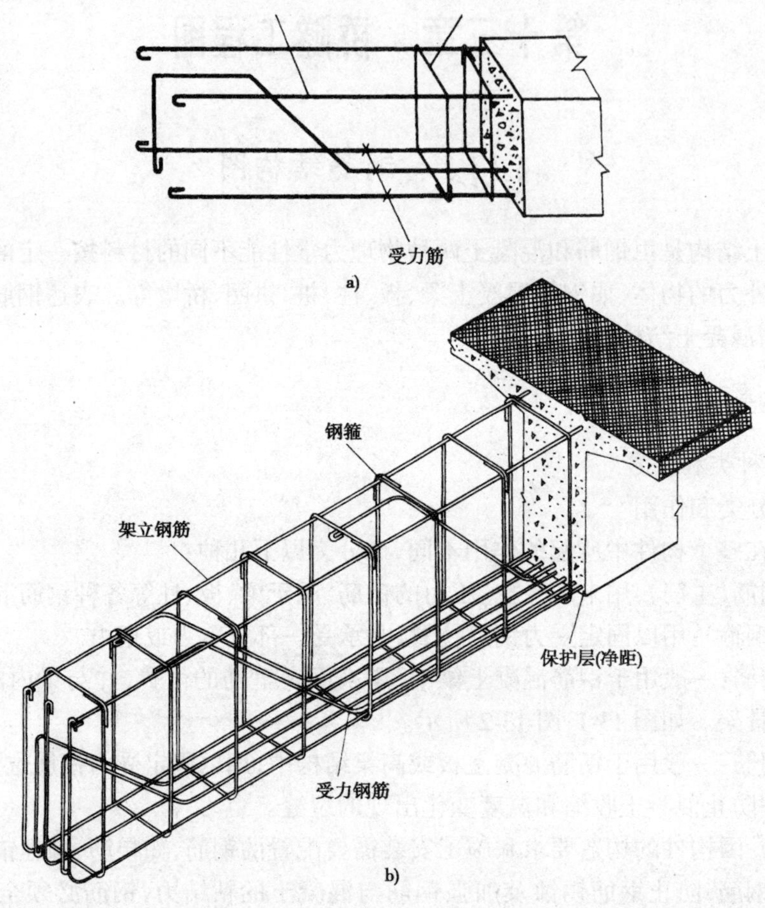

图 13-1 钢筋混凝土梁配筋示意图

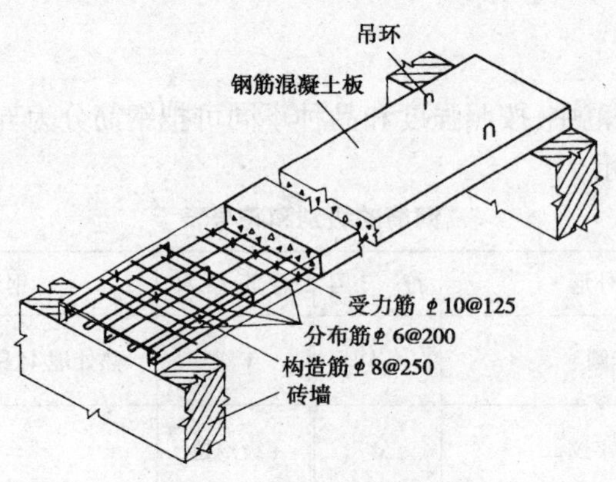

图 13-2 板配筋示意图

式有半圆弯钩、直弯钩和斜弯钩(即 180°、90°、135°弯钩)三种,如图 13-3、图 13-4 所示。

这时钢筋的长度要计算其弯钩的增长数值。如表 13-2 所示。

2)钢筋的弯折

根据结构受力要求,有时需要将部分受力钢筋在梁内向上弯起,这时弧长比两切线之和短些,其计算长度应减去标准弯折修正值。钢筋标准弯折修正值如表 13-3 所示。

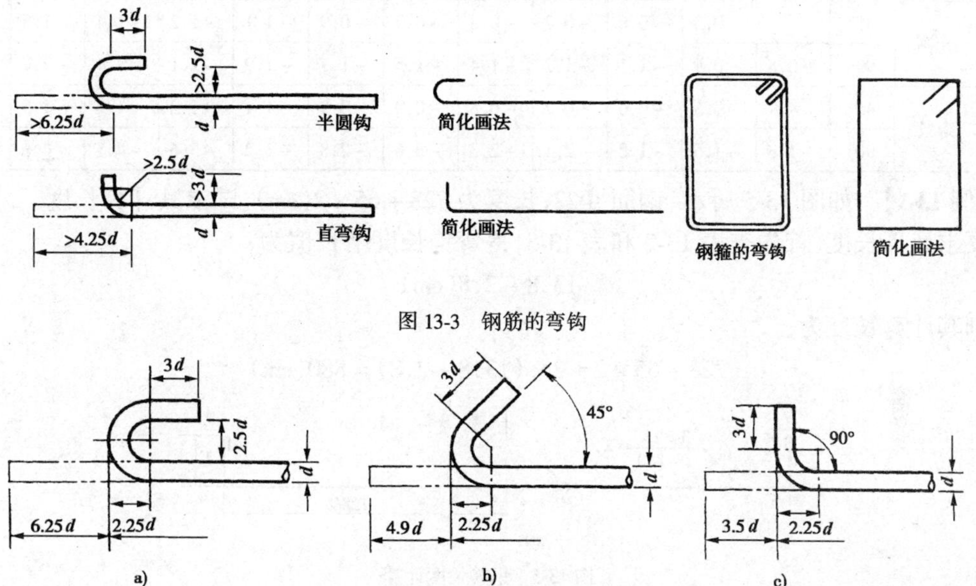

图 13-3 钢筋的弯钩

图 13-4 钢筋及箍筋的弯钩简化画法

钢筋弯钩增长修正值 表 13-2

钢筋直径 d (mm)	弯钩增长值(cm)				理论重量 (kg/m)	螺纹钢筋外径 (mm)
	光圆钢筋		螺纹钢筋			
	90°	135°	180°	90°		
10	3.5	4.9	6.3	4.2	0.617	11.3
12	4.2	5.8	7.5	5.1	0.888	13.0
14	4.9	6.8	8.8	5.9	1.210	15.5
16	5.6	7.8	10.0	6.7	1.580	17.5
18	6.3	8.8	11.3	7.6	2.000	20.0
20	7.0	9.7	12.5	8.4	2.470	22.0
22	7.7	10.7	13.8	9.3	2.980	24.0
25	8.8	12.2	15.6	10.5	3.850	27.0
28	9.8	13.6	17.5	11.8	4.830	30.0
32	11.2	15.6	20.0	13.5	6.310	34.5
36	12.6	17.5	22.5	15.2	7.990	39.5
40	14.0	19.5	25.0	16.8	9.870	43.5

钢筋标准弯折修正值　　　　表 13-3

类别		钢筋直径(mm)	10	12	14	16	18	20	22	25	28	32	36	40
弯折修正值	光圆	45°		-0.5	-0.6	-0.7	-0.8	-0.9	-0.9	-1.1	-1.2	-1.4	-1.5	-1.7
		90°	-0.8	-0.9	-1.1	-1.2	-1.4	-1.5	-1.7	-1.9	-2.1	-2.4	-2.7	-3.0
	螺纹	45°		-0.5	-0.6	-0.7	-0.8	-0.9	-0.9	-1.1	-1.2	-1.4	-1.5	-1.7
		90°	-1.3	-1.5	-1.8	-2.1	-2.3	-2.6	-2.8	-3.2	-3.6	-4.1	-4.6	-5.2

【例 13-1】 如图 13-5 所示,钢筋 $\Phi 22$,长度为 $728+65\times 2$(cm),试求其计算长度。

要求计算长度,首先查表 13-2 和表 13-3,得弯钩长度增长值为:

$$13.8-2.8(\text{cm})$$

则其计算长度为:

$$728+65\times 2+2\times(13.8-2.8)=880(\text{cm})$$

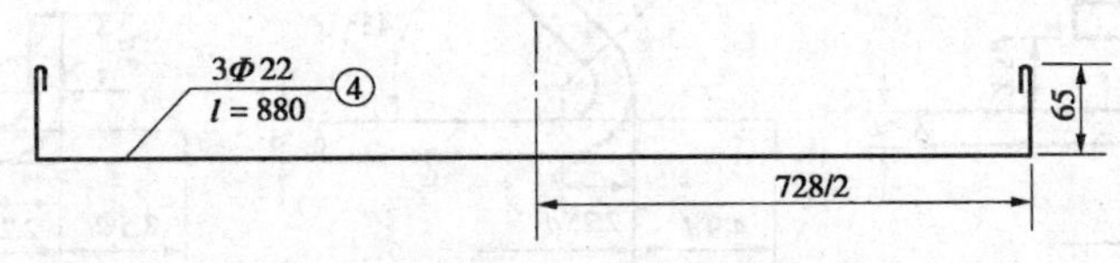

图 13-5　钢筋长度计算

3. 钢筋骨架

为制造钢筋混凝土构件,先将不同直径的钢筋,按照需要的长度截断,根据设计要求进行弯曲(即成型),再将弯曲后的钢筋组装。

钢筋的组装成型一般有两种方式,一种是用细铁丝绑扎钢筋骨架;另一种是焊接钢筋骨架,先将钢筋焊成平面骨架,然后用箍筋绑或焊成立体骨架形式。对于焊接骨架,结点处固定主钢筋的焊缝在图中应予以表达。如图 13-6 所示。

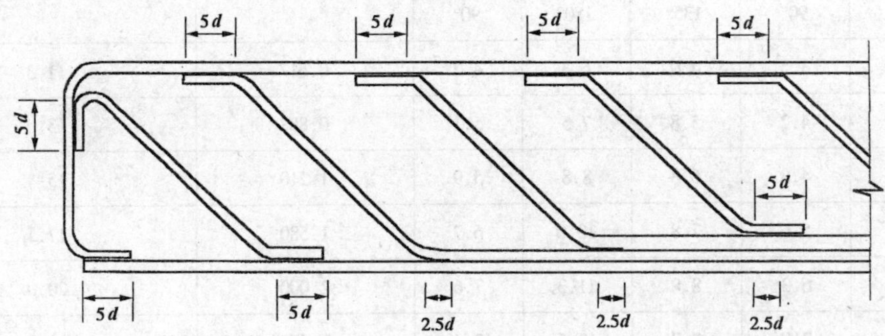

图 13-6　焊接钢筋骨架

如图 13-7 所示为焊接钢筋骨架的标注图式。

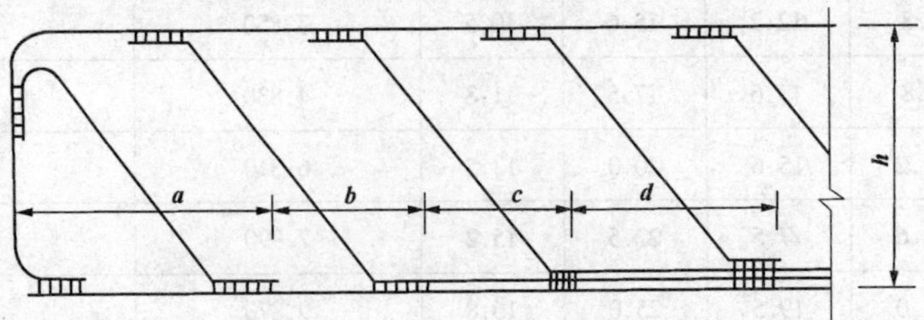

图 13-7　焊接钢筋骨架的标注图式

二、钢筋结构图的内容

钢筋混凝土结构图包括两类图样，一类是一般构造图(又叫模板图)，即表示构件的形状和大小，但不涉及内部钢筋的布置情况。另一类是钢筋结构图(又叫钢筋构造图或钢筋布置图)，主要表示构件内部钢筋的配置情况。如图 13-8 所示为钢筋混凝土 T 形梁的钢筋结构图。

1. 钢筋结构图的图示特点

(1)绘制配筋图时，可假设混凝土是透明的，能够看清楚构件内部的钢筋，图中构件的外形轮廓用细实线表示，钢筋用粗实线表示，若箍筋和分布筋数量较多，也可画出中实线，钢筋的断面用实心小圆点表示。

(2)对钢筋的类别、数量、直径、长度及间距等要加以标注。

(3)通常在配筋图中不画出混凝土的材料符号。由于钢筋的弯钩、净距及间距尺寸较小，若严格按比例画则线条会重叠不清，这时可适当夸大绘制。同理，在立面图中遇到钢筋重叠时，亦要放宽尺寸使图面清晰。

(4)对钢筋结构图，不一定三个投影图都要画出来，而是根据需要来定，例如画钢筋混凝土梁的钢筋图，一般不画平面图，只用立面图和断面图来表示。

2. 钢筋结构图的图示内容

1)钢筋的编号和尺寸标注

在钢筋结构图中为了区分不同直径、长度、形状或钢筋，要求对不同类型的钢筋加以编号并在引出线上注明其规格和间距，编号用阿拉伯数字表示。钢筋编号和尺寸标注如下：

对钢筋编号时，宜先编主、次部位的主筋，后编主、次部位的构造筋。在桥梁构件中，钢筋编号和尺寸标注的一般形式如下：

(1)编号标注在引出线右侧的细实线圆圈内；

(2)钢筋的编号和根数也可采用简略形式标注，根数注在 N 字之前，编号注在 N 字之后。在钢筋断面图中，编号可标注在对应的方格内。如图 13-9 所示。

(3)一般采用如下格式标注：

$$\frac{n\phi d}{L@s}m$$

其中：m——钢筋编号；

n——钢筋根数；

ϕ——钢筋直径符号；

d——钢筋直径的数值(单位 mm)；

l——钢筋的总长度(单位 cm)；

@——钢筋中心间距符号；

s——钢筋间距的数值(单位 cm)。

例如：$\frac{11\phi 6}{l=64@2}$②表示 2 号钢筋，“11ϕ6”表示直径为 6mm 的 I 级筋共 11 根，“$l=64$”表示每根钢筋的断料长度为 64cm；@表示钢筋轴线之间的距离为 2cm。

2)钢筋成型图

在钢筋结构图中，为了能充分表明钢筋的形状以便于配料和施工，必须画出每种钢筋加工成型图(钢筋详图)，在钢筋详图中尺寸可直接注写在各段钢筋旁。见图 13-9。图上应注明钢筋的符号、直径、根数、弯曲尺寸和断料长度等。有时为了节省图幅，可把钢筋成型图画成示意

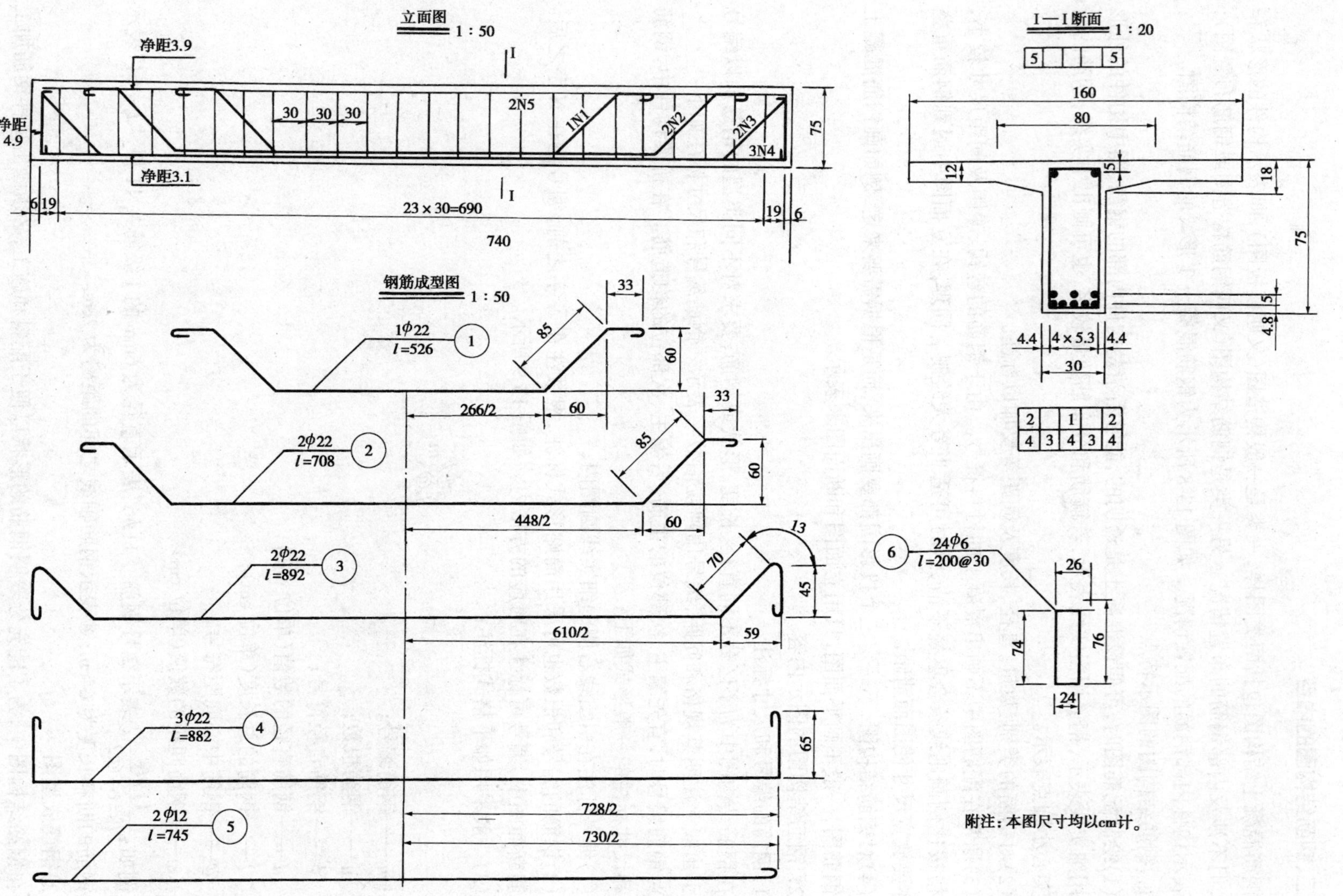

图 13-8 T形梁钢筋结构图

略图放在钢筋数量表内。

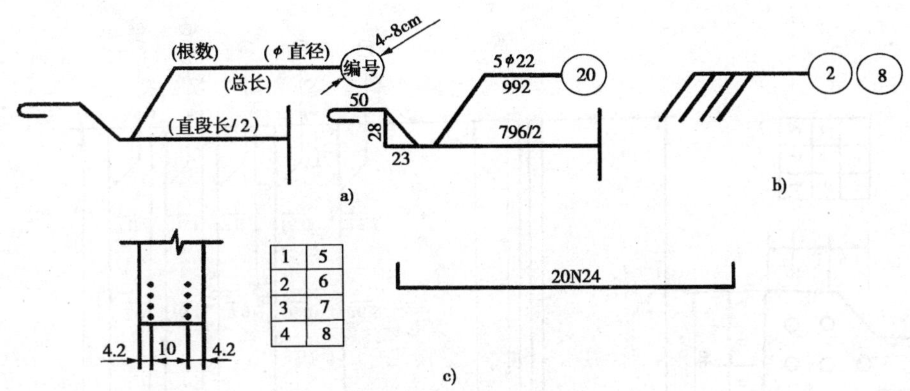

图 13-9 钢筋编号的标注

3)钢筋数量表

在钢筋结构图中,一般还附有钢筋数量表,内容包括钢筋的编号、直径、每根长度、根数、总长及质量等,必要时可加画略图,如图 13-9 和表 13-4 所示。

钢筋明细表 表 13-4

编 号	钢筋符号和直径(mm)	长 度(cm)	根 数	共 长(m)	每米重量(kg/m)	共 重(kg)
1	φ22	526	1	5.26	2.984	15.7
2	φ22	708	2	14.16	2.984	42.25
3	φ22	892	2	17.84	2.984	53.23
4	φ22	882	3	26.46	2.984	78.96
5	φ12	745	2	14.9	0.888	13.23
6	φ6	200	24	48	0.222	10.66
共计						214.03

三、预应力钢筋结构图

1. 图示特点

(1)预应力钢筋用粗实线或大于 2mm 直径的圆点表示,结构轮廓图形用细实线表示;

(2)当预应力钢筋与普通钢筋在同一视图中出现时,普通钢筋应采用中粗实线表示。一般构造图中的图形轮廓线采用中粗实线表示。

2. 预应力钢筋编号与标注

在预应力钢筋布置图中,应标注预应力钢筋的数量、型号、长度、间距、编号。在横断面图中,编号标注在预应力钢筋对应的方格内,当标注位置足够时,也可标注在直径为 4~8mm 的圆圈内,如图 13-11 所示。在纵断面图中,与普通钢筋的标注类似,结构简单时,冠以 N 字标注在预应力钢筋的上方。当预应力钢筋的根数多于 1 时,可将数量标注在 N 字之前。当结复杂时,可自拟代号,但应在图中说明。

在预应力钢筋纵断面图中,采用表格的形式以每隔 0.5~1m 间距标出纵、横、竖三维坐标值。对弯起的预应力钢筋采用列表或直接在预应力钢筋大样图中,标出弯起角度、弯曲半径、切点的坐标(包括纵弯或既纵弯又平弯的钢筋)及预留的张拉长度。如图 13-10 所示。

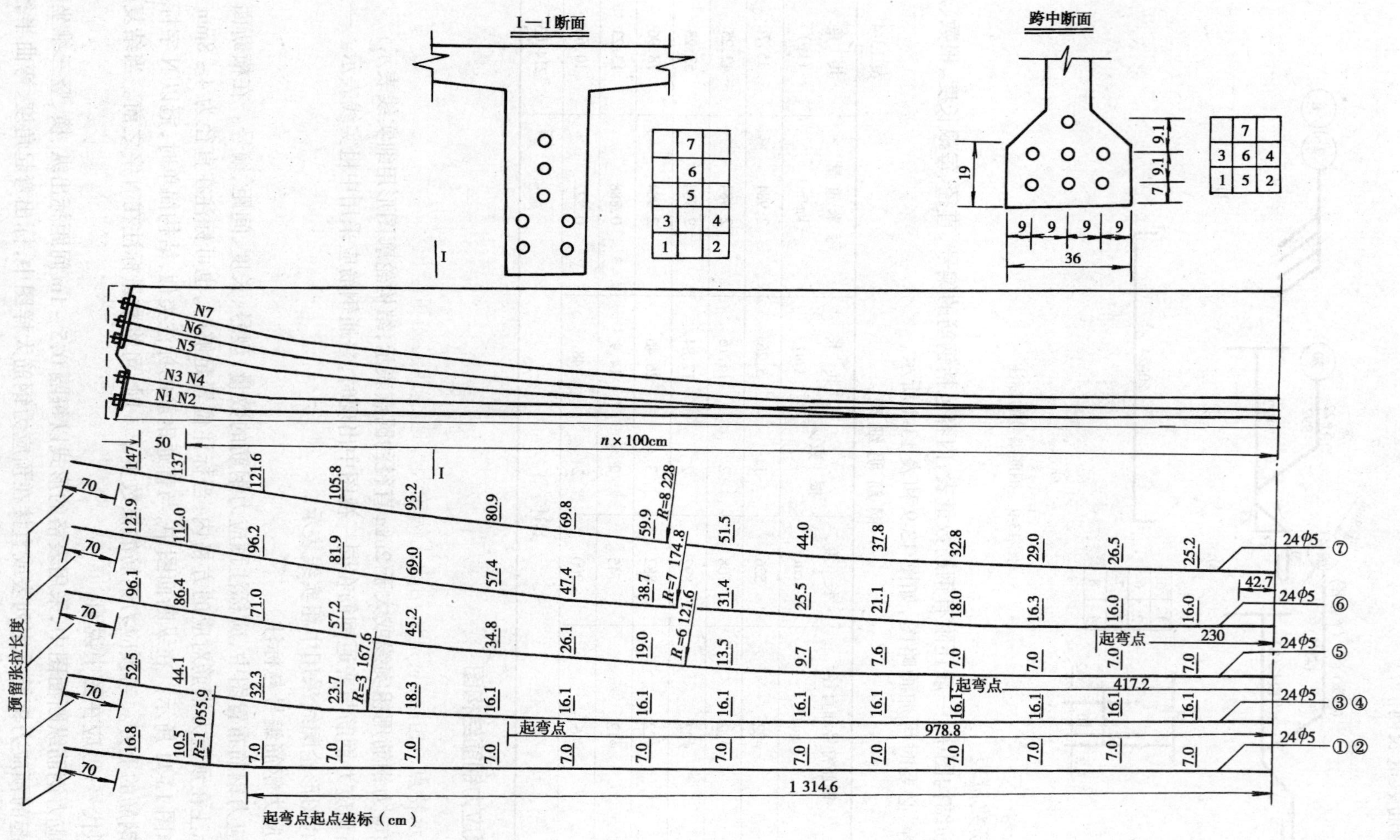

图 13-10 预应力钢筋大样及尺寸标注

3．预应力钢筋的其他表示方法与符号

预应力钢筋的其他表示方法与符号对照如表 13-5 所示。

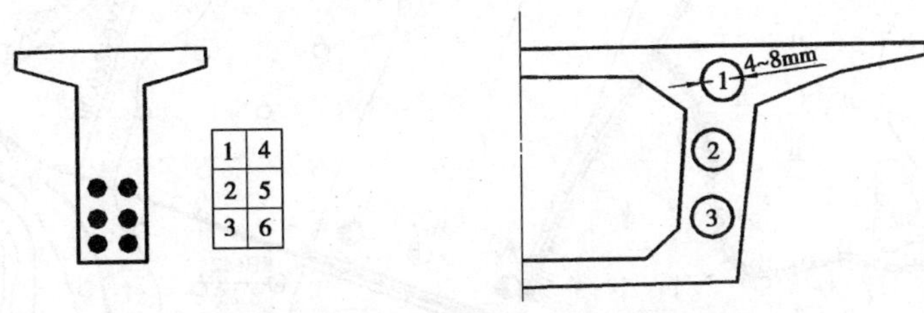

图 13-11　预应力钢筋在横断面图中的标注

预应力钢筋的其他表示方法与符号对照表　　表 13-5

名　称	符　号	名　称	符　号
管道断面	○	锚固侧面	├──
锚固断面	⊕	连接器侧面	═
预应力筋断面	┼	连接器断面	⊙

§13-2　钢筋混凝土梁桥工程图

桥梁由上部结构(主梁或主拱圈和桥面系)、下部结构(桥台、桥墩和基础)及附属结构(栏杆、灯柱等)三部分组成。

桥梁的结构形式很多,常见到的有梁桥、拱桥、桁架桥等;采用的建筑材料有砖、石、混凝土、钢材和木材等多种。无论其形式和建筑材料如何不同,但在画图方面,均采用前面所讲的理论和方法。表示桥梁工程的图样一般可分为桥梁平面图、桥位地质断面图、桥梁总体布置图、构件图、详图等。这一节我们运用前面所学理论和方法结合桥梁专业图的图示特点来阅读和绘制梁桥工程图。

一、桥位平面图

桥位平面图主要是表示桥梁的所在位置与路线的连接情况,以及与地形、地物的关系,其画法与路线平面图相同,只是所用的比例较大。通过地形测量绘出桥位处的道路、河流、水准点、钻孔及附近的地形和地物,以便作为设计桥梁、施工定位的根据。如图 13-12 所示,为某桥的桥位平面图。除了表示路线平面形状、地形和地物外,还表明了钻孔、里程、水准点的位置和数据。

桥位平面图中的植被、水准点符号等均应以正北方向为准,而图中文字方向则可按路线要求及总目标方向来决定。

二、桥位地质断面图

桥位地质断面图是根据水文调查和地质钻探所得的资料绘制的河床地质断面图,表示桥梁所在位置的地质水文情况,包括河床断面线、最高水位线、常水位线和最低水位线,作为桥梁设计的依据,小型桥梁可不绘制桥位地质断面图,但应写出地质情况说明。地质断面图为了显示地质与河床深度变化情况,特意把地形高度(标高)的比例较水平方向比例放大数倍画出。如图 13-13 所示,地形高度的比例采用 1:200,水平方向比例采用 1:500。

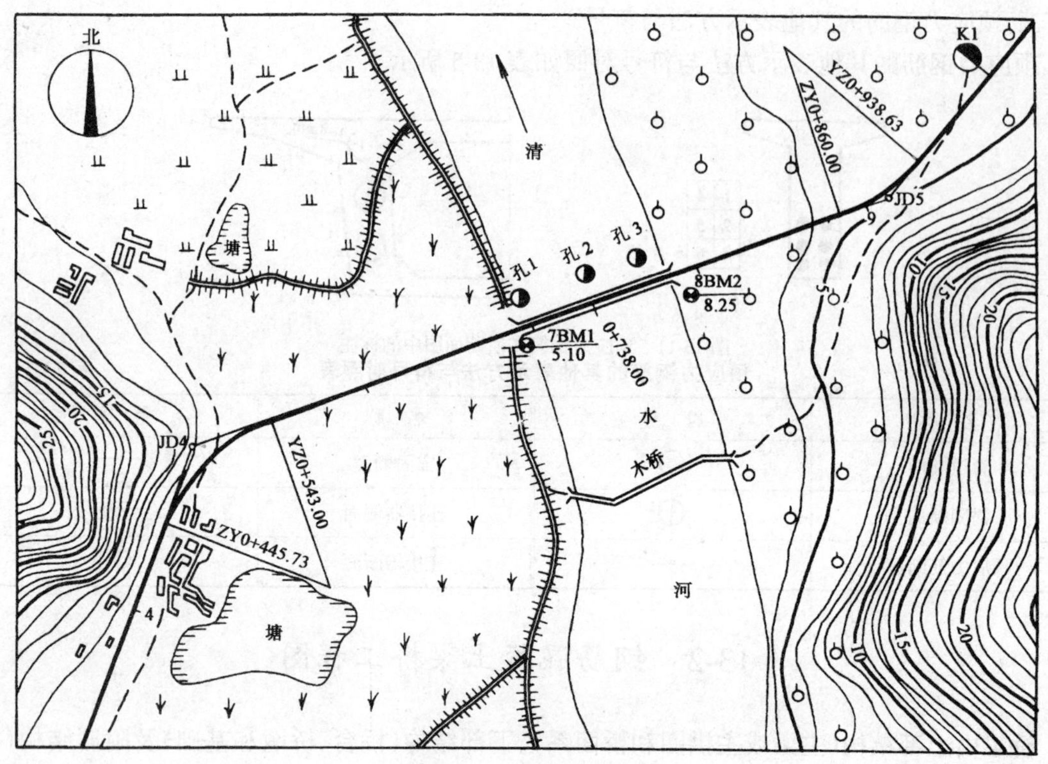

图 13-12　某桥位平面图

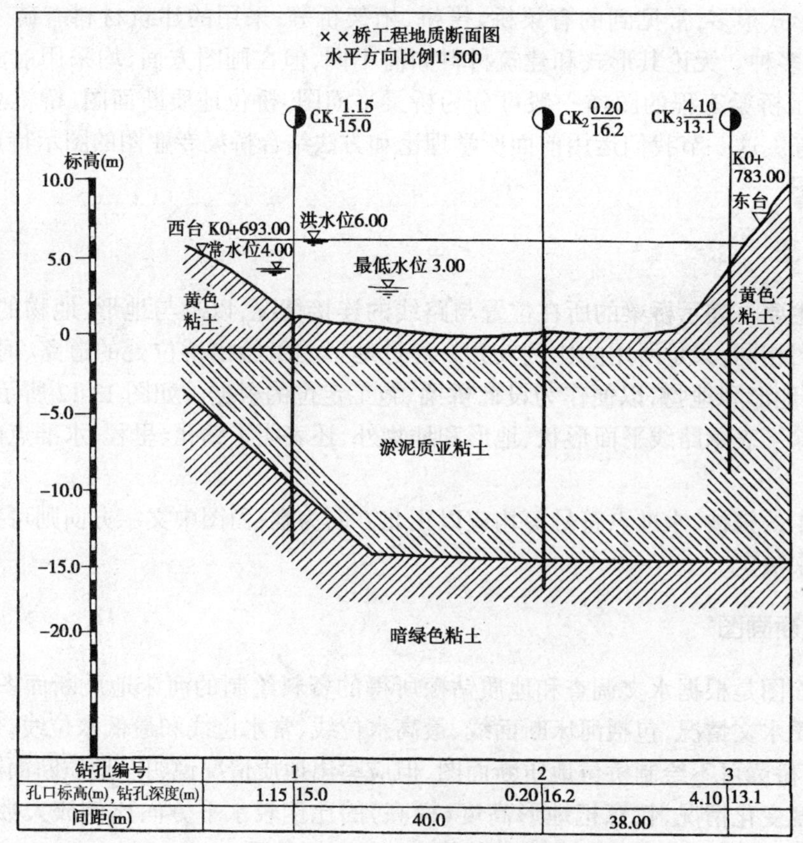

钻孔编号	1		2		3	
孔口标高(m),钻孔深度(m)	1.15	15.0	0.20	16.2	4.10	13.1
间距(m)	40.0		38.00			

图 13-13　桥位地质断面图

三、桥梁总体布置图

桥梁总体布置图主要表明桥梁的形式、跨径、孔数、总体尺寸、各主要部分的相互位置关系及标高、材料数量和总的技术说明等。桥梁总体布置图中还应表明桥位处的地质及水文资料和桥面设计标高、地面标高、纵坡及里程桩号，作为施工时确定墩台位置、安装构件和控制标高的依据。

如图 13-14 所示为总长度 68m 的立交匝道桥，其上部结构为四孔 16m 的钢筋混凝土空心板，下部结构为双柱式墩台、桩基础。该匝道桥与二级专用路夹角 80°，其交点中心桩号为匝道 K0+310.024，二级专用路正线桩号为 K11+930。本图采用比例：立面及平面图 1:300；横断面 1:50。

1. 立面图

由于该桥为斜桥，立面图采用与斜桥纵轴线平行方向的剖面投影来表示。桥跨径、耳墙长度均采用立面图中的斜投影尺寸，但墩台的宽度仍采用正投影尺寸。该桥第一、四孔局部位于曲线范围，其立面采用平行于平面图的直线部分，以桥面中心线展开绘制，展开后的桥墩、台间距即为跨径的长度，如图中跨径长度 1 600cm，方便了施工放样。本图中略去了曲线超高投影线的绘制。从立面图上可以反映本桥的特征及桥型，即四孔跨径 16m 的简支板桥，跨越一条河流及一条二级专用路，从左往右桥面呈坡状上升。两端桥台为双柱式轻型桥台，中间三个墩均为双柱式桥墩，全部为直径 120cm 的桩基础，除右桥台墩柱直径采用 120cm 与桩基同直径外，其余墩台柱径均为 110cm。①、②、④号台、墩双柱设有矩形横系梁，柱顶盖梁采用端部变薄的矩形截面，并在盖梁两端设有防震挡块，防止落梁。按照道路工程制图习惯，桩基部分埋入土体，故画虚线表示。同时画出了锥坡砌石示意及锥坡浆砌片石坡角基础，还画出了桥台后搭板及砂垫层材料符号。

在立面图左侧设有标高比例尺(以 m 为单位)，便于绘图时进行参考和对照各部分标高尺寸，方便读图和校核。

立面图还反映了河床地质断面、水文及地面构造物情况，根据标高尺寸可以知道，桩基和各墩、台、横系梁、锥坡基础的埋置深度及桩、柱的长度，对地面几个特征高程如河床底标高、二级专用路面顶标高及桥下净空也给予表达。图的上方还把桥梁两端的里程桩号标注出来，以便读图及施工放样之用。

2. 平面图

由于该桥为斜桥，其平面图为主要视图，表明了水流方向、斜交角度、桥面宽度及各结构布局。对照横剖面图可以看出，桥面行车道宽净 7.5m，两边各设有宽 50cm 的防撞护栏。注意到附注 4 说明，第一、四孔位于缓和曲线上，故桥外侧超高，使路中心线与桥中心线不重合，按要求纵剖面沿桥中心线进行剖切。由于比例较小，平面图上护栏顶部钢管横梁及扶手弯板未有画出。

本图的特点是从左往右采用分段揭层画法来表达。

左半部分表现了半个桥的桥面及行车系的布置，右半个部分采用折断线假想切开桥面部分，移去上部结构，可以看到④号墩的盖梁及柱的布置情况。⑤号台的台帽、耳墙及桩基的布置也亦表达清楚。

左侧桥头设有斜圆锥坡，右侧桥头未设锥坡，可以看出该桥与二级专用路及新改河道夹角 80°，河道右岸边坡 1:1，左岸紧靠净宽 11m 的二级专用路，并设有面坡 1:0.25 的挡土墙，墙顶宽 95cm。对照立面图，二级专用路位于匝道桥的第二孔，改河河道位于第三孔，河底宽 16m。

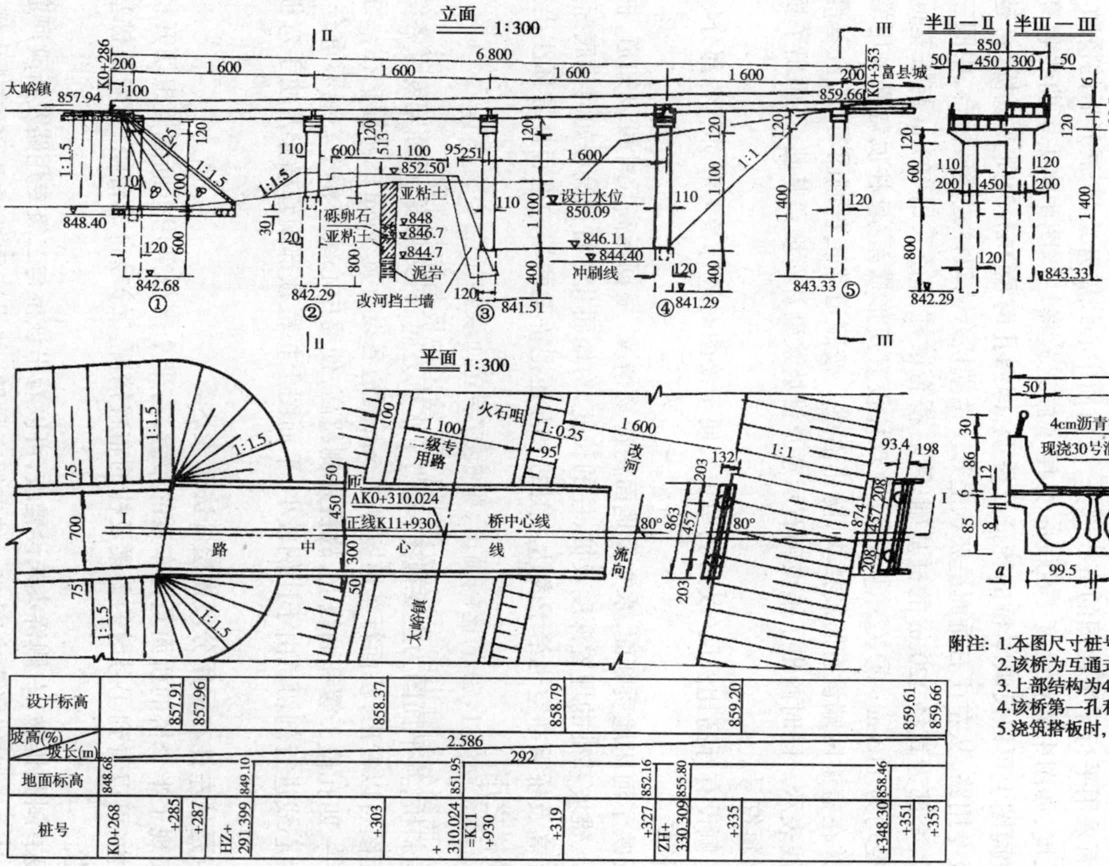

尺寸表

位置＼符号	B	B_1	a	i_1	i_2
1号台	850	450	25	0.02	0.02
2号墩	850	450	25	0.02	0.02
3号墩	850	450	25	0.02	0.02
4号墩	852	452	25	0.024	0.01
5号台	861	461	25	0.041	-0.026

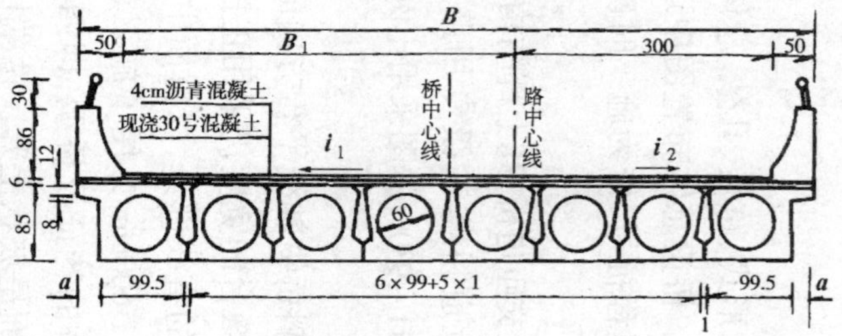

附注：1.本图尺寸桩号标高以m计，余均以cm计。
2.该桥为互通式立交匝道A桥，设荷载为汽车-20级、挂车-100。
3.上部结构为4~16m钢筋混凝土空心板，下部结构为双柱式墩台桩基础。
4.该桥第一孔和第四孔位于缓和曲线上，行车道板等宽，平曲线防护栏调整。
5.浇筑搭板时，须将地基压实度93%以上进行。

图 13-14 桥梁总体布置图

3．横剖面图

是由半 II—II 和半 III—III 剖面图合并而成，由于路中心与桥中心未重合，故采用路中心为半剖中心线，而事实上以该中心线为轴并不对称，这仅是为了表达上方便而已，也是一种习惯画法。另外由于该桥为坡桥，II—II、III—III 剖切位置处桥面高程不同，故横剖面图中，桥面高程错位画出。

从图中可以看出桥面总宽、净宽尺寸及桥面铺装，桥两边防撞护栏的断面形状及该桥跨部分板梁的断面。梁由八片板组成，由于比例较小，对板空心部分圆截面没有示出，以便清晰简洁。为施工方便，采用较大比例(1:50)另外画出钢筋混凝土空心板上桥面铺装层的断面。

4．数据资料表

为施工放样及工程控制需要，总体布置图中还应附数据表，反映各主要控制点的设计标高、坡度、坡长、地面标高及桩号。

可以看出，本桥纵坡 2.586%，坡长 292m，其地面最低点 848.68m，相应桩号 K0 + 268；最高点 858.46m，相应桩号 K0 + 384.30。桥面设计高在左桥头为 857.91m，右桥头为 859.66m。该桥起点 K0 + 285；终点 K0 + 353。从资料表中桩号一栏里得知 HZ(K0 + 291.399)位于桥第一孔，ZH(K0 + 330.309)位于桥第三孔，即该桥第一孔和第四孔位于缓和曲线上，桥跨中部分为直线，两边各插入缓和曲线。由于本桥是立交匝道桥，弯道半径一般较小，曲线段应设超高。设置超高使弯道上路中心线内移，在桥面等宽时，路中心线向弯道内侧内移一定距离，因而使路中心线与桥中心线不重合。

四、构件结构图

为了进行制作施工，还必须根据总体布置图采用较大的比例画出构件结构图。如主梁结构图、桥台结构图、桥墩图、桩基图和防撞护栏图等，构件结构图的常用比例为 1:10 ~ 1:50。

当构件的某一局部在构件中不能清晰完整地表达时，还应采用更大的比例，如1:3 ~ 1:10 等画出局部详图。

1．主梁结构图

1)预制板梁一般构造图

如图 13-16 所示，为斜角 10°、跨径 16m 的预制空心板梁一般构造图。

其图示特点是立面以 1:50 的比例画出，中板的半立面表达了空心板梁的高、长及理论支承线的位置。平面图分别画出中板、边板的半平面，给出中板与边板的宽度及倾斜角，侧面同时画出中板、边板的断面形状，为表达清晰，平面及侧面采用 1:20 的比例画出，使各细部构造得以完整表达。

2)预制板梁钢筋构造图

由于中梁与边梁从一般构造上形状不同，故钢筋构造图也会有不同，分别有中板钢筋构造图和边板钢筋构造图。如图 13-15 所示为中梁预制板的钢筋结构图，这里仅以中板为例说明钢筋结构图的图示特点和图示内容。

图示特点：在投影图处理上，采用 I—I 剖面即板梁侧面钢筋骨架作为立面视图，用半V—V 和半 IV—IV 剖面的合成图作为平面视图。由于板梁较长，中间段采用折断画法，为保证长度对正，立面和平面用同一比例。由于 IV—IV、V—V 剖面的剖切位置不同，在中间段折断处，为保证各纵横向钢筋的对应，产生了 IV—IV 与 V—V 剖面图形不等宽的现象。侧面视图则采用 II—II、III—III 剖面图取代，并用较大比例画出，为方便施工画出了每根钢筋的大样图(即钢筋

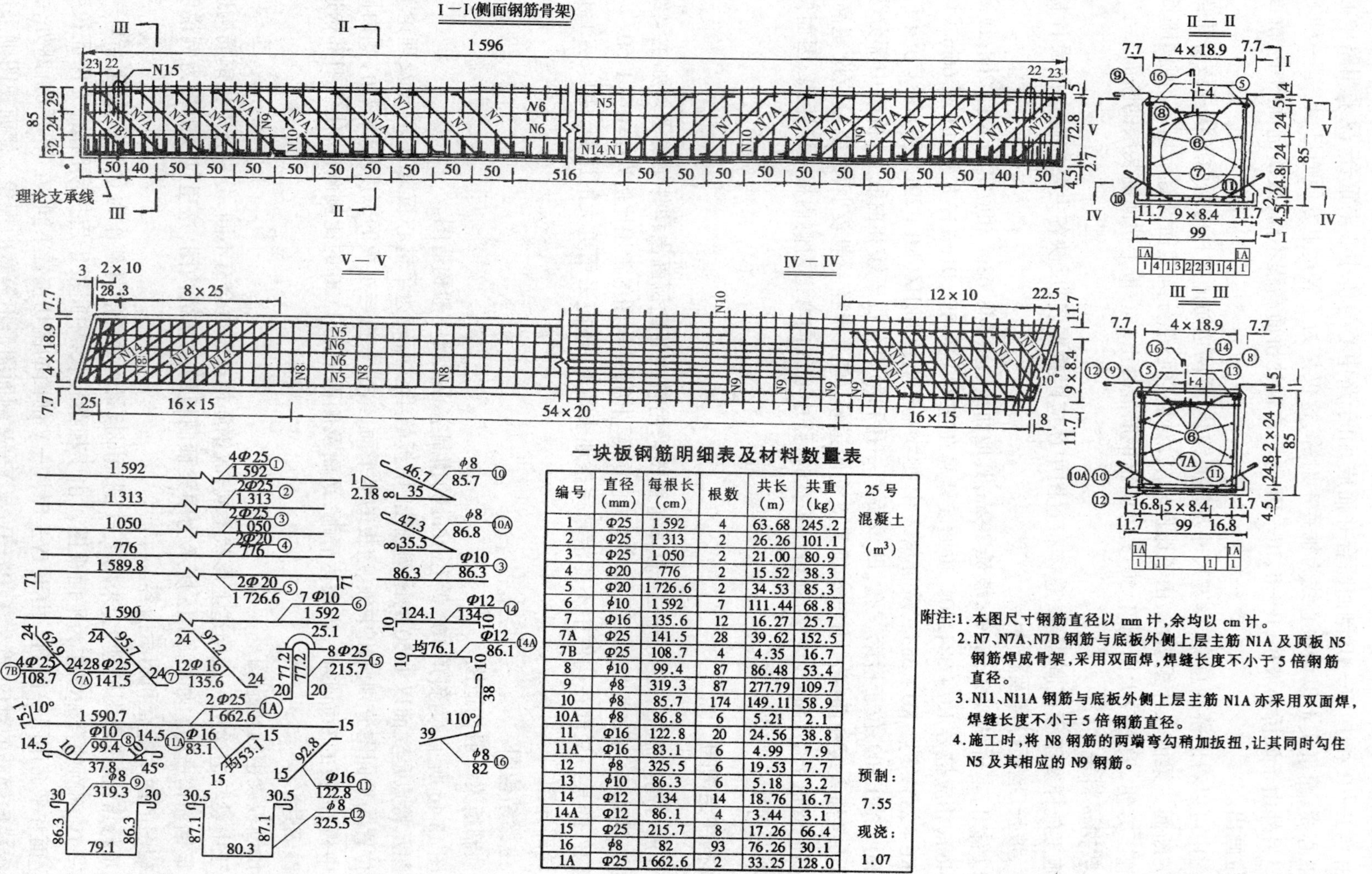

一块板钢筋明细表及材料数量表

编号	直径 (mm)	每根长 (cm)	根数	共长 (m)	共重 (kg)	25号混凝土 (m³)
1	Φ25	1 592	4	63.68	245.2	
2	Φ25	1 313	2	26.26	101.1	
3	Φ25	1 050	2	21.00	80.9	
4	Φ20	776	2	15.52	38.3	
5	Φ20	1 726.6	2	34.53	85.3	
6	φ10	1 592	7	111.44	68.8	
7	Φ16	135.6	12	16.27	25.7	
7A	Φ25	141.5	28	39.62	152.5	
7B	Φ25	108.7	4	4.35	16.7	
8	φ10	99.4	87	86.48	53.4	
9	φ8	319.3	87	277.79	109.7	
10	φ8	85.7	174	149.11	58.9	
10A	φ8	86.8	6	5.21	2.1	
11	Φ16	122.8	20	24.56	38.8	
11A	Φ16	83.1	6	4.99	7.9	
12	φ8	325.5	6	19.53	7.7	预制:
13	φ10	86.3	6	5.18	3.2	
14	Φ12	134	14	18.76	16.7	7.55
14A	Φ12	86.1	4	3.44	3.1	
15	Φ25	215.7	8	17.26	66.4	现浇:
16	φ8	82	93	76.26	30.1	
1A	Φ25	1 662.6	2	33.25	128.0	1.07

附注:1.本图尺寸钢筋直径以 mm 计,余均以 cm 计。

2.N7、N7A、N7B 钢筋与底板外侧上层主筋 N1A 及顶板 N5 钢筋焊成骨架,采用双面焊,焊缝长度不小于 5 倍钢筋直径。

3.N11、N11A 钢筋与底板外侧上层主筋 N1A 亦采用双面焊,焊缝长度不小于 5 倍钢筋直径。

4.施工时,将 N8 钢筋的两端弯勾稍加扳扭,让其同时勾住 N5 及其相应的 N9 钢筋。

图 13-15　板梁钢筋构造图

成型图),另附一块板钢筋明细表及材料数量表和有关需要说明的事项即附注。

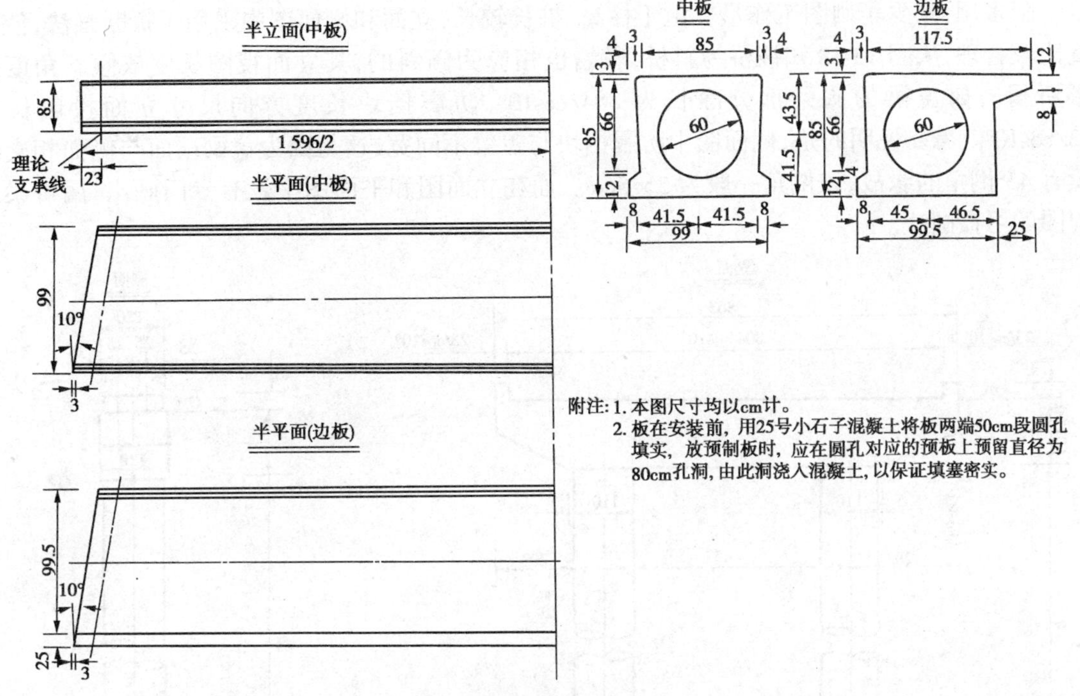

图 13-16 预制板一般构造图

图示内容:空心板梁的中板,其底板纵向主筋为①、①A、②、③、④号均为二级钢筋,除④号筋直径为Φ 20mm,余均为Φ 25mm,⑥号筋为侧面纵向主筋,顶面纵向主筋均为⑤、⑥号筋。⑦、⑦A、⑦B号筋为承受剪力的斜筋,也属受力筋。⑧、⑨号均为分布筋及箍筋。由于该桥为斜桥,故⑪、⑪A、⑭、⑭A号筋是为加强斜角处的构造筋(顶板斜向锐角、底板斜向钝角),⑫、⑬号筋是板顶面、底面两端各三根与板斜边平行的箍筋及分布筋。⑩、⑩A号为加强板梁与板梁之间的横向联系而设的铰接预埋筋(参见板铰缝构造图,如图 13-17 所示)。⑮号筋为安装起吊预埋的吊环钢筋。⑯号筋为与桥面铺装钢筋扭结增加整体性并防止收缩裂缝的预埋钢筋。各钢筋的组装定位尺寸一律以钢筋中心线进行标注。

钢筋明细表及材料数量表具有两个功能,一是将各号钢筋按序排列,表明各钢筋的直径、规格及长度、根数,以便与钢筋结构图对照校核;二是为计算工程数量,以便安排生产、材料供应及作为确定工程造价的依据。

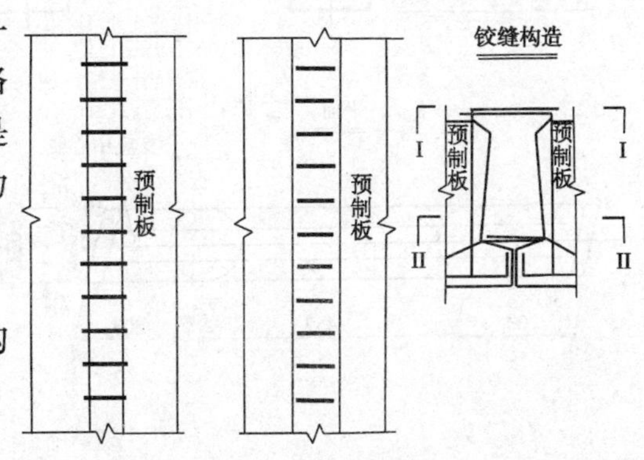

图 13-17 板梁铰缝构造图

2. 桥墩图

桥墩是桥梁的下部结构,它仍然是由一般构造图和钢筋结构图两部分组成。

1)一般构造图

如图 13-18 所示为某桥双柱式轻型桥墩的一般构造图,从图中可以看出,桥墩由墩帽、防震挡块、柱、桩、系梁等几部分组成。采用 1:100 的比例画出了立面、平面和侧面三个视图,由于 2、3、4 号墩均为同一形式,故尺寸标注以尺寸数值与尺寸表并用的方式,其中 A、B、C 分别表示桩尖、桩顶和盖梁顶的标高，h、L 分别为墩柱高和桩长度，这些数值均可从尺寸表中查得，使得一图多用，减少了制图工作量。由于柱高、桩长较长，立面和侧面图中采用了折断画法，使布置比较合理，从图 13-18 知该桥为斜桥，墩帽也相应为倾斜的，其立面视图长度依倾斜角度投影所得。如盖梁的搁梁部分净长为 804/cos10°，防震挡块长度方向尺寸立面投影长为 23/cos10°。需要说明的是，侧面图中防震挡块与盖梁不同宽，这是因为盖梁顶面与侧面相交处设有 45°倒角的缘故，该倒角一般为 5×5cm。而在立面图和平面图中没有专门画出，属桥梁工程图的习惯画法。

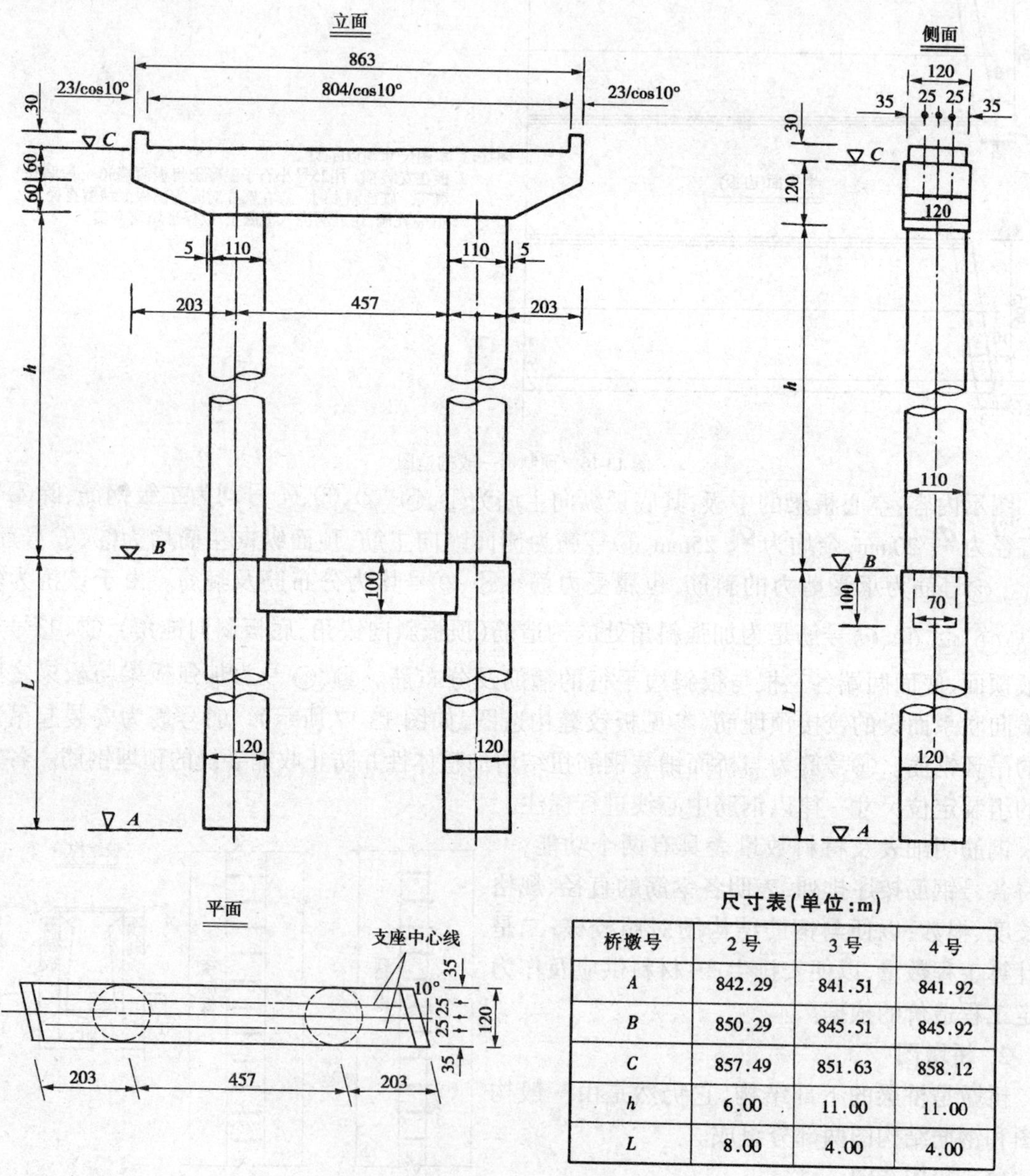

尺寸表(单位:m)

桥墩号	2号	3号	4号
A	842.29	841.51	841.92
B	850.29	845.51	845.92
C	857.49	851.63	858.12
h	6.00	11.00	11.00
L	8.00	4.00	4.00

图 13-18　某桥双柱式轻型桥墩的一般构造图

2)墩帽钢筋结构图

如图 13-19 所示为上述桥墩的墩帽钢筋构造图，由于墩帽结构左右对称，图中采用半立面

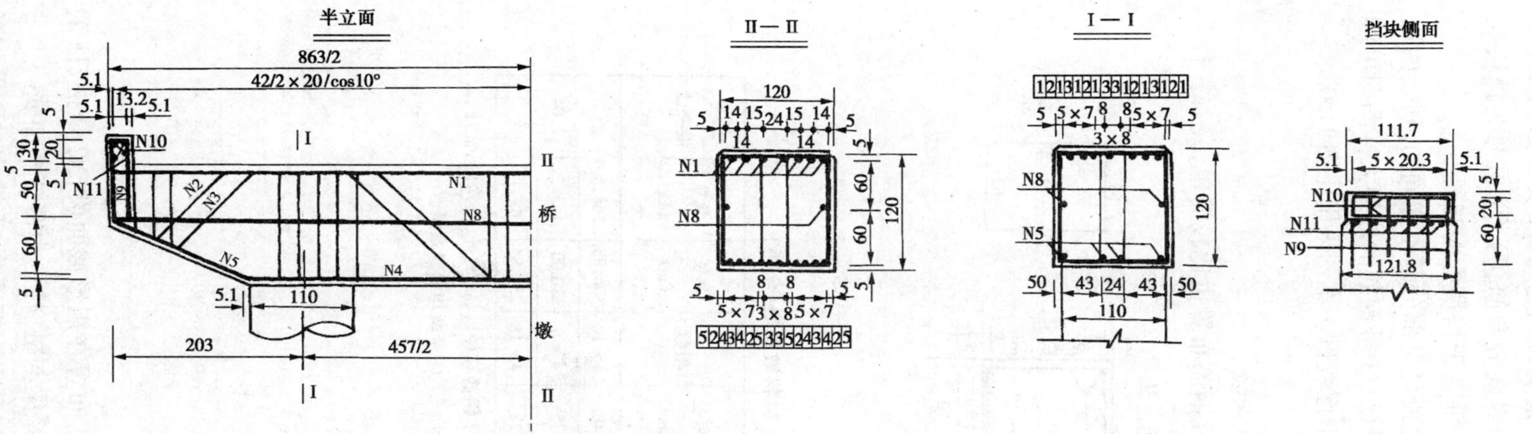
半立面
II—II
I—I
挡块侧面
桥
墩
中
心
半平面
墩帽中心线

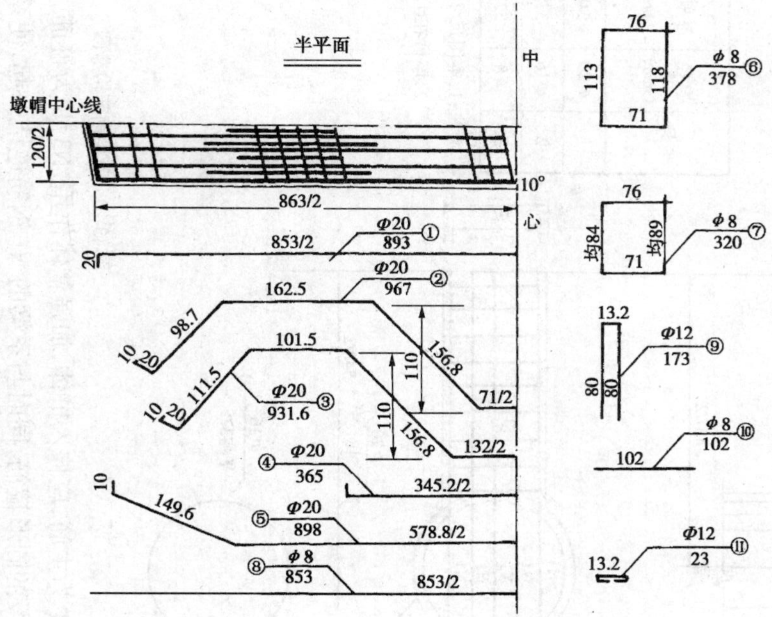

一个墩材料数量表

编号	直径（mm）	每根长（cm）	根数	共长（m）
1	Φ20	893	8	74.11
2	Φ20	967	4	38.68
3	Φ20	931.6	4	37.26
4	Φ20	365	4	14.60
5	Φ20	898	4	35.92
6	ϕ8	378	58	219.24
7	ϕ8	320	28	89.60
8	ϕ8	853	2	17.06
9	Φ12	173	12	20.76
10	ϕ8	102	8	8.16
11	Φ12	23	12	2.76

材料表（一个墩）

直径（mm）	共长（m）	共重（kg）	25号混凝土（m^3）
Φ20	200.57	495.4	11.57
Φ12	23.52	20.9	
ϕ8	334.06	132.0	
合计		648.3	

附注：1.本图尺寸除钢筋直径以 mm 计，余均以 cm 计。

2.7 号钢筋长度为其平均值，不作为施工长度。

图 13-19　墩帽钢筋构造图

和半平面及 I—I、II—II 两个断面表示该结构的钢筋布置情况，为说明防震挡块的钢筋布置，另外画出挡块侧面，使图形表达更为清晰。

从图中可以看出，①、②、③、④、⑤号 Φ 20 筋均为受力钢筋，⑥、⑦号 $\phi 8$ 为双肢箍筋，其间距从半立面图中尺寸和 42/2×20/cos10°可以读出，⑧号为纵向分布筋，⑨、⑩、⑪号为挡块处构造钢筋，⑨号 Φ 12 竖直布置，⑩号 $\phi 8$ 水平布置，⑪ Φ 12 垂直于挡块方向布置。

半平面图中，采用了剖面图画法，N2、N3 的投影长度在柱顶可见部分是不相同的，其余两边因埋入混凝土而不可见未反映出来，读图时，可对照立面图及②、③号钢筋的成型大样图即可读懂。此外，图中还附有材料数量表包括一个墩及全桥的墩帽工程数量。本图采用比例 1:50。

3)系梁钢筋构造图

对照图 13-14，全桥中系梁仅在①、②、④号墩设置，其余未设。

如图 13-20 所示，系梁一般构造为矩形断面比较简单，故钢筋布置也比较简单，只有三种

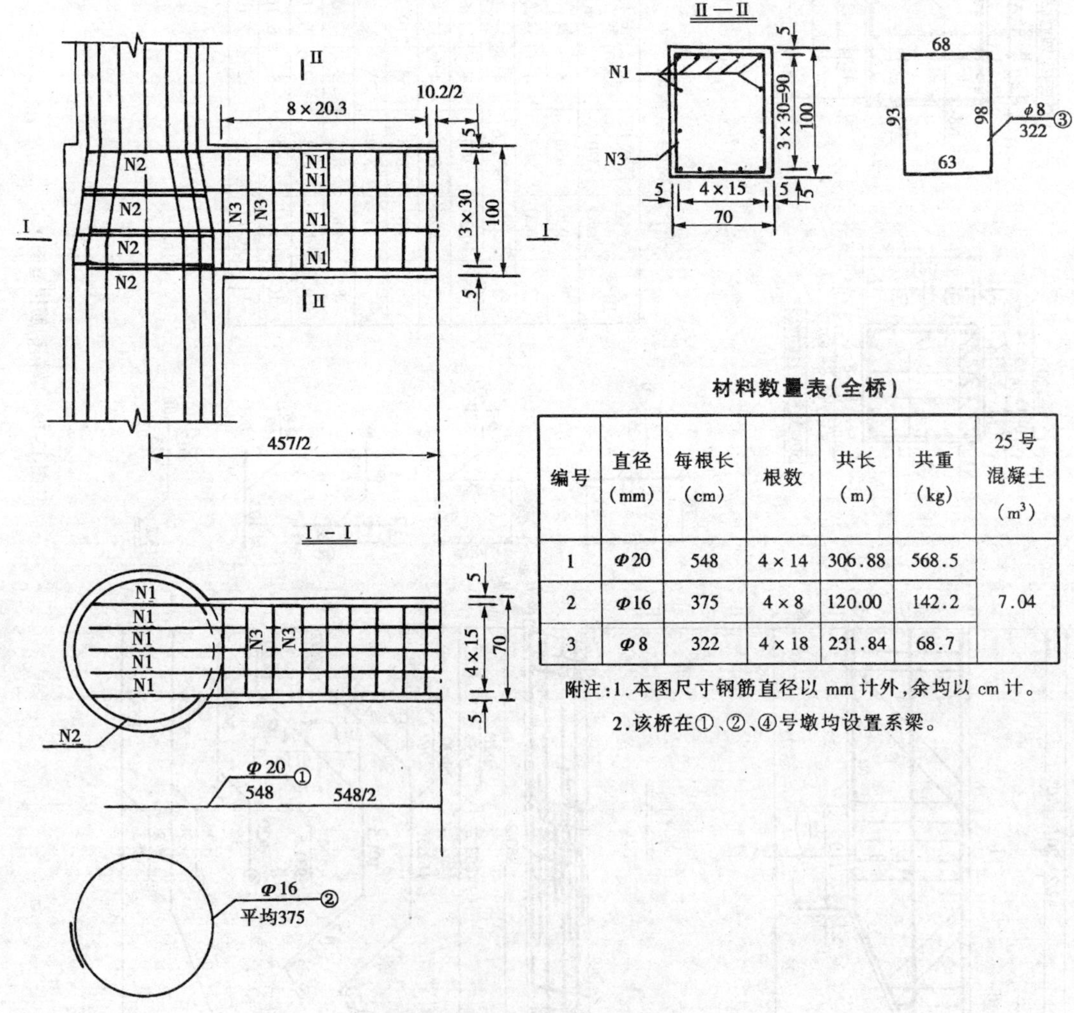

材料数量表(全桥)

编号	直径(mm)	每根长(cm)	根数	共长(m)	共重(kg)	25号混凝土(m^3)
1	Φ20	548	4×14	306.88	568.5	7.04
2	Φ16	375	4×8	120.00	142.2	
3	Φ8	322	4×18	231.84	68.7	

附注：1.本图尺寸钢筋直径以 mm 计外，余均以 cm 计。
2.该桥在①、②、④号墩均设置系梁。

图 13-20 系梁钢筋构造图

钢筋，N1 为主筋，应伸入桩体，加强整体作用，N3$\phi 8$ 为箍筋，布置在矩形截面段，N2 是桩、柱钢筋变化段的圆形箍筋，同时与系梁的 N1 钢筋连结一起，使系梁与桩、柱更为密结和加强。

该图采用折断画法，用断裂线去掉柱、桩大部，只留下与系梁连接部分，因结构对称采用半

个立面和Ⅰ—Ⅰ、Ⅱ—Ⅱ剖面，并按正投影三视图关系配置，加上材料数量表，表达比较简洁、清晰。

4)桥墩基桩钢筋构造图

如图13-21所示，由于系梁钢筋已在图13-20中表达清楚，故在本图中略去系梁，突出桥墩柱、桩的钢筋布置，其中①、②分别为柱、桩的主筋，③、④为柱、桩的定位箍筋，⑤、⑥为柱、桩的螺旋分布筋，⑦为钢筋骨架定位筋。

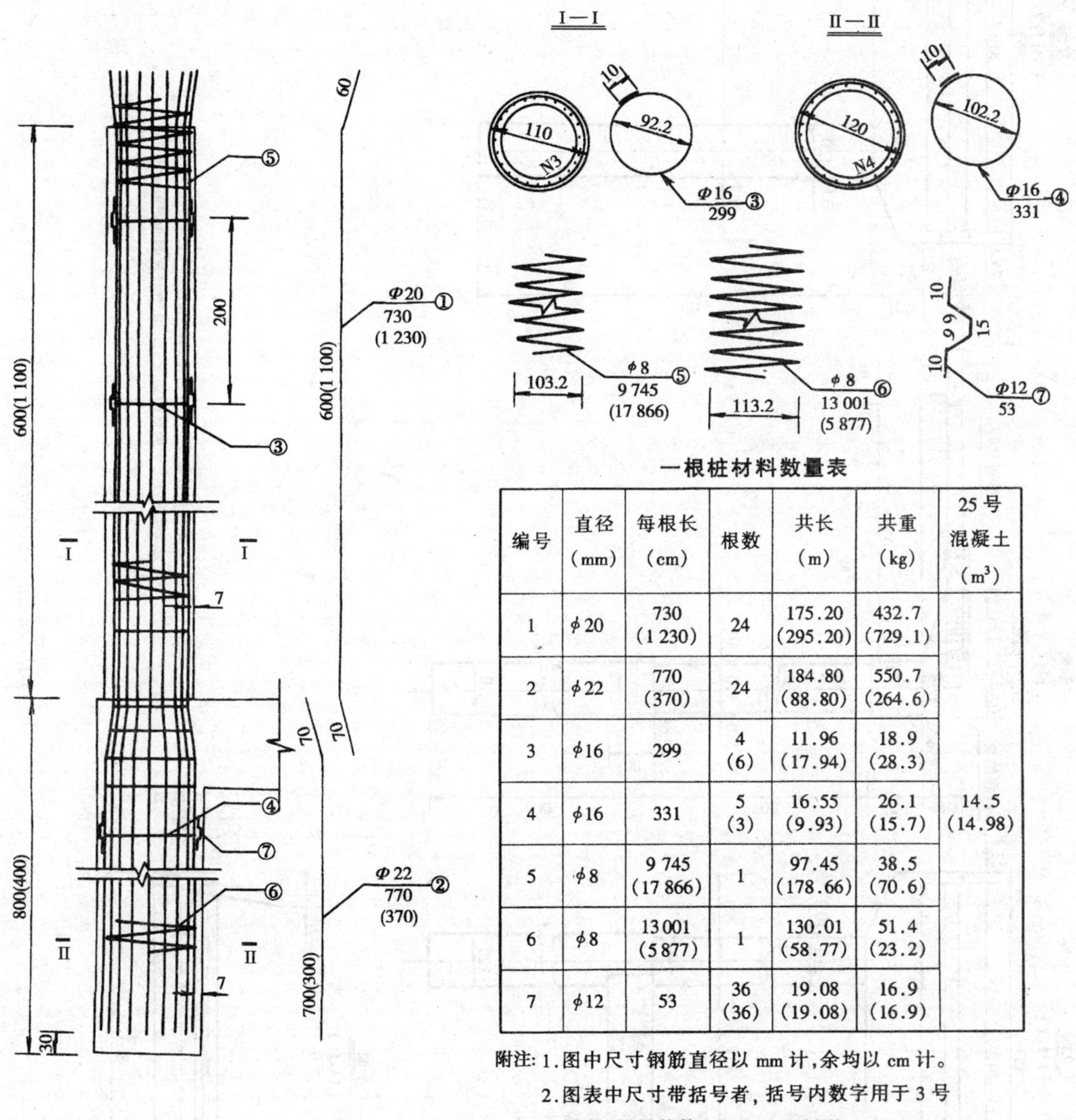

一根桩材料数量表

编号	直径(mm)	每根长(cm)	根数	共长(m)	共重(kg)	25号混凝土(m^3)
1	φ20	730 (1 230)	24	175.20 (295.20)	432.7 (729.1)	
2	φ22	770 (370)	24	184.80 (88.80)	550.7 (264.6)	
3	φ16	299	4 (6)	11.96 (17.94)	18.9 (28.3)	
4	φ16	331	5 (3)	16.55 (9.93)	26.1 (15.7)	14.5 (14.98)
5	φ8	9 745 (17 866)	1	97.45 (178.66)	38.5 (70.6)	
6	φ8	13 001 (5 877)	1	130.01 (58.77)	51.4 (23.2)	
7	φ12	53	36 (36)	19.08 (19.08)	16.9 (16.9)	

附注：1.图中尺寸钢筋直径以mm计，余均以cm计。

2.图表中尺寸带括号者，括号内数字用于3号桥墩，括号外数字用于2号桥墩。

3.定位筋⑦号钢筋每隔2m沿圆圈等间距布设4根。

图13-21 桥墩基桩钢筋构造图

该图用一个立面图和Ⅰ—Ⅰ、Ⅱ—Ⅱ两个断面即已表达清楚。断面图中钢筋采用了夸张的画法，即N3与N5、N4与N6间距适当拉大画出。由于该图对2、3、4号墩通用，所以尺寸数字标注上采用圆括号加以区别，从附注第2条可知，括号内数字用于3、4号桥墩，括号外数字用于2

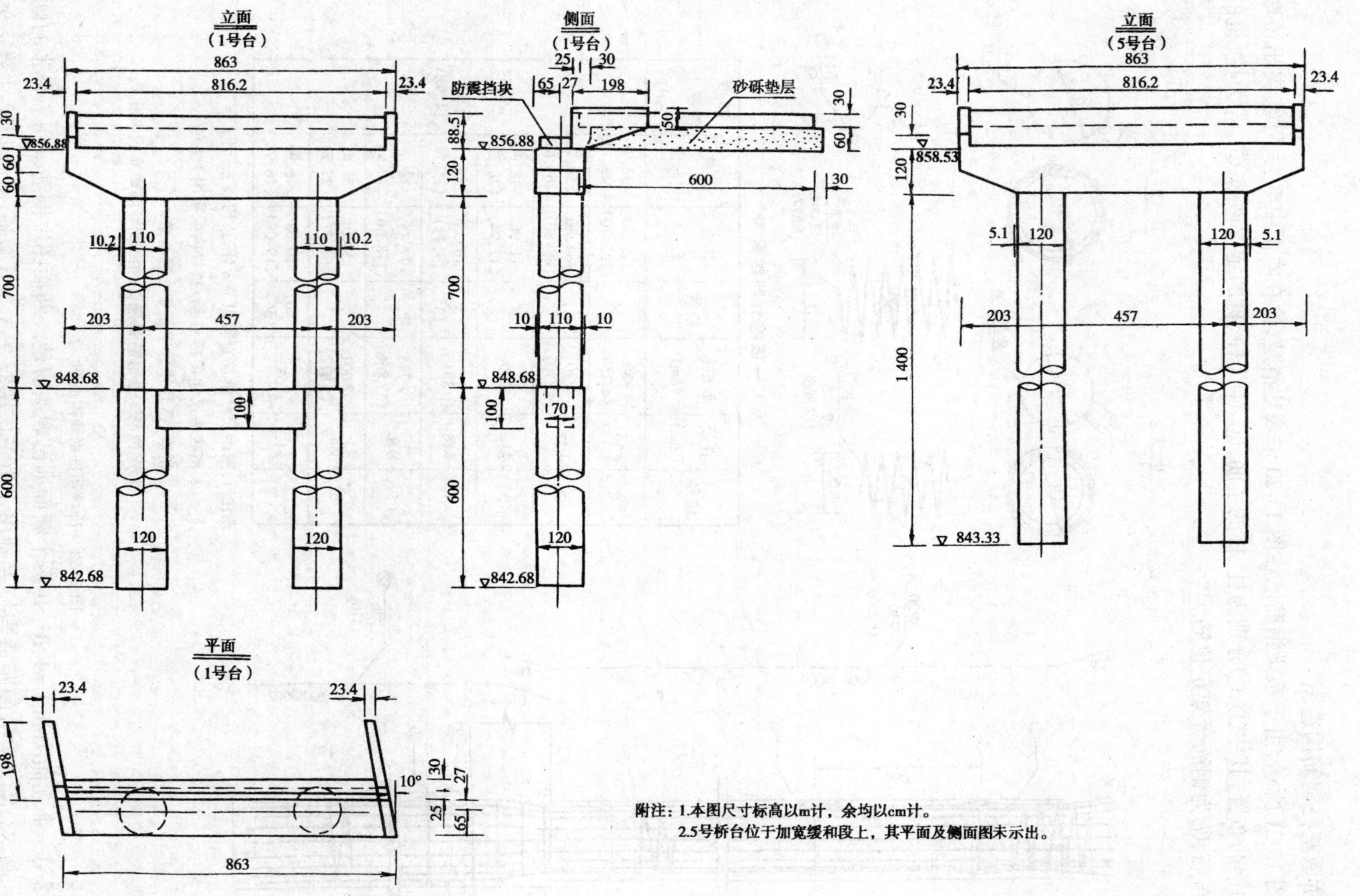

图 13-22 桥台的一般构造图

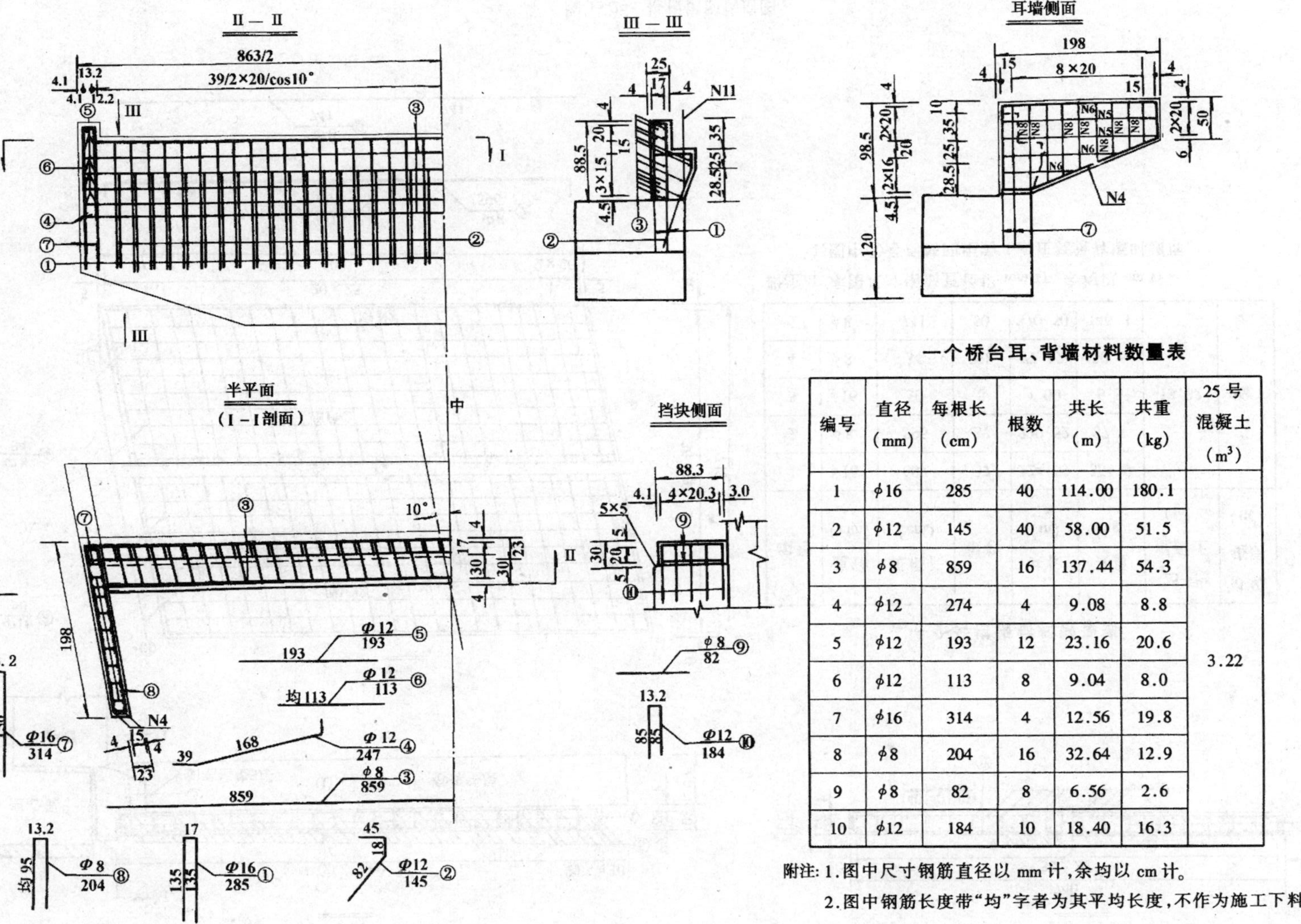

一个桥台耳、背墙材料数量表

编号	直径（mm）	每根长（cm）	根数	共长（m）	共重（kg）	25号混凝土（m^3）
1	φ16	285	40	114.00	180.1	3.22
2	φ12	145	40	58.00	51.5	
3	φ8	859	16	137.44	54.3	
4	φ12	274	4	9.08	8.8	
5	φ12	193	12	23.16	20.6	
6	φ12	113	8	9.04	8.0	
7	φ16	314	4	12.56	19.8	
8	φ8	204	16	32.64	12.9	
9	φ8	82	8	6.56	2.6	
10	φ12	184	10	18.40	16.3	

附注：1.图中尺寸钢筋直径以 mm 计，余均以 cm 计。

2.图中钢筋长度带"均"字者为其平均长度，不作为施工下料长。

图 13-23 耳墙、背墙钢筋结构图

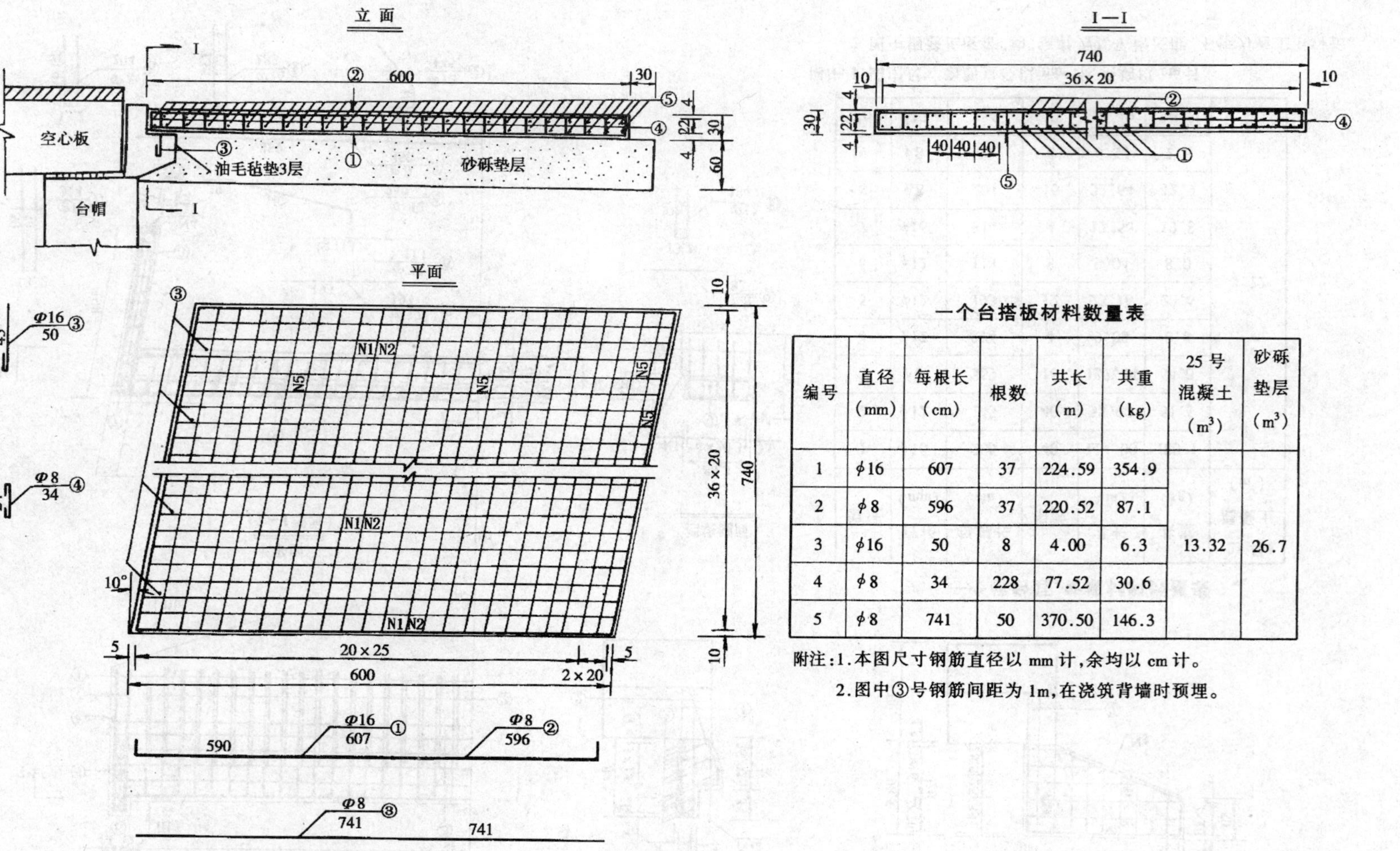

一个台搭板材料数量表

编号	直径 (mm)	每根长 (cm)	根数	共长 (m)	共重 (kg)	25号混凝土 (m^3)	砂砾垫层 (m^3)
1	φ16	607	37	224.59	354.9		
2	φ8	596	37	220.52	87.1		
3	φ16	50	8	4.00	6.3	13.32	26.7
4	φ8	34	228	77.52	30.6		
5	φ8	741	50	370.50	146.3		

附注：1.本图尺寸钢筋直径以 mm 计，余均以 cm 计。

2.图中③号钢筋间距为 1m，在浇筑背墙时预埋。

图 13-24　搭板钢筋构造图

号桥墩。

3．桥台图

桥台与桥墩一样同属桥梁的下部结构，一方面支承板梁；另一方面承受桥头路堤填土的水平推力。如图 13-22 所示为某桥采用的双柱式轻型桥台的一般构造图，采用比例 1∶100。从图上可以看出，其一般结构除与前面图 13-18 所示桥墩类似外，台帽部分增加了耳墙和背墙以及桥头搭板，故其钢筋构造图除了与前面桥墩一样的台帽、柱、桩钢筋图外，还应有耳墙和背墙以及桥头搭板的钢筋构造图。此外，与图 13-18 一样，台帽顶棱 45°。倒角使侧面图上防震挡块与台帽不同宽，为表达清楚简洁，在平面图、立面图上将这部分内容不再单独画出。

1)耳墙、背墙钢筋结构图

如图 13-23 所示为某桥桥台的耳墙、背墙钢筋结构图。该图以桥台中心线为对称轴，平面图采用了 I—I 剖面图，且只画一半，立面用 II—II 剖面图来表示，侧面图用 III—III 剖面图描述背墙及牛腿钢筋构造，同时给出耳墙及防震挡块侧面的配筋图，从图中可以看出①、③为背墙钢筋，②为牛腿配筋，④、⑤、⑥、⑦、⑧为耳墙配筋，⑨、⑩为防震挡块的配筋。需要说明一点的是，半平面图(I—I 剖面)中水平向的虚线是牛腿后下部分与台帽交线的水平投影，不可见故画虚线。N11 为预埋的台后搭桥锚固钢筋，其材料数量计入搭板，故此处未列入桥台耳、背墙材料数量表，可详见搭板钢筋图(如图 13-24 所示)。

2)搭板钢筋构造图

桥台后搭板是为了防止跳车而设的一种结构物，图 13-24 是某桥搭板钢筋构造图。立面图处理上，除画出搭板正面外，还画出台帽、牛腿及空心板梁的一般构造局部，表明了各构件的相对位置关系，方便了读图，平面图及 I—I 剖面均采用折断断开画法。这里的 N3 即为图13-23 中的 N11 筋，虽然在两张图上钢筋编号不一样，但所表示的仍然是同一种钢筋。

§13-3 桥梁工程图的识读与绘制

一、桥梁工程图的识读

1．读图方法

(1)读桥梁工程图的基本方法是形体分析法。桥梁虽然是庞大而又复杂的建筑物，但它是由许多构件所组成，我们了解了每一个构件的形状和大小，再通过总体布置图把它们联系起来，弄清楚彼此之间的关系，就不难了解整个桥梁的形状和大小了。

(2)是由整体到局部，再由局部到整体的反复读图过程。因此，必须把整个桥梁图由大化小、由繁化简，各个击破、解决整体。

(3)运用投影规律，互相对照，弄清整体。看图的时候，决不能单看一个投影图，而是同其他投影图包括总体图或详图、钢筋明细表、说明等联系起来。

2．读图的步骤

看图步骤可按以下顺序进行：

(1)先看图纸标题栏和附注。了解桥梁名称、种类、主要技术指标、施工措施、比例、尺寸单位等。读桥位平面图、桥位地质断面图，了解桥梁的位置、水文、地质情况。

(2)看总体图。掌握桥型、孔数、跨径大小、墩台数目、总长、总高，了解河床断面及地质情况，应先看立面图(包括总剖面图)，再对照看平面图和侧面图、横剖面图等，了解桥梁的宽度、人行道的尺寸和主梁的断面形式等。如有剖、断面,则要找出剖切线位置和观察方向,以便对桥梁的全貌有一个初步的了解。

(3)分别阅读构件图和大样图,搞清构件的详细构造。各构件图读懂之后,再重来阅读总体图,了解各构件的相互配置及尺寸,直到读懂为止。

(4)看懂桥梁图,了解桥梁所使用的建筑材料,并阅读工程数量表、钢筋明细表及说明等。再对尺寸进行校核,检查有无错误或遗漏。

二、画图

绘制桥梁工程图,基本上和其他工程图一样,有着共同规律。首先是确定投影图数目(包括剖面、断面)、比例和图纸尺寸,可参考表13-6选用。

桥梁常用比例参考表

表13-6

项 目	图 名	说 明	比 例	
			常用比例	分类
1	桥位图	表示桥位及路线的位置及附近的地形、地物情况。对于桥梁、房屋及农作物等只画出示意符号	1:500~1:2000	小比例
2	桥位地质断面图	表示桥位处的河床、地质断面及水文情况,为了突出河床的起伏情况,高度比例较水平比例放大数倍画出	1:100~1:500 (高度方向比例) 1:500~1:2000 (水平方向比例)	普通比例
3	桥梁总体布置图	表示桥梁的全貌、长度、高度尺寸,通航及桥梁各构件的相互位置。 横剖面图可较立面图放大12倍画出	1:50~1:500	普通比例
4	构件构造图	表示梁、桥台、人行道和栏杆等杆件的构造	1:10~1:50	大比例
5	大样图(详图)	钢筋的弯曲和焊接、栏杆的雕刻花纹、细部等	1:3~1:10	大比例

注:1.上述1、2、3项中,大桥选用较小比例,小桥采用较大比例;

2.在钢结构节点图中,一般采用1:10、1:15、1:20的比例。

画图步骤:

1. 布置和画出各投影图的基线

根据所选定的比例及各投影图的相对位置,把它们匀称地分布在图框内,布置时要注意空出图标、说明、投影图名称和标注尺寸的地方。当投影图位置确定之后,便可以画出各投影图的基线,一般选取各投影图的中心线为基线。

2. 画出构件的主要轮廓线

以基线作为量度的起点,根据标高及各构件的尺寸画构件的主要轮廓线。

3. 画出构件的细部

根据主要轮廓从大到小画全构件的投影,注意各投影图的对应线条要对齐,并把剖面、栏杆、坡度符号线的位置、标高符号及尺寸线等画出来。

4. 加深或上墨

各细部线条画完，经检查无误即可加深或上墨，最后标注尺寸注解等。如图 13-25 所示。

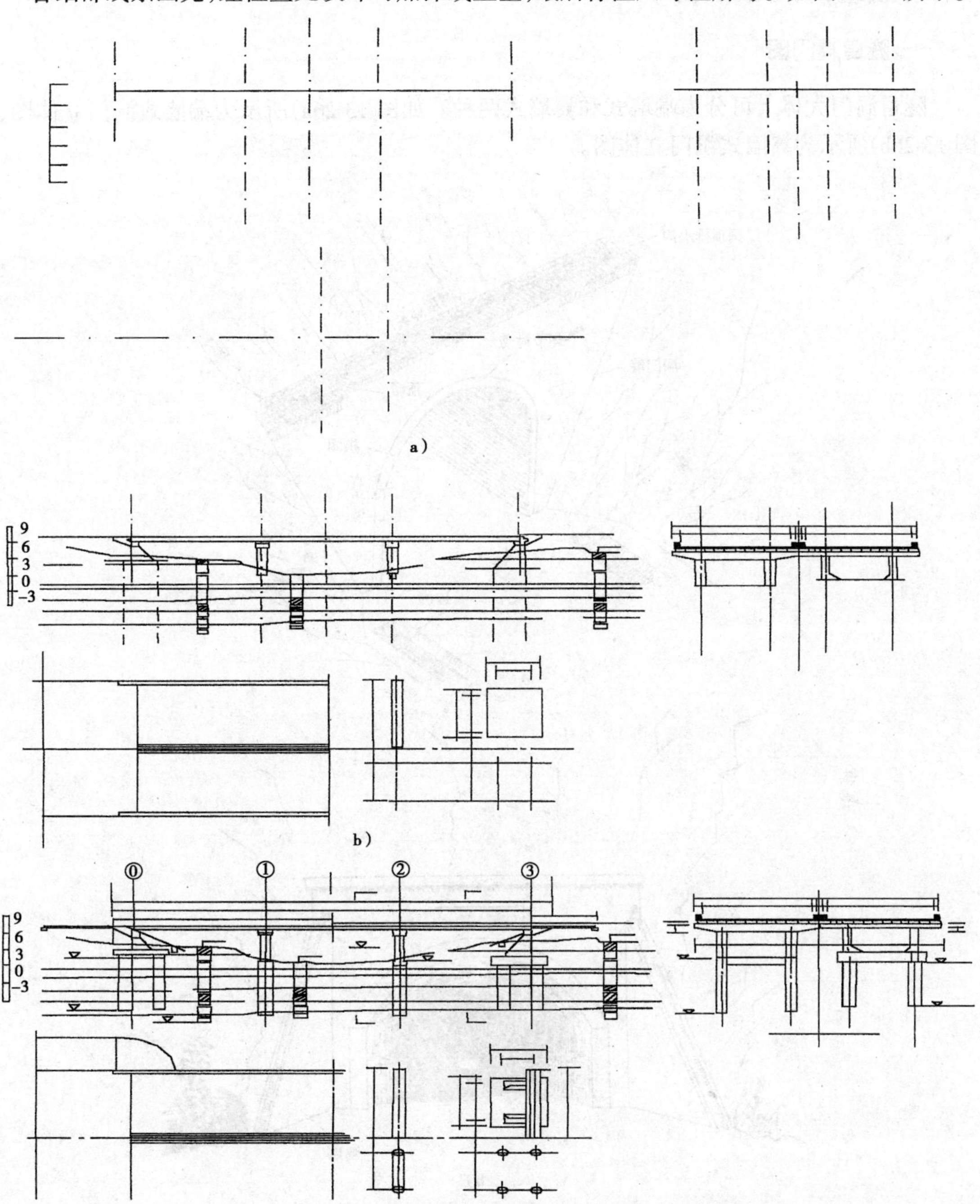

图 13-25　桥梁总体布置图的画图步骤

a)布置和画出各投影图的基线；b)画出构件的主要轮廓线；c)画出构件的细部

§13-4　隧道工程图

隧道是道路穿越山岭的建筑物，它虽然形体很长，但中间断面形状很少变化，所以隧道工程图除了用平面图表示它的位置外，它的构造图主要用隧道洞门图、横断面图(表示洞身形状和衬砌)及避车洞图等来表示。

一、隧道洞门图

隧道洞门大体上可分为端墙式和翼墙式两种。如图 13-26a)所示为端墙式洞门立体图,如图 13-26b)所示为翼墙式洞门立体图。

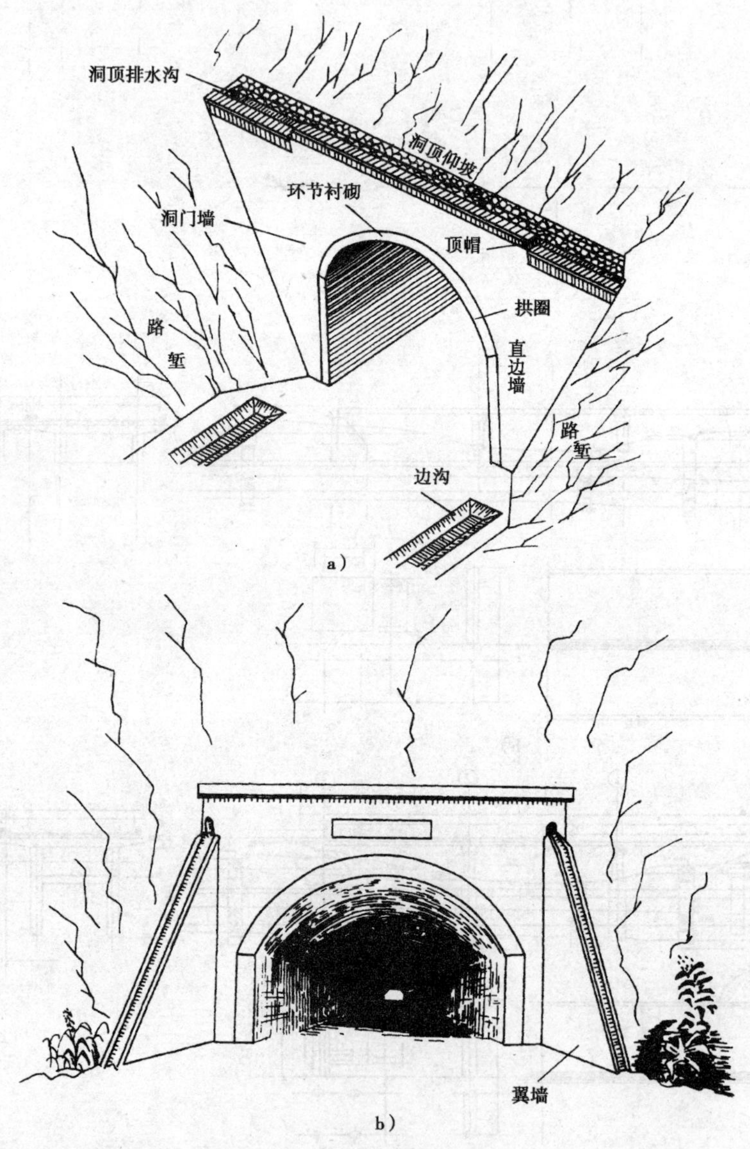

图 13-26　隧道洞门立体图

a)端墙式;b)翼墙式

如图 13-27 所示为端墙式隧道洞门三投影图。

1. 正立面图(立面图)

正立面图是洞门的正立面投影,不论洞门是否左右对称均应画全。正立面图反映出洞门墙的式样,洞门墙上面高出的部分为顶帽,同时也表示出洞口衬砌断面类型,它是由两个不同的半径($R = 385$cm 和 $R = 585$cm)的三段圆弧和两直边墙所组成,拱圈厚度为 45m。洞口净空尺寸高为

740cm，宽为 790cm；洞门墙的上面有一条从左往右方向倾斜的虚线，并注有 $i=0.02$ 箭头，这表明洞口顶部有坡度为 2% 的排水沟，用箭头表示流水方向。其他虚线反映了洞门墙和隧道底面的不可见轮廓线。它们被洞门前面两侧路堑边坡和公路路面遮住，所以用虚线表示。

2．平面图

仅画出洞门外露部分的投影，平面图表示了洞门墙顶帽的宽度，洞顶排水沟的构造及洞门口外两边沟的位置(边沟断面未示出)。

3．I—I 剖面图

仅画靠近洞口的一小段，图中可以看到洞门墙倾斜坡度为 10:1，洞门墙厚度为 60cm，还可以看到排水沟的断面形状、拱圈厚度及材料断面符号等。

为了读图方便，图 13-27 还在三个投影图上对不同的构件分别用数字注出。如洞门墙为①′、①、①″，洞顶排水沟为②′、②、②″，拱圈为③′、③、③″，顶帽为④′、④、④″等。

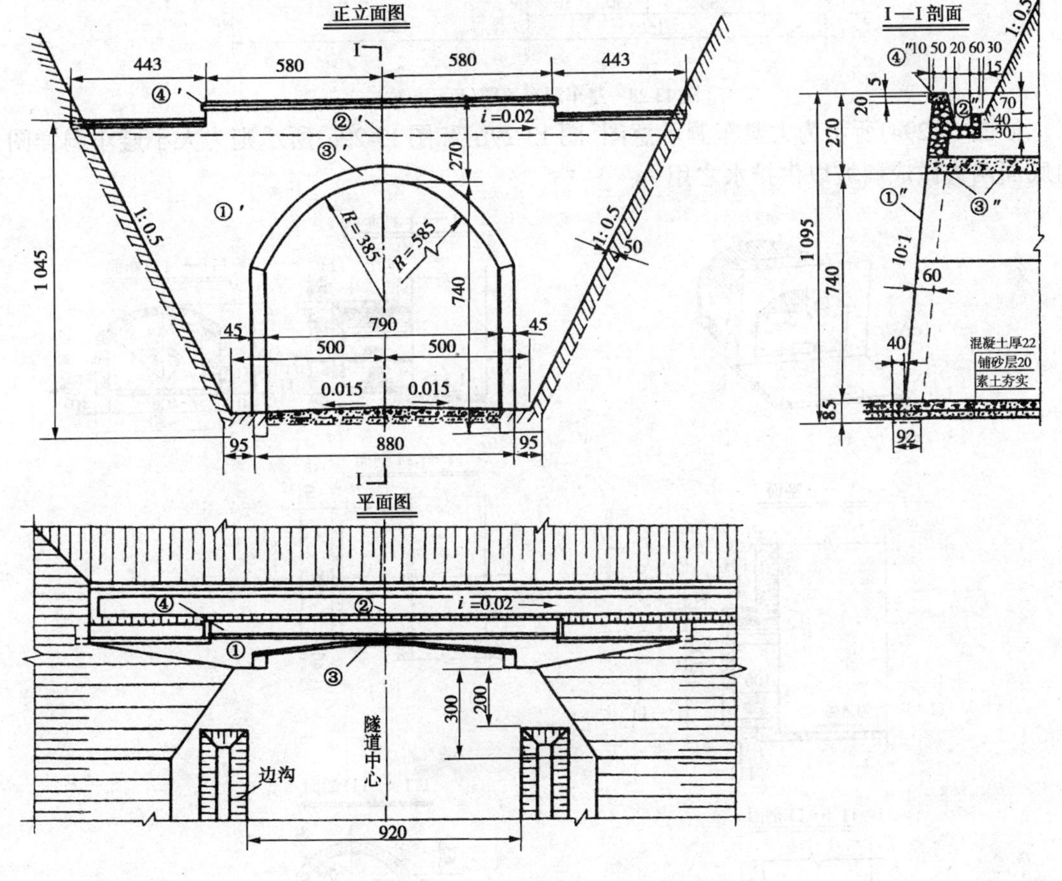

图 13-27　隧道洞门图

二、避车洞图

避车洞有大、小两种，是供行人和隧道维修人员及维修小车避让来往车辆而设置的，它们沿路线方向交错设置在隧道两侧的边墙上。通常小避车洞每隔 30m 设置一个，大避车洞则每隔 150m 设置一个，为了表示大、小避车洞的相互位置，采用位置布置图来表示。

如图 13-28 所示的避车洞布置图图形比较简单，为了节省图幅，纵横方向可采用不同比例，纵方向常采用 1:2000，横方向常采用 1:200 等比例。

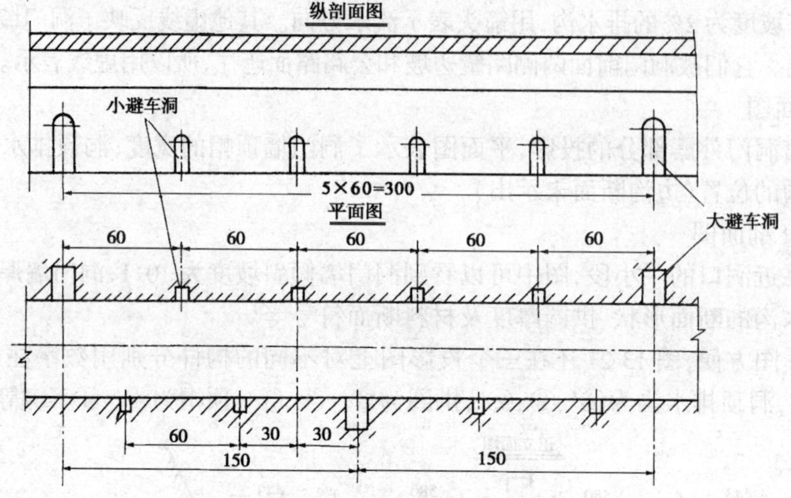

图 13-28　避车洞布置图(尺寸单位:m)

如图 13-29a)所示为大避车洞示意图，图 13-29b)和图 13-29c)所示则为大小避车洞详图，洞内底面两边做成斜坡以供排水之用。

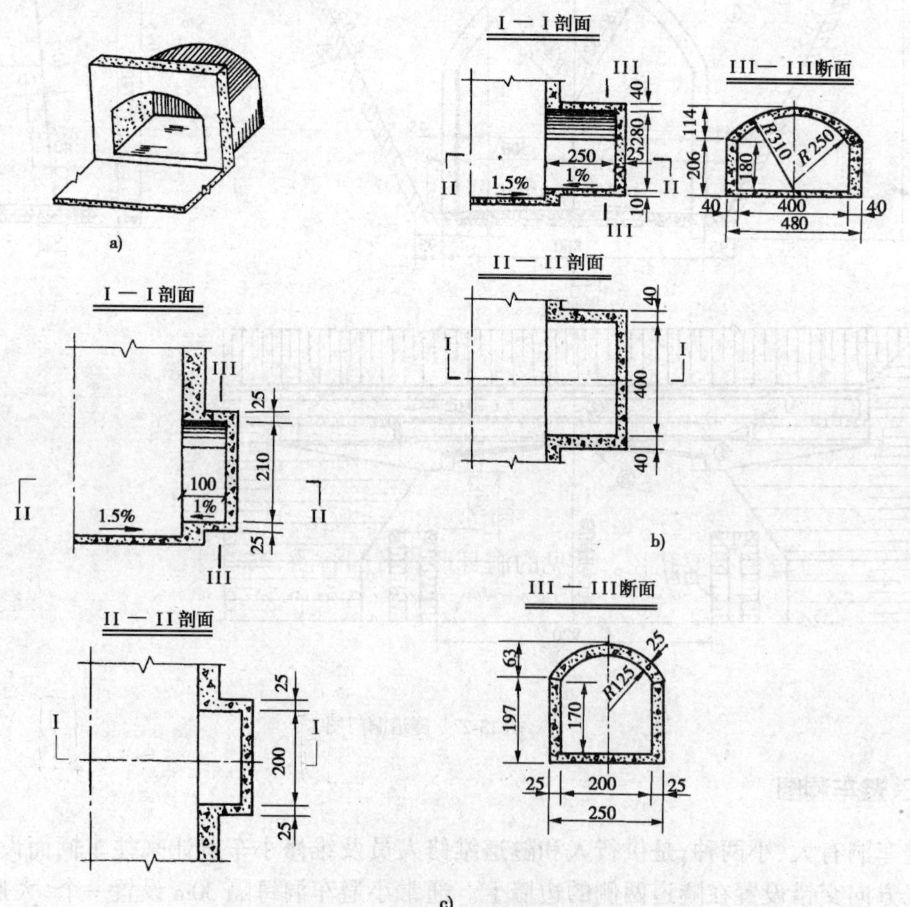

图 13-29　大、小避车洞示意图、详图

a)大避车洞示意图；b)大避车洞详图；c)小避车洞详图

第十四章　涵洞与通道工程图

涵洞是宣泄路堤下水流的工程构筑物,它与桥梁的主要区别在于跨径的大小和填土的高度。根据《公路工程技术标准》中的规定,凡是单孔跨径小于5m、多孔径总长小于8m,以及圆管涵、箱涵,不论其管径或跨径大小、孔数多少均称为涵洞。涵洞顶上一般都有较厚的填土(洞顶填土大于50 cm),填土不仅可以保持路面的连续性,而且分散了汽车荷载的集中压力,并减少它对涵洞的冲击力。

通道是指专供行人车辆通行、跨径不大的结构物。其图示特点和图样表达与涵洞有许多类似之处。本章主要介绍涵洞与通道工程图。

§14-1　涵洞工程图

一、涵洞的分类和组成

1. 涵洞分类

(1)按构造形式分类:分为圆管涵、拱涵、箱涵、盖板涵等,工程上多用此类分法。

(2)按建筑材料分类:分为钢筋混凝土涵、混凝土涵、砖涵、石涵、木涵、金属涵等。

(3)按洞身断面形状分类:分为圆形、卵形、拱形、梯形、矩形等。

(4)按孔数分类:分为单孔、双孔、多孔等。

(5)按洞口形式分类:分为一字式(端墙式)、八字式(翼墙式)、领圈式、走廊式等。

(6)按洞顶有无覆盖土分类:分为明涵和暗涵(洞顶填土大于50cm等)。

2. 涵洞组成

涵洞是由洞口、洞身和基础三部分组成的排水构筑物。如图14-1所示为圆管涵洞的立体分解图,从中可以了解涵洞各部分的名称、位置和构造。

洞身是涵洞的主要部分,它的主要作用是承受活载压力和土压力等并将其传递给地基,并保证设计流量通过的必要孔径。常见的洞身形式有圆管涵、拱涵、箱涵、盖板涵。

洞口包括端墙、翼墙或护坡、截水墙和缘石等部分组成,它是保证涵洞基础和两侧路基免受冲刷、使水流顺畅的构造,一般进出水口均采用同一形式。

常用的洞口形式有端墙式,翼墙式(又称八字翼式),锥形护坡式(采用1/4正椭圆锥),平头式,走廊式,一字墙护坡,上游急流槽(或跌水井),上游边沟跌水井、下游急流槽,倒虹吸,阶梯式及斜交洞口等结构形式,如图14-2所示。

二、涵洞工程图

1. 涵洞的图示方法及表达内容

涵洞是窄而长的构筑物,它从路面下方横穿过道路,埋置于路基土层中。尽管涵洞的种类很多,但图示方法和表达内容基本相同。涵洞工程图主要由纵剖面图、平面图、侧面图,除上述

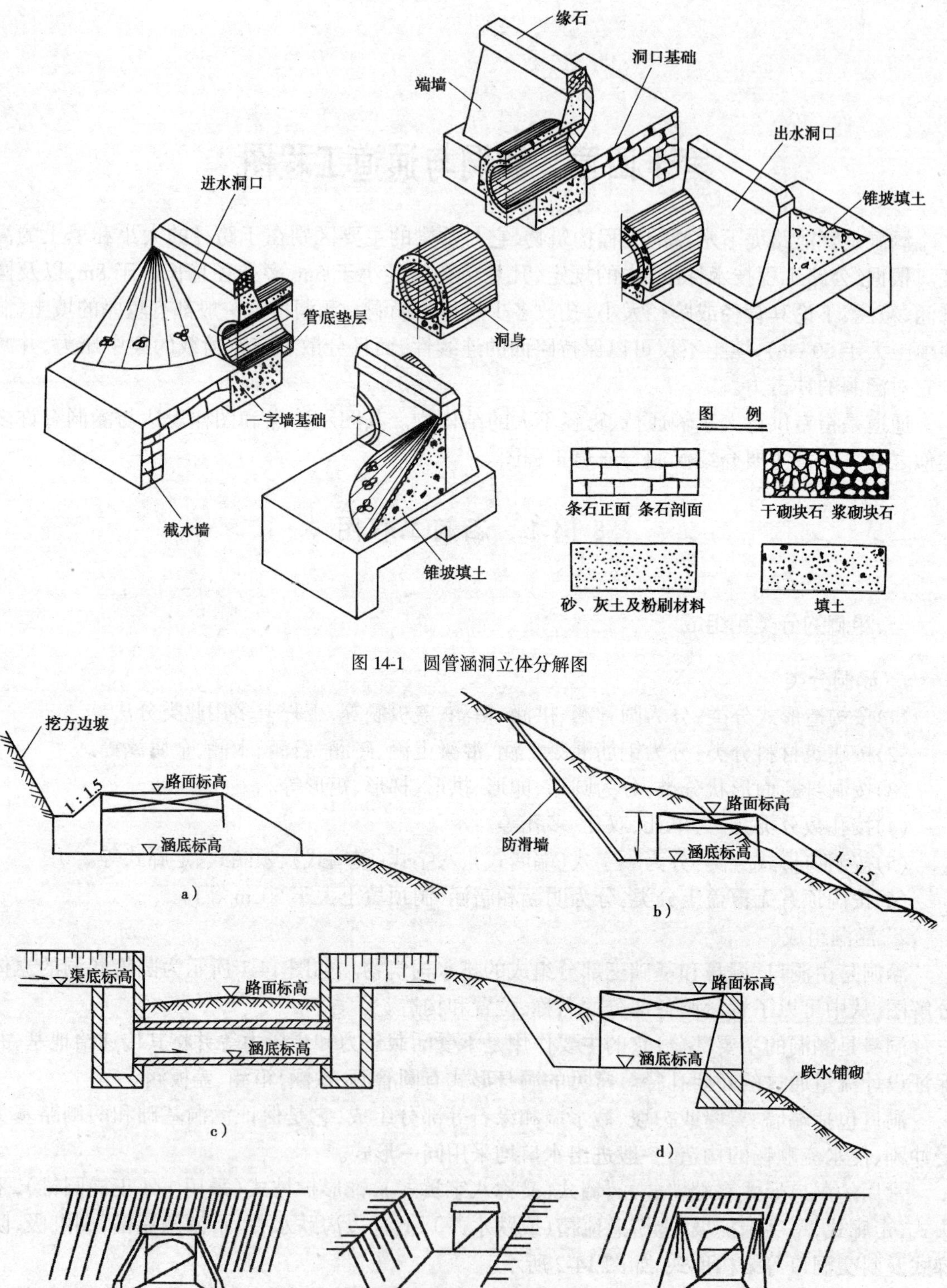

图 14-1 圆管涵洞立体分解图

图 14-2 几种常见洞口形式

a)上游边沟跌水井;b)上游跌水井、下游急流槽;c)倒虹吸;d)下游挡土墙;e)八字翼式;f)端墙式;g)锥形护坡式

三种投影图外,还应画出必要的构造详图,如钢筋布置图、翼墙断面图等。

(1)在图示表达时,涵洞工程图以水流方向为纵向(即与路线前进方向垂直布置),并以纵剖面图代替立面图。

(2)平面图一般不考虑涵洞上方的覆土,或假想土层是透明的。有时平面图与侧面图以半剖形式表达,水平剖面图一般沿基础顶面剖切,横剖面图则垂直于纵向剖切。

(3)洞口正面布置在侧视图位置作为侧面视图,当进出水洞口形状不一样时,则需分别画出其进出水洞口布置图。

涵洞体积较桥梁小,故画图所选用的比例较桥梁图稍大。现以常用的圆管涵、盖板涵和拱涵三种涵洞为例介绍涵洞的一般构造图,说明涵洞工程图的表示方法。

2. 涵洞工程图

1)钢筋混凝土盖板涵

如图 14-3 所示为单孔钢筋混凝土盖板涵立体图。如图 14-4 所示为其构造图,比例为 1:50,洞口两侧为八字翼墙,洞高 120cm,净跨 100cm,总长 1 482cm。由于其构造对称故仍采用半纵剖面图、半剖平面图和侧面图等来表示。

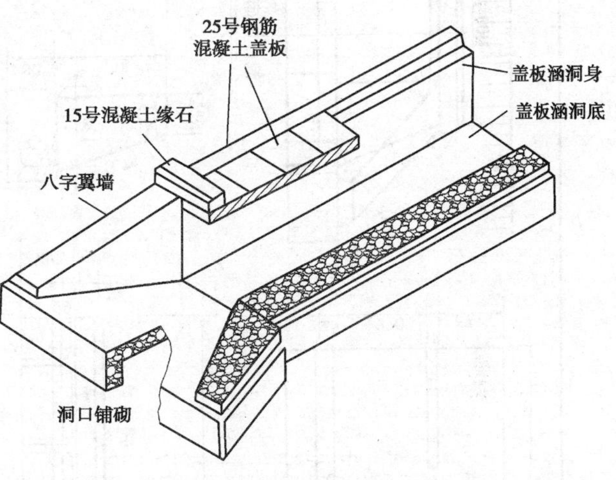

图 14-3 钢筋混凝土盖板涵立体图

(1)半纵剖面图:本图把带有 1:1.5 坡度的八字翼墙和洞身的连接关系以及洞高 120cm、洞底辅砌 20cm、基础纵断面形状、设计流水坡度 1% 等表示出来。盖板及基础所用材料亦可由图中看出,但未画出沉降缝位置。

(2)半平面图及半剖面图:用半平面图和半剖面图能把涵洞的墙身宽度、八字翼墙的位置表示得更加清楚,涵身长度、洞口的平面形状和尺寸以及墙身和翼墙的材料在图上可以看出。为了便于施工,在八字翼墙的 I—I 和 II—II 位置进行剖切,并另作 I—I 和 II—II 断面图来表示该位置翼墙墙身和基础的详细尺寸、墙背坡度以及材料情况。IV—IV 断面图和 II—II 断面图类似,但有些尺寸要变动,请读者自行思考。

(3)侧面图:本图反映出洞高 120cm 和净跨 100cm,同时反映出缘石、盖板、八字翼墙、基础等的相对位置和它们的侧面形状,在图 14-4 中按习惯称洞口立面图。

2)圆管涵

如图 14-5 所示为钢筋混凝土圆管涵洞,比例为1:50,洞口为端墙式,端墙前洞口两侧有 20cm 厚干砌片石铺面的锥形护坡,涵管内径为 75cm,涵管长为 1 060cm,再加上两边洞口铺砌长度得出涵洞的总长为 1 335cm。由于其构造对称,故采用半纵剖面图、半平面图和侧面图来表示。

(1)半纵剖面图:由于涵洞进出洞口一样,左右基本对称,所以只画半纵剖面图,以对称中心线为分界线。纵剖面图中表示出涵洞各部分的相对位置和构造形状,由图可知:管壁厚 10cm,防水层厚 15cm,设计流水坡度 1%,洞身长 1 060cm,洞身铺砌厚 20cm,以及基础、截水墙的断面形式等,路基覆土厚度大于 50cm,路基宽度 800cm,锥形护坡顺水方向的坡度与路基边坡一致,均为 1:1.5。各部分所用材料均于图中表达出来,但未示出洞身的分段。

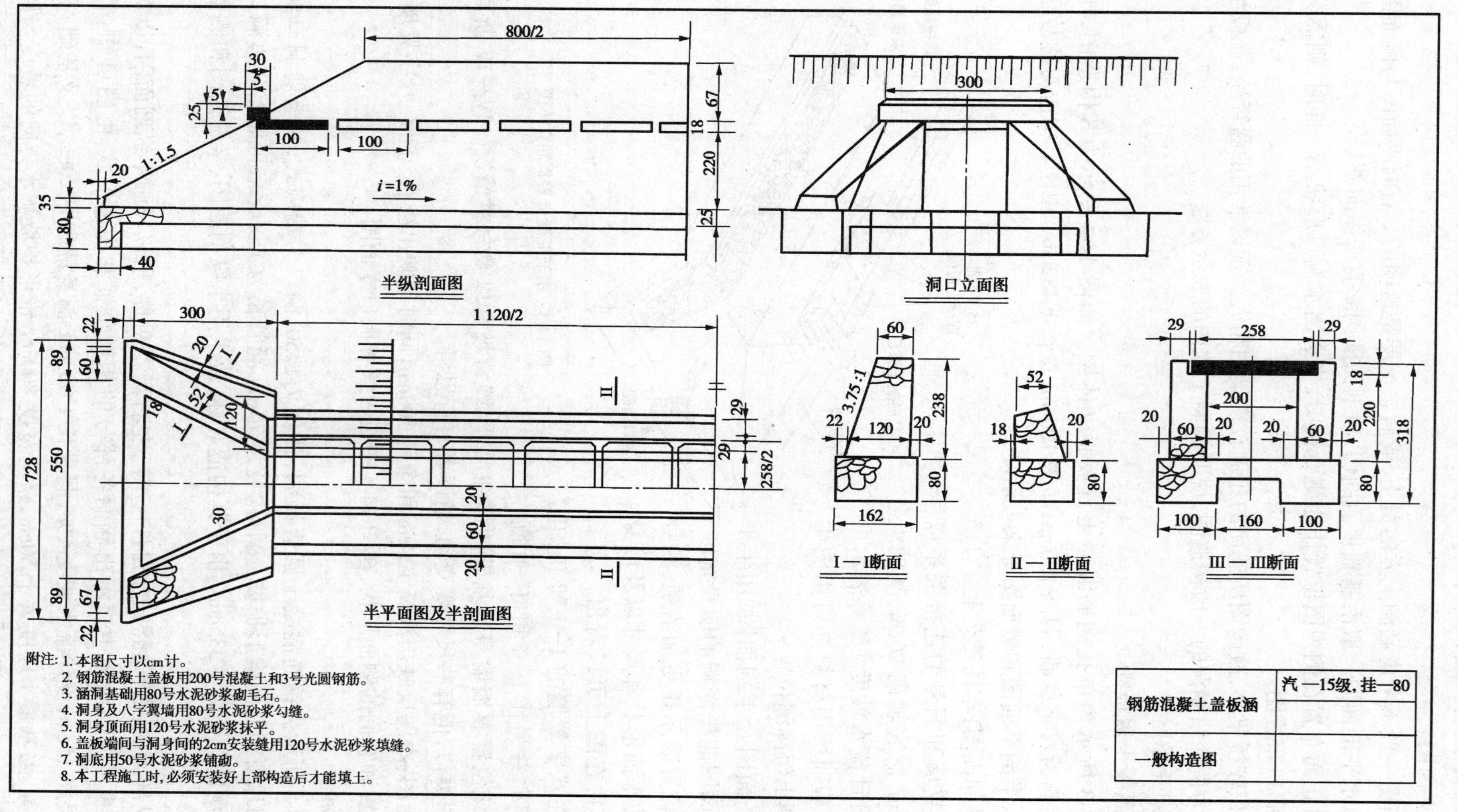

图 14-4 钢筋混凝土盖板涵构造图

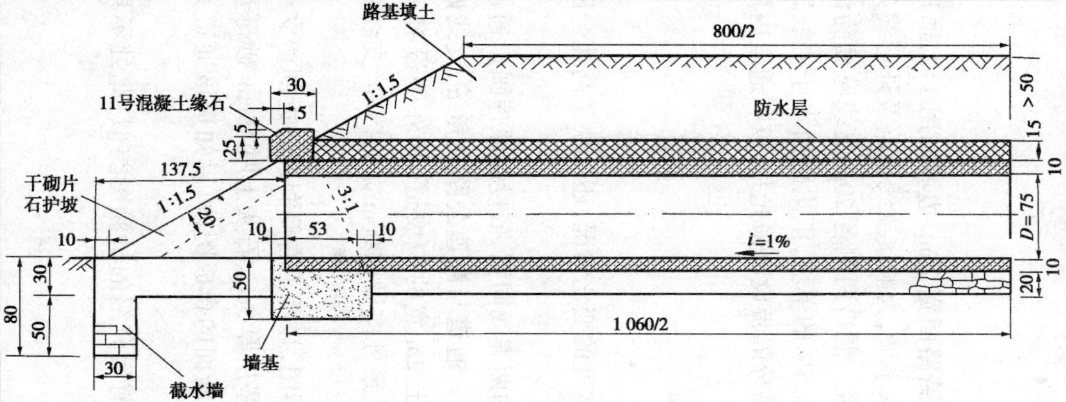

半纵剖面图

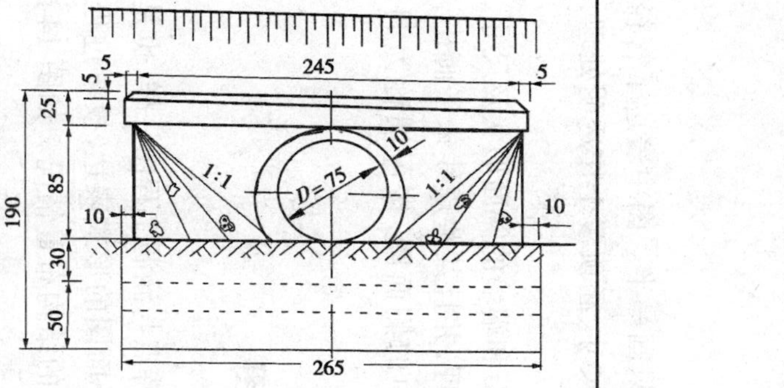

洞口正面图

半平面图

洞口工程数量表(一端)

工程数量 项别 / 管径	11 号混凝土缘石 (m^3)	3 号砂浆片石墙身 (m^3)	3 号砂浆片石基础 (m^3)	干砌片石护坡 (m^3)
75	0.191	0.552	2.200	0.275

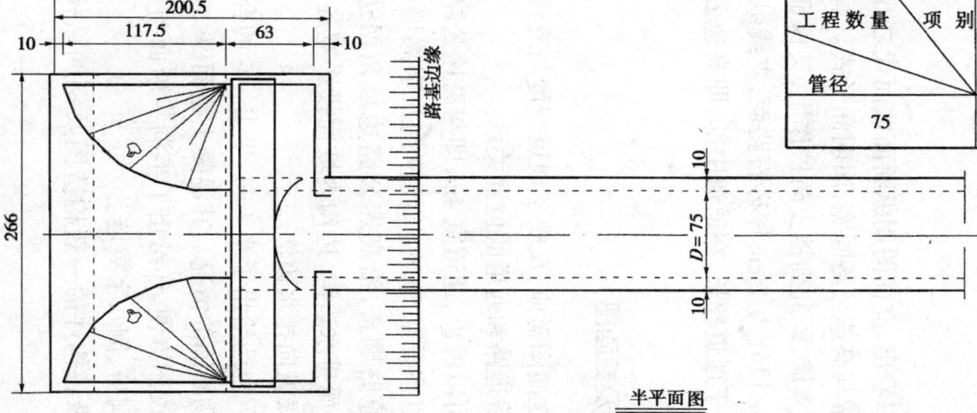

附注:1.图中尺寸以 cm 计。

2.洞口工程数量指一端,即一个进水口或一个出水口。

端墙式圆管涵 ($D=75$)	汽车—15 级,挂车—80
	比例 1:50
单孔构造图	图号

图 14-5 圆管涵洞端墙式单孔构造图

(2)半平面图:为了同半纵剖面图相配合,故平面图也只画一半。图中表达了管径尺寸与管壁厚度,以及洞口基础、端墙、缘石和护坡的平面形状及尺寸,涵顶覆土作透明处理,但路基边缘线应予画出,并以示坡线表示路基边坡。

(3)侧面图:侧面图主要表示管涵孔径和壁厚、洞口缘石和端墙的侧面形状及尺寸、锥形护坡的坡度等。为了使图形清晰起见,把土壤作为透明体处理,并且某些虚线未予画出,如路基边坡与缘石背面的交线和防水层的轮廓线等,图 14-5 中的侧面图,按习惯称为洞口正面图。

§14-2 通道工程图

由于通道工程的跨径一般比较小,故视图处理及投影特点与涵洞工程图一样,也是以通道洞身轴线作为纵轴,立面图以纵断面表示,水平投影则以平面图的形式表达,投影过程中同时连同通道支线道路一起投影,从而比较完整地描述了通道的结构布置情况。如图 14-6 所示,为某通道一般布置图。

一、立面图

从图上可以看出,立面图用纵断面取而代之,高速公路路面宽 26m,边坡采用 1:2,通道净高 3m,长度 26m 与高速公路同宽,属明涵形式。洞口为八字墙,为顺接支线原路及外形线条流畅,采用倒八字翼墙,既起到挡土防护作用,又保证了美观。洞口两侧各 20m 支线路面为混凝土路面、厚 20cm,以外为 15cm 厚砂石路面,支线纵向用 2.5%的单坡,汇集路面水于主线边沟处集中排出,由于通道较长,在通道中部,即高速公路中央分隔带设有采光井,以利通道内采光透亮之需。

二、平面图及断面图

平面图与立面图对应,反映了通道宽度与支线路面宽度的变化情况,还反映了高速公路的路面宽度与支线道路和通道的位置关系。

从平面图可以看出,通道宽 4m,即与高速公路正交的两虚线同宽,依投影原理画出通道内壁轮廓线。通道帽石宽 50cm,长度依倒八字翼墙长确定。通道与高速公路夹角 α,支线两洞口设渐变段与原路顺接,沿高速公路边坡角两边各留出 2m 宽的护坡道,其外侧设有底宽 100cm的梯形断面排水边沟,边沟内坡面投影宽各 100cm,最外侧设 100cm 宽的挡堤,支线路面排水也流向主线纵向排水边沟。

在图纸最下边还给出了半 I—I、半 II—II 的合成剖面图,显示了右侧洞口附近剖切支线路面及附属构造物断面的情况。其混凝土路面厚 20cm、砂垫层厚 3cm、石灰土厚 15cm、砂砾垫层厚 10cm。为使读图方便,还给出了半洞身断面与半洞口断面的合成图,可以知道该通道为钢筋混凝土箱涵洞身、倒八字翼墙。

通道洞身及各构件的一般构造图及钢筋结构图与前面介绍的桥涵图类似,此处不再赘述。

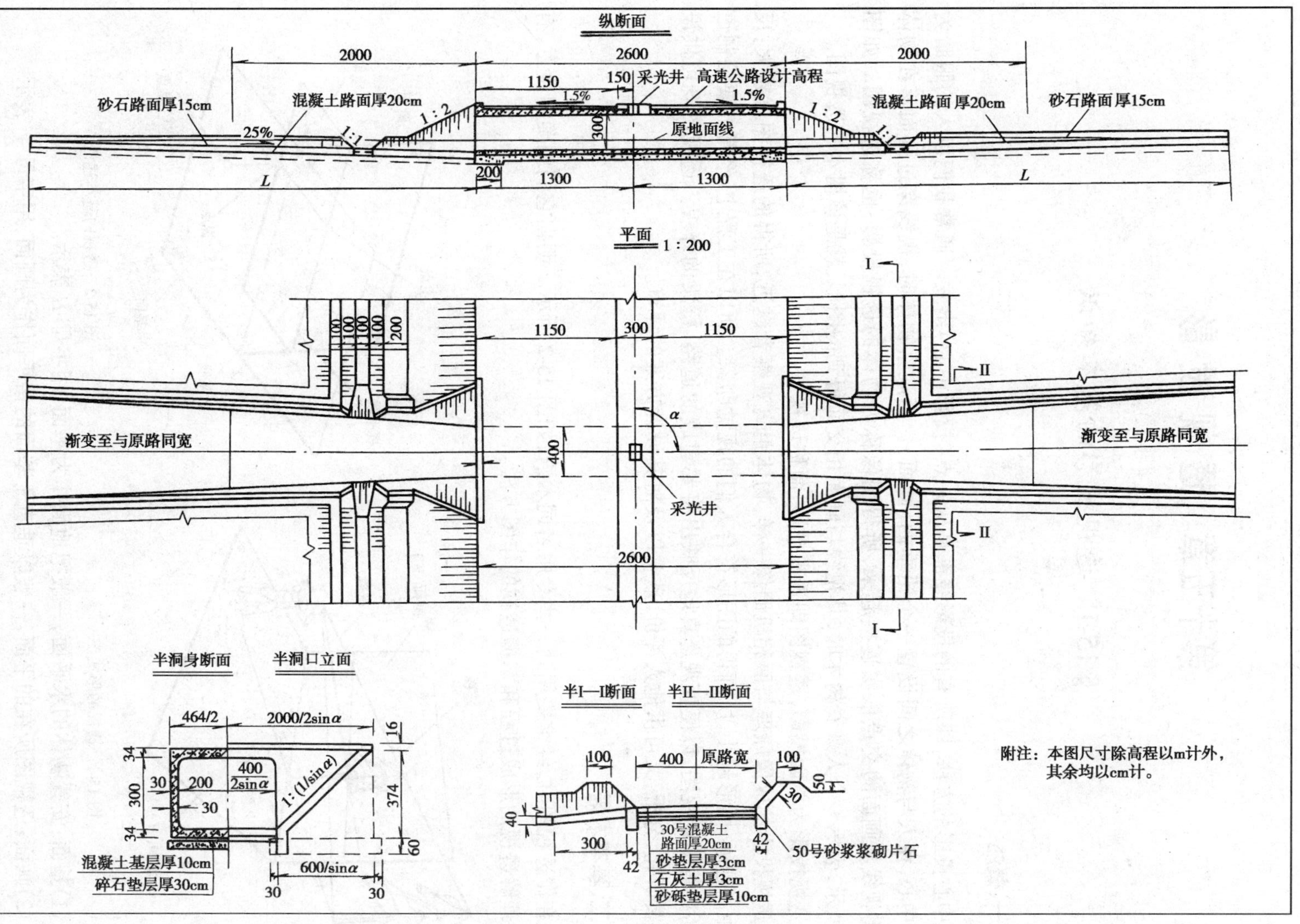

图 14-6　通道一般布置图

第十五章　透视投影

§15-1　透视投影的基本知识

一、概述

中心投影的方法，即所有的投影线都是从一点（投影中心）出发。通常我们以人的眼睛为投影中心，在人与物体之间设置一个铅垂面（画面）。当观察物体时，视线穿过画面落在物体上，将视线与画面的交点依次连接起来，所得图像称为物体的透视投影，也称透视图。如图15-1所示，表示一个人观看树木时，其视线与画面相交而得到的图形，就是该树木的透视图。

透视投影为单面投影，透视图即透视投影，简称透视。

透视投影的成像原理与照相机照像一样，物体距离观察者越近，所得的透视图就越大；反之，距离越远，图形越小，所画得的图形符合人们的视觉印象。所以在工程中，经常需要绘制道路、桥梁等的透视图，以便直观逼真地反映出将要建成的道路、桥梁的外貌。透视图既可供设计人员研究、分析，又可供他人评价、欣赏以及对其设计方案的评审。

二、基本术语

在作透视图时，经常要用到一些专用名词术语，如图 15-2 所示。明白它们的确切含意，有助于理解透视的形成过程和掌握透视的作图方法。

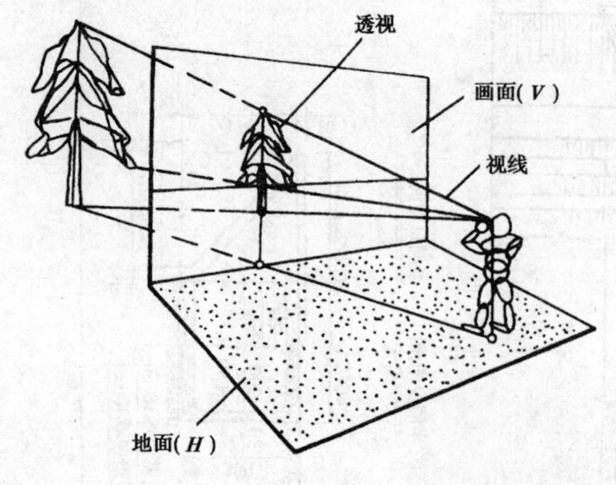

图 15-1　透视的形成

图 15-2　透视的基本述语

(1)基面：安置物体的水平面，一般把地面作为基面，用字母 H 表示。

(2)画面：透视图所在的平面，一般以垂直于基面的铅垂面作为画面，用字母 V 表示。

(3)基线：画面与基面的交线，在画面上以 $o'x'$ 表示，在平面图中则以 ox 表示。

(4)视点：投影中心，即人眼所在的位置，用字母 S 表示。

(5)站点：视点 S 在基面 H 上的投影，用字母 s 表示。

(6)主点：视点 S 在画面 V 上的投影，用字母 s' 表示。

(7)主视线：视点到画面的垂直线，即视点 S 和主点的连线，直线 Ss' 称为视距。

(8)视平面：过视点 S 所作的水平面。

(9)视平线：视平面与画面的交线，以 h-h 表示。

(10)视高：视点 S 到基面 H 的距离，即人眼的高度。

§15-2　点、直线和平面的透视

一、点的透视

1．点的透视的概念

如图 15-3 a)所示，由视点 S 向空间点 A 引视线，视线与画面的交点 A^o 即为点的透视。点的透视仍是一个点。

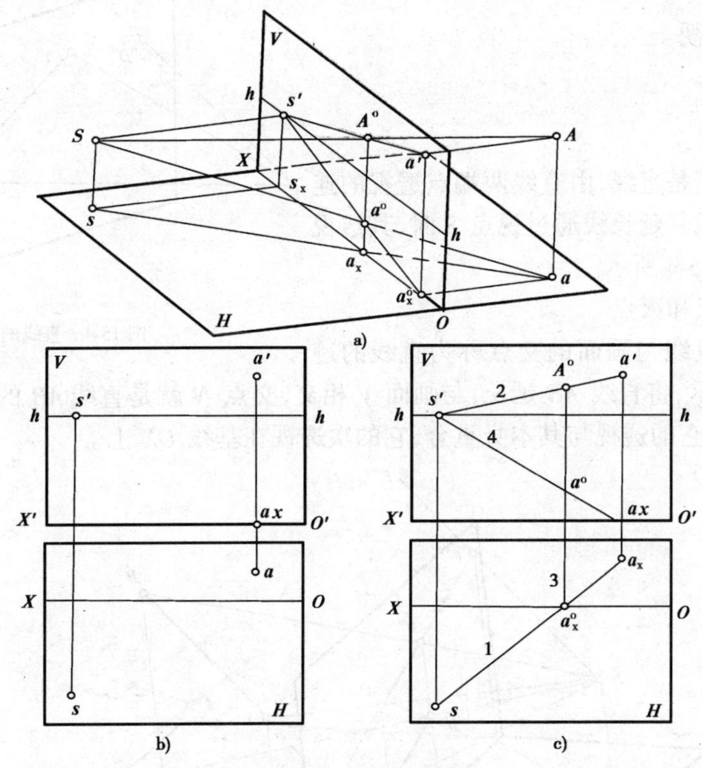

图 15-3　点的透视

a)已知条件；b)、c)作图过程

2．点的次透视

如图 15-3 所示，由视点 S 向 A 点在 H 面的正投影 a 引视线 Sa，Sa 与画面 V 的交点 a^o 称为 A 点的次透视。由于 Aa 垂直于 H 面，所以平面 SAa 垂直于 H 面，SAa 与 V 面的交线 A^oa^o 必垂直于 OX 和 h-h，A^oa^o 是空间点 A 的透视与次透视的连线。因此可得如下结论：一点的透视与次透视的连线必垂直 OX 和 h-h。

3．点的透视作图

【例 15-1】 如图 15-3b)所示，已知点 A 的 V 面投影 a' 及 H 面投影 a，求其透视投影。

1.分析

图 15-3a)中，A^o 是视线 SA 与画面 V 的交点，由于画面 V 与基面 H 垂直，如果采用正投影的方法，求出 SA 的 V 面投影 $s'a'$，则 A^o 一定在 $s'a'$ 上。再用同样的方法求出 SA 的 H 面投影 sa，则 sa 与 OX 轴的交点 a_x^o 即为 A_x^o 的水平投影，且 $A^o a_x^o$ 垂直 OX 轴。

2．作图

已知 S 的 V 面正投影为主点 s'，H 面正投影为站点 s。为了作图清楚，将 V 面与 H 面沿 OX 轴拆开，V 面绕 OX 轴旋摊平位置不动，将 H 面根据需要放在 V 面的上方或下方，上下对齐。由于画面 V 及基面的边框对作图没有影响，通常可以不画边框。见图 15-3b)。

(1)连接站点 s 和 A 点的水平投影 a，得 sa 与 OX 轴的交点 a_x^o；

(2)连接主点 s' 和 A 点的 V 面投影 a'；

(3)过 a_x^o 作 OX 轴的垂线与 $s'a'$ 交于一点 A^o，A^o 即为 A 点的透视。

二、直线的透视

1．概念

1)直线的透视

一般情况下仍是直线，由直线两端点透视的连线决定。当线段或其延长线通过视点 S 时，其透视成为一点。如图 15-4 所示。

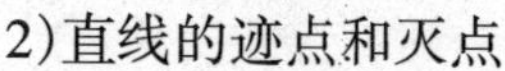

2)直线的迹点和灭点

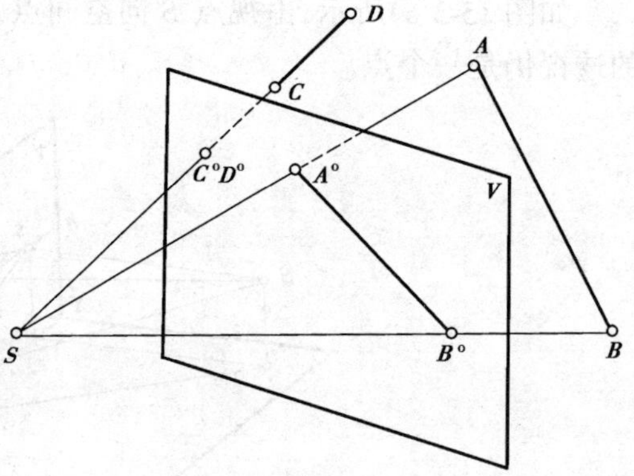

图 15-4　直线的透视

(1)迹点：指直线与画面的交点称为直线的迹点。如图 15-5 所示，将直线 AB 延长，与画面 V 相交，交点 N 就是直线 AB 的迹点。由于迹点 N 在画面上，所以它的透视与其本身重合，它的次透视在基线 OX 上。

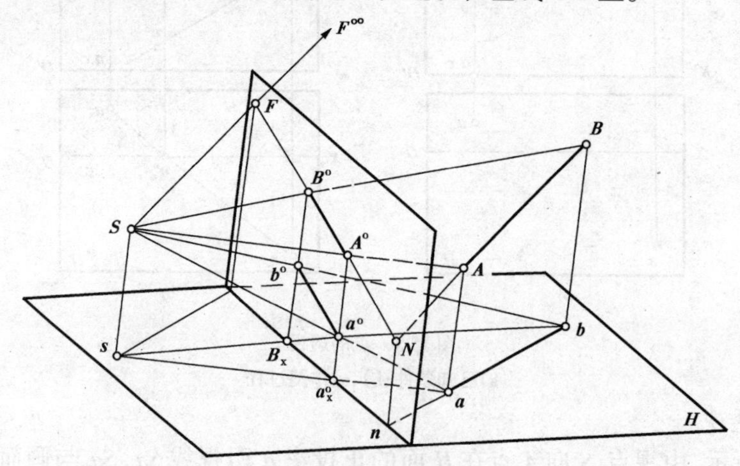

图 15-5　直线的迹点和灭点

(2)灭点：指直线上离画面无穷远的点的透视。过视点 S 作视线与 AB 平行，该视线与画面 V 的交点 F 即为 AB 的灭点。

因为两平行直线可假设相交于无穷远处，因此，通过一直线上无穷远点的视线必与该直线平行。由此可知，求直线的灭点，就是过视点引视线与直线平行，视线与画面的交点即为直线的灭点，见图 15-5 中 F 点。如果空间直线 AB 与 CD 平行，如图 15-6 所示，则由视点 S 引平行 AB 或 CD 的直线，将与画面交出它们相同的灭点，因此我们得到透视中的一个重要特性：即相互平行的直线的透视必交汇于同一个灭点。

3)直线的全长透视

画面后直线 AB 的灭点与迹点的连线称为直线的全长透视。见图 15-5 中的 NF。

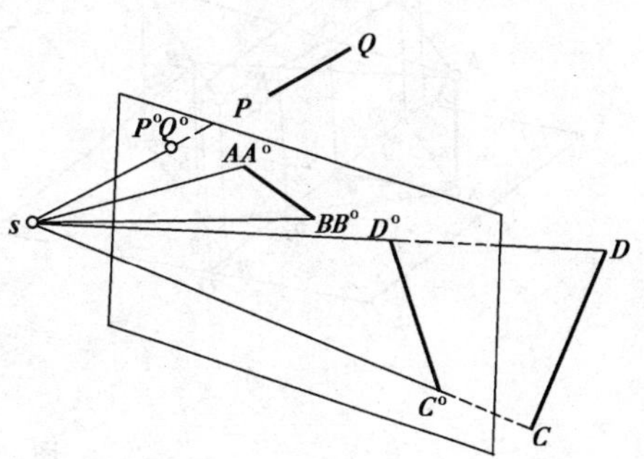

图 15-6 直线的透视特点

2. 直线透视的基本特性

(1)直线的透视一般是直线，当直线通过视点时，其透视成为一点；当直线在画面上时，其透视就是直线本身。见图 15-6。

(2)互相平行的直线，其透视相交于同一个灭点。如图 15-7 所示。

(3)相互平行的画面平行线，其透视仍然平行。如图 15-8 所示。

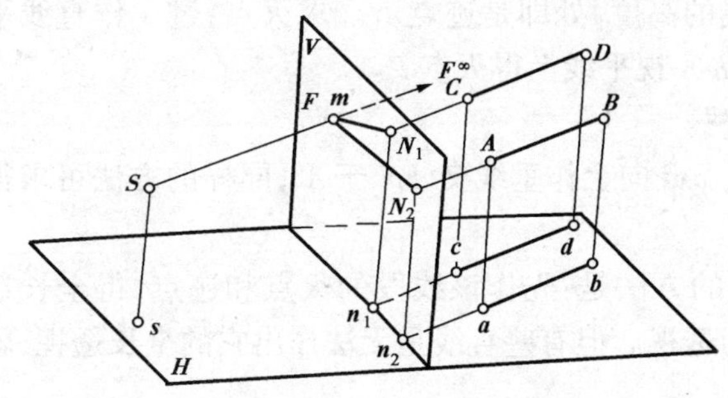

图 15-7 平行线的灭点

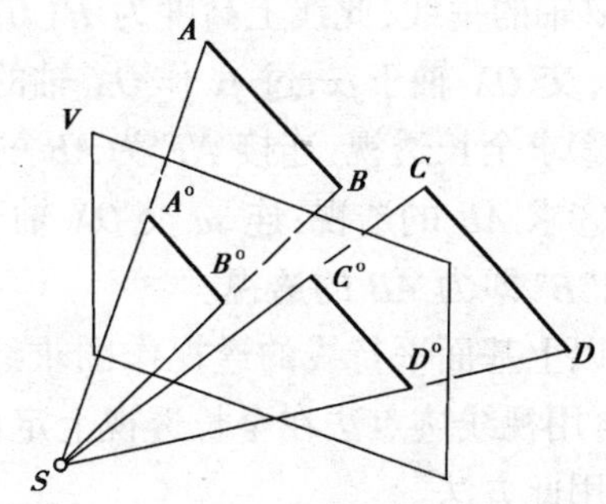

图 15-8 画面平行线的透视

(4)基面垂直线的透视垂直基线 OX。如图 15-9 所示。

(5)基线平行线的透视仍平行于基线 OX。如图 15-10 所示。

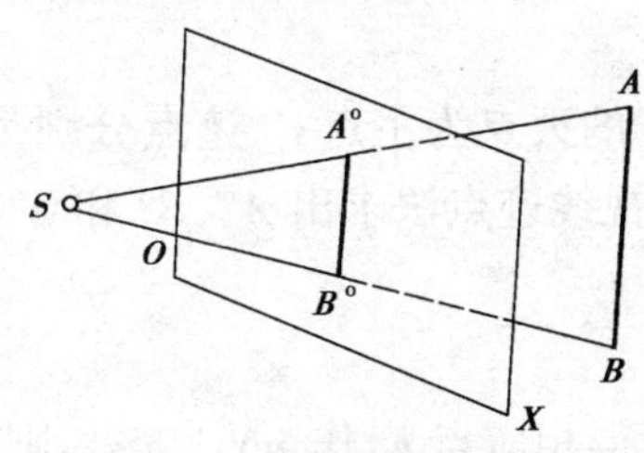

图 15-9 基面垂直线的透视

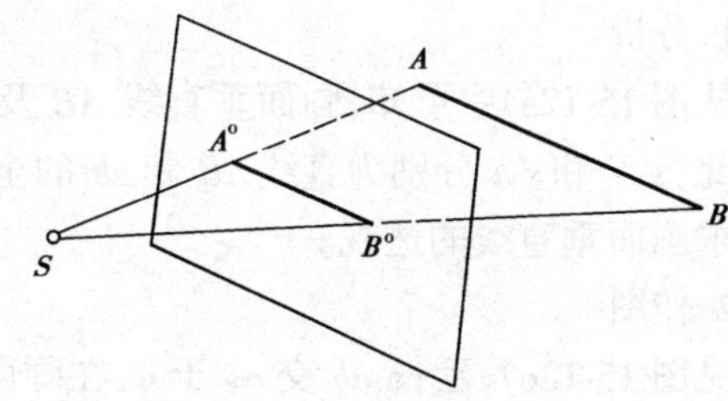

图 15-10 基面平行线的透视

3. 各种位置直线的透视作图

1)基面平行线的透视

【例 15-2】 如图 15-11 所示，AB∥基面 H，已知视点 S 和直线 AB 的 V 面、H 面投影，求作 AB 的透视图。

1. 分析

已知视点 S 和直线 AB 的位置。延长直线 AB 与画面相交可得迹点 N，过视点 S 作 AB 的平行线与画面相交可得灭点 F，因 AB 平行 H 面，故 SF 也平行 H 面，所以 F 点一定在视平线

h-h 上。连 F、N 点，FN 即为 AB 的全长透视。AB 的透视 A^oB^o 一定在全长透视 FN 上，连视线 SA，SA 与 FN 相交于 A^o，A^o 即为 A 点的透视，同样的方法可求得 B 点的透视 B^o。

由图可知 A^o 的 H 面投影 ax^o，一定在 SA 的 H 面投影 sa 与 OX 轴的相交处。

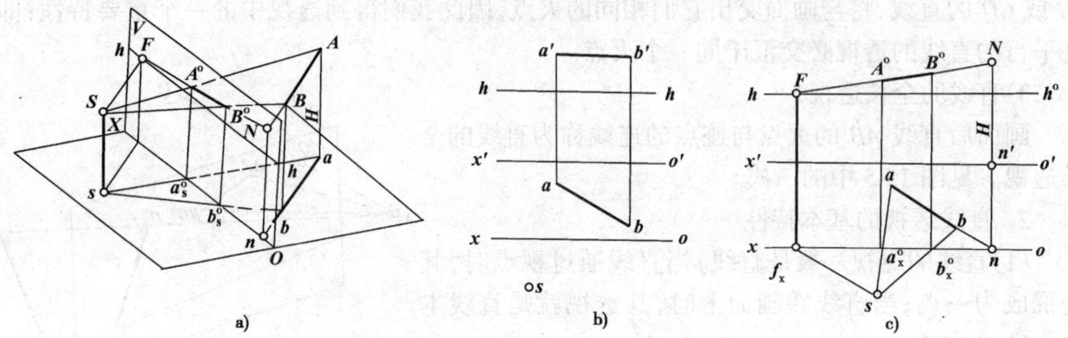

图 15-11　基面平行线的透视作图

2.作图

①求迹点：见图 15-11c)，延长 ab 交 OX 轴于 n，在 V 面的 $o'x'$ 轴上可得相应 n'，过 n 向上作 $o'x'$ 轴的垂线，此线上高度为 H(H 是 AB 线的高度)处即是迹点 N。求灭点：过 s 作直线平行 ab，交 OX 轴于 fx，过 fx 作 OX 轴的垂线在 h-h 视平线上得灭点 F。

②求全长透视：连接 NF 为 AB 的全长透视。

③求 AB 的透视：连 sa 交 OX 轴于 ax^o，过 ax^o 向上作垂线交 FN 于 A^o，同样的方法可求得 B^o，A^oB^o 即为 AB 的透视。

以上基面平行线的透视作图求线段透视的方法是：先作该线段的灭点和迹点，得全长透视，再用视线迹点法在全长透视上定该线段的透视。但有些直线是无法作出它的全长透视，就不能用此方法。

2)画面垂直线的透视

【例 15-3】 如图 15-12 所示，AB⊥V 面，已知视点 S 和直线 AB 的 V 面和 H 面投影，求作 AB 的透视图。

1.分析

从图 15-12a)中可知，画面垂直线 AB 及其 H 面投影 ab 的灭点为主点 s'，迹点分别为 N 和 n，因此，$s'N$ 和 $s'n$ 分别为直线 AB 和 ab 的全长透视。再用视线迹点法求出 A^o、B^o 和 a^o、b^o，即为所求画面垂直线的透视。

2.作图

见图 15-12c)，延长 ab 交 ox 于 n，在画面 V 的 $o'x'$ 轴上得相应点 n，作 nN⊥$o'x'$，则 nN 等于线段 AB 与 H 面的垂直距离 H，nN 称为真高线。连 $s'n$ 和 $s'N$，在 H 面上连 sa 和 sb，分别交 ox 轴于 ax^o 和 bx^o，过这两点分别引 ox 轴垂线，在 $s'N$ 上得 A^oB^o，在 $s'n$ 上得 a^ob^o，即为画面垂直线 AB 的透视和次透视。

3)基面垂直线(铅垂线)的透视

【例 15-4】 如图 15-13 所示，EG⊥H，已知视点 S 和直线 EG 的 V 面和 H 面投影，求作 EG 的透视图。

作图：

在 V 面上连 $s'e'$ 和 $s'g'$，图中 $e'g'=H$ 为真高线，在 H 面上连 seg，交 ox 轴于 ex^ogx^o，过

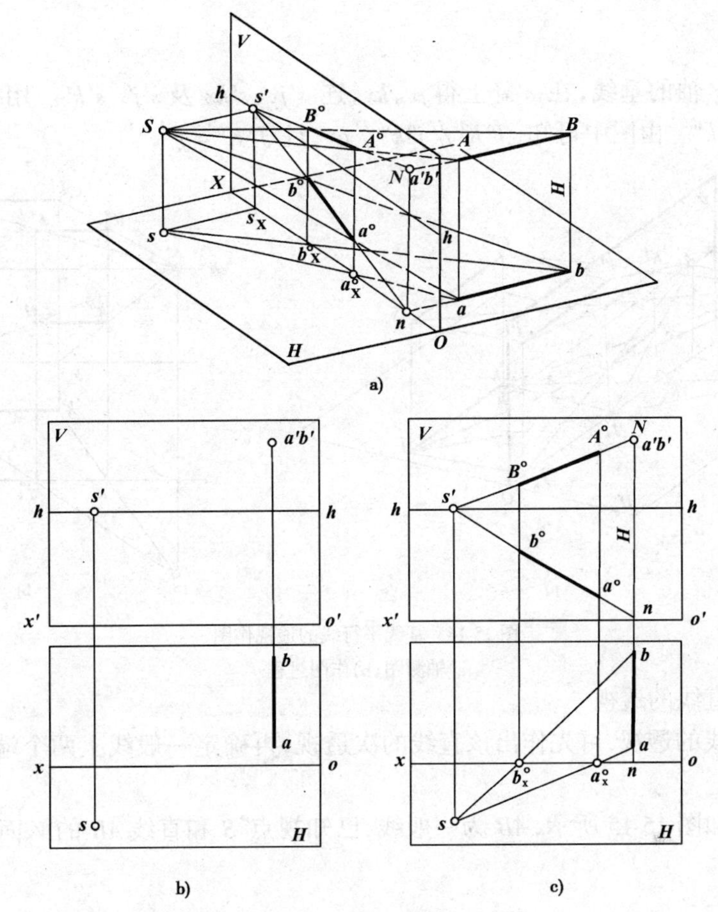

图 15-12 画面垂直线的透视作图

a)轴测图；b)已知条件；c)作图过程

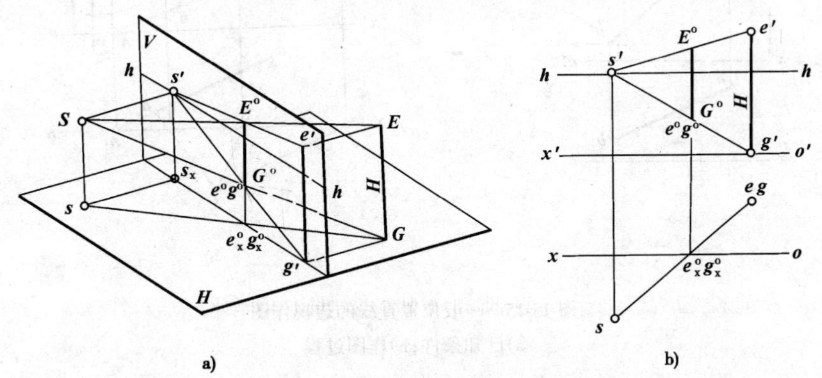

图 15-13 基面垂直线的透视作图

a)轴测图；b)作图过程

$ex^{\circ}gx^{\circ}$ 作 ox 轴的垂线，在 $s'e'$ 上得 E°，在 $s'g'$ 上得 G°，$E^{\circ}G^{\circ}$ 即为基面垂直线的透视，$e^{\circ}g^{\circ}$ 为次透视。

4)基线平行线(侧垂线)的透视

【例 15-5】 如图 15-14 所示，$JK // OX$，已知视点 S 和直线 JK 的 V 面投影，求作 JK 的透

视图。

作图：

过 j、k 作 $o'x'$ 轴的垂线，在 $o'x'$ 上得 jx、kx，连 $s'jx$、$s'kx$ 及 $s'j'$、$s'k'$。用视线迹点法求得 J^oK^o 和次透视 j^ok^o。由图中可知，$J^oK^o // j^ok^o // ox$，且 $J^oK^o = j^ok^o$。

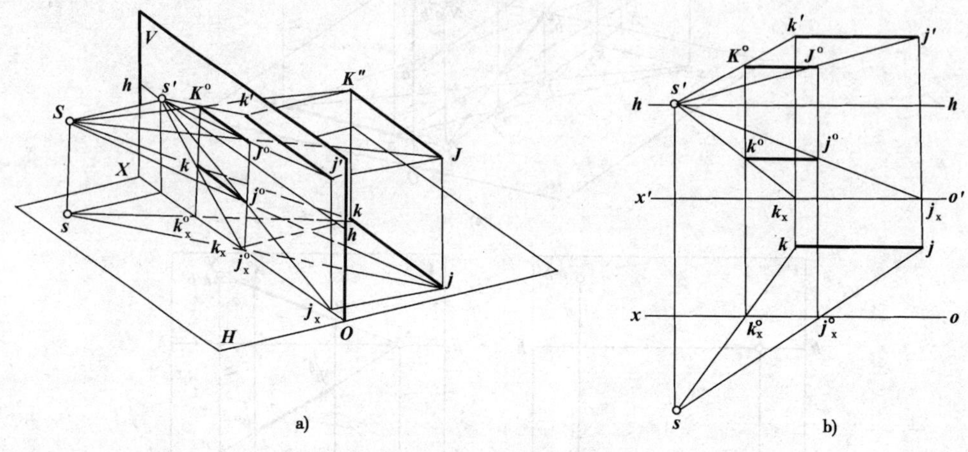

图 15-14 基线平行线的透视作图

a)轴测图；b)作图过程

5)一般位置直线的透视

一般位置直线的透视，可先作出该直线的次透视，再确定一般线上两个端点的透视，相连而得。

【例 15-6】 如图 15-15 所示，AB 为一般线，已知视点 S 和直线 AB 的 V 面和 H 面投影，求作 AB 的透视图。

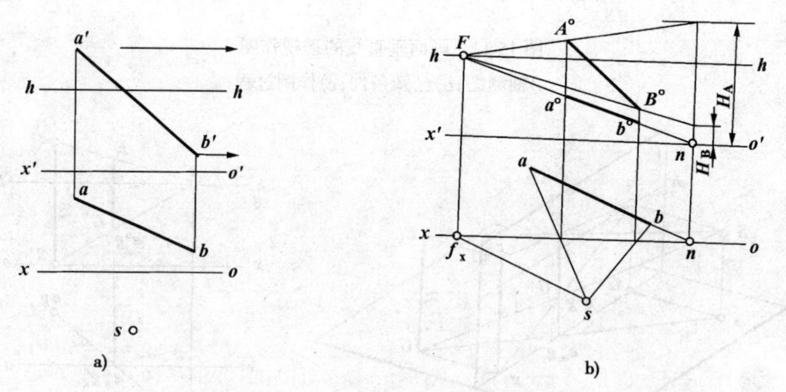

图 15-15 一般位置直线的透视作图

a)已知条件；b)作图过程

作图：

(1)作 AB 的次透视：在 H 面上延长 ab 交 ox 轴于 n，在 V 面的 $o'x'$ 轴上得相应点 n 为 ab 的迹点。过 s 作直线平行 ab 交 ox 轴于 fx，引 ox 轴的垂线在 h-h 上得灭点 F，连 Fn 为 ab 的全长透视，用视线迹点法作图求得 a^ob^o，即为一般线 AB 的次透视。

(2)作 AB 的透视：在 V 面上由直线 AB 的次透视 a^ob^o 的迹点 n，垂直量取 A 点的高度 HA(A 点的真高)和 B 点的高度 HB(B 点的真高)，并与灭点 F 相连；过 a^o、b^o 分别引 OX 轴的垂线，得 A^o 和 B^o，A^oB^o 即为一般线 AB 的透视。

三、平面的透视

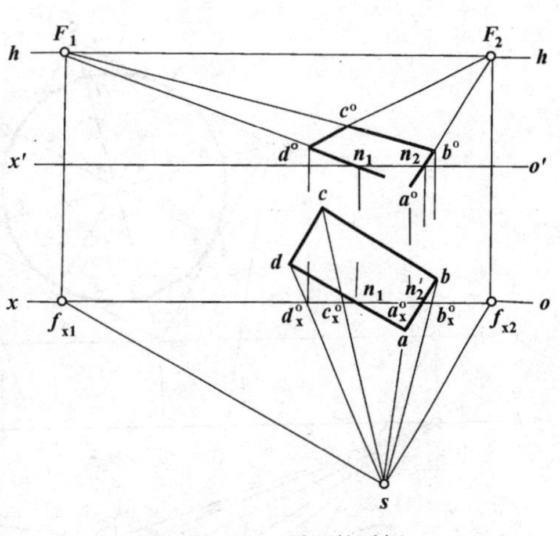

图 15-16 平面的透视

平面图形的透视，由组成该平面图形各条边线的透视来确定。因此绘制平面图形的透视图，实际上就是求作平面图形上各边线的透视图。如图15-16所示，已知在基面上的矩形 *abcd* 及视点 *S* 的位置(即确定了站点 *S* 和视平线 *h-h* 的高度)，作其透视图。

过站点 *s* 作平行于 *ad* 和 *ab* 直线分别交 *ox* 轴于 fx_1 和 fx_2，从这两点分别引 *ox* 轴的垂线，在 *h-h* 上得 F_1 和 F_2，即为矩形两组平行线 *ad*、和 *ab*、*cd* 的灭点。直线 *ad* 和 *ab* 分别交 *ox* 轴于 n_1 和 n_2 两点，即为这两条直线的迹点。在 *V* 面的 $o'x'$ 轴上相应得 n_1 和 n_2，连 F_1n_1 和 F_2n_2，用视线连点法求得 a^ob^o 和 d^o，连 F_1b^o、F_2d^o 交于 C^o，$a^ob^oc^od^o$ 即为矩形 *abcd* 的透视。

§15-3 圆和曲线的透视

一、圆的透视

1. 圆的透视

圆的透视特点：当圆所在的平面不平行于画面时，圆的透视在一般情况下为椭圆。当圆所在的平面平行画面时，其透视仍为圆。当圆所在的平面通过视点时，其透视为一直线。画圆的透视一般采用八点法，找出圆上八个点的透视，再用曲线板光滑连接成椭圆。

【例 15-7】 如图 15-17 所示，圆在基面 *H* 上，求作圆的透视(画面 *V* 和基面 H 的位置已互换，*H* 面排列在上面，*V* 面排列在下面。上下仍应对齐)。

1.分析

先作外切正方形 *abcd*，切圆于 1、2、3、4 点；连对角线 *ac*、*bd* 与圆周交于 5、6、7、8 点。求出这八个点的透视，连成曲线即为圆的透视。

2.作图

已知站点 *s*，视平线 *h-h* 及外切正方形与 *ox* 轴的相对位置。用视线迹点法完成正方形的透视 $a^ob^oc^od^o$ 和正方形对角线的透视 a^oc^o、b^od^o。则 a^oc^o 和 b^od^o 的交点 O^o 为圆心的透视。连 O^oF_1、O^oF_2 与边线相交于 1°、2°、3°、4° 四点，即为四个切点的透视。至于对角线与圆周相交四点的透视，如图中所示，可延长 F_1O^o 交 $o'x'$ 轴于 *n*，以 *n* 为圆心，以 na^o 为半径作半圆，过 *n* 作 45°直角三角形，在 $o'x'$ 轴上得到 *k*、*l*，连 F_1k、F_1l 交对角线 a^oc^o、b^od^o 于 5、6、7、8 四点，于是将 1°、2°、3°、4° 等八点相连成曲线，即为圆的透视。

从圆的透视图上可以看出，因受近大远小的透视原理影响，圆心 *O* 的透视 O^o 不是椭圆的圆心。

凡是平行于 *H* 面的圆，均可采用上述的方法来作其透视图。

如图 15-18 所示为圆周所在平面为铅垂面时，其透视图的作法如下：

(1)作外切正方形的透视 $A^oB^oC^oD^o$；

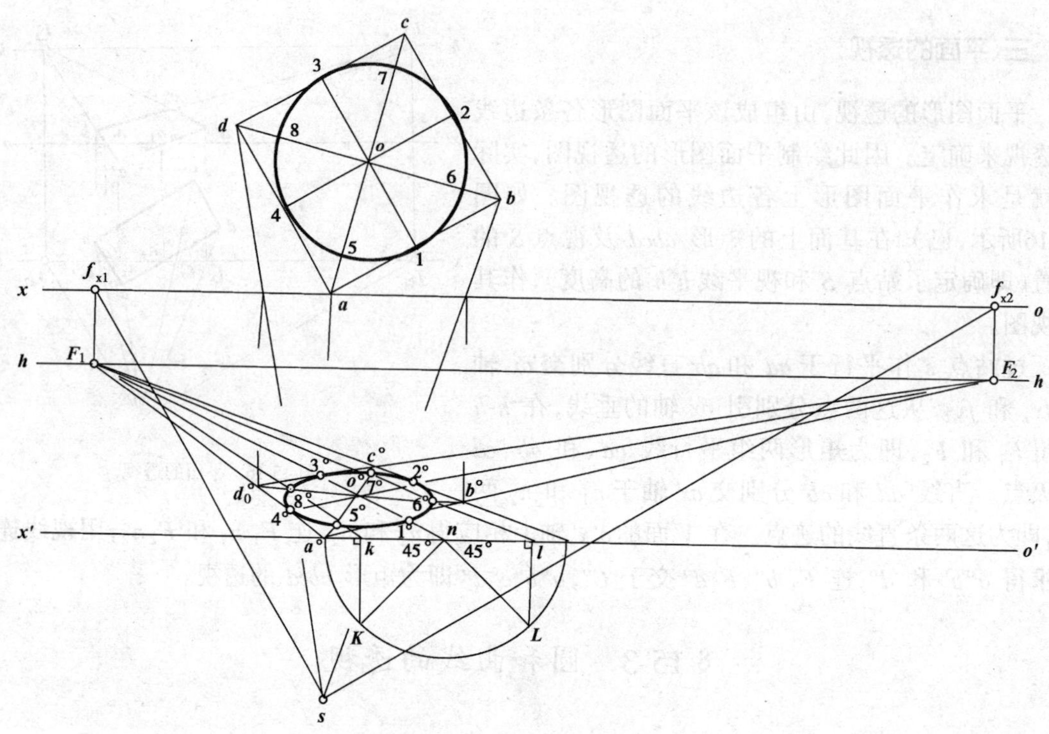

图 15-17　八点法作水平圆的透视

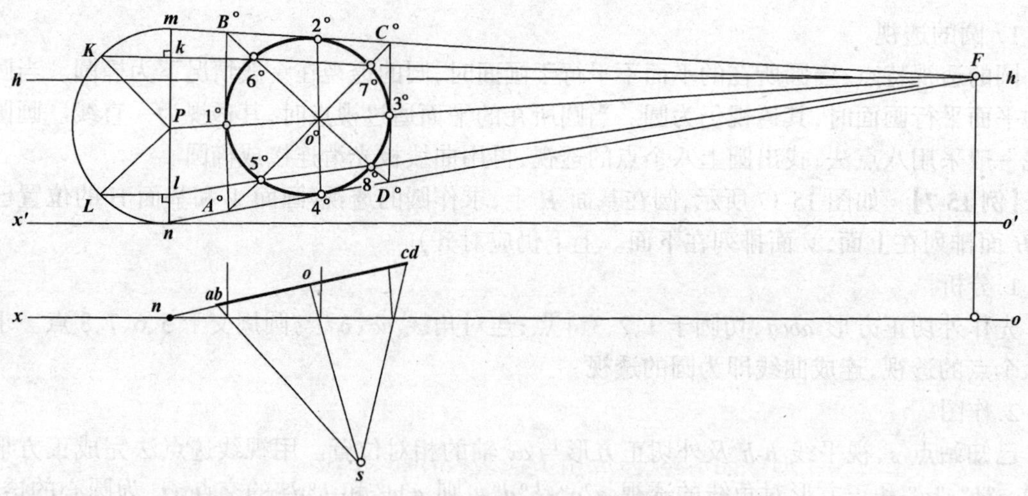

图 15-18　八点法作铅垂圆的透视

(2)然后用真高线 MN 为直径作半圆，过圆心 P 作 45°直角三角形，得 k、l 两点；

(3)连接 Fk、Fl，交四边形 A^o、B^o、C^o、D^o 的对角线于 5°、6°、7°、8° 四点；

(4)作外切正方形的四个切点的透视 1°、2°、3°、4°；

(5)用曲线板光滑连接 1°、2°、3°、4°、5°、6°、7°、8° 八个点。

2. 圆柱的透视

将圆柱的顶圆和底圆的透视作出后，再作公切于它们的素线，即得圆柱的透视。

如图 15-19 所示，先用前述方法画出正圆柱底圆的透视。过 a^o 取 a^oA^o 等于已知正圆柱的高，过 A^o 用前述方法作出顶圆的透视。底圆和顶圆上外切正方形与圆周的四个切点及对角线与圆周的四个交点，其透视上下对齐。根据母线的方向作两条铅直的公切线，即得垂直于基面圆柱的透视。

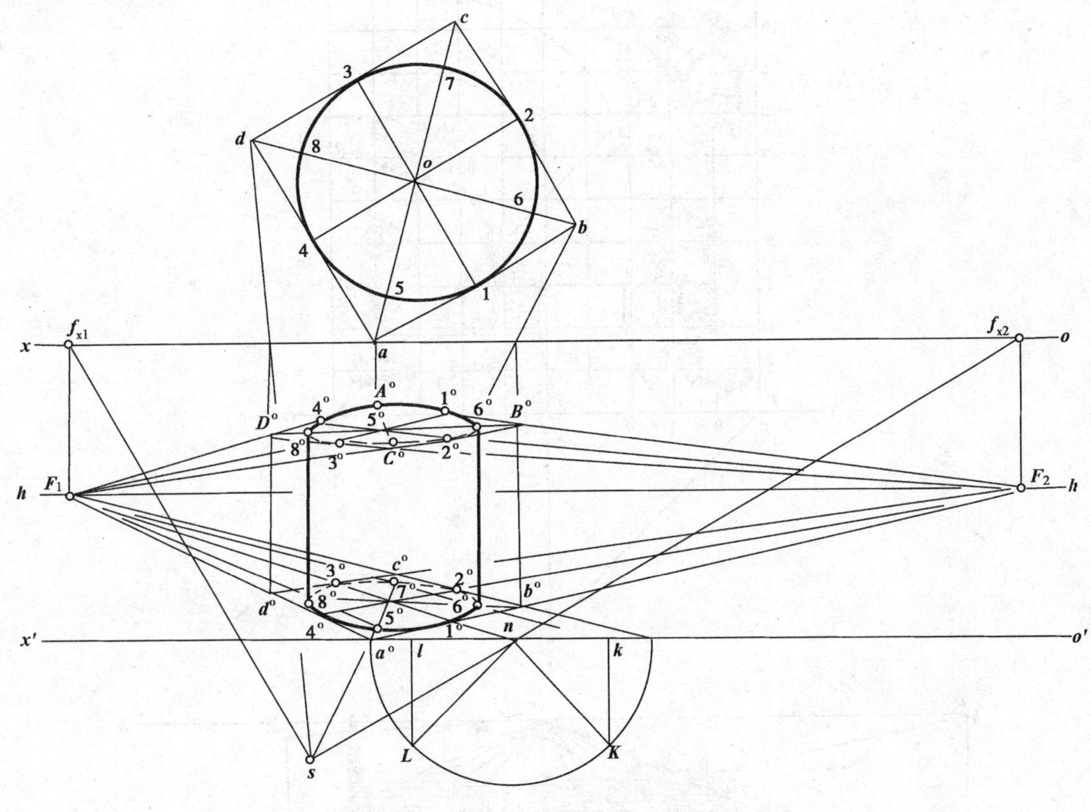

图 15-19 圆柱的透视

二、曲线的透视

曲线的透视一般仍为曲线。当平面曲线与画面重合时，其透视即为本身；与画面平行时，其透视的形状不变，仅大小发生变化；通过视点时，其透视为一直线。

曲线的透视作法，如图 15-20 所示。将空间曲线或平面曲线纳于一个由正方形所组成的网格中，先作网格的透视，然后再找出物体与网格相应位置上的代表点，顺序连接各点即画出其透视图。这种方法叫网格法。

网格法不但应用于曲线图形，还常应用于较复杂的直线图形。

见图 15-20a)，在 H 面上有不规则的水池、弯曲的道路和电线杆等的投影图，并已确定视点 S 的位置。画透视时，先在图上打方网格，网格大小视图面复杂程度而定。网格越密，精度越高。所以常常在局部变化较多的地方采用大网格里套小网格的办法，严格控制物体形状变化的相对位置。方网格为两组互相垂直的直线，一组直线为 a、2、3、…、11 等平行画面，它们的透视将成为水平方向；另一组为 a、b、c、…、k 等垂直画面，它们的灭点即为主点 s'。

见图 15-20b)，先求出所有画面垂直线的迹点，在本图中，各迹点都在 ox 基线上，并与它们的透视 A^o、B^o、…、K^o 重合。再与主点 s' 连接，得各线的全长透视 A^os'、B^os'、O^os'、…、K^os'。在作画面平行线组的透视时，可利用网格对角线的透视原理来求对角线的灭点 F，其迹点为 K^o，连 K^oF 与已求得的画面垂直线的全长透视。A^os'、B^os'、C^os'、J^os' 相交，过各交点作 ox 轴平行线，即为各画面平行线的透视 2°、3°、4°、…、11°。至此，方网格的透视即成。为了使图形清晰,在透视图中,网格的纵横两边各增长了1倍。

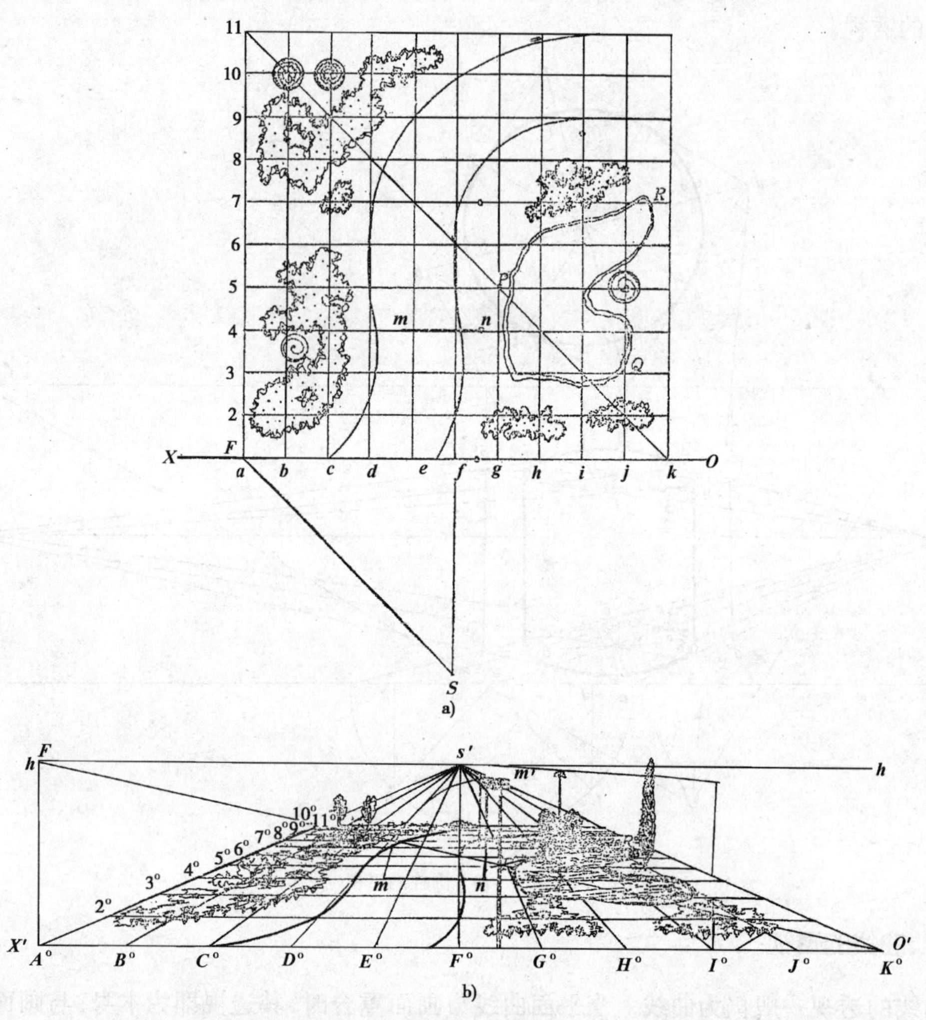

图 15-20 曲线的透视

a)投影图;b)透视图

最后,在 H 面投影中的曲线上取相当多点,如水池边上 P、Q、R 等点,按照它们处于网络中的位置,在网络的透视中定出 P^{o}、Q^{o}、R^{o} 等点,再用曲线连接起来,就得出水池的透视,取点越多越精确。

道路的透视如同上法,可根据 H 面投影在网络的透视图中,由其相应的位置来确定。垂直于 H 面的电线杆,可用画面平行线透视成同一比例的原理求得。设电线杆高度相当于方网格的两格长,于各杆脚点即可作出电线杆的透视,例如过 n 作画面平行线,截得 mn 等于两格线长;过 n 作垂直线使 $nm' = mn$,则 nm' 即为电杆高度。这种方网格的两组互相垂直的格线,不一定平行或垂直画面,亦可根据需要作成倾斜于画面。

§ 15-4 视点与画面位置选择

视点、画面和构造物三者之间的相对位置,决定透视图的形象,为了使绘成的透视形象逼真,能反映出构造物的构造特征,在画透视图时,应选择视点及画面的位置。

一、视点位置的选择

1. 站点 S 的位置

当画面确定以后,人们观察同样大小的构造物,站点的位置与画面距离远近的变化,直接影响透视图的效果,如图 15-21 所示,站点在 S_1 位置,主要方向(主要立面上水平线的方向)的灭点较近,透视消失急剧,构造物有失真变形的感觉,透视效果不好,见图 a)。站点在 S_2 的位置,主要方向的灭点远近适中,透视消失缓慢,图形较平稳,透视有真实感,效果较好,见图 b)。总之,视距要适当,视点太近或太远,透视效果都较差。

站点相对于构造物的左右位置,也影响透视图的效果,见图 c)。站点在 S_3 的位置,构造物的正立面和侧立面的透视轮廓大致相等,透视图的重点不突出,主次不分,透视效果不好。通常应使主要立面的透视轮廓和侧立面的透视轮廓成 3:1 的比例,如图中 S_2 的位置。

2. 视平线的高度

视点 S 的高低,决定视平线 h-h 的高度,视平线的高度对透视图的形象影响很大,视平线的选择由透视图的要求所决定,如图 15-22 所示。若要求得总体的效果,表达构造物的全貌,可提高视平线,见图 a),在建筑总体布置上称为鸟瞰图。若要表达建筑物的雄伟高大,可降低视平线,见图 c)。若要显示构造物的底部,成仰视位置,可把视平线降至 OX 轴以下,见图 e)。若视平线的高度与建筑物的水平顶面或底面同高,该水平面的透视为一直线,透视变形失真,效果最差,见图 b)和 d)。

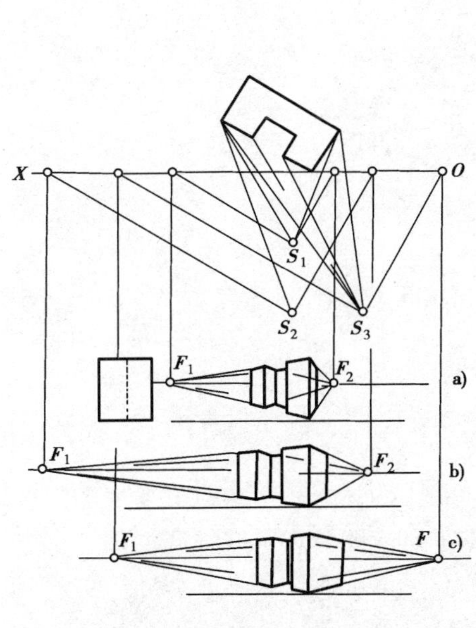

图 15-21 站点位置的选择

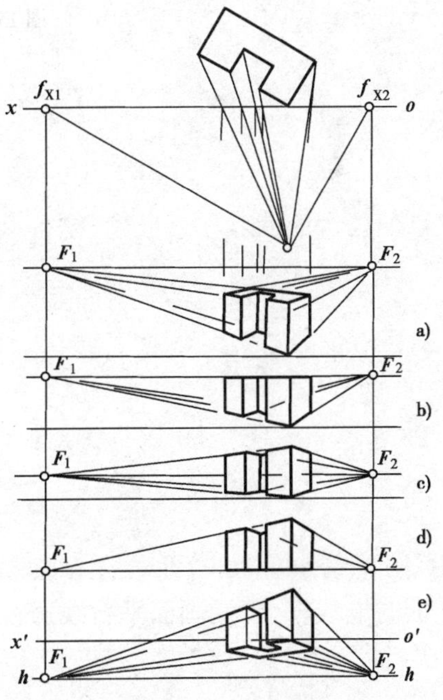

图 15-22 视平线高度的选择

二、画面位置的选择

画面和构造物的相对位置,直接影响透视图的效果。画构造物的平行透视(一点透视)时,为了作图方便,通常选择画面与构造物的一个主要立面重合,如图 15-23a)所示。画构造物的成角透视(两点透视)时,通常选择画面与构造物主要立面的夹角 ϕ 成 20°~40°角。构造物的主要立面和画面的夹角 ϕ 越小，主要方向的灭点越远，透视消失平缓，主要立面的透视轮廓越宽阔，如图 15-23b)所示；反之，夹角越大，主要方向的灭点越近，透视消失越快，图形剧变，如图 15-23c)所示。画透视图时，应根据构造物的特点及透视效果，选择适当的 ϕ 角。

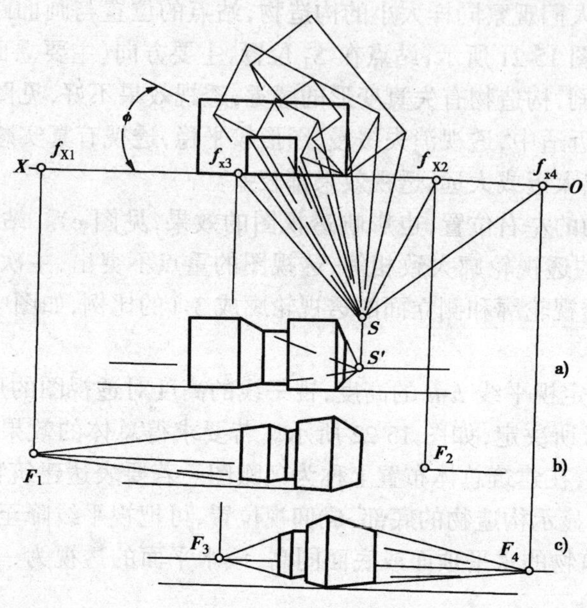

图 15-23　画面位置的选择

第十六章　建筑工程图

房屋建筑工程与道路桥梁工程一样,是国家基本建设任务的重要内容。它们的图示方法都是以正投影原理为基础,但由于专业性质不同,具有不同的图示特点及图示内容。房屋建筑工程图包括总平面图、平面图、立面图和构造详图等,是用来指导房屋施工的依据。本章简介建筑工程图的一些基本知识。

§16-1　概　　述

一、房屋建筑的组成及作用

房屋是提供人们生活、生产、工作、学习等各种活动的场所。房屋建筑按使用功能分为工业建筑,如厂房车间;农业建筑(如农机站);民用建筑(如住宅、商店、体育场等)。虽然建筑种类很多,其功能性质、使用要求、空间组合和内外形状均大不相同,但其基本组成内容是相似的。

现以图 16-1 为例,说明房屋的组成。构成建筑物的主要部分有:起支承作用的梁、柱、板、

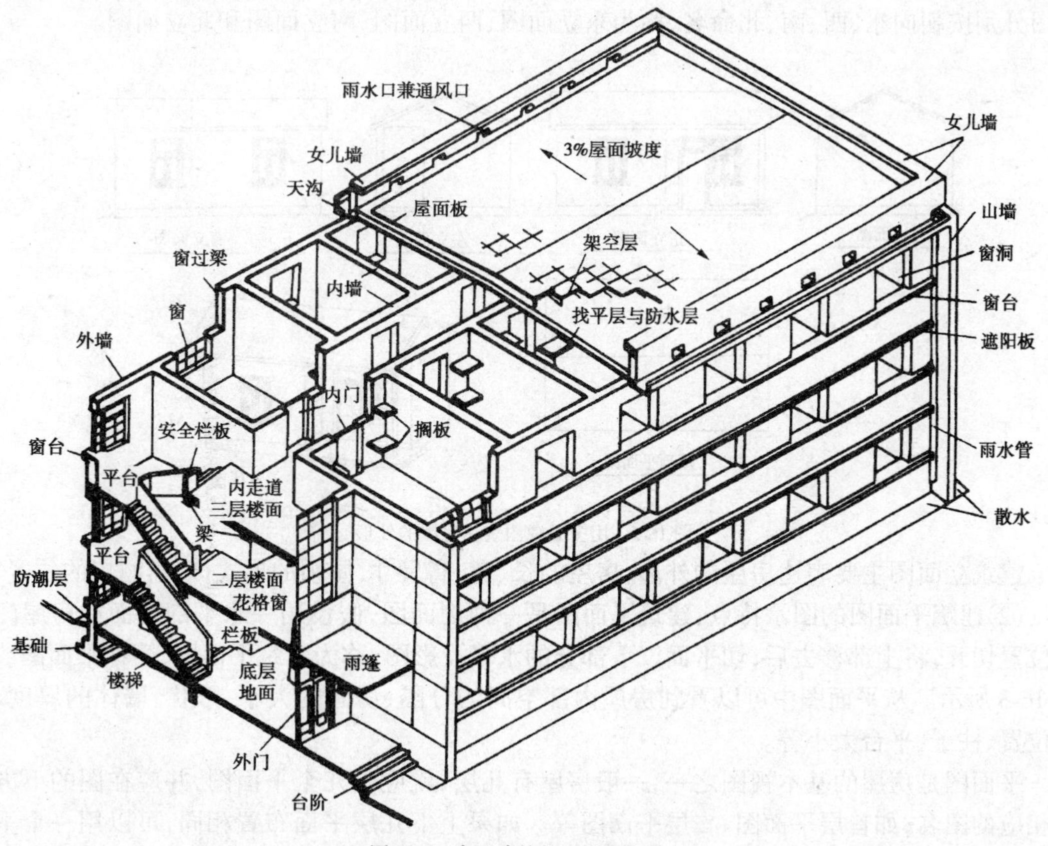

图 16-1　房屋建筑的组成及名称

基础等;起保温隔热、围护作用的墙、屋面等;起采光通风作用的窗、阳台等;起交通作用的门、走廊、楼梯等;起排水防潮作用的散水、天沟、明沟等。

二、建筑施工图的图示特点

房屋的修建要经过设计及施工两阶段。按照规定将拟建房屋的形状以及各部位的构造、结构、设备及装修等,用正投影的方法,详细准确地画出的一整套图纸称为房屋建筑图,也称为施工图。一套房屋施工图一般有:图纸目录、施工总说明、建筑施工图(简称建施)、结构施工图(简称结施)、设备施工图(简称设施)。在全套施工图中,建筑施工图尤为重要,它是其他各图的设计依据。下面介绍建筑施工图的图示特点。

1. 基本视图

建筑施工图主要表达房屋建筑设计的内容,如房屋的总体布置、外部造型、内部布置、内外装修等。其图样包括建筑总平面图、建筑平面图、建筑立面图、建筑剖面图及建筑详图等,其中建筑平面图、立面图、剖面图是主要图样,简称“平、立、剖”,都是用正投影法绘制。立面图是表达建筑物的立面(或侧面、背面)的投影图;平面图为沿窗、门洞剖开的水平剖面图;剖面图为沿结构变化部位剖开的竖向剖面图。在图幅大小允许时可将“平、立、剖”按投影关系画在同一张图纸上,但图幅小时,可分别单独画出。下面分别介绍“平、立、剖”图的图示特点。

(1)建筑立面图的图示特点:房屋一般具有前、后、左、右四个方向的外形,而且形状往往不同,因此常用多面投影图来表达房屋的外形,如图16-2所示。图中只画房屋的外形,不画房屋的内部结构,而且把反映房屋主要出入口及外貌特征明显的那一面作为正立面,其他方向的外形图分别按朝向东、西、南、北命名,称为东立面图、西立面图、南立面图和北立面图。

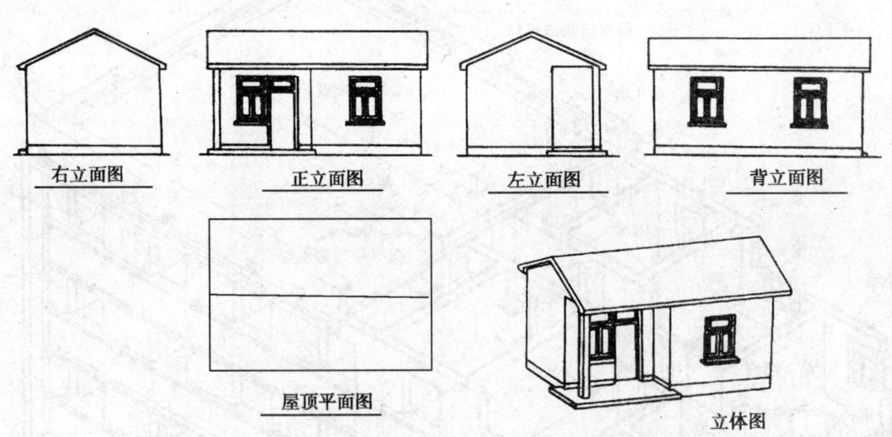

图16-2　用多面视图表达房屋的外形

建筑立面图主要表达房屋的外形,房屋的长、宽、高尺寸,屋顶的形式,门窗洞口的位置等。

(2)建筑平面图的图示特点:建筑平面图是一种剖面图,假设用一水平剖切面沿房屋门窗洞位置切开,将上部移去后,切平面以下部分的水平投影图,称为建筑平面图,简称平面图。如图16-3所示。从平面图中可以看到房屋内部空间的分隔、房间的大小、形状、墙体的厚度、窗的位置、柱子、平台大小等。

平面图是房屋的基本视图之一,一般房屋有几层,就应画几个平面图,并应在图的下方注明相应的图名;如首层平面图、二层平面图等。如果上下几层平面布置相同,可以用一个平面图表示,称为标准层平面图。如只有局部不相同,则只需画出不相同的部分,而在图上均要注明各层楼的名称。

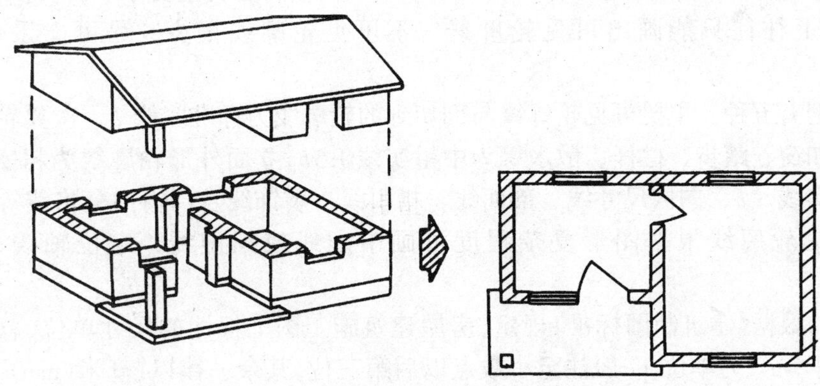

图 16-3 平面图的形成

(3)建筑剖面图的图示特点:假设用一个铅垂剖切面把房屋沿高度方向切开而得到的剖面图,称为建筑剖面图,简称剖面图。剖面图因剖切方向的不同分横剖和纵剖图。如图 16-4 所示为一横剖图。从剖面图中可以看到屋盖的构造、内门大小、窗的高度以及墙身与地面的连接关系等。由于剖切位置的不同,所得到的剖面图也不同,在剖面图中剖切到的和未剖切到的部分,就按规定的符号来区别。房屋剖面图的剖切位置一般选择建筑物内部构造有代表性或空间变化比较复杂的部位(如楼房常选在楼梯间或其他构造有变化处)。复杂的建筑物常需画出几个不同位置的剖面图。

立面图、平面图和剖面图都是房屋建筑图中的基本视图,它们表达的内容各不相同,但紧密联系。立面图和平面图通常采用相同的比例画在同一张图纸上,如果图纸太小不可能全部画下时,也可把各个视图分散画在几张图纸上,这时不能按投影规律对齐排列,但不论各图如何排列,一律规定要在图形下方注写图名。

2. 规定画法

为了使图形表达更为清晰,在绘制建筑施工图时,除了按投影方法作图外,还有一些规定画法。

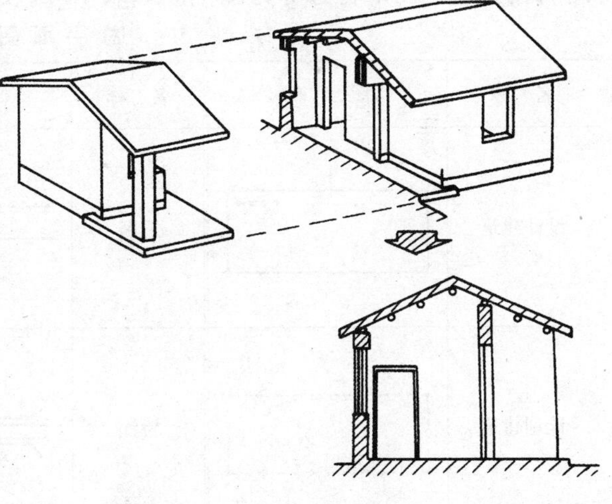

图 16-4 剖面图的形成

(1)比例:由于房屋建筑与道桥工程一样多为庞大工程实体,因此房屋建筑图常用较小的比例绘制。国家《建筑制图标准》统一规定的常用比例如表 16-1 所示。

建筑工程图常用比例 表 16-1

图 名	比 例	图 名	比 例
总平面图	1:500,1:1000,1:2000,1:5000	详 图	1:1,1:2,1:5,1:10,1:50
平、立、剖面图	1:50,1:100,1:200		

(2)图线：线型宽度规定与道桥工程图一致，但由于房屋构造复杂、材料多样、形体大，所以在图样上往往只能画出可见轮廓线，不可见轮廓线很少，尽可能采用剖面图解决。

常用线型有五种：主要可见轮廓线与剖切到的轮廓线为标准实线 b，次要轮廓线和未剖到的轮廓线如窗、踏步、栏杆、散水等为中粗实线 $0.5b$，立面外形轮廓线为粗实线 b，而地平线为加粗实线 $>b$，图内尺寸线、剖面线、指引线、装饰线及门窗内分格线等多为细实线 $0.35b$，不可见轮廓线根据图形复杂程度可画中虚线或细虚线，定位轴线采用细点划线。

(3)尺寸：根据《建筑制图标准》规定，房屋建筑施工图上标注的尺寸单位、总平面图的尺寸、标高以"米(m)"为单位，一般注至小数点以后第三位，其余一律以"毫米(mm)"为单位。直线尺寸起止符用 45°短划线，其他同道路桥梁工程图。

房屋图的尺寸比较复杂，为了使图形清晰，尺寸界线往往不与图形的轮廓线直接连接，如图 16-8 所示。

(4)标高：建筑图中所用标高有两种：一是绝对标高即普通的测量标高，采用规定海平面为基准来标注高程，又称海拔高程，用"▼"表示，一般在总平面图中使用；二是建筑标高，用"▽"表示。并规定房屋底层地面为 +0.000，其他标高以此为基准。符号画法与道路桥梁工程图中规定相同。

(5)图例：为了绘图简便，《道路工程制图标准》规定了一系列的图形符号来代表建筑构配件和材料，这些图形符号称为图例。如表 16-2、表 16-3 所示。

总平面图图例　　表 16-2

名　称	图　例	名　称	图　例	名　称	图　例
设计建筑		道路		绿化	
计划建筑		桥涵	桥　涵	坐标	X=105.00 Y=425.00
原有建筑		护坡		风标 （风玫瑰）	表示十六个方向上的常年风频次数
拆除建筑		围墙			

常见建筑构造及配件图例 表 16-3

名 称	图 例	名 称	图 例	名 称	图 例
门洞		窗		孔洞	
单扇门		高窗		预留洞预留槽	
双扇门		隔断		烟道	
对折门		花格窗		污水池	
双扇弹簧门			底层 上	淋浴间	
提升门(卷门)		楼梯	下 中间层 上	厕所间	
转门			下 顶层	检查孔	

(6)定位轴线：房屋建筑中承重构件种类、数量较多，为便于表达、准确定位，从这些承重构件(如墙、柱等)的中心处引出一条带有编号圆的点划线，称为定位轴线。建筑施工图中的定位轴线是施工定位、放线的重要依据。对于一些非承重的分隔墙等次要构件，一般可画出分轴线，也可只注明其与附近轴线的相关尺寸来确定位置。

如图 16-5 所示，定位轴线采用细点划线表示，轴线端部画细实线圆，圆的直径为 8mm(详图为 10 mm)，圆心应在定位轴线的延长线上或延长线的折线上。圆圈内写上编号，水平方向编号用阿拉伯数字从左到右编写；竖向编号用大写拉丁字母由下向上注写。但 *I*、*O* 和 *Z* 不宜用做轴线编号，以免和数字 1、0 和 2 混淆。在平面图中，定位轴线一般注定在左方与下方，不对称或复杂的平面图也可在右方与上方标注。在两个轴线之间的附加分轴线，编号用分数表示。分母为前一轴线的编号，分子为阿拉伯数字，按顺序表示附加轴线编号，如图 16-6 所示。

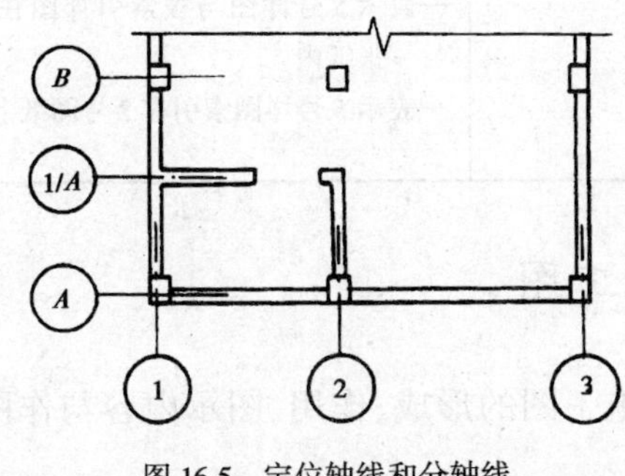

图 16-5 定位轴线和分轴线

表示5号轴线后附加的第二根轴线

表示 *A* 号轴线后附加的第一根轴线

图 16-6 分轴线的编号

在详图中，如果一个详图适用于多个轴线时，应同时注明各轴线编号，如图 16-7 所示。

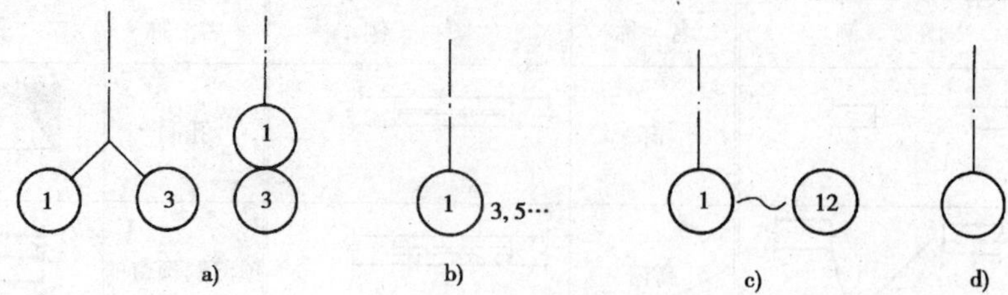

图 16-7　详图的轴线编号

a）用于两根轴线；b）用于三根或三根以上的轴线；c）用于三根以上的连续编号的轴线；d)通用详图的定位轴线不注写编号

(7)索引符号：由于平、立、剖面图比例较小，因而某些局部或构件需用较大比例画出详图。对这些详图与总图间的关系，按《道路工程制图标准》规定需采用详图索引表示，在需要另绘详图的部位编上索引符号，并与所绘详图上的详图符号一致，以便于查找。

如表 16-4 所示，索引符号以细实线绘制，圆直径为 10mm。引出线指向被索引部位并应对准圆心。圆中绘一细实线直径分开上、下半圆。上、下半圆各用阿拉伯数字编号，上半圆数字为该详图的编号，下半圆则为该详图所在图纸的图纸号。如详图与被索引图在同一张图纸内，则在下半圆中画一段水平细实线表示。当索引出的详图采用标准图时，应在索引符号水平直径的延长线上注明该标准图例的编号。索引的详图是局部剖面(或断面)详图时，索引符号应在引出线的一侧加画一剖切位置线，引出线所在一侧为剖视方向。详图符号以粗实线绘制，圆直径为 14 mm。详图与被索引图样同在一张图纸内时，在圆内用阿拉伯数字注明详图编号；不在同一张图纸内时，应用细实线画一段水平直径，在上半圆内注明详图编号，下半圆内注明被索引图纸的图纸号。

详图索引标注与画法　　　　表 16-4

	符号画法	符号标注	注　解
局部放大(或剖切)索引符	1.圆直径为 10mm 2.引出线及圆均用细实线画出	5/— 4/2 J-102 5/2	—表示 5 号详图与详图索引在同一张纸内 表示 4 号详图画在 2 号图纸上 —表示采用建筑标准图集第 102 册第 2 页第 5 个详图
	1.剖切位置用粗实线画出，引出线一侧为剖切方向		
详图标志符	1.圆直径为 14mm 2.粗线画圆	5 5/2	—表示 5 号详图与被索引详图在同一张纸内 —表示 5 号详图索引在 2 号图纸上

§16-2　建筑施工图

本节以某高速公路管理处综合楼为例，介绍建筑施工图的形成、作用、图示内容与作图方法。

一、建筑总体平面图

建筑总平面图表示拟建工程规划区域的总体布置情况，它反映了建筑物的平面形状、位置和朝向，室外场地、道路、绿化等的布置，地形地貌及新建筑与周围环境的关系等。建筑总平面图也是建筑施工定位、土方施工以及其他专业管线总平面图和施工总平面图设计的依据。

如图16-8所示为某高速公路管理处总平面图，比例为1∶1000。图中建筑方位采用了建筑坐标和指北针表示，如绘制界桩编号J20、J22…、HW1、HW2…、FW6等，J20的坐标值为$\frac{X814\ 545.470}{Y31\ 966.495}$(其他界桩坐标均省略了前三位数)。从指北针也可看出，该管理处位于高速公路的交叉口处，原公路为南北线，高速公路为东北至西南方向，管理处大门朝向东南，综合楼为

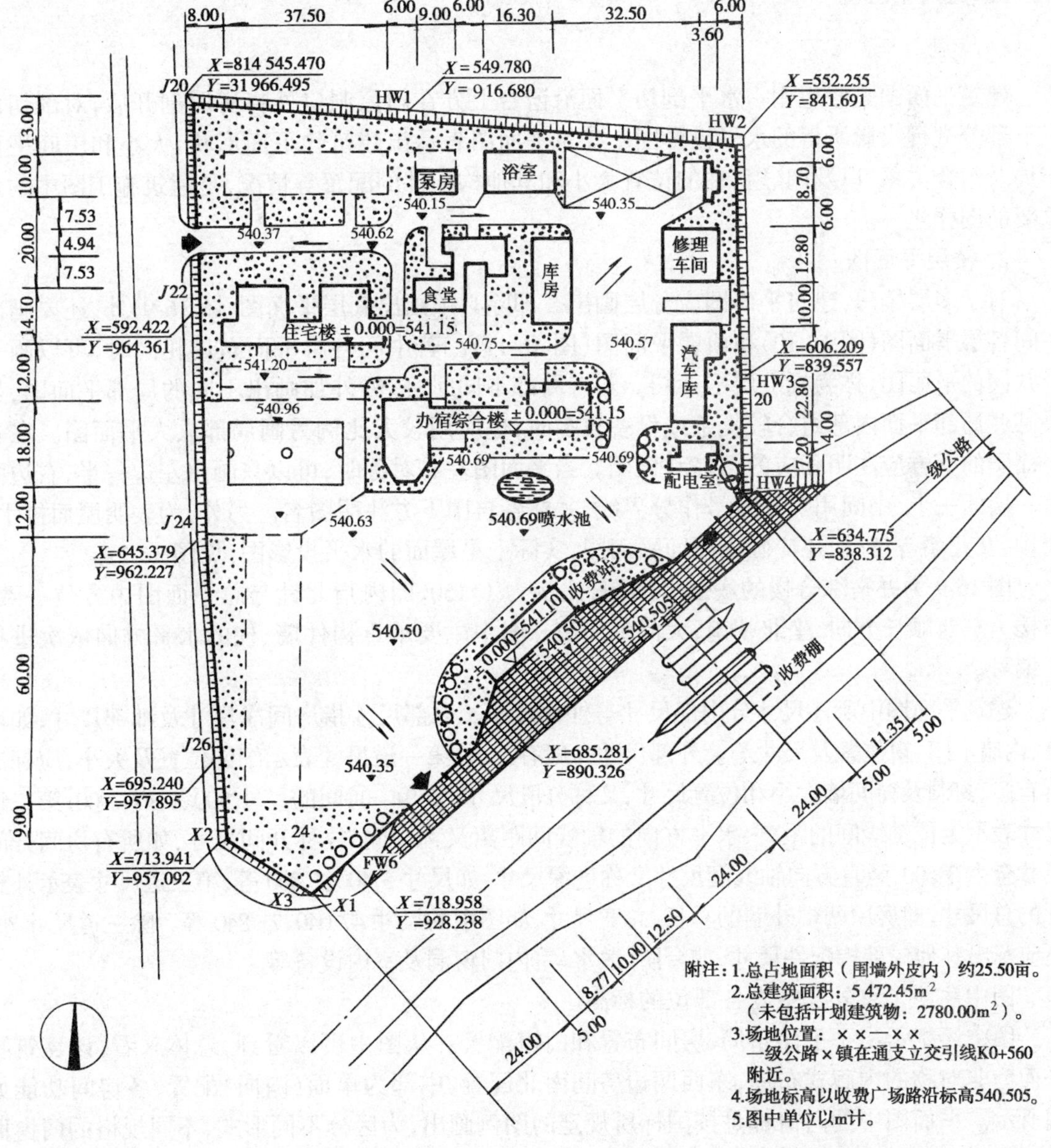

图16-8　建筑总体平面图

东西方向,大门朝南。图中指北针有时也可用该地域的风标(又称风玫瑰)代替。

从图中可看出,管理处规划区域平面为不规则形状,其西、北、东及西南角几面均有挡土墙和栏杆围墙,面临高速公路的东南面设有两个大门、收费站、站前广场,西北角设一个便门。管理处规划建筑及道路、绿化布局如图中所示。办宿综合楼居中部,西边为四层,东边为三层,西边有球场,门前有椭圆形水池喷泉和停车场等。

为使图面清晰,规划区域的主要尺寸标在图外,表达了建筑物的形状大小及相互之间的距离,图样简单时尺寸可直接标在图内。图中还表示了各部位的室外标高及排水方向,以及建筑物室内地坪的绝对标高,如办宿综合楼的室内地坪标高为 + 0.000 = 541.1。在附注中说明了建筑规划总占地面积、地理位置等概况。

二、建筑平面图

1. 形成

建筑平面图是假想用一水平剖切平面沿窗台上方在门窗洞口处将房屋剖开后,对剖切面以下部分进行投影所得的水平投影图。建筑平面图表示出建筑物平面形状、大小和房间平面布局及组合关系,以及门、窗、柱的位置大小和其他构配件的配置等情况,是建筑施工图中的最重要的图样之一。

2. 楼层平面图

对于多层楼房,建筑平面图应分层画出。即除必须画出底层平面图(图 16-9)外,还要画出中间各层平面图(图 16-10)和顶层平面图(图 16-11)。若中间各层平面布局相同时,可以画一个共同的平面图,称为标准层平面图。若有局部不同时,应另外加画出不同的局部平面图,如果某些局部平面内部组合较复杂或设备较多时,也应用较大比例另画局部放大平面图。在各平面图的下方应注明相应的图名和比例。当平面图左右对称时,可以只画出左边一半,右边画另一层的一半,中间用对称符号作分界线,并在各自图下方注明图名。另外,为表明屋面排水、天沟、女儿墙等情况,还应画出屋面平面图,实际上是屋面的水平投影图,见图 16-11。

图 16-9 为办宿综合楼的底层平面图,比例为 1:150,图内指北针与总平面图中方位一致,该楼为东西顺长方向,坐北朝南,大门朝向南。图中主要承重构件墙、柱的水平方向依次进行了编号。

建筑平面图中所注尺寸分内部尺寸与外部尺寸。内部尺寸指房间净尺寸及细部尺寸,如墙厚、内墙上门、窗位置及尺寸等。外部尺寸一般有三道:第一道尺寸表示细部位置及大小,应标出所有门、窗洞及窗间墙大小和位置尺寸,又称分段尺寸,如⑨~⑩间的尺寸 900、1 800、900;第二道尺寸表示定位轴线间的距离,水平方向的轴线间距离又称开间,故称开间尺寸,如所有房间开间尺寸全为 3 600,竖直方向轴线间尺寸又称进深尺寸,如尺寸 5 400、1 800 等;第三道尺寸表示外轮廓的总尺寸,即房屋两端外墙的总长、总宽尺寸,如图中的尺寸 47 040、21 840 等。除三道尺寸外,还应标出其他局部构配件尺寸,如台阶、散水、室内门窗洞及室内设备等。

图中注明了室外及室内各部位的标高。

图中还标示出了平面布局、房间布置和门窗配置。从图中可以看到,总体来看,该建筑物平面为非对称的内廊式布局,东西两边房间南北配置,中部为单面(南向)配置,各房间功能如图所示。平面图中的门窗都是按国标所规定的图例画出,为区分不同形式,不同规格的门窗而采用不同的编号,窗用字母 C 代表,如 C-1、C-2;门用字母 M 代表,如 M-1,M-2;LC、LM 则表示门窗上有过梁,如 LC-1、LC-2、LM-1 等 。门窗的具体形式 、尺寸规格及数量则应参看建筑立面

底层平面图 1:150
办公室
办公室
办公室
办公室
图书馆
阅览室
男厕
女厕
盥洗间
LC-1
LC-2
LC-3
LC-4
LM-1
M-1
M-2
M-3
M-4
M-5
M-6
C-1
C-2
±0.000
-0.300
-0.450
1-4.12
47040
21840

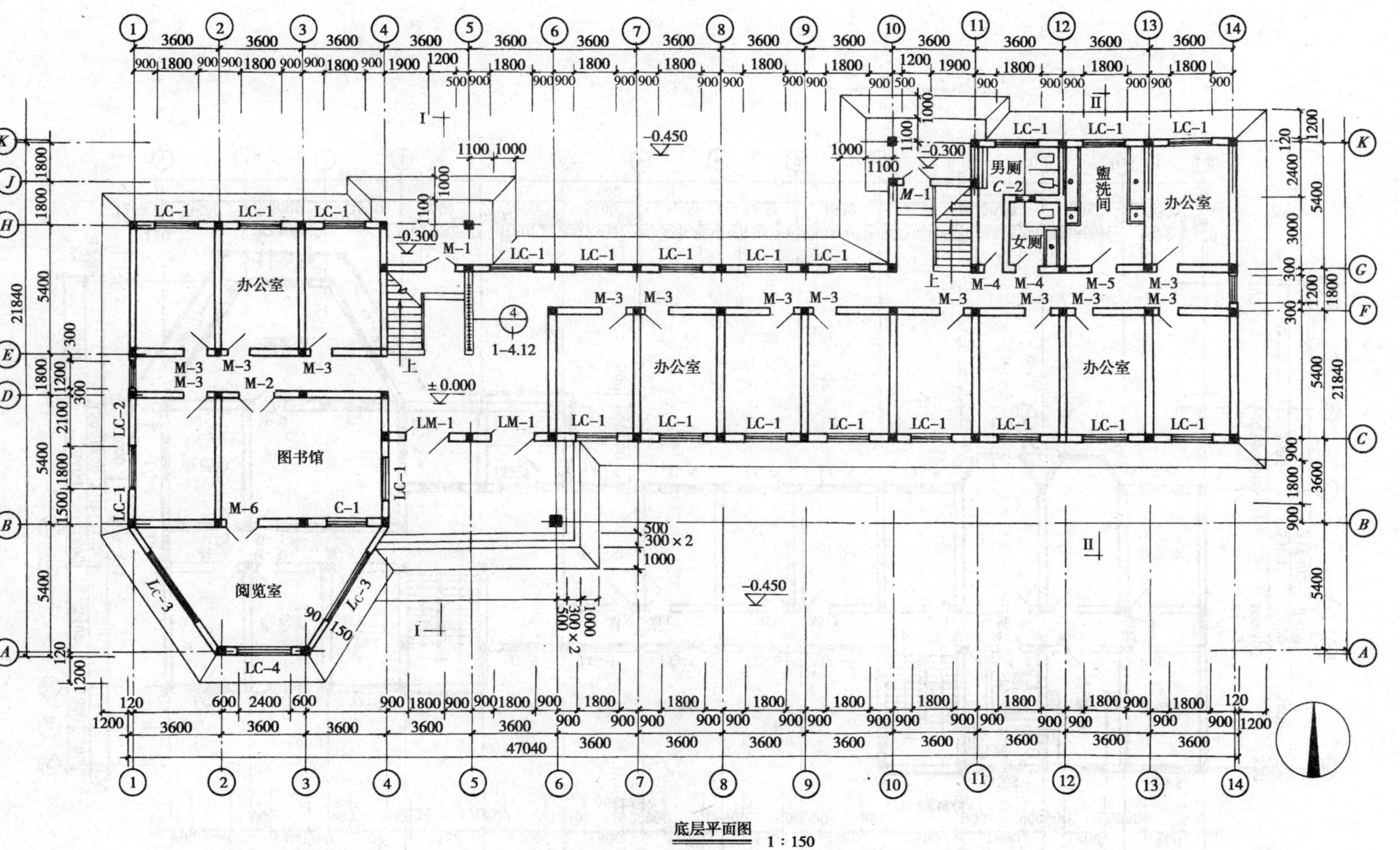

图 16-9 建筑平面图(一)

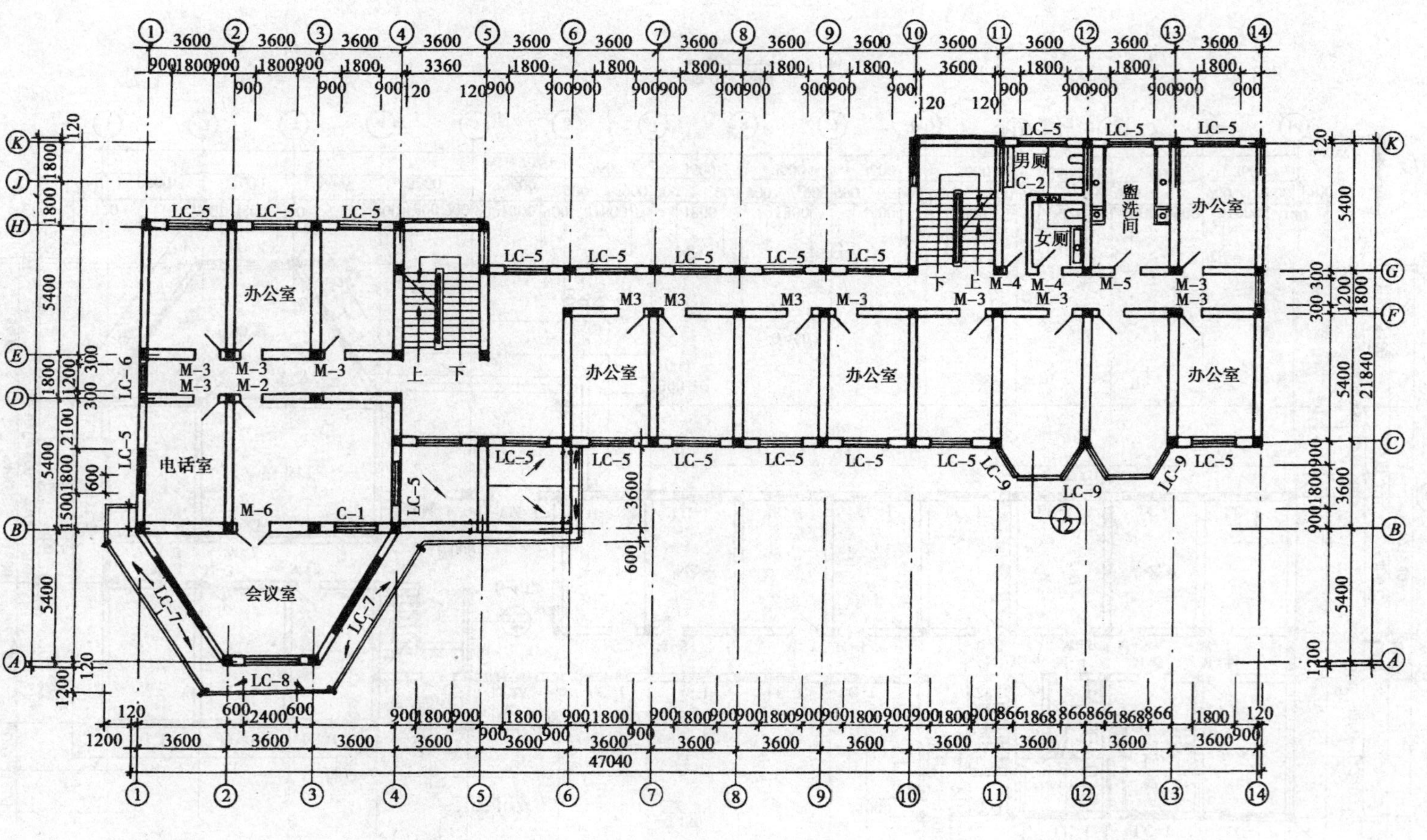

图 16-10 建筑平面图(二)

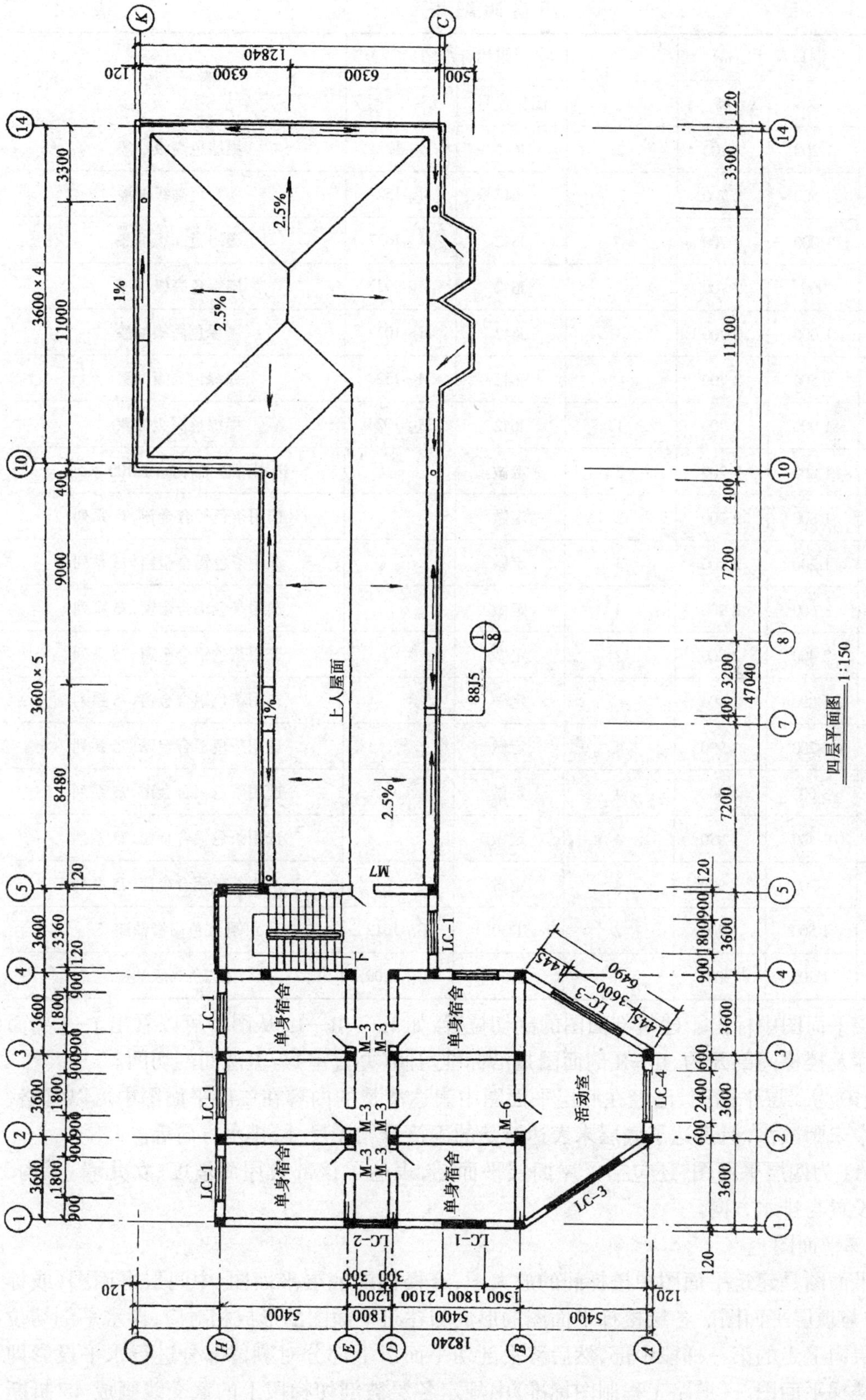

四层平面图 1:150

图 16-11 建筑平面图(三)

图、剖面图和门窗表，如表16-5所示。

门窗明细表 表16-5

设计编号	洞口尺寸(mm)		樘数	采用标准图集		附注
	宽	高		图集代号	编号	
M-1	1 200	2 100	2	J642	M_{23}-1221	墨绿色高级油漆
M-2	1 500	2 700	2	J642	M_{24}-1527	墨绿色高级油漆
M-3	1 000	2 700	47	J642	M_{24}-1027	墨绿色高级油漆
M-4	900	2 700	6	J642	M_{26}-0927	墨绿色高级油漆
M-5	1 000	2 700	3	J642	M_{72}-1027	墨绿色高级油漆
M-6	1 500	2 700	4	J642	M_{26}-1527	墨绿色高级油漆
M-7	1 000	2 400	1	J642	M_{24}-1024	墨绿色高级油漆
LM-1	1 800	3 200	2	定做		选用茶色铝合金门,100系列
LC-1	1 800	2 200	2	定做		选用茶色铝合金窗,75系列
LC-2	1 200	2 200	3	定做		选用茶色铝合金窗,75系列
LC-3	3 600	2 200	4	定做		选用茶色铝合金窗,75系列
LC-4	2 400	2 200	2	定做		选用茶色铝合金窗,75系列
LC-5	1 800	1 900	42	定做		选用茶色铝合金窗,75系列
LC-6	1 200	1 900	4	定做		选用茶色铝合金窗,75系列
LC-7	3 600	1 900	4	定做		选用茶色铝合金窗,75系列
LC-8	2 400	1 900	4	定做		选用茶色铝合金窗,75系列
LC-9	5 200	1 900	4	定做		选用茶色铝合金窗,75系列
C-1	1 500	1 200	2	J730	G_{11}-1512	乳红色高级油漆
C-2	1 200	900	3	J730	G_{11}-1209	乳红色高级油漆

在底层平面图中标出了建筑剖面图的剖切位置，如Ⅰ—Ⅰ、Ⅱ—Ⅱ，从图中可以看出Ⅰ—Ⅰ剖面图是沿门厅及楼梯间剖开的，Ⅱ—Ⅱ剖面图是沿标准房间（办公室）与盥洗间剖切的。

图16-10为二层平面图，已经在底层平面图中表达清楚的内容在二层平面图中可以省略，如在二层中未画散水，但表达了底层未表达清楚的雨篷及相关尺寸、排水方向等。

图16-11为四层平面图，还包括了屋面层平面图，表达了该部位屋面坡度、女儿墙、天沟、雨水口的设置与排水方向。

3．楼梯平面图

楼梯平面图是建筑平面图中楼梯间的放大图，有楼梯的底层平面图、中间层平面图（或标准平面图）与顶层平面图。各层楼梯平面图的形成与建筑平面图的形成相对应，即水平剖切位置位于各层向上走的第一梯段中部，然后移去剖切平面以上部分对剩留部分进行水平投影即为各层的楼梯平面图。《道路工程制图标准》中规定各层被剖切梯段上的截交线画成45°折断线，并从最后一级踏步投影线画起。如图 16-17 所示。

从图中可以看出，画各层楼梯平面图时应从下向上对齐排列，其定位轴线、楼梯间开间、进深均一致。底层平面图中表示了通向后门的踏步和剖切后剩余部分的第一梯段，并注出了向上的方向(用箭头表示)。中间层平面图表示了被剖切到的上一层的部分第一梯段和未剖上而可投影出来的下一层完整的第二个梯段和部分第一梯段，并用长箭头标出上下方向。顶层平面图完整地表达了从顶层向下两个梯段，只注向下的方向。各层平面图中梯段长度、踏步数不一定相同。各层平面图中还标出相应楼面层及休息平台等处的标高和楼梯剖面图的剖切位置。在本图中楼梯剖面图与建筑剖面图 I—I 合用，所以未标注。

三、建筑立面图

将房屋的各个立面按照正投影的方法投影到与之平行的投影面上，所得到的正投影图称为建筑立面图，简称立面图，如图 16-12、图 16-13、图 16-14 所示。立面图上表示出所有看得见的细部，表达出房屋造型、门窗形式、外墙面装修材料及作法等。反映建筑物外形特征的立面图称为正立面图，可按建筑物的方位、朝向命名背立面图、侧立面图、南立面图、北立面图等。《道路工程制图标准》建议按轴线编号来命名，如 I—I 立面图。

图 16-12 为综合楼的南立面图，图 16-13 为建筑物的北立面图，图 16-14 为建筑物的东、西立面图。作图比例与建筑平面图一致。立面图表达出了建筑物的外貌、门窗的位置及形状。

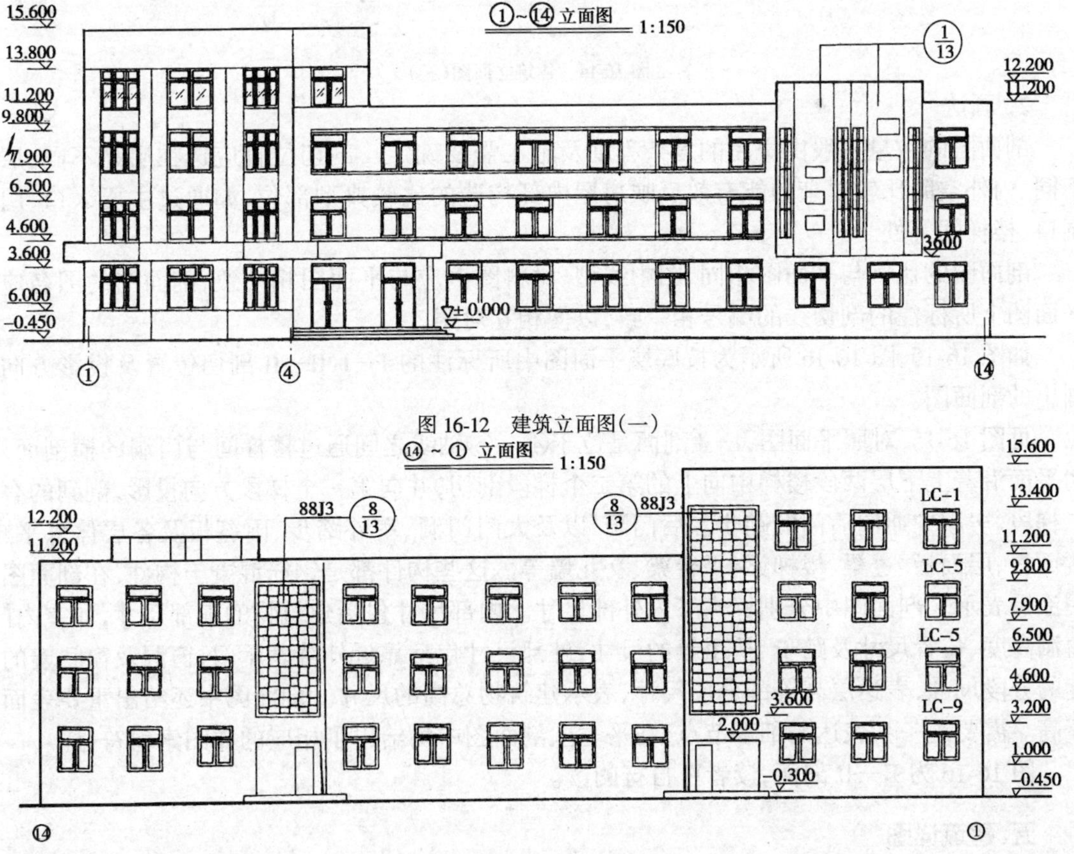

图 16-12 建筑立面图(一)

图 16-13 建筑立面图(二)

四、建筑剖面图

1. 形成

假想将房屋用一个或多个垂直于外墙轴线的铅垂剖切面剖开，所得到的正投影图称为建筑剖面图，简称剖面图。剖面图表示了建筑物内部的结构形式、构造形式，分层情况和各部位的材料、高度等，还反映了建筑物在垂直方向各部分之间的组合关系。建筑剖面图是与平面图、立面图一样是不可缺少的基本图样之一。

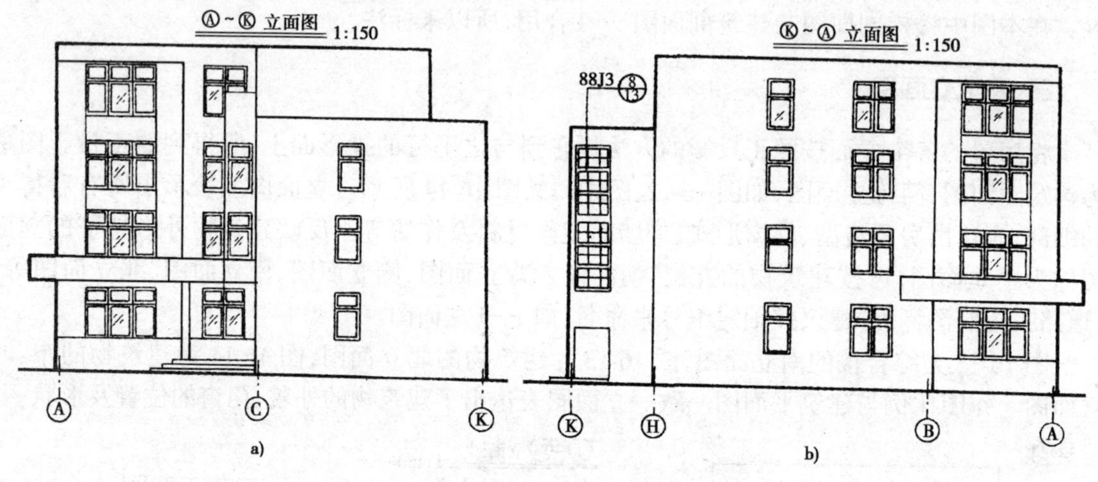

图 16-14 建筑立面图(三)

2. 画法

剖面图的数量一般由房屋的复杂程度及施工需要确定。剖切位置应选在层高不同、层数不同、内外空间比较复杂的能有效反映房屋内部构造的比较典型部位，如通过主要入口、门窗洞口、楼梯间等处。

剖面图的比例与平面图相同，图中线型、材料图例应与平面图相一致，剖面图的图名应与平面图上所标注的剖切线的编号相一致，以便相互对照。

如图 16-15、图 16-16 所示为按底层平面图中所标注的 I—I、II—II 剖切位置及投影方向所画出的剖面图。

见图 16-15，对照平面图，I—I 剖面是位于④～⑤轴线之间通过楼梯间与门洞的横剖面，剖切平面沿着上下层两段楼梯中向上的第二个梯段剖切，并向第一个梯段方向投影，剖到的有第二梯段、房屋中通向后门的踏步和后门洞，以及大门门洞、室外踏步、雨篷板及各层休息平台、楼面板、层面板、过梁、楼梯梁、平台梁、女儿墙等。这些构件都是钢筋混凝土构件，在剖面图中用涂黑表示。剖面图中分别标注了内外部尺寸。内部尺寸包括建筑物的细部尺寸，如室内门、窗洞高度、位置尺寸及踏步、扶手等的尺寸；外部尺寸包括靠近外墙表示门、窗洞及窗间墙的高度的分段尺寸，表达层高等的分层尺寸，表示建筑物总高的尺寸。剖面图中还给出重要表面的标高。需要进一步表达的细部节点，在平、立、剖面图中均给出了相应的详图索引符号。

图 16-16 为 II—II 剖面，读者可自行阅读。

五、建筑详图

由于平、立、剖面图的比例较小，无法表达出房屋的细部构配件，为满足施工需要，用较大比例画出的某些构、配件及局部节点的构造、材料及作法的图样称为建筑详图，它是平、立、剖

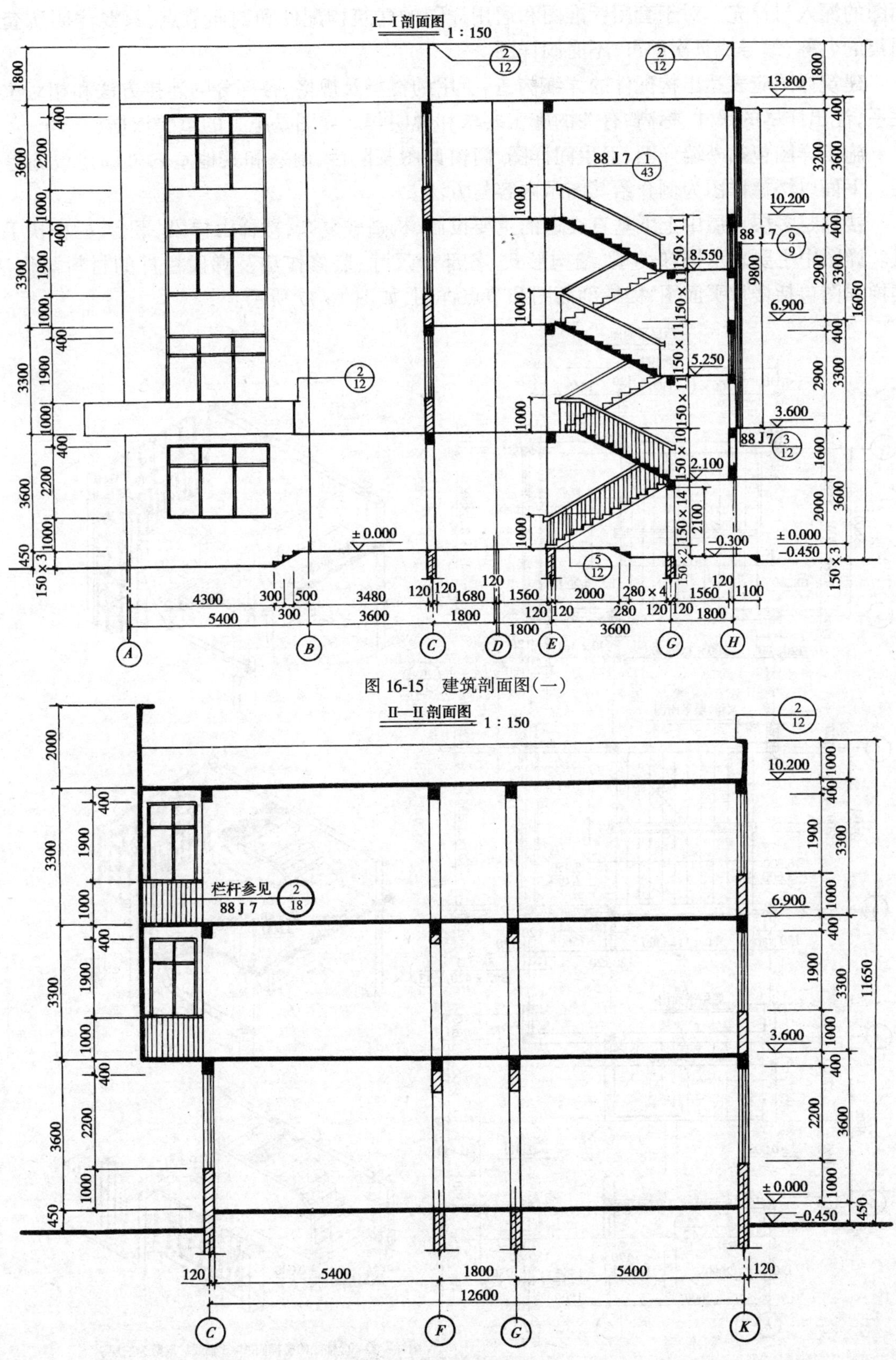

图 16-15　建筑剖面图(一)

图 16-16　建筑剖面图(二)

面图的深入与补充。对于套用标准图和通用详图的建筑构配件和剖面节点，只要注明所套用图集的名称、编号或页次即可，不必画详图。

建筑详图应表达出构配件的详细构造、所用的材料及规格，各部分的连接方法和相对位置关系，注出详尽的尺寸、标高、有关的施工要求和说明等。详图是施工的重要依据。

施工详图包括外墙详图、卫生间详图、门窗详图及阳台、雨篷和其他室内外固定设施等详图。下面以楼梯详图为例介绍其图示内容与方法。

楼梯是多层房屋中上下垂直交通的主要设施，构造较复杂，楼梯由梯段、平台、栏杆扶手组成。详图中主要表示楼梯类型、结构形式，各部分尺寸、装修作法及梯段栏杆的材料与作法。楼梯详图包括楼梯平面图、楼梯剖面图和节点详图，如图 16-17 所示。

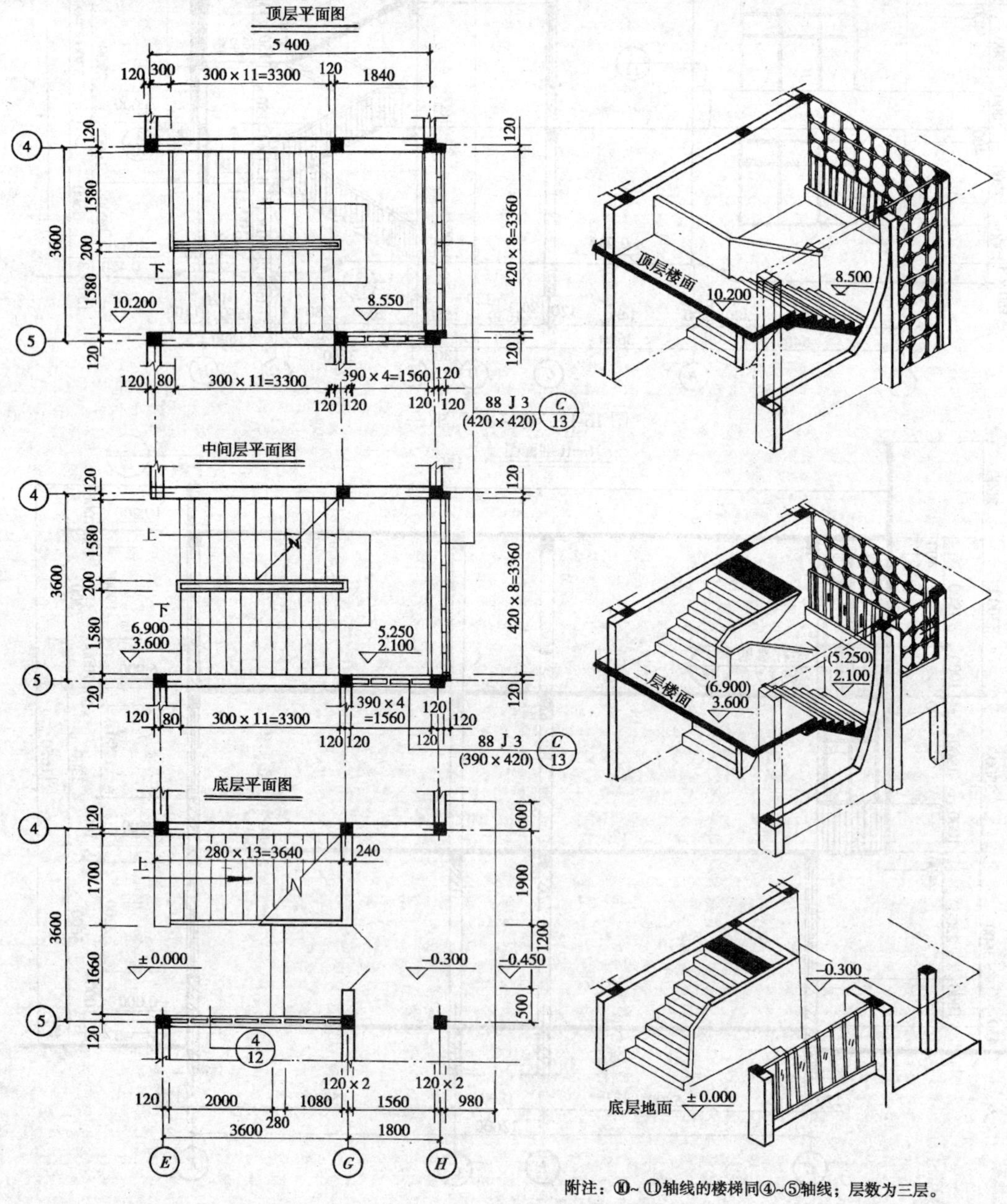

图 16-17　楼梯详图

第十七章　计算机绘图简介

计算机绘图是适应现代化建设的新技术，也是本课程发展的一个重要方向。因此，本章以AutoCAD2000版为基础，简介计算机绘图过程、软件工作界面，并介绍计算机绘图在道路工程图中的应用成果，为学生掌握现代化绘图手段和绘图技术打下一定的基础。

§17-1　AutoCAD 简介

本节以现今使用最广泛的 AutoCAD2000 为例，介绍 AutoCAD 的启动、界面，其他版本可触类旁通。

一、启动 AutoCAD2000

单击 Windows 屏幕左下角的开始→程序→AutoCAD2000(或在桌面上双击 AutoCAD 图标)，即可打开 AutoCAD2000。

二、AutoCAD2000 的工作界面

如图 17-1 所示为 AutoCAD2000 的工作界面，窗口的上方是下拉菜单条，菜单条下方为工具条，窗口的最下方为命令窗口和状态行，其余部分是绘图区。

1. 下拉菜单

下拉菜单位于窗口的顶部，其中每一个菜单中包含相关的一系列的命令，用户通过下拉菜单可以实现 AutoCAD 的运行功能和命令的操作。

2. 工具条

AutoCAD 窗口中有许多由基本命令的快捷方式图标组成的工具条，对于初学者来说，通过快捷方式图标可非常方便地实现对命令的快速使用。工具条上的每一个命令均有一个很形象的图标示意，通过它可基本看出命令功能，当鼠标在图标上稍停留一下，会在图标右下脚和状态行位置上显示该命令的提示。

3. 绘图区

窗口中间的区域为绘图区，是用户绘制图形的地方，它是一个无限大的电子画面，当移动鼠标时，在绘图区中会出现一个随之移动的十字光标，用户所绘制图形在这里完成。

4. 命令窗口

窗口底部的小空白区称为命令提示行，是显示命令及相关提示的区域。在不知道下一步该做什么的时候，请看命令提示行。

5. 状态行

命令窗口的下方为状态行，它显示出有关绘图的简短信息。通过它可知道当前光标位于绘图区的精确位置，还可以改变绘图的状态，比如改变当前的捕捉方式或绘图状态等。

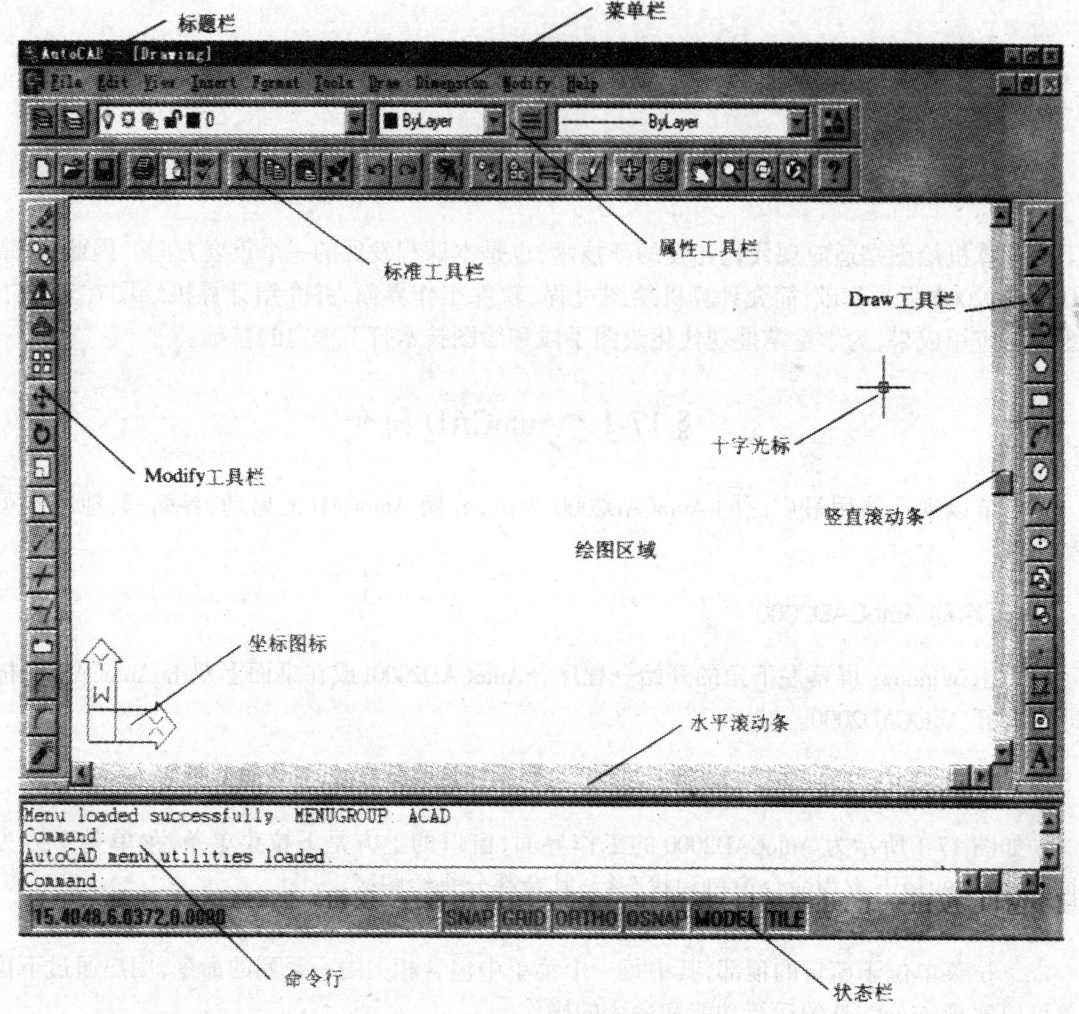

图 17-1 AutoCAD2000 的窗口

三、文件的建立、存盘、打开及打印

通过点击图标可以完成新文件的建立、存盘以及已有文件的打开、打印。

(1) 点击标准工具栏第一个图标,可建立一个新文件。

(2) 点击标准工具栏第二个图标,可打开一个已存在的文件。

(3) 点击标准工具栏第三个图标,可实现快速存盘,第一次点击该图标时要求确定保存文件的名称。

(4) 点击标准工具栏第四个图标,可实现打印。点击后出现打印图形对话框,在此对话框中设定打印范围、纸的大小、线宽、打印比例等内容后,点击 OK 按钮即可打印输出。

四、常用绘图、编辑命令

(1) 画直线命令:LINE

(2) 画矩形命令:RECTANG

(3) 画圆命令:CIRCLE

（4）画圆弧命令：ARC
（5）画椭圆命令：ELLIP
（6）打断命令：BREAK
（7）分解命令：EXPLODE
（8）修改命令：PROPERTIES
（9）编辑多段线：PEDIT
（10）编辑多线：MLEDIT

§17-2　专业制图中的计算机应用成果介绍

公路CAD系统包含从野外选定线、测量、数据采集到室内设计的多方面计算机辅助功能，此外，还具有强大的计算机绘图功能。该系统以集成化CAD系统的构想，集专业功能软件和公用支撑软件于一体，开发了集成化操作平台。菜单为下拉式菜单，在集成操作环境中可通过菜单直接访问到各种功能，大大提高了系统的交互性和作用效率。目前已开发实现的主要专业制图功能有：

1．路面设计图

可绘制典型横断面图、标准横断面图、路面结构图等。

2．路线平面图

(1)总体平面图：包括平面线位、路边缘线、大地坐标、地形特征、构造物布置等。

(2)公路用地图：包括公路征地范围、取土坑等。

(3)路线平纵面缩图：包括路线平纵面线形、地形特征桩号等，较总体平面图简略。

3．纵断面图

包括原地面线、纵断面设计线及地质、桩号等相关资料表。该专业制图功能可实现自动编排图形、自动求算设计高程；可标注超高，加宽、坡度/坡长、竖曲线、构造物、水准点桩号、设计高程、地面高程、添挖高、边沟深度、沟底高程等资料。

4．横断面图

主要绘制内容包括横断面设计线、原地面线及路基路面宽度、相关高程等。该专业制图功能可实现自动编排横断面并标注桩号、路拱坡度、设计高程、地面高程、车道边缘标高、路基宽度、坡口/坡脚宽度、占地标志、边沟深度、沟底高程、填挖高程、填挖面积等。

5．互通立交设计图

主要绘制内容包括平面线位图、匝道纵断面图等；该专业制图功能可实现绘制匝道中线、绘制坐标格网，可在任意桩位或按桩距绘制匝道中心线、绘制匝道设计线等。

6．挡土墙工程图

主要绘制内容包括挡土墙平、纵、横布置图。该专业制图功能具有绘制平、纵、横布置图，可选择绘制多个横断面、自动标注尺寸、标注说明、工程数量表等功能。

7．透视图

可绘制路基宽度范围的任意视点、视高的透视图。在平面线形设计计算及纵横断面设计操作基础上，绘制道路概略透视图。

8．涵洞工程图

可绘制各种形式的涵洞工程图。根据不同的涵洞形式和与路线的交角，给出原始资料即可绘制出图。

9．桥梁工程图

可绘制钢筋结构图、桥位地质断面图、桥台图、桥墩图、各种形式的梁结构图、各种形式的桥梁总体布置图等。

附件《工程制图》教学基本要求

一、本课程的教学目的

现代工业中,无论是建造房屋、修路架桥或者制造机器都需要依照图样进行施工或生产。图样已成为人们表达设计意图、交流技术思想的工具。它既是人类语言的补充,也是人类语言在更高发展阶段的具体体现。所以工程图样是工业生产中的一种重要的技术资料和交流工具,是工程界共同的语言。

本课程的教学目的就是为了教会学生掌握这种语言,即通过学习图示理论与方法,掌握绘制和阅读工程图样的技能。它是一门既有系统的理论又有较强的实践性的技术基础课。

二、本课程的教学内容与研究对象

本课程包括以下几部分内容:

(1)制图基础部分:主要介绍国家制图标准、绘图工具的使用、几何作图及制图的步骤与方法,为工程制图作准备。

(2)画法几何部分:主要研究应用正投影理论图示和图解空间几何问题方法,为工程制图提供理论基础。

(3)专业制图部分:以路桥工程图为主,具体介绍专业图的图示内容与图示特点,是前两部分内容的实施与应用。

三部分内容关系密切,为计算机绘图与计算机辅助设计奠定了图示基础。

三、本课程的教学任务

(1)学习用正投影的基本原理表示空间形体的图示方法,了解轴测投影的基本知识和画法。

(2)能正确使用绘图仪器和工具,掌握绘图方法和技能。

(3)能绘制和阅读本专业的一般工程图样,所绘图样应符合制图国家标准。

(4)培养严肃认真、一丝不苟的工作作风与科学的工作方法。

四、本课程的特点与学习方法

本课程是一门有系统理论的学科,在学习过程中,必须将空间几何元素、几何体与平面图形结合起来,也就是将空间想象与平面图形的投影分析紧密结合起来。在学习过程中,应注意空间想象能力与空间思维能力的培养,两者缺一不可、相辅相成。空间想象能力就是指在解题过程中,能对解题方法、作图步骤和作图结果等有一个比较清晰的空间形象;空间思维能力就是指对空间几何问题的逻辑思维能力,即应学会运用综合、分析、归纳等方法分析问题和解决问题。

本课程的特点是实践性很强，要掌握它，必须通过大量的实践，要重视实践性教学环节。无论是画法几何还是工程制图的内容都要通过完成相当数量的习题或制图作业才能掌握，所以在多动脑的同时还需多动手，特别是要经常注意观察和了解工程实际，并善于结合所学理论进行对照和理解，不断提高绘图与读图的技能。

另外，教学中还要注意培养认真负责的工作态度和严谨细致的工作作风。绘制的图样应做到：投影正确，视图选择和配置恰当，尺寸齐全，字体工整，图面整洁，符合国标。因此必须从一开始严格要求，每一条线、每一个字，都应一丝不苟认真对待。应注意绘图工具和仪器的正确使用，加强基本功的训练，力求作图准确、迅速、美观，为日后工作打下良好的基础。

参考文献

1 中华人民共和国交通部编.道路工程制图标准.北京:中华计划出版社,1996
2 郑国权主编.道路工程制图.北京:人民交通出版社,2001
3 和丕壮,王鲁宁主编.交通土建工程制图.北京:人民交通出版社,2001
4 唐人卫主编.画法几何及土木工程制图.南京:东南大学出版社,1999
5 刘松雪,樊琳娟主编.道路工程制图.北京:人民交通出版社,2002
6 杨翠花主编.工程识图.北京.人民交通出版社,2001

中等职业教育国家规划教材配套教材

Gongcheng Zhitu Xitiji

工程制图习题集

（公路与桥梁专业）

殷青英 主编
张世海 主审

人民交通出版社

内 容 提 要

本习题集与《工程制图》教材配套使用,所编写的章节顺序和内容与教材完全一致。

本习题集与教材紧密配合,由浅入深,由简到繁、由易及难,尽量考虑结合专业实际和生产实践,使学生在学好基本知识的同时,能运用所学知识解决读、画图实际问题。

图书在版编目(CIP)数据

道路工程制图习题集/殷青英主编. —北京:人民交通出版社,2003.7

ISBN 7-114-04699-5

Ⅰ. 道… Ⅱ. 殷… Ⅲ. 道路工程-工程制图-习题 Ⅳ. U412.5-44

中国版本图书馆 CIP 数据核字(2003)第 043655 号

中等职业教育国家规划教材配套教材

工程制图习题集

(公路与桥梁专业)

殷青英 主编

张世海 主审

正文设计:姚亚妮 责任校对:尹 静 责任印制:张 恺

人民交通出版社出版

(100011 北京市朝阳区安定门外外馆斜街 3 号)

销售电话:(010)59757973

人民交通出版社发行部总经销

各地新华书店经销

北京鑫正大印刷有限公司印刷

开本:787×1092 1/16 印张:8.5 字数:208 千

2003 年 8 月 第 1 版

2013 年 5 月 第 9 次印刷

印数:22001-24000 册 两册书定价:50.00 元

ISBN 7-114-04699-5

前　言

为了贯彻《中共中央国务院关于深化教育改革全面推进素质教育的决定》，落实《面向21世纪教育振兴行动计划》中提出的“职业教育课程改革和教材建设规划”，教育部于2001年全面启动了中等职业教育国家规划教材建设工作。交通职业教育教学指导委员会路桥工程学科委员会于2001年11月组织全国交通职业学校(院)的教师，根据教育部最新颁布的公路与桥梁专业主干课程教学基本要求，编写了中等职业教育国家规划教材(工程测量、道路材料试验、公路工程施工技术、钢筋混凝土结构、路面结构、桥梁构造与施工、公路工程管理、公路养护与管理共8种)，经全国中等职业教育教材审定委员会审定后，于2002年7月在人民交通出版社出版发行。

根据教育部《中等职业学校公路与桥梁专业教学指导方案》中专业课程设置的要求，路桥工程学科委员会在启动主干课程教材编写的同时，着手与之配套的教材的组织编写工作。经过广泛征求意见及建议，通过多次讨论，最后选定《工程制图》(附《工程制图习题集》)、《应用力学》、《土工技术》、《公路几何设计》、《公路小桥涵设计》、《施工监理基础》、《施工机电基础》、《高速公路简介》共8种教材作为中等职业教育国家规划教材的配套教材。

本套教材在编写中注意了与主干课程教材的合理衔接，融入了全国各交通职业学校(院)公路与桥梁专业的教学改革成果，结合最新的技术标准、规范以及公路科技进步等情况，具有较强的针对性；较好的贯彻了素质教育的思想，力求体现以人为本的现代理念，从交通行业岗位群的知识和技能要求出发，并结合对学生动手能力、创新能力、职业道德方面的要求，提出教学目标，组织教学内容，在教材的理论体系、组织结构、内容描述上与传统教材有了明显的区别。

《工程制图习题集》与《工程制图》配套使用，在内容深度及顺序上紧扣教材，尽量做到选题适当、循序渐进、层次分明、重点突出。规定所有习题解答一律用铅笔作图，作图线轻而细，结果要加深，达到清淅、准确的要求。

参加本书编写工作的有：青海交通职业技术学院殷青英(编写第一、二、六、七、八章)，山西交通职业技术学院杨广云(编写第三、四、五、十七章)，四川交通职业技术学院周萍(编写第九、十、十五、十六章)，内蒙交通学校李美萍和内蒙交通设计研究院吴明(共同编写第十一、十二、十三、十四章)。全书由殷青英主编，甘肃交通学校张世海主审，烟台师范学院交通学院于敦荣担任责任编委。

限于编者经历及水平，教材内容很难覆盖全国各地的实际情况，希望各教学单位在积极选用和推广新教材的同时，注意总结经验，及时提出修改意见和建议，以便再版修订时改正。

交通职业教育教学指导委员会
路桥工程学科委员会
2003年4月

目　录

第一章　制图基础

1-1　字体练习(一)

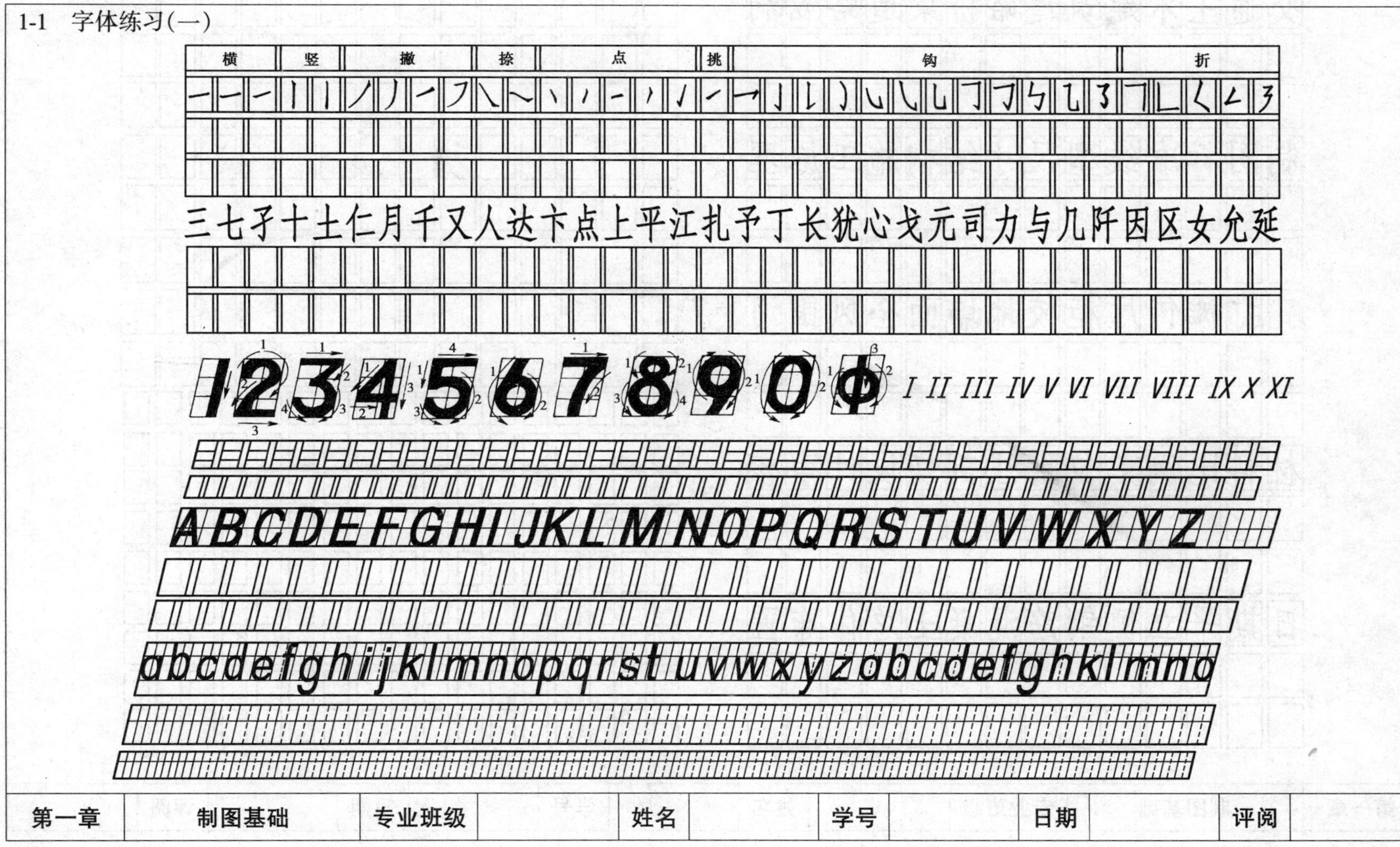

第一章	制图基础	专业班级		姓名		学号		日期		评阅	

1-2 字体练习(二)

交通土木建筑道路桥梁道路涵洞

制图标准线型尺寸结构施工原理

孔打摊传厅柜校地墙面全风围河

材料比例单位附注剖切设计审核

日期平立侧钢筋混凝土总体布置

第一章	制图基础	专业班级		姓名		学号		日期		评阅	

1-3 线形练习和尺寸标注

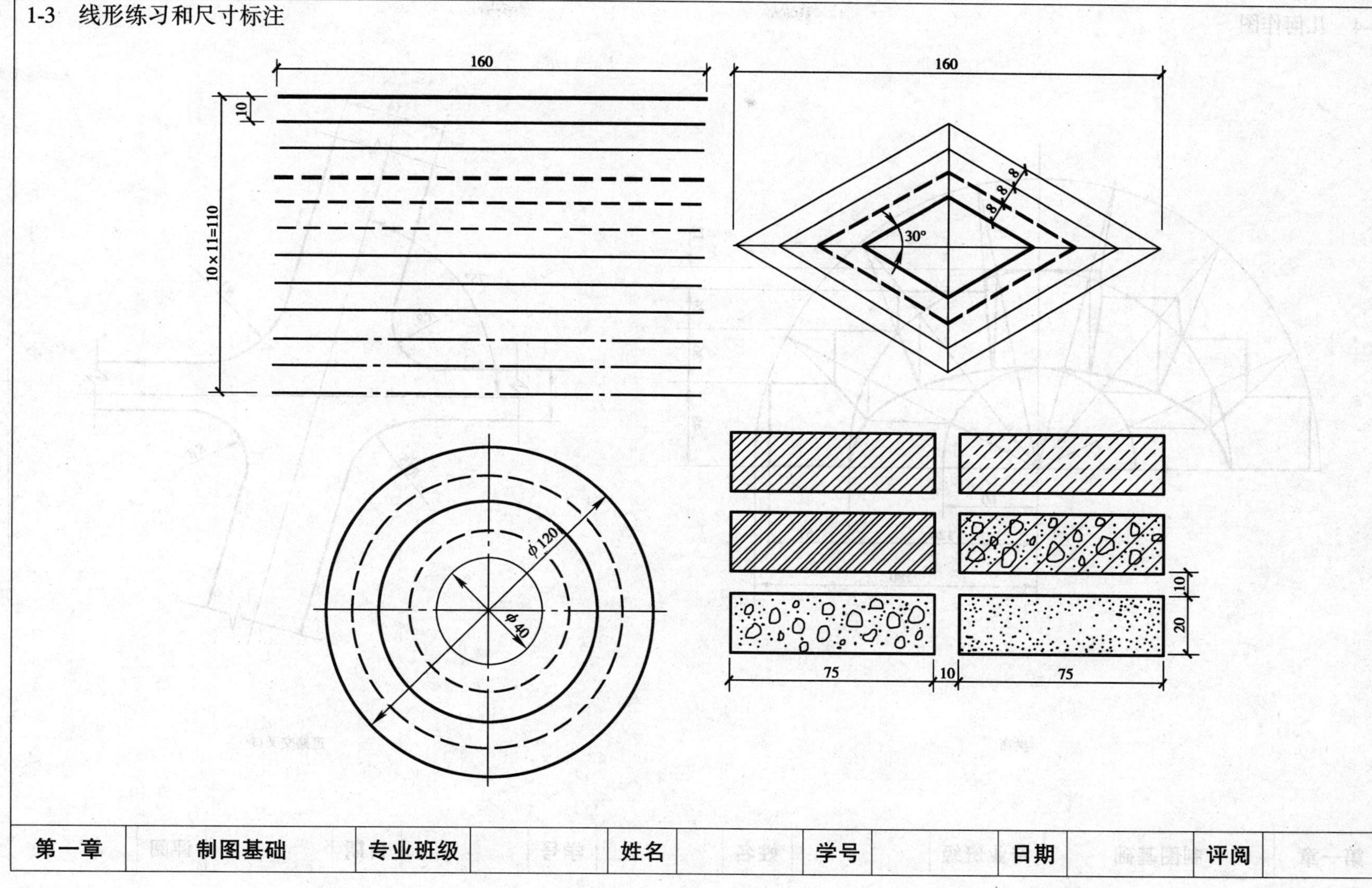

第一章	制图基础	专业班级		姓名		学号		日期		评阅	

1-4 几何作图

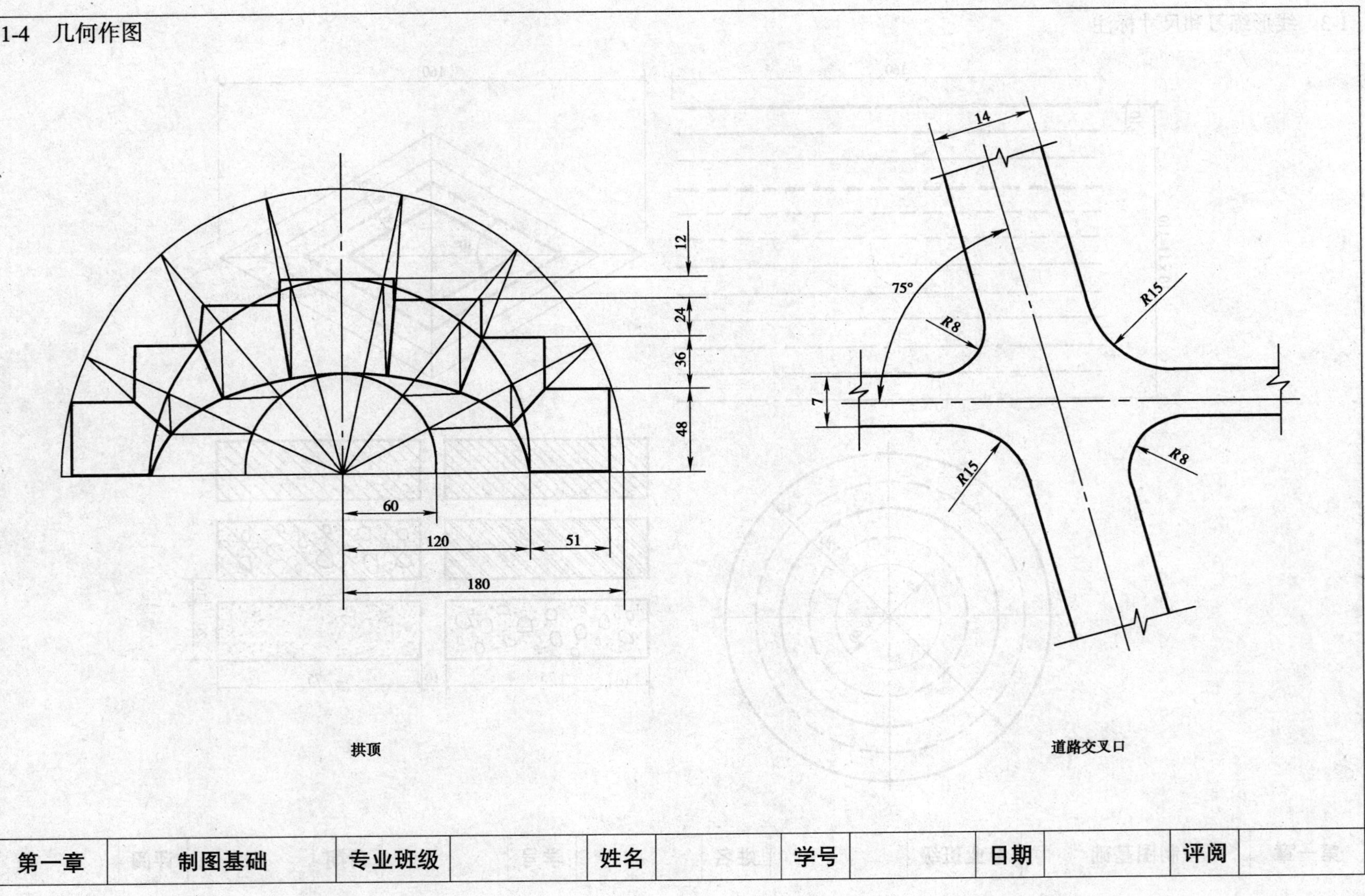

拱顶

道路交叉口

第一章	制图基础	专业班级		姓名		学号		日期		评阅	

第二章　投影的基本知识

2-1　根据直观图找投影图，并在括号内填上相应的数字

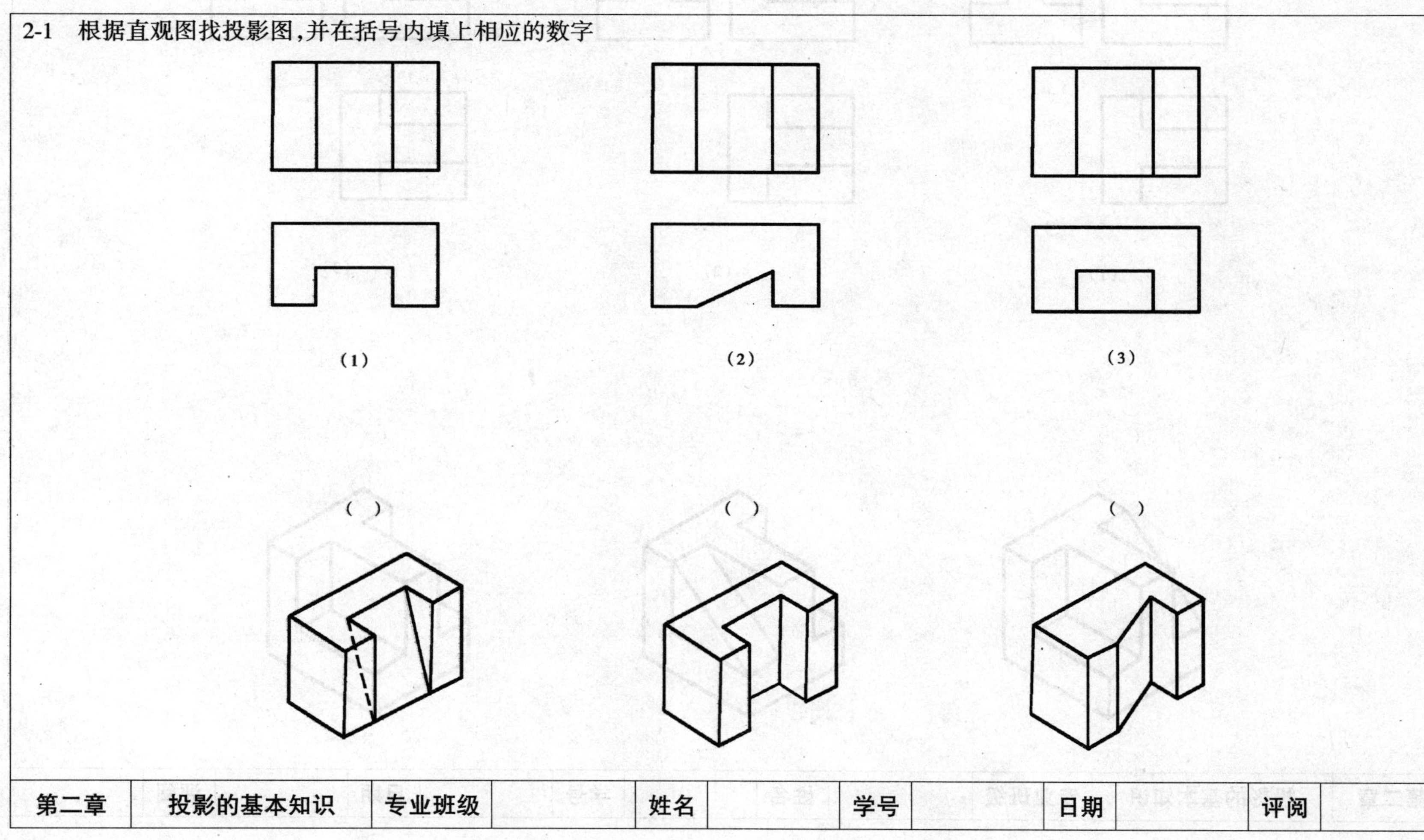

第二章	投影的基本知识	专业班级		姓名		学号		日期		评阅	

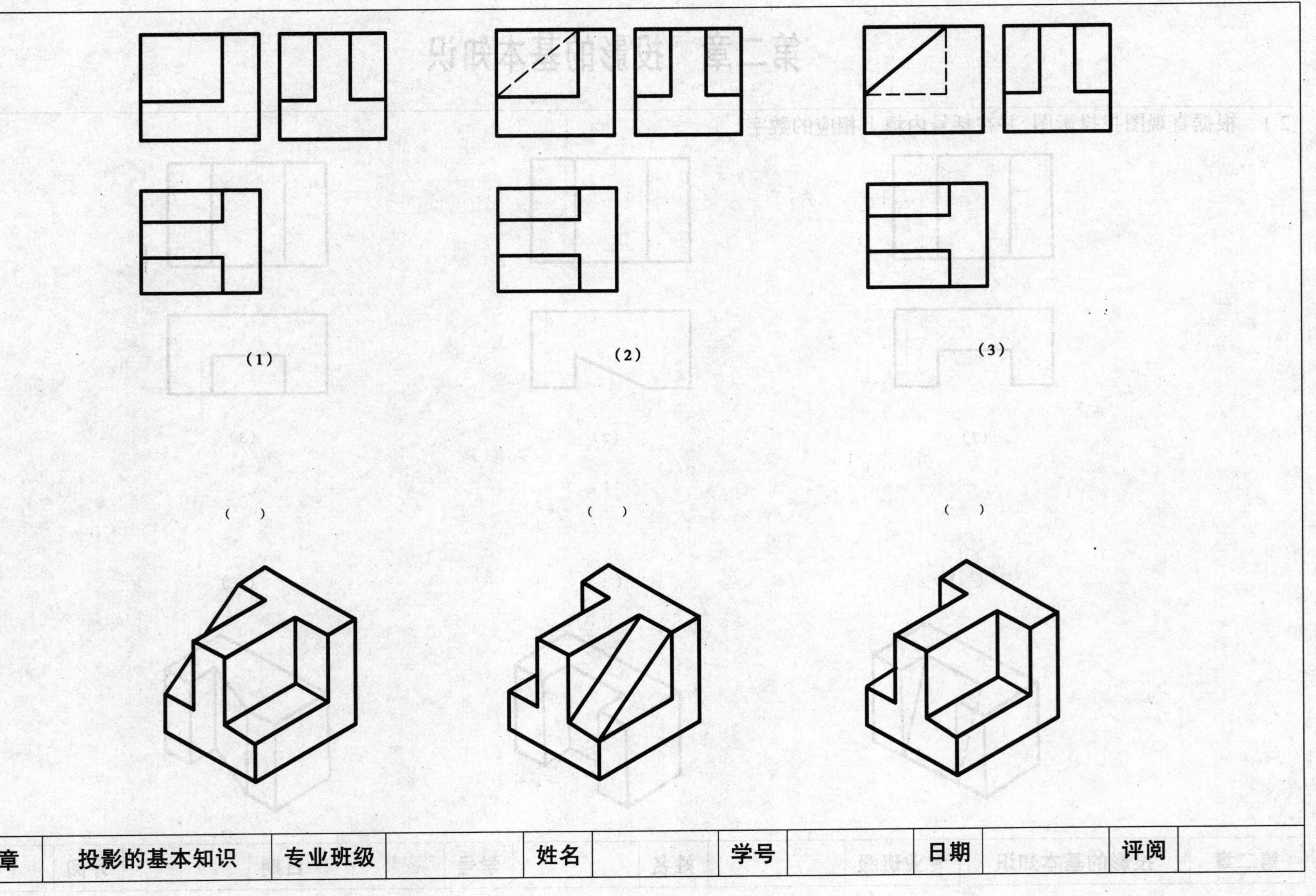

第二章	投影的基本知识	专业班级		姓名		学号		日期		评阅	

2-2　根据直观图补绘投影图

1.

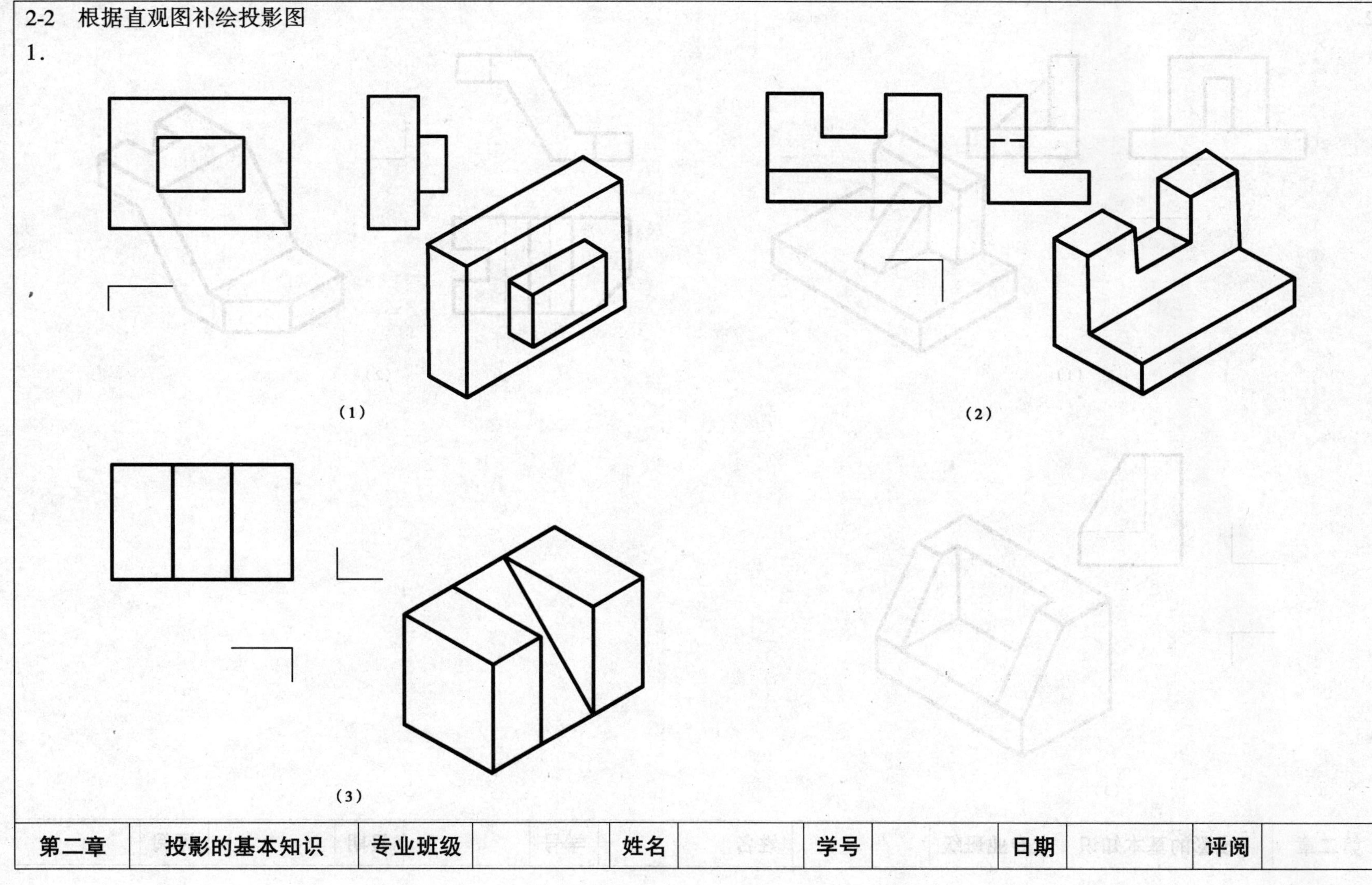

第二章	投影的基本知识	专业班级		姓名		学号		日期		评阅	

2.

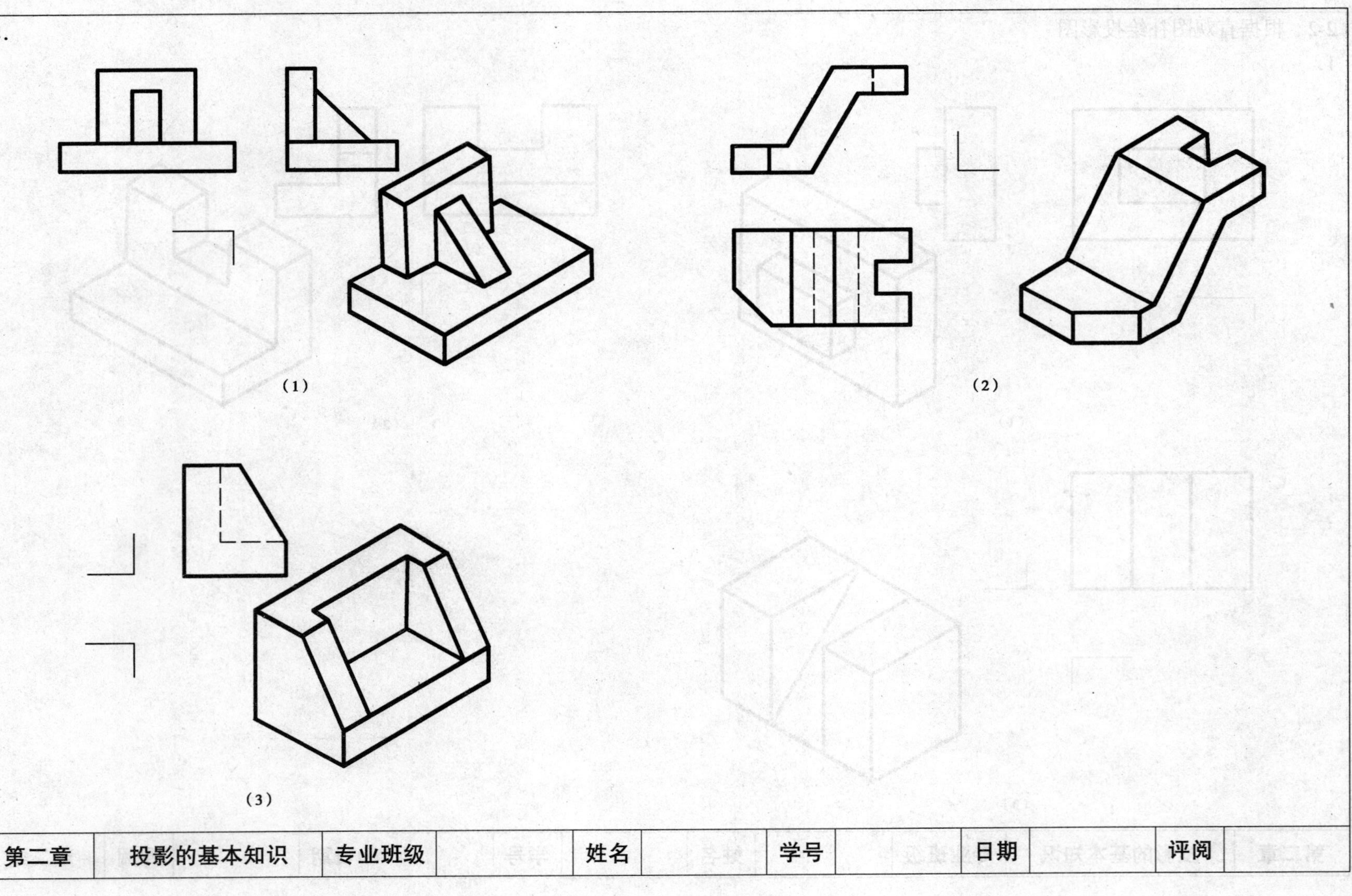

第二章	投影的基本知识	专业班级		姓名		学号		日期		评阅	

第三章 点和直线的投影

3-1 已知 A、B、C、D 四点的立体图，试画出它们的投影图（长度从图中 1:1 量取）

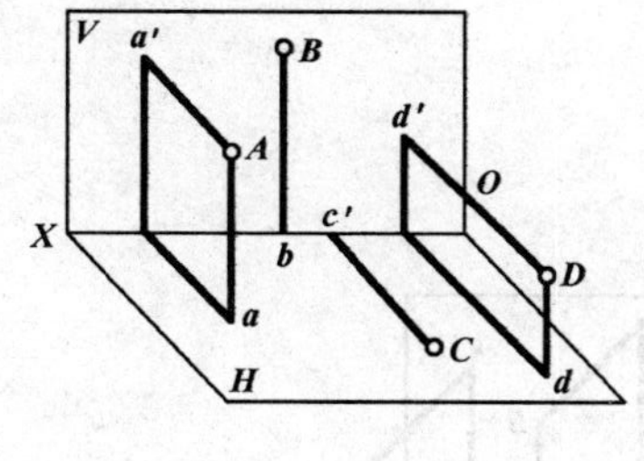

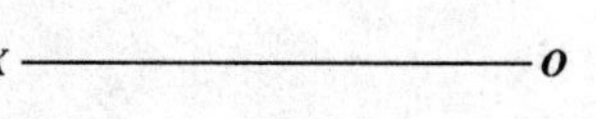

3-2 已知 A、B、C 三点的投影图，试画出它们的立体图

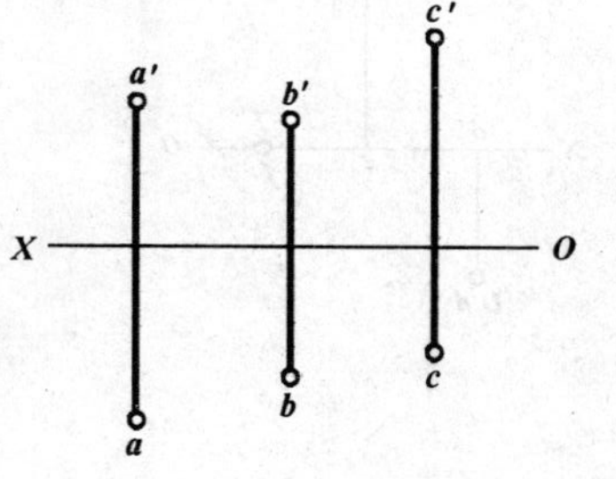

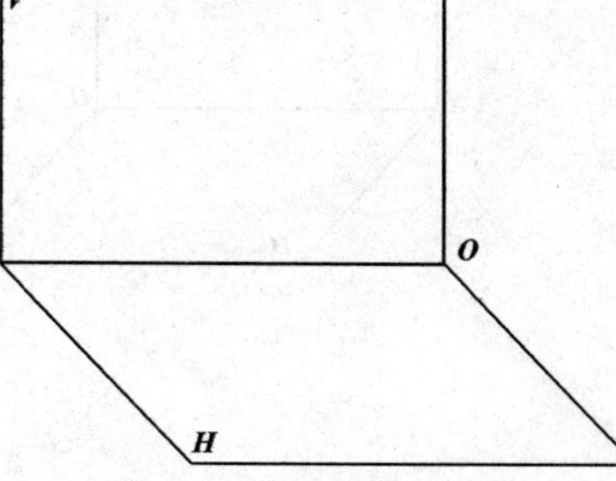

第三章	点和直线的投影	专业班级		姓名		学号		日期		评阅	

3-3 已知 D、E、F 三点的投影图,试画出它们的立体图

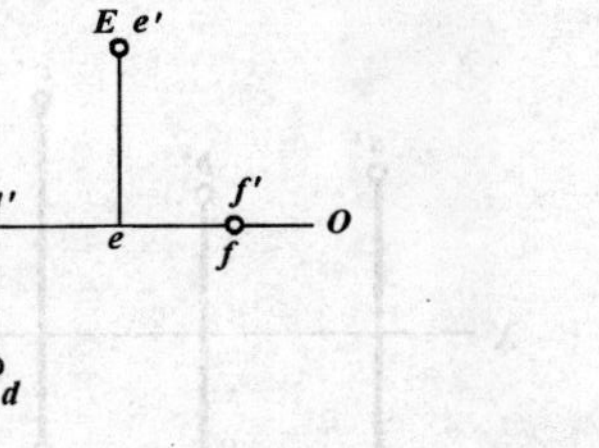

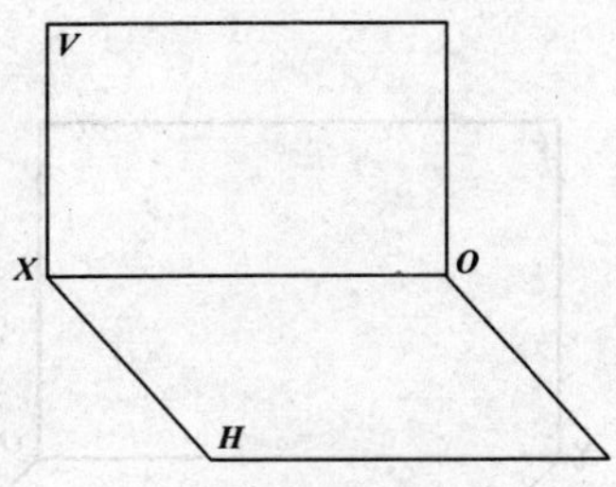

3-4 已知 A、B、C 三点的立体图,试在表格内填写各点到投影面的距离(单位 mm,取整数值)

点	距 H 面	距 V 面
A		
B		
C		

3-5 已知 B 点在 A 点正后方 15mm，C 点的 X 坐标为 30mm，试完成 B、C 两点的三面投影，并判别可见性

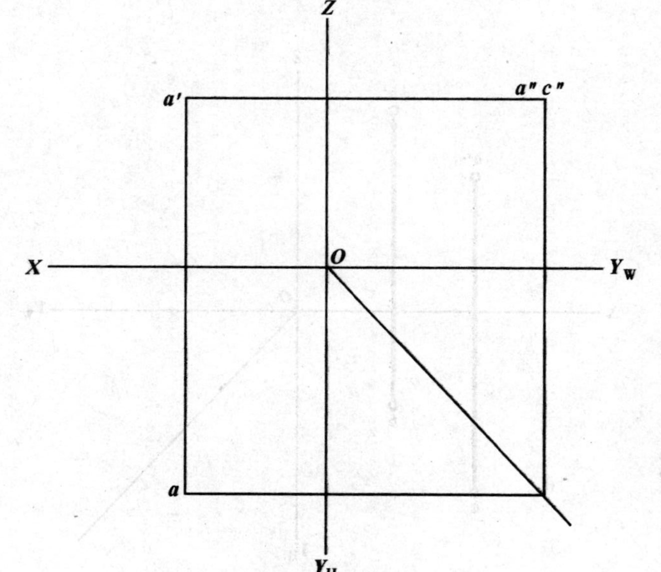

3-6 已知 A、B 两点的立体图，试画出它们的投影图，并判别可见性

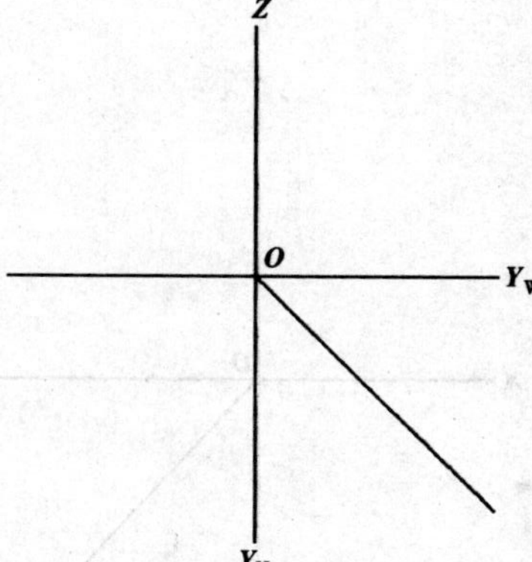

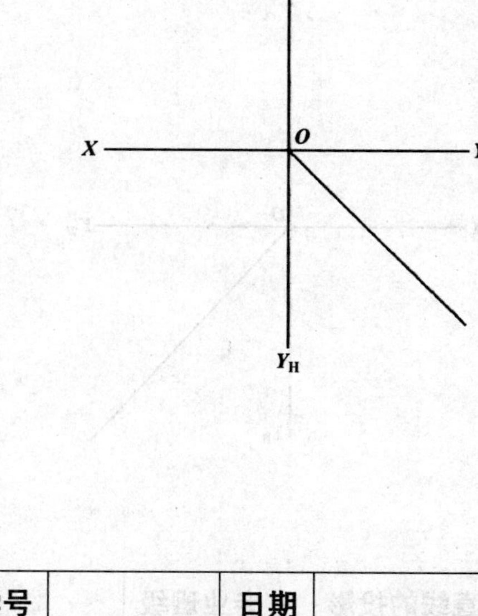

第三章	点和直线的投影	专业班级		姓名		学号		日期		评阅	

3-7 已知 C、D、E 三点的立体图，试画出它们的投影图，并判别可见性

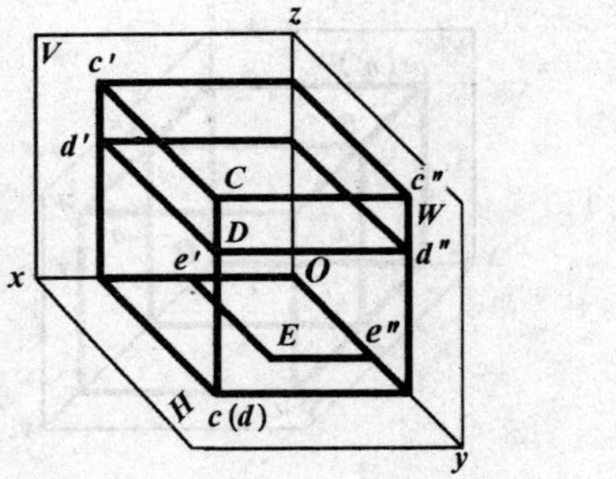

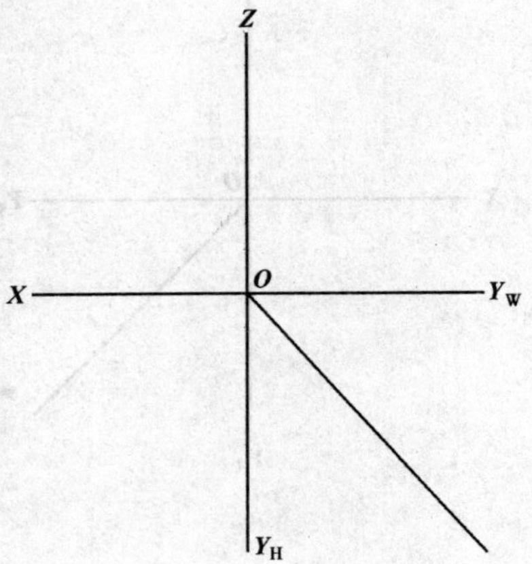

3-8 补全 A、B 两点的三面投影，并判别各点的相对位置

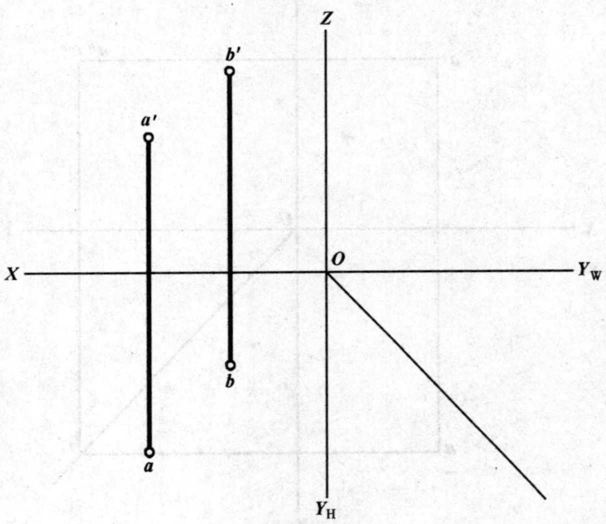

A 点在 B 点的 前后方______ mm

上下方______ mm

左右方______ mm

第三章	点和直线的投影	专业班级		姓名		学号		日期		评阅	

3-9 已知 A、B 两点的立体图，试画出线段 AB 的三面投影图

3-10 已知水平线 AB 的水平投影，且知 AB 距 H 面 20mm，补全水平线 AB 的三投影

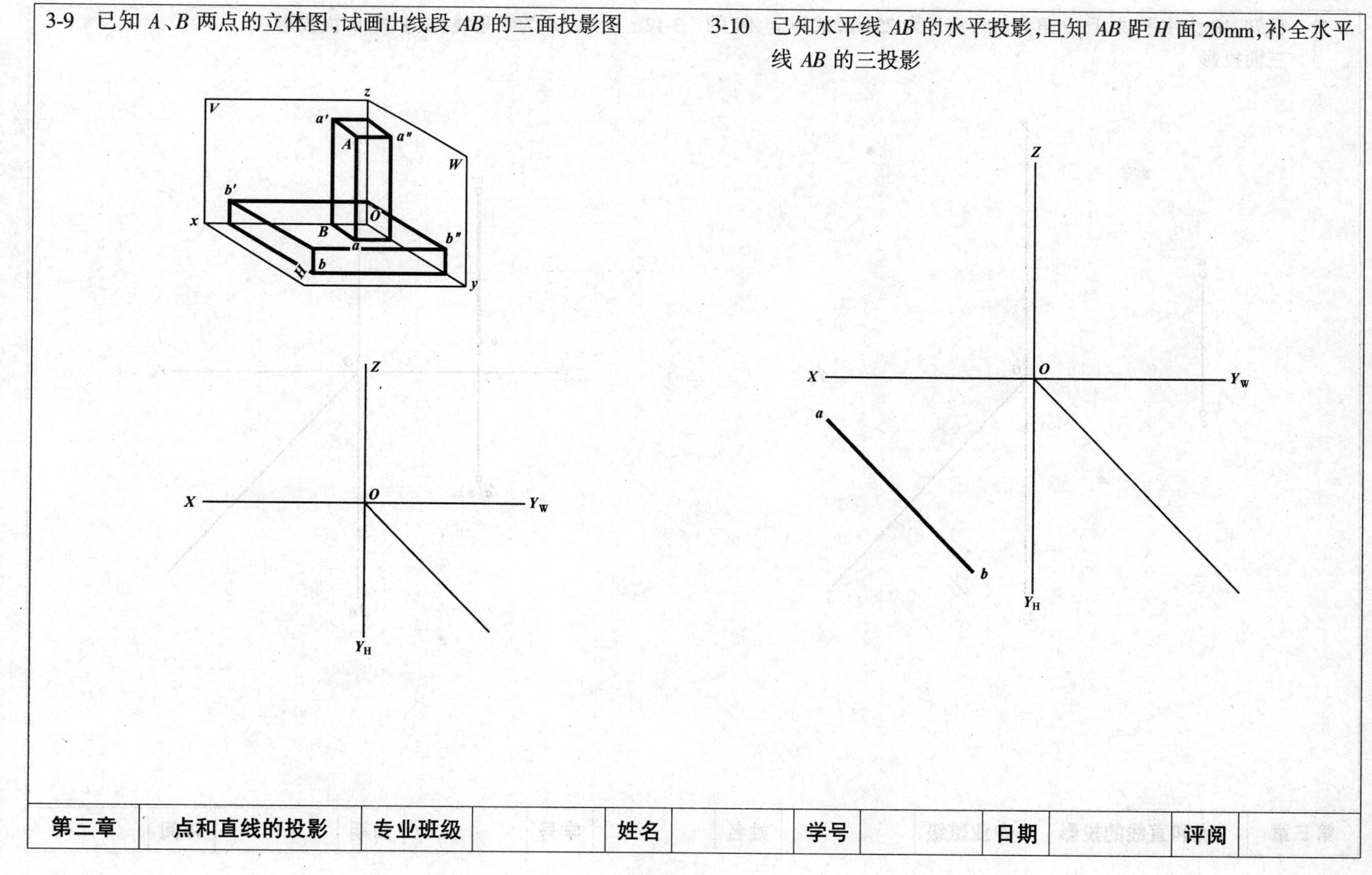

第三章	点和直线的投影	专业班级		姓名		学号		日期		评阅	

3-11 已知 AB 为水平线，且 β 角为 30°，实长为 25mm，试补全 AB 的三面投影

3-12 已知 AB 为铅垂线，试求其 W 面投影

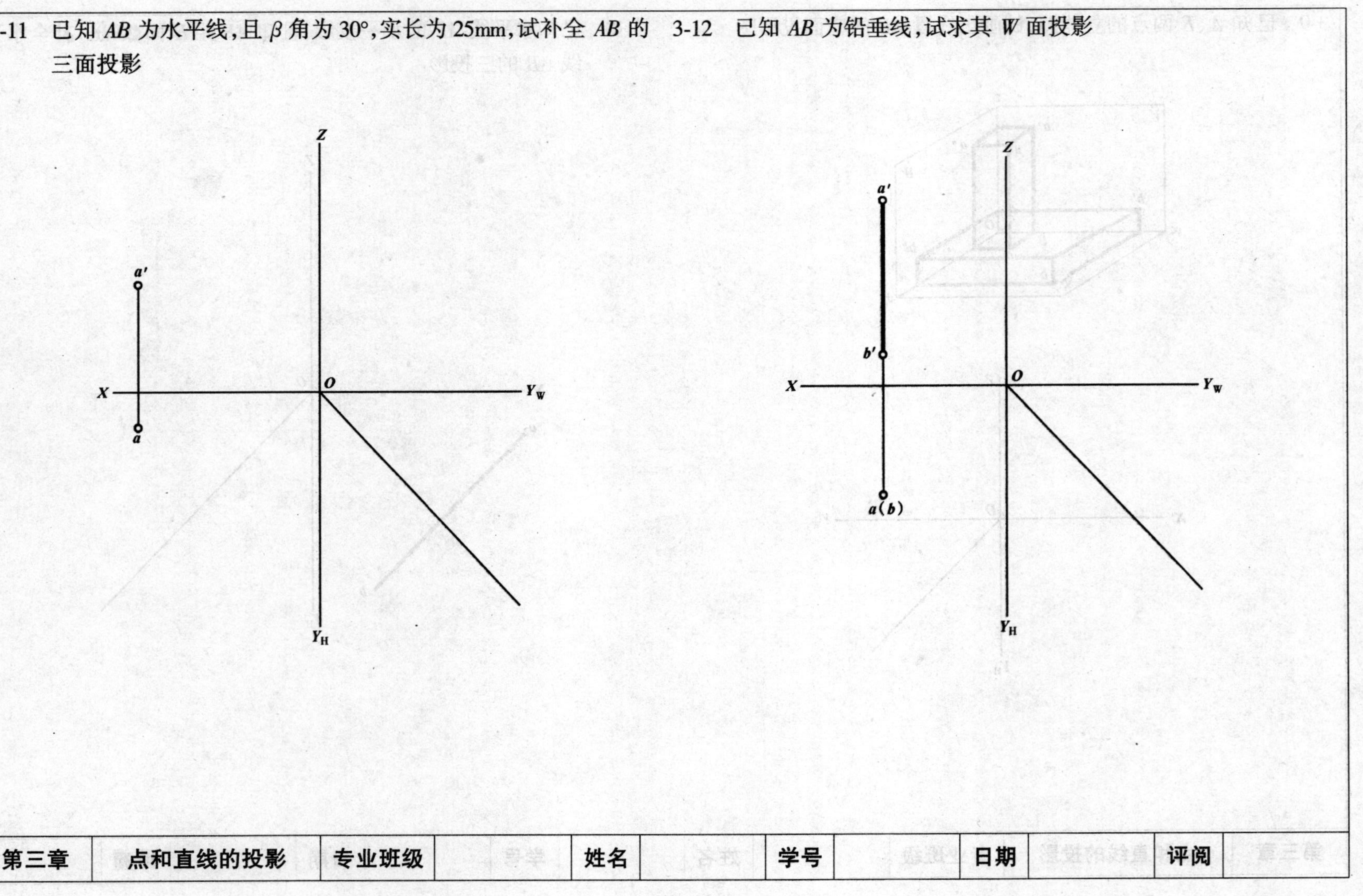

第三章	点和直线的投影	专业班级		姓名		学号		日期		评阅	

3-13 已知 CD 为侧垂线，试补全 CD 的三面投影

3-14 试求正平线 AB 的正面投影 $a'b'$，并标出 AB 的 α 角

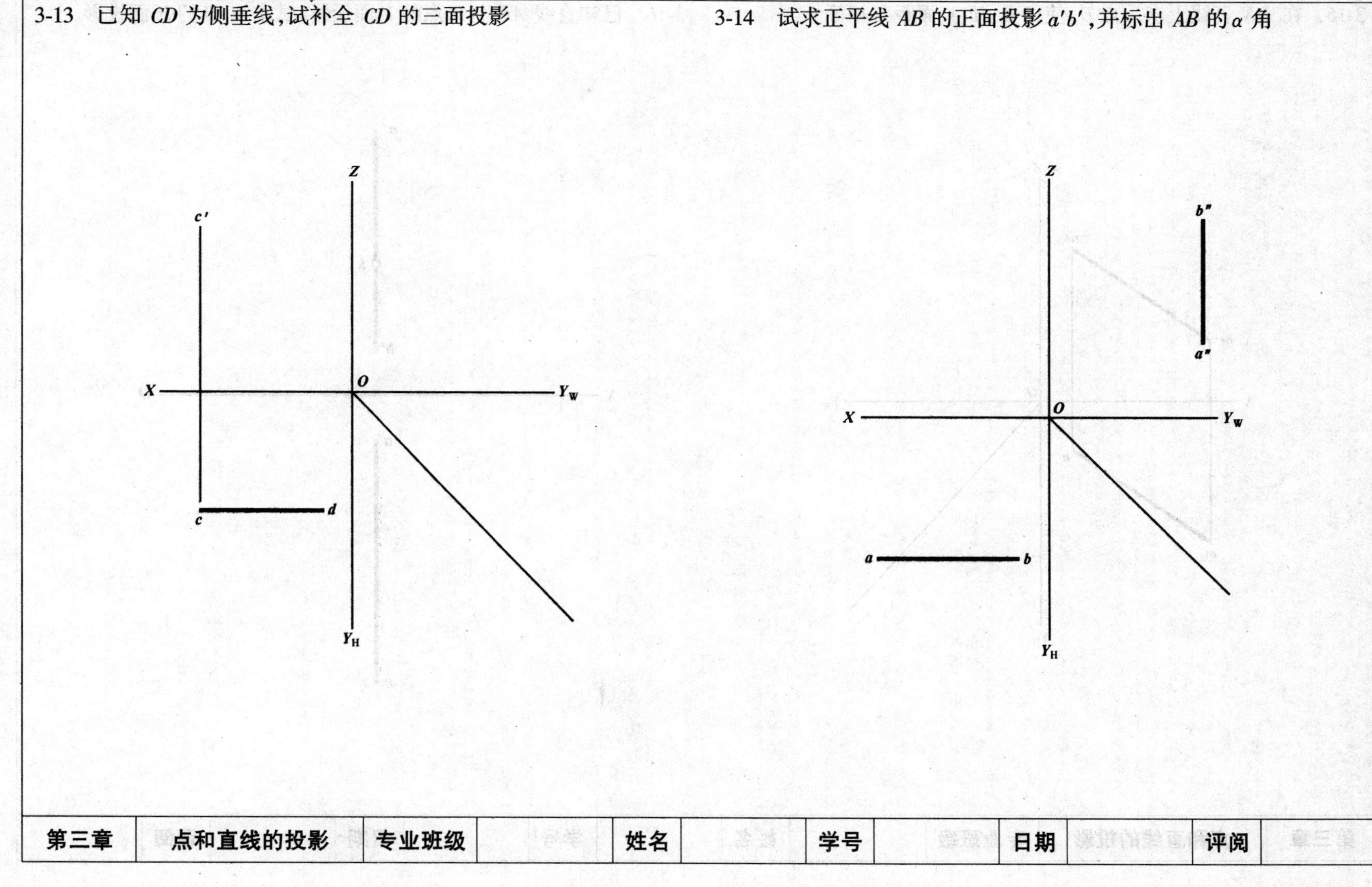

第三章	点和直线的投影	专业班级		姓名		学号		日期		评阅

3-15 在 MN 直线上求一点 D，使 D 距 H、V 面距离相等

3-16 已知直线 AB 上 K 点的 V 面投影，试求 K 点的 H 面投影

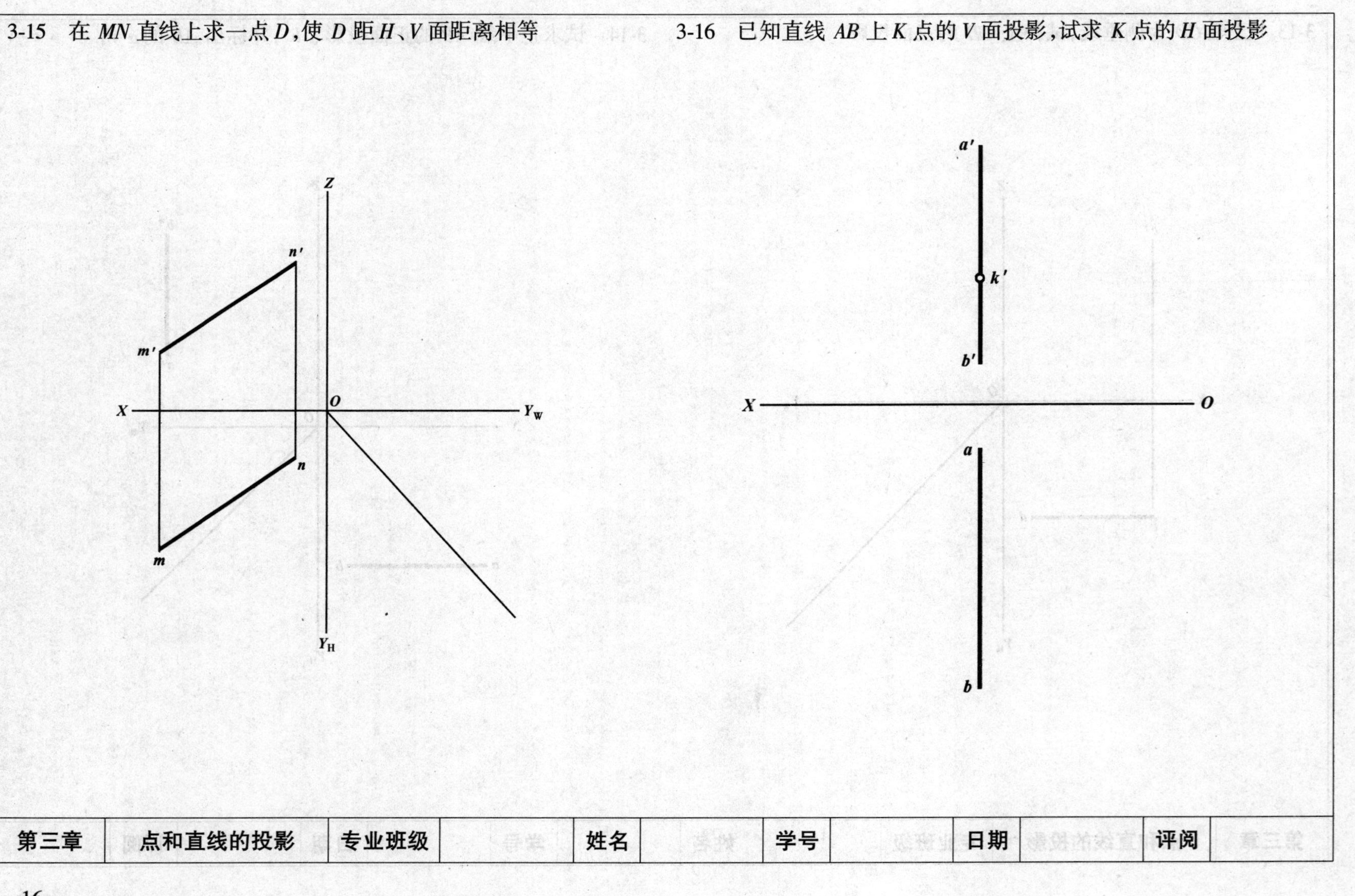

第三章	点和直线的投影	专业班级		姓名		学号		日期		评阅	

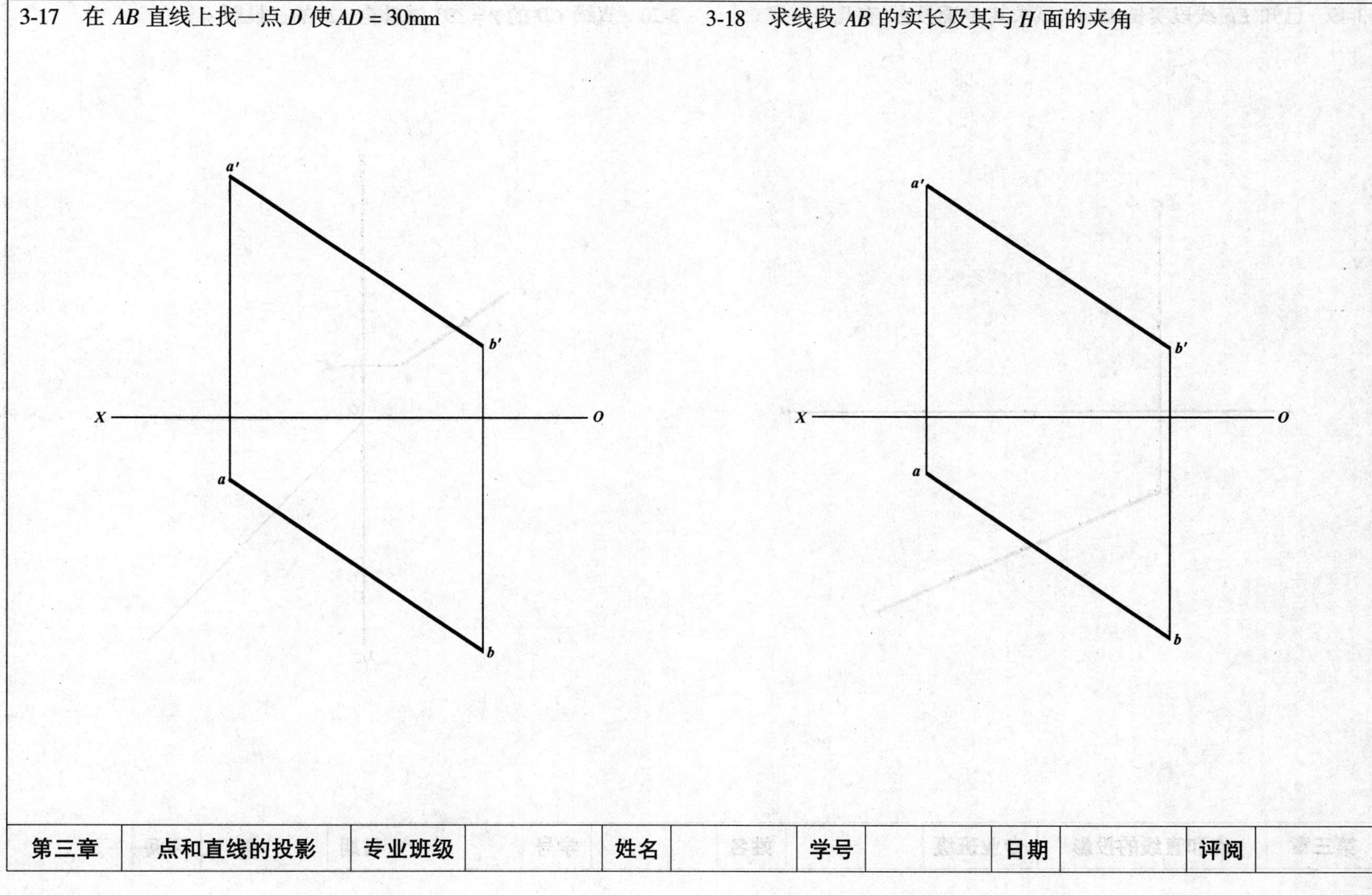

第三章	点和直线的投影	专业班级		姓名		学号		日期		评阅	

3-19　已知 EF 线段实长 45mm，试求其 V 面投影(有几个答案)

3-20　直线 CD 的 $\gamma = 30°$，试补全 CD 的三投影

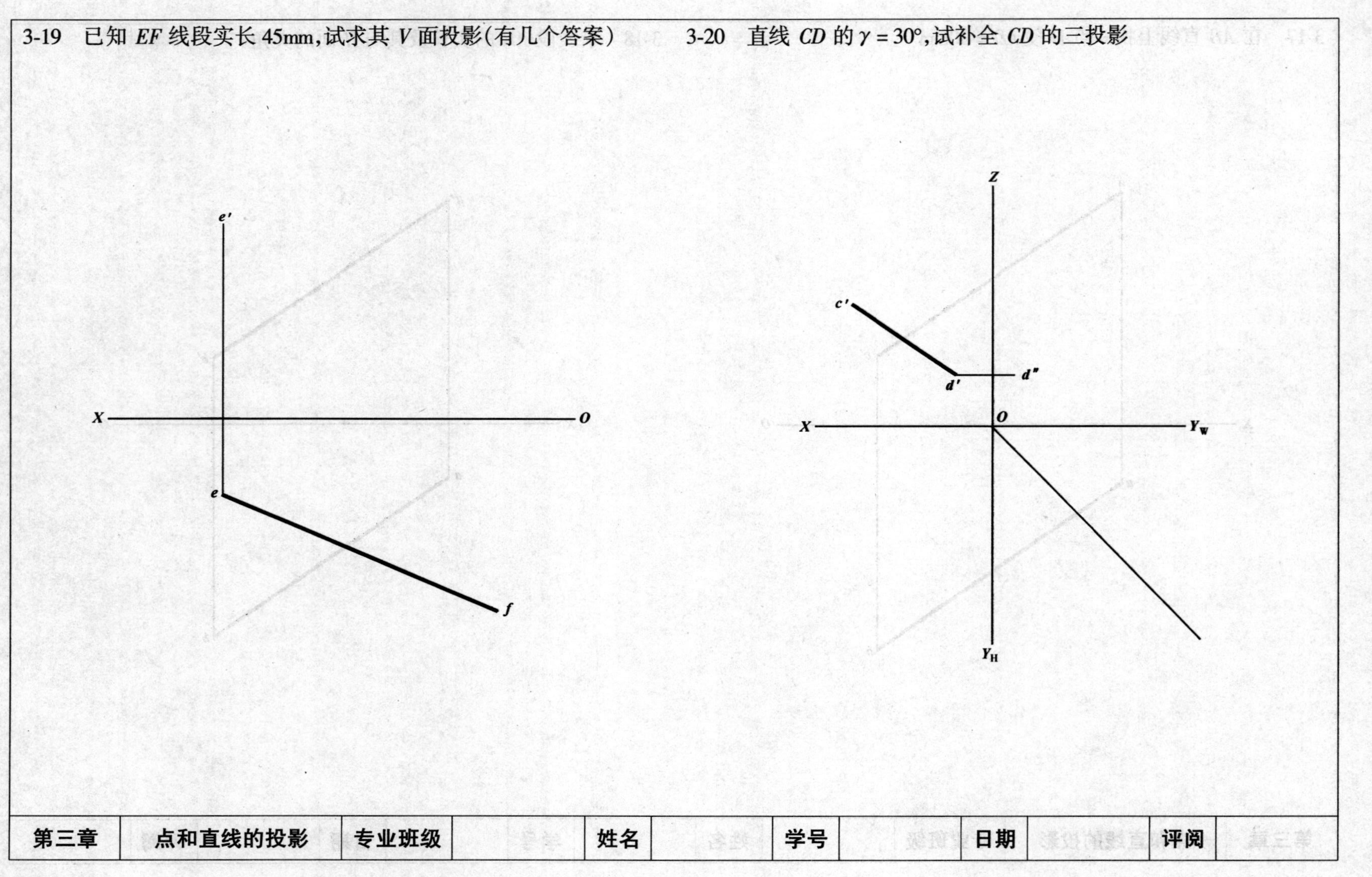

第三章	点和直线的投影	专业班级		姓名		学号		日期		评阅	

3-21 已知 C 点在 AB 线上，且 $AC:CB=3:1$，试补全 AB 及 C 点的三投影

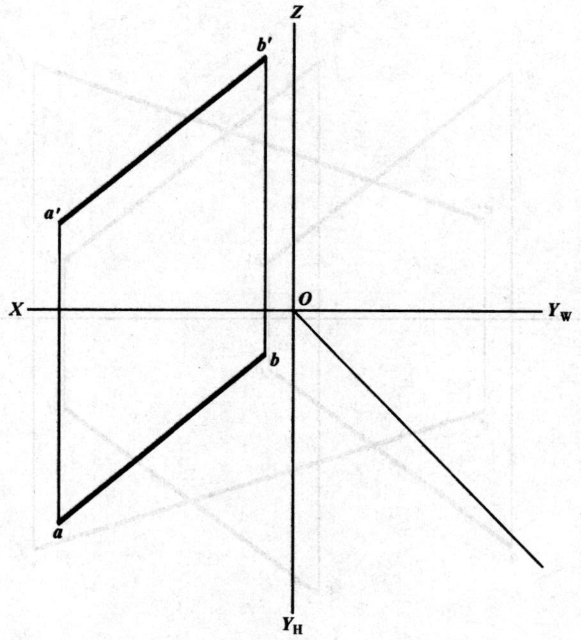

3-22 直线 AB 的 $\alpha=30°$ 并通过原点，求作其 V、W 面的投影

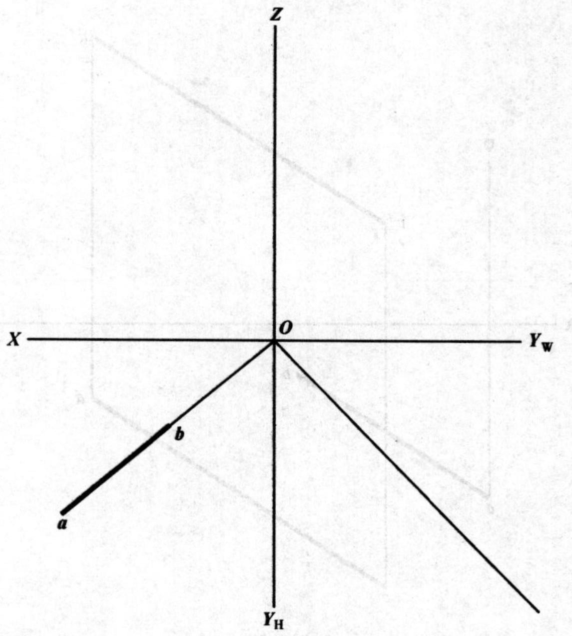

第三章	点和直线的投影	专业班级		姓名		学号		日期		评阅	

3-23 已知 $AB // CD$，试补全 AB 的 V 面投影

3-24 判断直线与直线的相对位置，交叉直线请判别重影点的可见性

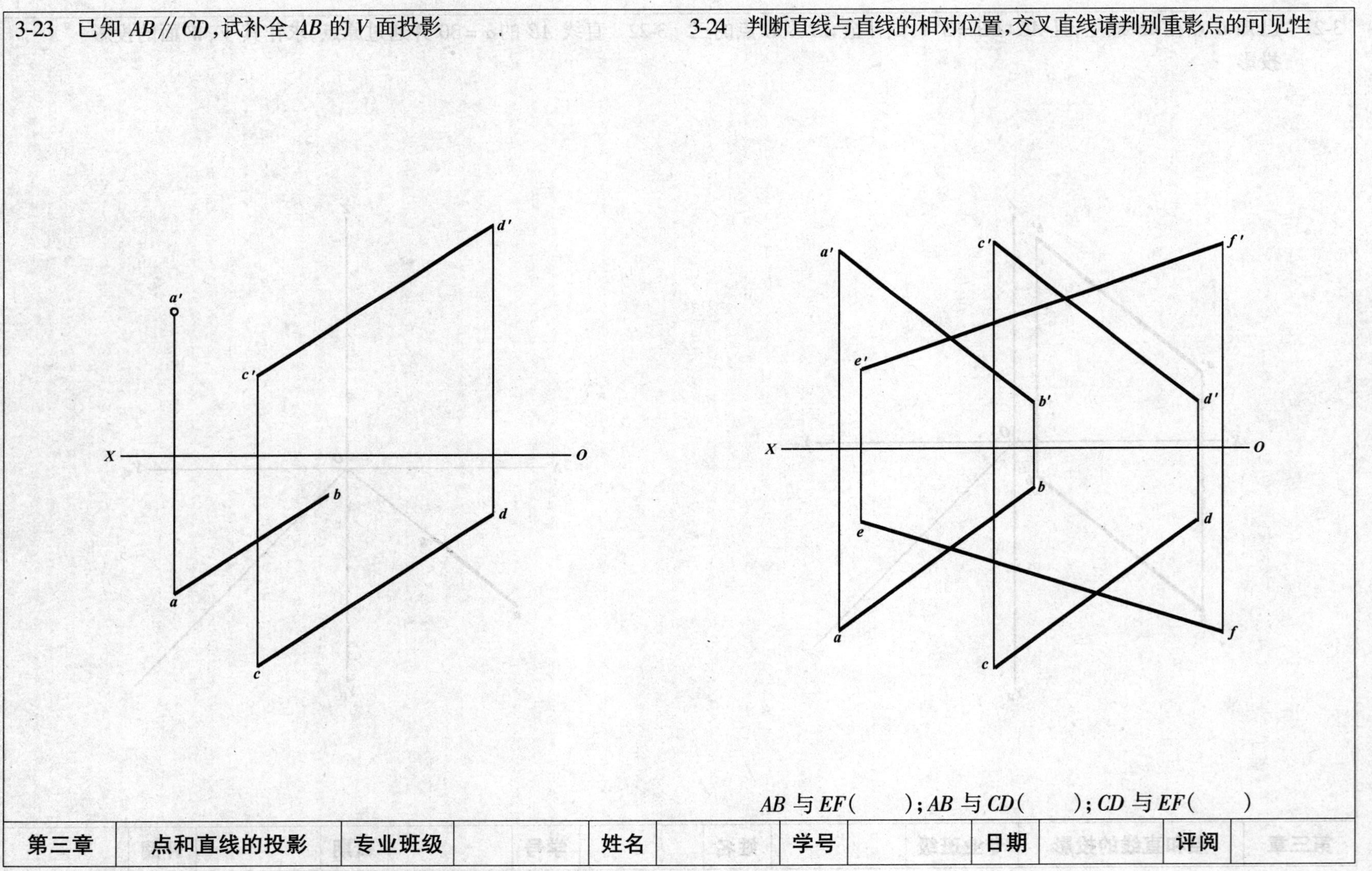

AB 与 EF(　　)；AB 与 CD(　　)；CD 与 EF(　　)

第三章	点和直线的投影	专业班级		姓名		学号		日期		评阅	

3-25 判断下列结论的正(√)误(×)：*AB* 与 *CD* 相交(　　)，*EF* 与 *EG* 垂直(　　)

3-26 求出 *M* 点到 *AB* 直线的距离

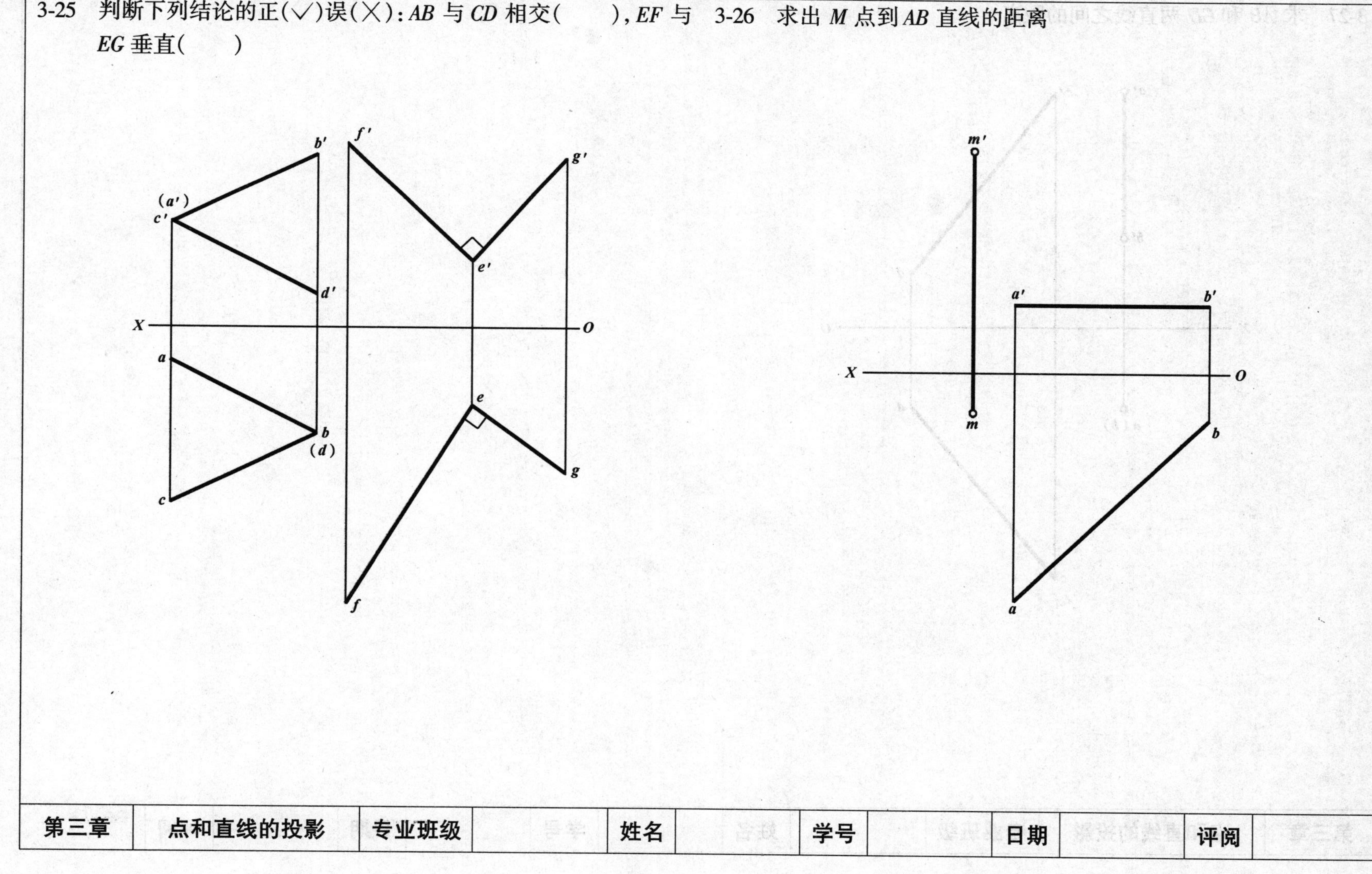

第三章	点和直线的投影	专业班级		姓名		学号		日期		评阅	

3-27　求 *AB* 和 *CD* 两直线之间的距离

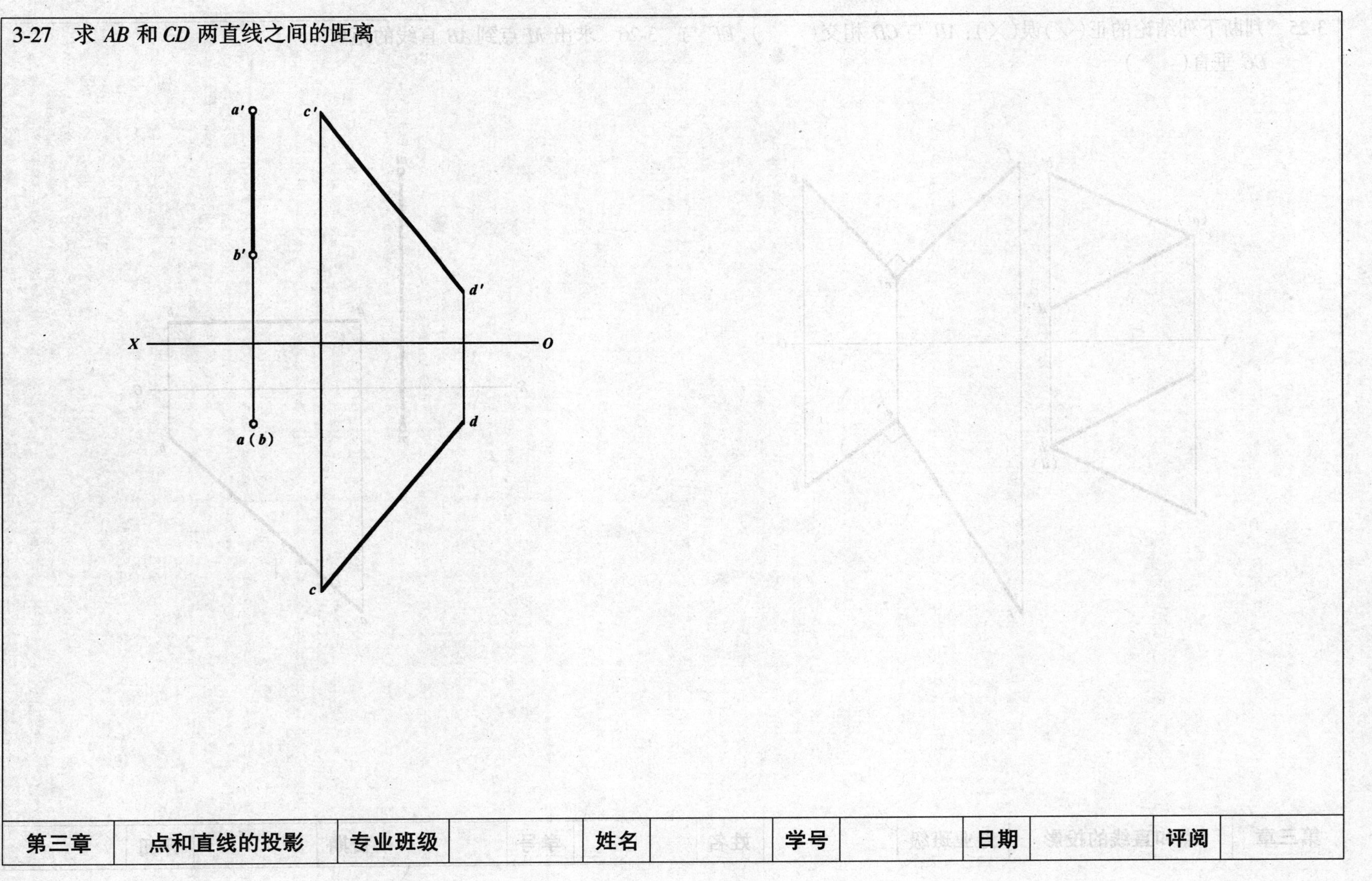

第三章	点和直线的投影	专业班级		姓名		学号		日期		评阅	

第四章　平面的投影

4-1　已知 $A(29,4,12)$、$B(16,28,26)$、$C(6,14,3)$，试完成△ABC 的三面投影

4-2　图示平面为侧垂面，求作该平面的 H 面投影

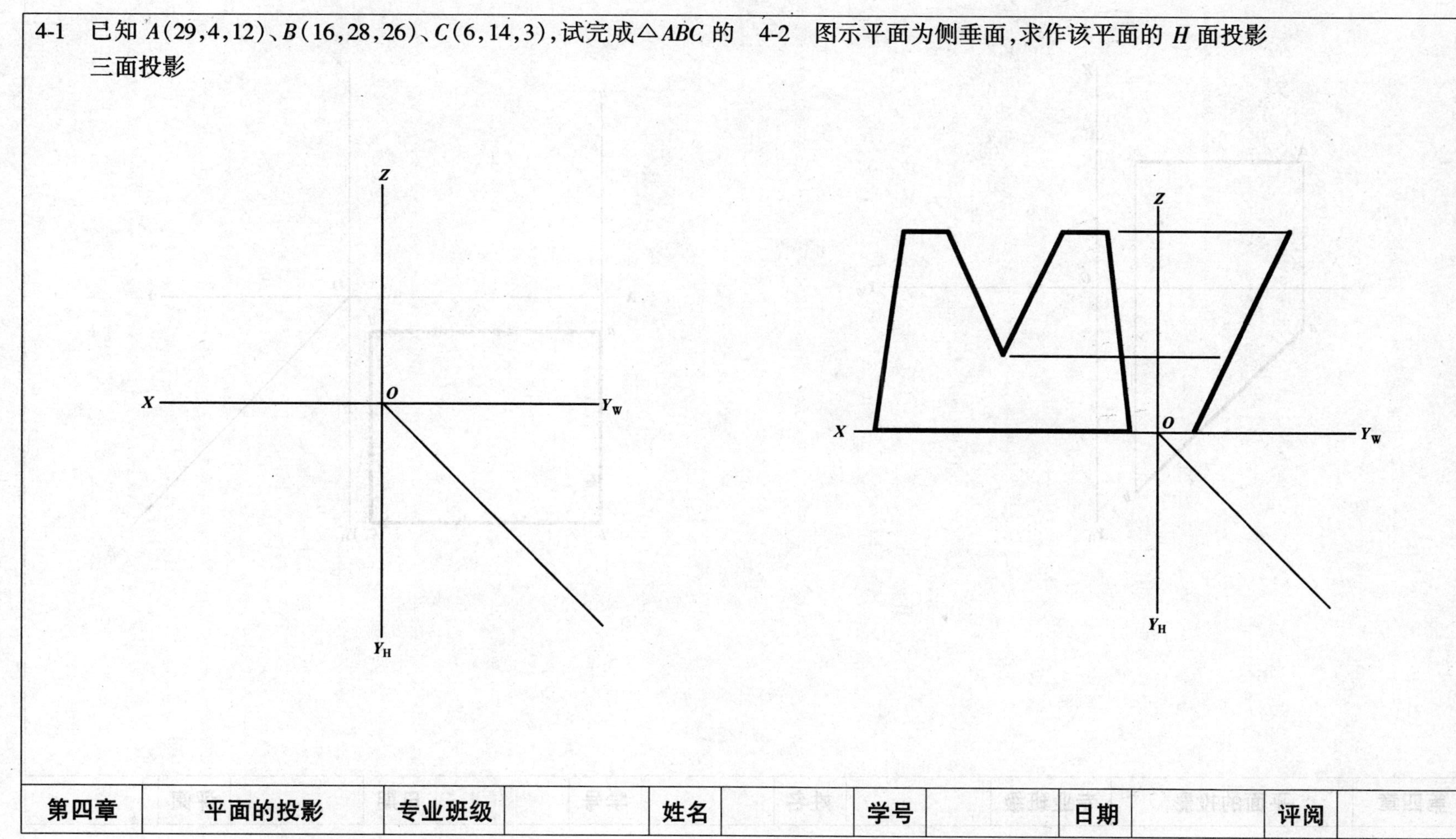

第四章	平面的投影	专业班级		姓名		学号		日期		评阅	

4-3 已知等边△ABC 为水平面，并知其 AB 边，求此三角形的三面投影

4-4 已知矩形 $ABCD$ 为侧垂面，其 $\alpha = 30°$，求此矩形的 V、W 面投影

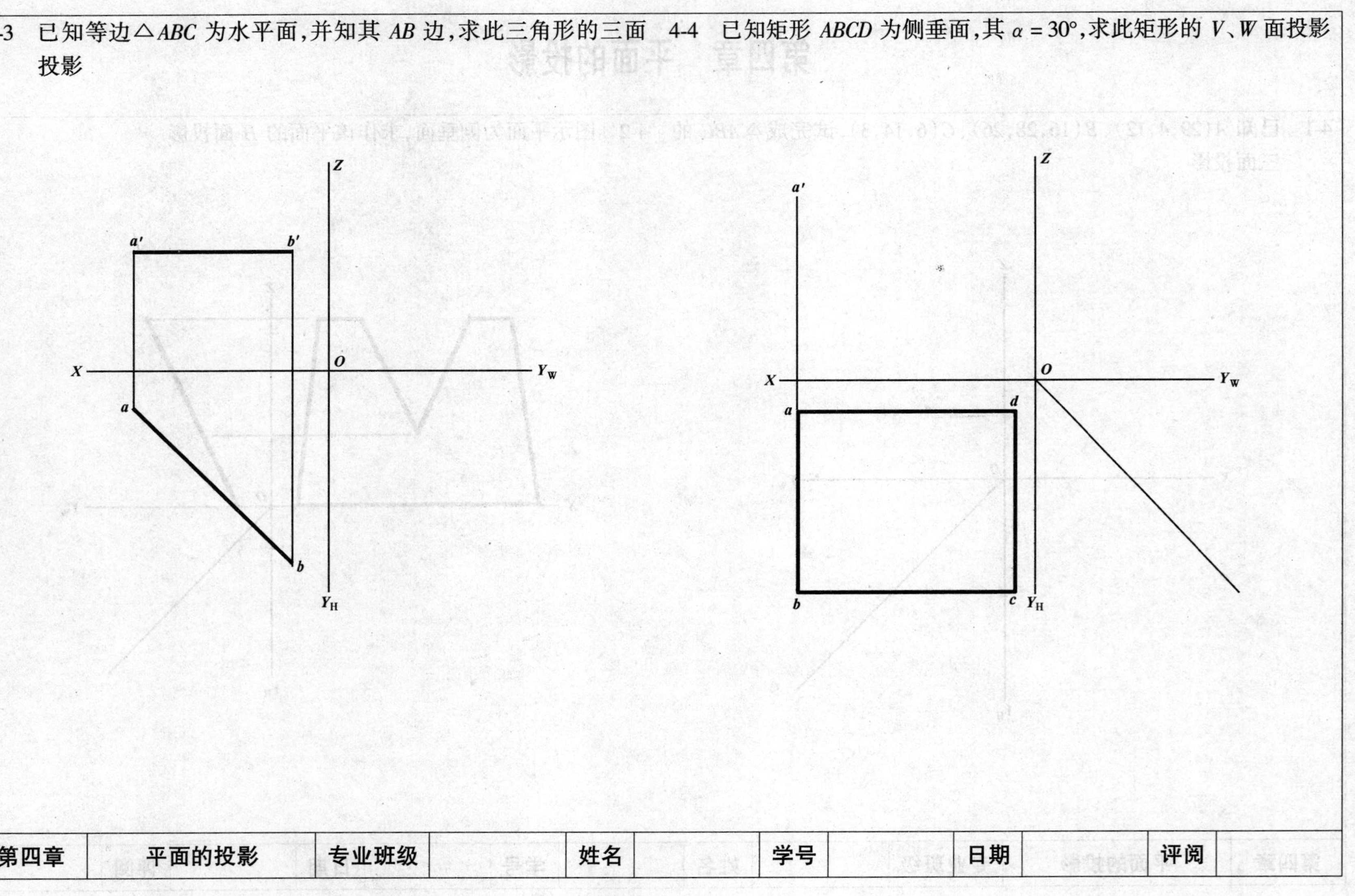

第四章	平面的投影	专业班级		姓名		学号		日期		评阅	

4-5 已知正方形 *ABCD*∥*V* 面，该平面上有一点 *E*，试完成正方形及 *E* 点的三面投影

4-6 求作桥墩形体的 *W* 面投影，并将其七个表面与投影面的相对位置名称填入下表

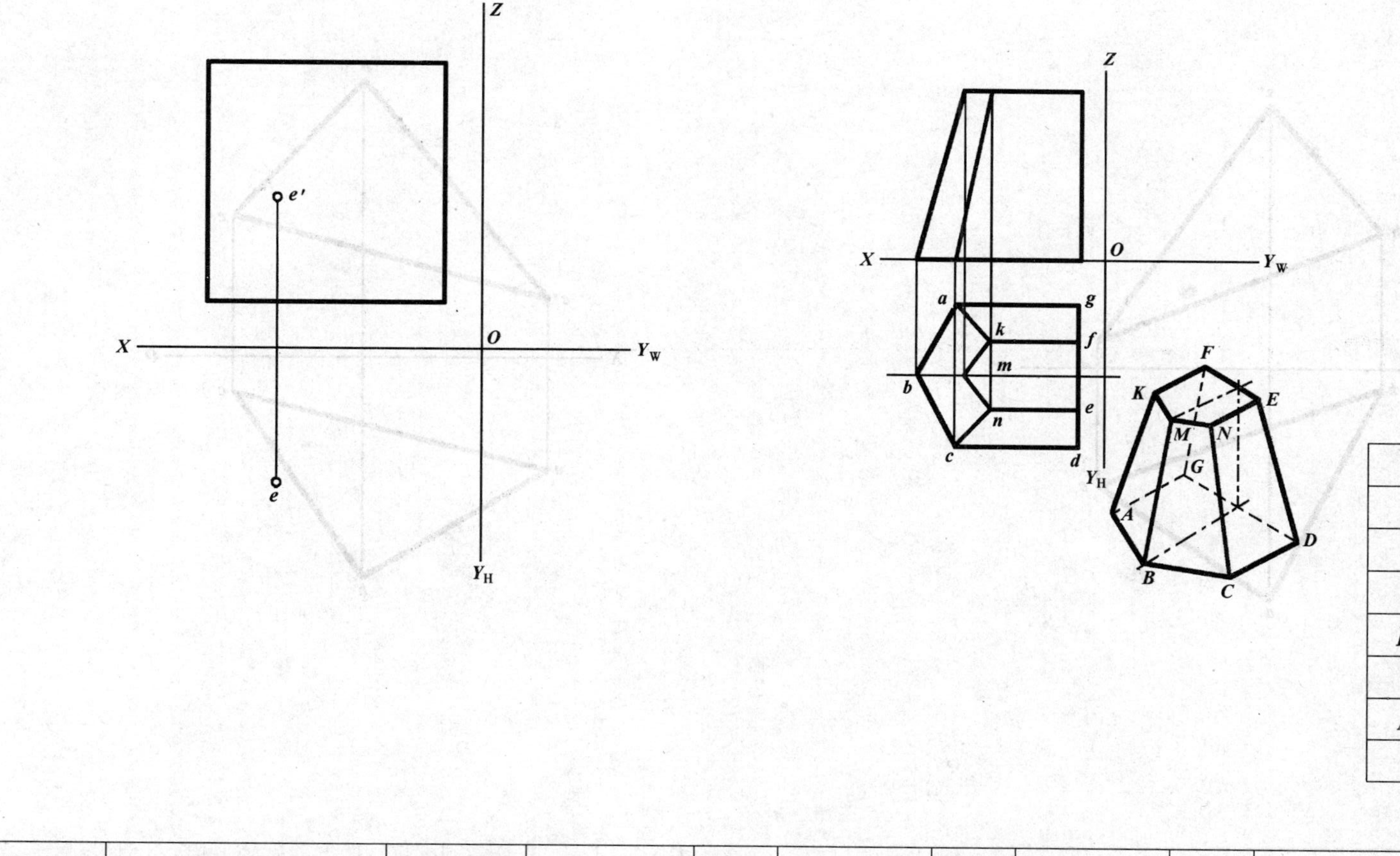

平面	名称
AKMB	
BMNC	
NCDE	
FKMNE	
AGFK	
ABCDG	
GFED	

第四章	平面的投影	专业班级		姓名		学号		日期		评阅	

4-7 在$\triangle ABC$上过B点作水平线BD；过C点作侧平线CE

a′
b′
c′
X
O
b
c
a

4-8 试求平面$\triangle ABC$的α角

b′
c′
a′
X
O
c
a
b

第四章	平面的投影	专业班级		姓名		学号		日期		评阅	

4-9 在△ABC 平面内作一条距 H 面 25mm 的水平线 MN

4-10 求△ABC 的 β 角

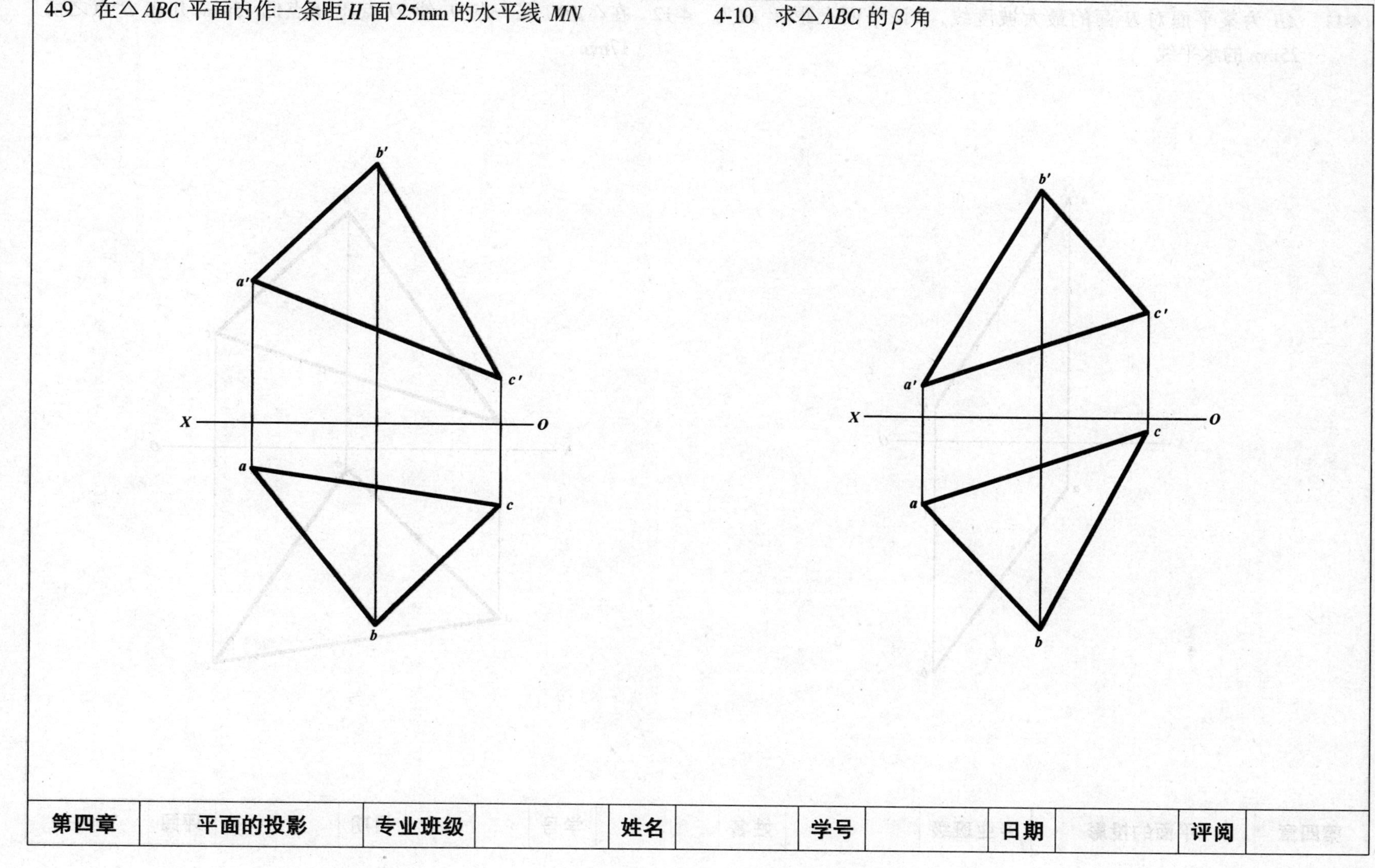

第四章	平面的投影	专业班级		姓名		学号		日期		评阅	

4-11 *AB* 为某平面对 *H* 面的最大坡度线，求该平面上距 *V* 面为 25mm 的水平线

4-12 在△*ABC* 取一点 *D*，使 *D* 点比 *B* 点低 15mm，并在 *B* 点之前 17mm

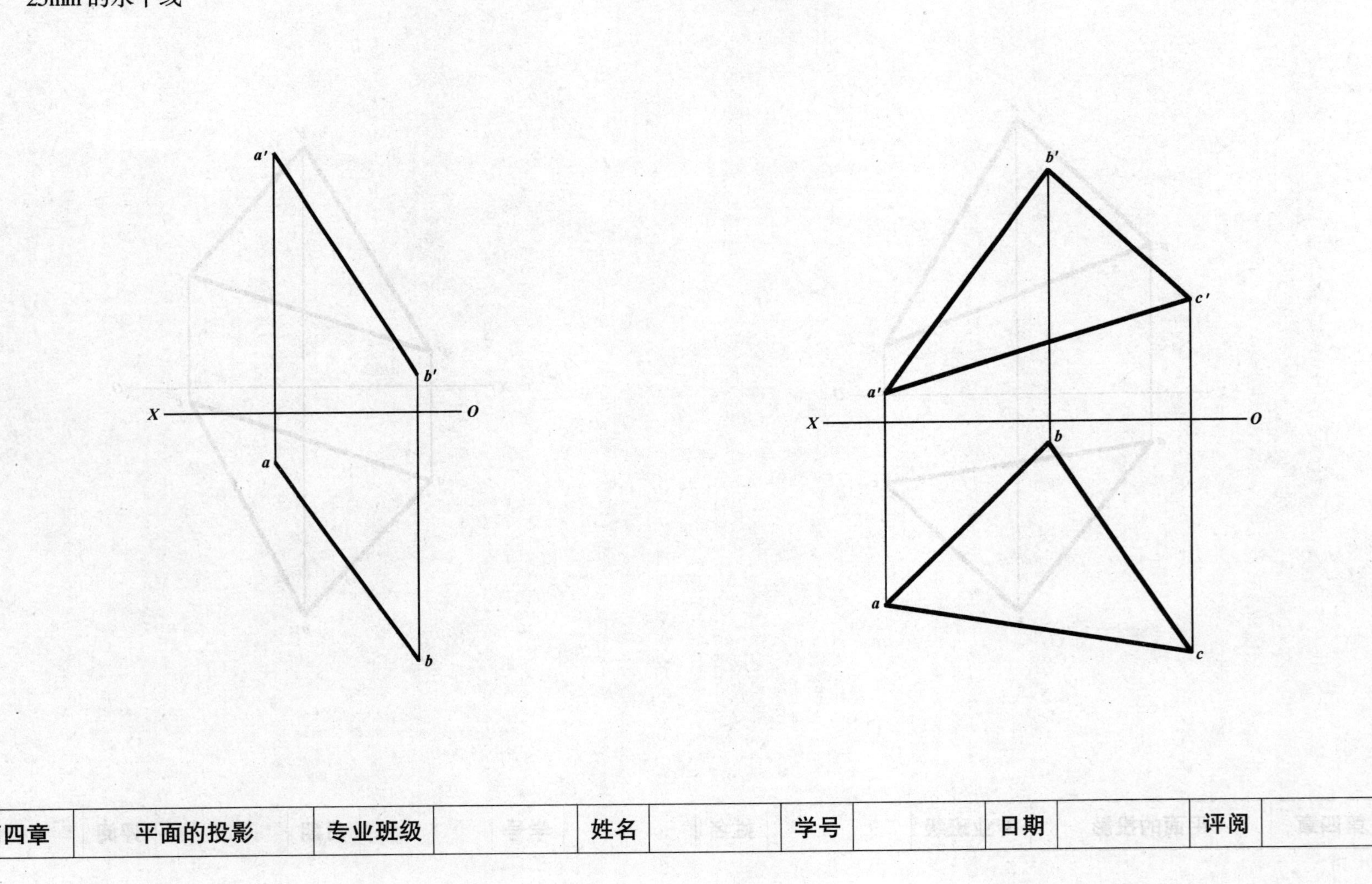

第四章	平面的投影	专业班级		姓名		学号		日期		评阅	

4-13 补全五边形 $ABCDE$ 的 H 面投影,并补出面上点 k'

4-14 已知△ABC 平面上的直线 MN 及平面图形 P 的一个投影,求它们的另一个投影

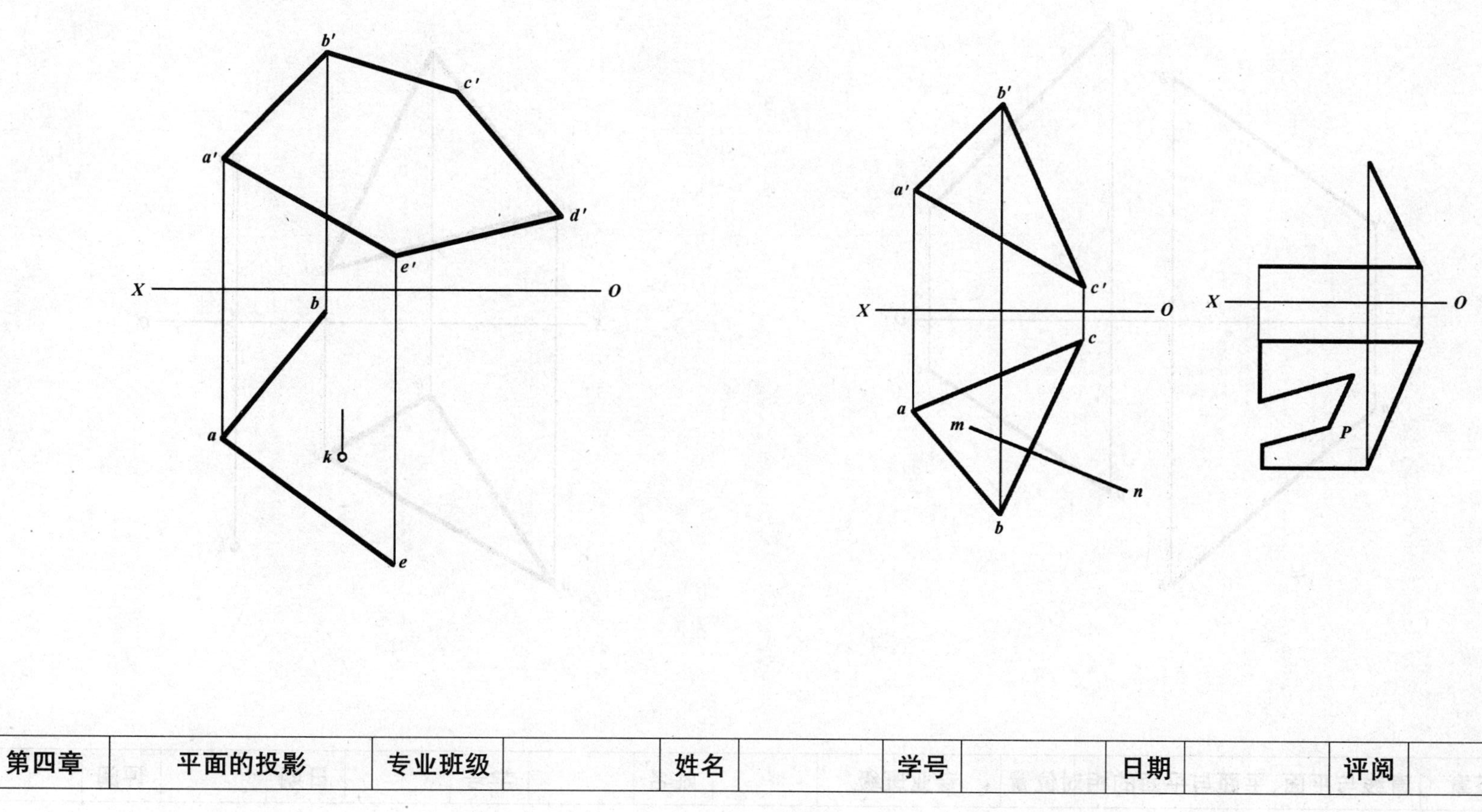

第四章	平面的投影	专业班级		姓名		学号		日期		评阅	

第五章　直线与平面、平面与平面的相对位置

5-1　过 AB 直线作一平面平行于直线 CD

5-2　过 K 点作一直线既平行于 H 面又平行于△ABC 平面

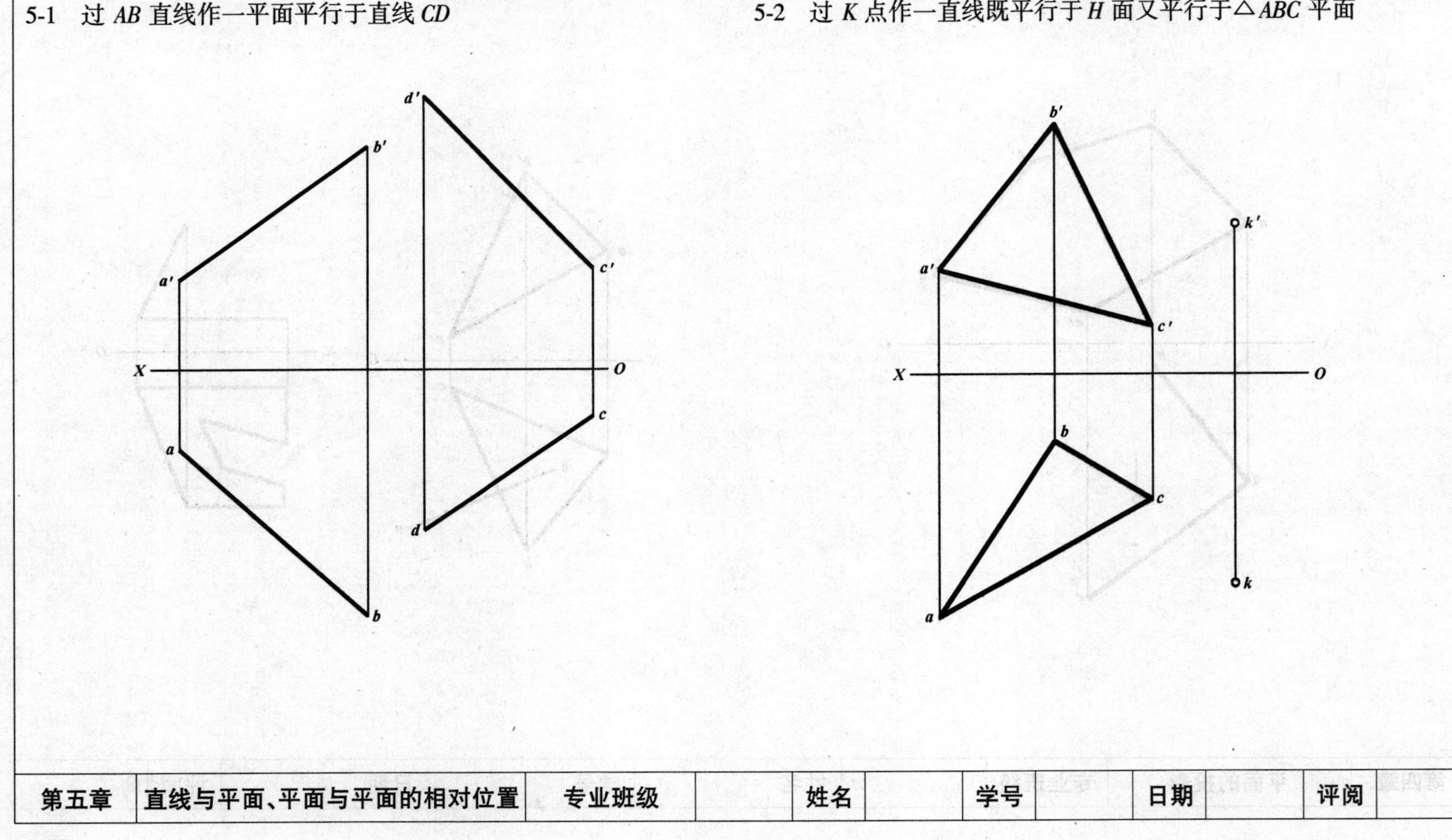

第五章	直线与平面、平面与平面的相对位置	专业班级		姓名		学号		日期		评阅	

5-3 过 K 点作平面平行于△ABC

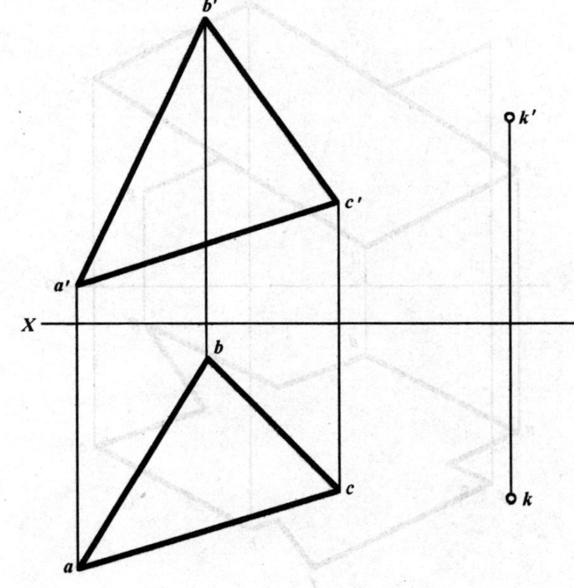

5-4 求作直线 EF 与平面 ABC 的交点 K,并判别 EF 的可见性

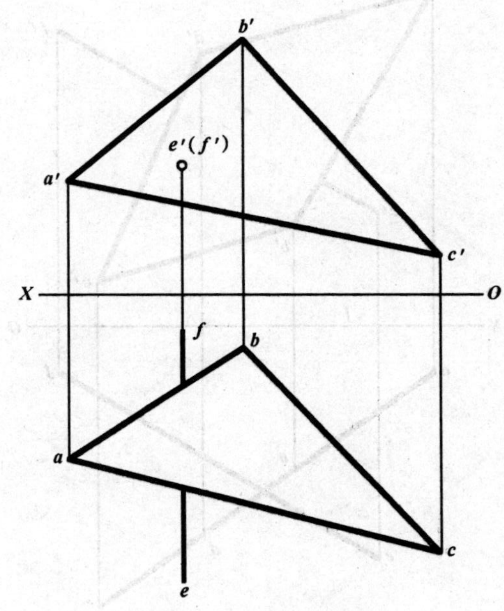

第五章	直线与平面、平面与平面的相对位置	专业班级		姓名		学号		日期		评阅	

5-5 求作直线 *EF* 与平面 *ABCD* 的交点 *K*，并判别 *EF* 的可见性

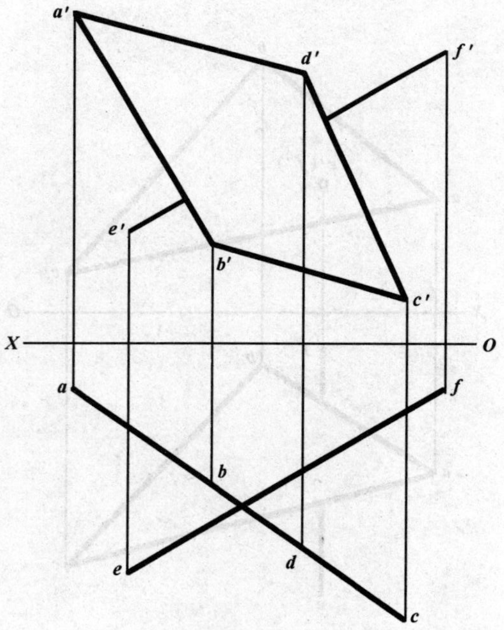

a′ d′ f′ e′ b′ c′ X O a f b e d c

5-6 求作平面 *ABCD* 与正垂面 *EFG* 的交线，并判明两平面的可见性

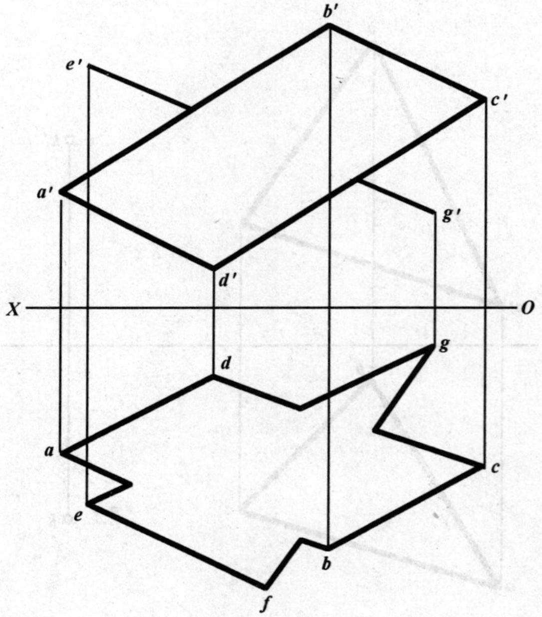

b′ e′ c′ a′ g′ d′ X O g d a c e b f

第五章	直线与平面、平面与平面的相对位置	专业班级		姓名		学号		日期		评阅	

第六章　基本几何体的投影

6-1　根据已知条件，作出基本体的三面投影(底面与 H 面平行且距离为 3mm)

1. 正五棱柱，高为 25mm

Z

X　O　Y_W

Y_H

2. 正六棱锥，高为 25mm

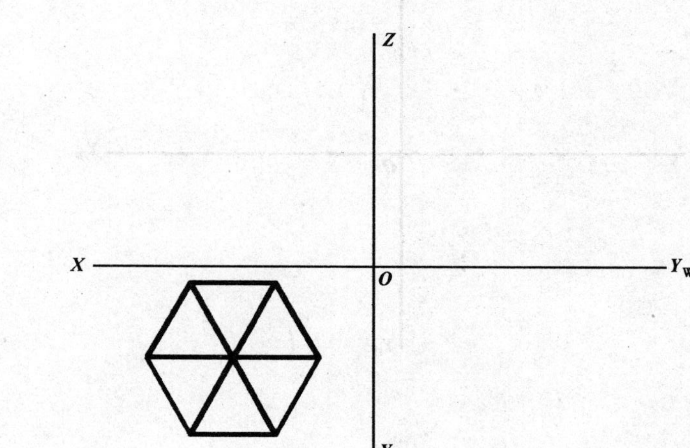

第六章	基本几何体的投影	专业班级		姓名		学号		日期		评阅	

3．正四棱锥底面边长 15mm，且有一底边与 V 面成 30°，高为 25mm　　4．正三棱柱底边长 20mm，高 25mm

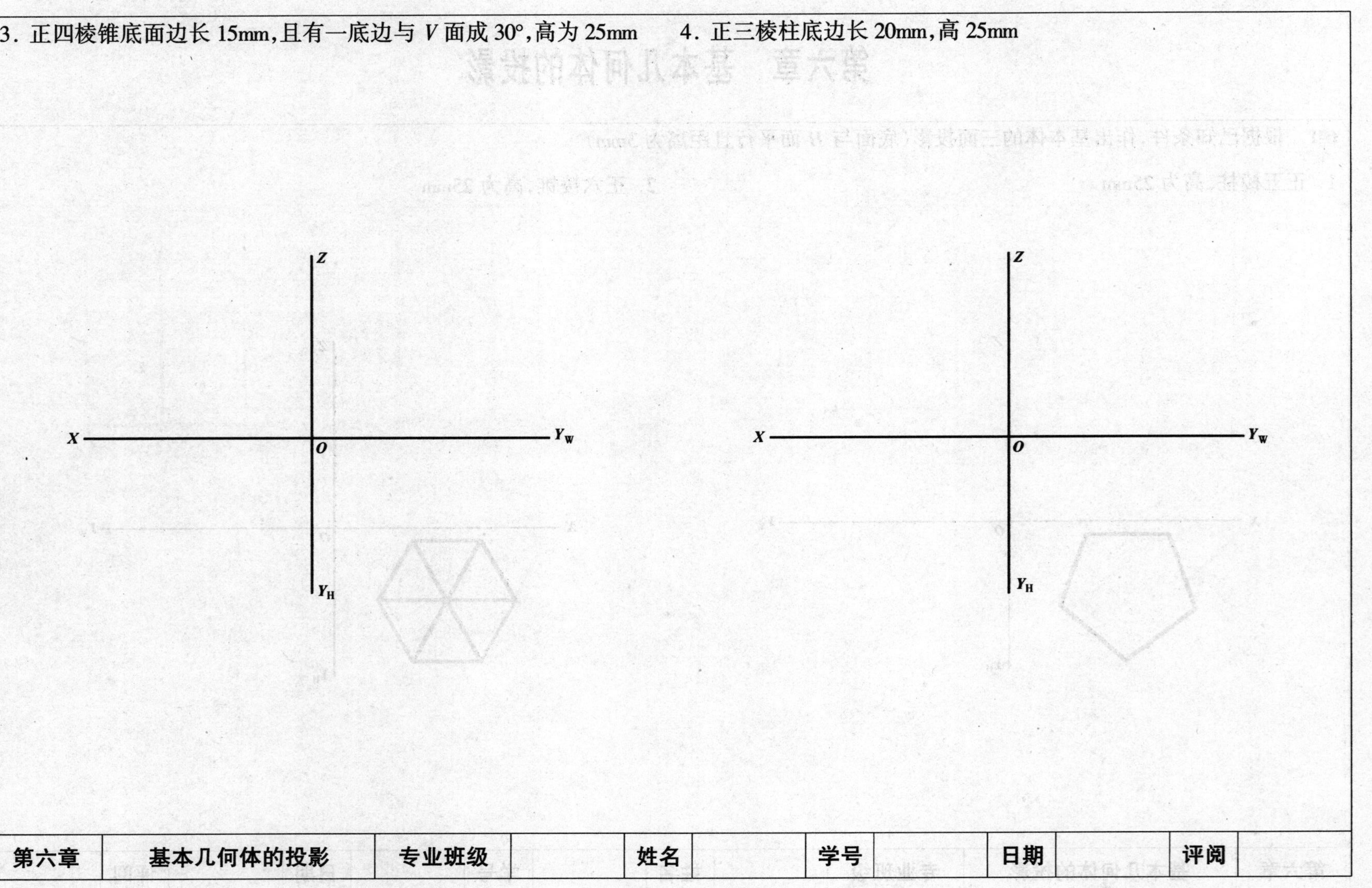

第六章	基本几何体的投影	专业班级		姓名		学号		日期		评阅	

6-2 根据平面体表面上点和直线的一个投影，求作其他两个投影

1.

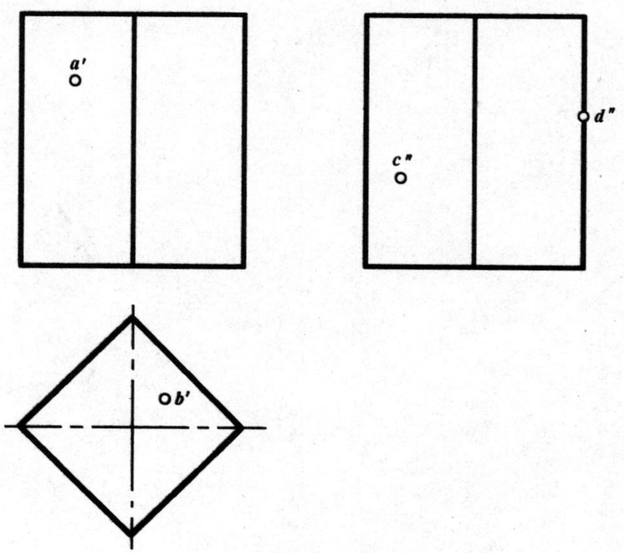

a′ b′ c″ d″

2.

a′ b′ c′ d′ e′

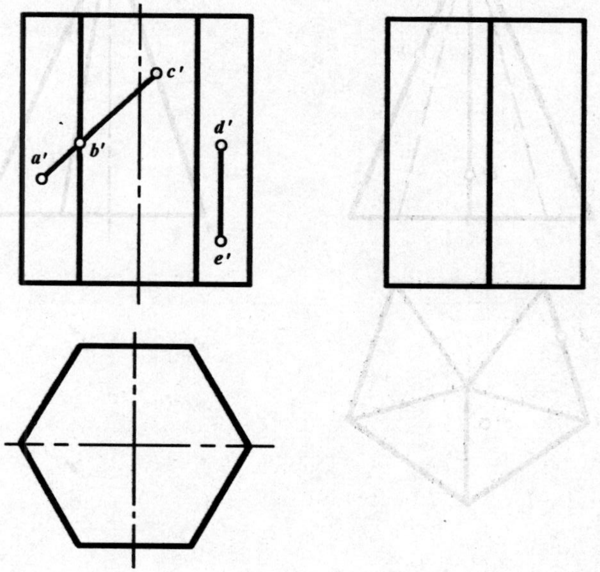

第六章	基本几何体的投影	专业班级		姓名		学号		日期		评阅	

3.

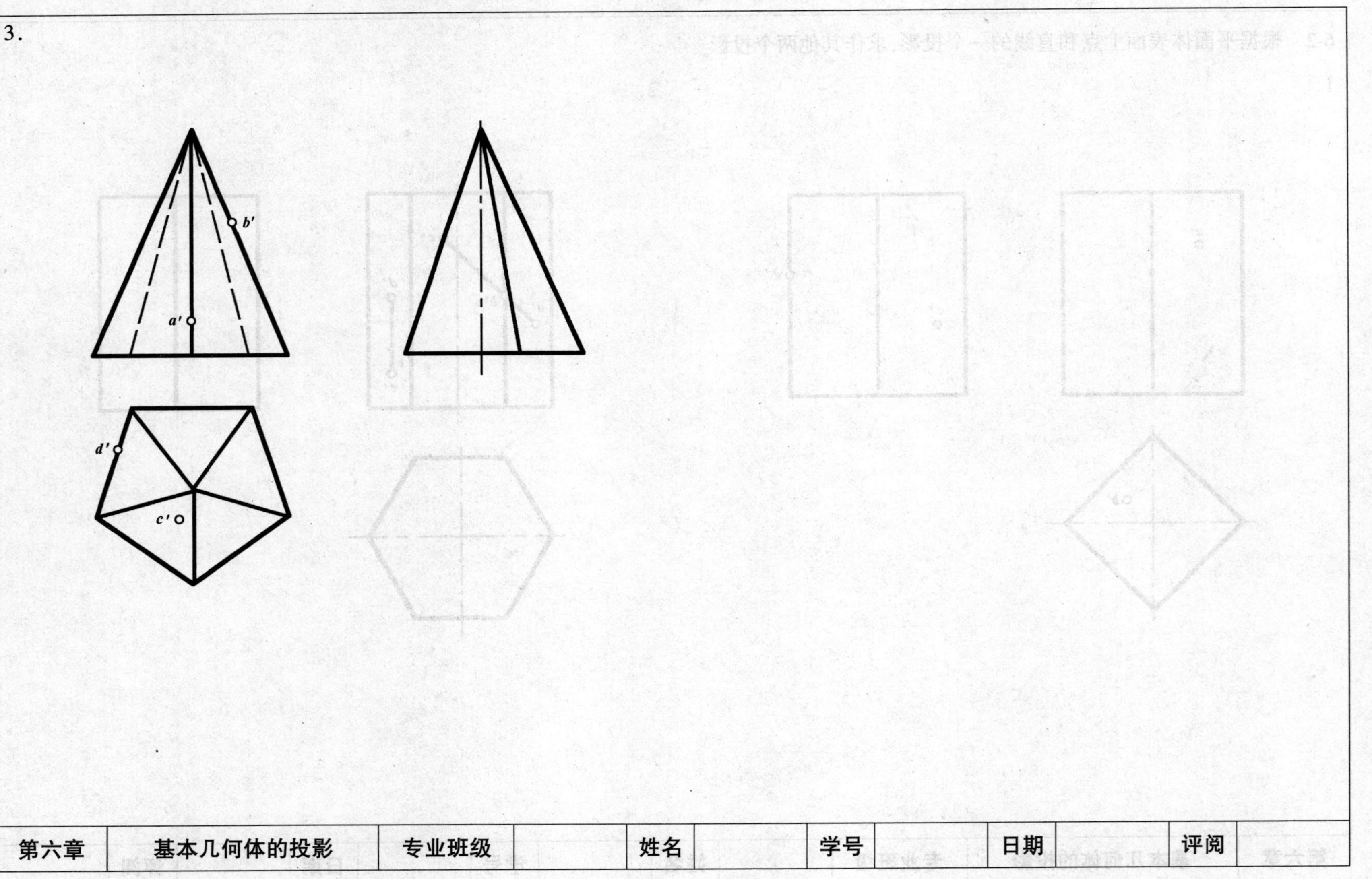

第六章	基本几何体的投影	专业班级		姓名		学号		日期		评阅

6-3 已知曲面体的两面投影补绘第三投影,并根据其表面上点和曲线的一个投影,求作其他两个投影

1.

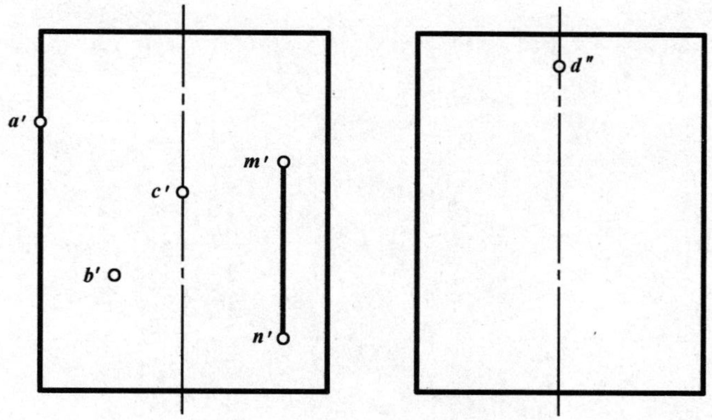

a' b' c' m' n' d''

2.

a' m' b' n' c

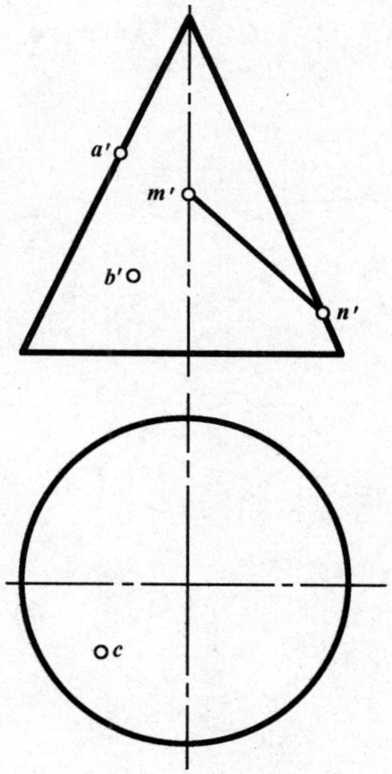

第六章	基本几何体的投影	专业班级		姓名		学号		日期		评阅	

3.

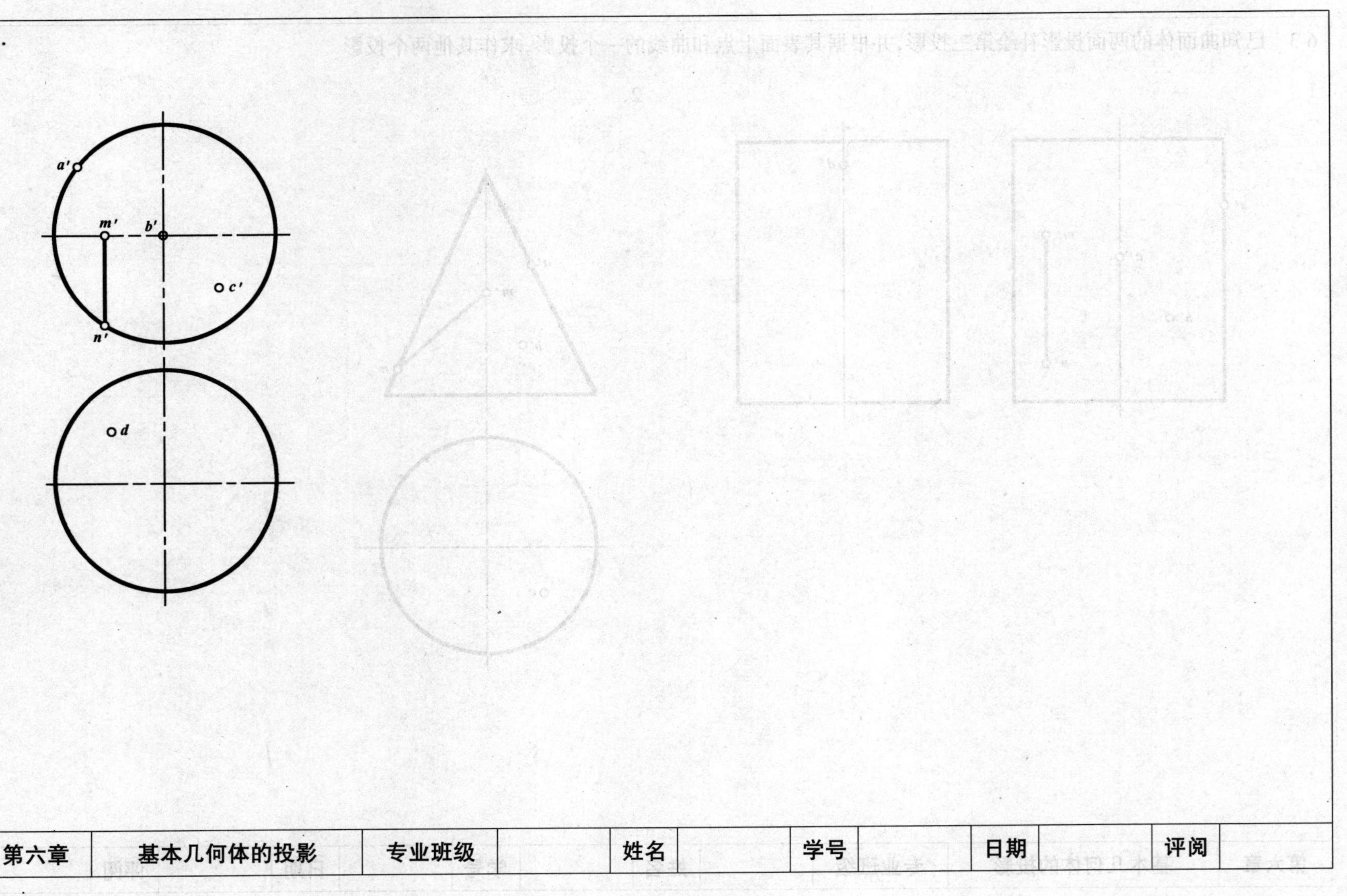

第六章	基本几何体的投影	专业班级		姓名		学号		日期		评阅	

第七章　轴测投影

7-1　根据形体的两面投影图，画出其正等测图

1.　　2.

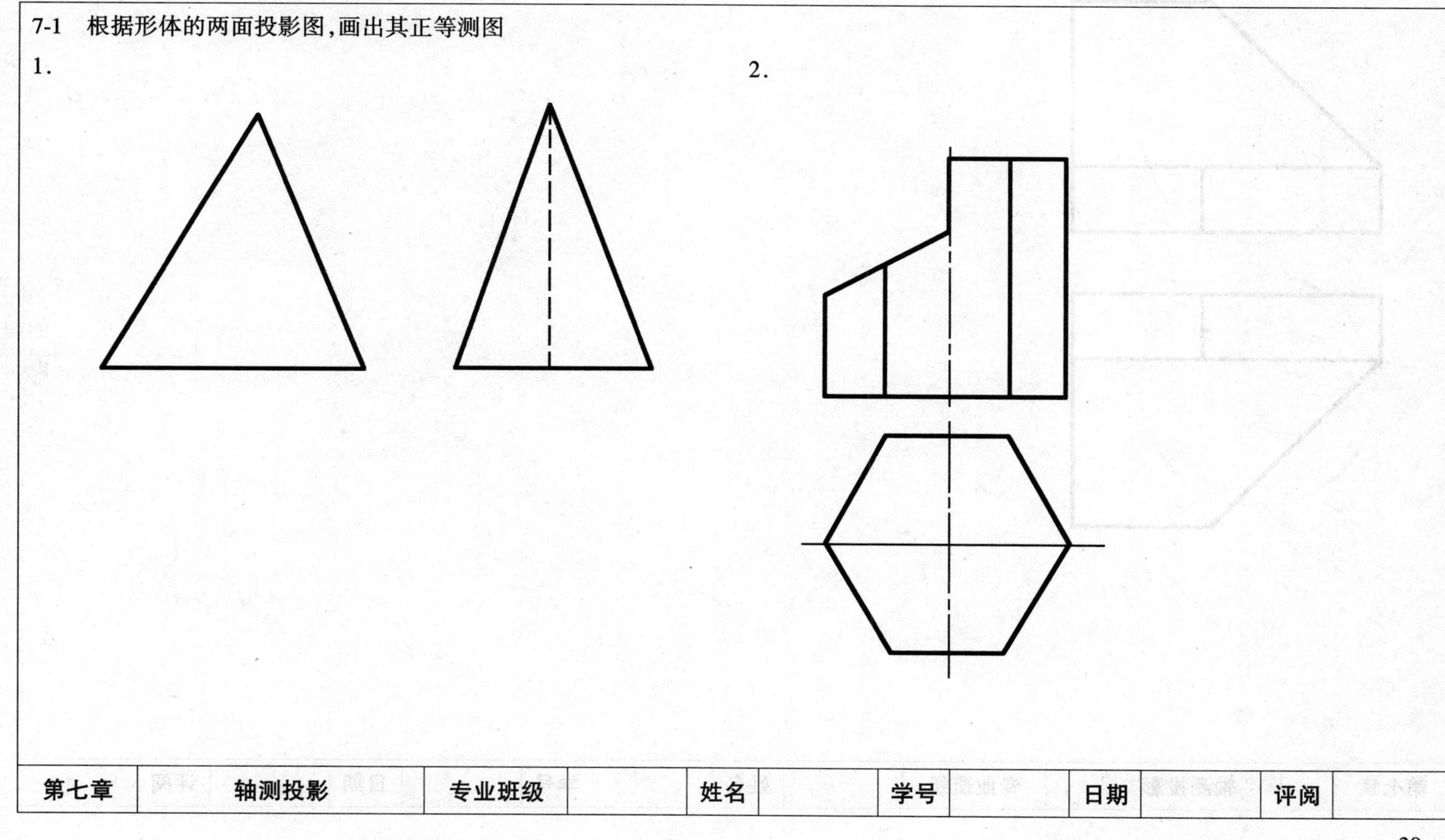

第七章	轴测投影	专业班级		姓名		学号		日期		评阅	

3.

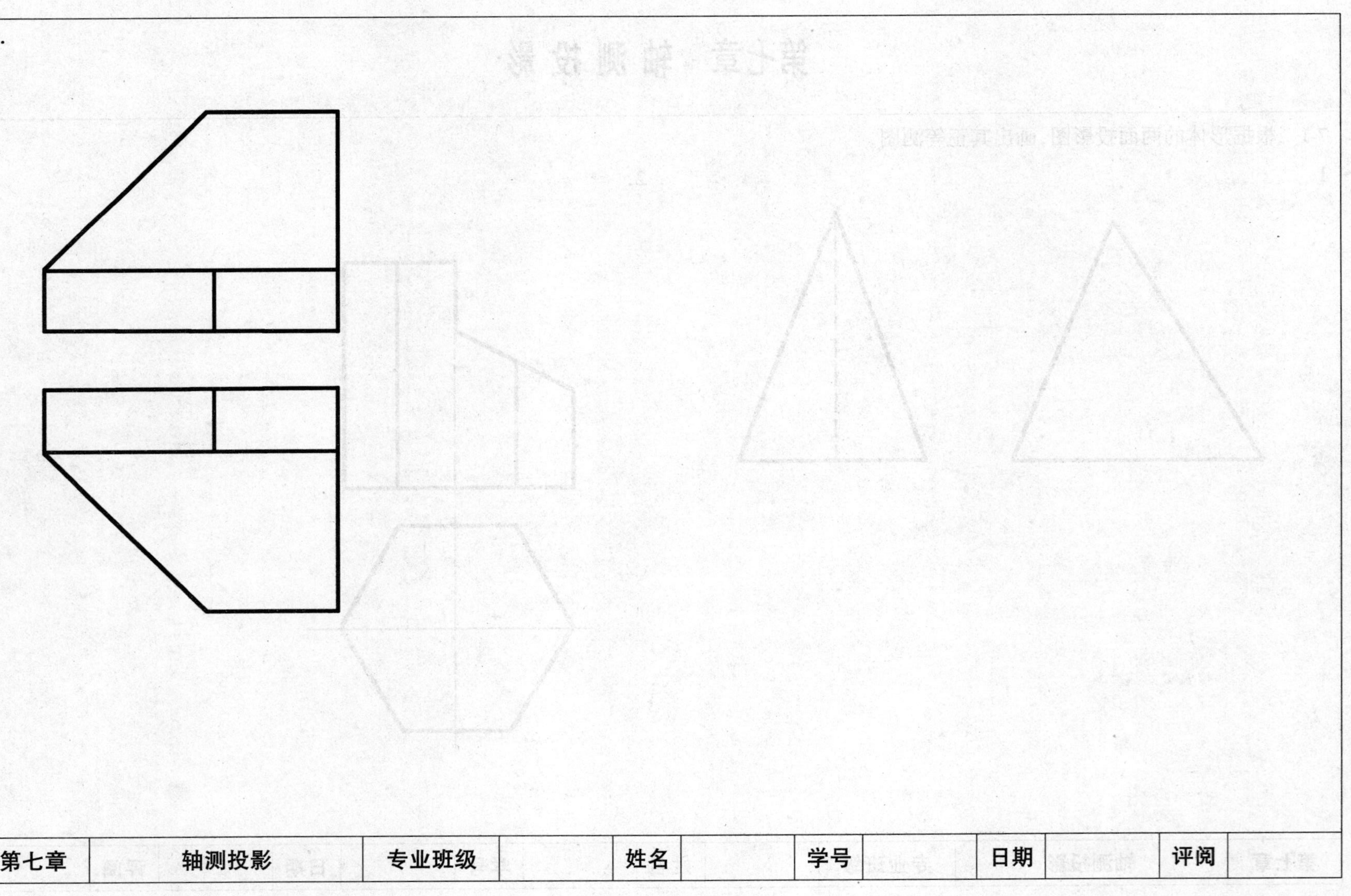

第七章		轴测投影		专业班级		姓名		学号		日期		评阅	

7-2 根据形体的两面投影图，画出斜二测图

1.

2.

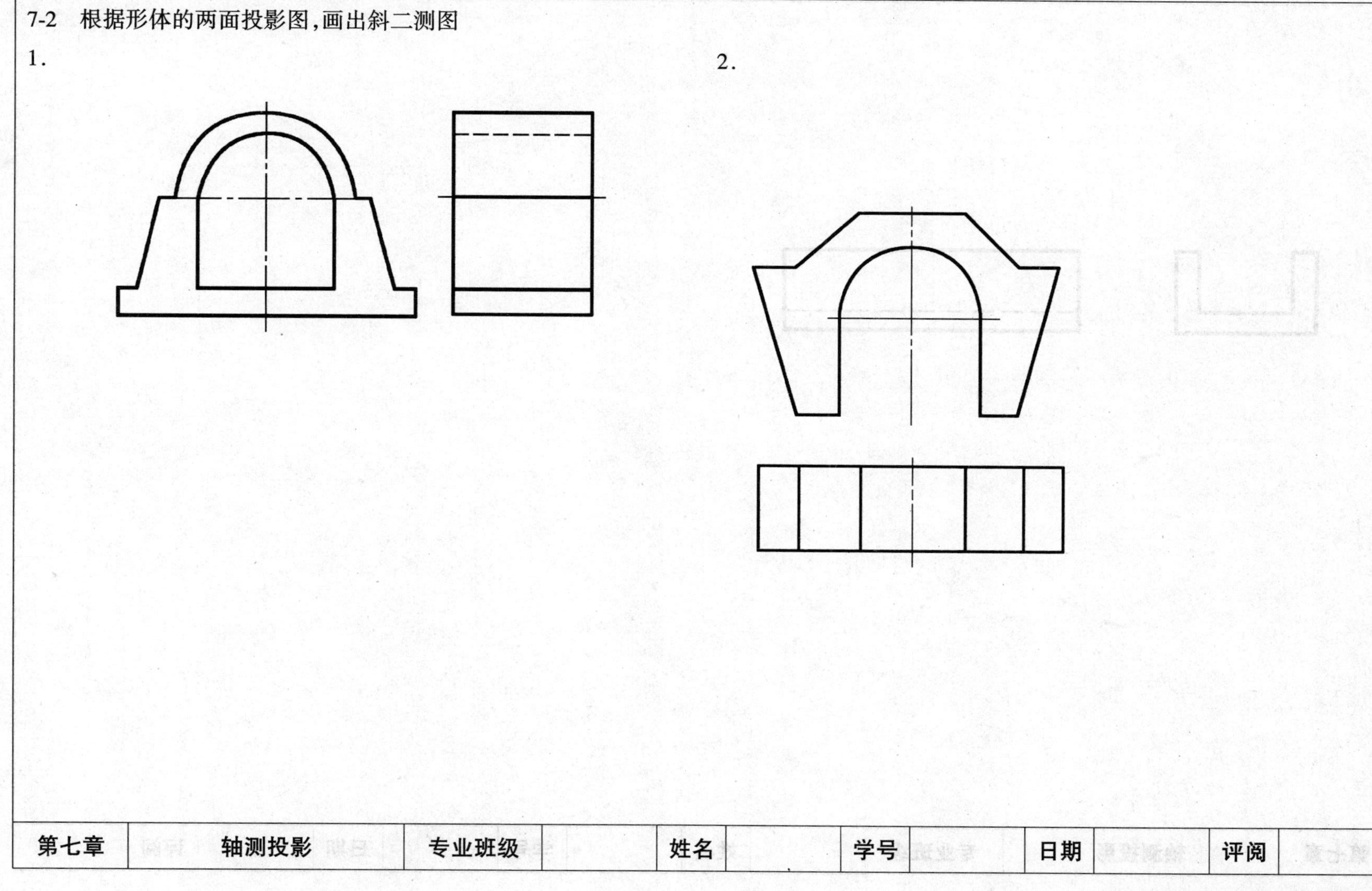

第七章	轴测投影	专业班级		姓名		学号		日期		评阅	

3.

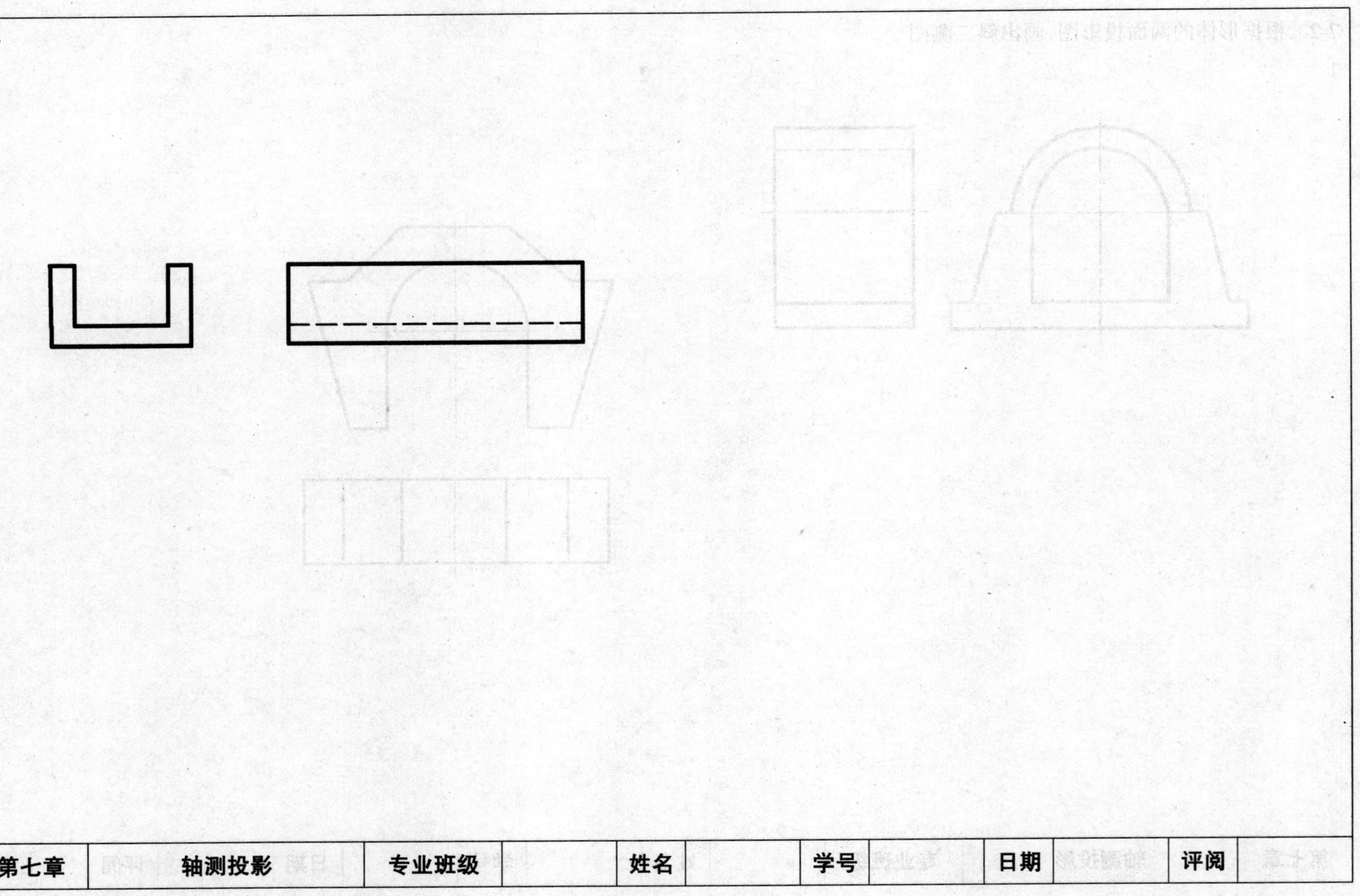

第七章	轴测投影	专业班级		姓名		学号		日期		评阅	

第八章 立体的截断与相贯

8-1 已知被截切平面体的两面投影图，补全第三面投影图

1.

2.

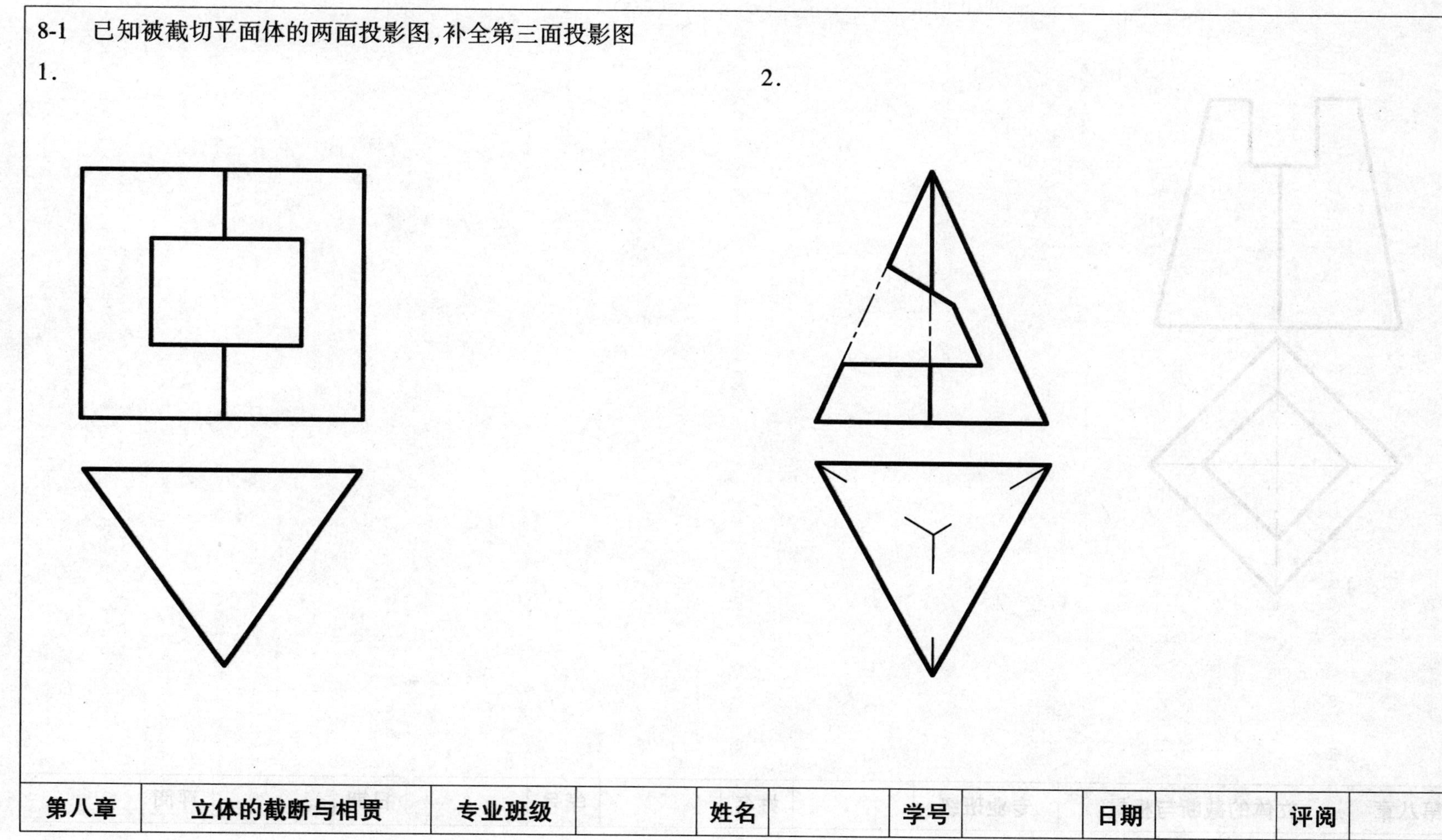

第八章	立体的截断与相贯	专业班级		姓名		学号		日期		评阅	

3.

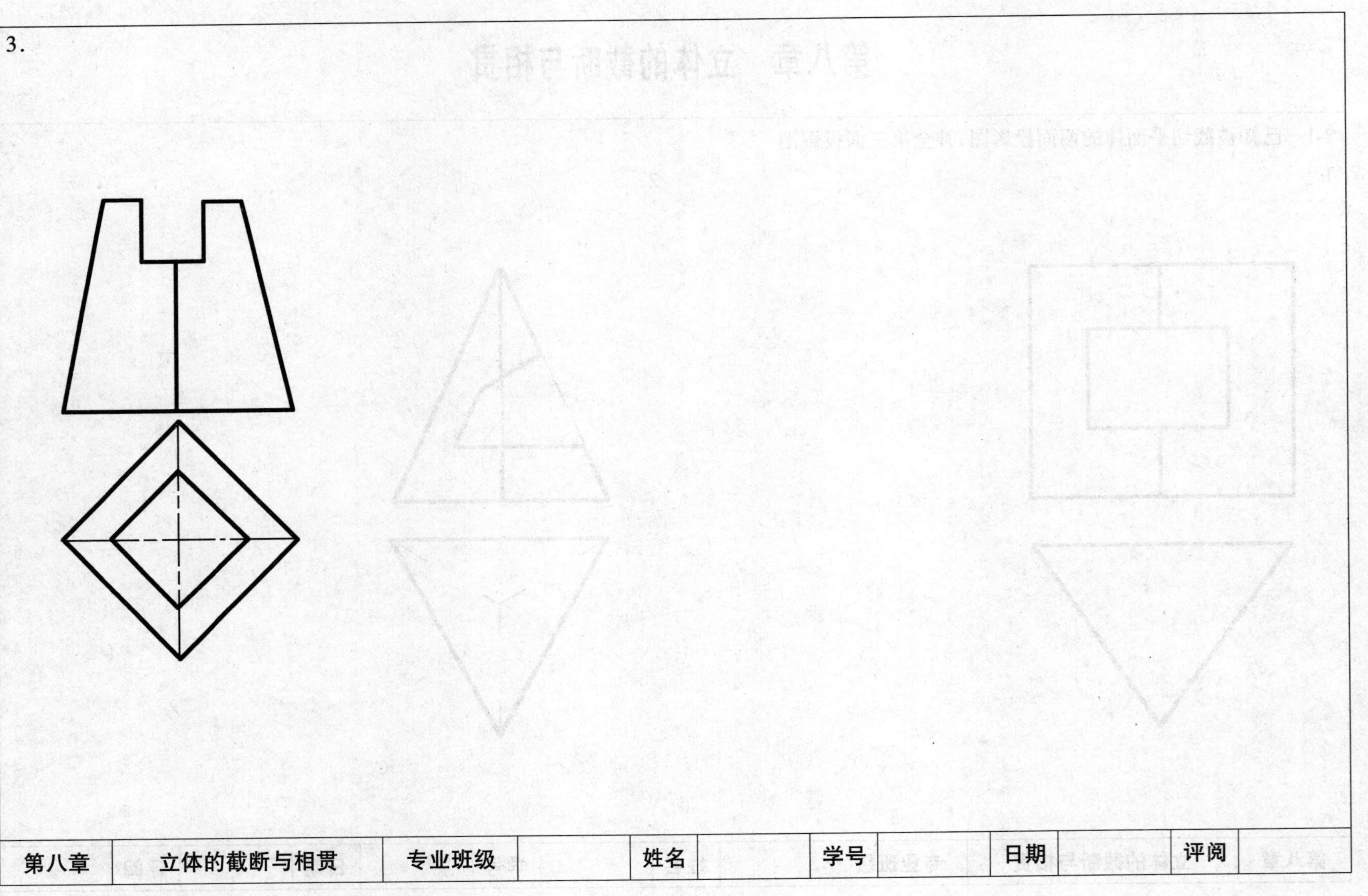

第八章	立体的截断与相贯	专业班级		姓名		学号		日期		评阅	

8-2　已知被截切曲面体的两面投影图，补全第三面投影图

1.　　　　2.

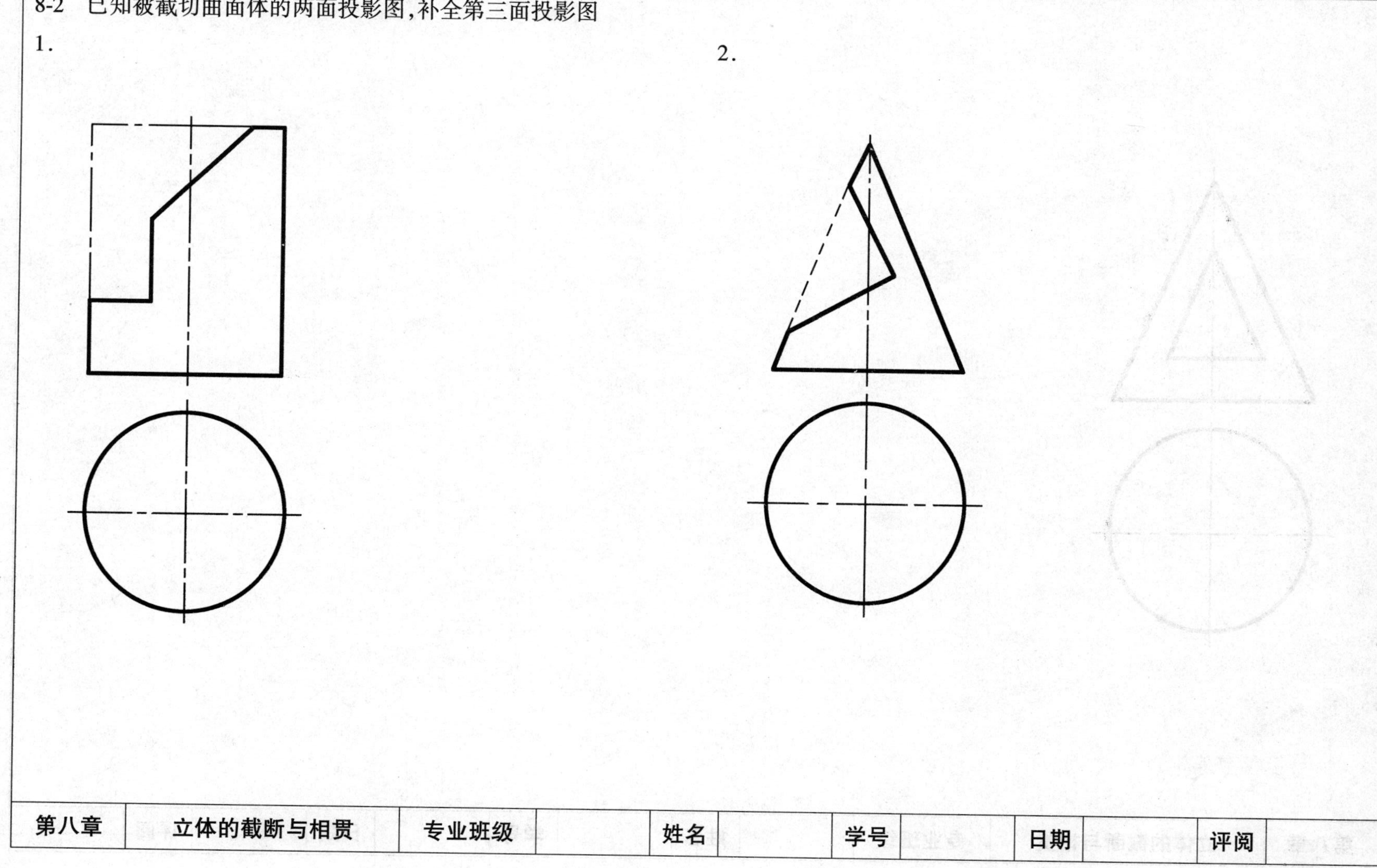

第八章	立体的截断与相贯	专业班级		姓名		学号		日期		评阅	

3.

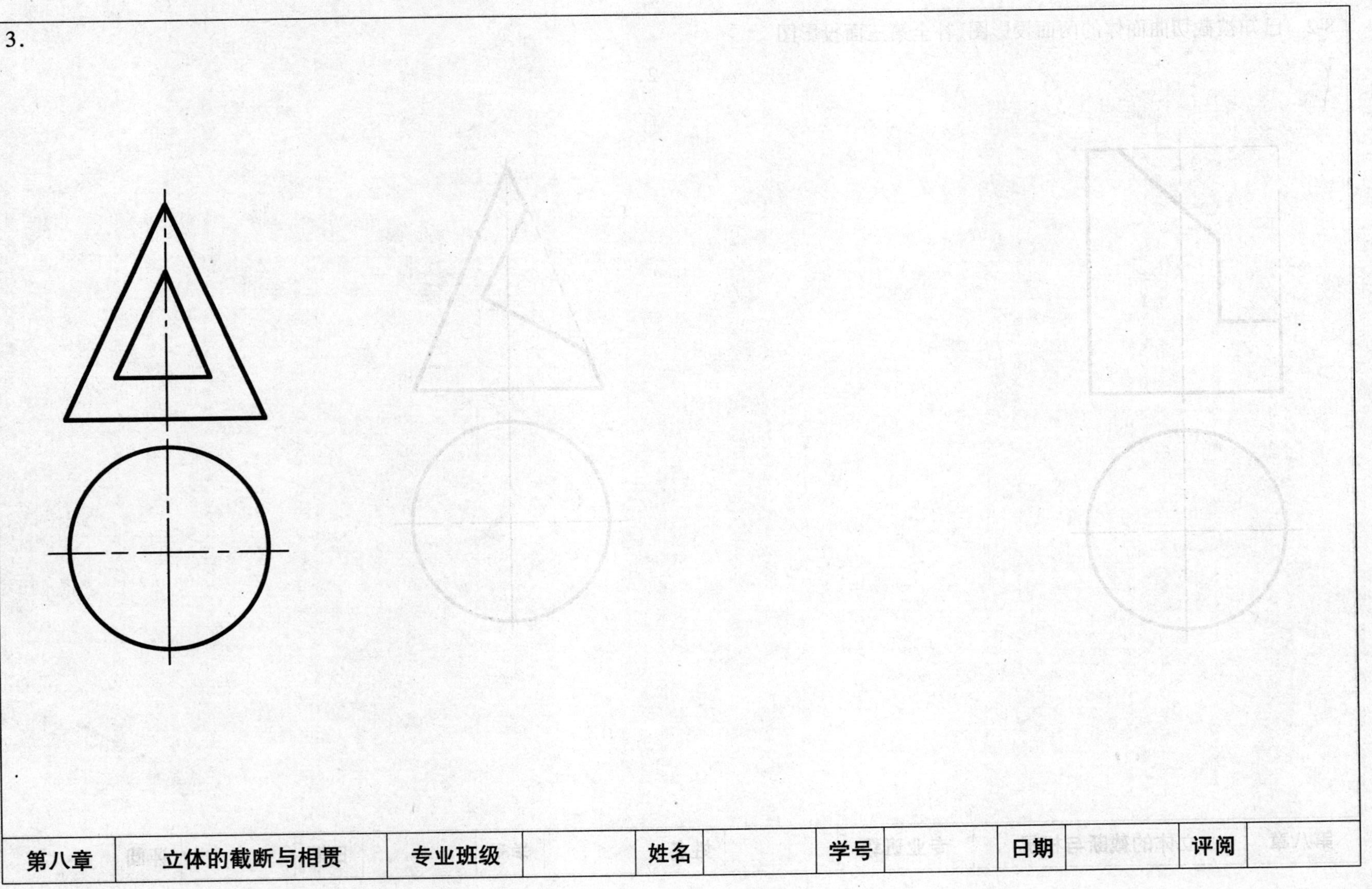

第八章	立体的截断与相贯	专业班级		姓名		学号		日期		评阅	

8-3 求直线与立体贯穿点的投影,并判别直线的可见性

1.　　　　2.

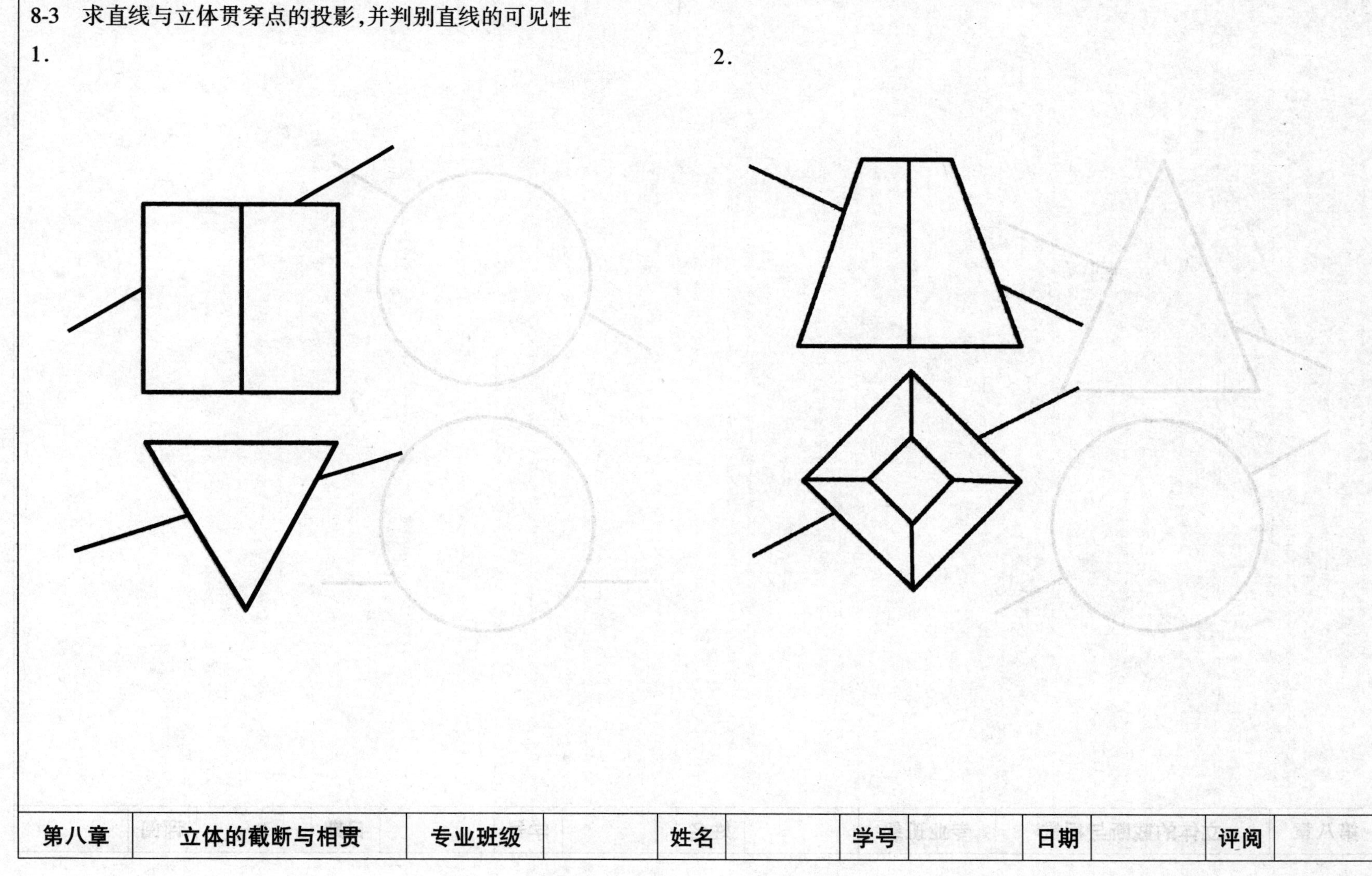

第八章	立体的截断与相贯	专业班级		姓名		学号		日期		评阅	

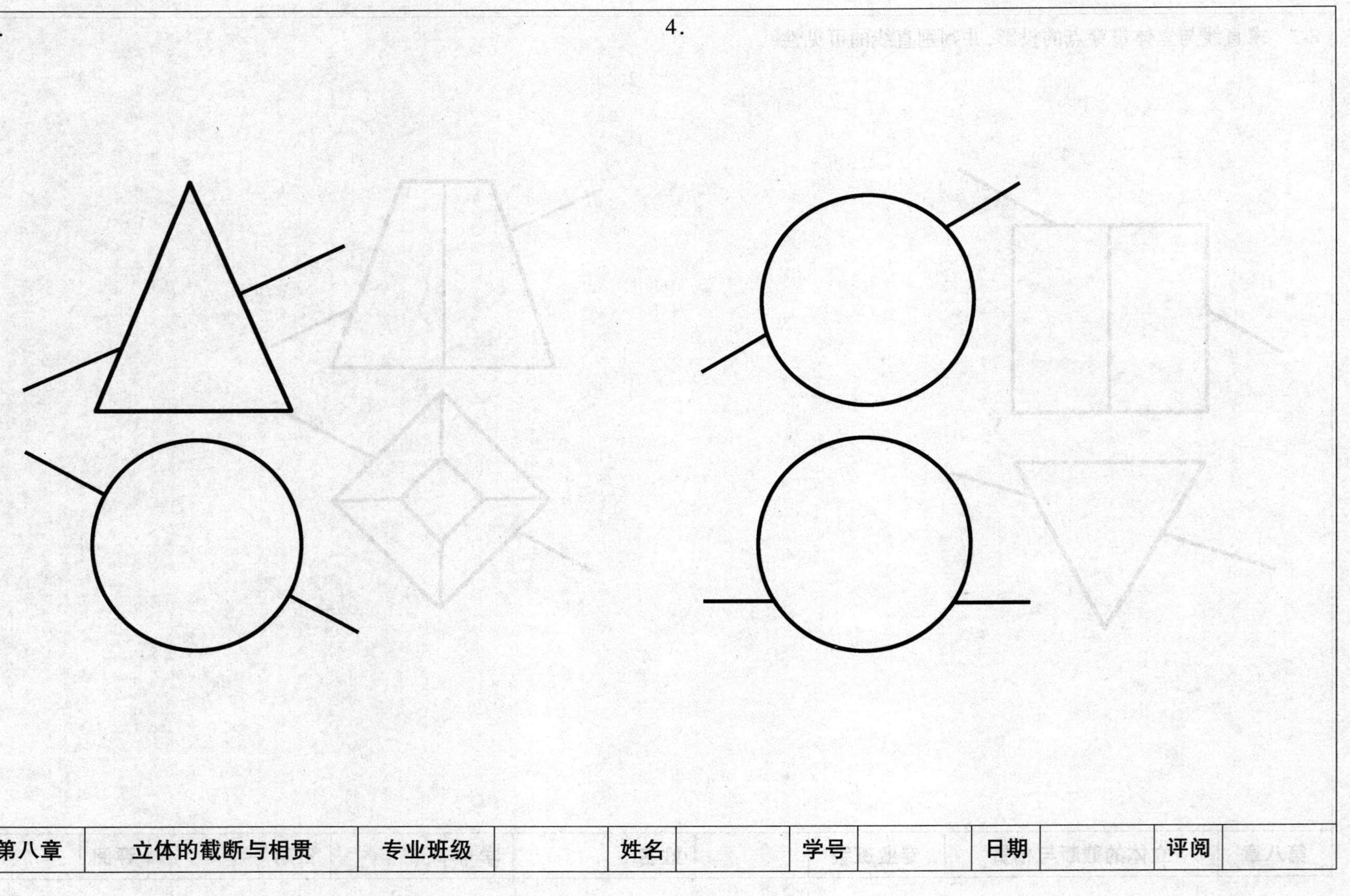

第八章	立体的截断与相贯	专业班级		姓名		学号		日期		评阅	

8-4　求两平面立体的相贯线，并完成相贯体的投影

1.

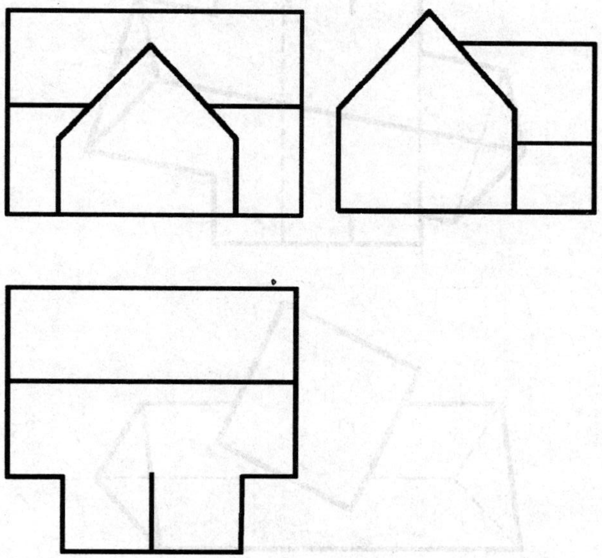

2.

第八章	立体的截断与相贯	专业班级		姓名		学号		日期		评阅	

3.

4.

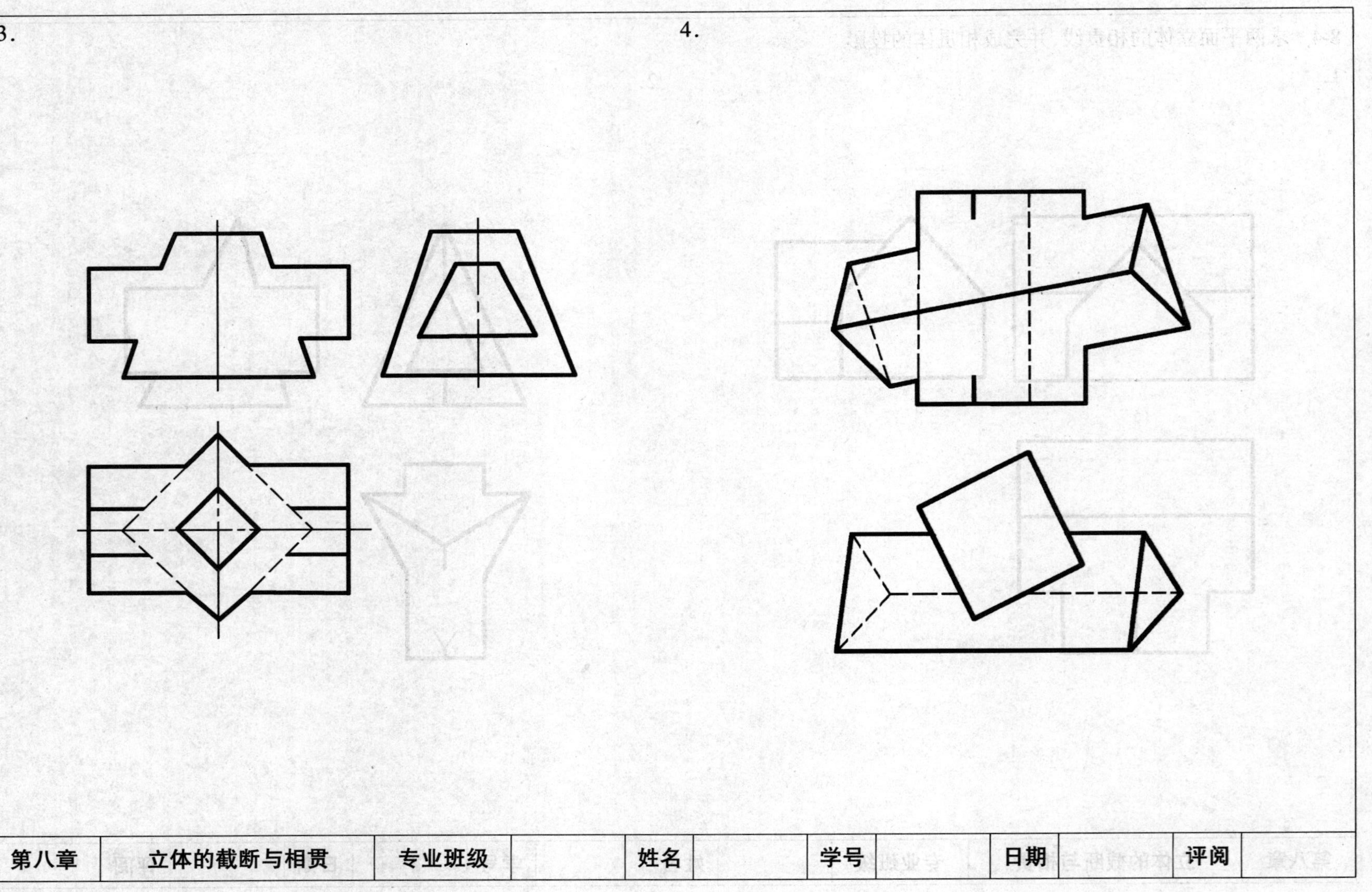

第八章	立体的截断与相贯	专业班级		姓名		学号		日期		评阅	

8-5 求平面立体与曲面立体的相贯线,并完成相贯线的投影

1.

2.

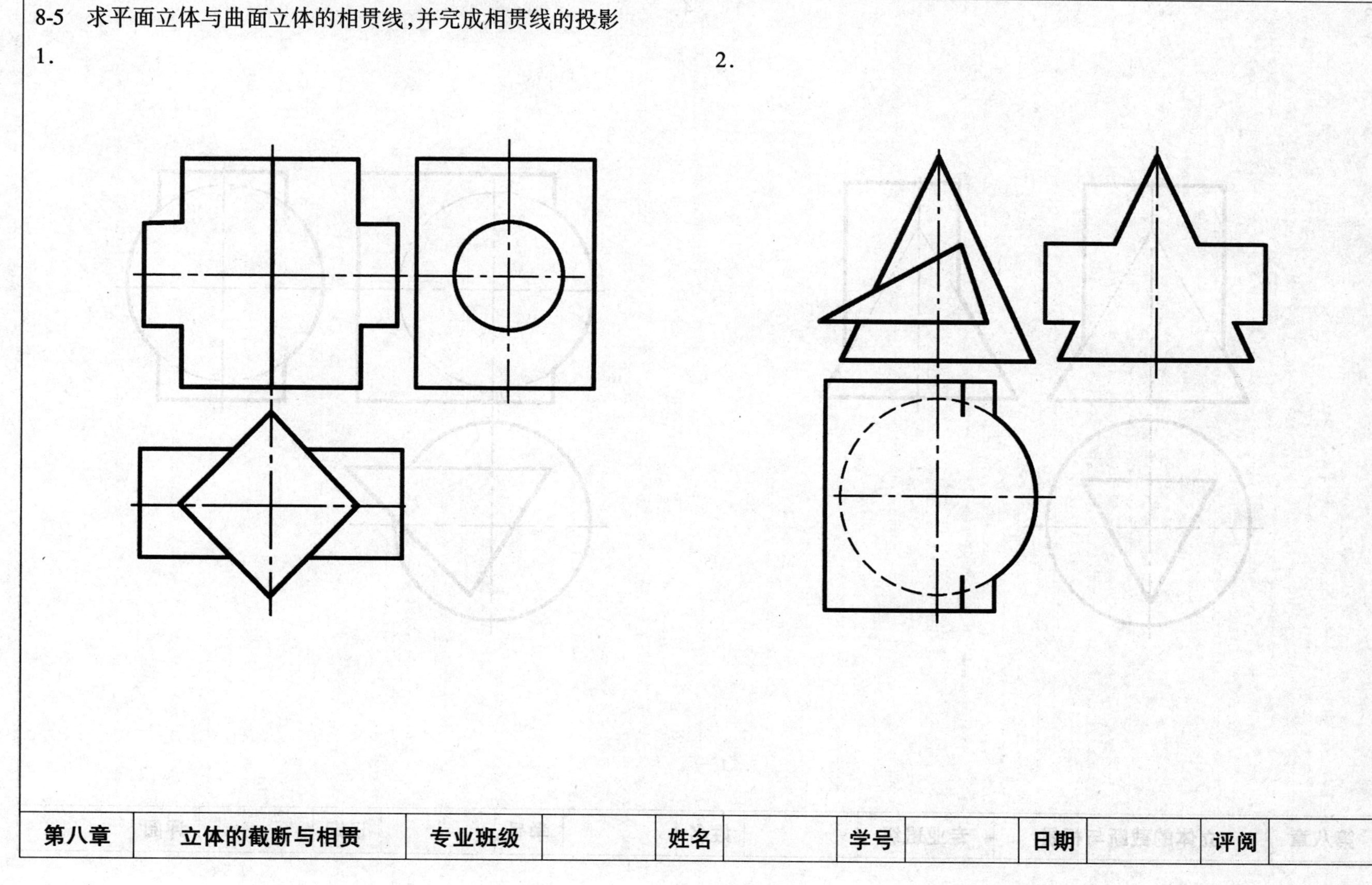

第八章	立体的截断与相贯	专业班级		姓名		学号		日期		评阅	

3.

4.

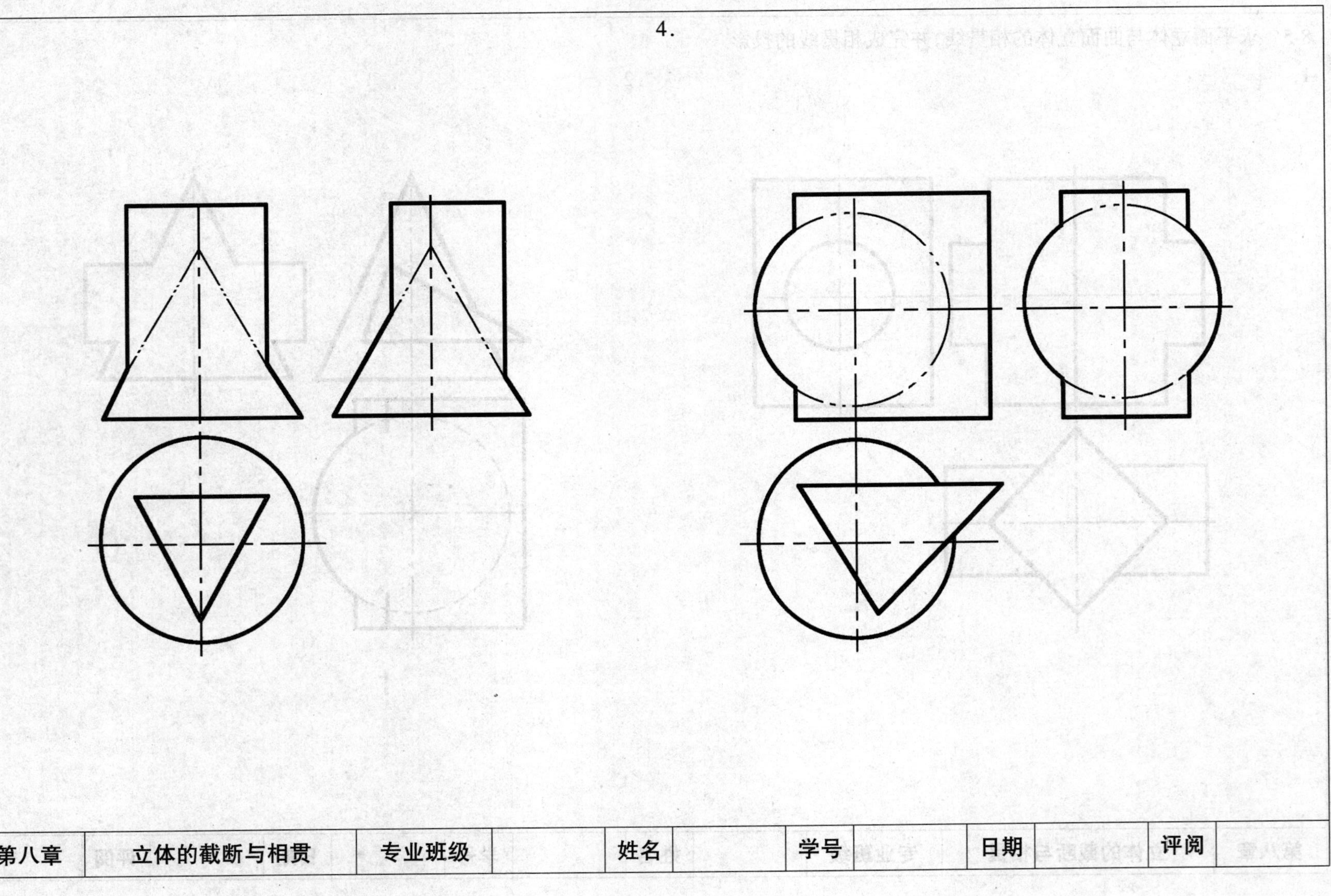

第八章	立体的截断与相贯	专业班级		姓名		学号		日期		评阅	

第九章 组合体的投影

9-1 组合体的形体分析和线面分析

1. 形体的投影分析和线面分析

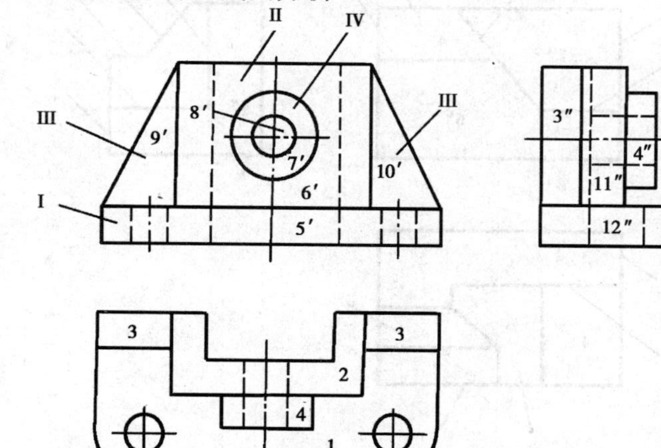

(1)形体的投影分析：

①该组合体由____部分组成。I、II 部分均为____柱，II 在 I 的上____、____处，它们的后面切去一个____形槽，上下相通。

②III 为____柱，在____的上后方左右各一个。IV 为____柱，在 II 的____方正中。

(2)形体的线面分析：

①第 I 部分在三投影图中的线框是：正平面____、水平面____、侧平面____，它们的另外两个投影是平行于投影轴的，由此可以看出它们是长方体的前、上、左三个面的投影。第 II 部分的三个线框是：正平面____、水平面____、侧平面____。第 II 部分在第 I 部分的上、____、____位置，它们的后面切挖出一个____形槽，上下相通。1、5、11、2、6、12 这六个面的位置差异是____面高、____面低，观察者在前方时，____面近，____面远；观察者在左侧时，____面近，____面远。

②第 III 部分的三个线框是：正平面____、____和正垂面的两个类似形线框____，这样的三棱柱有____个，在 I 的____后，II 的左____各一个。____面是斜面，____、____面比 5、6 面远。

③第 IV 部分在 V 面图中的线框 7 是个圆，在 H 面图和 W 面图中的投影是线框____，三个线框结合起来可以看出它是____柱体。圆线框 8 在另外两个投影图中是两条____线，表示它是个圆与槽前后相通。

④底板的左右前角为____角，并各有一圆____，上下相通。

第九章	组合体的投影	专业班级		姓名		学号		日期		评阅	

2.分析各轮廓的意义,将各轮廓线的号码填写在相应的横线上

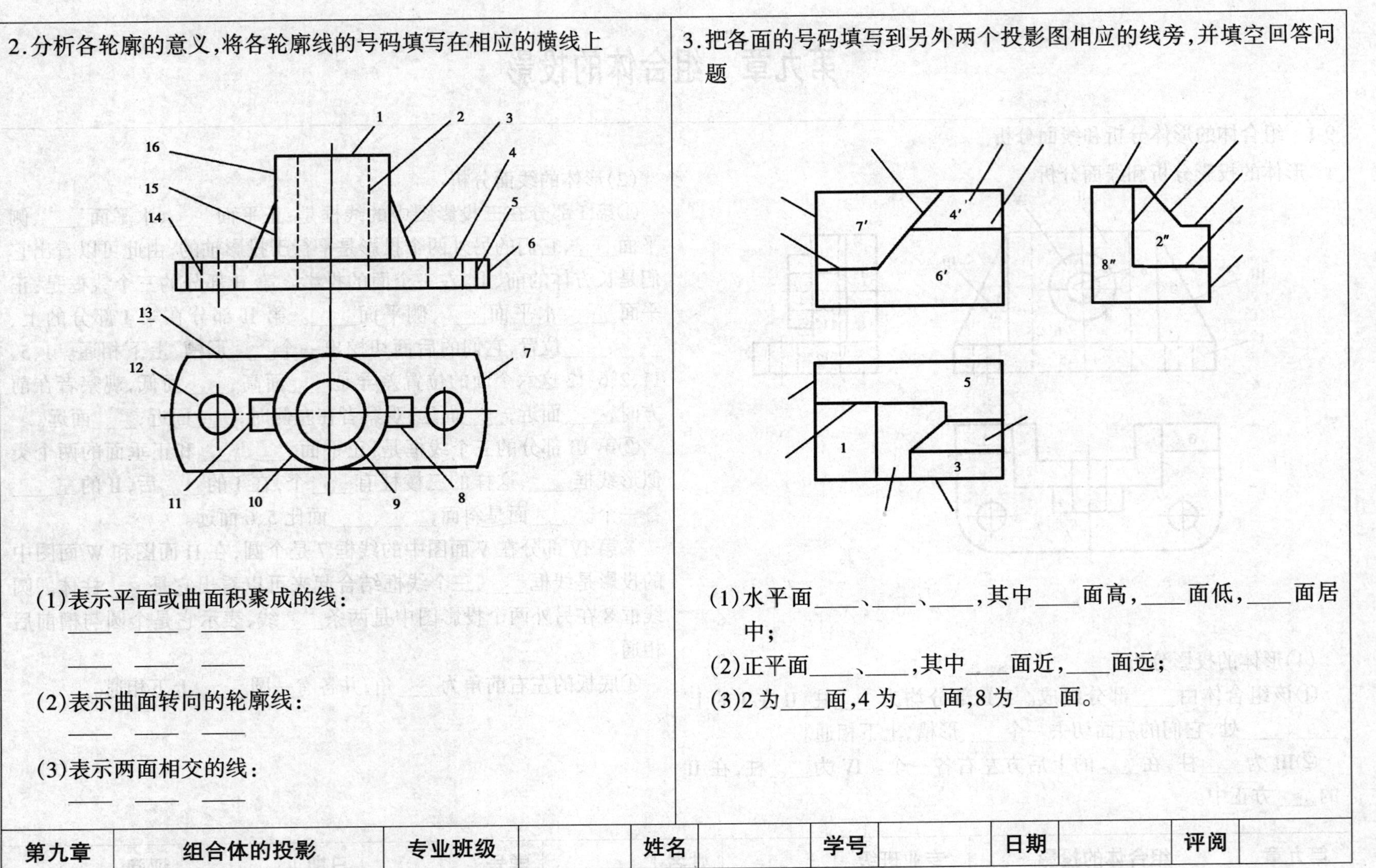

(1)表示平面或曲面积聚成的线:

____ ____ ____

____ ____ ____

(2)表示曲面转向的轮廓线:

____ ____ ____

(3)表示两面相交的线:

____ ____ ____

3.把各面的号码填写到另外两个投影图相应的线旁,并填空回答问题

(1)水平面____、____、____,其中____面高,____面低,____面居中;

(2)正平面____、____,其中____面近,____面远;

(3)2为____面,4为____面,8为____面。

第九章	组合体的投影	专业班级		姓名		学号		日期		评阅	

9-2 在立体表面上分析线和面(1、2、3 题标明平面 P、Q 和直线 L、M 的另外两投影，填写空间位置；4、5、6 题补画投影图中的漏线)

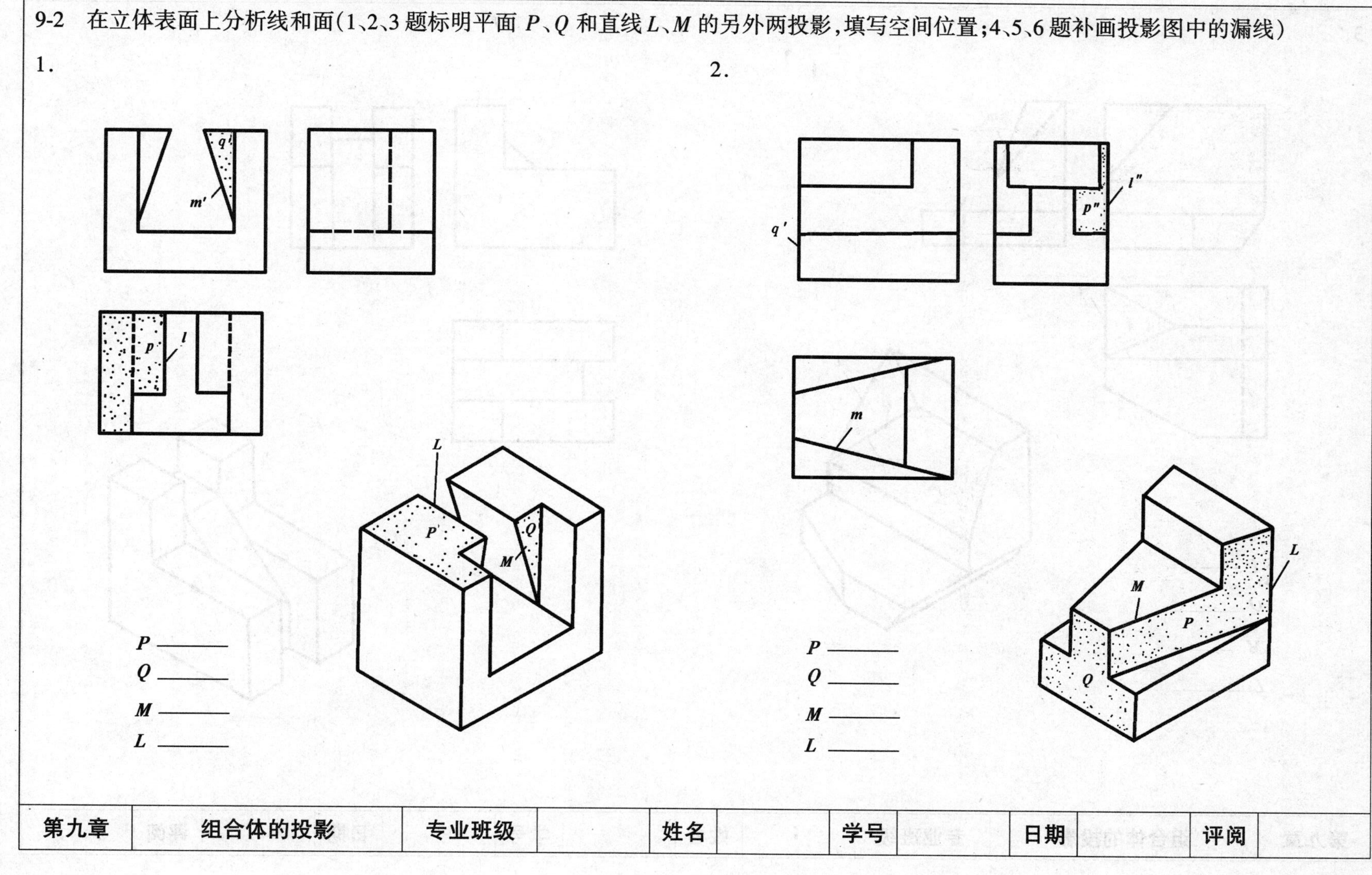

第九章	组合体的投影	专业班级		姓名		学号		日期		评阅	

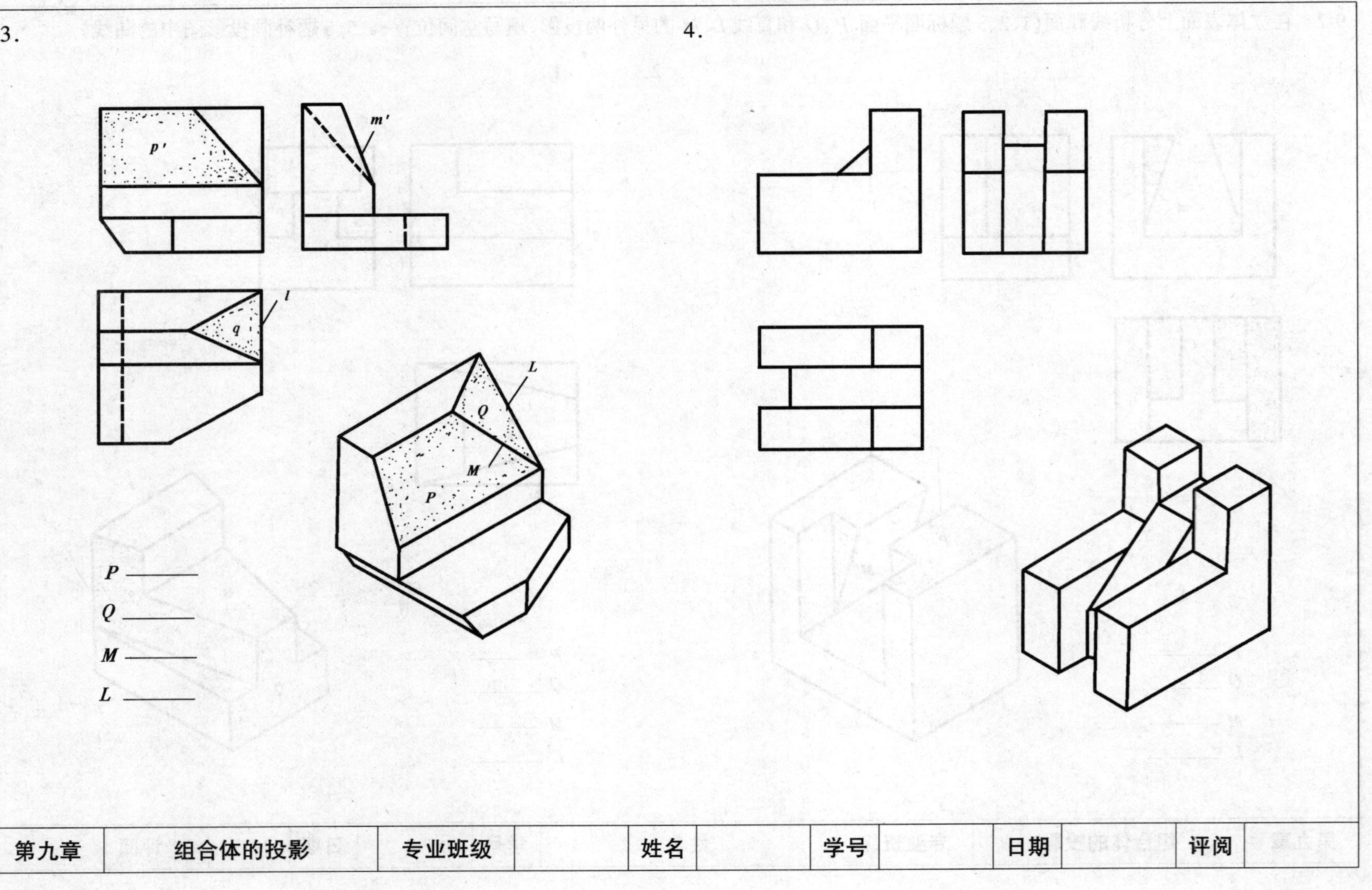
3.
p'
m'
q
l
L
Q
M
P
P
Q
M
L
4.

5.

6.

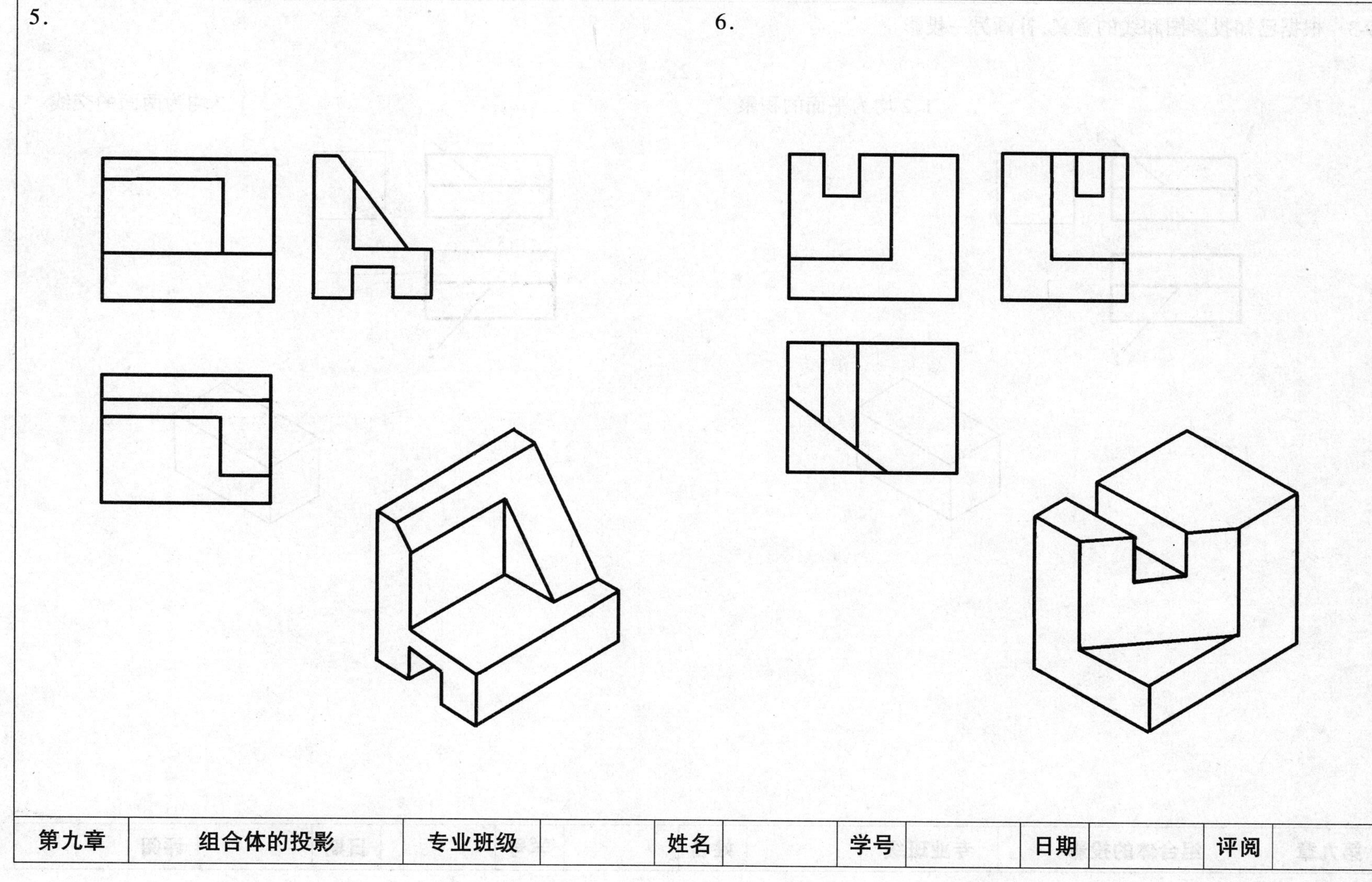

第九章	组合体的投影	专业班级		姓名		学号		日期		评阅	

9-3 根据已知投影图和线的意义,补画另一投影

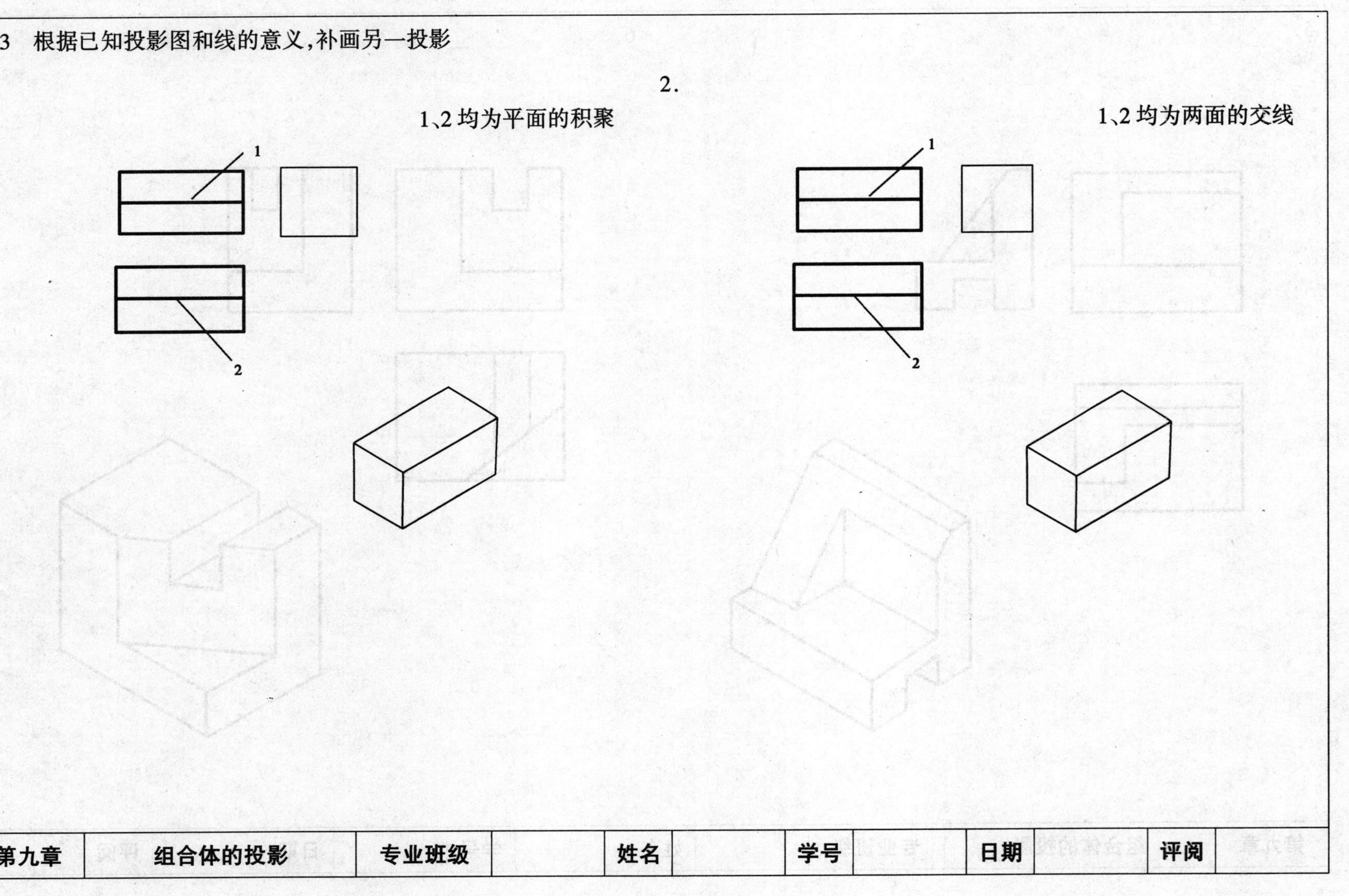

第九章	组合体的投影	专业班级		姓名		学号		日期		评阅

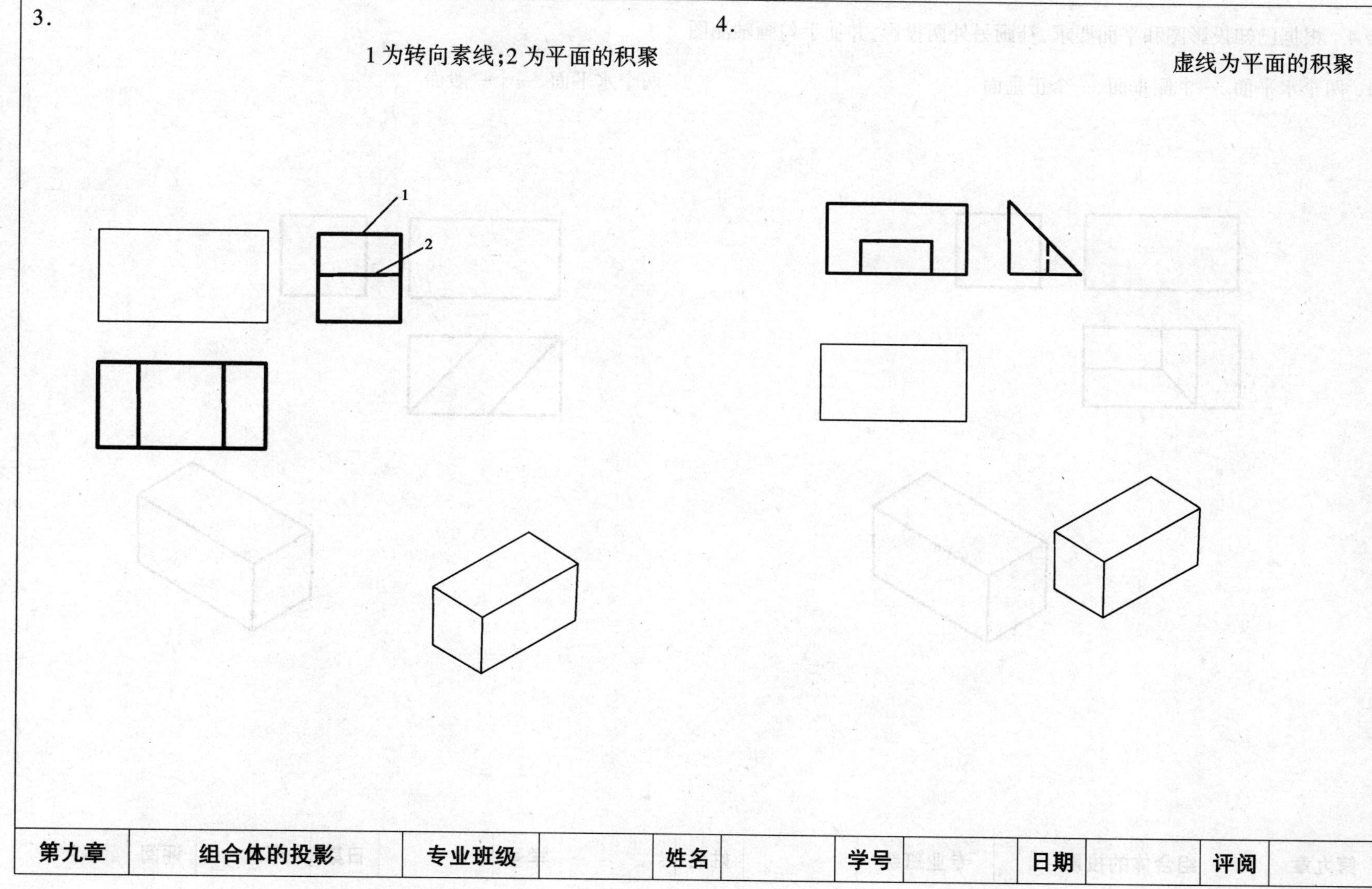

第九章	组合体的投影	专业班级		姓名		学号		日期		评阅	

9-4　根据已知投影图和平面要求，补画另外两投影，并徒手勾画轴测图

1. 两个水平面、一个侧垂面、一个正垂面

2. 两个水平面、一个一般面

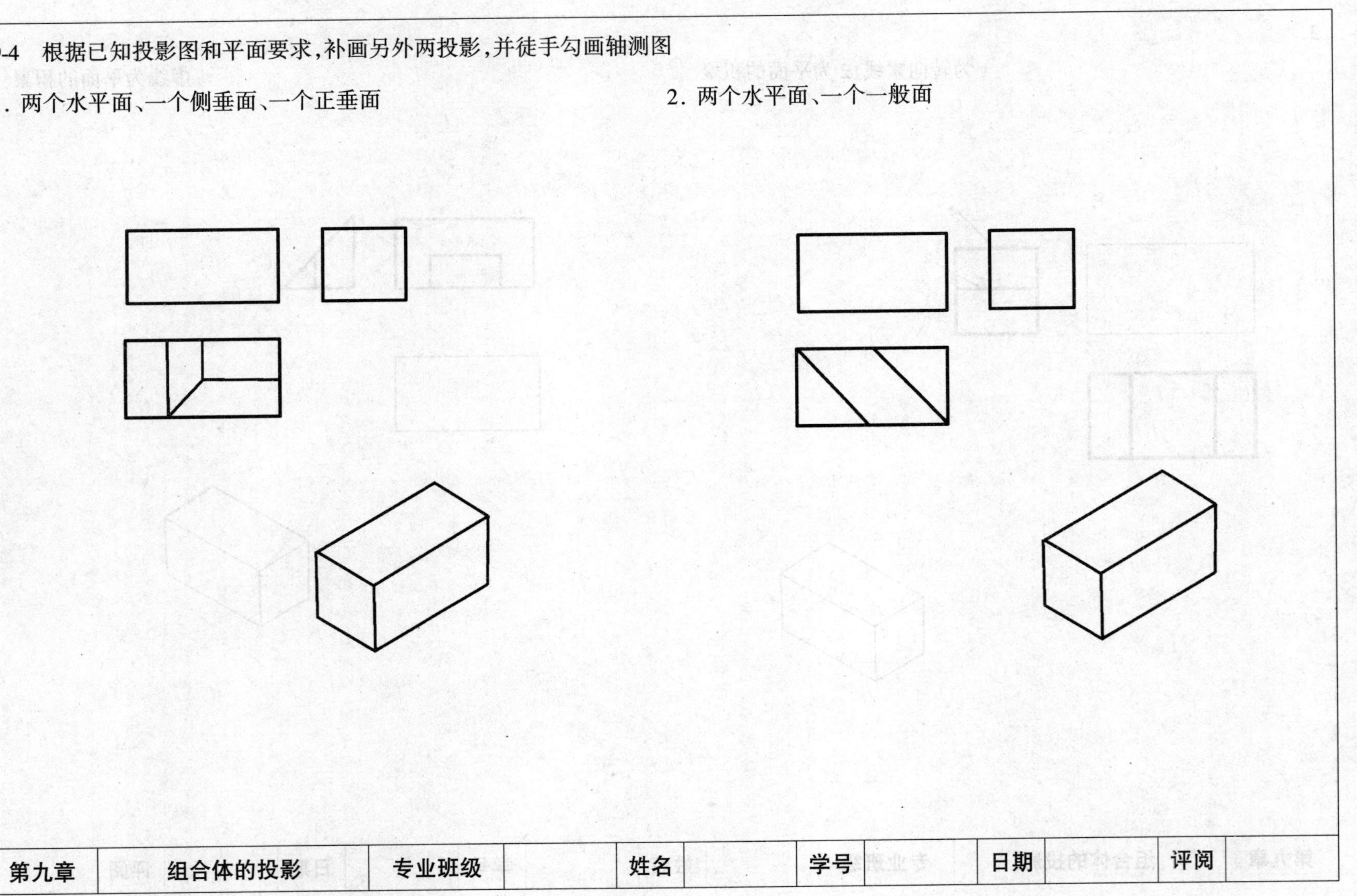

第九章	组合体的投影	专业班级		姓名		学号		日期		评阅	

9-5 分析物体结构,把错画的虚线改成实线

1.

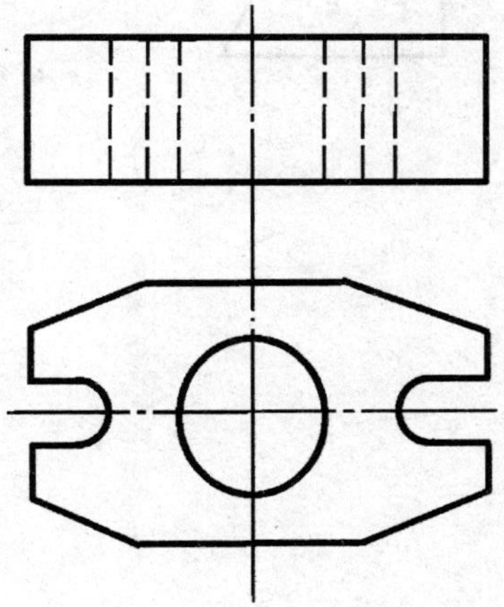

2.

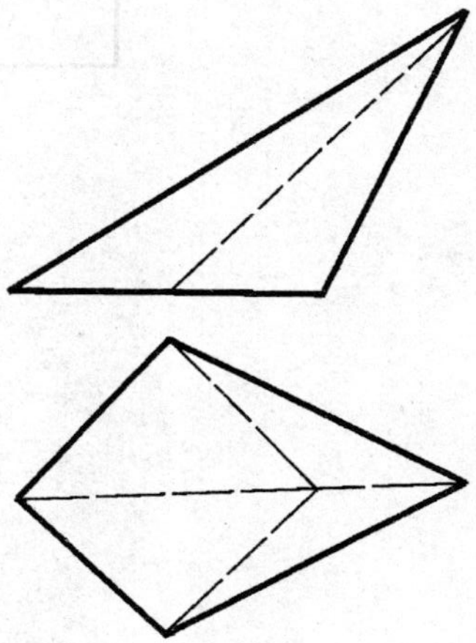

3.

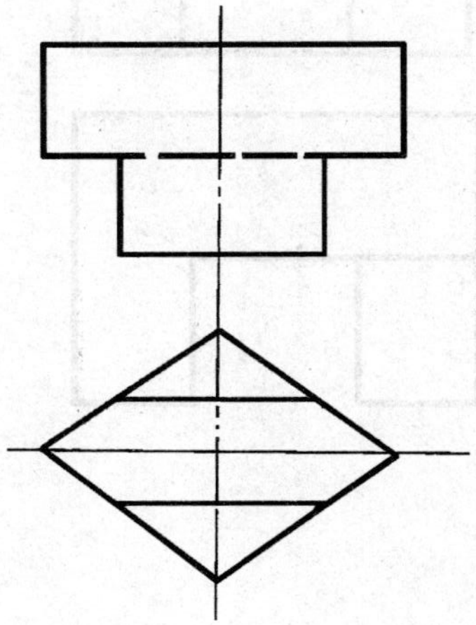

第九章	组合体的投影	专业班级		姓名		学号		日期		评阅	

9-6 补全物体的第三投影，判断平面的空间位置，并在图中标注

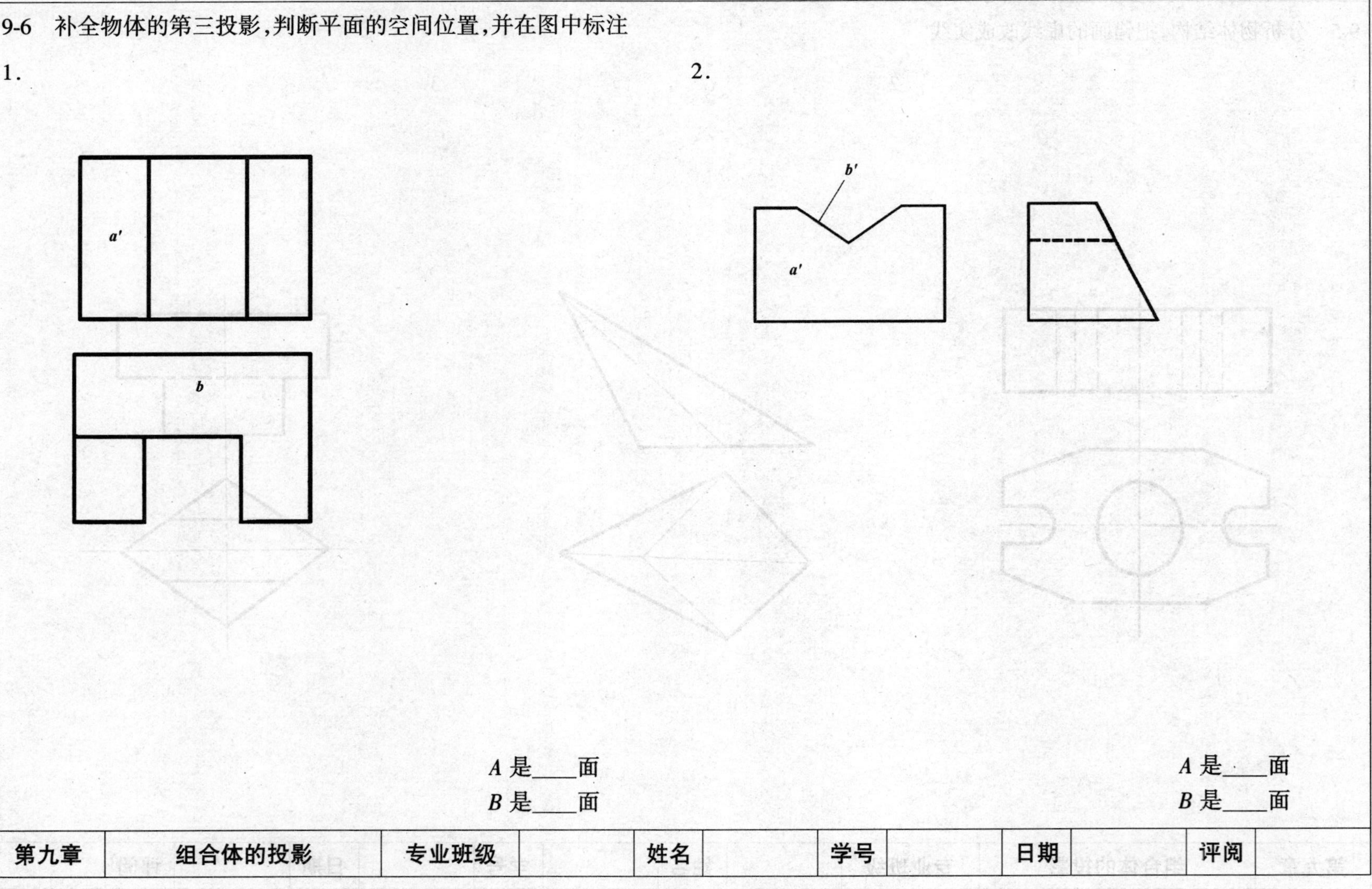

1. A 是____面　B 是____面

2. A 是____面　B 是____面

第九章	组合体的投影	专业班级		姓名		学号		日期		评阅	

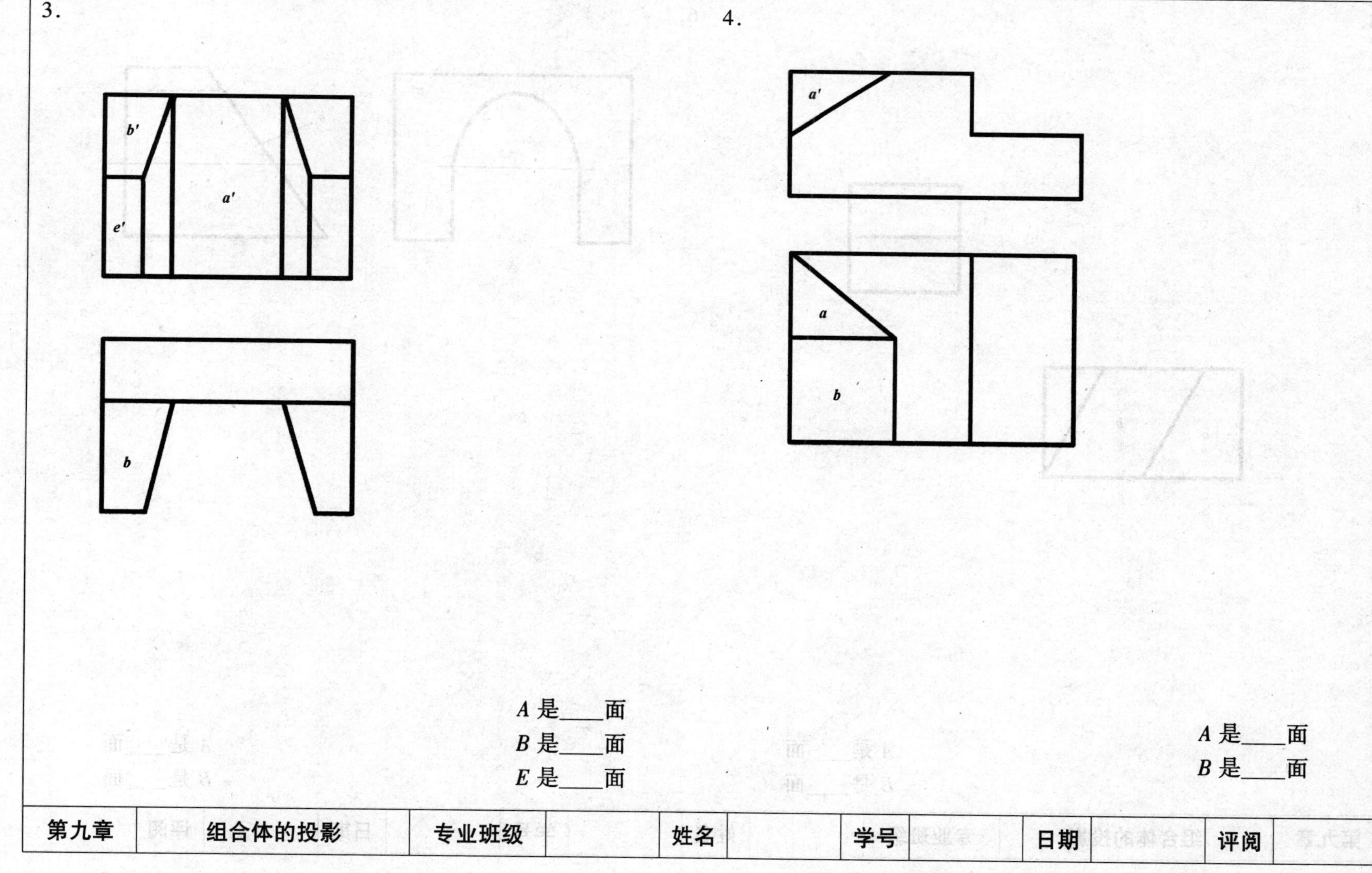

A 是____面

B 是____面

E 是____面

A 是____面

B 是____面

第九章	组合体的投影	专业班级		姓名		学号		日期		评阅	

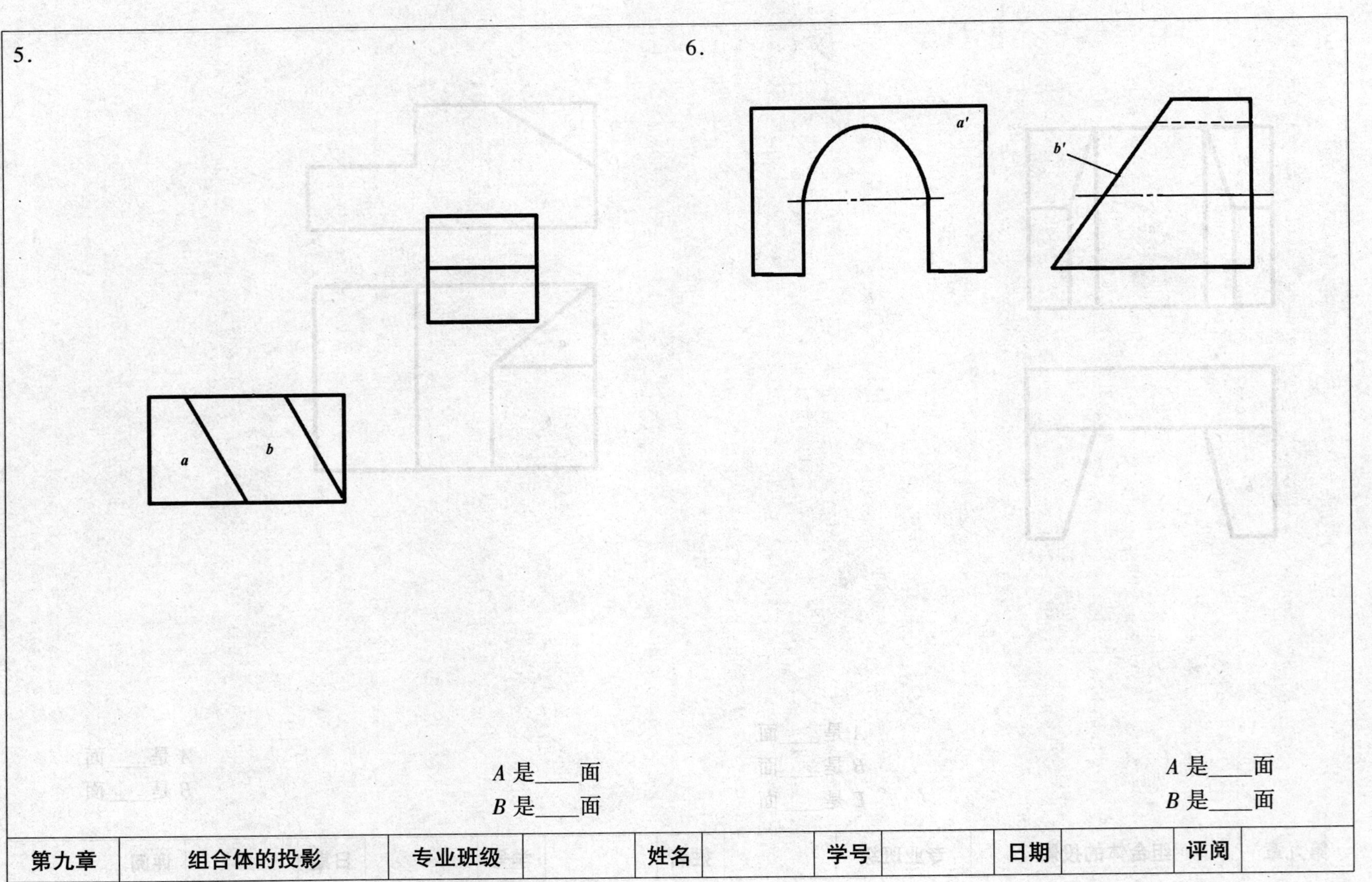

第九章	组合体的投影	专业班级		姓名		学号		日期		评阅	

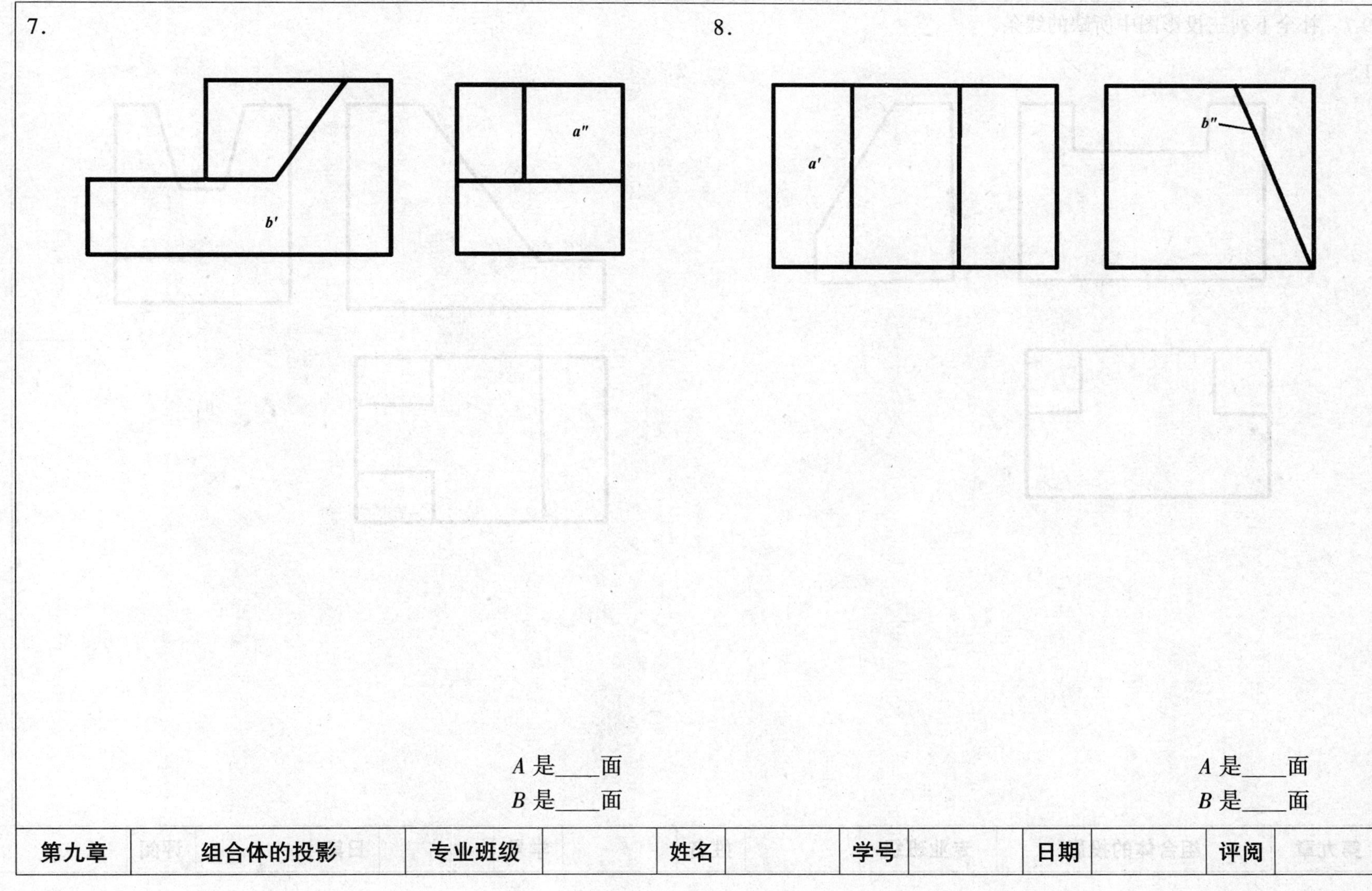

7.

A 是____面

B 是____面

8.

A 是____面

B 是____面

第九章	组合体的投影	专业班级		姓名		学号		日期		评阅	

9-7　补全下列三投影图中所缺的线条

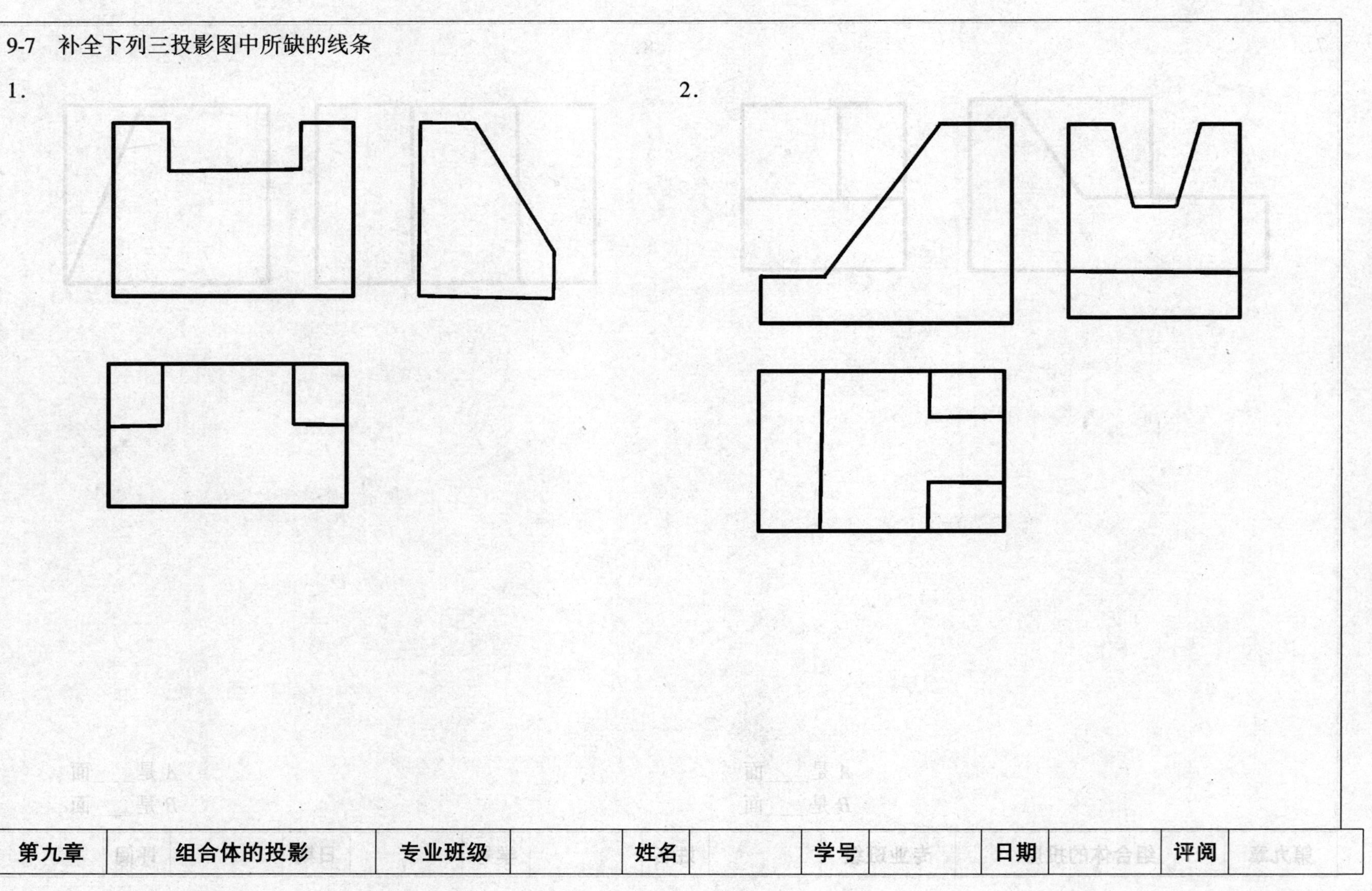

1.

2.

第九章	组合体的投影	专业班级		姓名		学号		日期		评阅	

3.

4.

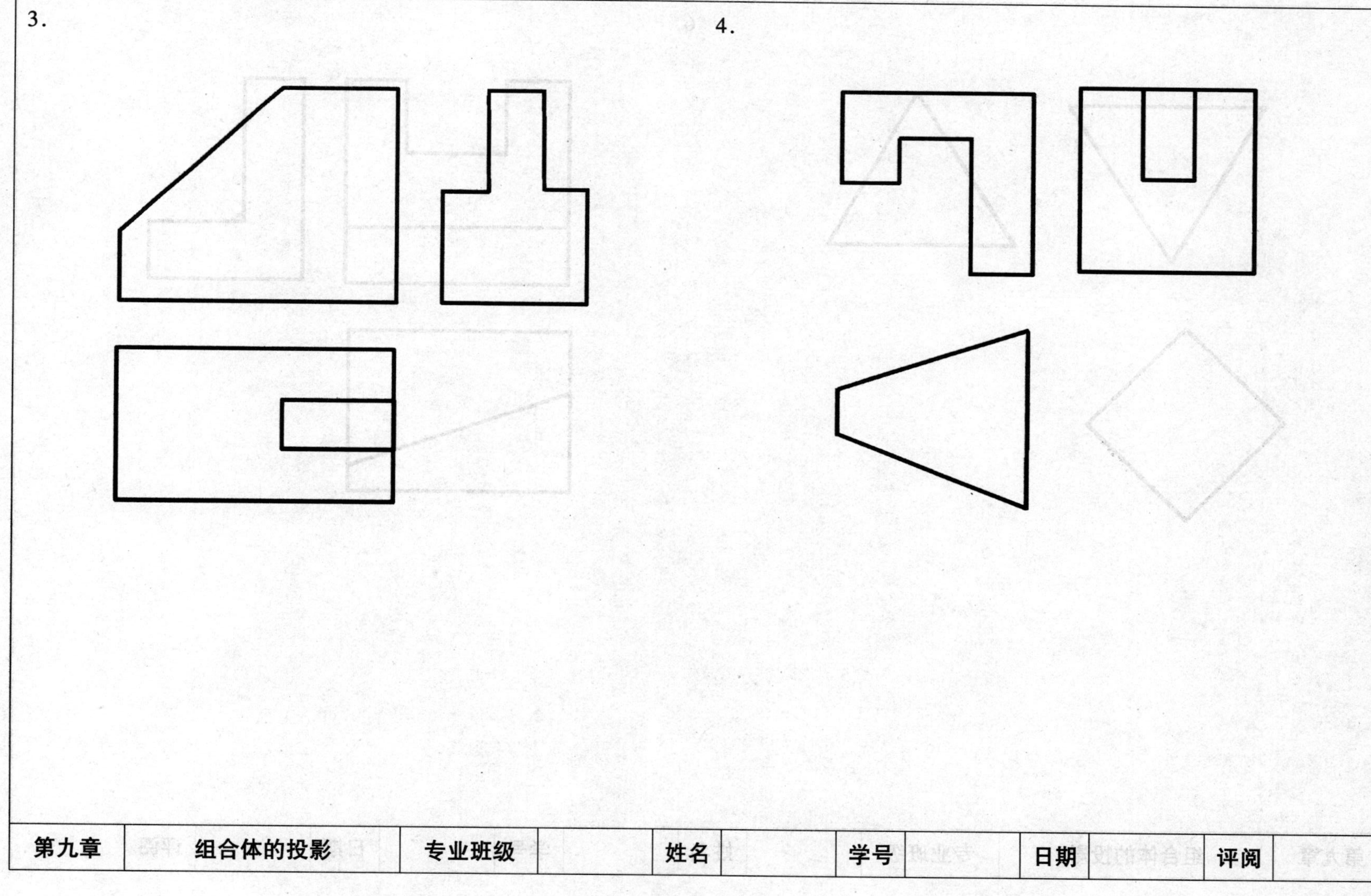

第九章	组合体的投影	专业班级		姓名		学号		日期		评阅	

5. 6.

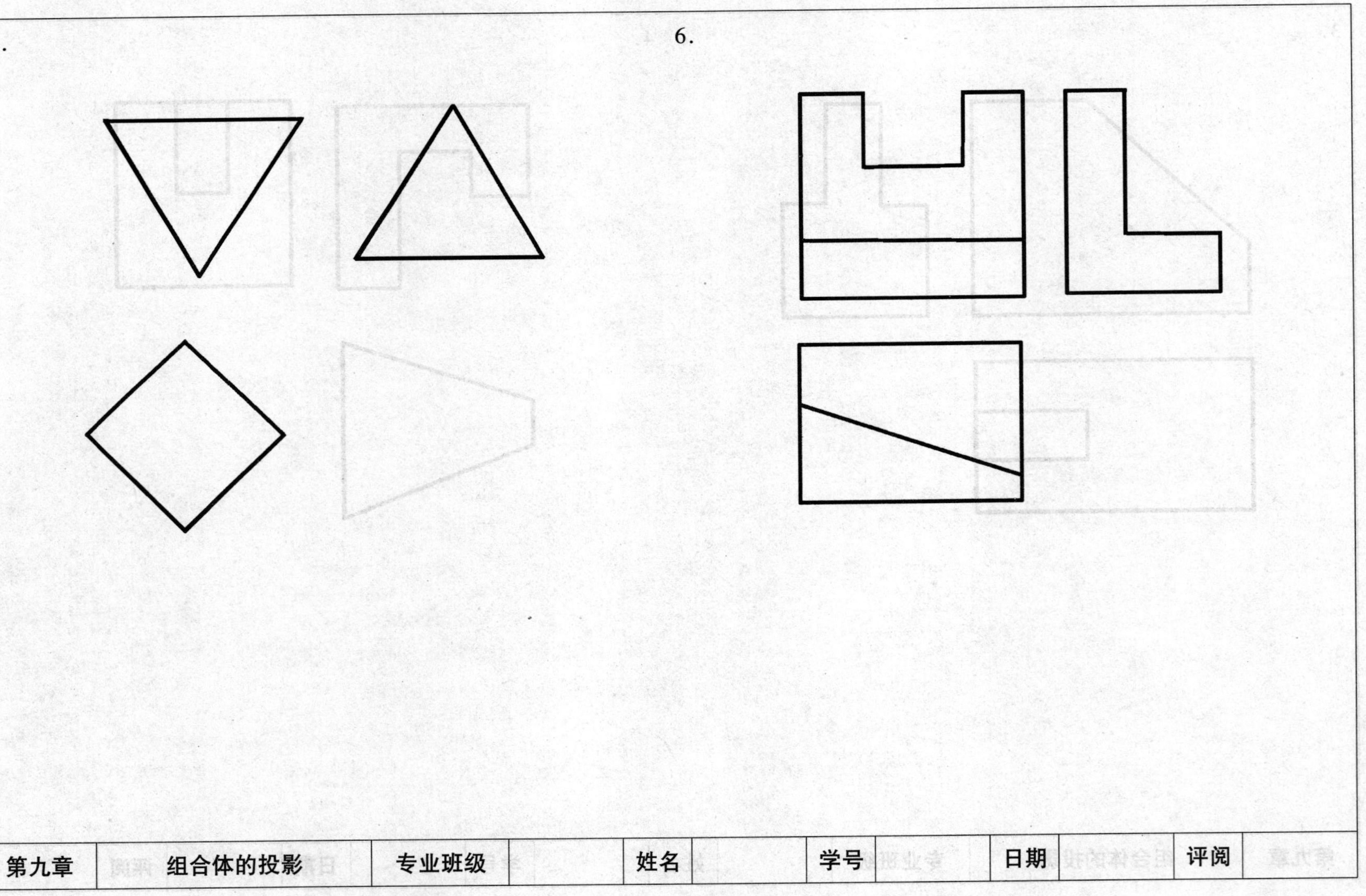

7.

8.

9.

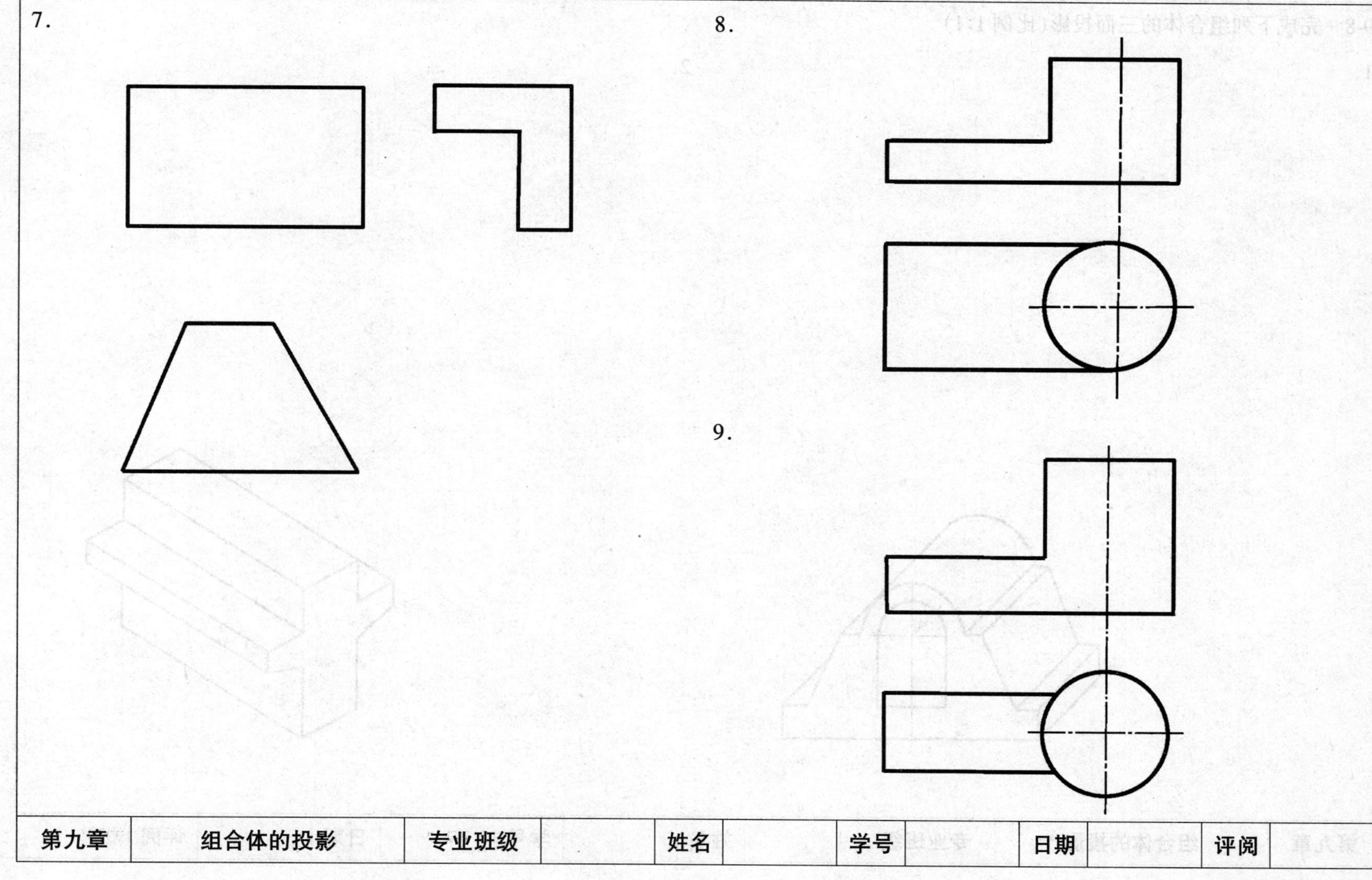

第九章	组合体的投影	专业班级		姓名		学号		日期		评阅	

9-8　完成下列组合体的三面投影(比例 1:1)

1.

2.

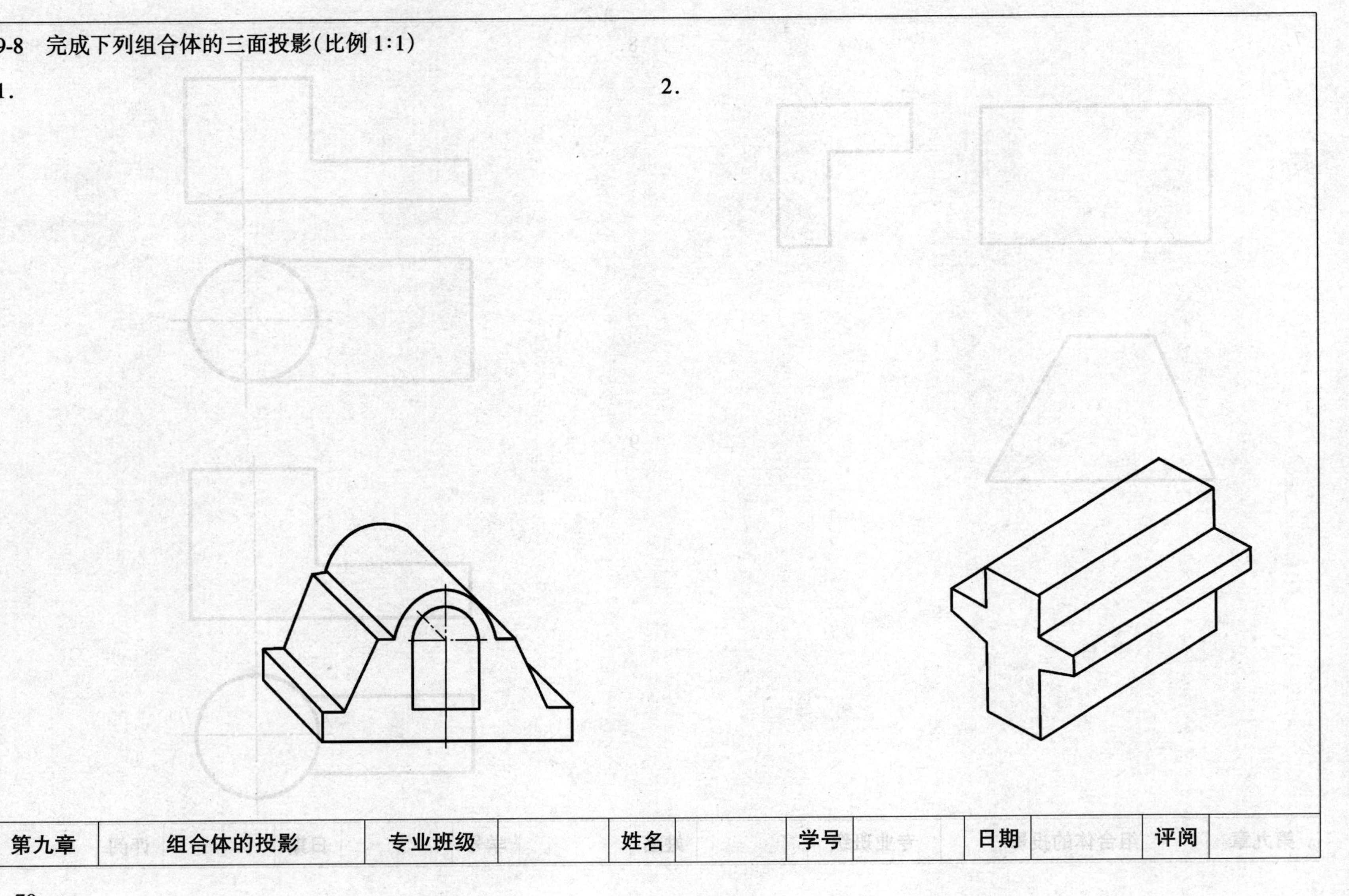

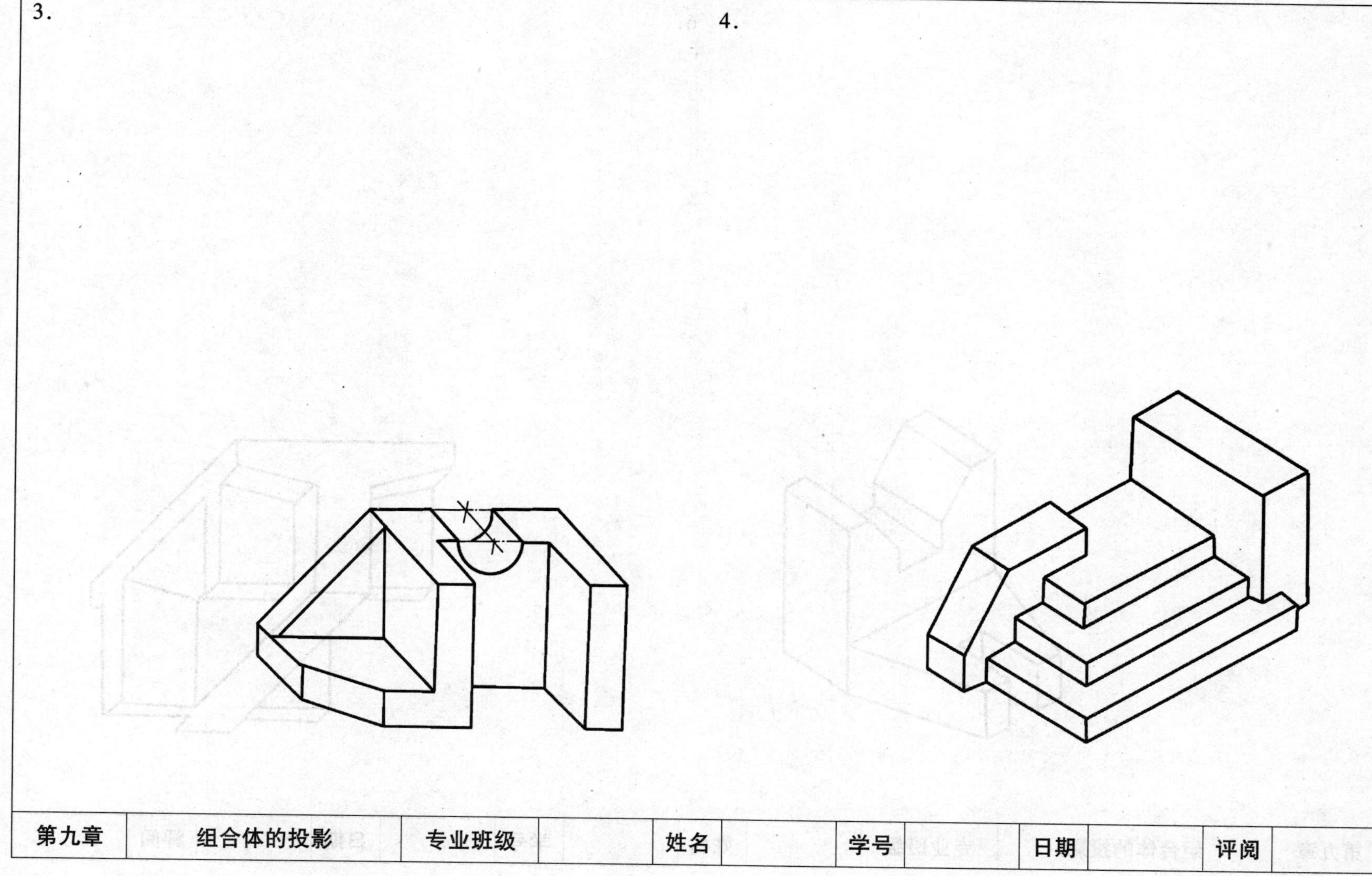

第九章	组合体的投影	专业班级		姓名		学号		日期		评阅	

5.

6.

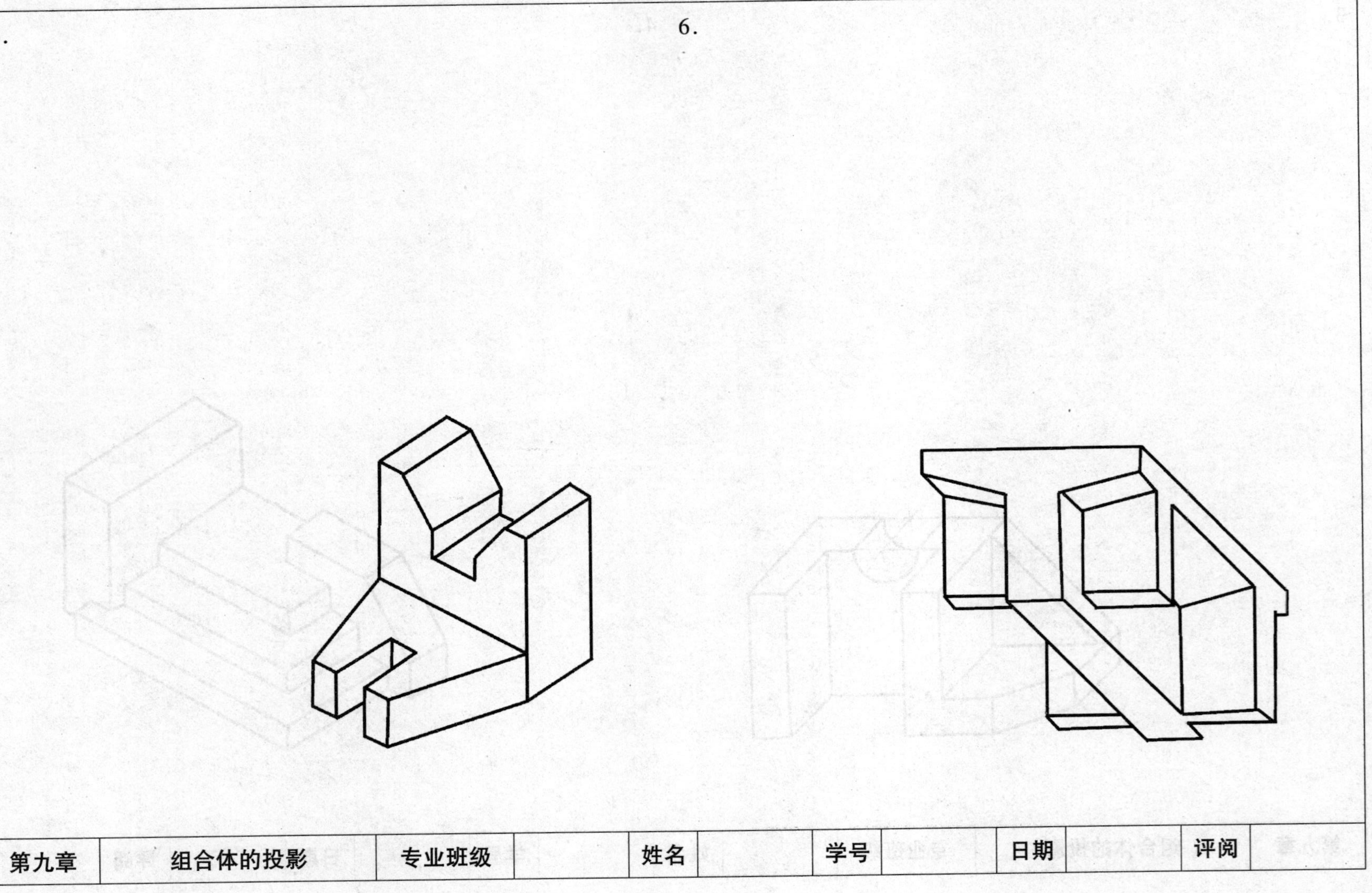

第九章	组合体的投影	专业班级		姓名		学号		日期		评阅	

9-9 已知物体的二投影,补画第三投影

1.

2.

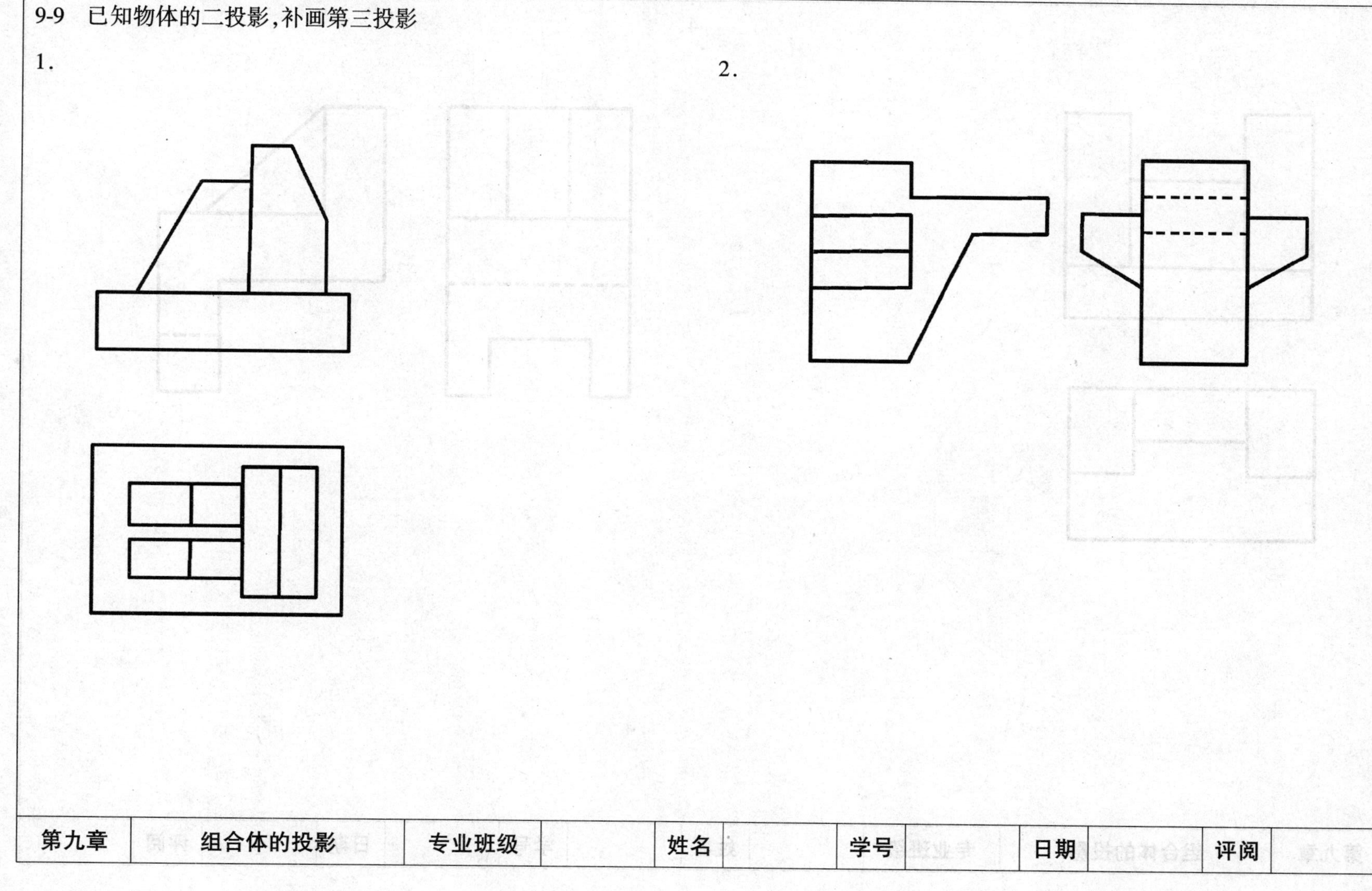

第九章	组合体的投影	专业班级		姓名		学号		日期		评阅	

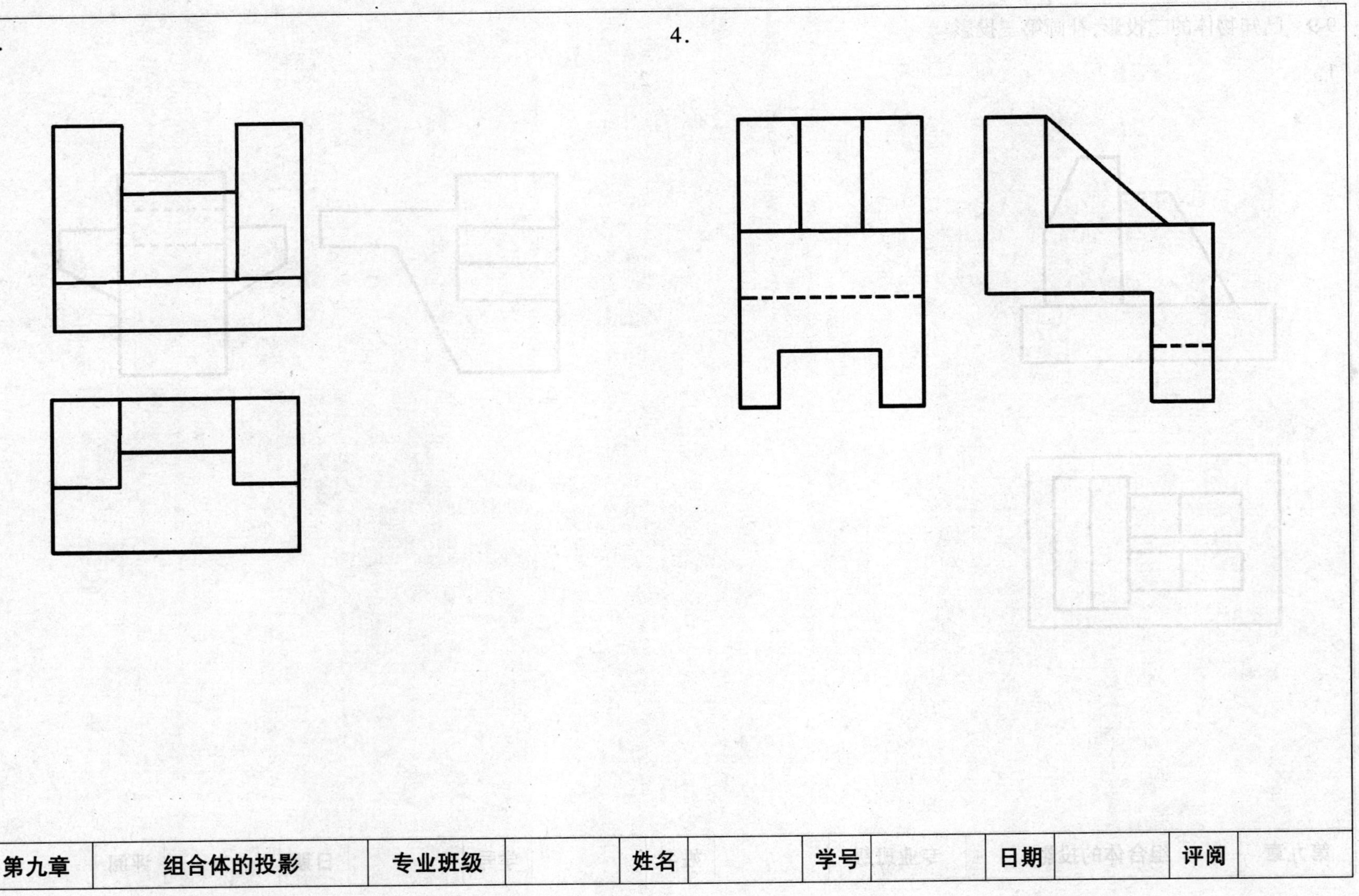

第九章	组合体的投影	专业班级		姓名		学号		日期		评阅	

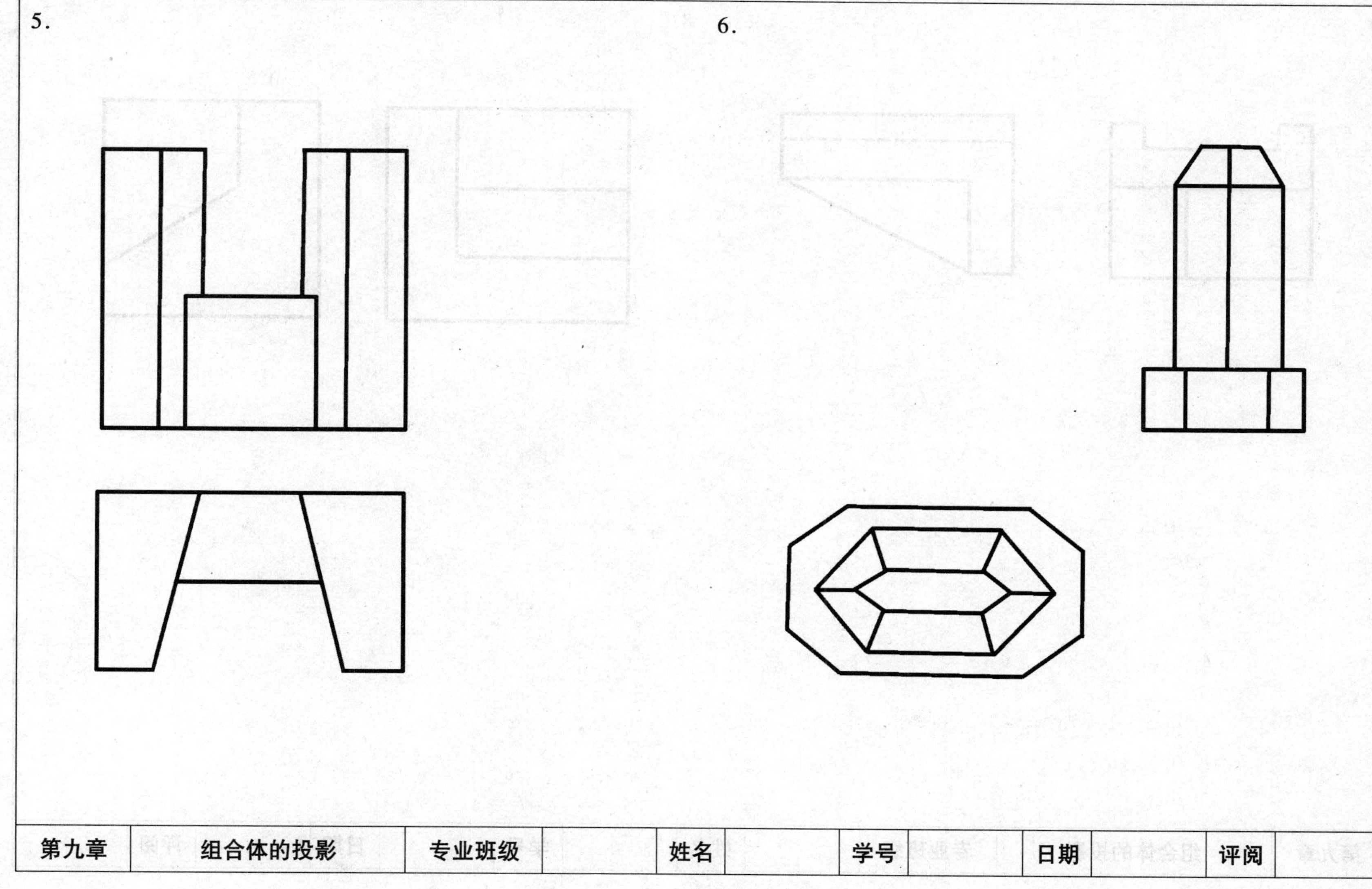

第九章	组合体的投影	专业班级		姓名		学号		日期		评阅	

7.　　　　　　　　8.

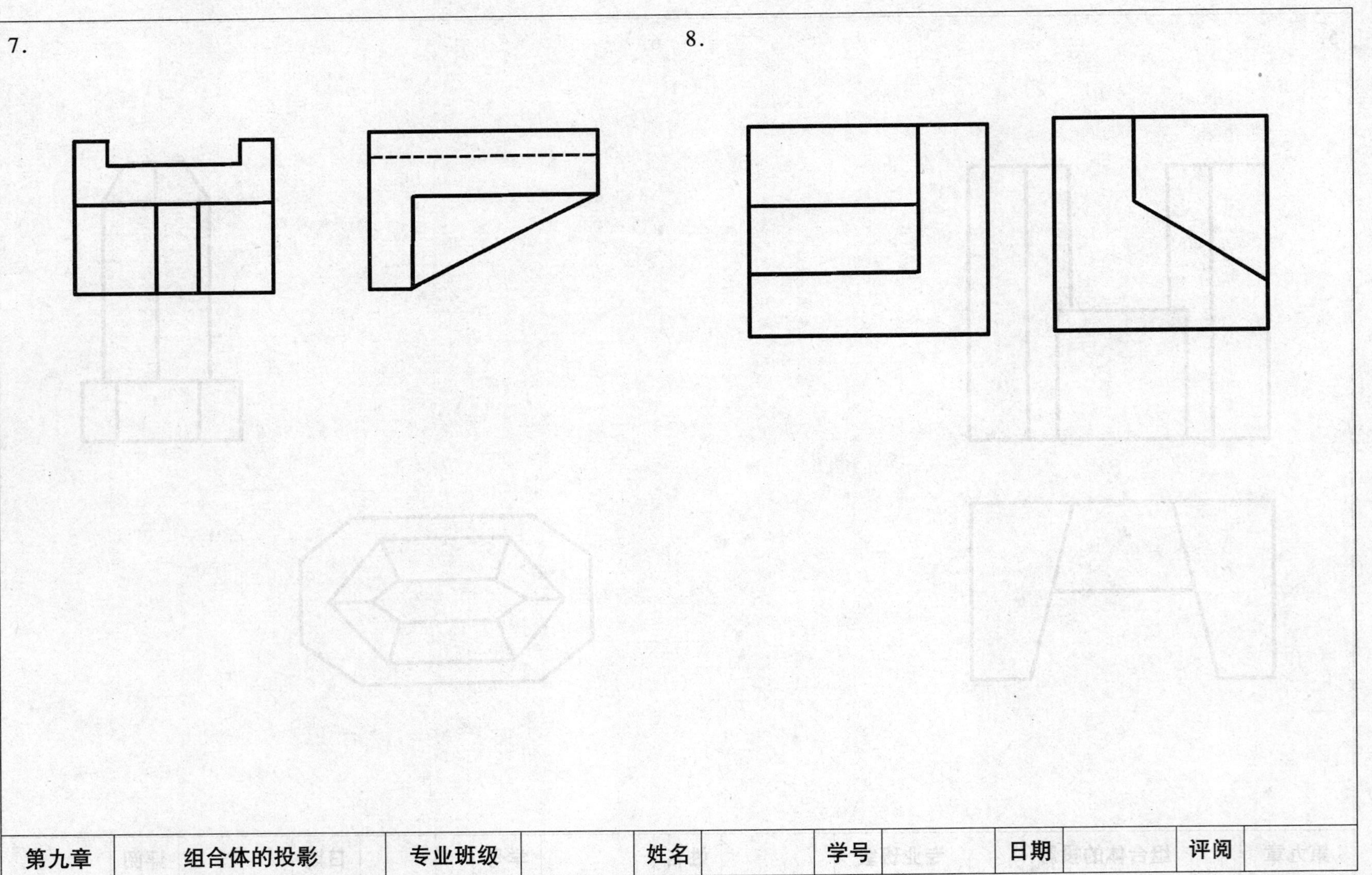

第九章	组合体的投影	专业班级		姓名		学号		日期		评阅	

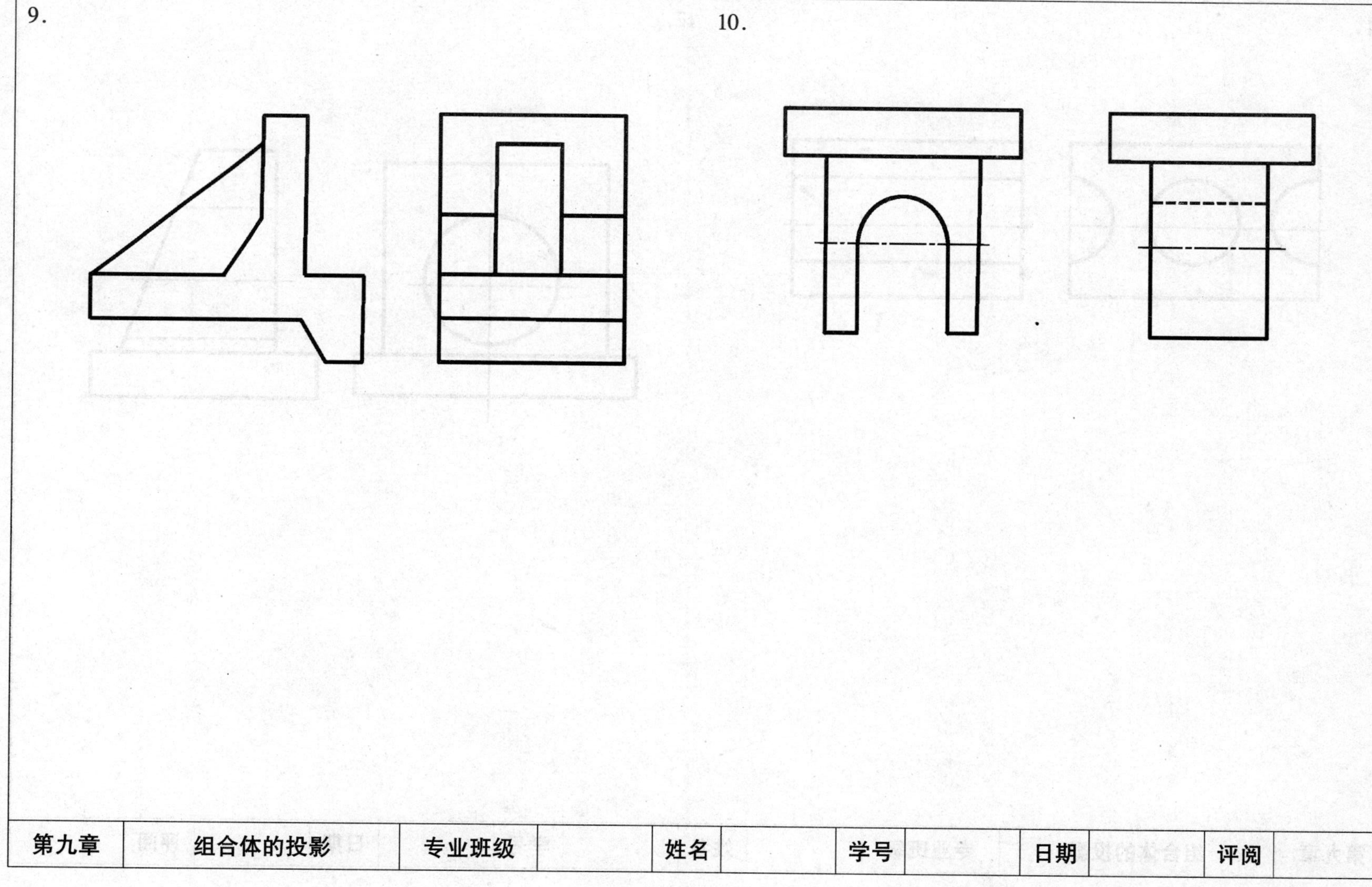

第九章	组合体的投影	专业班级		姓名		学号		日期		评阅	

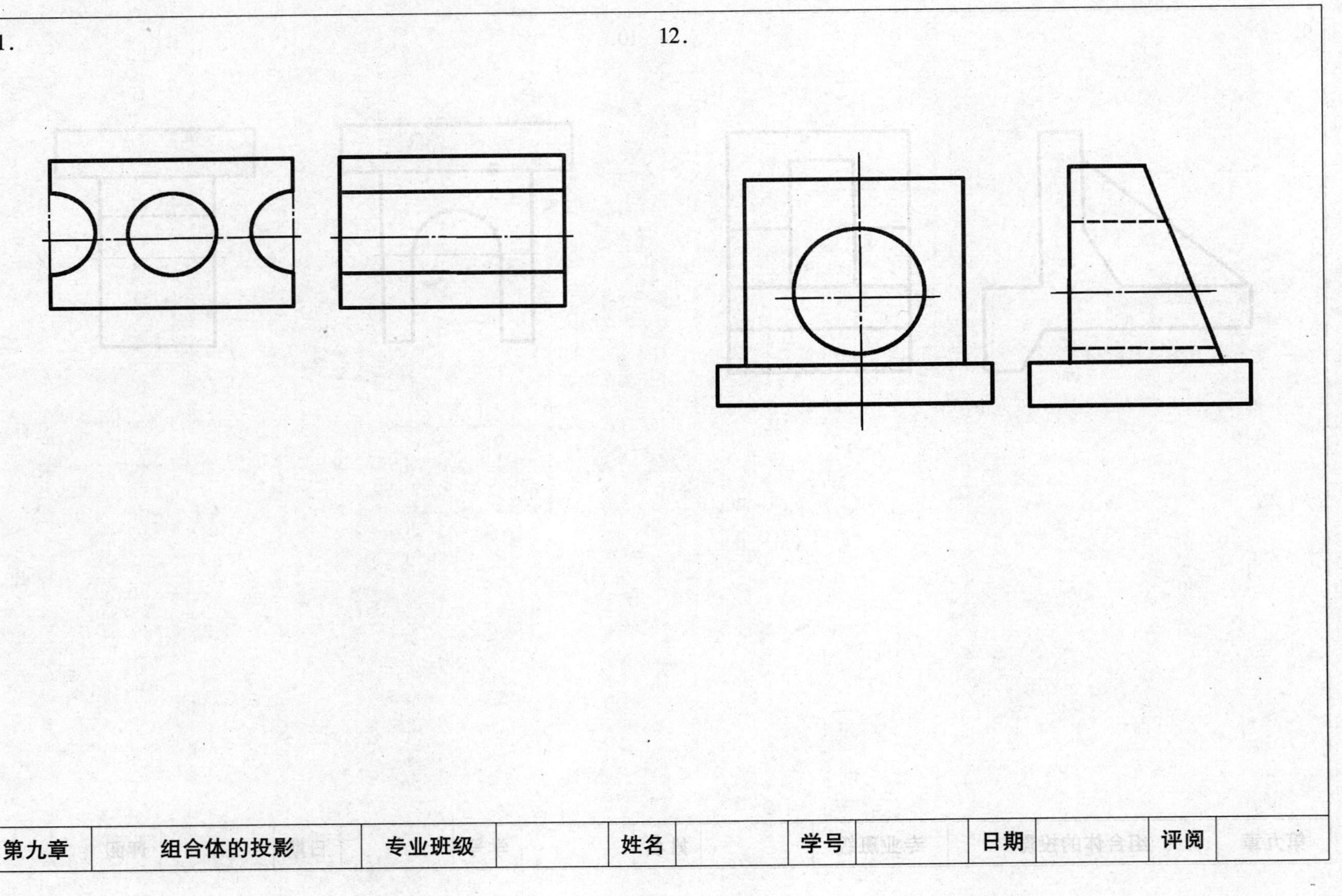

第九章		组合体的投影	专业班级		姓名		学号		日期		评阅	

13.

14.

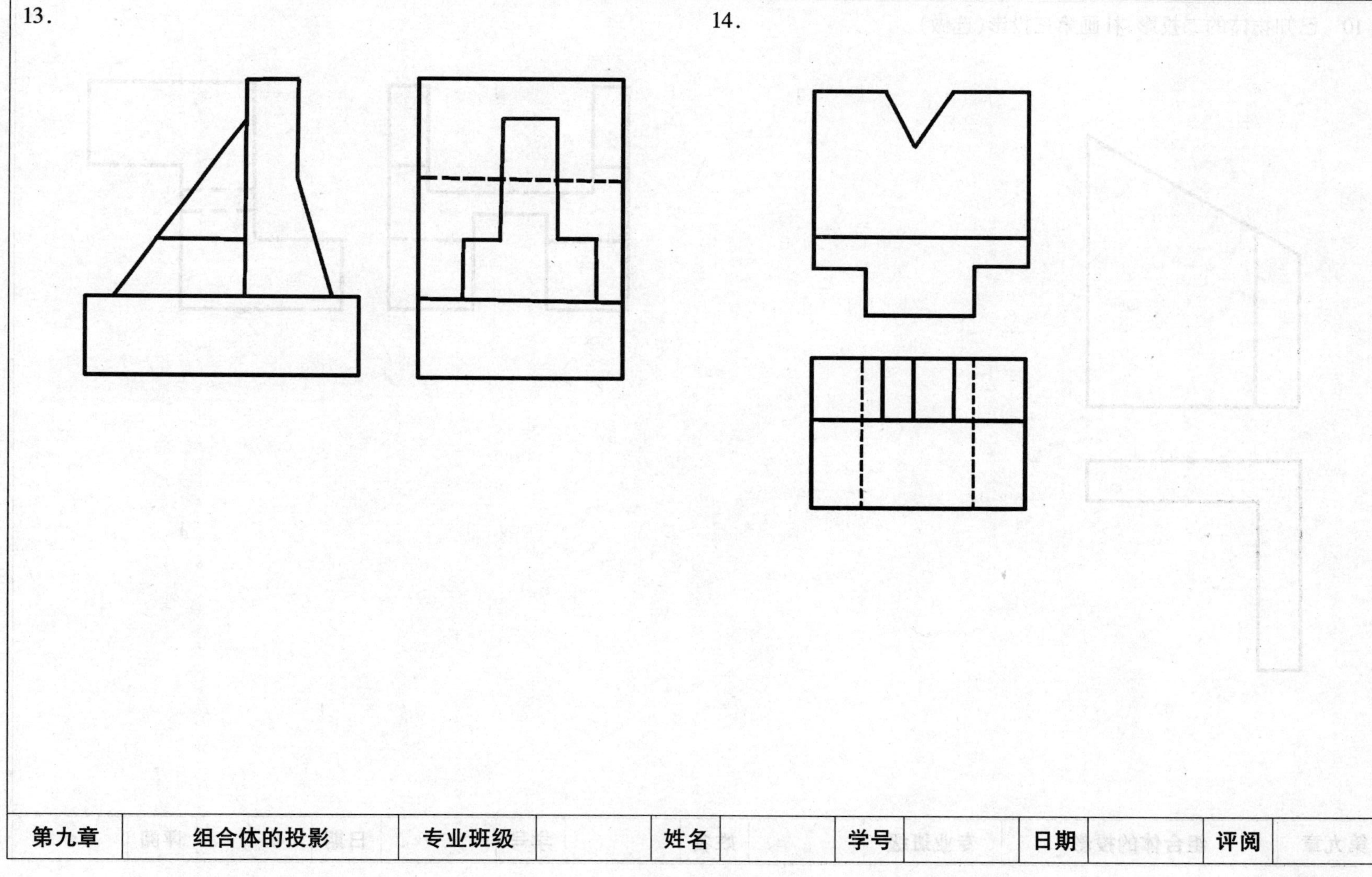

第九章	组合体的投影	专业班级		姓名		学号		日期		评阅	

9-10　已知物体的二投影，补画第三投影(选做)

1.

2.

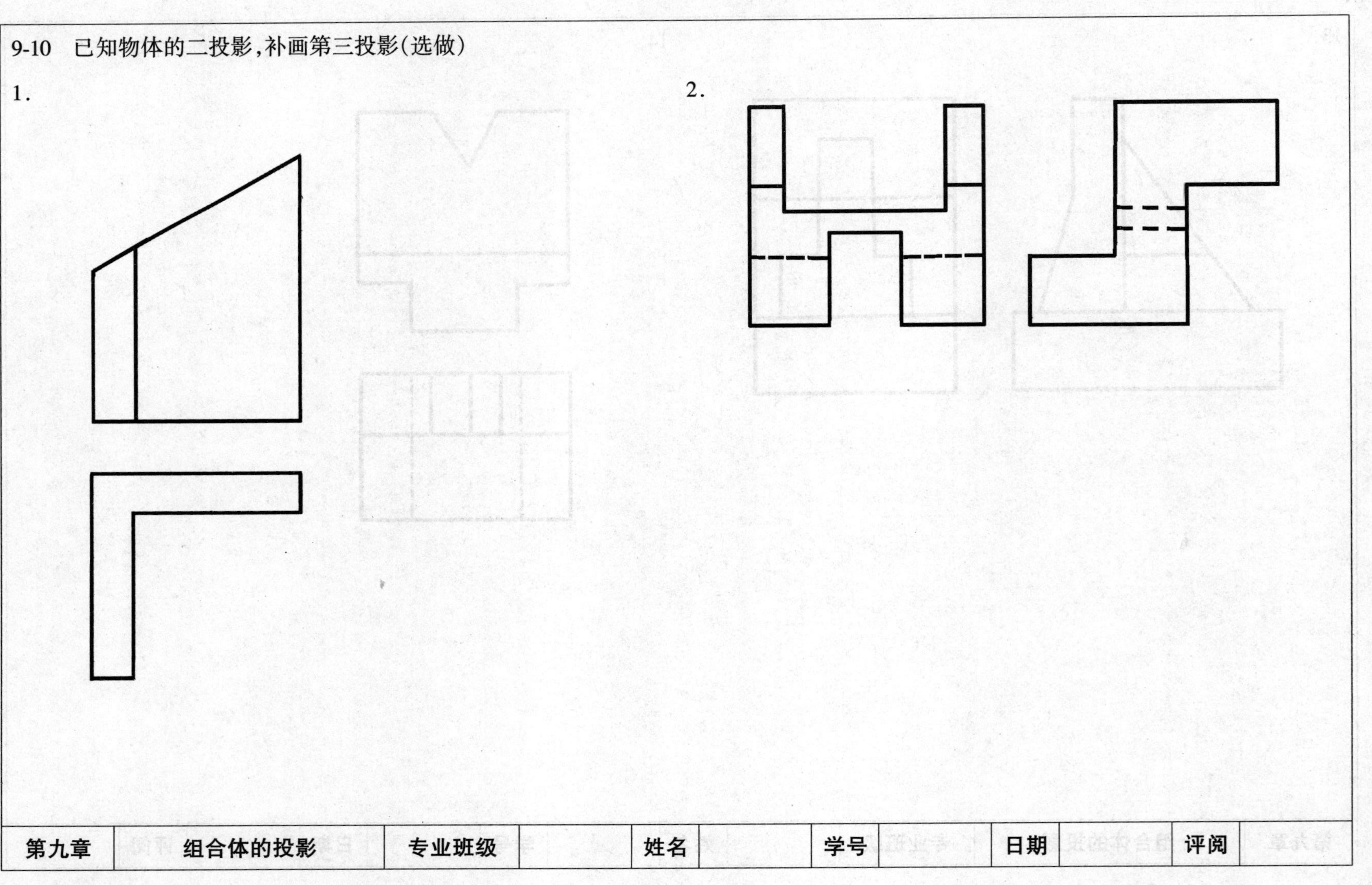

第九章	组合体的投影	专业班级		姓名		学号		日期		评阅	

3.

4.

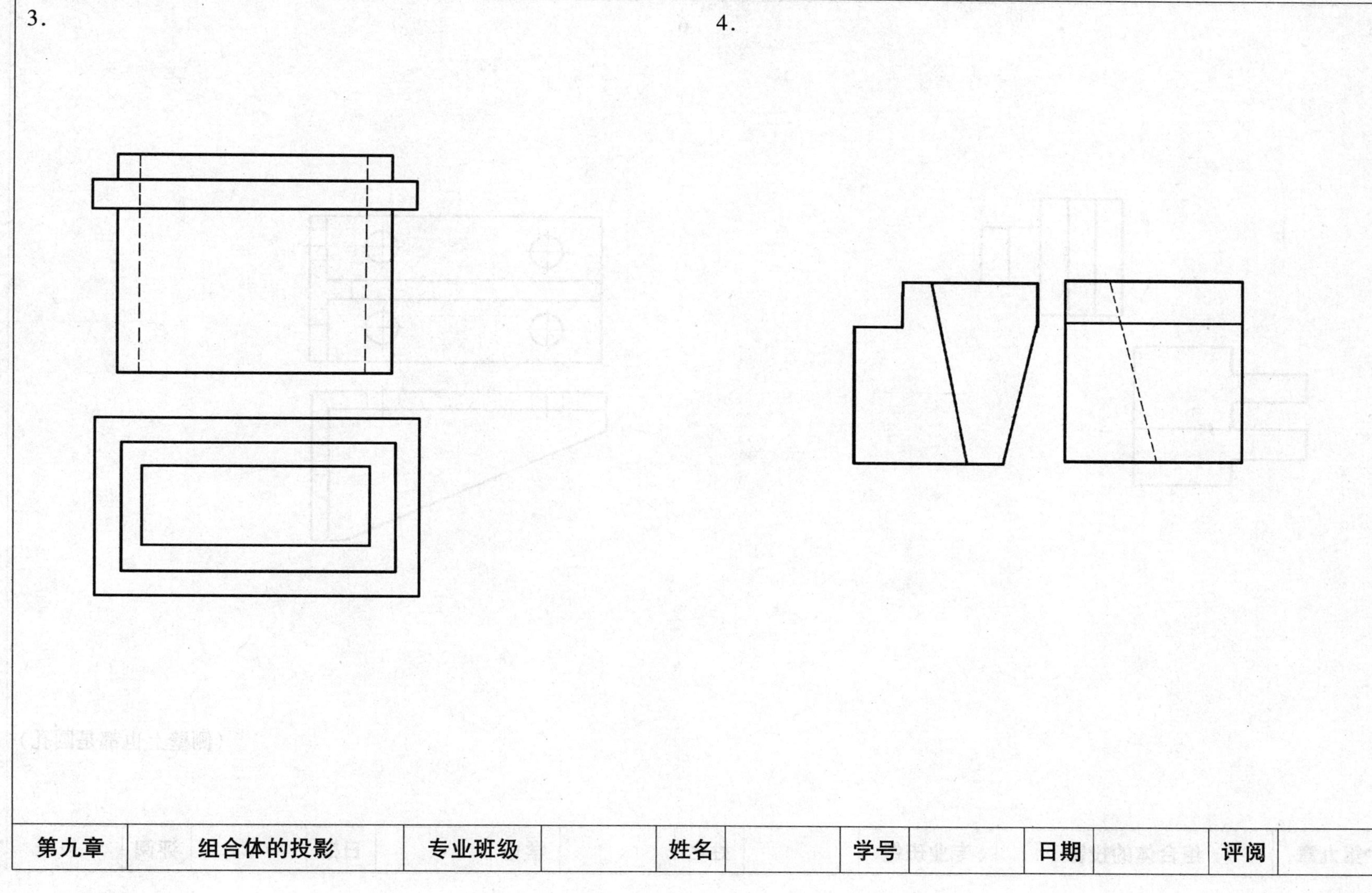

第九章	组合体的投影	专业班级		姓名		学号		日期		评阅	

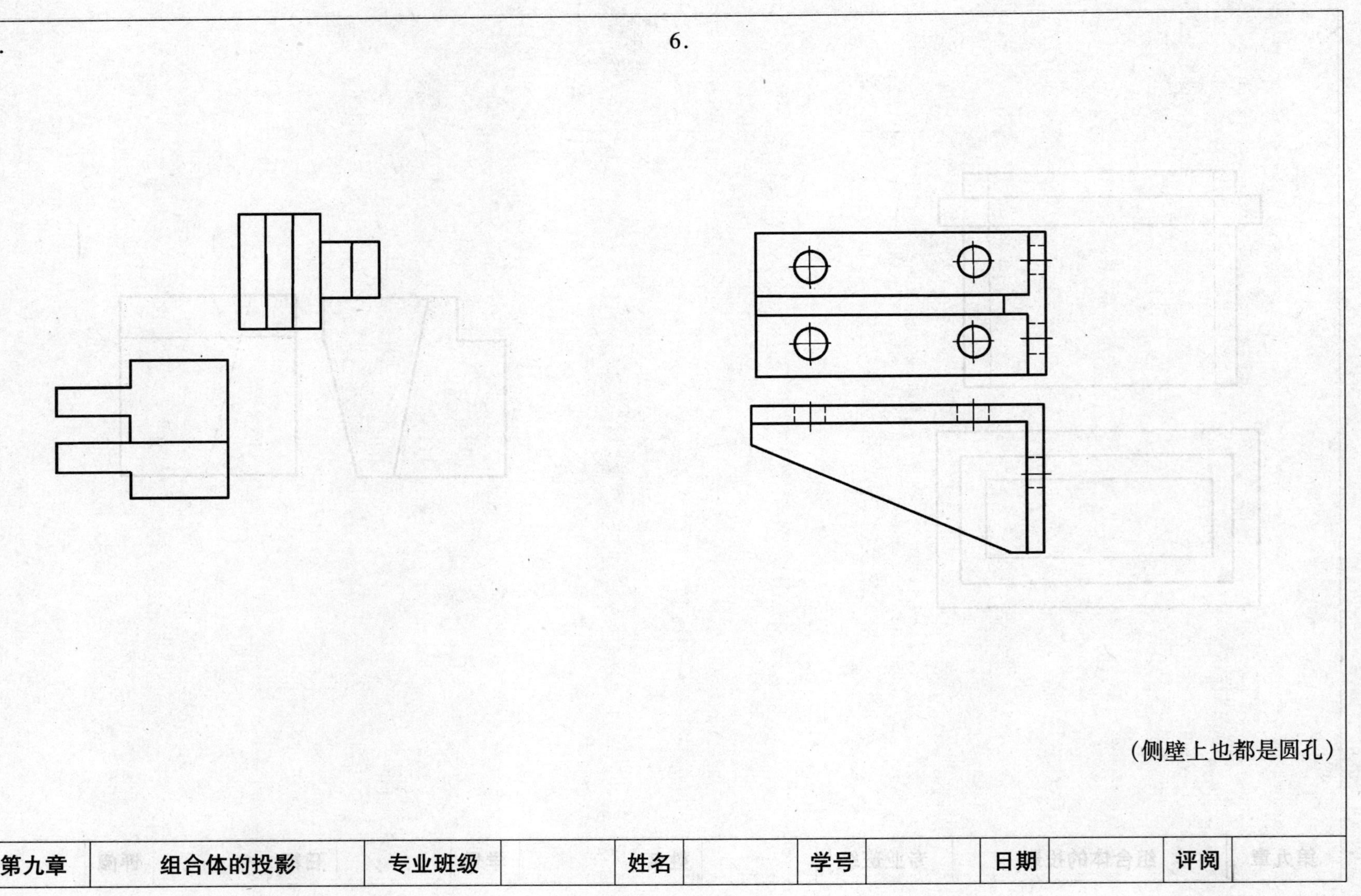

第九章	组合体的投影	专业班级		姓名		学号		日期		评阅	

7.　　　　　　　　　　　　　　　　8.

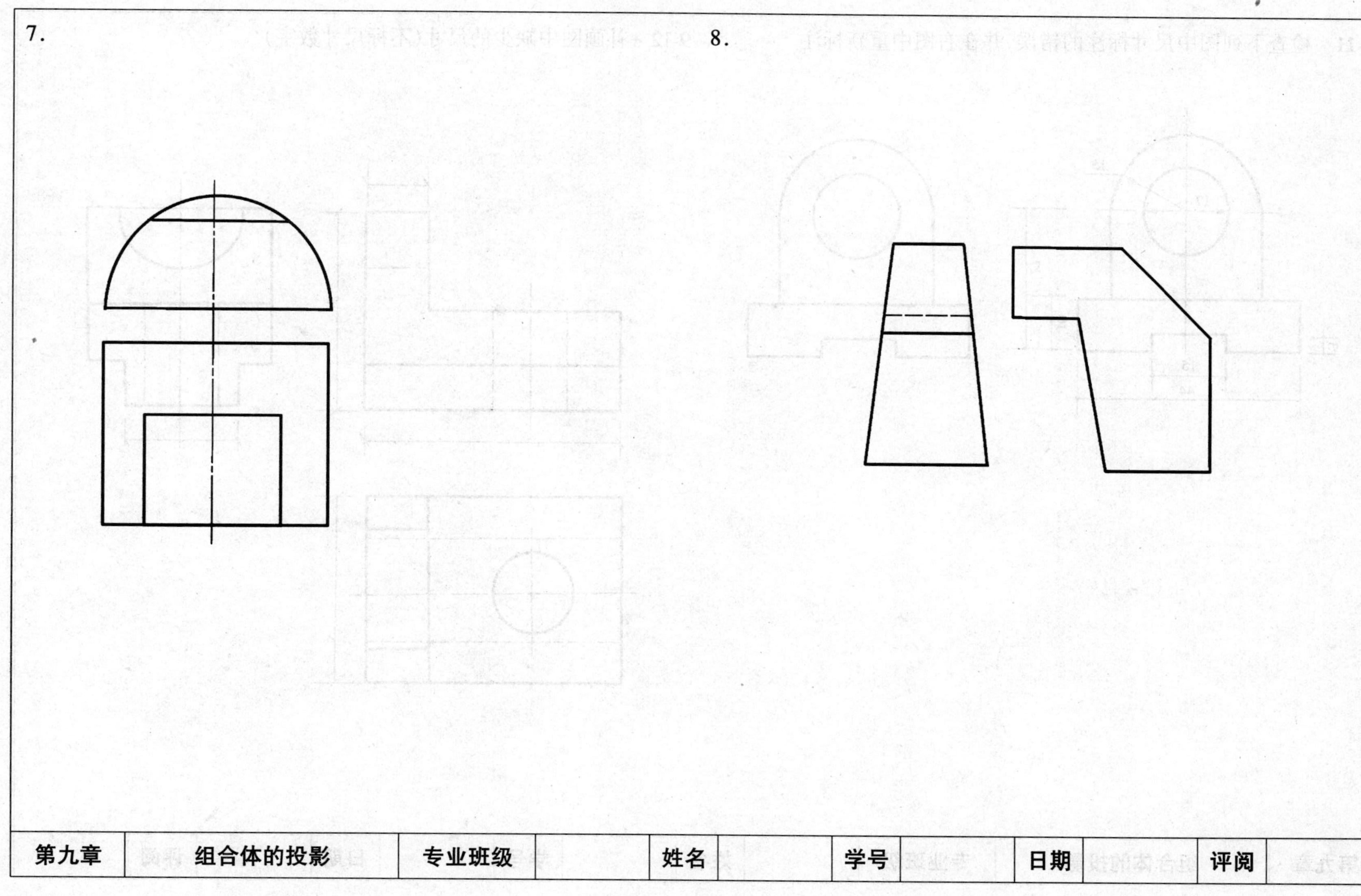

第九章	组合体的投影	专业班级		姓名		学号		日期		评阅	

9-11　检查下列图中尺寸标注的错误,并在右图中重新标注

9-12　补画图中缺少的尺寸(不标尺寸数字)

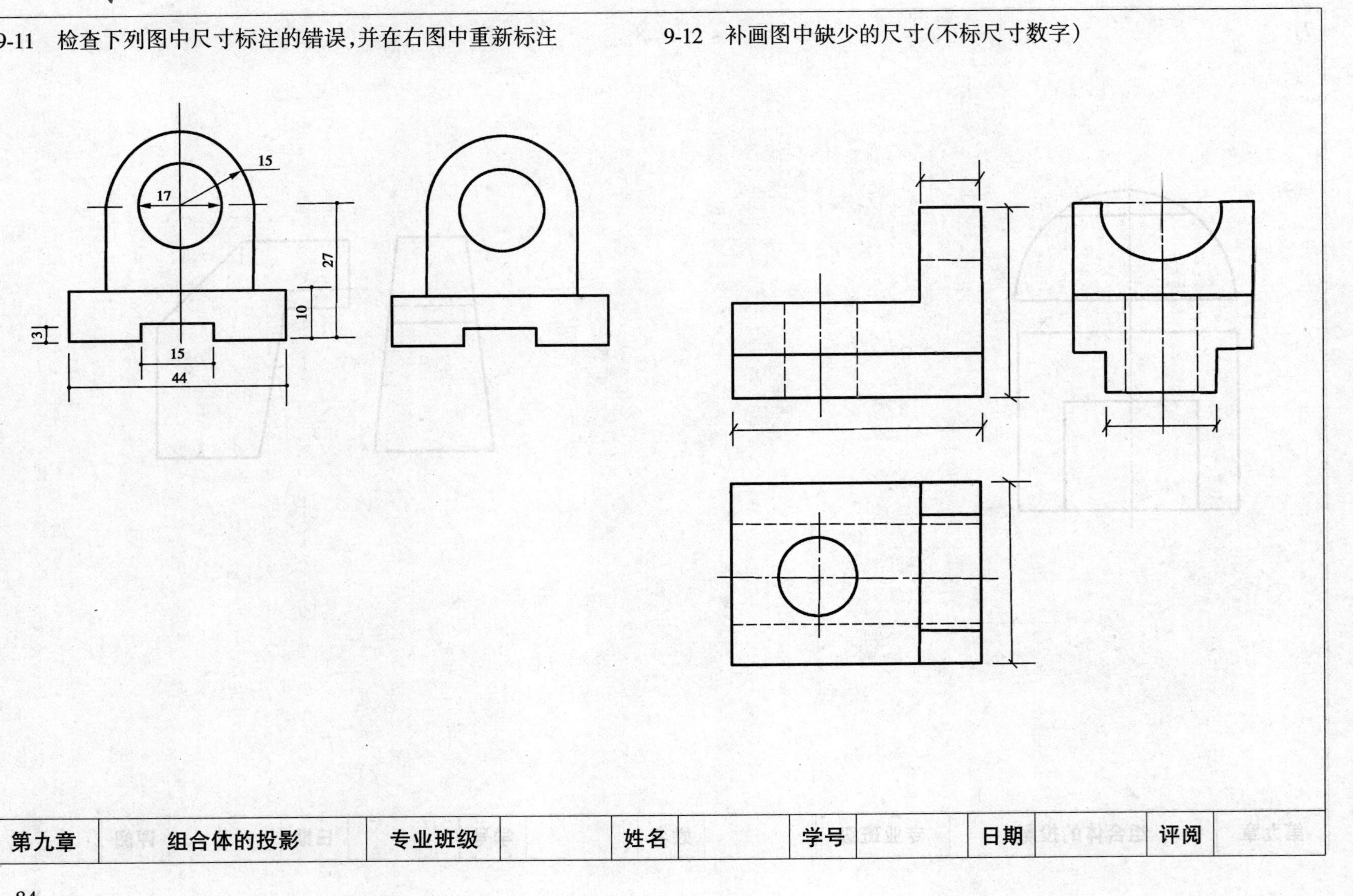

第九章	组合体的投影	专业班级		姓名		学号		日期		评阅	

9-13　综合练习：根据文字说明，画 V 面投影图，标注尺寸

(1) A、B、C 面均为水平面。底面为高度基准，A 面距基准 30mm，B 面比 A 面低 5mm，D 面高 10mm，C 面比 D 面低 5 mm。

(2) E 为孔，底板上有两小孔，均为上下相通。

(3)其余尺寸从图中量取。

(4)指出尺寸基准，↑└ 高、↑└ 长、↑└ 宽或←宽表示长度、高度、宽度方向尺寸基准。

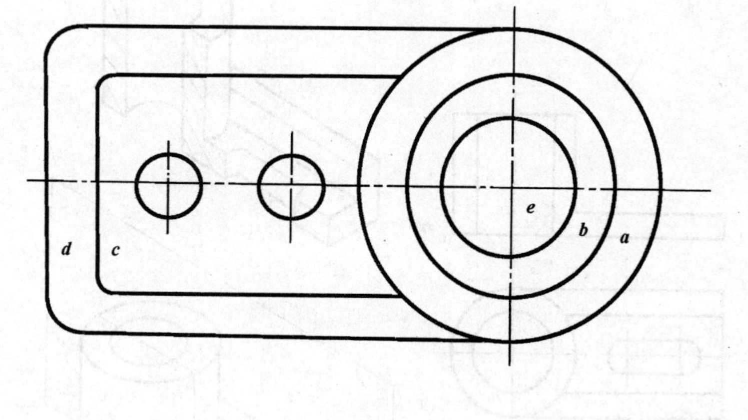

第九章	组合体的投影	专业班级		姓名		学号		日期		评阅	

第十章　剖面图与断面图

10-1　把 *V* 面图完善成剖面图，补画剖切标注

10-2　把 *V* 面投影图和 H 面投影图画成全剖图，并完成必要的标注

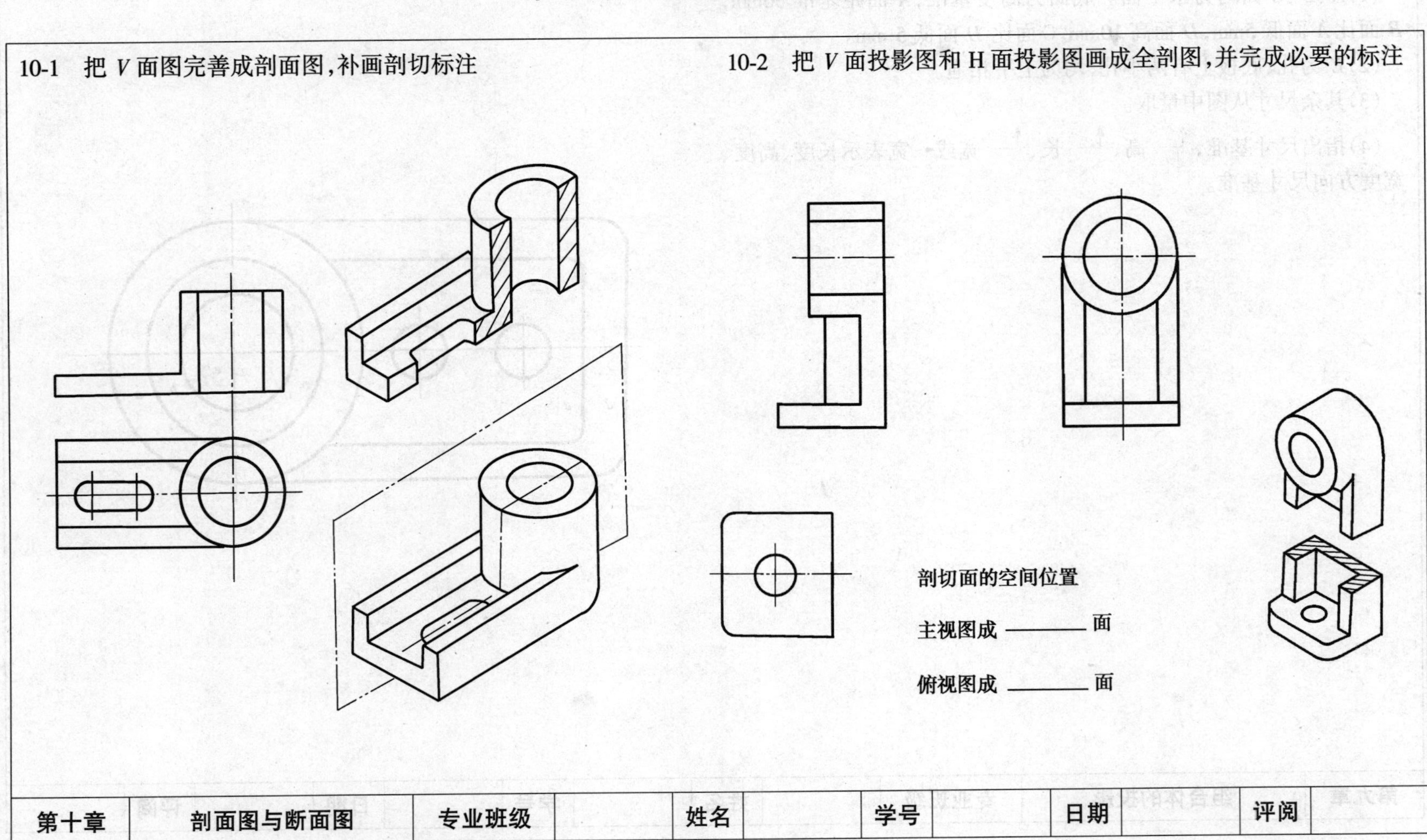

第十章	剖面图与断面图	专业班级		姓名		学号		日期		评阅	

10-3 把 V 面投影图画成剖面图，补画 W 面投影图，补画剖切标注

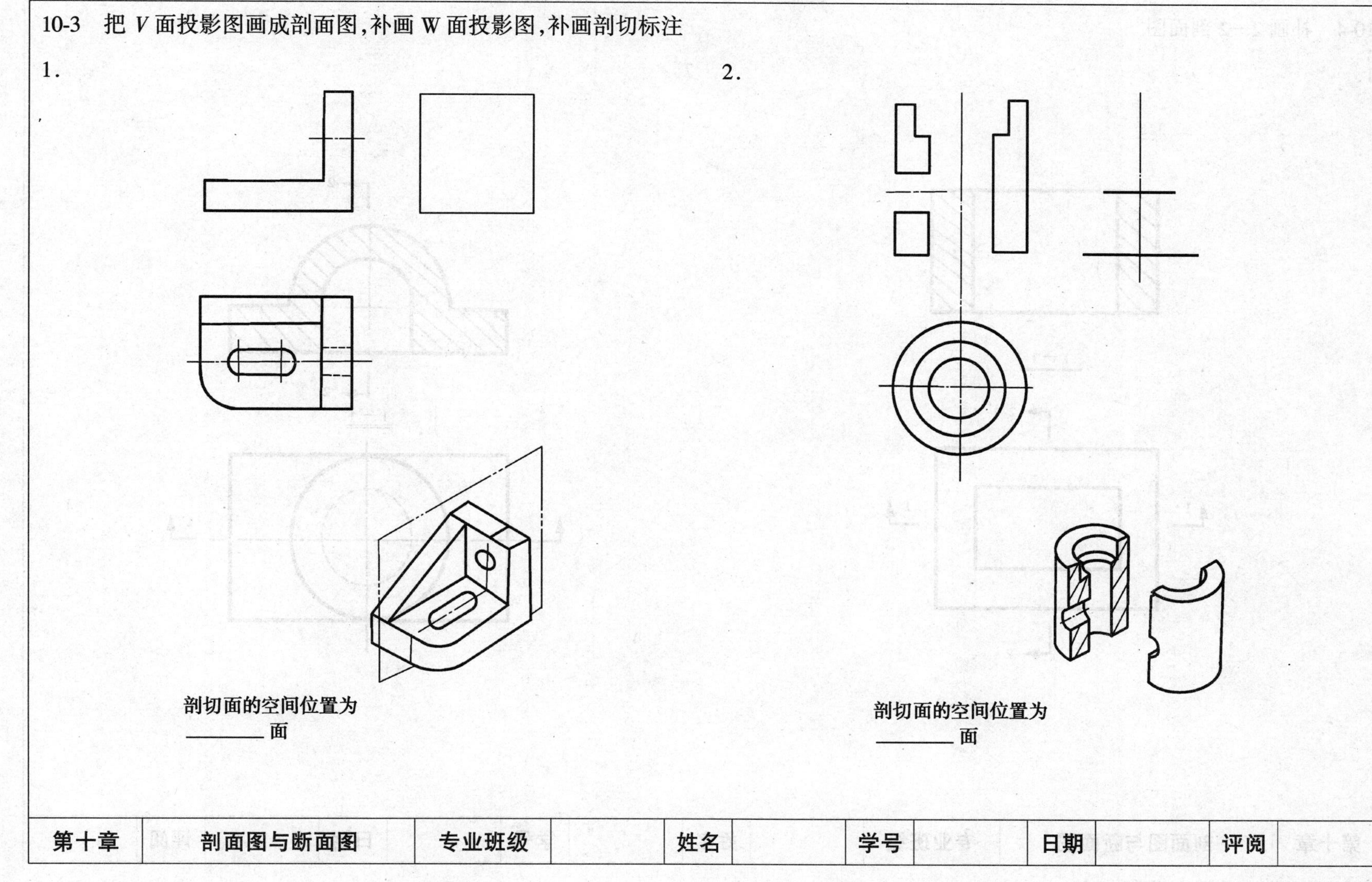

1.

剖切面的空间位置为
________面

2.

剖切面的空间位置为
________面

第十章	剖面图与断面图	专业班级		姓名		学号		日期		评阅	

10-4　补画 2—2 剖面图

1.

2.

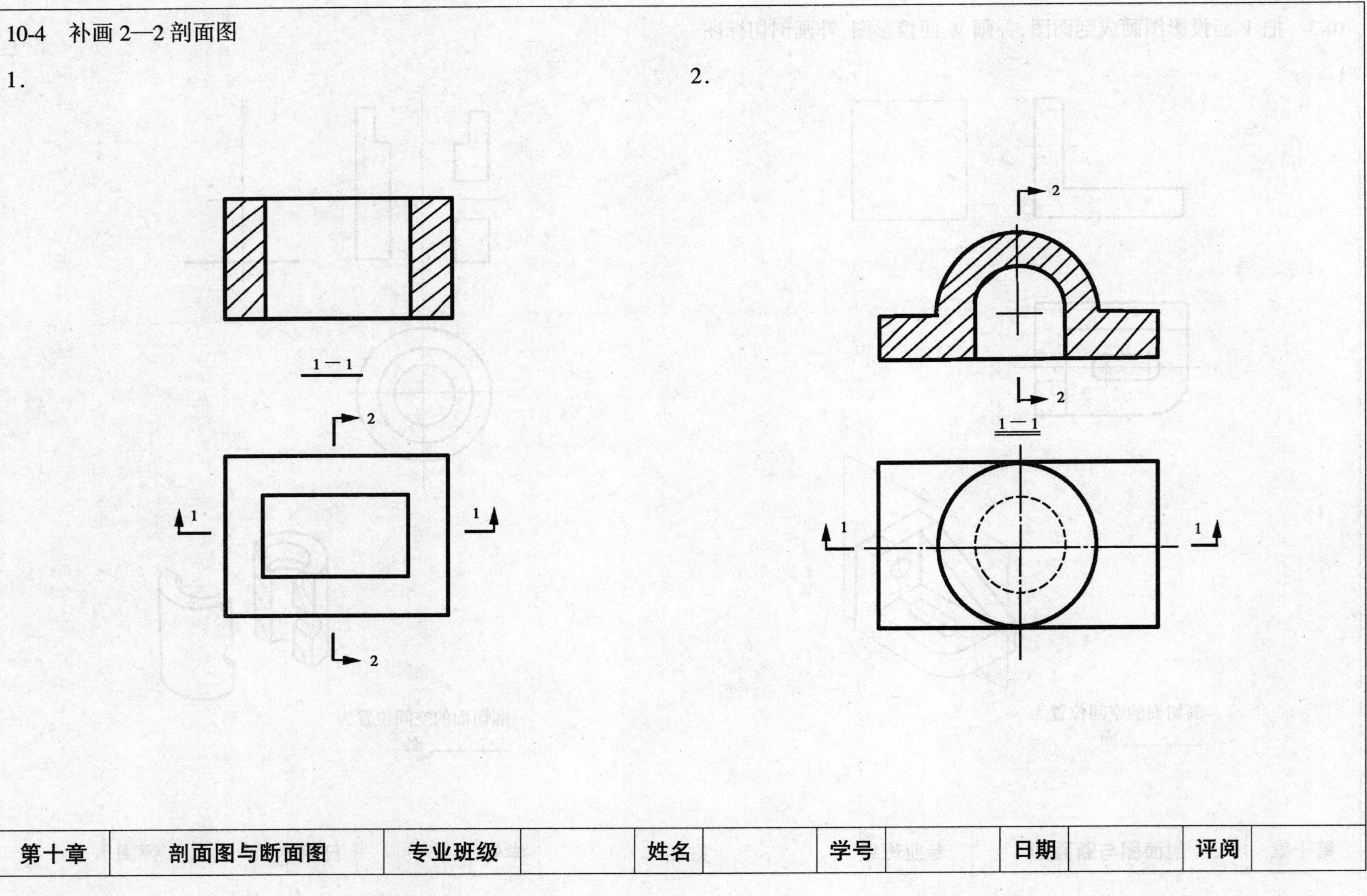

10-5　根据涵洞口的三面投影，请在指定位置画出 1—1、2—2 剖面图

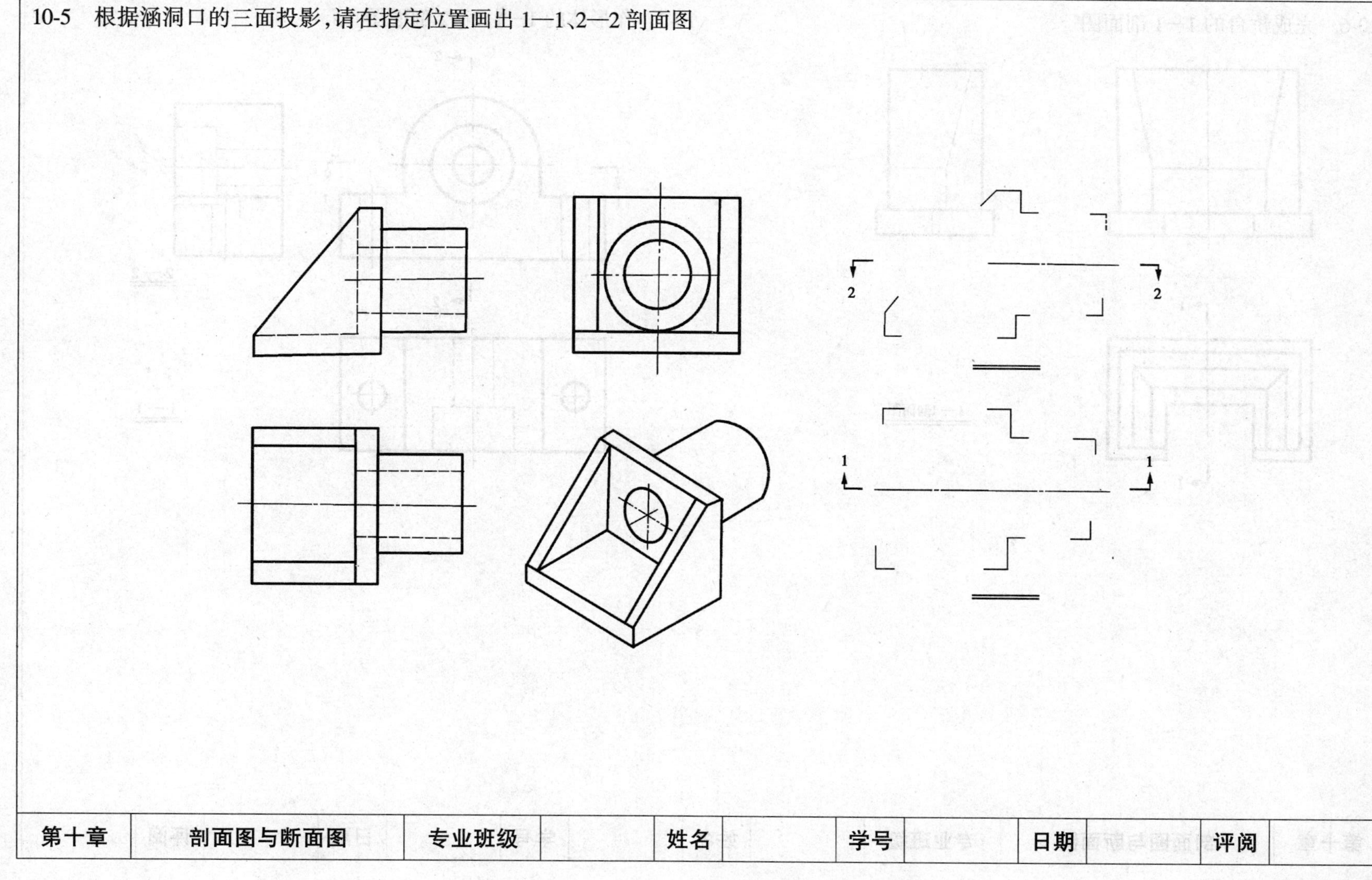

第十章	剖面图与断面图	专业班级		姓名		学号		日期		评阅	

10-6 完成桥台的 1—1 剖面图

10-7 作形体的 1—1、2—2 剖面图

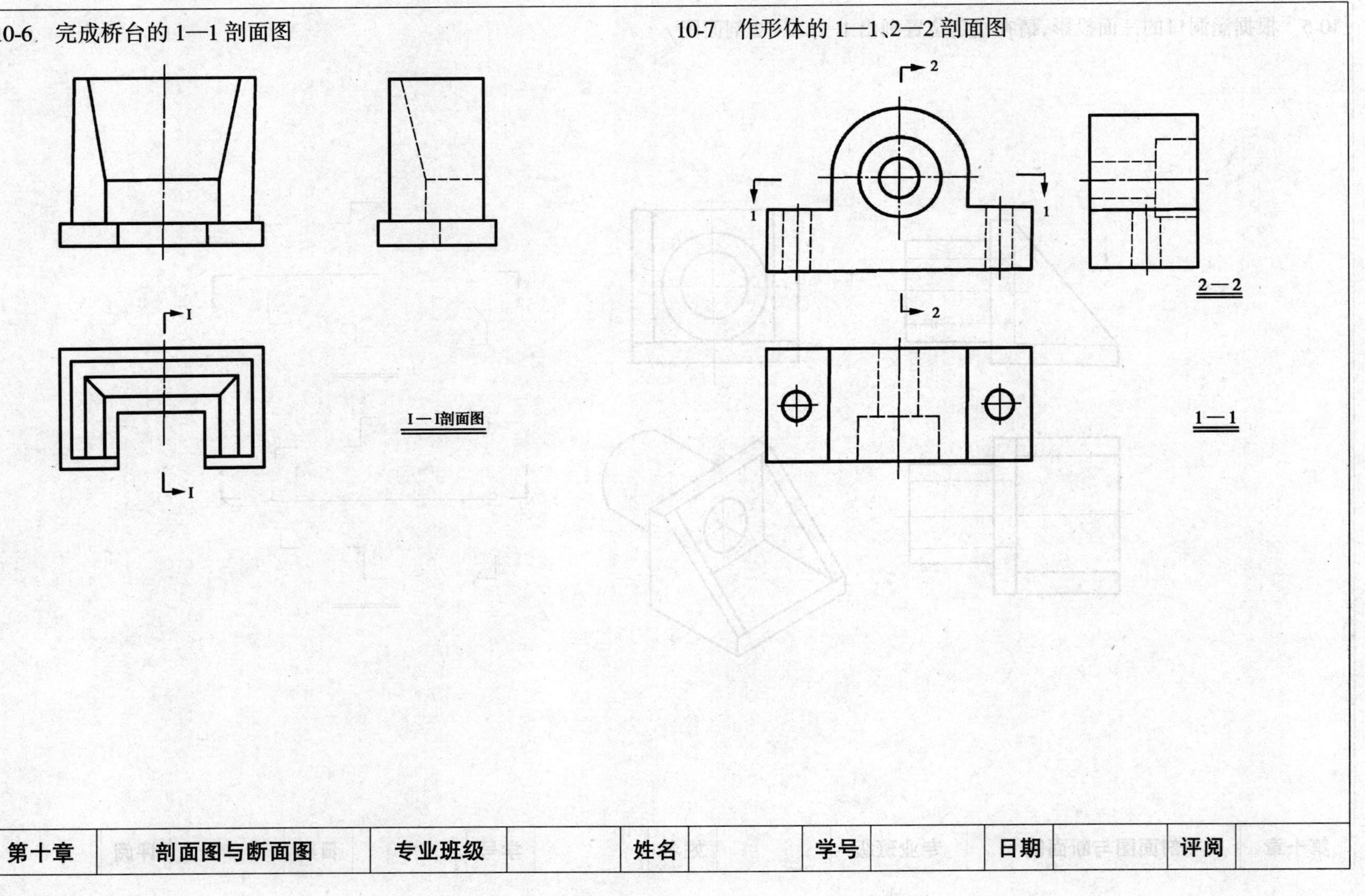

第十章	剖面图与断面图	专业班级		姓名		学号		日期		评阅	

10-8 作 1—1 全剖面图、2—2 半剖面图

10-9 作杯形基础的 2—2 半剖面图

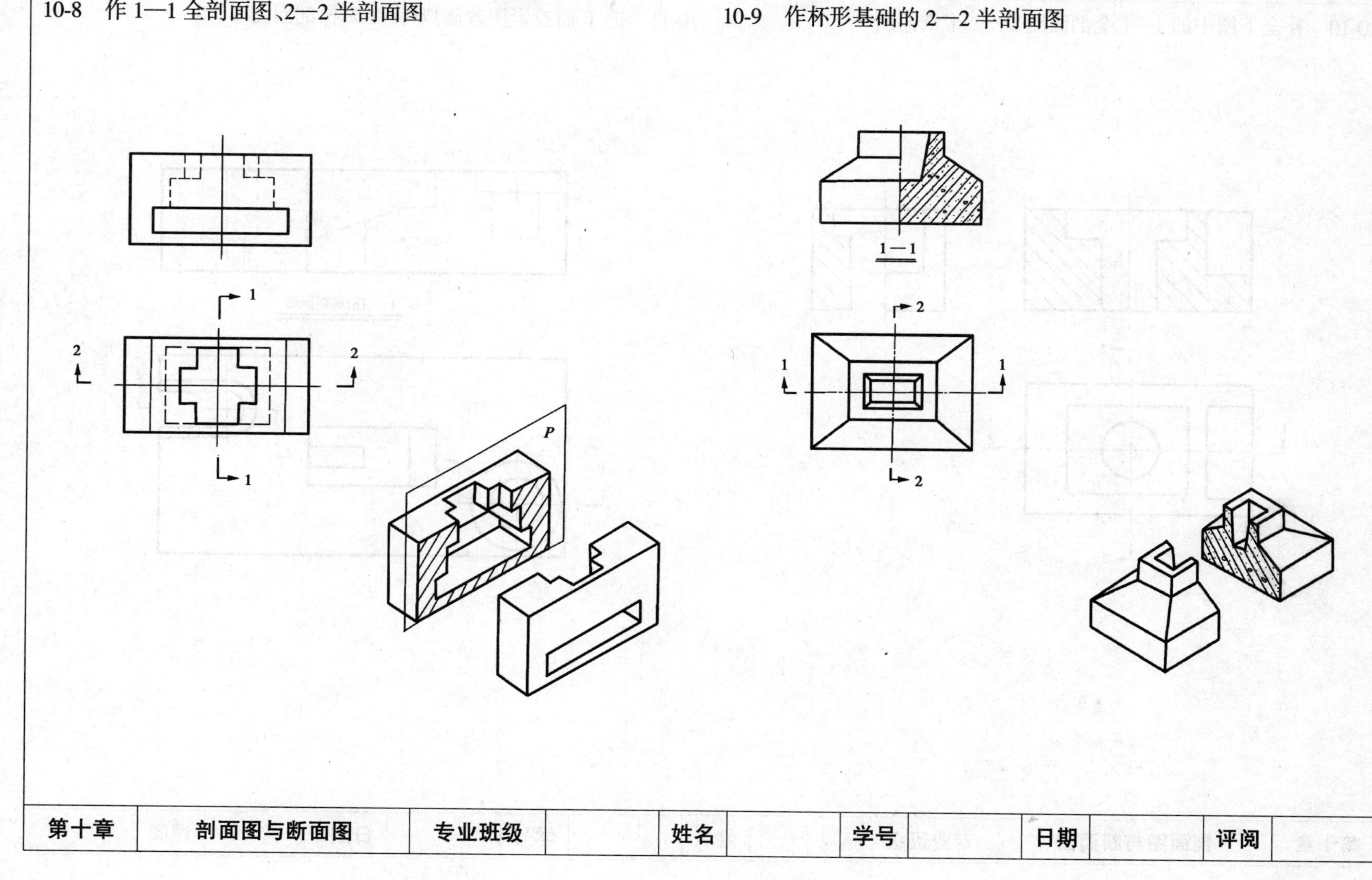

第十章	剖面图与断面图	专业班级		姓名		学号		日期		评阅	

10-10　补全下图中的 1—1 全剖面图、2—2 半剖面图

10-11　把 *V* 面投影图改画成 1—1 阶梯剖面图

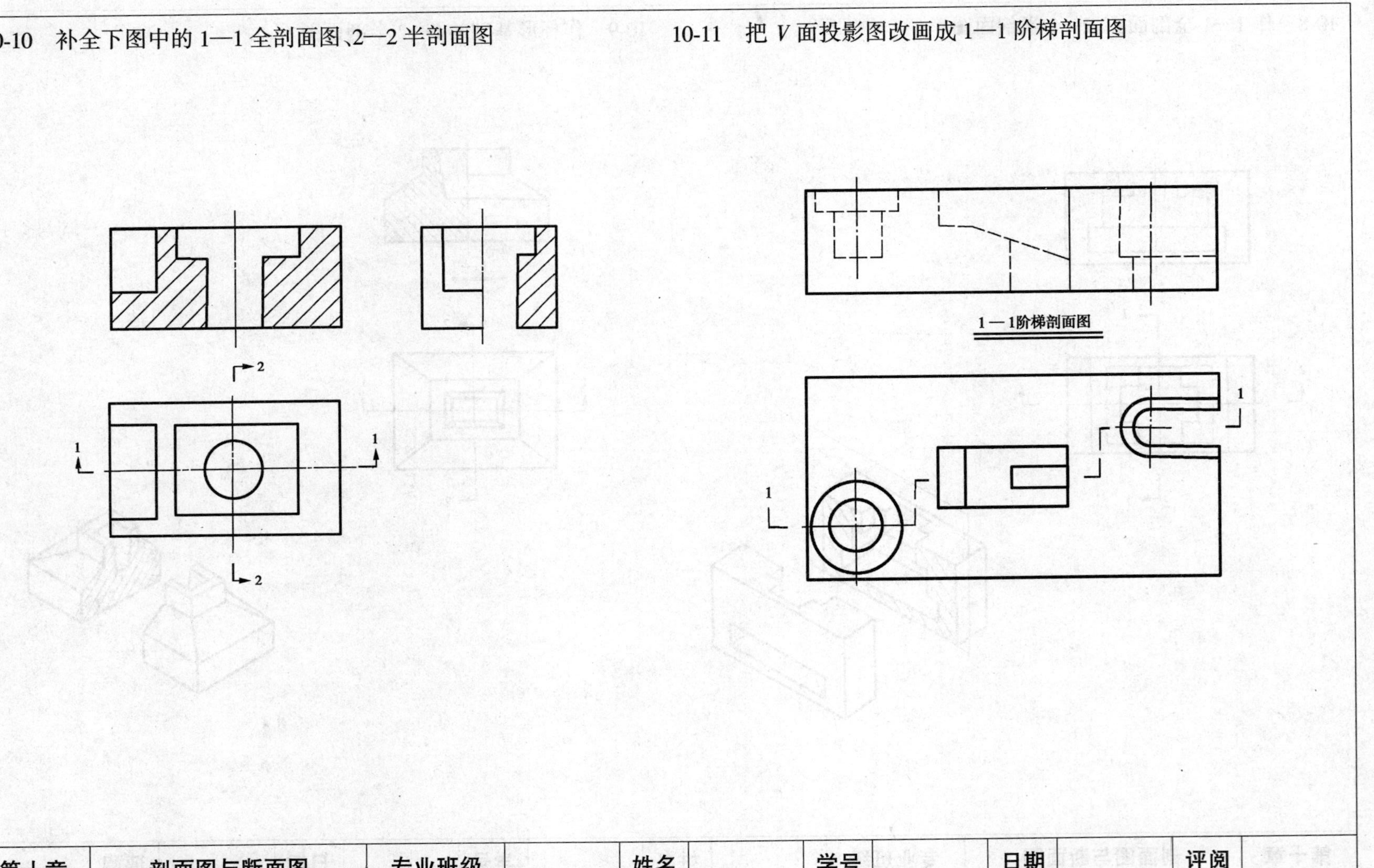

第十章	剖面图与断面图	专业班级		姓名		学号		日期		评阅	

10-12　把 V 面投影图画成阶梯剖面图，完成标注

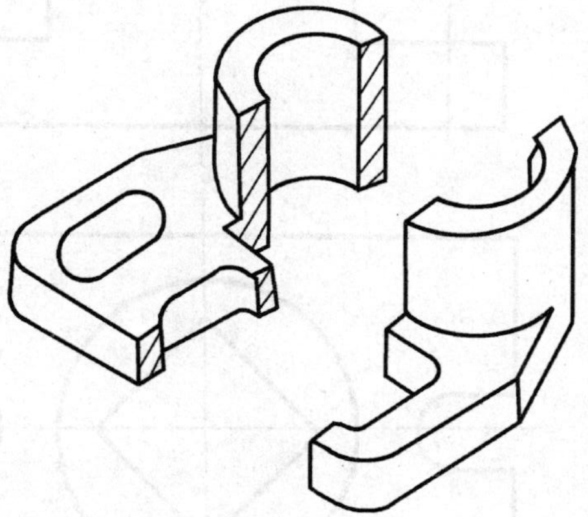

两个平行的剖切面都成______面位置

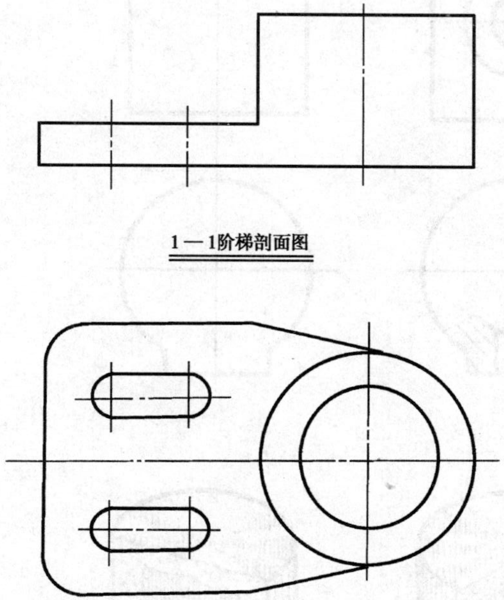

1—1阶梯剖面图

第十章	剖面图与断面图	专业班级		姓名		学号		日期		评阅	

10-13 分析局部剖面图中的错误，在右边正确画出

10-14 把 V 面图改画成局部剖面图

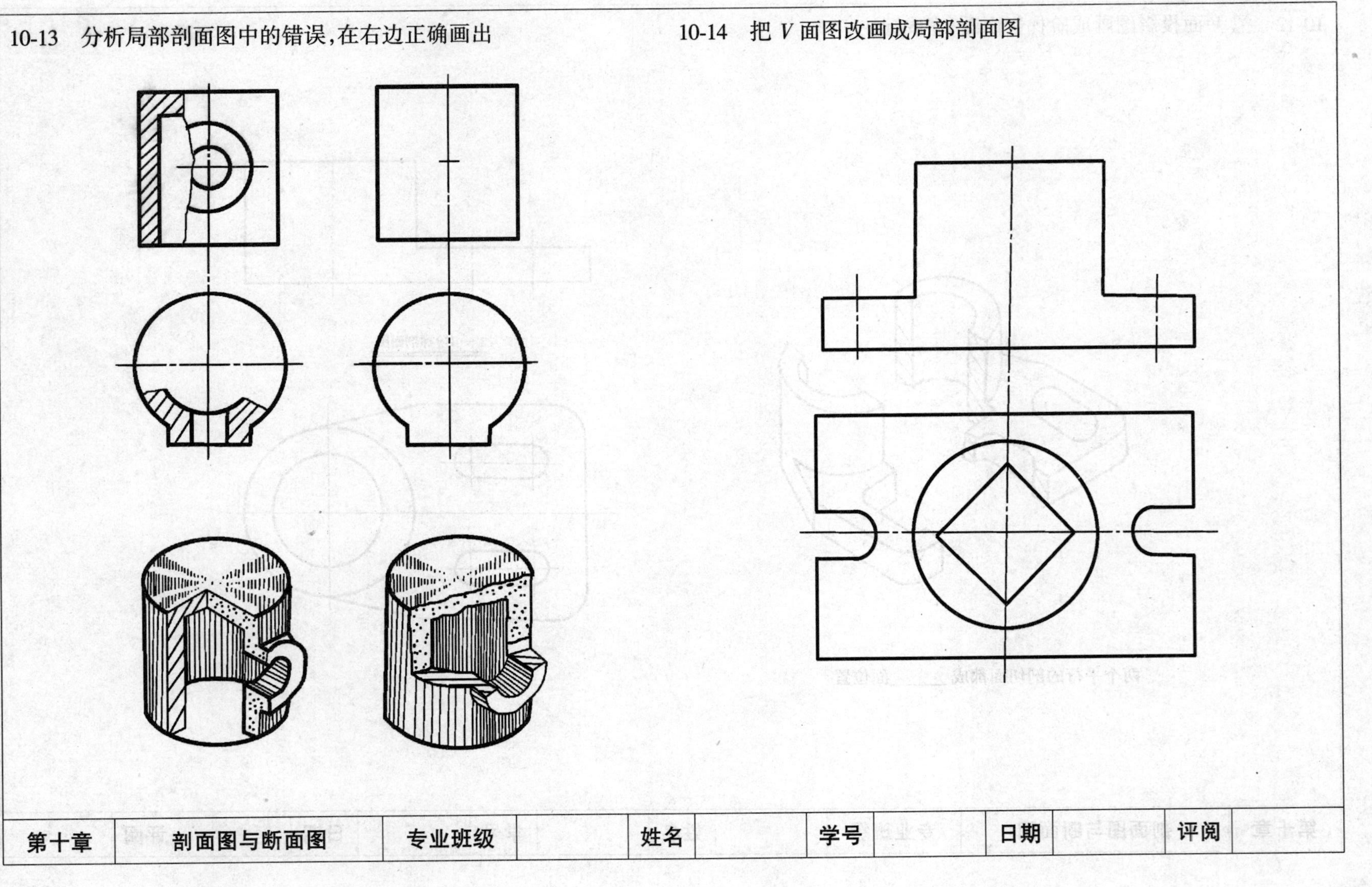

第十章	剖面图与断面图	专业班级		姓名		学号		日期		评阅	

10-15 画局部剖面图

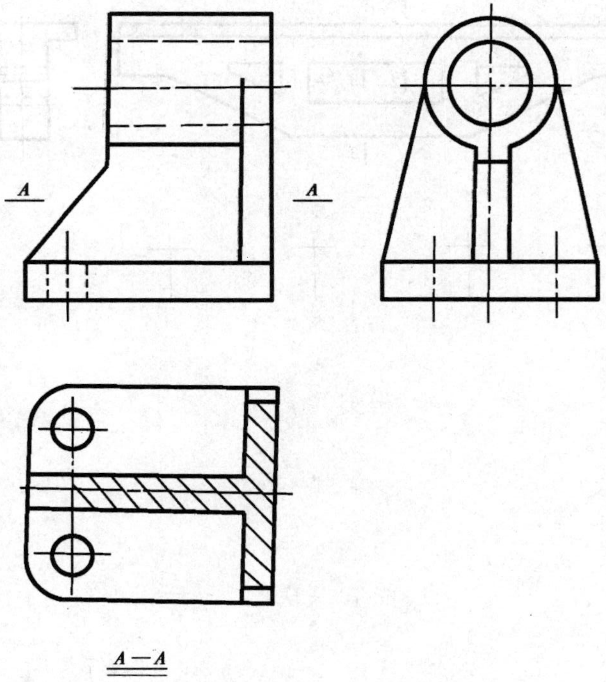

A

A

A—A

10-16 把 V 面图画成旋转剖面图，完成标注

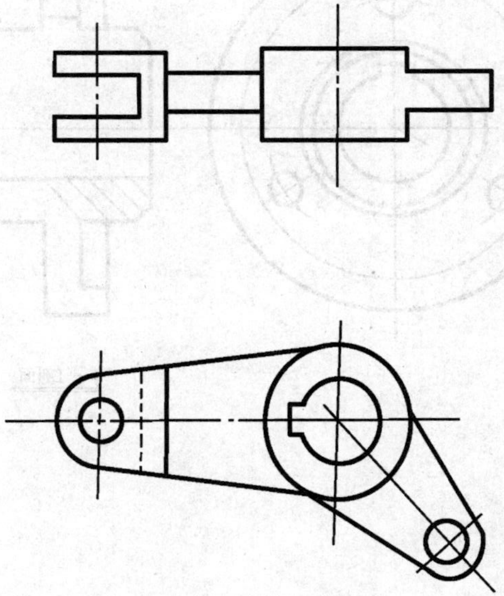

剖切面一个成____位置，另一个成____位置

第十章	剖面图与断面图	专业班级		姓名		学号		日期		评阅	

10-17 补画 I—I 旋转剖面图中的漏线

10-18 画出梁指定位置的 1—1、2—2、3—3 和 4—4 断面图

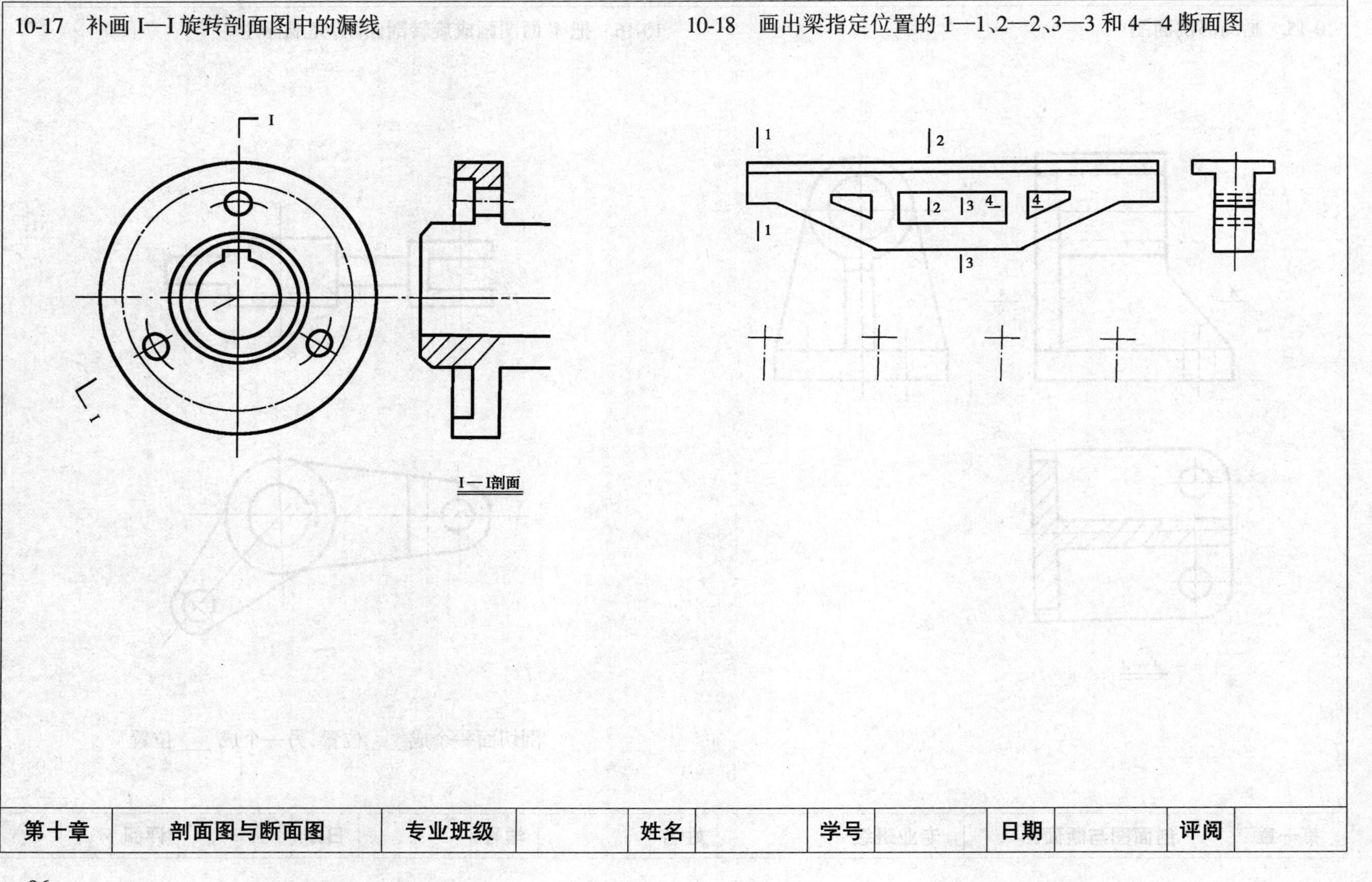

第十章	剖面图与断面图	专业班级		姓名		学号		日期		评阅	

10-19 按图 a)所示的移出断面图，分别在图 b)中画中断断面图，在图 c)中画重合断面图

10-20 作柱子的 1—1、2—2、3—3 断面图（材料：钢筋混凝土）

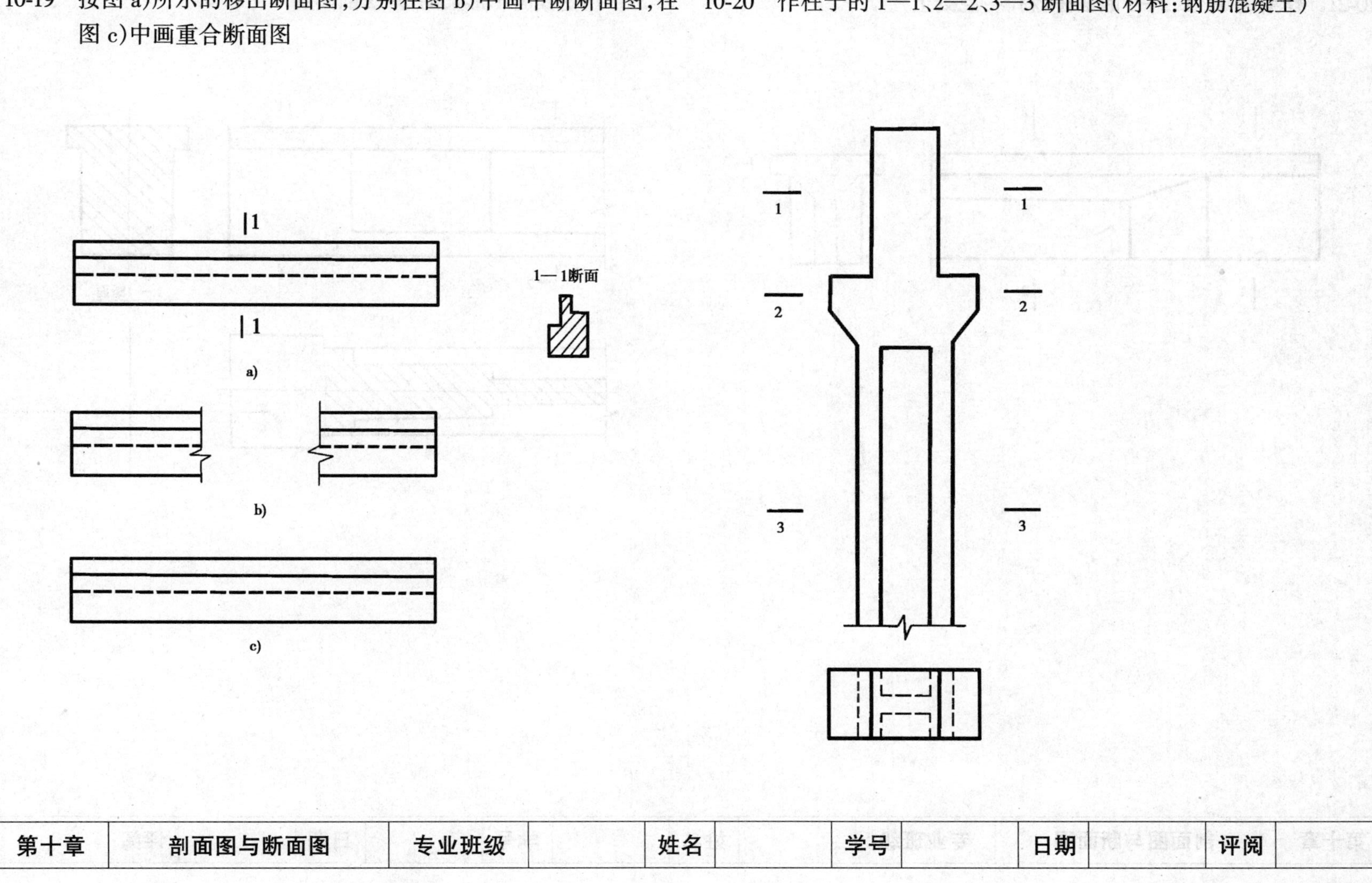

第十章	剖面图与断面图	专业班级		姓名		学号		日期		评阅	

10-21 作梁的 1—1、2—2 断面图（材料：混凝土）

10-22 作变截面 T 形梁的 2—2 剖面图

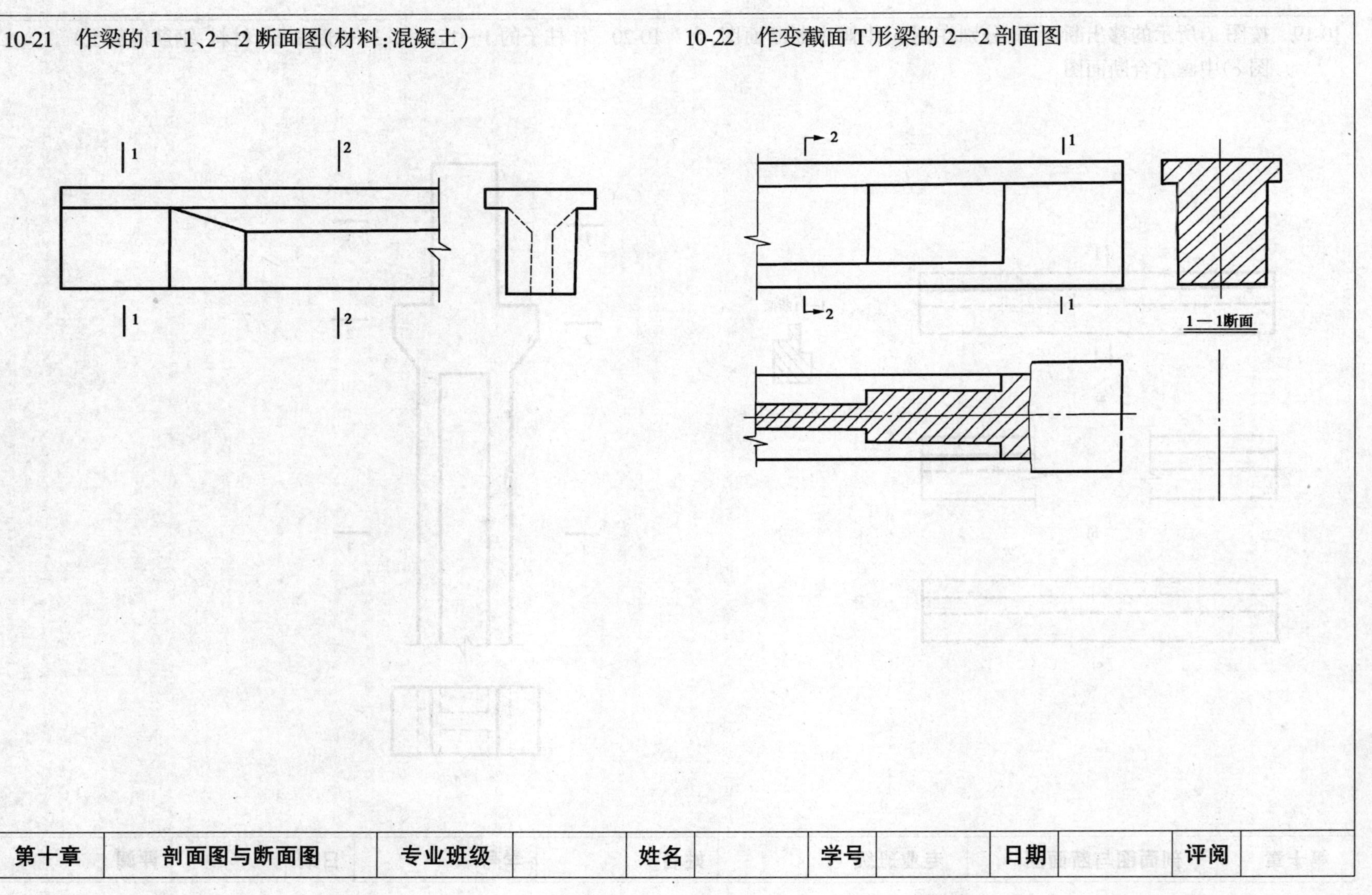

第十章	剖面图与断面图	专业班级		姓名		学号		日期		评阅	

10-23 补全下列各剖面图中缺漏的线条，在多余的线上划“×”

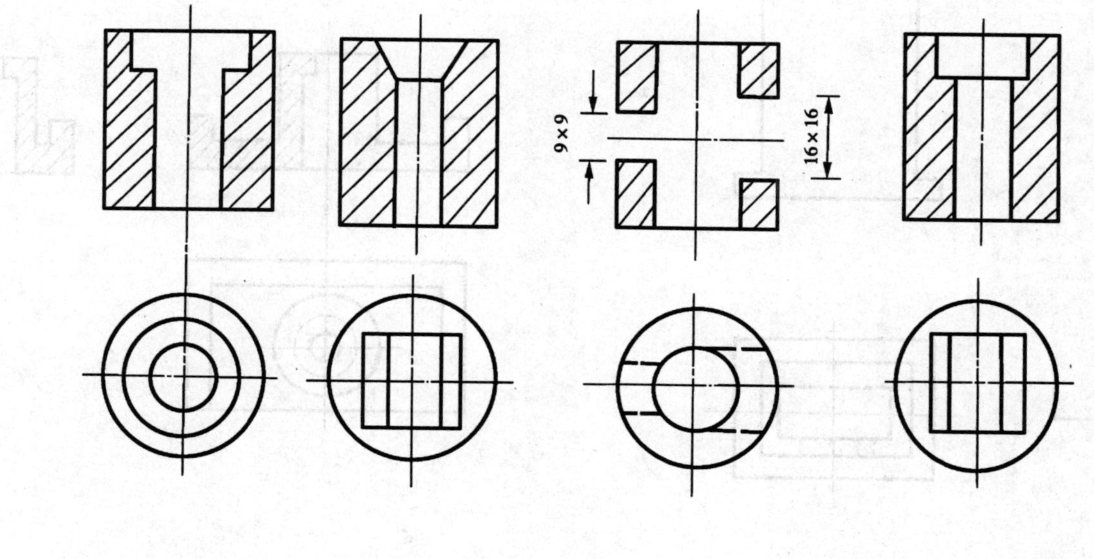

第十章	剖面图与断面图	专业班级		姓名		学号		日期		评阅	

10-24 分析图中的错误，把正确的 1—1 剖面图画在指定位置

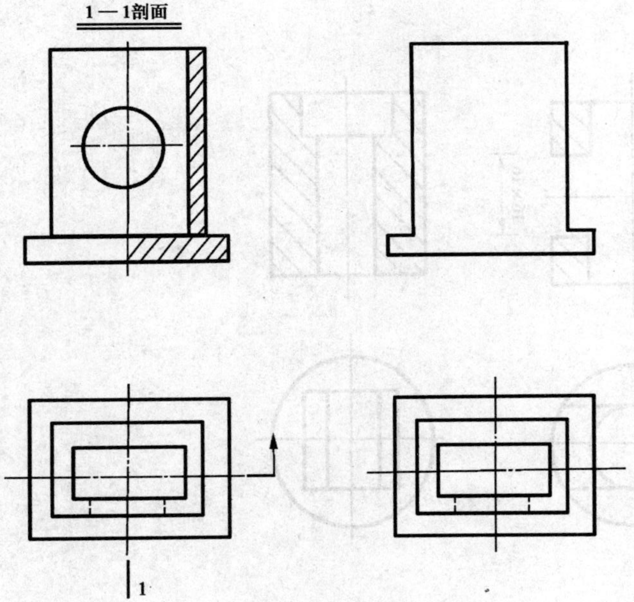

1—1剖面

1

10-25 补画剖面图中所漏画的线

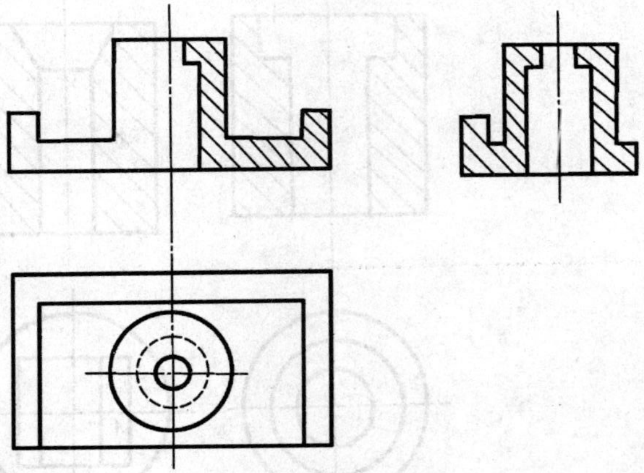

第十章	剖面图与断面图	专业班级		姓名		学号		日期		评阅	

10-26　画出 1—1 断面图、2—2 剖面图

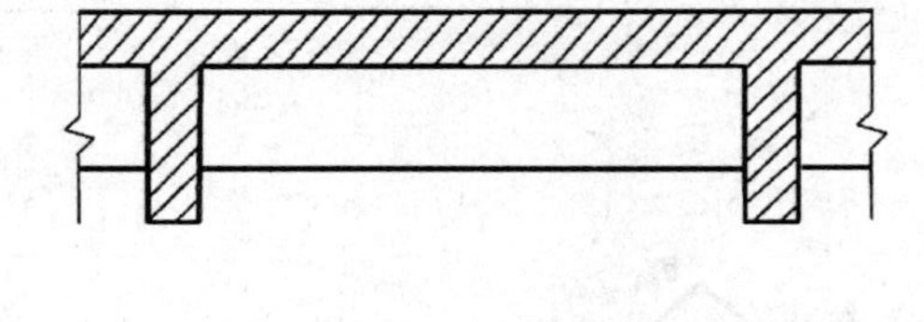

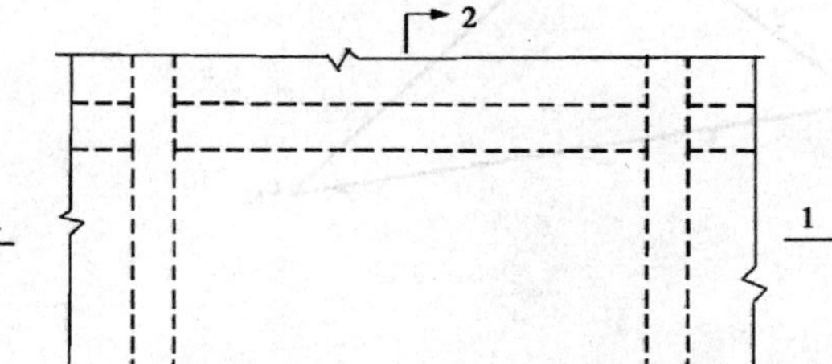

10-27　识读剖面图，并填空

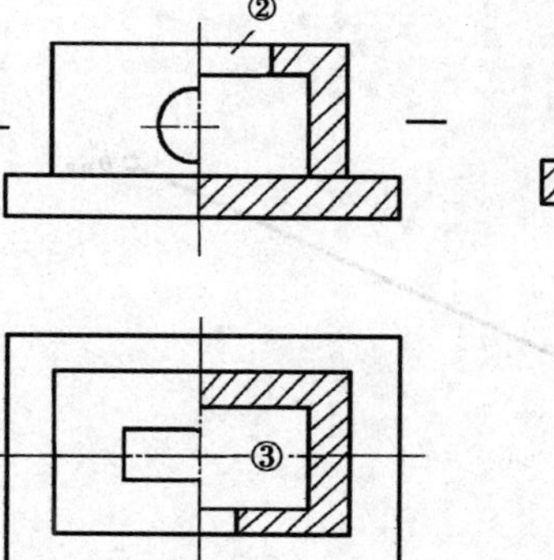

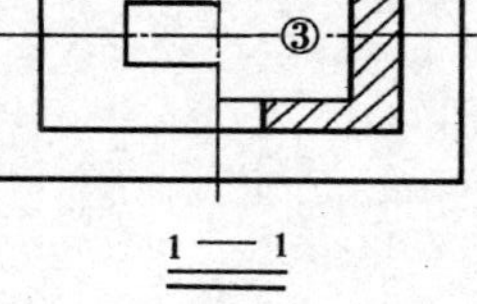

(1)正面图是______剖面图，平面图是______剖面图，侧面图是______剖面图。

(2)找出①、②、③所指部分的其他投影(编相同号码)。

第十章	剖面图与断面图	专业班级		姓名		学号		日期		评阅	

第十一章 标 高 投 影

11-1 求作直线 AB 的实长、倾角 α 及整数标高点，并计算其坡度 i 和平距

$a_{3.2}$

$b_{9.7}$

0 1 2 3 4 5

11-2 作出平面△ABC 的等高线，并求该平面的倾角 α

a_{63}

b_{47}

c_{52}

0 2 5

第十一章	标高投影	专业班级		姓名		学号		日期		评阅	

11-3 作出平面的等高线和坡度比例尺

11-4 求两平面的交线

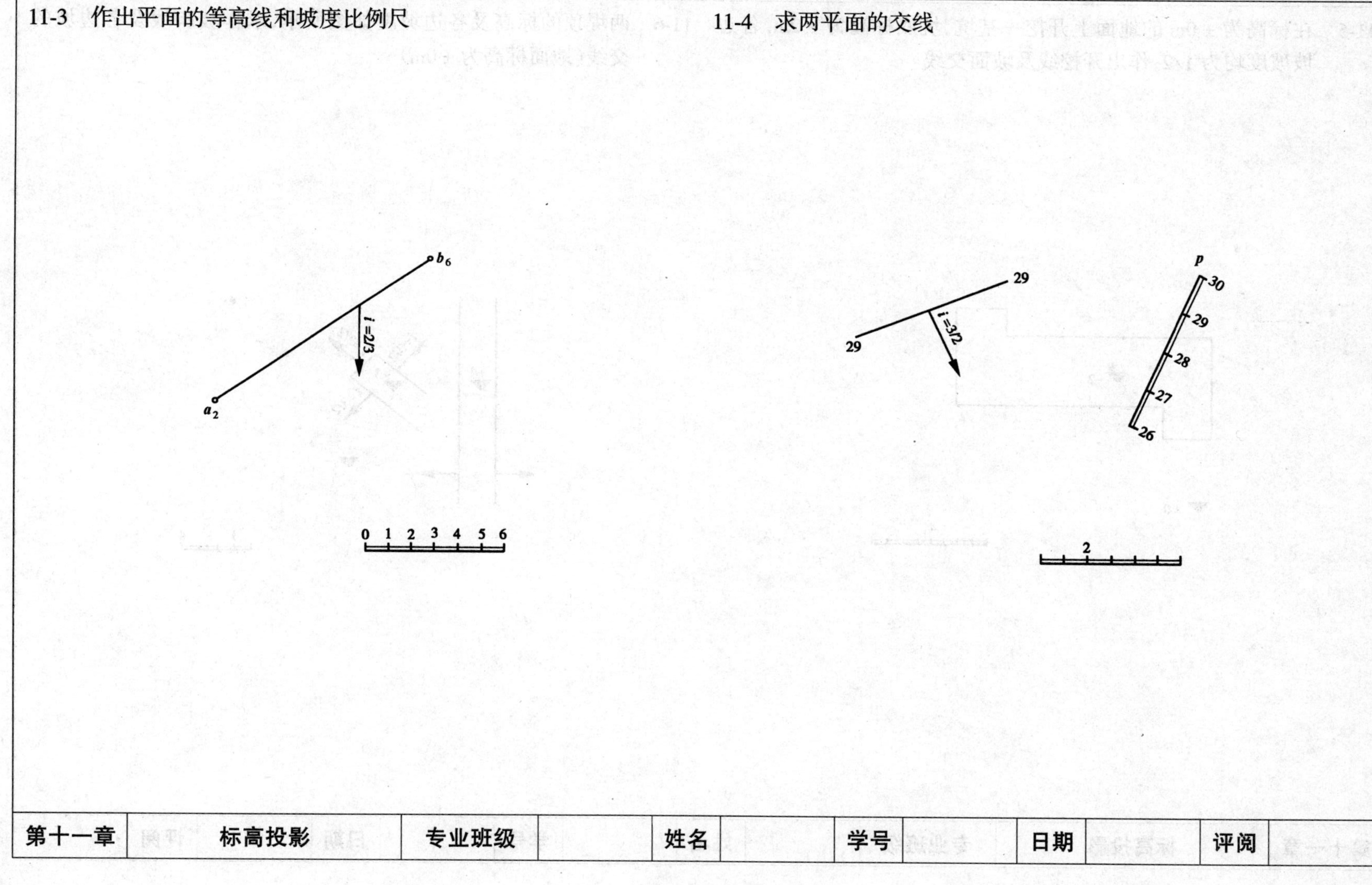

第十一章	标高投影	专业班级		姓名		学号		日期		评阅	

11-5 在标高为 ± 0m 的地面上开挖一基坑，坑底标高为 - 2m，各边坡坡度均为 1/2，作出开挖线及坡面交线

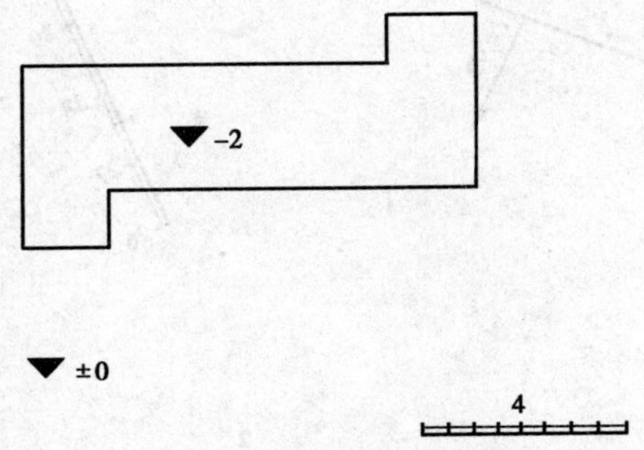

11-6 两堤顶的标高及各边坡度如图所示，求作坡脚线及各边坡的交线(地面标高为 ± 0m)

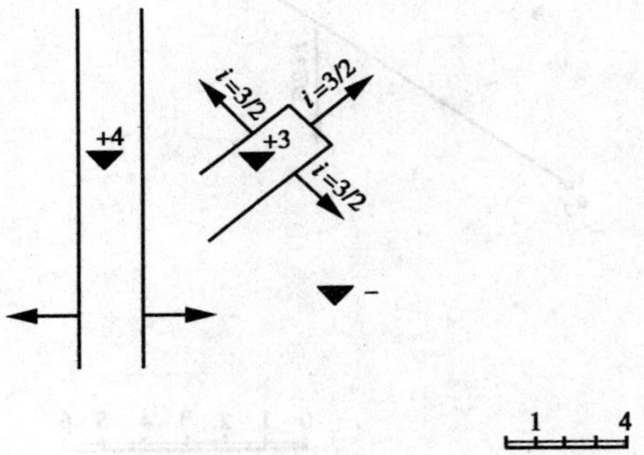

第十一章	标高投影	专业班级		姓名		学号		日期		评阅	

11-7 试在 a_2b_{10}线上定出一点 c_6

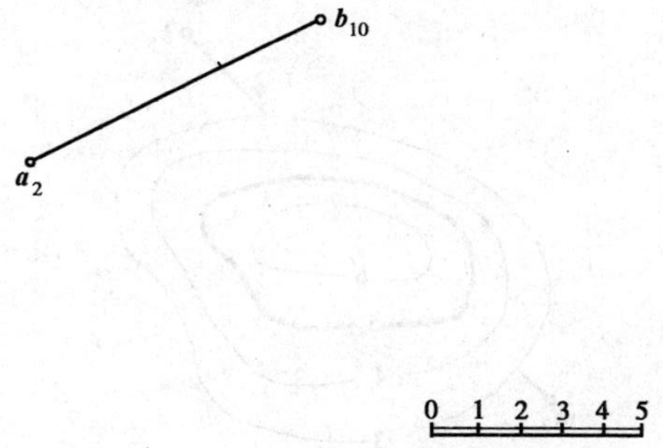

a_2

b_{10}

0 1 2 3 4 5

11-8 求两平面的交线

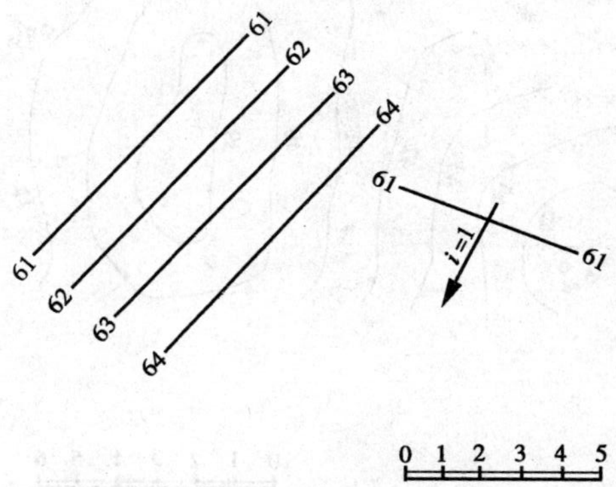

61 61

62 62

63 63

64 64

61 61

$i=1$

0 1 2 3 4 5

第十一章	标高投影	专业班级		姓名		学号		日期		评阅	

11-9　A 至 B 为一管道,用虚线和实线分别表明管道埋入地面下和露出地面外的各段

11-10　求直线 a_3b_5 与地形面的交点

第十一章	标高投影	专业班级		姓名		学号		日期		评阅	

11-11 求矩形广场的坡面和坡面的交线以及坡面和地形面的交线

11-12 求平面和地形面的交线

第十一章	标高投影	专业班级		姓名		学号		日期		评阅	

11-13 在山坡上修筑一水平场地，填方坡度为3/4，挖方坡度为1，作出填挖方界线

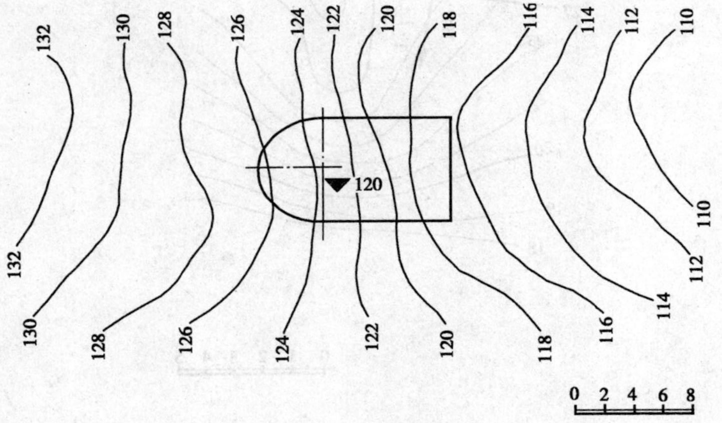

11-14 在地面上修筑一水平道路，填方坡度为2/3，挖方坡度为1，作出填挖方界线

第十一章	标高投影	专业班级		姓名		学号		日期		评阅	

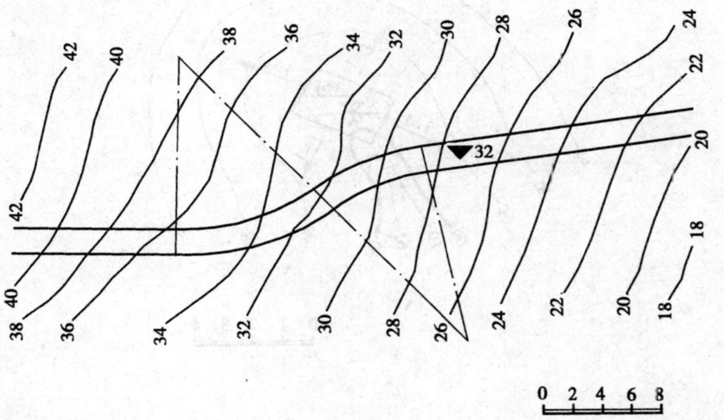

11-15 在地面上修筑一纵坡道路，填方坡度为 2/3，挖方坡度为 1，作出填挖方界线

11-16 沿管道 AB 的位置画地形断面图，并将直线 AB 的地上部分画为实线，地下部分画为虚线

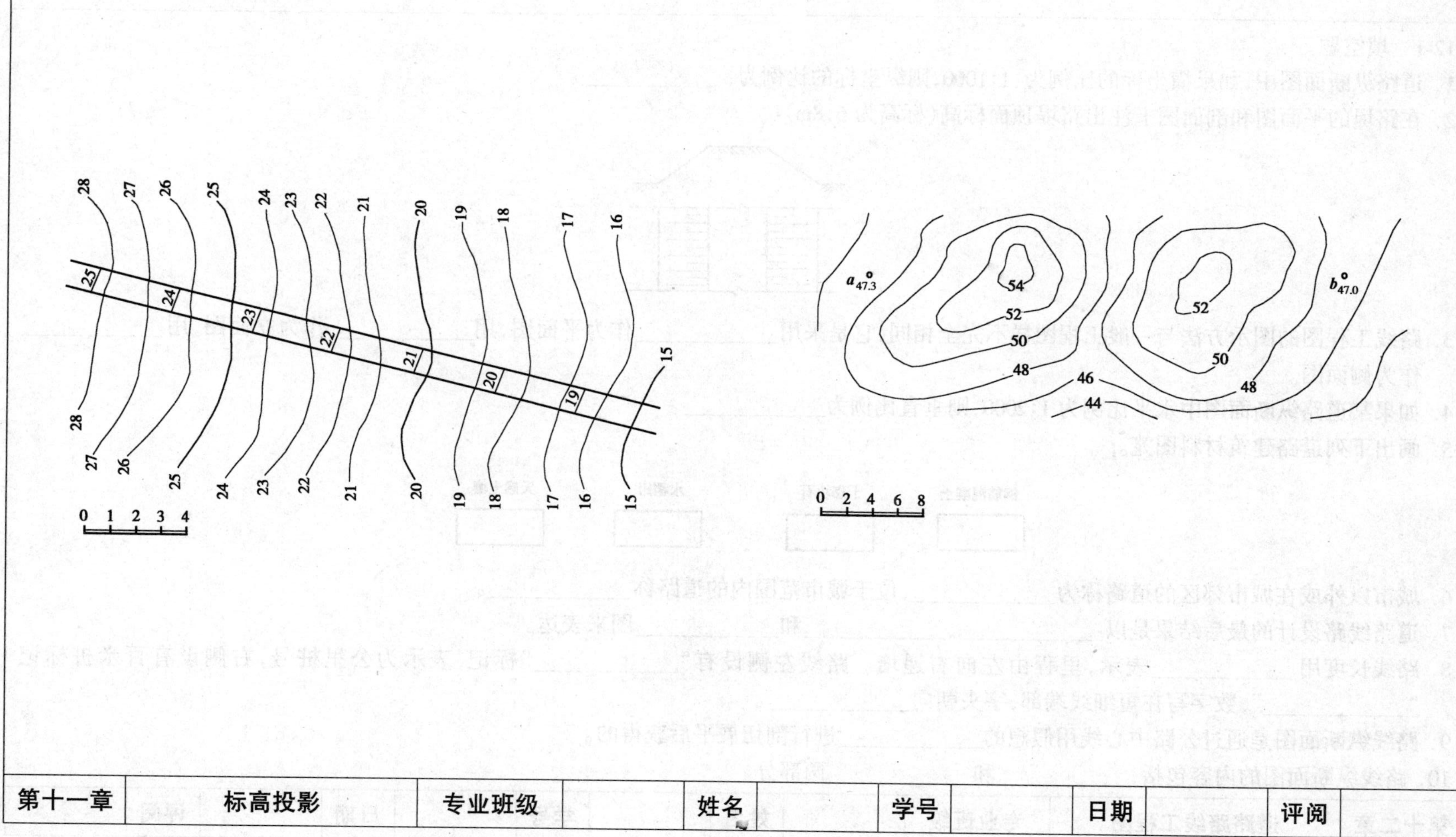

第十一章	标高投影	专业班级		姓名		学号		日期		评阅	

第十二章　道路路线工程图

12-1　填空题

1. 道路纵断面图中，如果横坐标的比例为：1∶1000，则纵坐标的比例为：________。
2. 在路堤的平面图和剖面图上注出路堤顶面标高(标高为6.8m)。
3. 路线工程图的图示方法与一般工程图样不完全相同，它是采用________作为平面图，用________作为立面图，用________作为侧面图。
4. 如果某道路纵断面图中水平比例为1∶2000，则垂直比例为________。
5. 画出下列道路建筑材料图宠。

钢筋混凝土　干砌块石　水稻田　天然土壤

6. 城市以外或在城市郊区的道路称为________，位于城市范围内的道路称________。
7. 道路线路设计的最后结果是以________、________和________图来表达。
8. 路线长度用________表示，里程由左向右递增。路线左侧设有"________"标记，表示为公里桩号，右侧设有百米桩标记"________"，数字写在短细线端部，字头朝向________。
9. 路线纵断面图是通过公路中心线用假想的________进行剖切展平后获得的。
10. 路线纵断面图的内容包括________和________两部分。

第十二章	道路路线工程图	专业班级		姓名		学号		日期		评阅	

12-2 单项选择题

1. 路线平面图中,里程桩号标记在路线的(　　)。
   A.左侧;　B.右侧;　C.下方
2. 路线纵断面图中,设计线用(　　)。
   A.粗实线;　B.不规则细折线;　C.曲线;　D.细实线
3. 为了排除路基范围内及流向路基的少量地表水,可设置(　　)。
   A.排水沟;　B.急流槽;　C.边沟;　D.天沟
4. 路面结构层次的次序为(　　)。
   A.面层、连结层、垫层;　B.面层、连结层、垫层、基层、土基;
   C.面层、连结层、基层、垫层、土基;　D.面层、基层、整平层
5. 路线走向规定由(　　)。
   A.由左向右;　B.由右向左;　C.由下向上
6. 里程桩号标记在路线的(　　)。
   A.左侧;　B.右侧;　C.下方
7. 公路纵向设计线用(　　)。
   A.不规则细折线;　B.粗实线;　C.曲线
8. 公路纵断面图中设计线表示(　　)。
   A.路基中心线的设计高程;　B.路基边缘的设计高程;
   C.路面中心线高程
9. 路基横断面图的地面线一律画成(　　),设计线一律画成(　　)。
   A.细实线;　B.粗实线;　C.中粗线

12-3 多项选择题

1. 为了防止路基边坡发生滑塌,可采用的防护措施是(　　　)。
   A.植物防护;　B.设挡土墙;　C.砌石防护;　D.设护面墙
2. 公路中线测设时,里程桩应设置在中线的哪些地方(　　　)?
   A.变坡点处;　B.地形点处;　C.桥涵位置处;
   D.曲线主点处;　E.交点和转点处
3. 圆曲线带有缓和曲线段的曲线主点是(　　　)。
   A.直缓点(ZH)点;　B.直圆点(ZY点);　C.缓圆点(HY点);
   D.圆直点(YZ点)

第十二章	道路路线工程图	专业班级		姓名		学号		日期		评阅	

12-4 请补全地面线(细线)、设计线(粗线)和填、挖高程数字

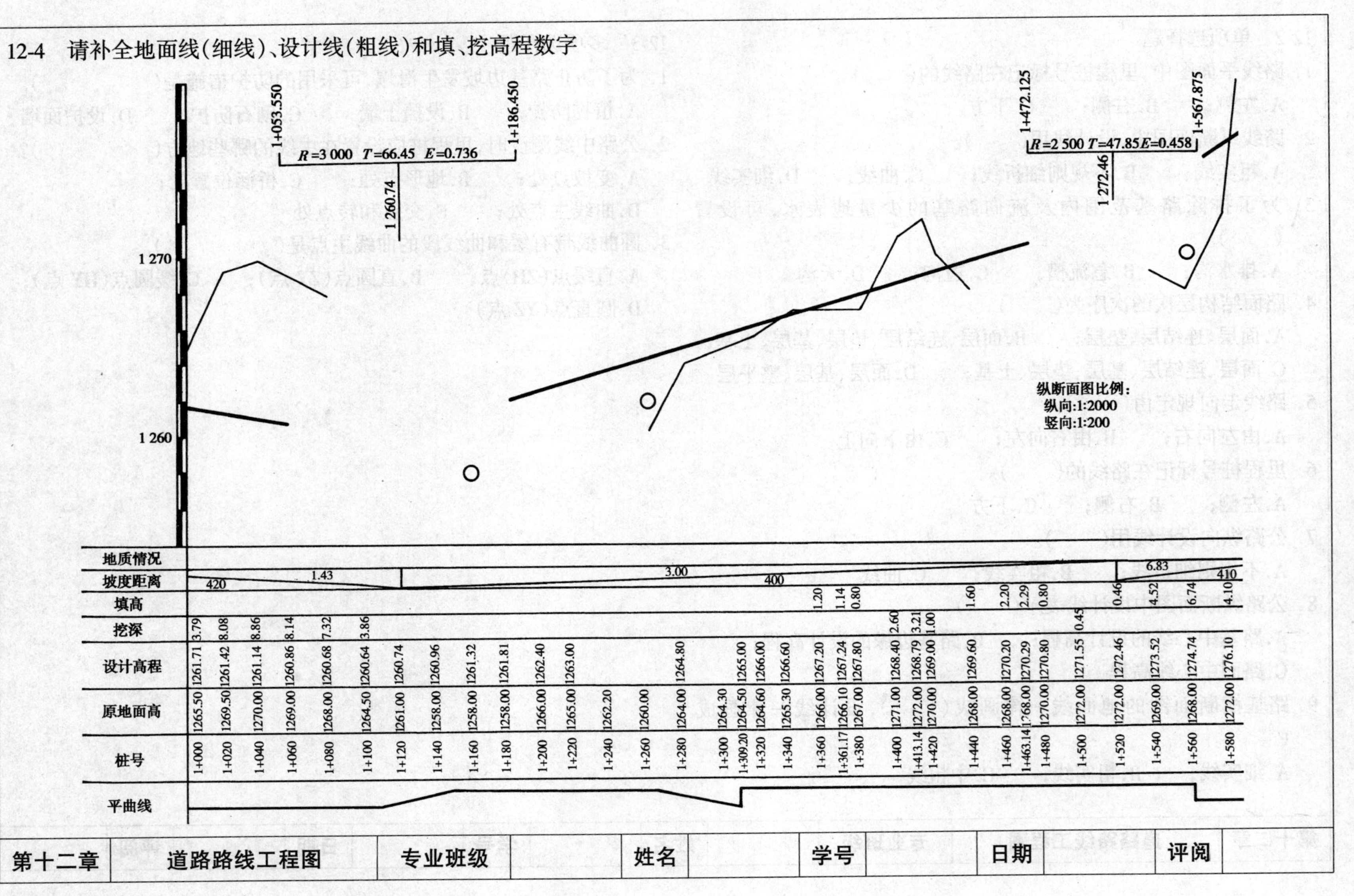

桩号	地质情况	坡度距离	填高	挖深	设计高程	原地面高
1+000		1.43 / 420		3.79	1261.71	1265.50
1+020				8.08	1261.42	1269.50
1+040				8.86	1261.14	1270.00
1+060				8.14	1260.86	1269.00
1+080				7.32	1260.68	1268.00
1+100				3.86	1260.64	1264.50
1+120		3.00 / 400			1260.74	1261.00
1+140					1260.96	1258.00
1+160					1261.32	1258.00
1+180					1261.81	1258.00
1+200					1262.40	1266.00
1+220					1263.00	1265.00
1+240						1262.20
1+260						1260.00
1+280					1264.80	1264.00
1+300						1264.30
1+309.20					1265.00	1264.50
1+320					1266.00	1264.60
1+340					1266.60	1265.30
1+360			1.20		1267.20	1266.00
1+361.17			1.14		1267.24	1266.10
1+380			0.80		1267.80	1267.00
1+400				2.60	1268.40	1271.00
1+413.14				3.21	1268.79	1272.00
1+420				1.00	1269.00	1270.00
1+440			1.60		1269.60	1268.00
1+460			2.20		1270.20	1268.00
1+463.14			2.29		1270.29	1768.00
1+480			0.80		1270.80	1270.00
1+500				0.45	1271.55	1272.00
1+520		6.83 / 410	0.46		1272.46	1272.00
1+540			4.52		1273.52	1269.00
1+560			6.74		1274.74	1268.00
1+580			4.10		1276.10	1272.00

平曲线

 专业班级 姓名 学号 日期 评阅

12-5　补绘纵断面图中的地面线，并依据标准横断面图绘制给定桩号处的路基横断面(比例 1:400)

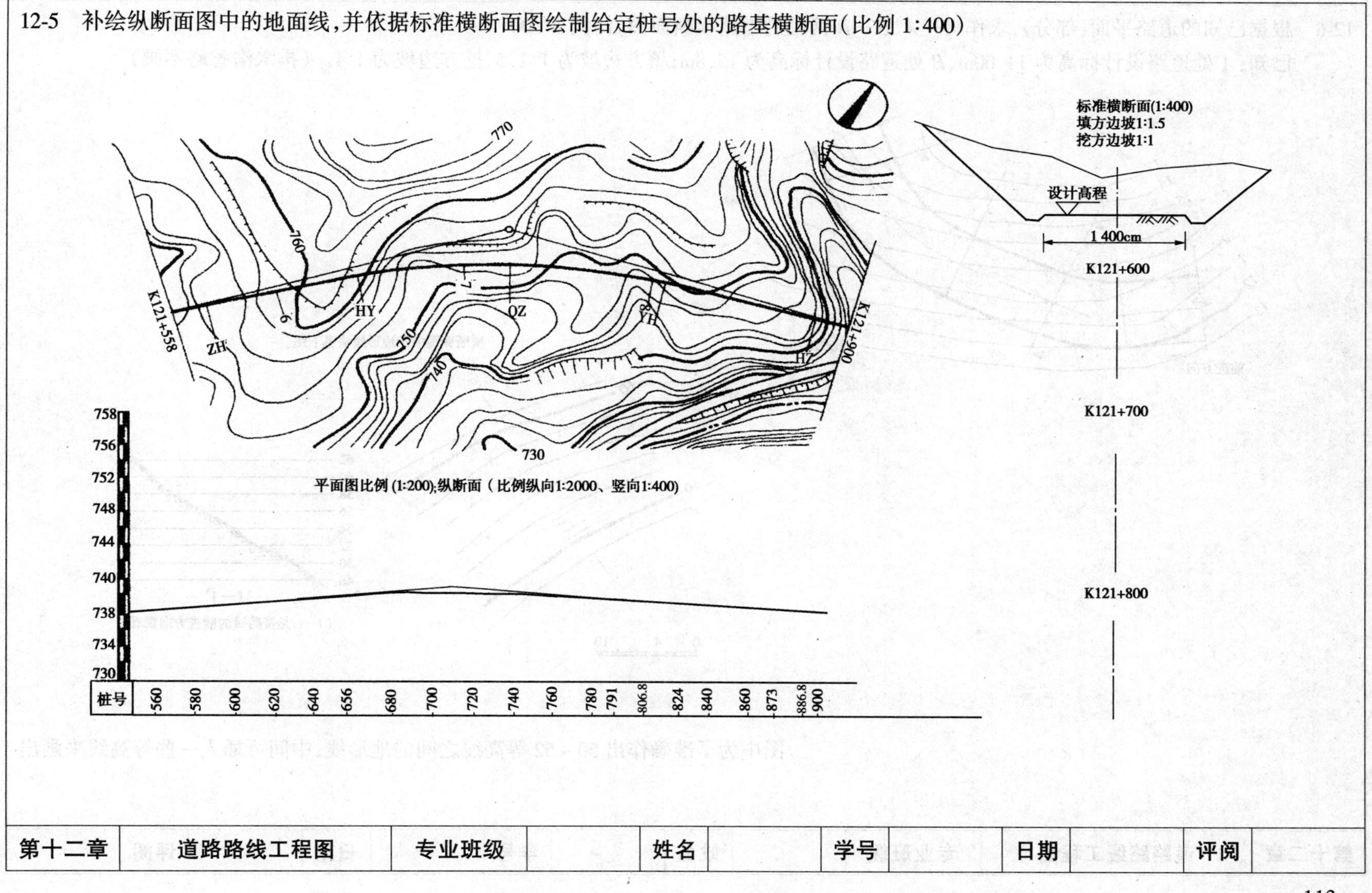

第十二章	道路路线工程图	专业班级		姓名		学号		日期		评阅	

12-6 根据已知的道路平面(部分),求作 $A—A$、$B—B$ 两处的道路横断面图,比例 1:100

已知:A 处道路设计标高为 14.00m、B 处道路设计标高为 15.8m;填方边坡为 1:1.5、挖方边坡为 1:1。(排水沟省略不画)

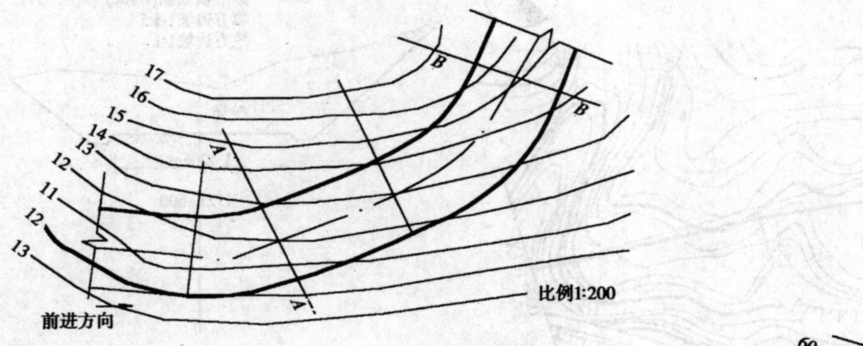

横断面图中的地形画法见下图

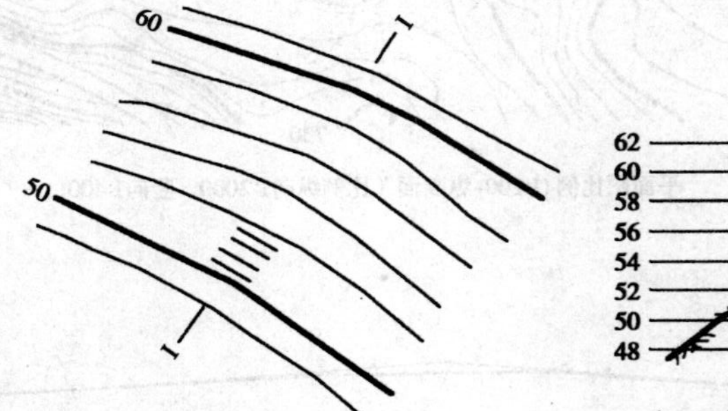

图中为了准确作出 50~52 等高线之间的地形线,中间可插入一些等高线来画出

第十二章	道路路线工程图	专业班级		姓名		学号		日期		评阅	

12-7 用透明描图纸，描绘城市道路横断面图

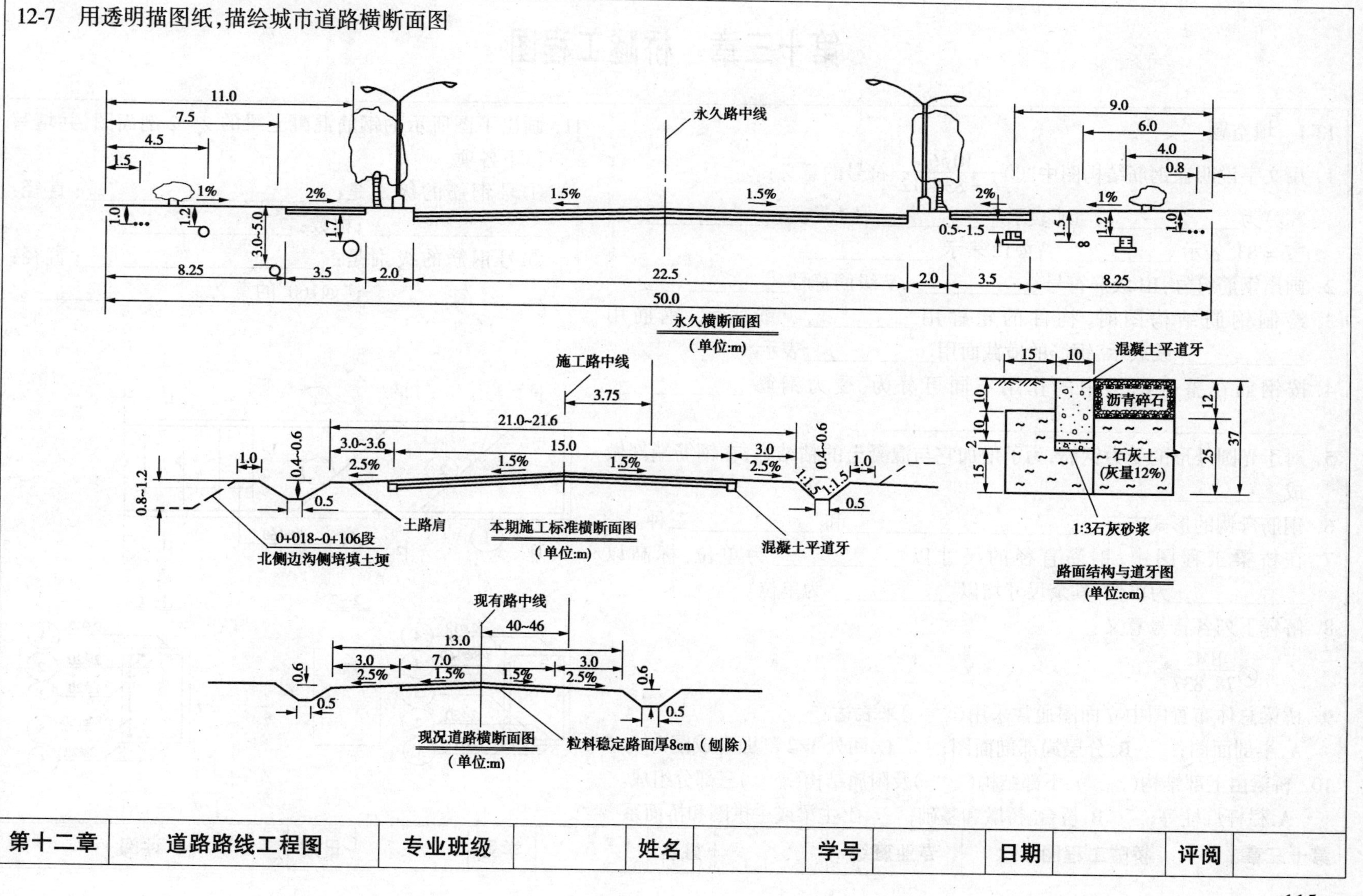

第十二章	道路路线工程图	专业班级		姓名		学号		日期		评阅	

第十三章　桥隧工程图

13-1　填空题

1. 用文字说明在钢筋结构图中"③$\dfrac{10\phi6}{L=83@12}$"符号的意义：

"③"为________；"10"表示________；"ϕ6"表示________；

"$L=83$"表示________；@12 表示________。

2. 画出钢筋符号：Ⅲ级筋符号________，Ⅴ级筋符号________。

3. 绘制钢筋结构图时，构件的轮廓用________线表示，钢筋用________线表示，钢筋的横截面用________表示。

4. 按钢筋在整个结构中的作用不同可分为：受力钢筋________、________、________、________。

5. 对于光圆外形的受力钢筋，为了增加它与混凝土的粘结力，在钢筋端部做成________。

6. 钢筋弯钩的形式有________、________和________三种。

7. 在桥梁工程图中，钢筋直径的尺寸以________为单位，标高以________为单位，其余尺寸均以________为单位。

8. 解释下列各符号意义：

⊗$\dfrac{\text{BM3}}{78.837}$

9. 桥梁总体布置图中立面图通常采用(　　)来表达。

A. 半剖面图；　B. 分层局部剖面图；　C. 两处 1/2 剖面合成图

10. 桥梁由上部结构(　　)、下部结构(　　)及附属结构(　　)三部分组成。

A. 栏杆灯柱等；　B. 桥台、桥墩和基础；　C. 主梁或主拱圈和桥面系

11. 画出下图所示的钢筋混凝土梁的 2—2 剖面图，并填写以下各项。

①号钢筋的级别是：________；直径：________；根数：________。

⑤号钢筋的级别是：________；直径：________；"@160"的意义________。

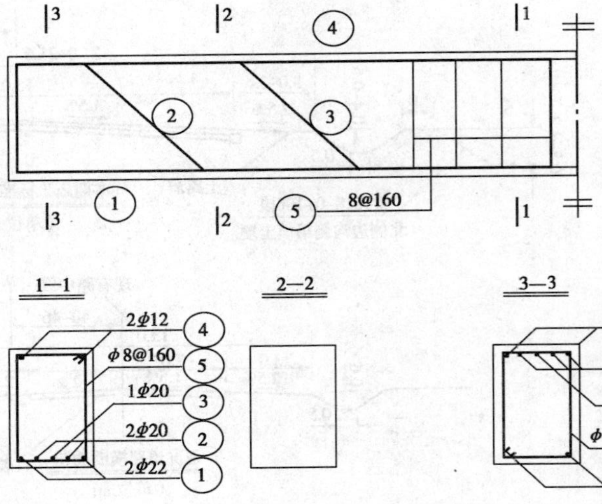

第十三章	桥隧工程图	专业班级		姓名		学号		日期		评阅	

13-2 用 A4 图幅透明描图纸，描绘××桥桥位平面图

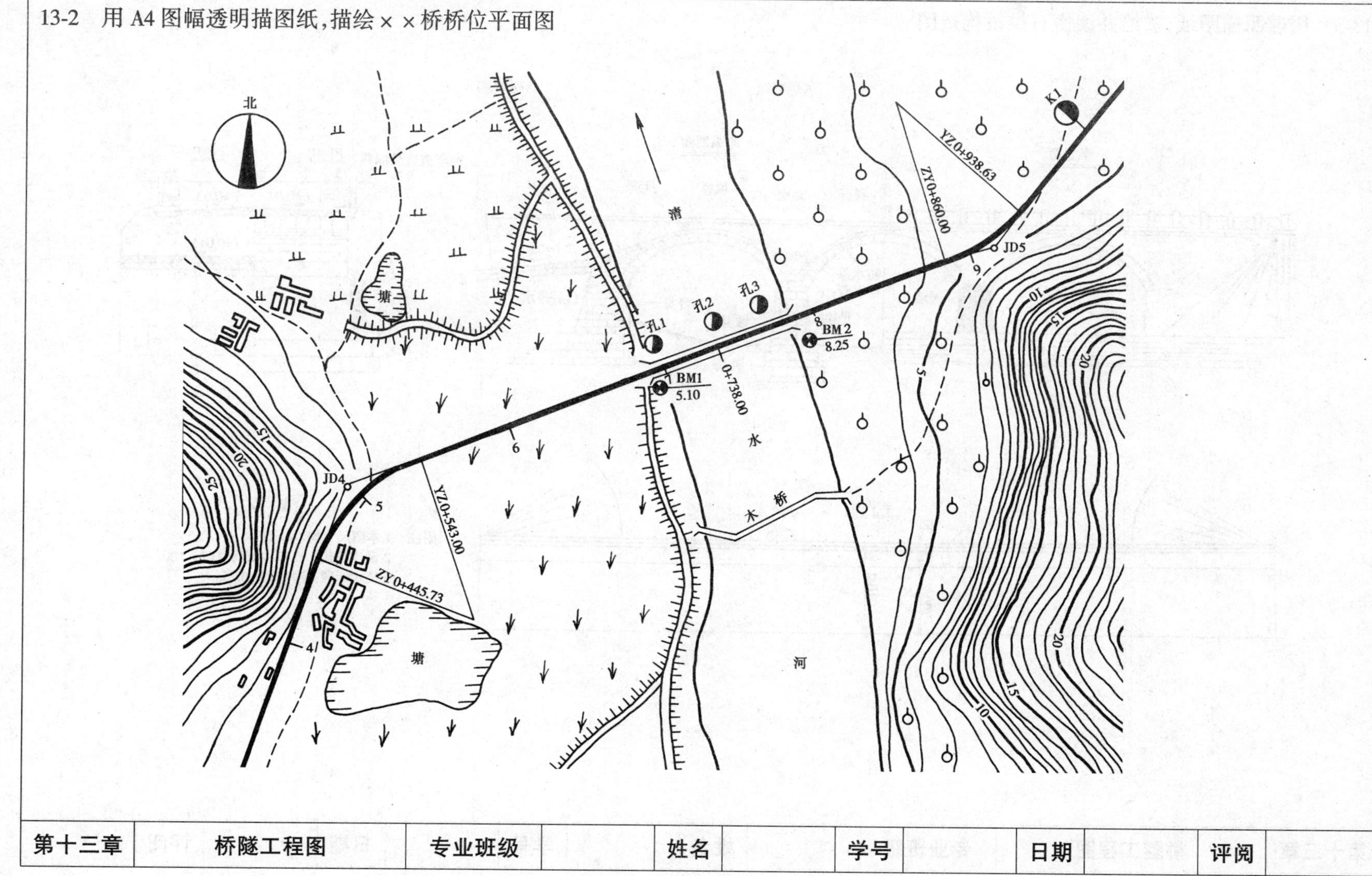

第十三章	桥隧工程图	专业班级		姓名		学号		日期		评阅	

13-3　用透明描图纸，描绘并读懂石拱桥构造图

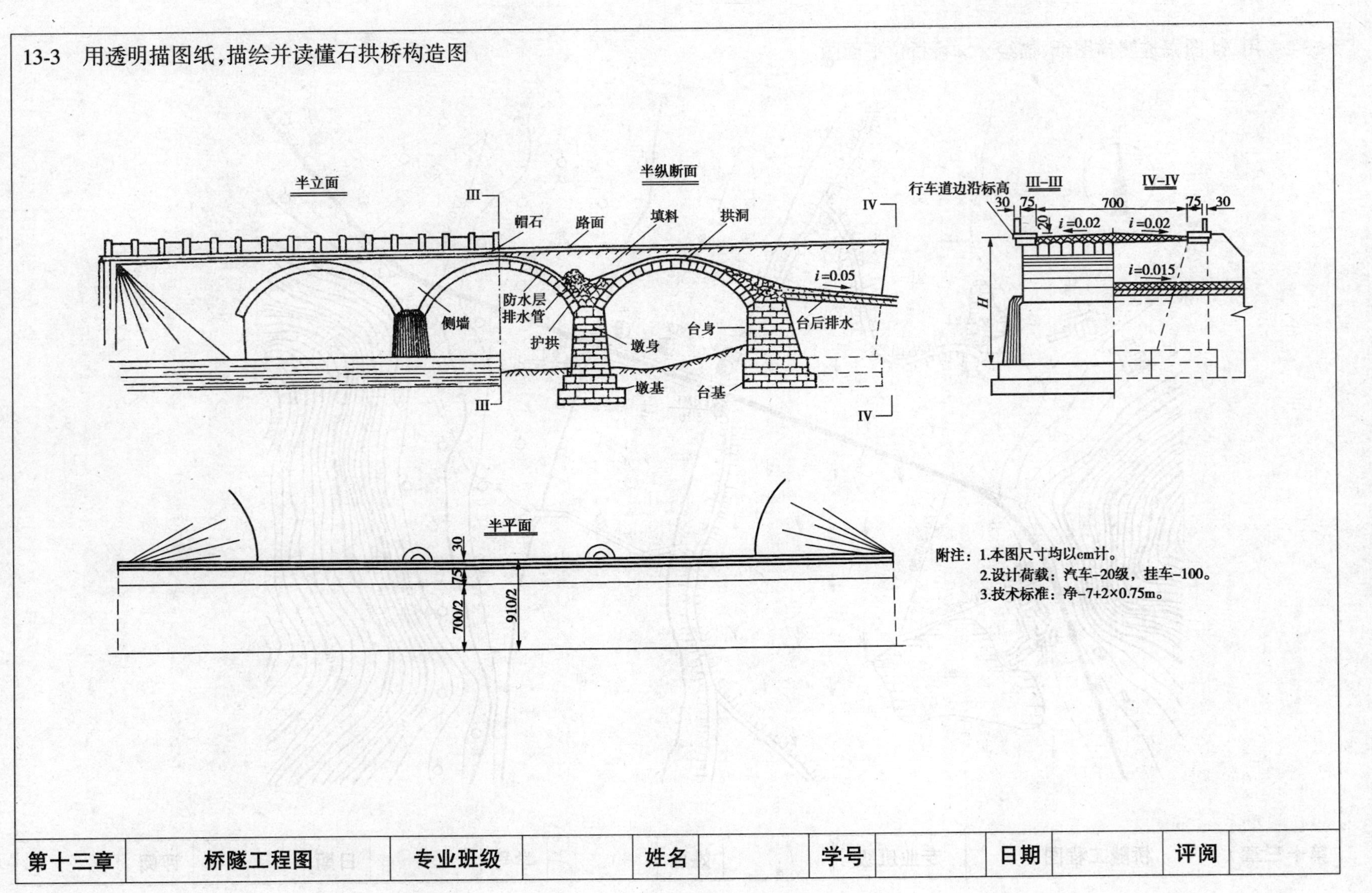

附注：1.本图尺寸均以cm计。
2.设计荷载：汽车–20级，挂车–100。
3.技术标准：净–7+2×0.75m。

第十三章	桥隧工程图	专业班级		姓名		学号		日期		评阅	

13-4 用描图纸描绘并读懂石拱桥桥面、栏杆等构造图

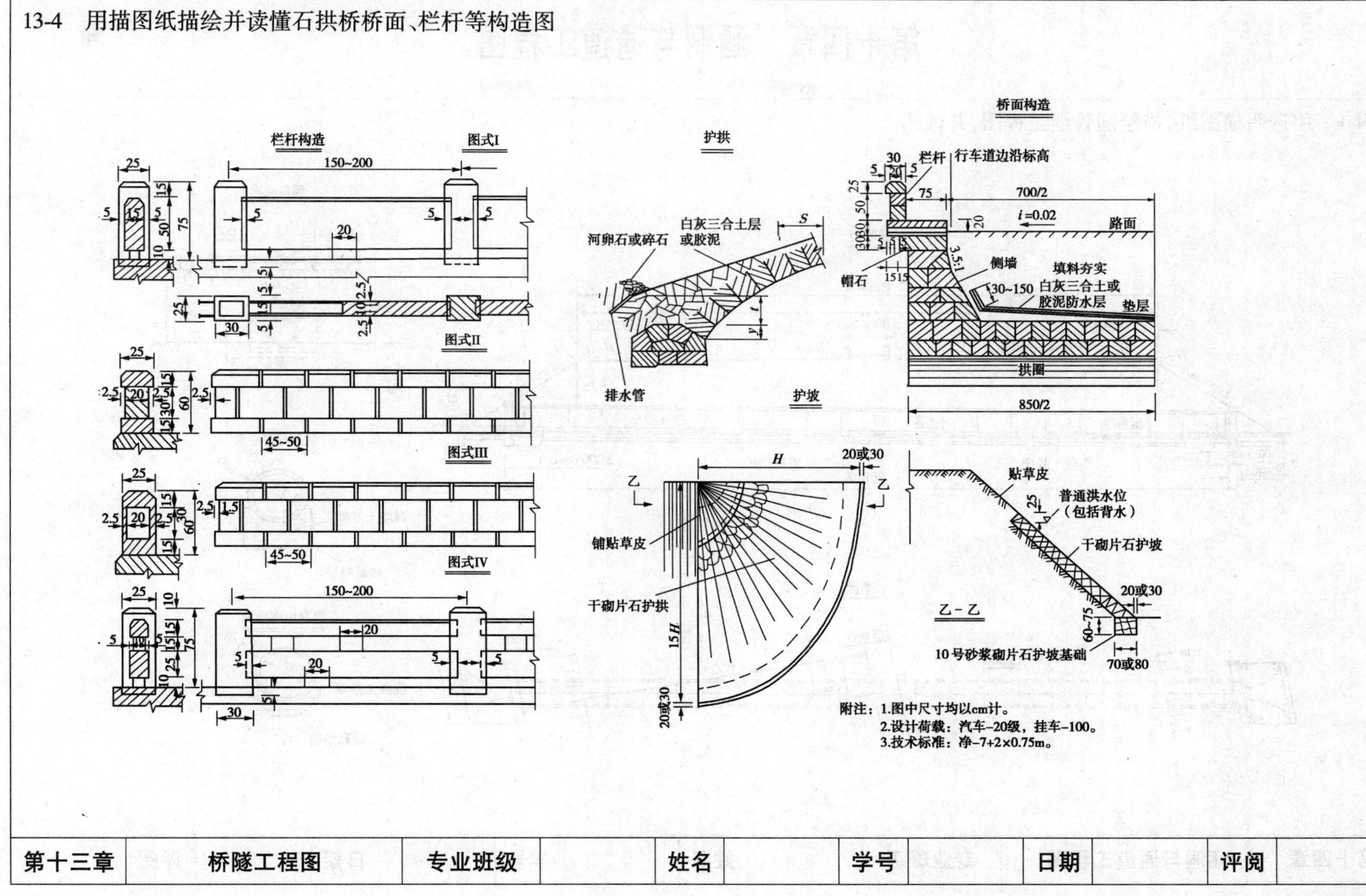

附注：1.图中尺寸均以cm计。
2.设计荷载：汽车-20级，挂车-100。
3.技术标准：净-7+2×0.75m。

第十三章	桥隧工程图	专业班级		姓名		学号		日期		评阅	

第十四章　涵洞与通道工程图

14-1　用透明描图纸，描绘圆管涵工程图，并读图

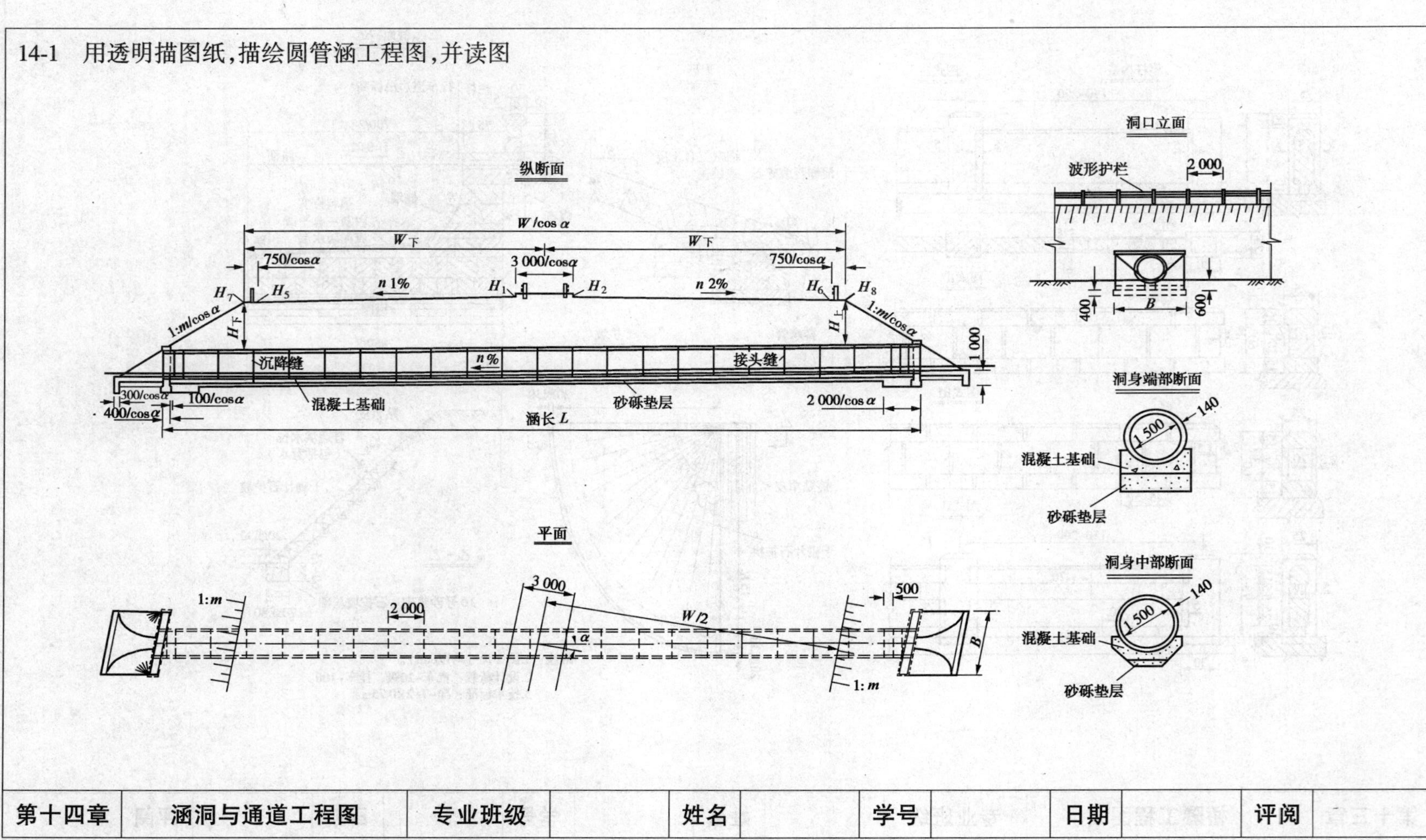

第十四章	涵洞与通道工程图	专业班级		姓名		学号		日期		评阅	

14-2 用A3图纸，抄绘箱形通道布置图，并读图

纵断面
(1:210)

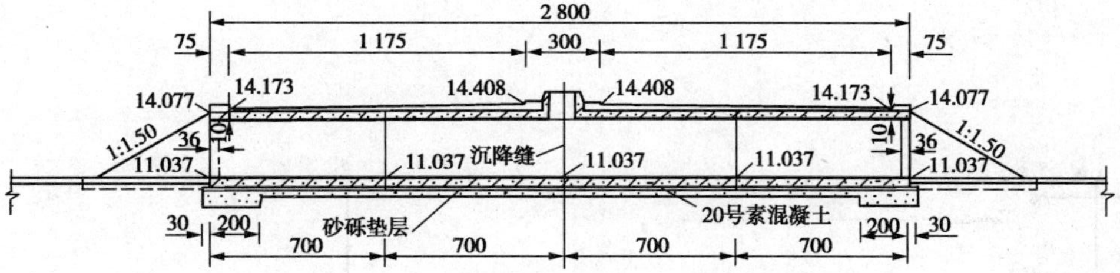

平面
(1:210)

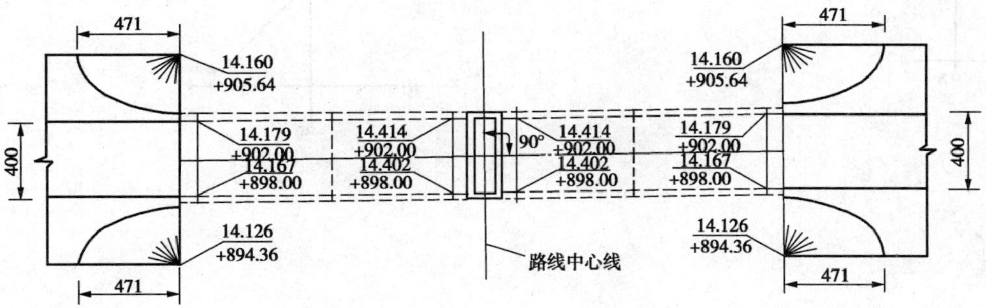

左洞口立面
(1:210)

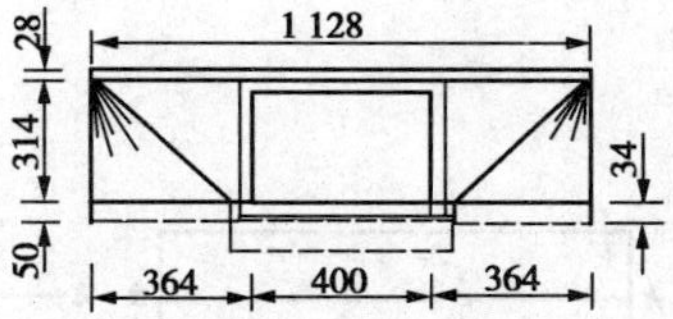

洞身断面
(1:105)
（端部）（中部）

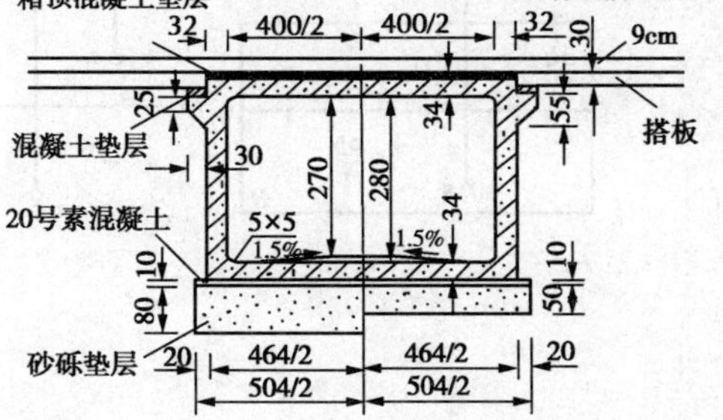

第十四章	涵洞与通道工程图	专业班级		姓名		学号		日期		评阅	

第十五章 透视投影

15-1 点 A、B、C 在 H 面上，作点 A、B、C 的透视

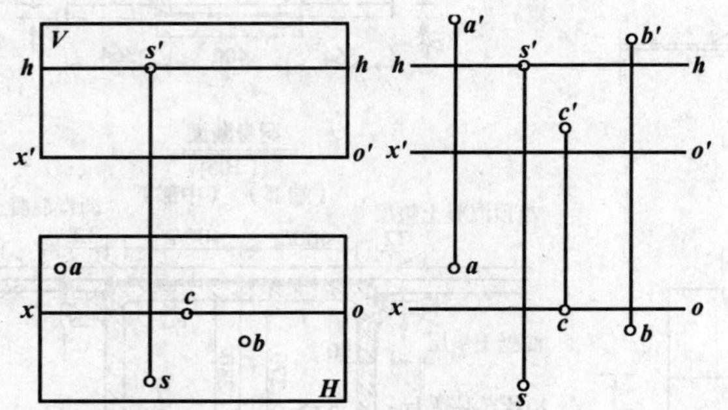

15-2 直线 EF 在 H 面上，作直线的透视

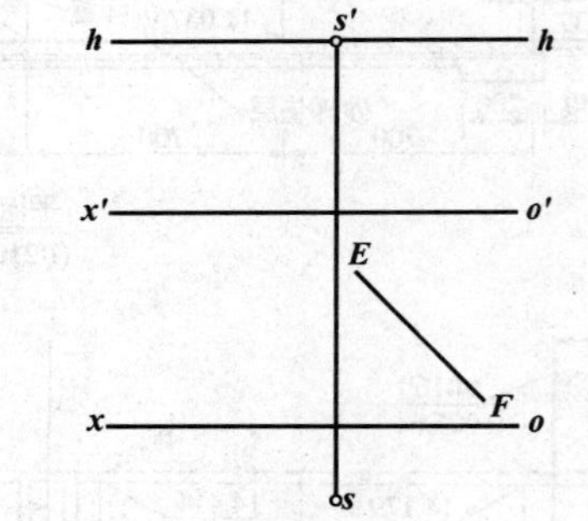

第十五章	透视投影	专业班级		姓名		学号		日期		评阅	

15-3　正六边形在 H 面上，作正六边形的透视

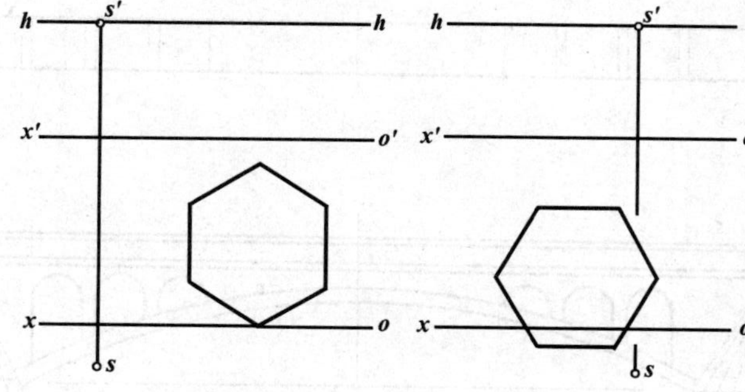

15-4　矩形 $ABCD$，$AB//H$，距 H 面 10；$CD//H$，距 H 面 25。作此矩形的透视

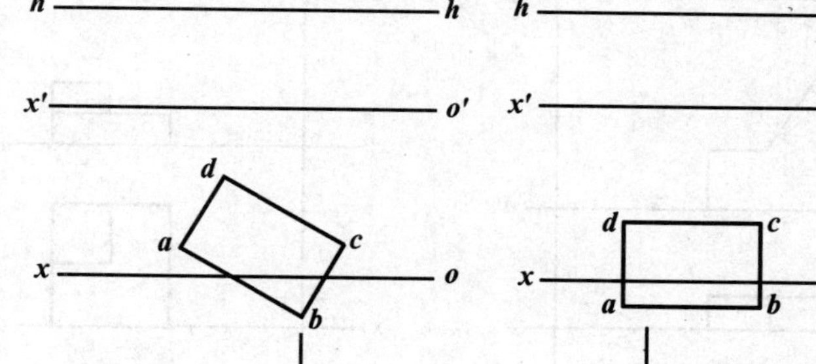

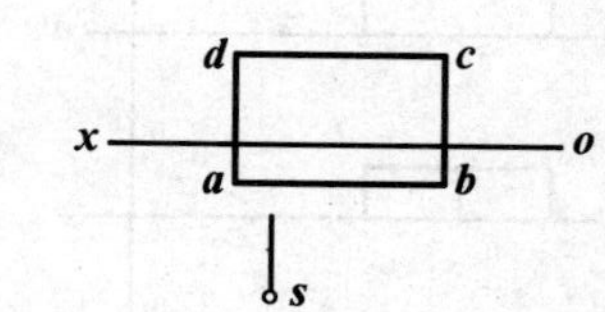

15-5 作一点透视

15-6 作拱桥一点透视

第十五章	透视投影	专业班级		姓名		学号		日期		评阅	

15-7 作圆拱两点透视

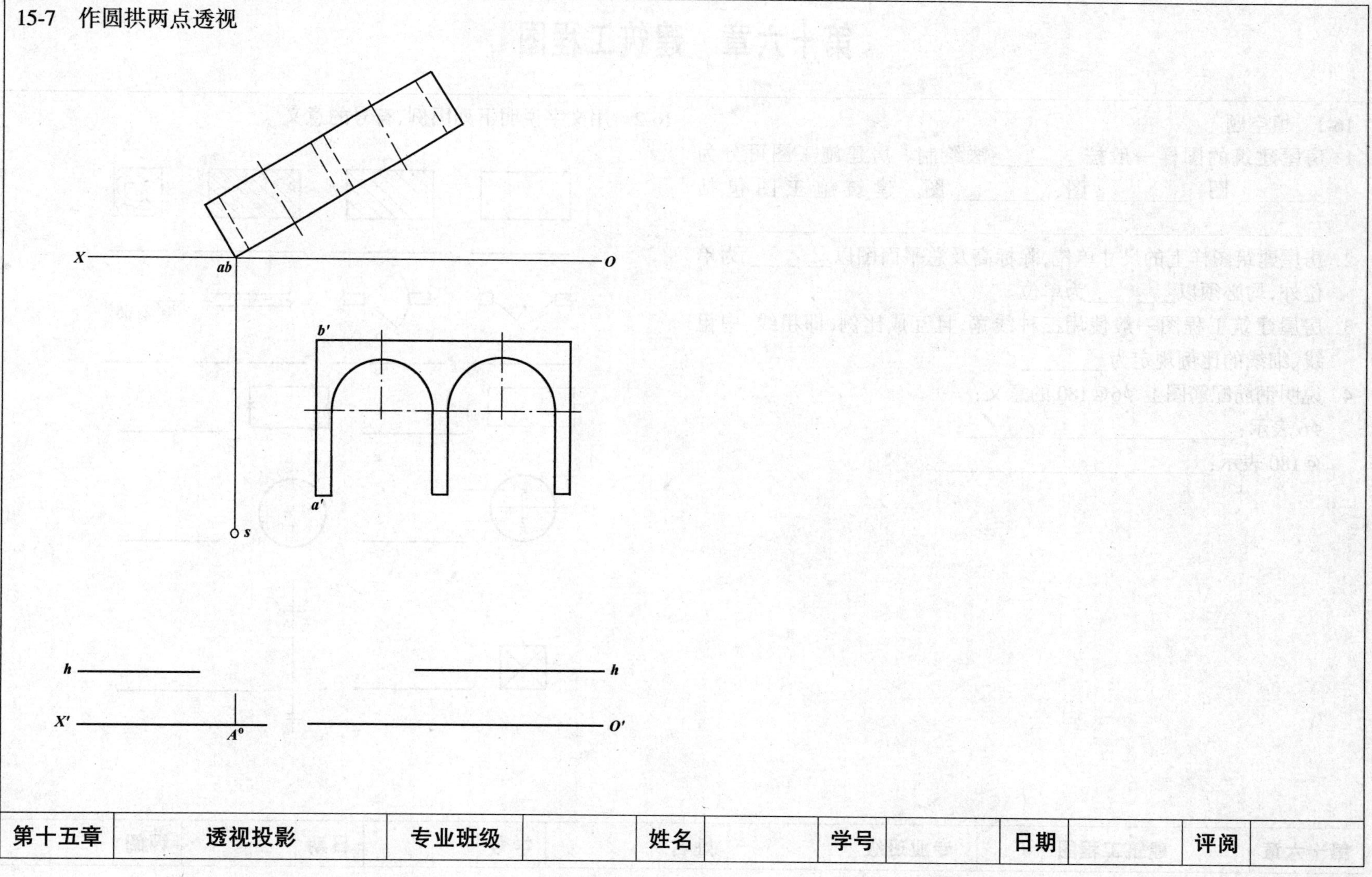

第十五章	透视投影	专业班级		姓名		学号		日期		评阅	

第十六章　建筑工程图

16-1　填空题

1. 房屋建筑的图样一般按________法绘制。房建施工图可分为________图、________图、________图。建筑施工图包括________、________、________、________、________、________。

2. 房屋建筑图样上的尺寸单位，除标高及总平面图以________为单位外，均必须以________为单位。

3. 房屋建筑工程图一般使用三种线宽，且互成比例，即粗线、中粗线、细线的比例规定为________。

4. 说明钢筋配筋图上 $\phi 6@180$ 的意义：

   $\phi 6$ 表示：________________________；

   @180 表示：________________________。

16-2　用文字说明下列图例、符号的意义

________　________　________　________

________　________　________　________ 43.00

________　________

5 2 ________　5 ________

________　________

第十六章	建筑工程图	专业班级		姓名		学号		日期		评阅	

16-3 建筑平面图

1. 看下图:标注横向、竖向定位轴线;标注尺寸(不标数字)。

2. 填空:

(1)建筑平面图是房屋的________图,也就是________。

(2)建筑平面图应包括________________等内容,是施工过程中进行________________等工作的依据。

(3)若一幢多层房屋的各层平面布置不一样,应画出________________建筑平面图;若有两层或更多的层的平面布置相同,则这几层可____________。建筑平面图除上述的各层平面图外,还有________、________等。

(4)看16-4图,该房屋的总长是________m,总宽是________m;有横向定位轴线________条,竖向定位轴线________条;底层共有房间________间,从西大门进楼,右侧的第一间房间的开间是________mm,进深是________mm。

第十六章	建筑工程图	专业班级		姓名		学号		日期		评阅	

16-4　用 A3 图纸抄绘平面图

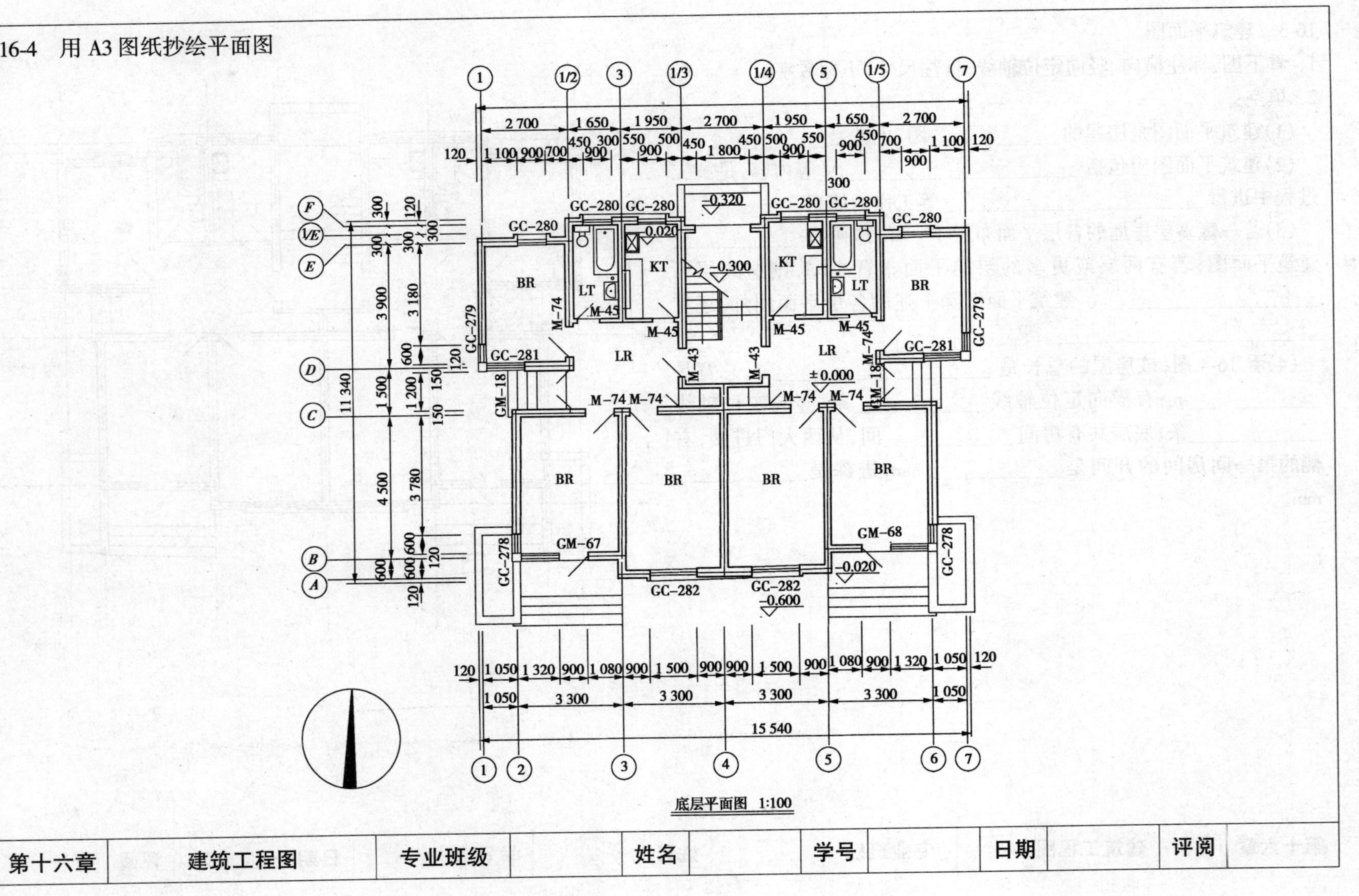

底层平面图　1:100

第十六章	建筑工程图	专业班级		姓名		学号		日期		评阅	

16-5 填空，并用A3图纸抄绘立面图

1. 填空：

（1）建筑立面图是________图，它主要用来表示________各部位的标高和必要的尺寸。建筑立面图在施工中主要用于________。

（2）有定位轴线的建筑物，宜根据________编注建筑立面图的名称；无定位轴线的建筑物，可按________确定名称。

（3）在立面图中反映了建筑物的某向立面的全貌。从右图可知，房屋的总高（室外地坪至女儿墙压顶的顶边之间的距离）为________m；该房屋有________层，层高为________。

2. 用A3图纸抄绘立面图。

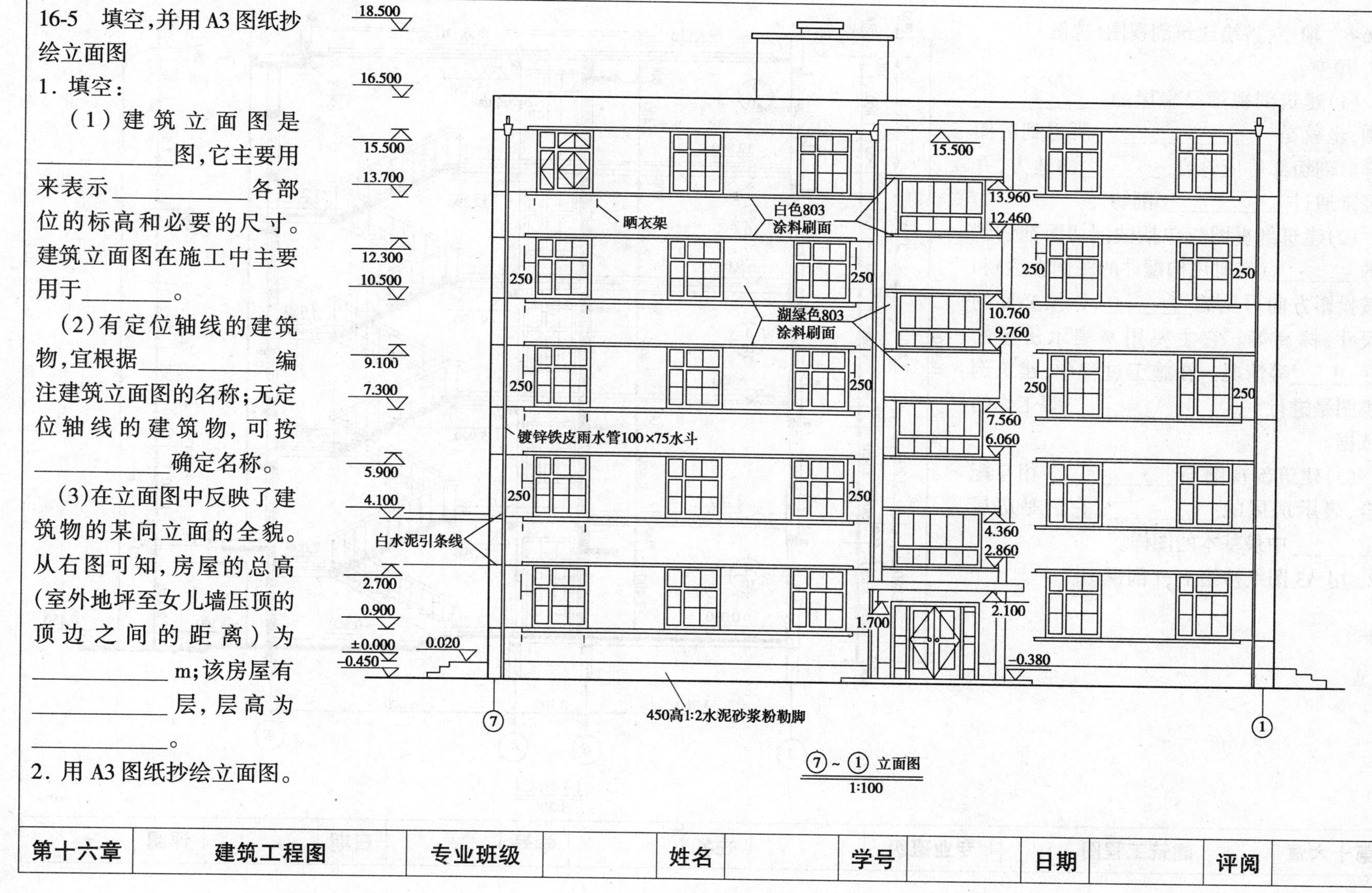

⑦~① 立面图
1:100

第十六章	建筑工程图	专业班级		姓名		学号		日期		评阅	

16-6　填空，抄绘建筑剖视图(选做)

1. 填空：

(1)建筑剖视图是房屋的________图，也就是________所得到的图样。剖切部位应选在______的地方，并经常通过________剖切。

(2)建筑剖视图应包括被剖切面剖切到的______(有时用构配件的图例表达)和按投影方向可见的______，以及必要的尺寸、标高等。它主要用来表示房屋的______等情况。在施工过程中，建筑剖视图是进行________等工作的依据。

(3)建筑剖视图与________相互配合，表示房屋的_______，它们是房屋______中最基本的图样。

2. 用 A3 图纸抄绘 I—I 剖视图。

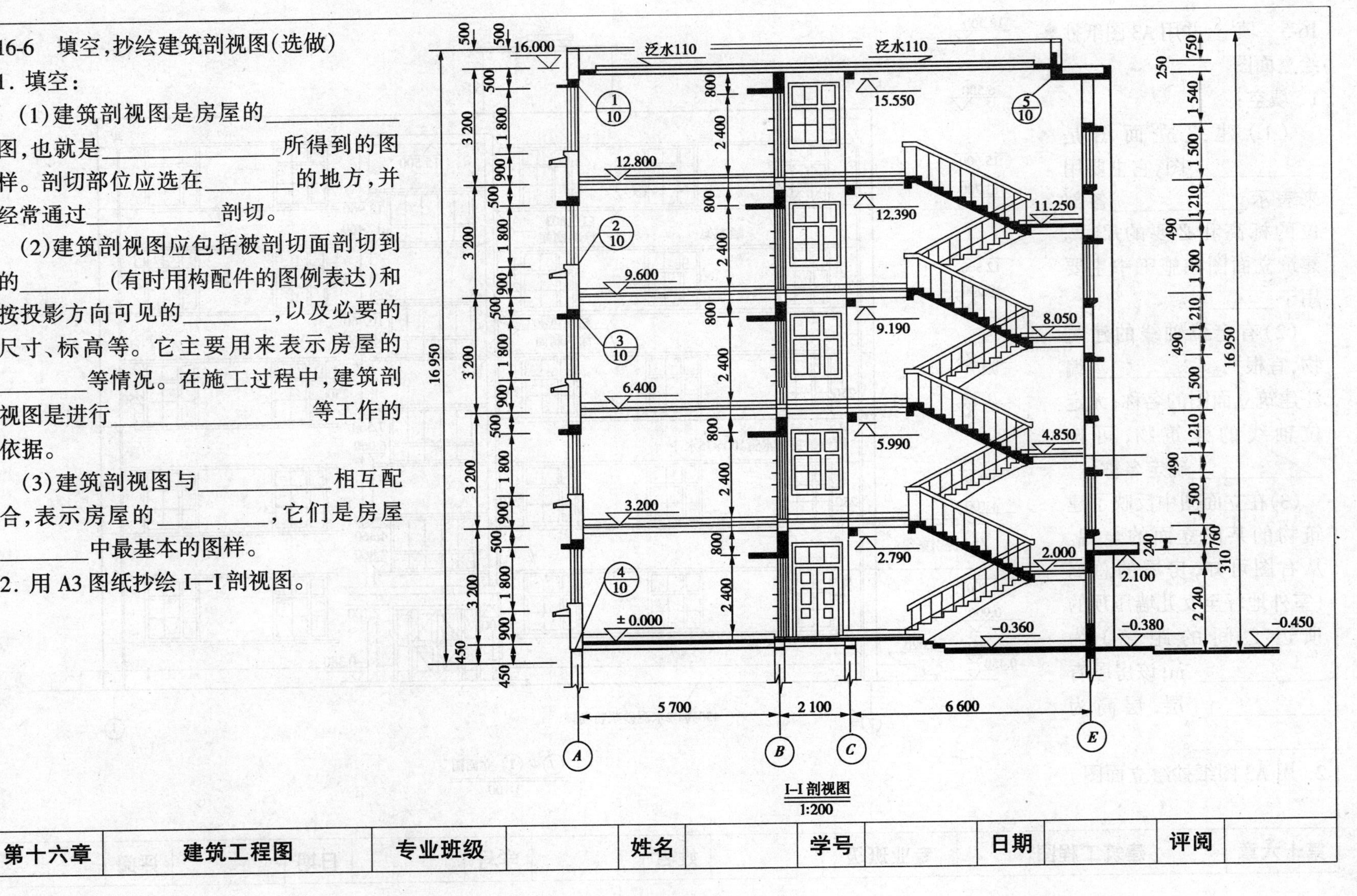

I—I 剖视图
1:200

第十六章	建筑工程图	专业班级		姓名		学号		日期		评阅	